CELSO ROMANEL

MECÂNICA DOS SOLOS

Fluxo de Água em Solos Saturados

EDITORA CIÊNCIA MODERNA

Mecânica dos Solos: fluxo de água em solos saturados

Editor: Paulo André P. Marques
Produção Editorial: Dilene Sandes Pessanha
Capa: Daniel Jara
Diagramação: Daniel Jara
Copidesque: Equipe Ciência Moderna

FICHA CATALOGRAFICA

ROMANEL, Celso.

Mecânica dos Solos: fluxo de água em solos saturados

Rio de Janeiro: Editora Ciência Moderna Ltda., 2021.

1. Engenharia Civil 2. Engenharia Ambiental 3. Engenharia Geotécnica
I — Título

ISBN: 978-65-5842-062-0 CDD 624

Editora Ciência Moderna Ltda.
R. Alice Figueiredo, 46 – Riachuelo
Rio de Janeiro, RJ – Brasil CEP: 20.950-150
Tel: (21) 2201-6662/ Fax: (21) 2201-6896
E-MAIL: LCM@LCM.COM.BR
WWW.LCM.COM.BR

05/21

Tudo o que é incompreensível nem por isso deixa de existir
Blaise Pascal (1623 – 1662)

PREFÁCIO

Este livro começou a ser elaborado em 1995, como notas de aula da disciplina Mecânica dos Solos do programa de pós-graduação em Engenharia Civil da Pontifícia Universidade Católica do Rio de Janeiro (PUC-Rio), na área de Geotecnia. Na época, foram vários os motivos para iniciar o texto: melhorar o método de ensino, diminuindo a utilização de giz e quadro-negro, tornar mais eficiente o tempo disponível em sala de aula, reunir informações dispersas em vários livros, alguns dos quais de difícil consulta pelos alunos, por estarem fora de impressão, não estarem disponíveis na biblioteca da universidade ou serem caros para aquisição por alunos bolsistas, mas, e principalmente, pelo fato de a maioria dos livros-texto dedicada ao assunto não explorar adequadamente a oportunidade de apresentar exercícios e aplicações que permitam ao aluno, na busca da solução, compreender e aprofundar o conhecimento, que não seja apenas por substituições diretas de valores em equações ou leituras de resultados em gráficos e tabelas. Com esses objetivos, as notas de aula foram gradualmente desenvolvidas ao longo dos anos, com foco principal nos exercícios resolvidos em sala ou propostos em exames da disciplina, explorando os diversos tópicos relacionados com o fluxo de água em solos saturados.

O texto sofreu modificações com o tempo, provocadas frequentemente pela natureza das perguntas e discussões em sala de aula, o que me levou a reescrever seções, suprimir alguns tópicos, acrescentar outros, com o propósito de explicar, da maneira mais clara que me foi possível, os conceitos básicos do movimento da água em fluxo permanente ou transiente. Este livro representa uma obra coletiva de centenas de alunos que frequentaram a disciplina de Mecânica dos Solos nos programas de pós-graduação e de graduação em Engenharia Civil da PUC-Rio, para os quais acredito ter participado no aperfeiçoamento da formação acadêmica e de engenharia.

É importante ressaltar que se trata de um texto baseado nas pesquisas de engenheiros e cientistas que, desde Darcy (1856), vêm contribuindo para enriquecer o conhecimento sobre o fluxo de água em meios porosos. Espero ter devidamente creditado e reconhecido todos os autores, cujas publicações foram aqui referenciadas; se houve omissão, não foi intencional.

O livro é dividido em seis capítulos, o primeiro dos quais dedicado à introdução de conceitos básicos de fluxo permanente 1D em solos saturados. O segundo capítulo discute os diversos métodos de solução de problemas de fluxo 2D (em outras palavras, métodos de solução da equação de Laplace) enquanto os capítulos 3 e 4 abordam o rebaixamento temporário do lençol freático na condição de fluxo permanente (capítulo 3) e o fluxo transiente em poços de bombeamento (capítulo 4). O fenômeno do adensamento primário em solos saturados é tema do capítulo 5, baseado em grande parte na teoria de Terzaghi, mas também introduzindo noções da teoria da poroelasticidade. Critérios de filtros e drenos são abordados no capítulo 6, seguido por dois apêndices com a formulação do método das diferenças finitas (apêndice A) e do método dos elementos finitos (apêndice B) para solução numérica da equação do adensamento primário 1D.

Tenho utilizado parte do conteúdo dos capítulos 1, 2, e 5 na disciplina Mecânica dos Solos do programa de graduação em Engenharia Civil e o conteúdo integral dos capítulos 1, 2, 3, 5 (até seção 5.12) e 6 na disciplina Mecânica dos Solos do programa de pós-graduação em Engenharia Civil da PUC-Rio; o capítulo 4 e apêndices são indicados aos alunos como material de consulta complementar.

Rio de Janeiro, março de 2021
Departamento de Engenharia Civil e Ambiental, PUC-Rio
Celso Romanel

SUMÁRIO

Capítulo 1

FLUXO PERMANENTE 1D

1.1 INTRODUÇÃO

Antes do século XX, o projeto e a construção em solo e rocha eram considerados mais uma arte do que uma ciência. A forma e as dimensões de aterros, a seleção de materiais para estradas e barragens, o controle de poropressões, a estimativa de recalques, o colapso de taludes e outros problemas geotécnicos eram tratados por meio de regras empíricas baseadas no julgamento intuitivo ou na repetição de experiências anteriores consideradas bem-sucedidas. Defensores dessas práticas argumentaram, por muito tempo, que a natureza e o comportamento de materiais geológicos são muito complexos para serem descritos teoricamente, sem explicar, contudo, as causas do sucesso de projetos, frequentemente antieconômicos, ou do fracasso de obras baseadas em concepções empíricas.

As pesquisas experimentais de Darcy (1856), que iniciaram a compreensão dos conceitos básicos de percolação em meios porosos, bem como o trabalho histórico de Terzaghi (1923, 1936), com o princípio das tensões efetivas para solos saturados, representaram etapas fundamentais no projeto de obras geotécnicas envolvendo fluxo de água, sob ponto de vista científico, sem esquecer de mencionar outras importantes contribuições dos trabalhos de Dupuit (1863), Forchheimer (1930), Casagrande (1937, 1961), Polubarinova–Kochina (1952), Harr (1962) e Biot (1941) – Fig. 1.1.

Henry Darcy
(1803-1858)
Fonte: Philip (1995)

Jules Dupuit
(1804 – 1866)
École des Ponts Paris Tech

Philipp Forchheimer
(1852 – 1933)
Fonte: Hager (2003)

Karl Terzaghi
(1883 – 1963)
Science & Society Picture Library

Arthur Casagrande
(1902 – 1981)
Fonte: Hager (2014)

Maurice Biot
(1905 – 1985)
artsandculture.google.com

Pelageya Polubarinova-Kochina (1899 – 1999)
Fonte: Zlotnik (2007)

Milton Harr
(1925 -)
Purdue University

Figura 1.1 – Pesquisadores dos séculos XIX e XX com importantes contribuições a teoria de fluxo de água em meios porosos

A teoria da percolação em meios porosos permitiu o desenvolvimento de soluções matemáticas para problemas de fluxo, embora engenheiros devam ter sempre em mente que os resultados, avaliados analítica ou numericamente, são apenas indicadores da ordem de grandeza dos valores reais. Ainda que possam ser empregados métodos matemáticos sofisticados, com resolução em computadores, é importante enfatizar que a solução de um problema não pode ser mais exata do que a precisão dos parâmetros físicos do solo (dados de entrada para a solução das equações), medidos em laboratório ou em campo, ou da acurácia com que as condições iniciais e de contorno são estabelecidas. Dentre as propriedades do solo, destaca-se o coeficiente de permeabilidade[1] k, que governa a velocidade do fluido através dos poros preenchidos por água, e que pode variar numa escala de mais de 10 bilhões de vezes (Quadro 1.1). Nenhuma outra propriedade de materiais da Engenharia Civil apresenta tamanha amplitude de variação quanto o coeficiente de permeabilidade de materiais geológicos, podendo ser da ordem de cm/s para pedregulhos a valores inferiores a 10^{-9} m/s para argilas.

Devido à grande variação das condições de fluxo, incluindo percolação em solos heterogêneos e anisotrópicos, com o consequente aumento da dificuldade de se obter previsões matemáticas realistas, a observação do comportamento de obras em campo é sempre necessária e fundamental - "a principal função da teoria consiste em nos ensinar o que e como observar em campo", segundo Terzaghi (1936) - no importante processo de verificar se as condições de aplicação da teoria são adequadas, testar suas hipóteses e refinar as técnicas de medição dos parâmetros físicos do solo. A utilização conjunta de métodos observacionais não enfraquece os modelos teóricos, mas, ao contrário, os fortalece e aprimora.

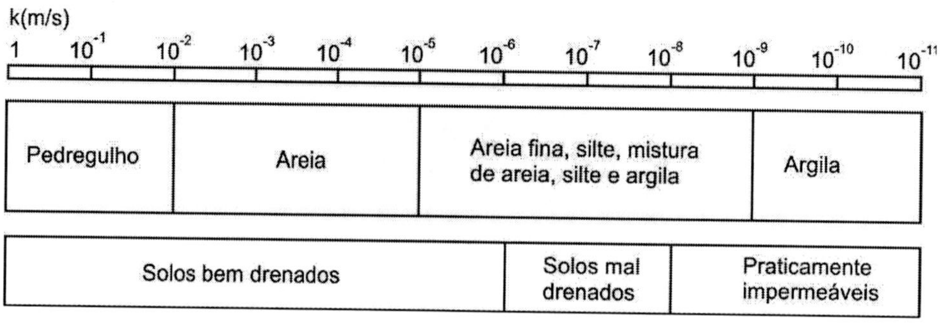

Quadro 1.1 - Ordem de grandeza do coeficiente de permeabilidade k (m/s) em solos saturados
Fonte: adaptado de Casagrande e Fadum (1940)

1.2 LEI DE DARCY

No contexto da mecânica dos solos, material permeável é aquele que é possível de ser percolado por fluidos, geralmente líquido (água, comumente) ou gás/ar, que se movimentam através de poros, fissuras ou outras descontinuidades interconectadas.

A verdadeira natureza das condições de fluxo nos poros, caracterizada por espaços irregulares formados por cavernas ligadas entre si por canais estreitos, representa um formidável desafio para uma descrição racional. Na engenharia geotécnica, o interesse principal é no comportamento macroscópico do fluxo, que é admitido distribuído uniformemente em uma seção normal contendo muitos canais formados pelos poros.

Da mecânica dos fluidos, admitindo o fluido como ideal, não viscoso e incompressível, a equação de Bernoulli é escrita como:

[1] Vários autores designam k como condutividade hidráulica para deixar claro que se trata de fluxo de água e não de outro fluido, como gás ou óleo; neste livro será mantido o termo coeficiente de permeabilidade com o entendimento implícito que nos problemas geotécnicos aqui tratados o fluido é água.

$$z + \frac{u}{\gamma_w} + \frac{v^2}{2g} = \text{constante} \tag{1.2a}$$

$$h_e + h_p + h_v = h \tag{1.2b}$$

h = carga hidráulica total, expressa em unidade de comprimento, com valor constante no fluxo de fluidos ideais;
h_e = carga de elevação, correspondente à energia potencial, por unidade de peso, para elevar o fluido de peso W do nível de referência NR (geralmente $z_0 = 0$) para uma cota arbitrária z.

$$h_e = \frac{Wz}{W} = z \tag{1.2c}$$

h_p = carga de pressão, correspondente à energia, por unidade de peso, necessária para elevar a pressão do valor de referência (geralmente a pressão atmosférica $u_0 = 0$) para uma pressão arbitrária u.

Considere o êmbolo da Fig. 1.2, no qual a água (peso específico γ_w) exerce pressão u aplicada sobre a área A, gerando a força $F=uA$ que movimenta o êmbolo no interior do cilindro de comprimento L e volume $V = AL$. A energia (trabalho) por unidade de peso do fluido é expressa por

$$h_p = \frac{FL}{W} = \frac{uAL}{\gamma_w V} = \frac{uV}{\gamma_w V} = \frac{u}{\gamma_w} \tag{1.2d}$$

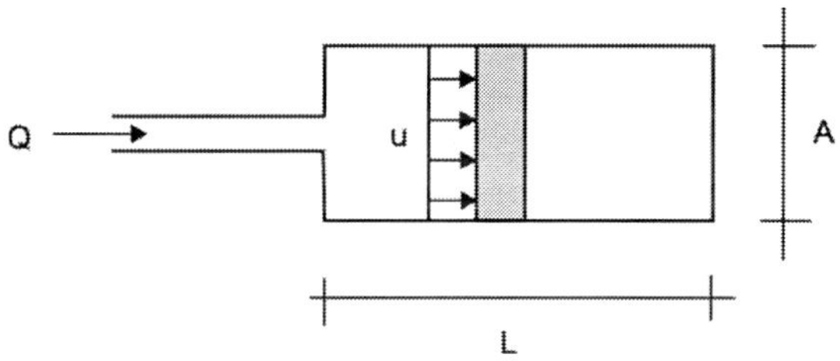

Figura 1.2 – Força $F = uA$ desloca êmbolo no interior do cilindro de comprimento L
Fonte: autor

h_v = carga de velocidade, correspondente à energia cinética, por unidade de peso, necessária para elevar a velocidade do fluido do valor de referência (geralmente $v_0 = 0$, no repouso) para uma velocidade arbitrária v.

$$h_v = \frac{mv^2/2}{W} = \frac{mv^2}{2mg} = \frac{v^2}{2g} \tag{1.2e}$$

onde m é a massa do fluido e g a aceleração da gravidade.

Na teoria de fluxo em meios porosos, para levar em conta a perda de energia devido à resistência viscosa do esqueleto sólido ao movimento do fluido, a equação de Bernoulli é modificada para

$$h_e^A + h_p^A + h_v^A = h_e^B + h_p^B + h_v^B + \Delta h \tag{1.2f}$$

onde Δh representa a perda de carga hidráulica ao longo da trajetória de fluxo de comprimento Δs entre dois pontos vizinhos A e B. Note que o fluido é considerado ideal, e que a dissipação de energia ocorre para vencer o atrito viscoso desenvolvido entre as partículas de fluido e as paredes internas dos poros. A maior ou menor resistência oferecida pelo esqueleto sólido ao movimento do fluido é incorporada no valor do coeficiente de permeabilidade do meio poroso. A razão $i = -\lim_{\Delta s \to 0} \Delta h/\Delta s = -dh/ds$ é chamada de gradiente hidráulico[2], quantidade adimensional, que representa a taxa de dissipação espacial da energia hidráulica por unidade de peso do fluido.

A carga de velocidade h_v é geralmente baixa, podendo ser negligenciada na grande maioria dos problemas da engenharia geotécnica. Para uma velocidade de 30 cm/s, alta em relação a velocidades de fluxo típicas observadas na prática, a carga de velocidade é de apenas 0,005 m. Logo a Eq. 1.2f pode ser simplificada,

$$h_e^A + h_p^A = h_e^B + h_p^B + \Delta h \tag{1.2g}$$

Observe novamente que a diferença de carga Δh é uma medida de perda de energia entre dois pontos. Diferenças de pressão podem existir, porém sem que necessariamente ocorra fluxo entre eles.

Até meados do século XIX, a natureza do fluxo de água em solos saturados desafiava uma explicação racional. Entre 1830 – 1834, o engenheiro francês Henry Darcy projetou o sistema de abastecimento d'água da cidade francesa de Dijon, tendo constatado, em ensaio de poço de bombeamento para extração de água subterrânea, que a vazão obtida era substancialmente menor do que a vazão prevista, considerando a carga hidráulica disponível e as perdas no sistema de bombeamento. Concluiu que a diferença era devido a uma resistência do aquífero ao fluxo da água, quantificando-a anos mais tarde com a execução de ensaios de laboratório em corpos de prova de areia sob regime de fluxo permanente. A conhecida lei de Darcy, estabelecida da interpretação desses ensaios, encontra-se no apêndice D do livro "As fontes públicas da cidade de Dijon" (*Les fontaines publiques de la ville de Dijon*)[3], publicado por Darcy em 1856.

Darcy estudou o problema de forma experimental, usando um simples aparelho (Fig. 1.3) para forçar o movimento da água através de corpos de prova de areia com seção transversal de área A, comprimento L, sob diferença de carga hidráulica Δh em regime de fluxo permanente (Δh = constante). Observou que a vazão Q variava em proporção direta com a diferença de carga hidráulica e a área da seção normal à direção do fluxo, mas em proporção inversa com o comprimento do corpo de prova.

$$Q = k\frac{\Delta h}{L}A = vA \tag{1.2h}$$

[2] A variação da carga hidráulica com a distância é o gradiente (matemático, de valor negativo), e seu oposto é chamado de gradiente hidráulico.
[3] Versão digital disponível em Google Books.

$$v = ki = -k\frac{dh}{ds} \tag{1.2i}$$

O coeficiente de proporcionalidade k nas Eq. 1.2h e 1.2i é expresso em unidade de velocidade. A Eq. 1.2i, conhecida como lei de Darcy, mostra uma dependência linear entre o gradiente hidráulico e a velocidade de Darcy v, velocidade de aproximação ou velocidade de fluxo[4].

Ainda que a lei de Darcy seja apresentada sob forma diferencial, a Eq. 1.2i não descreve o comportamento do fluido em um poro individual, mas representa uma abordagem macroscópica do fenômeno. A velocidade v é uma velocidade média aparente de fluxo porque pressupõe, pela Eq. 1.2h, que a água flui por toda a seção transversal A do corpo de prova, incluindo sólidos e vazios.

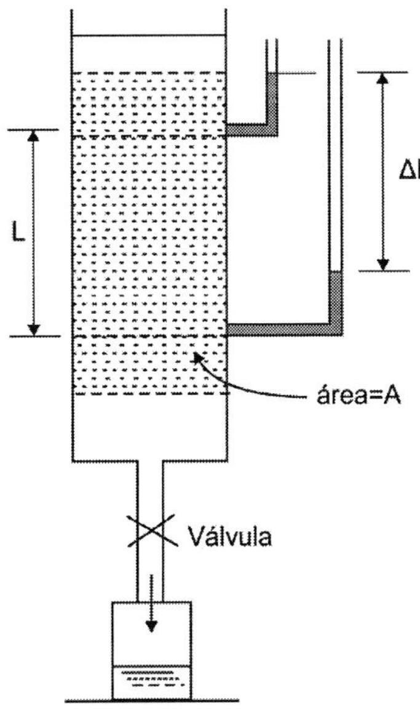

Figura 1.3 – Permeâmetro de carga constante
Fonte: adaptado de Cedergren (1967)

Uma velocidade média de percolação v_s somente na área de vazios A_v pode ser estimada como

$$Q = v_s A_v \quad \rightarrow \quad vA = v_s A_v \quad \rightarrow \quad v_s = v\frac{A}{A_v}\times\frac{L}{L} \quad \rightarrow \quad v_s = v\frac{V}{V_v} = \frac{v}{n} \tag{1.2j}$$

onde V é o volume total do corpo de prova, V_v o volume de vazios e n a porosidade média do solo. Note que $v_s > v$ pois $n < 1$.

Observações visuais do fluxo de corantes injetados em água levaram Reynolds (1883) a concluir que um padrão de fluxo laminar, ou turbulento, é função direta da velocidade do fluido. No regime laminar, que acontece sob baixas velocidades, Reynolds (op. cit.) também percebeu uma relação linear entre gradiente hidráulico e velocidade, confirmando os resultados experimentais de Darcy (1856).

O regime de fluxo laminar ocorre abaixo de um valor crítico do número de Reynolds (Re), o que permite desprezar a influência das forças de inércia e da energia cinética da água. Segundo Muskat (1937),

---

[4] Na literatura também designada por velocidade superficial, velocidade aparente, velocidade de engenharia, sendo comum em língua inglesa a terminologia *discharge velocity*.

esse valor crítico situa-se no intervalo entre 1 e 10. Considerando a estimativa mais conservadora $Re = 1$, a condição para fluxo laminar é expressa pela Eq. 1.2k como:

$$Re = \frac{v d \rho_w}{\mu_w} \leq 1 \tag{1.2k}$$

onde $\rho_w = \gamma_w / g$ é a massa específica do fluido (água), μ_w a viscosidade dinâmica[5], v a velocidade de Darcy e d o diâmetro do tubo (poro).

Harr (1962), para uma velocidade de fluxo $v = 0{,}25$ cm/s, concluiu da Eq. 1.2k que o fluxo é laminar para solos uniformes, com diâmetros de partícula 0,4 mm ou inferiores. Taylor (1948), também para $Re = 1$, concluiu que, sob gradiente hidráulico $i = 1$, o regime de fluxo é laminar para um solo uniforme com diâmetro de partícula 0,5 mm ou inferior. Sob gradiente hidráulico $i = 8$, observou que o diâmetro máximo reduz-se a 0,25 mm.

Para diâmetros de partícula superiores a 0,5 mm o regime de fluxo pode ser semiturbulento, e uma generalização da lei de Darcy foi sugerida por Forchheimer (1901) considerando a seguinte equação não linear:

$$i = av + bv^2 \quad \text{onde } a, b \text{ são constantes} \tag{1.2ℓ}$$

Burmister (1954), com base em ensaios de laboratório em solos granulares, indicou intervalos de gradientes hidráulicos para a condição de fluxo laminar em função do tipo de solo, conforme Quadro 1.2, onde D_{10} é o diâmetro efetivo.

A validade da lei de Darcy é hipótese essencial para o desenvolvimento de muitas soluções da engenharia geotécnica, como a obtenção de soluções gráficas por redes de fluxo, estimativas de vazão, de poropressões e gradientes hidráulicos em problemas de fluxo permanente ou transiente, dimensionamento de filtros etc. Essa lei, ainda que expressa por uma equação simples, é a mais poderosa relação constitutiva que dispõe o engenheiro geotécnico para a solução de problemas de fluxo em meios porosos.

D_{10} (mm)	76,2	25,4	9,52	2,0	0,59	0,25	0,074	0,02
		pedregulho			areia		silte	
	grosso	médio	fino	grossa	média	fina	grosso	fino
Regime de Fluxo	Praticamente sempre turbulento			Fluxo laminar no estado fofo para gradiente hidráulico menor do que 0,2 a 0,3; no estado denso para gradiente hidráulico menor do que 0,3 a 0,5			Fluxo laminar para os valores de gradiente hidráulico encontrados na natureza	

Quadro 1.2 - Intervalos de gradiente hidráulico para regime laminar em solos granulares
Fonte: adaptado de Burmister (1954)

1.3 COEFICIENTE DE PERMEABILIDADE

Quando água flui em tubos ou canais abertos, a velocidade próxima aos contornos é consideravelmente menor do que na região central, e o fluxo acontece quase sempre sob regime turbulento. No caso de meios porosos, o regime é quase sempre laminar ($Re \leq 1$), e as velocidades médias são

[5] A razão μ_w / ρ_w é chamada de viscosidade cinemática.

uniformes, nas bordas e no centro, ainda que possam ocorrer variações de velocidade ao longo da trajetória, em função das dimensões dos poros e dos canais de interconexão.

Sob regime laminar, camadas de fluido movem-se umas em relação a outras, formando linhas de fluxo não necessariamente paralelas entre si (Fig. 1.4), porém distintas, e seguindo uma direção geral de fluxo sob ponto de vista macroscópico. A resistência ao movimento das camadas no fluido real é devido à viscosidade que, por sua vez, depende da temperatura ambiente (Fig. 1.5). Valores da viscosidade dinâmica da água sob várias temperaturas estão mostrados na Tab. 1.1 onde, para temperaturas intermediárias, estimativas podem ser obtidas por interpolação linear[6]. É costume padronizar o valor do coeficiente de permeabilidade na temperatura 20 °C e corrigi-lo para a temperatura ambiente t de acordo com a Eq. (1.3a).

$$k_t = \frac{\mu_w^{20}}{\mu_w^t} k_{20} \tag{1.3a}$$

onde k_t e k_{20} são os coeficientes de permeabilidade na temperatura t e 20 °C, respectivamente, μ_w^t e μ_w^{20} as viscosidades dinâmicas da água na temperatura t e 20 °C.

O coeficiente de permeabilidade é determinado em laboratório com uso de água destilada para melhorar as condições de saturação do corpo de prova, ainda que em campo seja provável que o solo contenha alguma quantidade de ar aprisionada nos vazios ou dissolvida na água.

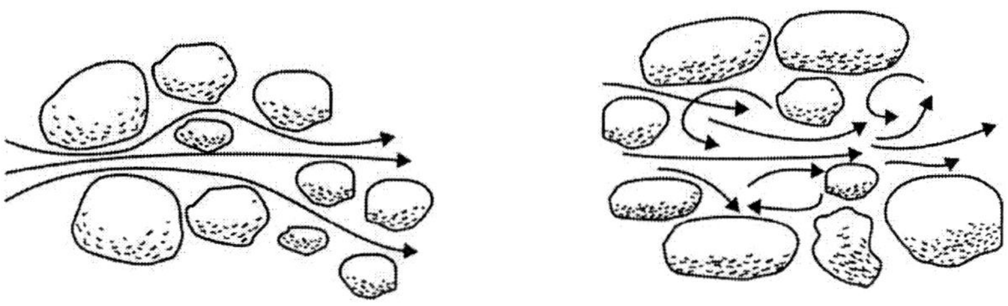

(a) (b)

Figura 1.4 – Esquemas de fluxo: (a) laminar; (b) semiturbulento
Fonte: Watson e Burnett (1995)

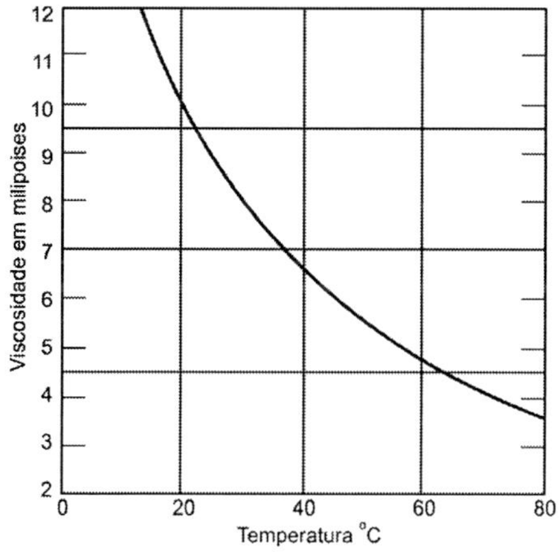

Figura 1.5 – Variação da viscosidade da água μ_w (milipoises) com a temperatura (°C)
Fonte: adaptado de Cedergren (1967)

[6] Tipicamente, para cada grau centígrado, a viscosidade da água varia aproximadamente 2,5% no intervalo de temperatura 10 °C $\leq t \leq$ 40 °C.

Tabela 1.1 – Viscosidade dinâmica da água μ_w em milipoises [10^{-3} g/(cm.s) = 10^{-4} Pa.s] em função da temperatura

°C	0	1	2	3	4	5	6	7	8	9
10	13,08	12,70	12,35	12,01	11,68	11,37	11,08	10,79	10,52	10,26
20	10,01	9,76	9,53	9,31	9,10	8,89	8,69	8,50	8,32	8,14
30	7,97	7,81	7,65	7,49	7,34	7,20	7,06	6,92	6,79	6,66

Fonte: IAPWS (2008)

Devido à influência que a viscosidade do fluido exerce sobre a velocidade de fluxo, é possível separar os efeitos do fluido e do sólido no coeficiente de permeabilidade com a utilização do coeficiente de permeabilidade intrínseca[7] K (MUSKAT, 1937), medido em relação ao ar, com unidade de área, utilizado normalmente em problemas envolvendo fluxo multifásico (por exemplo: água e ar, água e óleo).

$$K = \frac{\mu_w}{\gamma_w} k \tag{1.3b}$$

com a lei de Darcy (Eq. 1.2i) reescrita como

$$v = -\frac{\gamma_w}{\mu_w} K \frac{dh}{ds} \tag{1.3c}$$

Quanto ao esqueleto sólido, os principais fatores que influenciam a permeabilidade do meio poroso são:

1.3.1 Tamanho dos grãos

Taylor (1948), com base na equação de Poiseuille para fluxo laminar em tubo capilar circular, apresentou a seguinte expressão teórica para o coeficiente de permeabilidade em solos,

$$k = D_{10}^2 \frac{\gamma_w}{\mu_w} \frac{e^3}{1+e} c \tag{1.3d}$$

onde D_{10} é o diâmetro efetivo, e representa o índice de vazios, c um fator de forma.

A Eq. 1.3d sugere que o coeficiente de permeabilidade varia com o quadrado do diâmetro do grão, hipótese razoável para solos granulares, nos quais as partículas são aproximadamente equidimensionais. Embora existam, na literatura, várias correlações do coeficiente de permeabilidade com o tamanho dos grãos, como a Eq. 1.3e proposta por Hazen (1911) para areias de filtro, fofas e limpas, como regra geral o coeficiente de permeabilidade k deve ser determinado em ensaios específicos de laboratório ou campo.

$$k = 100 D_{10}^2 \qquad k \text{ em cm/s e } D_{10} \text{ em cm} \tag{1.3e}$$

[7] Ou coeficiente de permeabilidade absoluta, física ou específica.

1.3.2 Índice de vazios

A Eq. 1.3d também indica que o coeficiente de permeabilidade varia linearmente com o termo $e^3/(1+e)$, especialmente para solos granulares, nos quais o fator de forma c não varia significativamente com o índice de vazios.

Kozeny (1927) e Carman (1939) propuseram a Eq. 1.3f[8], conhecida como equação de Kozeny-Carman, para estimativa do coeficiente de permeabilidade em função do índice de vazios,

$$k = \frac{1}{k_0 S^2} \frac{\gamma_w}{\mu_w} \frac{e^3}{(1+e)} \qquad (1.3f)$$

onde k_0 é a constante de Kozeny, que depende da forma dos poros e da tortuosidade do fluxo; S, a superfície específica (área/volume); γ_w, o peso específico da água; μ_w, a viscosidade dinâmica da água; e, o índice de vazios do solo.

Nishida e Nakagawa (1969) e Venkatramaiah (2007) verificaram que, para muitos solos, prevalece uma relação linear entre $\log k$ versus e, o que sugere um método indireto simples para estimativa do coeficiente de permeabilidade saturado, uma vez conhecidos seus valores sob dois diferentes índices de vazios.

Um aumento no índice de vazios leva a um acréscimo no valor do coeficiente de permeabilidade por duas razões: a) um aumento proporcional no volume de vazios disponível para fluxo, em decorrência direta da própria definição de índice de vazios; b) um acréscimo na dimensão individual dos poros, que aumenta a velocidade média de fluxo no próprio poro.

É importante ressaltar que, se obras de terra necessitam de materiais de alta permeabilidade, é um erro tentar consegui-la diminuindo a compactação. Materiais pouco compactados apresentam valores de resistência ao cisalhamento mais baixos e de compressibilidade mais altos. Quando alta permeabilidade for necessária em um projeto, materiais em condições adequadas devem ser empregados, que assegurem tanto os valores desejados de permeabilidade quanto os de resistência e compressibilidade em determinada densidade relativa.

1.3.3 Composição química

A composição química das partículas sólidas tem, geralmente, pouca influência no coeficiente de permeabilidade de solos granulares (siltes, areias), mas é de grande importância no caso de solos coesivos. Dependendo do tipo do argilomineral presente no solo e de sua capacidade de troca catiônica, o coeficiente de permeabilidade pode variar de 10^{-6} a 10^{-9} m/s com a diminuição dos vazios devido ao aumento de espessura da dupla camada difusa que recobre o argilomineral (RAJ, 2008). Os menores coeficientes de permeabilidade ocorrem quando o sódio é o íon intercambiável. Montmorilonitas sódicas são frequentemente usadas como aditivos em solos para torná-los menos permeáveis.

---

[8] A literatura registra outras formas da equação de Kozeny-Carman (Chapuis e Aubertin, 2003).

1.3.4 Estrutura do solo

O coeficiente de permeabilidade de depósitos de solo é influenciado pela sua estrutura, tanto do ponto de vista da micro quanto da macroestrutura. Em relação à microestrutura, argilas com o mesmo índice de vazios mostram-se mais permeáveis na microestrutura floculada do que na dispersa (LAMBE, 1955). Na microestrutura floculada (Fig. 1.6), o contato entre partículas de argila é feito entre faces e arestas, que se atraem mutuamente. Na microestrutura dispersa, as partículas estão dispostas paralelamente face a face, prevalecendo forças elétricas de repulsão. A estrutura de solos argilosos formados por sedimentação depende, em grande parte, das propriedades eletrolíticas da água. Argilas marinhas, depositadas em água contendo sal dissolvido, tendem a apresentar estrutura floculada, enquanto as depositadas em água doce tendem a possuir estrutura dispersa.

Considerando argilas com mesmo índice de vazios, mas diferentes microestruturas, a maior permeabilidade ocorre na argila com microestrutura floculada devido à existência de poros maiores, os quais oferecem menor resistência à passagem da água. Entre a microestrutura dispersa e floculada há naturalmente uma infinidade de arranjos intermediários possíveis, como em certos solos residuais nos quais grupos de partículas ligam-se entre si formando vazios maiores (macroporos) que conferem ao solo residual um coeficiente de permeabilidade elevado apesar da presença significativa de argila em sua composição.

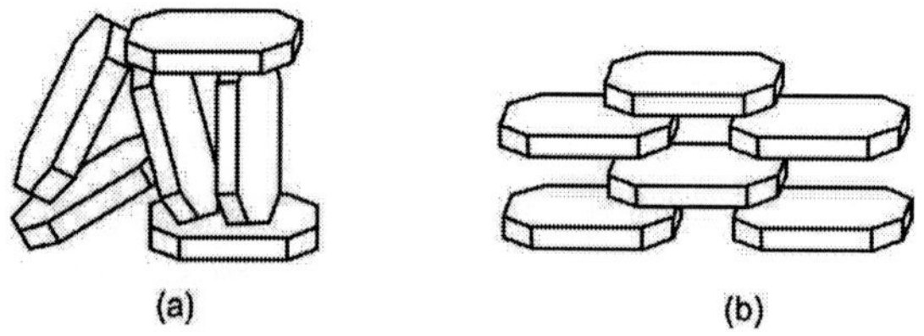

Figura 1.6 – Tipos de microestrutura em argilas: (a) floculada; (b) dispersa
Fonte: Lambe e Whitman (1969)

Em relação à macroestrutura, depósitos de solo sedimentares são geralmente estratificados em camadas horizontais, dependendo do agente de formação, e apresentam coeficiente de permeabilidade maior na direção horizontal do que na vertical.

Frequentemente, depósitos de argila compacta exibem trincas de tração ou de cisalhamento que os tornam centenas de vezes mais permeáveis do que a argila existente entre as trincas. Do mesmo modo, maciços de rocha fraturada têm permeabilidades aumentadas, dependendo das propriedades hidráulicas dos materiais de preenchimento das descontinuidades.

Rochas calcárias, ou gesso, apresentam solubilidade em presença da água, o que pode levar ao aparecimento de canais subterrâneos que se alargam gradualmente com o tempo, aumentando significativamente a permeabilidade do maciço.

1.4 CAPILARIDADE

Se a água presente nos vazios do solo estivesse sujeita apenas à ação da gravidade, as regiões acima do nível do lençol freático seriam secas. Na natureza, a água eleva-se acima desse nível num comportamento semelhante ao observado em tubos capilares de pequeno diâmetro *d* em contato com água.

Quando um tubo capilar de vidro é mergulhado na água, esta se eleva no interior do tubo devido à adesão entre a água e o vidro e à tensão superficial que se desenvolve na interface côncava (menisco) no topo da coluna de água (Fig. 1.7). A tensão superficial da água é uma propriedade que ocorre na superfície de contato água – ar, que leva o menisco a comportar-se como membrana contráctil, permitindo que pequenos objetos de metal (como agulhas) flutuem sobre a superfície da água, apesar de mais densos, que pequenos insetos caminhem sobre a superfície, que gotas de água apresentem o formato característico etc.

A máxima altura de elevação capilar h_c depende do equilíbrio de duas forças verticais opostas que atuam na coluna de água: a) força ascendente devido à tensão superficial da água ao longo do perímetro de contato do menisco com o tubo; b) força descendente devido ao peso da coluna de água. Da Fig. 1.7 vem,

$$\pi d T_s \cos\alpha = \frac{\pi d^2}{4} h_c \gamma_w \tag{1.4a}$$

onde α é o ângulo de contato, igual a 0° no caso de contato água – vidro; T_s, o valor da tensão superficial da água que depende da temperatura (Fig. 1.8).

$$h_c = \frac{4T_s}{d\gamma_w} \tag{1.4b}$$

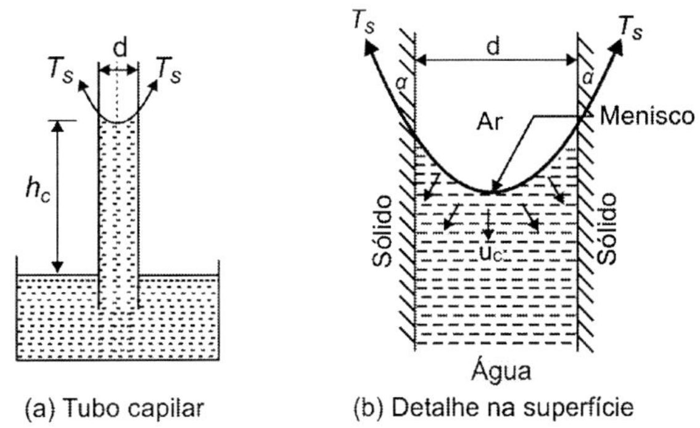

Figura 1.7 – Ascensão da água em tubo capilar
Fonte: autor

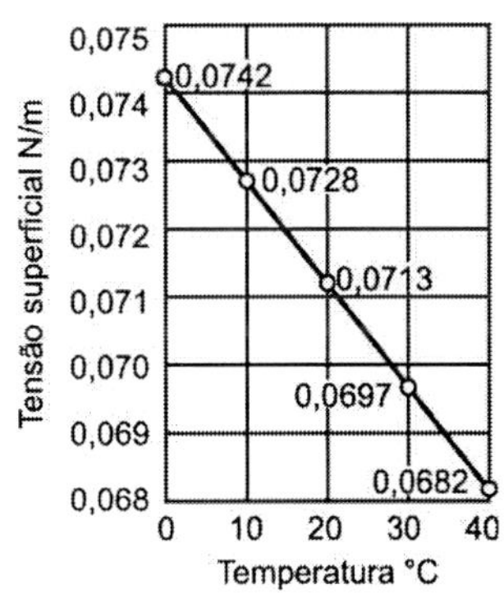

Figura 1.8 – Variação da tensão superficial na água com a temperatura
Fonte: adaptado de Raj (2008)

Para a temperatura de 20 °C, com $T_s = 71{,}3 \times 10^{-6}$ N/mm e $\gamma_w = 9{,}81 \times 10^{-6}$ N/mm^3, resulta da Eq. 1.4b que

$$h_c = \frac{4 \times 71,3 \times 10^{-6}}{d \times 9,81 \times 10^{-6}} = \frac{29,1}{d} \tag{1.4c}$$

A correspondente sucção capilar u_c (poropressão abaixo da pressão do ar – Fig. 1.7b) é dada por:

$$u_c = -\gamma_w h_c \tag{1.4d}$$

A ascensão da água por capilaridade não é limitada a tubos de pequeno diâmetro. Se duas placas verticais de vidro forem colocadas em contato, de tal modo que se toquem formando um V (Fig. 1.9), uma cunha de água elevar-se-á por capilaridade ao longo da interface, com altura dependente do ângulo formado entre as placas em contato.

Em solos, os vazios dos poros são irregulares em forma e tamanho e interconectam-se em todas as direções. Logo, as equações obtidas para tubos capilares não são estritamente aplicáveis, mas auxiliam entender os fatores que afetam a capilaridade e permitem, ao menos, estimar a ordem de magnitude da ascensão da água em diversos tipos de solo (Tab. 1.2), admitindo que o tamanho dos poros é da mesma ordem do tamanho das partículas.

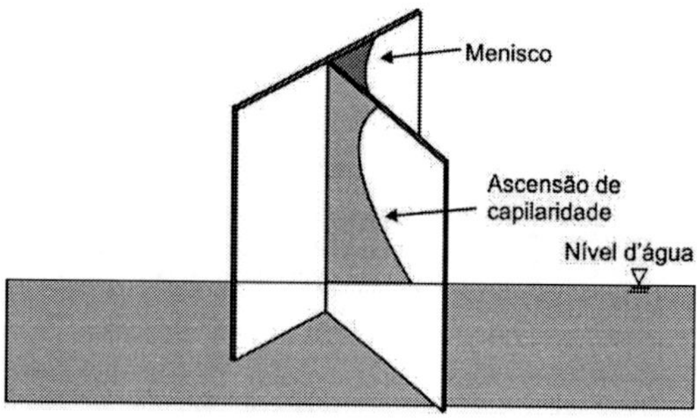

Figura 1.9 – Ascensão por capilaridade na aresta formada entre duas placas de vidro
Fonte: adaptado de Venkatramaiah (2012)

Tabela 1.2 – Intervalos típicos de alturas de capilaridade h_c em solos saturados

Solo	Altura aproximada (mm)
Pedregulho fino	20 - 100
Areia grossa	150
Areia fina	300 – 1.000
Silte	1.000 – 10.000
Argila	10.000 – 30.000

Fonte: Mc Carthy (1977)

A região de solo onde a água de capilaridade eleva-se é chamada de franja de capilaridade, sendo composta por duas zonas: a) zona de saturação (grau de saturação S = 100%) até a altura h_c; b) zona parcialmente saturada (S < 100%), onde somente pequenos poros são totalmente preenchidos por água. Nos poros maiores, a água de capilaridade pode ocorrer sob forma de cunhas nos contatos em V estabelecidos entre grãos (Fig. 1.10a), enquanto a parte central do poro é ocupada por ar, formando uma interface água – ar (menisco).

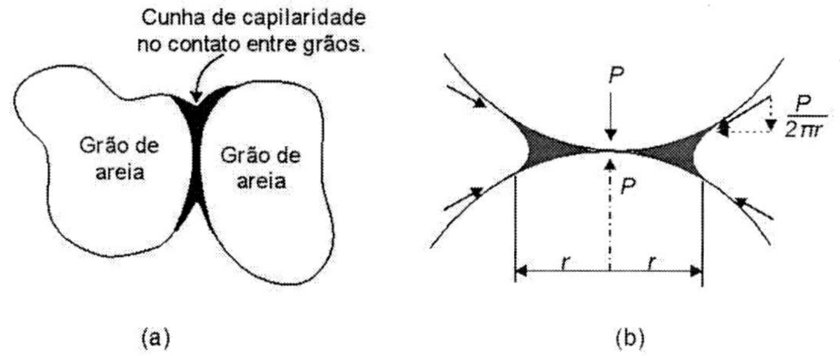

Figura 1.10 – (a) Cunha de água de capilaridade em areia úmida;
(b) força P produzida por umidade de contato
Fonte: (a) adaptado de Venkatramaiah (2012); (b) Terzaghi, Peck e Mesri (1996)

A água contida em solo granular úmido (particularmente areia) é chamada de umidade de contato, porque cada gota de água circunda um ponto de contato entre dois grãos. A tensão superficial desenvolvida na interface água – ar comprime os grãos com uma força P (Fig. 1.10b) e a resistência ao cisalhamento gerada pela tensão de contato entre os grãos tem o mesmo efeito como se a areia tivesse certa coesão, chamada de coesão aparente. Não se trata de uma propriedade intrínseca da areia, mas de uma característica temporária conferida por forças capilares. Quando a areia é saturada, ou seca, a tensão de contato torna-se nula e a coesão aparente desaparece. A existência de uma interface água – ar é pré-requisito para o desenvolvimento da tensão superficial na água.

1.5 TENSÃO EFETIVA EM FLUXO PERMANENTE

Para verificar a influência do fluxo permanente de água no valor da tensão efetiva em solos saturados, considere o equilíbrio do corpo de prova de solo granular de seção transversal A, comprimento L e peso específico saturado γ_{sat} sujeita ao fluxo permanente 1D, ascendente, conforme Fig. 1.11.

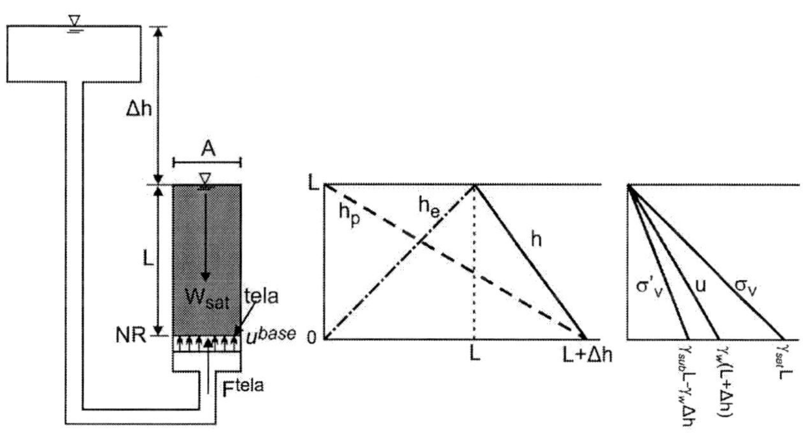

Figura 1.11 – Distribuição de cargas e tensões ao longo da altura do corpo de prova de solo saturado na condição de fluxo permanente 1D, vertical e ascendente
Fonte: autor

Considerando o equilíbrio de forças na direção vertical vem:

$$W_{sat} - F^{base} - F^{tela} = 0 \tag{1.5a}$$

onde W_{sat} é o peso do corpo de prova de solo saturado; F^{base}, a força gerada pela poropressão u^{base} na base da corpo de prova; F^{tela}, a força aplicada pela tela de sustentação do corpo de prova.

$$\gamma_{sat} AL - u^{base} A = F^{tela} \tag{1.5b}$$

$$A\left(\sigma_v^{base} - u^{base}\right) = F^{tela} \quad \rightarrow \quad \sigma'^{base}_v A = F^{tela} \tag{1.5c}$$

onde σ_v^{base} e σ'^{base}_v denotam a tensão vertical total e a tensão vertical efetiva na base do corpo de prova, respectivamente.

A Eq. 1.5b pode também ser escrita como:

$$A\left(\gamma_{sat} L - \gamma_w h_p^{base}\right) = F^{tela} \tag{1.5d}$$

$$A\left[\gamma_{sat} L - \gamma_w \left(h^{base} - h_e^{base}\right)\right] = F^{tela} \tag{1.5e}$$

$$A\left[\gamma_{sat} L - \gamma_w \left(L + \Delta h\right)\right] = F^{tela} \tag{1.5f}$$

Quando a tensão efetiva na base do corpo de prova tornar-se nula $\sigma'^{base}_v = 0$ (ou $F^{tela} = 0$ pela Eq. 1.5c), então o solo encontra-se na iminência de ruptura hidráulica, ou seja, resulta da Eq. 1.5f que:

$$\left(\gamma_{sat} - \gamma_w\right) LA = \gamma_w \Delta h\, A \quad \rightarrow \quad W_{sub} = F_P \tag{1.5g}$$

onde W_{sub} representa o peso submerso do corpo de prova e F_P é chamada de força de percolação, aplicada pelo fluido na base do corpo de prova.

Como já comentado, quando a água percola no solo, as partículas sólidas oferecem resistência viscosa ao movimento do fluido, representada pelo coeficiente de permeabilidade. Por outro lado, à medida que se movimenta, a água também aplica sobre as partículas sólidas uma força de arraste na direção e sentido do fluxo, explicando a origem da força de percolação. Na situação crítica expressa pela Eq. 1.5g, quando a força de percolação ascendente equilibra o peso submerso do corpo de prova, as partículas sólidas são mantidas em suspensão, e o gradiente hidráulico atinge seu valor crítico i_{cr}

$$\frac{\Delta h}{L} = \frac{\gamma_{sat} - \gamma_w}{\gamma_w} \quad \rightarrow \quad i_{cr} = \frac{\gamma_{sub}}{\gamma_w} = \frac{G_s - 1}{1 + e} \approx 1 \tag{1.5h}$$

onde G_s é a densidade dos grãos, e o índice de vazios.

Um solo arenoso pode perder resistência ao cisalhamento e comportar-se como um fluido quando $\sigma'_v \rightarrow 0$, com ocorrência do fenômeno de areia movediça. Note que essa condição também não é propriedade da areia, mas consequência do fluxo vertical, ascendente, com a força de percolação contrabalançando o peso submerso do solo.

A força de percolação F_P pode também ser expressa por unidade de volume como:

$$j = \frac{F_p}{V} = \frac{\gamma_w \Delta h\, A}{LA} = \gamma_w i \qquad (1.5i)$$

Deve ser evidente neste ponto que: a) na situação de fluxo vertical descendente, a força de percolação e o peso submerso atuam no mesmo sentido, impossibilitando a ruptura hidráulica do solo; b) o gradiente hidráulico crítico é atingido simultaneamente em todos os pontos do solo, pois a carga total varia linearmente com a profundidade (Fig. 1.11), e sua taxa de variação $i = - dh/dz$ é uma constante no fluxo permanente 1D; c) o valor do gradiente hidráulico crítico $i_{cr,}$ dado pela Eq. 1.5h, é um resultado particular, obtido da consideração de fluxo permanente 1D vertical e ascendente.

1.6 FORÇAS DE CORPO

A força de percolação atua em todo o volume de solo saturado ($j = F_P/V$) de modo análogo ao peso específico. Ambas grandezas são denominadas forças de corpo, e a resultante delas, em um problema de fluxo permanente, é discutida a seguir.

Considere o elemento de solo saturado ABCD (Fig. 1.12b) com volume V, índice de vazios e, grãos sólidos com densidade relativa G_s. Das relações básicas da mecânica dos solos, sabe-se que: volume total $V = (1+e)V_s$ onde V_s é o volume de sólidos; volume de água nos vazios do solo saturado $V_w = eV_s$; peso do solo saturado $W_{sat} = (G_s + e)\gamma_w V_s$; peso de sólidos $W_s = G_s\gamma_w V_s$; peso da água nos vazios $W_w = e\gamma_w V_s$. O peso do solo saturado W_{sat}, o peso de sólidos W_s e o peso de água nos vazios W_w são representados nos dois primeiros vetores da Fig. 1.12a.

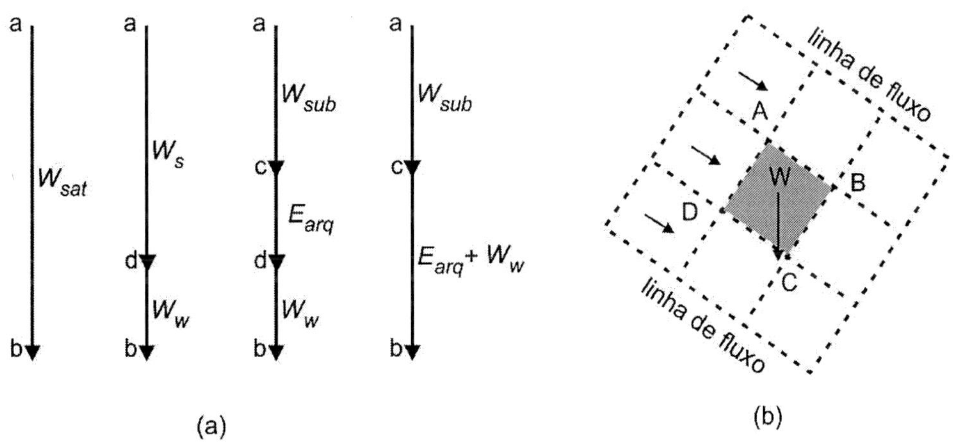

Figura 1.12 – (a) Combinações possíveis de pesos dos grãos sólidos e da água; (b) elemento de solo saturado em regime de fluxo permanente. Fonte: adaptado de Cedergren (1967) e Taylor (1948)

Se o solo estiver submerso, deve-se considerar ainda a ação do empuxo hidrostático ou de Arquimedes, com módulo igual ao peso de água deslocada pelo volume de partículas sólidas. O peso do solo submerso W_{sub}, indicado no terceiro e quarto vetores da Fig. 1.13, é determinado como:

$$E_{Arq} = \gamma_w V_s \quad \text{(peso de água deslocada pelas partículas sólidas)} \tag{1.6a}$$

$$W_{sat} = W_{sub} + E_{Arq} + W_w \quad \text{(primeiro e terceiro vetores)} \tag{1.6b}$$

$$W_{sub} = W_{sat} - W_w - E_{Arq} = (G_s - 1)\gamma_w V_s \quad \text{peso do solo submerso} \tag{1.6c}$$

Observe que na definição de peso específico submerso ($\gamma_{sub} = W_{sub}/V$), o empuxo de Arquimedes está implicitamente incluído, ou seja:

$$\frac{W_{sub}}{V} = \frac{W_{sat}}{V} - \frac{(W_w + E_{Arq})}{V} = \gamma_{sat} - \frac{\gamma_w (V_w + V_s)}{V} = \gamma_{sat} - \gamma_w \tag{1.6d}$$

Como o solo submerso está na condição de fluxo permanente 1D (Fig. 1.12b), é conveniente analisar os efeitos da força de percolação. Considere o elemento de solo ABCD, com espessura unitária na direção perpendicular ao plano do papel e lados iguais de comprimento b paralelos (AB, CD) e normais (AD, BC) à direção de fluxo θ, mostrada na Fig. 1.13a. Admita que a perda de carga entre os lados AD e BC é Δh e que, no ponto A, a poropressão é u_A e a carga de elevação h_e^A é nula.

Logo as poropressões nos pontos B, C e D da Fig. 1.13a podem ser escritas como:

$$u_B = u_A + \gamma_w (b sen\theta - \Delta h) \tag{1.6e}$$

$$u_C = u_A + \gamma_w (b sen\theta + b\cos\theta - \Delta h) \tag{1.6f}$$

$$u_D = u_A + \gamma_w b\cos\theta \tag{1.6g}$$

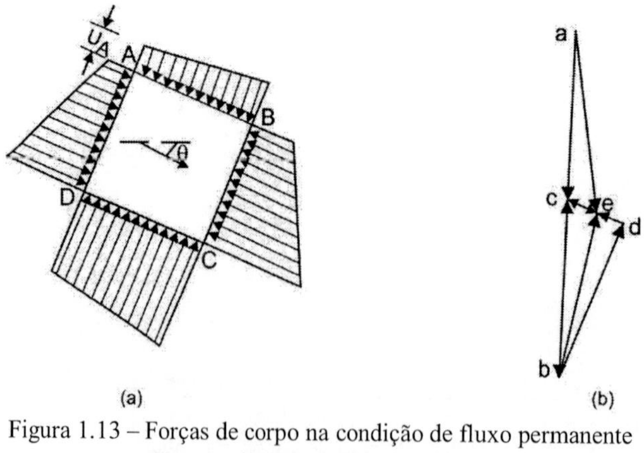

Figura 1.13 – Forças de corpo na condição de fluxo permanente
Fonte: adaptado de Taylor (1948)

A soma das forças hidráulicas, que atuam normalmente às faces BC e AD, é dada por

$$F_\theta = \frac{u_B + u_C}{2} b - \frac{u_A + u_D}{2} b \tag{1.6h}$$

$$F_\theta = \frac{b}{2}\left[u_A + \gamma_w (bsen\theta - \Delta h) + u_A + \gamma_w (bsen\theta + b\cos\theta - \Delta h) - u_A - \left(u_A + \gamma_w b \cos\theta \right) \right] \tag{1.6i}$$

$$F_\theta = \gamma_w b^2 sen\theta - \gamma_w b \Delta h \tag{1.6j}$$

enquanto a soma das forças hidráulicas, que atuam normalmente às faces AB e CD, é escrita como

$$F_\tau = \frac{u_C + u_D}{2} b - \frac{u_A + u_B}{2} b \tag{1.6k}$$

$$F_\tau = \frac{b}{2}\left[u_A + \gamma_w (bsen\theta + b\cos\theta - \Delta h) + u_A + \gamma_w b \cos\theta - u_A - u_A - \gamma_w (bsen\theta - \Delta h) \right] \tag{1.6ℓ}$$

$$F_\tau = \gamma_w b^2 \cos\theta \tag{1.6m}$$

A diferença entre as condições hidrostática e de fluxo permanente deve-se, portanto, à presença da força de percolação F_P na Eq. 1.6j.

$$F_P = \gamma_w b \Delta h \tag{1.6n}$$

Na Fig. 1.13b, o polígono de forças tem a seguinte interpretação:

$\overrightarrow{ab}$ – peso do solo saturado $\overrightarrow{W}_{sat}$
$\overrightarrow{ac}$ – peso do solo submerso $\overrightarrow{W}_{sub}$
$\overrightarrow{bd}$ – força hidráulica $\vec{F}_\tau$ na condição hidrostática ou de fluxo (Eq. 1.6m)
$\overrightarrow{de}$ – força hidráulica $\vec{F}_\theta$ na condição de fluxo (Eq. 1.6j)
$\overrightarrow{dc}$ – força hidráulica $\vec{F}_\theta$ na condição hidrostática (Eq. 1.6j com $\Delta h = 0$)
$\overrightarrow{be}$ – composição vetorial das forças hidráulicas $\vec{F}_\tau$ e $\vec{F}_\theta$ na condição de fluxo
$\overrightarrow{bc}$ – composição vetorial das forças hidráulicas $\vec{F}_\tau$ e $\vec{F}_\theta$ na condição hidrostática ($\gamma_w b^2$)
$\overrightarrow{ce}$ – força de percolação (Eq. 1.6n)

A resultante das forças de corpo $\vec{F}_R$, que determina o valor da tensão normal efetiva no plano através do qual a água flui, pode ser obtida de duas maneiras: a) pela adição vetorial do peso do solo submerso $\overrightarrow{W}_{sub}$ ($\overrightarrow{ac}$) e a força de percolação $\vec{F}_P$ ($\overrightarrow{ce}$), obtendo a força de corpo resultante $\vec{F}_R$ ($\overrightarrow{ae}$); b) pela adição vetorial do peso do solo saturado $\overrightarrow{W}_{sat}$ ($\overrightarrow{ab}$) e da composição das forças hidráulicas que atuam nas faces do elemento $\vec{F}_\tau$ + $\vec{F}_\theta$ ($\overrightarrow{be}$), determinando novamente a força de corpo resultante $\vec{F}_R$ ($\overrightarrow{ae}$). Lembre que a força de percolação é aplicada nas partículas sólidas pela água em movimento e que, na primeira maneira, o peso do solo submerso é que deve ser considerado; essa abordagem requer, portanto, considerações de equilíbrio do esqueleto sólido.

Há também dois métodos para determinação da força de percolação $\vec{F}_P$ em solos saturados:
a) o método das forças hidráulicas – na condição hidrostática (Δh = 0), a composição vetorial das forças hidráulicas $|\vec{F}_\tau + \vec{F}_\theta|$, que atuam nas faces do elemento ABCD da Fig. 1.13a, equilibra o peso $\gamma_w b^2$ desse elemento como se ele fosse constituído apenas por água.[9]

$$\left|\vec{F}_\theta + \vec{F}_\tau\right| = \gamma_w b^2 \sqrt{sen^2\theta + \cos^2\theta} = \gamma_w b^2 \tag{1.6p}$$

Logo, na condição de fluxo permanente, uma resultante não nula considerando todas as forças que atuam no elemento de água ABCD (peso do elemento de água mais as forças hidráulicas aplicadas nas faces) representa a força de percolação $\vec{F}_P$. No polígono de forças da Fig. 1.13b, observe que

$$\overrightarrow{ce} = \overrightarrow{cb} + \overrightarrow{be} \quad \text{ou} \quad \vec{F}_P = \vec{W}_w + \vec{E}_{Arq} + \vec{F}_\theta + \vec{F}_\tau \tag{1.6q}$$

b) o método dos gradientes hidráulicos – mais simples e rápido, consiste em obter o gradiente hidráulico médio[10] i em determinado volume de solo V e calcular o módulo da força de percolação pela Eq. 1.5i, obtendo sua direção e sentido pela orientação das linhas de fluxo.

1.7 FATORES DE SEGURANÇA

Considere novamente a situação de fluxo ascendente vertical da Fig. 1.11. Em função das duas maneiras de determinação da força de corpo resultante, pode-se definir primeiramente um fator de segurança FS, como a razão entre o peso submerso W_{sub} e a força de percolação F_P atuante na base do corpo de prova.

$$FS = \frac{W_{sub}}{F_P} = \frac{\gamma_{sub} AL}{\gamma_w \Delta h A} = \frac{\gamma_{sub}}{\gamma_w i} \tag{1.7a}$$

Quando o valor do gradiente hidráulico atingir o valor crítico i_{cr}, correspondente ao fator de segurança FS = 1, então

$$i_{cr} = \frac{\gamma_{sub}}{\gamma_w} \tag{1.7b}$$

e a Eq. (1.7a) pode ser reescrita como

$$FS = \frac{i_{cr}}{i} \tag{1.7c}$$

Outra possibilidade de definição do fator de segurança é pela razão entre o peso do solo saturado W_{sat} e o módulo da composição das forças hidráulicas $F_\theta + F_\tau$ atuantes na base do corpo de prova.

---

[9] Na Fig. 1.12a, note também que $\overrightarrow{cb}$ é a soma do peso da água nos vazios do solo mais o peso da água deslocada pelos sólidos, isto é, o peso total do elemento em água.

[10] No caso de fluxo permanente 2D, o gradiente hidráulico varia ao longo da linha de fluxo, como será discutido no capítulo 2.

$$FS = \frac{W_{sat}}{F_\theta + F_\tau} = \frac{\gamma_{sat} AL}{uA} = \frac{\sigma_v}{u} \tag{1.7d}$$

Considerando as expressões para a tensão vertical total σ_v e a poropressão u na base do corpo de prova da Fig. 1.11, é possível escrever que:

$$FS = \frac{\gamma_{sub} L + \gamma_w L}{\gamma_w \Delta h + \gamma_w L} = \frac{\dfrac{\gamma_{sub} L + \gamma_w L}{\gamma_w L}}{\dfrac{\gamma_w \Delta h + \gamma_w L}{\gamma_w L}} = \frac{i_{cr} + 1}{i + 1} \tag{1.7e}$$

O fator de segurança, avaliado pela Eq. 1.7e, resulta menor do que o valor determinado pela Eq. 1.7c - ver exercício proposto 4 – exceto na condição $FS = 1$, quando ambas as equações são equivalentes na iminência da ruptura.

A norma europeia EN 1997-1, da seção 10 do Eurocode 7 (2004), classifica os modos hidráulicos de ruptura em ruptura por levantamento (*uplift*) – Eq. 1.7d – e ruptura hidráulica por fluxo – Eq. 1.7a. Uma ruptura por levantamento acontece quando a poropressão sob uma estrutura ou camada de solo de baixa permeabilidade torna-se maior do que a tensão total devido à estrutura ou às camadas de solo sobrejacentes. Uma situação típica é a tendência de levantamento de uma construção subterrânea sujeita à pressão hidrostática do lençol freático (Fig. 1.14a). As medidas mais comuns para resistir à ruptura por levantamento incluem aumentar o peso da estrutura, diminuir a pressão d'água por drenagem ou ancorar a estrutura em estratos de solo ou rocha mais profundos.

Uma ruptura hidráulica por fluxo ocorre quando forças ascendentes de percolação atuam contra o peso submerso do solo, reduzindo a tensão efetiva. Um exemplo típico é a ruptura do fundo de uma escavação devido à percolação ao redor da cortina impermeável mostrada na Fig. 1.14b. Outros modos de ruptura hidráulica por fluxo também podem acontecer: a) por erosão interna, provocada pelo transporte de partículas do solo no interior de uma camada, na interface entre camadas ou na interface entre solo e estrutura; b) por *piping*, forma particular de erosão que inicia na superfície e regride até a formação de um túnel ou tubulação (*pipe*), que causa ruptura assim que sua extremidade atinge o fundo do reservatório de uma barragem de terra, por exemplo (Fig. 1.14c). Quando a possibilidade de ruptura hidráulica por fluxo representar ameaça à integridade da estrutura, medidas devem ser tomadas para reduzir o gradiente hidráulico, como o aumento das trajetórias de percolação, instalação de filtros protetores, poços de alívio e outras técnicas de controle de percolação.

Rupturas por levantamento são verificadas em termos de tensões totais, enquanto rupturas hidráulicas por fluxo podem ser investigadas em tensões totais ou efetivas. Naturalmente, em situações nas quais as poropressões são de natureza hidrostática, apenas a possibilidade de ruptura por levantamento deve ser considerada.

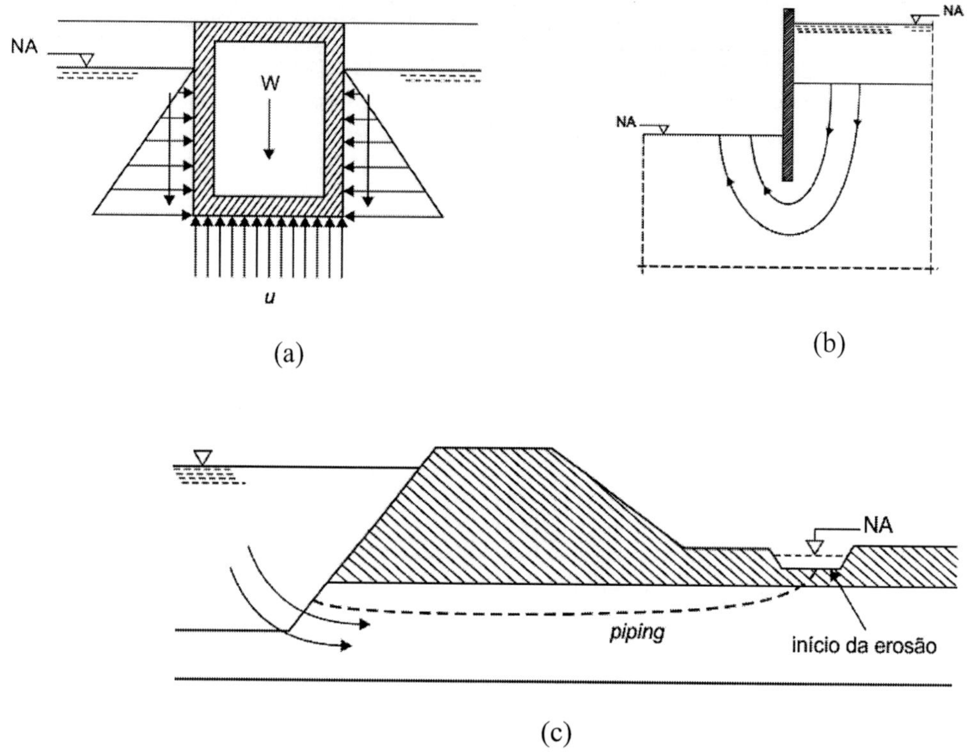

Figura 1.14 – (a) Ruptura por levantamento; (b) Ruptura hidráulica por fluxo; (c) Ruptura por *piping* em uma barragem de terra
Fonte: adaptado de Eurocode 7 (2004)

1.8 ENSAIOS DE LABORATÓRIO PARA DETERMINAÇÃO DO COEFICIENTE DE PERMEABILIDADE

Ensaios de laboratório para determinação do coeficiente de permeabilidade de solos saturados apresentam algumas vantagens em relação aos ensaios de campo, como o menor custo, possibilidade de saturação do corpo de prova por contrapressão, controle dos valores de carga hidráulica e das direções de fluxo, determinação de coeficientes de permeabilidade anisotrópicos, enquanto têm, como desvantagens principais, a menor representatividade dos resultados (fator de escala) e erros decorrentes dos processos de amostragem e preparação do corpo de prova.

O coeficiente de permeabilidade é determinado com a utilização de equipamentos chamados de permeâmetros, classificados como de parede rígida ou de parede flexível. O permeâmetro de parede rígida consiste, basicamente, em um tubo rígido no interior do qual o corpo de prova é colocado para ser ensaiado. No permeâmetro de parede flexível, o corpo de prova é montado de modo semelhante ao ensaio triaxial axissimétrico, sendo recoberto por uma membrana impermeável e colocado no interior de uma câmara e sujeito a pressões confinantes aplicadas pelo fluido que o envolve. Esse tipo de ensaio é normalmente realizado para solos com coeficiente de permeabilidade inferior a 10^{-3} cm/s.

1.8.1 Permeâmetros de parede rígida

a) Tipo molde de compactação

É o permeâmetro de parede rígida mais comum. O corpo de prova, formado por solo variando de pedregulho a argila, é colocado no interior do molde, compactado e percolado em seguida. Para assegurar condições de fluxo 1D, pedras porosas são colocadas no topo e na base do corpo de prova, conforme mostra a Fig. 1.15a. Uma variação que permite a expansão do solo no seu interior é o permeâmetro mostrado na Fig. 1.15b. Não necessita da pedra porosa superior, mas o fluxo de água é sempre descendente. Se a camada de solo no anel de expansão tiver espessura superior a 5% do comprimento do corpo de prova, então essa variação do comprimento L deve ser considerada no cálculo do gradiente hidráulico i (DANIEL, 1994). Para solos granulares, telas substituem as pedras porosas (Fig. 1.15c), pois essas são relativamente bem menos permeáveis do que o material a ser ensaiado (areia média, areia grossa, pedregulho). Piezômetros podem também ser inseridos na parede do tubo para medir a perda de carga hidráulica entre dois pontos do corpo de prova distanciados de ℓ, método simples e eficiente para evitar a consideração de perdas de carga em tubos, válvulas, telas e placas. Mesmo que as perdas de carga no equipamento de ensaio diminuam a vazão da água através do corpo de prova, o valor do gradiente hidráulico mantém-se constante e pode ser determinado com maior precisão entre esses pontos separados de ℓ.

Enquanto o permeâmetro da Fig. 1.15a não permite a expansão do solo, e o permeâmetro da Fig. 1.15b não oferece resistência para que ela ocorra, uma condição intermediária pode ser conseguida controlando-se o valor da tensão vertical aplicada no corpo de prova (Fig. 1.15d), simulando a tensão existente em campo. Atrito entre o solo e a parede interna do tubo pode desenvolver-se e diminuir o valor da tensão transmitida ao longo do comprimento do corpo de prova. Para minimizar esse problema, é recomendada a razão $L/D \leq 0,25$, na qual D é o diâmetro do corpo de prova. Segundo Daniel (1994), esse tipo de permeâmetro é indicado para ensaiar solos altamente compressíveis.

b) Tipo célula de adensamento

Esse tipo de permeâmetro (Fig. 1.16a) pode ser utilizado de duas maneiras: (a) o solo é adensado, e o coeficiente de permeabilidade é determinado durante o processo de cálculo do coeficiente de adensamento do solo, obtendo-se a variação de k em função da diminuição do índice de vazios e do aumento da tensão vertical efetiva; (b) o solo é permeado diretamente. Potenciais dificuldades com o primeiro procedimento decorrem de efeitos de compressão secundária no solo, que geralmente não são considerados na determinação do coeficiente de permeabilidade, podendo resultar em um valor subestimado de k. Problemas com a segunda utilização podem ser causados por fluxo lateral na interface solo - permeâmetro no caso de solos ensaiados sob tensões de compressão muito baixas ou no caso de solos rígidos. Esse tipo de permeâmetro é recomendado para solos coesivos que não contenham pedregulho ou areia grossa.

c) Tipo tubo amostrador (*shelby*)

O permeâmetro tipo tubo amostrador consiste na utilização de um tubo de parede fina, frequentemente utilizado para coleta de amostras indeformadas de solo em campo. O tubo é cortado em laboratório, e placas rígidas são montadas nas extremidades desse segmento (Fig. 1.16b). A amostra de solo no interior do tubo é ensaiada diretamente. Possibilidade de fluxo lateral existe se a amostra for de solo rígido ou contiver pedregulho; outras dificuldades podem surgir devido ao amolgamento da amostra durante coleta em campo.

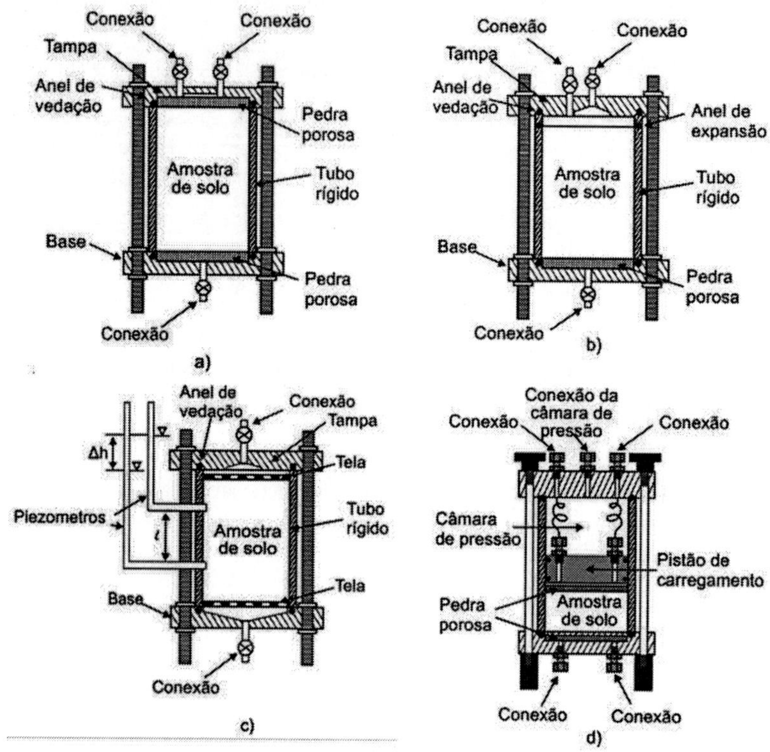

Figura 1.15 - Permeâmetros rígidos tipo molde de compactação
Fonte: adaptado de Daniel (1994)

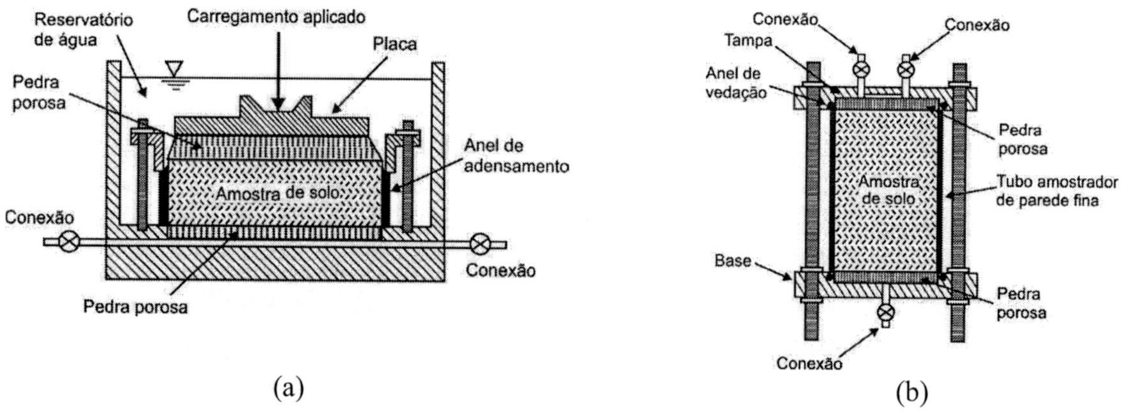

Figura 1.16 – (a) Permeâmetro tipo célula de adensamento; (b) permeâmetro tipo tubo amostrador
Fonte: adaptado de Daniel (1994)

1.8.2 Permeâmetro de parede flexível

Uma ilustração esquemática de permeâmetro de parede flexível encontra-se na Fig. 1.17. O corpo de prova no interior da câmara triaxial é confinado lateralmente por uma membrana impermeável e duas pedras porosas são colocadas, uma no topo e a outra na base do corpo de prova. A câmara é preenchida com água e pressurizada para comprimir a membrana. A razão comprimento / diâmetro do corpo de prova não deve ser superior a 1 ou 2 para evitar que o topo e a base estejam sob tensões verticais efetivas distintas e, consequentemente, adensem para diferentes valores de índices de vazios no caso de solos muito compressíveis.

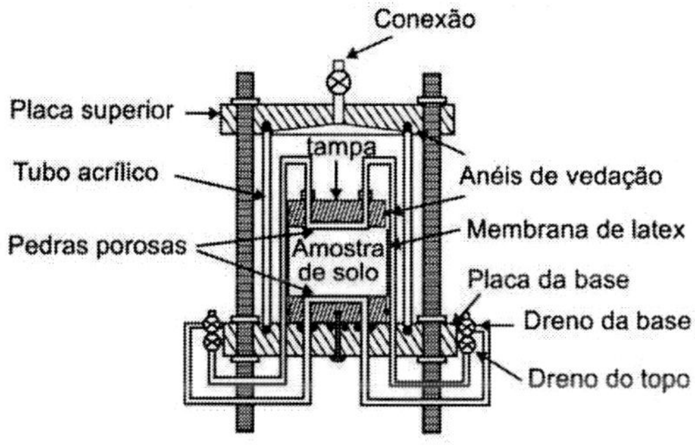

Figura 1.17 - Permeâmetro de parede flexível
Fonte: adaptado de Daniel (1994)

1.8.3 Comparação entre permeâmetros de parede rígida e flexível

Daniel et al. (1986) apresentaram as principais vantagens e desvantagens dos permeâmetros de parede rígida e flexível, sumarizadas na Tab. 1.3. O permeâmetro de parede rígida é mais barato e fácil de usar, mas a ocorrência de fluxo lateral, ao longo da interface solo – permeâmetro, é uma possibilidade. Não se dispõe também de um controle na aplicação de tensões. O permeâmetro de parede flexível é mais versátil e virtualmente elimina esses problemas. A saturação do solo pode ser acelerada com aplicação de contrapressão (pressão interna no corpo de prova) e verificada por meio do parâmetro de poropressão *B* de Skempton (1954), antes de iniciar o ensaio.

Tabela 1.3 - Principais vantagens e desvantagens de permeâmetros de parede rígida e flexível

Permeâmetro	Vantagens	Desvantagens
Parede rígida	- simplicidade de construção, operação e baixo custo; - permeâmetros de grandes dimensões podem ser construídos; - expansão vertical do solo pode ser permitida; - tensão vertical nula pode ser considerada.	- fluxo lateral é possível; - sem controle de tensões horizontais; - não é possível confirmar saturação com o parâmetro *B*; - dificuldade para saturar o solo por contrapressão; - tempo de ensaio longo para materiais de baixa permeabilidade.
Parede flexível	- é possível saturar o solo por contrapressão; - verificação da saturação com o parâmetro *B*; - controle das tensões principais; - ocorrência menos provável de fluxo lateral; - ensaios mais rápidos em materiais de baixa permeabilidade.	- maior custo do equipamento; - operação mais complicada se comparada aos permeâmetros de parede rígida; - dificuldade de executar ensaios com pressões confinantes muito baixas.

Fonte: adaptado de Daniel et al. (1986)

1.8.4 - Métodos de ensaio

A execução de ensaios de laboratório, para determinação do coeficiente de permeabilidade k, pode ser feita de acordo com dois métodos: carga constante, empregada para solos granulares, e carga variável, para solos de baixa permeabilidade.

a) Ensaio de carga constante

Durante o ensaio, um corpo de prova de solo granular de comprimento L e área de seção transversal A é submetido a uma diferença de carga constante Δh (Fig. 1.18), e o volume de água V_w que o percola, em determinado intervalo de tempo Δt, é recolhido e medido por meio de uma proveta graduada. O cálculo do coeficiente de permeabilidade k é operação simples, com aplicação direta da lei de Darcy. Como já mencionado, piezômetros podem ser inseridos na parede do permeâmetro para medir diretamente a perda de carga hidráulica no solo, sem influência das perdas em tubos, válvulas, pedras porosas, conforme Fig. 1.15c. Logo,

$$k = \frac{Q}{iA} = \frac{V_w}{\Delta t} \times \frac{L}{A\Delta h} \quad \text{onde} \quad Q = \frac{V_w}{\Delta t} \qquad i = \frac{\Delta h}{L} \tag{1.8a}$$

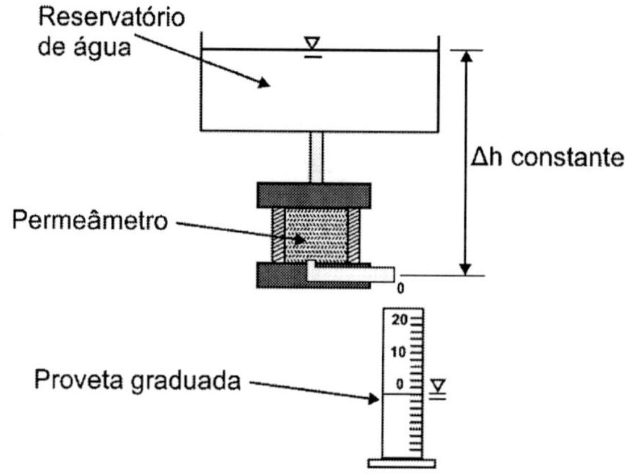

Figura 1.18 - Ensaio de carga constante
Fonte: adaptado de Daniel (1994)

b) Ensaio de carga variável

Para solos finos (siltes, argilas), o ensaio de carga constante é mais complicado de ser executado devido à pouca quantidade de água percolada através de materiais de baixa permeabilidade ou devido aos excessivos tempos de duração do ensaio. O ensaio de carga variável consiste em conectar um tubo de pequeno diâmetro (área a) ao permeâmetro onde está colocado o corpo de prova (área A, comprimento L), como indicado na Fig. 1.19. Esse pequeno diâmetro é ajustado em função da permeabilidade do material ensaiado. Se k for muito alto, a velocidade de queda do nível d'água será rápida; se k for muito baixo, lenta.

O tubo de pequeno diâmetro é preenchido com água, e o ensaio inicia quando o nível d'água atingir certo ponto P. Os tempos necessários para atingir outras posições são anotados. No tempo genérico t, para uma diferença de carga h entre os níveis d'água no interior do pequeno tubo e do reservatório externo, a vazão dQ no tubo de pequeno diâmetro é calculada por:

$$dQ = va = -a\frac{dh}{dt} \tag{1.8b}$$

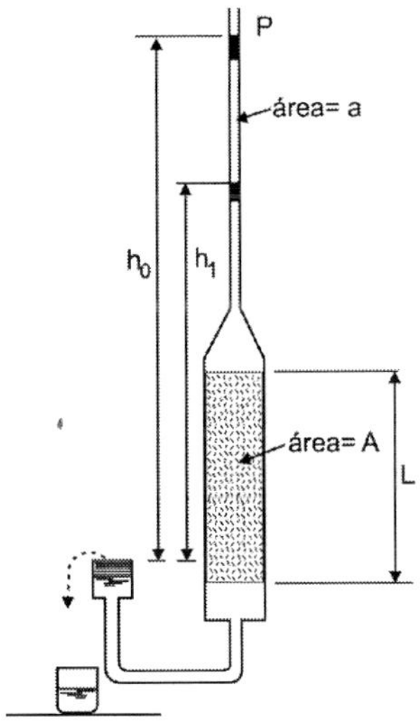

Figura 1.19 - Permeâmetro de carga variável
Fonte: Cedergren (1967)

Note que, na velocidade instantânea $v = -dh/dt$, a carga hidráulica h decresce com o aumento do tempo t, explicando o sinal negativo na Eq. 1.8b. No tubo de seção transversal A, a vazão dQ pode ser determinada pela lei de Darcy como:

$$dQ = k\frac{h}{L}A \tag{1.8c}$$

Devido à condição de continuidade do fluxo, as Eq. 1.8b e 1.8c indicam iguais valores de vazão, ou seja,

$$k\frac{A}{L}dt = -a\frac{dh}{h} \tag{1.8d}$$

A Eq. 1.8d é integrada entre os tempos t_0 e t_1, nos quais as correspondentes cargas hidráulicas h_0 e h_1 foram medidas, resultando

$$k\frac{A}{L}\int_{t_0}^{t_1} dt = -a\int_{h_0}^{h_1}\frac{dh}{h} \quad \rightarrow \quad k\frac{A}{L}(t_1 - t_0) = -a \times \ln\frac{h_1}{h_0} \tag{1.8e}$$

$$k = \frac{aL}{A\Delta t}\ln\left(\frac{h_0}{h_1}\right) \quad \rightarrow \quad k = \frac{2{,}3aL}{A\Delta t}\log\left(\frac{h_0}{h_1}\right) \tag{1.8f}$$

1.9 ENSAIOS DE CAMPO PARA DETERMINAÇÃO DO COEFICIENTE DE PERMEABILIDADE

1.9.1 - Poço de bombeamento

Ensaio utilizado para determinação do coeficiente de permeabilidade de camadas de areia ou pedregulho, extraindo água do aquífero granular com auxílio de bomba, enquanto leituras do rebaixamento do lençol freático são feitas em poços de observação localizados nas proximidades.

Para interpretação dos resultados do ensaio, as seguintes hipóteses são geralmente assumidas: a) a camada de solo é homogênea e isotrópica, em relação à permeabilidade, e de extensão lateral infinita; b) a base da camada (aquífero) é horizontal e impermeável; c) a superfície freática antes do rebaixamento está em equilíbrio hidrostático; d) o poço penetra todo o aquífero; e) o fluxo é horizontal, axissimétrico em relação ao poço e laminar; f) o fluxo ocorre em regime permanente, i.e. o rebaixamento do lençol freático atinge uma posição constante nos poços de observação.

1.9.1.1 - Aquífero granular não confinado

A Fig. 1.20 mostra um esquema geral do ensaio em um aquífero não confinado, identificando o poço de bombeamento, os poços de observação onde são feitas as medidas do rebaixamento, a superfície freática real e a superfície freática de Dupuit, considerada na interpretação dos resultados do ensaio.

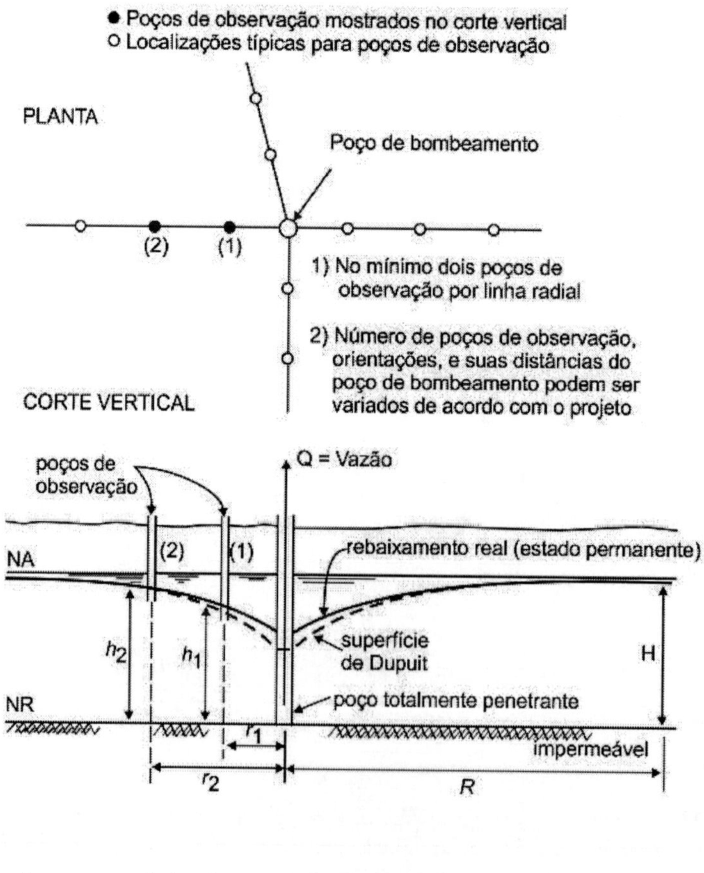

Figura 1.20 - Ensaio com poço de bombeamento totalmente penetrante em aquífero granular não confinado
Fonte: adaptado de Cedergren (1967)

O fluxo real não é horizontal (hipótese e) na vizinhança do poço, com a superfície freática atingindo maiores inclinações à medida que dele se aproxima. A diferença entre a superfície observada e a superfície de Dupuit mostra a formação de uma superfície de fluxo livre na parede do poço, sobre a qual a água flui mas sem estar nela contida. A velocidade de fluxo também aumenta próxima ao poço de bombeamento, podendo eventualmente não acontecer sob regime laminar.

Em um ponto qualquer P da superfície freática (Fig. 1.21a), a velocidade de fluxo é determinada pela lei de Darcy como:

$$v = -k\frac{dh}{ds} = -k\frac{dz}{ds} = -k\,sen\theta \tag{1.9a}$$

Admitindo θ pequeno, Dupuit (1863 – Fig. 1.22) sugeriu substituir $sen\theta$ pela inclinação da superfície freática no ponto P, considerando $tan\theta \approx sen\theta$ (Fig. 1.21b). Logo,

$$v = -k\tan\theta = -k\frac{dh}{dr} = ki \tag{1.9b}$$

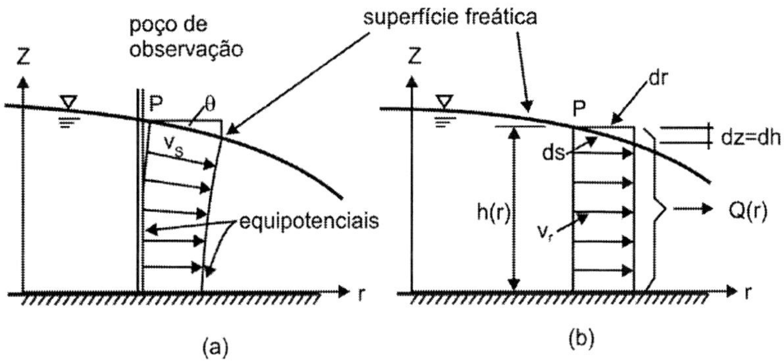

Figura 1.21 – (a) Fluxo real; (b) fluxo aproximado pela teoria de Dupuit
Fonte: adaptado de Bear (1988)

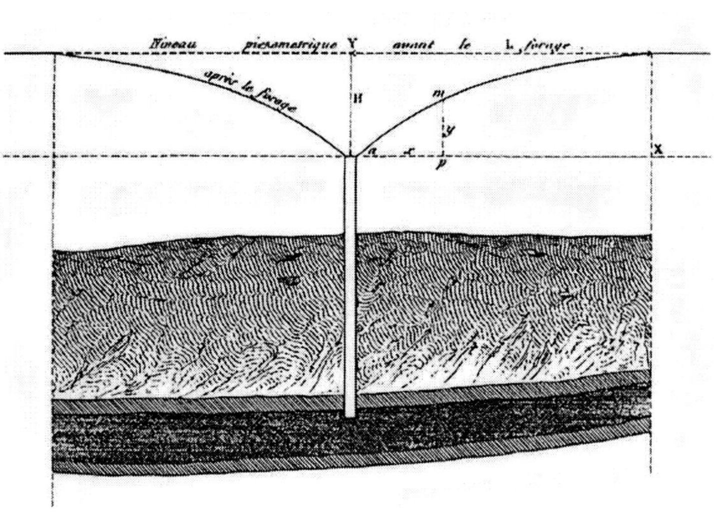

Figura 1.22 - Solução original de Dupuit (1863) para fluxo radial em poço
Fonte: Brown (2002)

Essa hipótese implica que o fluxo é essencialmente horizontal e que, a qualquer distância radial do poço, o gradiente hidráulico é constante, desde a superfície freática até a base do aquífero. Na distância r do centro do poço, correspondente à carga hidráulica h, a vazão Q pode ser determinada por

$$Q = kiA = k\frac{dh}{dr}2\pi rh \tag{1.9c}$$

onde $i = dh/dr$, de acordo com a hipótese de Dupuit, $A = 2\pi rh$ é a área lateral do cilindro de altura h, normal ao fluxo horizontal (Fig. 1.23).

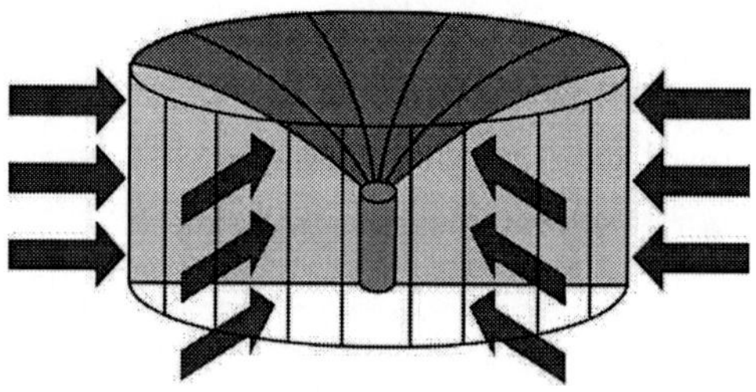

Figura 1.23 - Fluxo normal à área lateral de um cilindro
Fonte: autor

Integrando a Eq. 1.9c entre as distâncias de dois poços de observação r_1 e r_2 com cargas hidráulicas h_1 e h_2, respectivamente, resulta na equação de Dupuit-Thiem (1906) para um aquífero granular não confinado:

$$Q\int_{r_1}^{r_2}\frac{dr}{r} = 2\pi k\int_{h_1}^{h_2} hdh \quad \rightarrow \quad k = \frac{Q\ln(r_2/r_1)}{\pi(h_2^2 - h_1^2)} = \frac{2{,}3\,Q\log(r_2/r_1)}{\pi(h_2^2 - h_1^2)} \tag{1.9d}$$

Ensaios de bombeamento são procedimentos caros e devem ser sempre precedidos de investigações de campo para um conhecimento geral da natureza das formações geológicas. Devem ser considerados ao menos quatro poços de observação, com no mínimo dois poços em cada linha radial, para possibilitar a verificação de heterogeneidade e anisotropia do coeficiente de permeabilidade (comparando resultados calculados em diferentes linhas radiais).

Pode-se perguntar para qual distância R do poço o rebaixamento pode ser ignorado na prática (Fig. 1.20). Para fins de cálculo do coeficiente de permeabilidade, essa informação é irrelevante visto que os limites de integração estão bem definidos pelas coordenadas radiais r_1 e r_2 de dois poços de observação.

Kyrieleis e Sichardt (1930) propuseram uma correlação empírica (Eq. 1.9e) na condição de fluxo permanente,

$$R = 3000\,s\sqrt{k} \tag{1.9e}$$

onde s é o rebaixamento máximo observado na parede do poço de bombeamento (m); R, o raio de influência do cone de rebaixamento (m) e k, o coeficiente de permeabilidade em m/s.

Weber (1928) também sugeriu uma correlação empírica (Eq. 1.9f), na qual o valor de R é função do tempo de bombeamento, mas independente da vazão Q mantida constante durante o ensaio.

$$R = c\sqrt{\frac{kht}{n}} \tag{1.9f}$$

onde k é o coeficiente de permeabilidade em m/s; h, a carga hidráulica do aquífero não confinado antes do rebaixamento (Fig. 1.20); t (s), o tempo desde o início do bombeamento; n, a porosidade do solo, variando de 0,25 (areia grossa) a 0,34 (areia fina) e $2{,}828 \leq c \leq 3{,}464$ sendo geralmente admitido $c = 3$ (KOLLBRUNNER, 1946).

1.9.1.2 - Aquífero granular confinado[11]

O solo encontra-se confinado entre duas camadas impermeáveis, uma acima e outra abaixo do aquífero. A água flui sob influência da diferença de carga hidráulica gerada pela pressão artesiana. Nesse caso, a área lateral do cilindro tem altura constante b igual à espessura do aquífero (Fig. 1.24), e o coeficiente de permeabilidade k pode ser determinado pela equação de Thiem[12] (1906) para um aquífero confinado:

$$Q = kiA = k\frac{dh}{dr}2\pi rb \tag{1.9g}$$

$$Q\int_{r_1}^{r_2}\frac{dr}{r} = 2\pi kb\int_{h_1}^{h_2}dh \quad \rightarrow \quad k = \frac{Q\ln(r_2/r_1)}{2\pi b(h_2 - h_1)} = \frac{1{,}15\,Q\log(r_2/r_1)}{\pi b(h_2 - h_1)} \tag{1.9h}$$

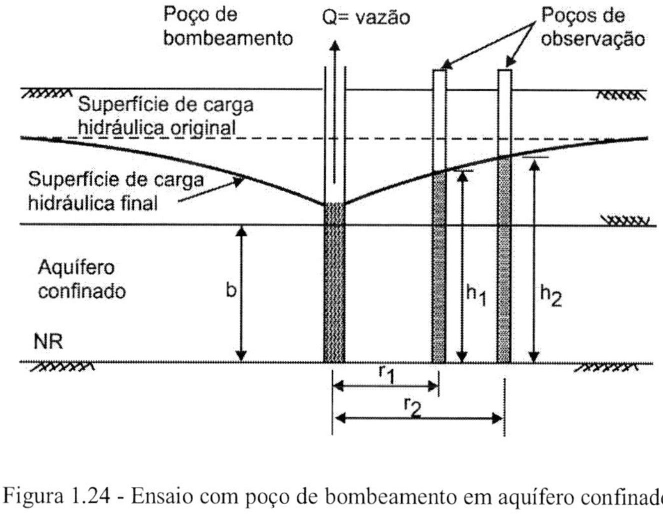

Figura 1.24 - Ensaio com poço de bombeamento em aquífero confinado
Fonte: autor

[11] O aquífero confinado não possui superfície de água livre ou freática, encontrando-se entre duas camadas relativamente impermeáveis. Se o aquífero estiver sob pressão elevada, de modo que a superfície de carga hidráulica ultrapasse sua espessura, também é conhecido como aquífero artesiano.

[12] De acordo com Narasimhan (1998), embora o desenvolvimento da equação seja creditado ao alemão Thiem (1906), essa solução foi obtida anteriormente pelo engenheiro francês Dupuit (1863), sete anos após a publicação da lei de Darcy (1856).

Para evitar as limitações da hipótese de fluxo permanente, uma formulação mais abrangente foi desenvolvida para interpretação de ensaios em poços de bombeamento sob regime de fluxo transiente (THEIS, 1935). Esse assunto será abordado no capítulo 4.

Finalmente, uma observação quanto a piezômetros e poços de observação, termos empregados nas Fig. 1.20 e 1.24. Várias publicações, incluindo a presente, usam ambos os termos de modo intercambiável, embora piezômetro refira-se ao instrumento de medição da carga de pressão e poços de observação à medição do nível d'água.

1.9.2 - Ensaios de infiltração

Esses ensaios são frequentemente executados em furos de sondagem de simples reconhecimento (SPT) e são conhecidos, de forma genérica, como ensaios de infiltração. Não monitoram a variação de cargas hidráulicas nas imediações do furo onde se realiza o ensaio. São ensaios de baixo custo, que podem fornecer informações importantes sobre a permeabilidade do solo, mas que devem ser executados com cuidado, porque seus resultados não são facilmente replicados, e erros na estimativa do coeficiente de permeabilidade são frequentes, produzindo geralmente um valor subestimado de k. As causas mais frequentes de erros são: a) vazamento entre o revestimento e o solo adjacente; b) entupimentos provocados pelo carreamento de finos ou sedimentos na água de ensaio; c) amolgamento do solo causado pela execução do furo; d) fraturamento hidráulico pela aplicação de cargas hidráulicas excessivas.

A determinação do coeficiente de permeabilidade em campo requer a aplicação de uma diferença de carga hidráulica no furo de sondagem com medida da vazão do fluxo d'água. A carga hidráulica pode ser mantida constante durante o ensaio (ensaio de carga constante) ou permitida variar (ensaio de carga variável). A execução desse tipo de ensaio é recomendada para determinação do coeficiente de permeabilidade apenas em solos abaixo do nível do lençol freático, pois a estimativa em solos parcialmente saturados é procedimento mais complicado. Para evitar a ocorrência de vazamento, ou de ruptura hidráulica, a máxima diferença de carga hidráulica deve ser menor do que a tensão efetiva mínima na profundidade do ensaio, sugerindo-se considerar um fator de segurança contra ruptura hidráulica por fluxo no mínimo igual a 2. Uma regra empírica é que a máxima diferença de carga hidráulica não deve exceder 10% da carga de pressão existente na profundidade do ensaio.

1.9.2.1 Ensaio de carga constante

Ensaio normalmente executado em campo, no qual é medida a vazão necessária para manter uma coluna d'água de altura constante no furo de sondagem. Não é recomendado para materiais com permeabilidade muito alta ou muito baixa pois a carga hidráulica poderá ser difícil de ser mantida, no primeiro caso, ou a vazão difícil de ser medida, no segundo.

O tubo de revestimento é geralmente de PVC, sem rosca, diâmetro mínimo de 2", posicionado a uma altura mínima de 0,8 m acima do nível do terreno e preenchido com água até a boca do tubo. A coluna d'água deve ser mantida com altura constante h acima do nível do lençol freático (Fig. 1.25a), bombeando-se água no interior do tubo e verificando-se as leituras de vazão durante um tempo mínimo de 10 minutos. As leituras são consideradas estabilizadas quando não for observada uma variação progressiva dos valores lidos. As medidas de vazão Q são feitas com hidrômetro acoplado à canalização da bomba quando a vazão for superior a 10 L/min; com auxílio de uma proveta graduada quando a vazão Q for inferior a 1 L/min; com tambor graduado, em casos intermediários. Se necessário, uma carga de pressão adicional poderá ser utilizada, conforme mostra a Fig. 1.25b, considerando a carga hidráulica total $h = h_e + h_p$.

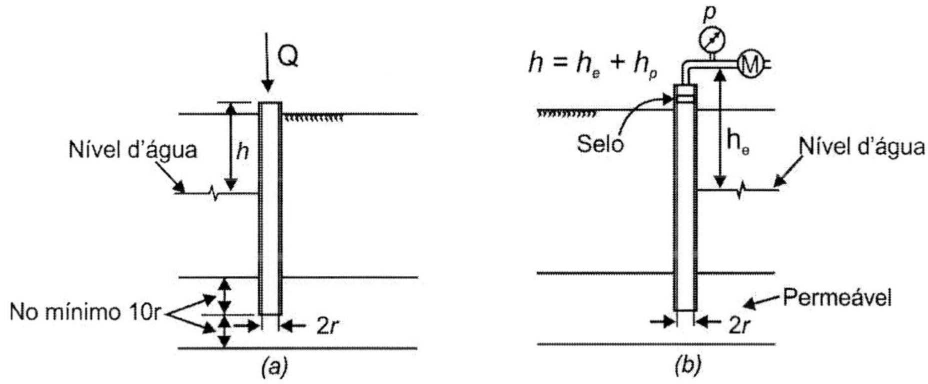

Figura 1.25 - Ensaio de infiltração com carga constante
Fonte: adaptado de Cedergren (1967)

O coeficiente de permeabilidade k é, normalmente, calculado pela formulação desenvolvida por Hvorslev (1951), baseada na hipótese de que o efeito da compressibilidade do solo é desprezível. Gibson (1963) apresentou formulação para solos compressíveis no caso de ensaios de carga constante.

a) Formulação de Hvorslev (1951)

$$k = \frac{Q}{Fh} \tag{1.9i}$$

onde F é um fator de forma, apresentado na Fig. 1.26.

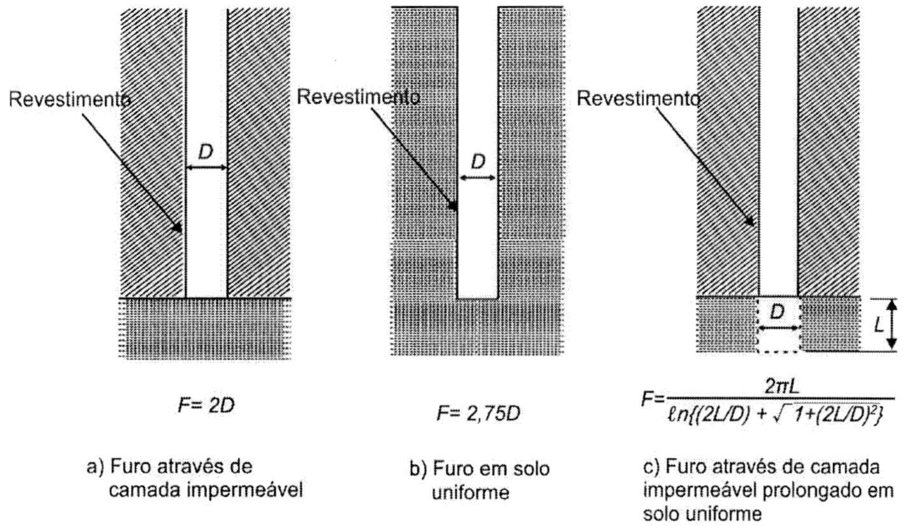

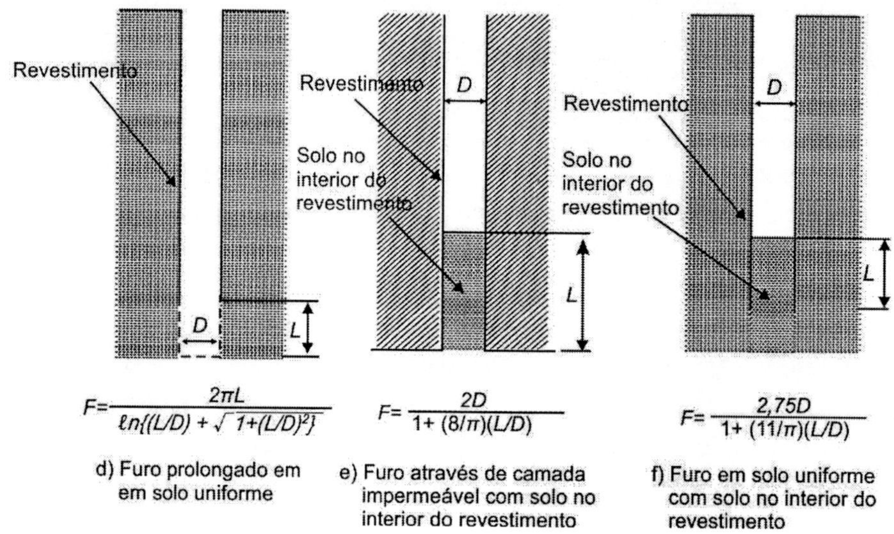

Coeficiente de permeabilidade assumido isotrópico e a espessura da camada permeável considerada infinita.

Figura 1.26 – Fator de forma *F* em ensaios de infiltração
Fonte: adaptado de Hvorslev (1951)

b) Formulação de Gibson (1963)

$$k = \frac{Q_\infty}{Fh} \tag{1.9j}$$

onde Q_∞ é a vazão em fluxo permanente, obtida em um gráfico $Q \times 1/\sqrt{t}$ da Fig. 1.27.

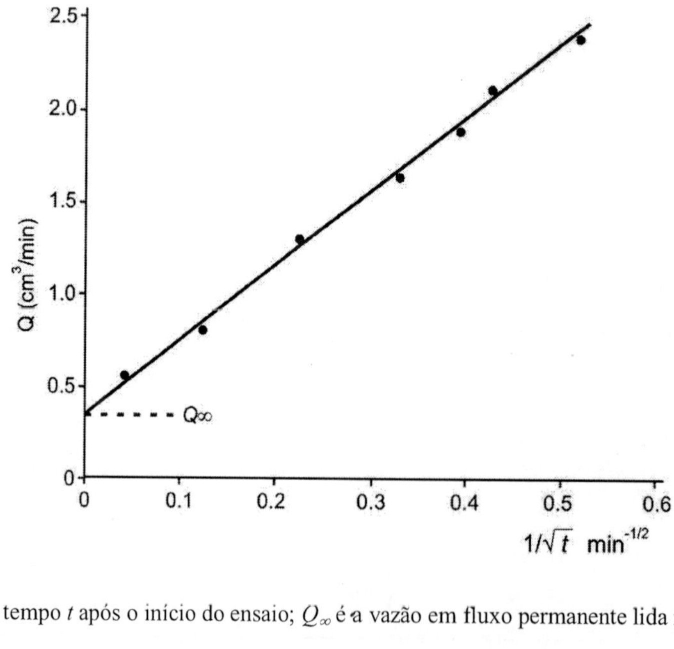

Q é a vazão em qualquer tempo t após o início do ensaio; Q_∞ é a vazão em fluxo permanente lida no gráfico para $1/\sqrt{t} = 0$

Figura 1.27 – Ensaio de carga constante pelo método de Gibson
Fonte: adaptado de BSI (1999)

1.9.2.2 Ensaio de carga variável

Esse tipo de ensaio acompanha o tempo de ascensão (ou queda) do nível da coluna d'água no interior de um furo, total ou parcialmente revestido, ou não revestido.

De acordo com Hvorslev (1951):

$$k = \frac{A}{FT} \tag{1.9k}$$

onde A é a área da seção transversal do furo (incluindo revestimento) e T o tempo básico determinado para $h/h_0 = 0{,}37$ (Fig. 1.28).

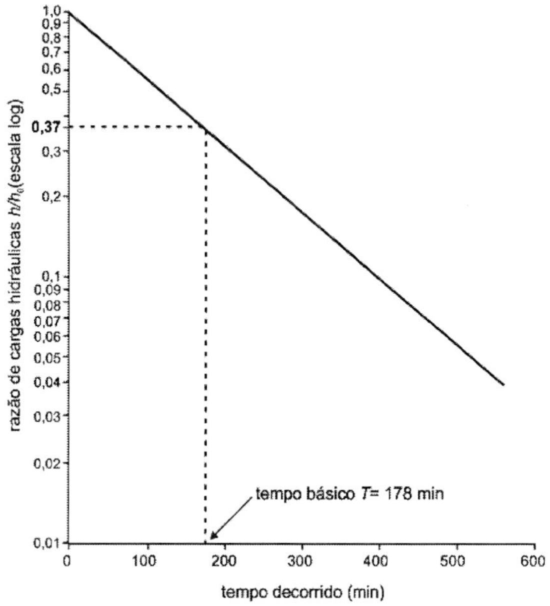

h_0 é a carga hidráulica no início do ensaio; h é o valor correspondente no tempo t; T é o tempo básico para $h/h_0 = 0{,}37$

Figura 1.28 – Cálculo do tempo básico T no ensaio de carga variável
Fonte: adaptado de BSI (1999)

1.9.3 - Ensaios de recuperação do nível d'água (*slug test / bail test*)

Os ensaios de recuperação do nível d'água consistem em provocar um rebaixamento ou elevação instantânea do nível do lençol freático, mediante a adição ou extração de um determinado volume de água ou pela introdução (*slug test*) ou remoção (*bail test*) de um cilindro sólido de volume conhecido (Fig. 1.29), equivalente à adição ou extração de água do aquífero. As medições dos níveis d'água podem ser feitas manualmente ou com auxílio de transdutores de pressão acoplados a um computador. O resultado do monitoramento da posição do nível d'água é uma curva de rebaixamento (ou recuperação) com o tempo, da qual são extraídos os parâmetros que, em conjunto com as características geométricas do poço, permitem calcular o coeficiente de permeabilidade por vários métodos propostos na literatura, dentre os quais os de Hvorslev (1951) e de Bouwer e Rice (1976).

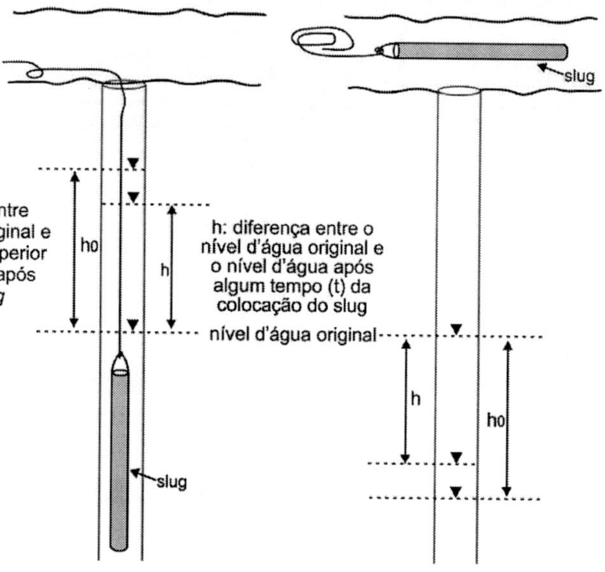

Figura 1.29 – (a) *Slug test* ; (b) *bail test*
Fonte: Oliva et al. (2005)

1.9.3.1 – Formulação de Hvorslev (1951)

Aplicada para aquíferos confinados e não confinados, homogêneos, isotrópicos, de extensão lateral infinita e espessura constante, lençol freático horizontal antes do ensaio, considerando poço total ou parcialmente penetrante.

$$k = \frac{r^2 \ln(L_e/R)}{2L_e t_L} \tag{1.9ℓ}$$

onde r é o raio do revestimento; L_e, o comprimento efetivo do filtro ou do segmento por onde a água infiltra; R, o raio do poço e t_L, o tempo necessário para 37% de recuperação. A Fig. 1.30 mostra os parâmetros geométricos para cálculo do coeficiente de permeabilidade k.

1.9.3.2 – Formulação de Bouwer e Rice (1976)

Utilizada em aquíferos não confinados, podendo também ser considerada para aquíferos confinados desde que a base da camada de confinamento esteja bastante acima do filtro do poço. O aquífero é uma camada horizontal de extensão infinita, espessura constante, homogênea e isotrópica; o nível d'água original é horizontal; o poço é total ou parcialmente penetrante e o armazenamento do poço é levado em consideração.

$$k = \frac{r^2 \ln(R_e/R)}{2L_e}\frac{1}{t}\ln\left(\frac{h_0}{h}\right) \text{ onde} \tag{1.9m}$$

$$\ln\left(\frac{R_e}{R}\right)=\left[\frac{1,1}{\ln\left(\frac{L_w}{R}\right)}+\frac{A+B\ln\left(\frac{b-L_w}{R}\right)}{\frac{L_e}{R}}\right]^{-1} \tag{1.9n}$$

Para $L_W = b$ a Eq. 1.9n se transforma em

$$\ln\left(\frac{R_e}{R}\right)=\left[\frac{1,1}{\ln\left(\frac{L_w}{R}\right)}+\frac{C}{\frac{L_e}{R}}\right]^{-1} \tag{1.9p}$$

onde r é o raio do revestimento; R, o raio do poço; R_e, a distância radial efetiva na qual a diferença de carga hidráulica é dissipada; L_e, o comprimento efetivo do filtro ou do segmento através do qual a água infiltra; L_w, a distância da base do filtro ao nível d'água original; h_0, a diferença de carga hidráulica no tempo $t = 0$; h, a diferença de carga hidráulica no tempo t; A, B e C são parâmetros adimensionais. A Fig. 1.31 mostra os parâmetros geométricos para cálculo do coeficiente de permeabilidade k e a Fig. 1.32, a variação dos parâmetros A, B e C com a relação L_e/R. Bouwer (1989) sugeriu adotar um raio de revestimento corrigido r_c, dependente da porosidade n do pré-filtro, de acordo com $r_c = \sqrt{(1-n)r^2 + nR}$.

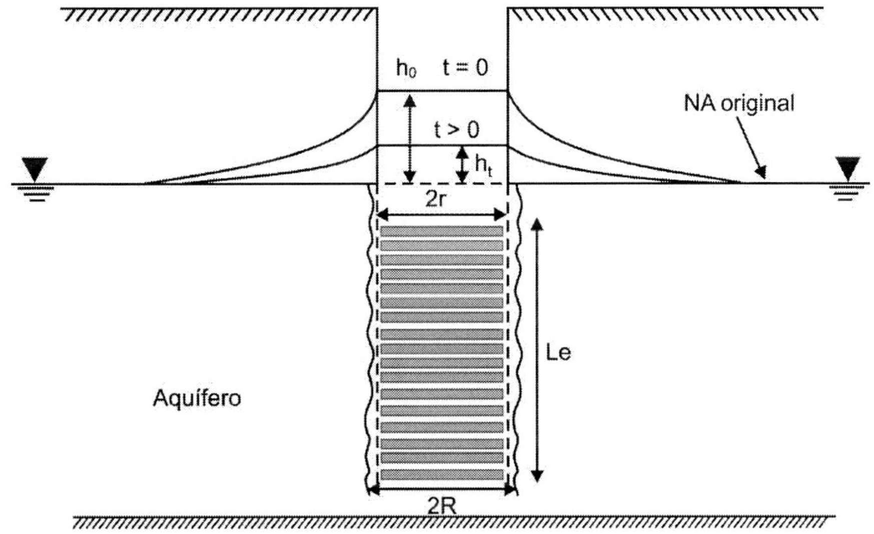

Figura 1.30 – Parâmetros geométricos para interpretação do *slug test* pela formulação de Hvorslev (1951)
Fonte: Oliva et al. (2005)

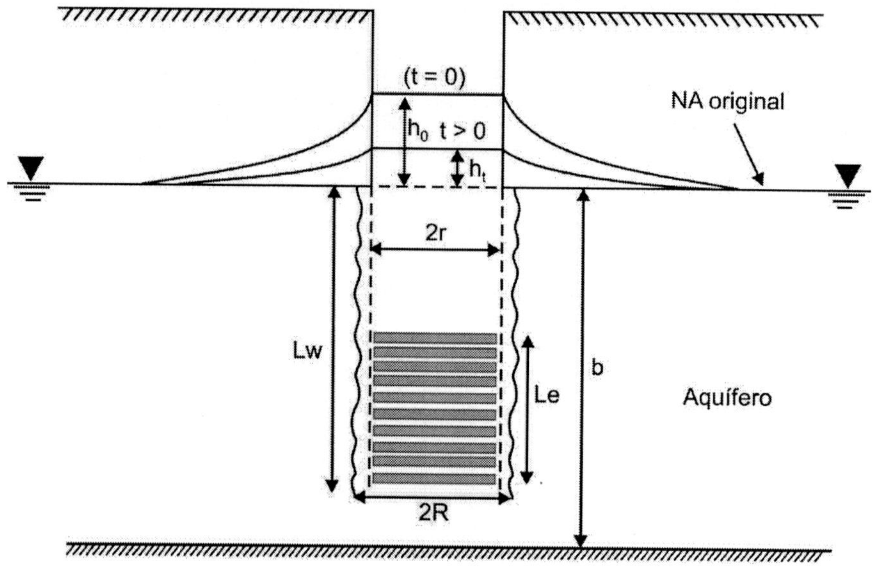

Figura 1.31 – Parâmetros para interpretação do *slug test* pela formulação de Bouwer e Rice (1976)
Fonte: Oliva et al. (2005)

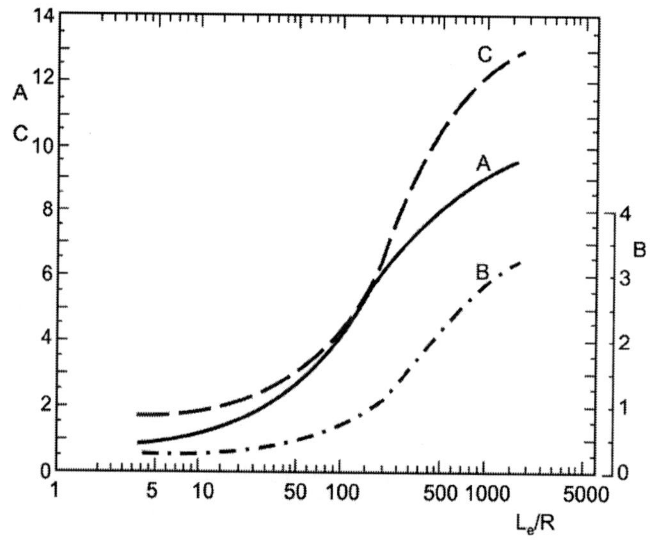

Figura 1.32 – Variação dos parâmetros adimensionais A, B, C com a razão L_e/R
Fonte: Bouwer e Rice (1976)

EXERCÍCIOS RESOLVIDOS

Nos exercícios resolvidos e exercícios propostos, se o peso específico da água não for declarado então considerar $\gamma_w = 10$ kN/m^3.

1 - Dada a Fig. 1.33, pede-se determinar o índice de vazios correspondente ao estado de areia movediça ($G_s = 2{,}65$).

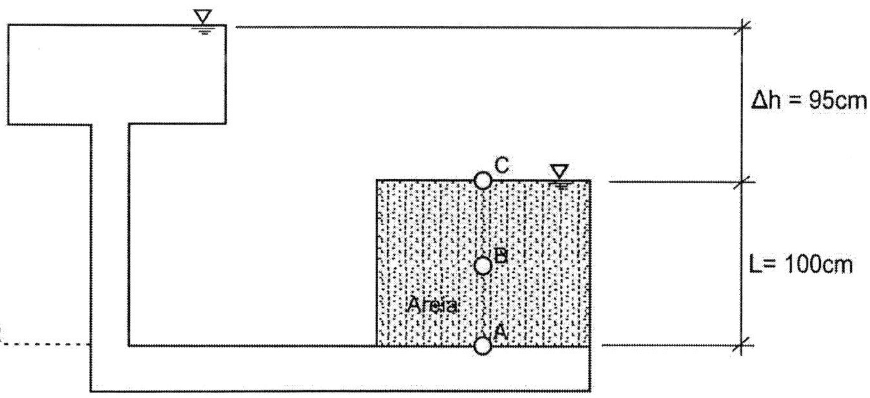

Figura 1.33 - Esquema de permeâmetro de carga constante com solo homogêneo
Fonte: autor

A condição de areia movediça ocorrerá quando a força de percolação gerada pelo fluxo unidimensional ascendente equilibrar o peso submerso da amostra de solo

$$F_P = W_{sub} \;\rightarrow\; \gamma_w \Delta h A = \gamma_{sub} L A \;\rightarrow\; i_{cr} = \frac{\Delta h}{L} = \frac{\gamma_{sub}}{\gamma_w} = \frac{\dfrac{G_s - 1}{1+e}\gamma_w}{\gamma_w}$$

$$\frac{95}{100} = \frac{2{,}65 - 1}{1+e} \;\rightarrow\; e = 0{,}74$$

Observe que a relação $i_{cr} = \Delta h/L = \gamma_{sub}/\gamma_w$ é uma expressão particular válida apenas quando o fluxo é vertical ascendente, e que o valor do gradiente hidráulico crítico será simultaneamente atingido nos pontos A, B e C.

2 - Dada a Fig. 1.34, pede-se determinar qual a diferença de carga total Δh que causará a ruptura hidráulica na amostra de solo. Considerar $\gamma_{sat}^{(1)} = 19$ kN/m^3, $\gamma_{sat}^{(2)} = 16$ kN/m^3 e $k_1 = 2k_2$.

Neste caso, deve-se examinar a possibilidade de ruptura hidráulica no solo 1 e no solo 2, pois os gradientes hidráulicos são diferentes para cada solo.

a) Perda de carga hidráulica nos solos 1 e 2

$$Q^{(1)} = Q^{(2)} \;\rightarrow\; k_1 \frac{\Delta h_1}{L_1} A_1 = k_2 \frac{\Delta h_2}{L_2} A_2 \;\rightarrow\; 2k_2 \frac{\Delta h - \Delta h_2}{0{,}6} A = k_2 \frac{\Delta h_2}{0{,}4} A$$

$$\Delta h_2 = \frac{4}{7}\Delta h \quad \text{e} \quad \Delta h_1 = \frac{3}{7}\Delta h$$

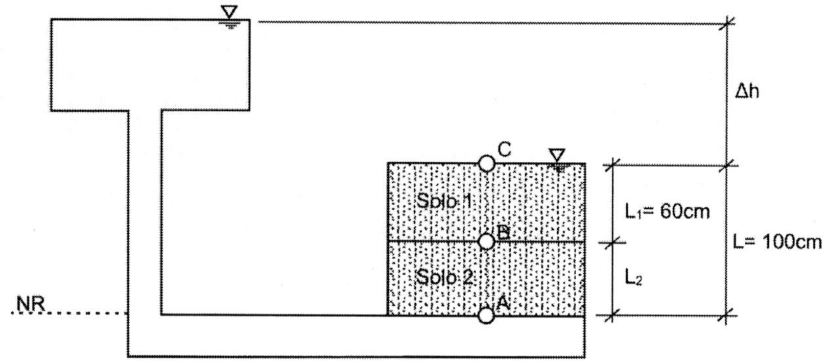

Figura 1.34 - Esquema de permeâmetro de carga constante com dois solos
Fonte: autor

b) Análise de equilíbrio da amostra de solo 1 na iminência de ruptura hidráulica

$$F_P^{(1)} = W_{sub}^{(1)} \quad \rightarrow \quad \gamma_w \Delta h_1 A = \left(\gamma_{sat}^{(1)} - \gamma_w\right) A L_1 \quad \rightarrow \quad \Delta h = \frac{19-10}{10 \times (3/7)} \times 0{,}6 = 1{,}26 \text{ m}$$

c) Análise de equilíbrio da amostra de solo 2 na iminência de ruptura hidráulica (reação da tela de sustentação das amostras é nula nesta condição)

$$F_P^{(2)} = W_{sub}^{(2)} + W_{sub}^{(1)} \quad \rightarrow \quad \gamma_w \Delta h A = \left(\gamma_{sat}^{(2)} - \gamma_w\right) A L_2 + \left(\gamma_{sat}^{(1)} - \gamma_w\right) A L_1$$

$$\Delta h = \frac{(16-10) \times 0{,}4 + (19-10) \times 0{,}6}{10} = 0{,}78 \text{ m}$$

Logo, a diferença de carga total que causará a ruptura hidráulica é $\Delta h = 0{,}78$ m

O problema também pode ser resolvido considerando o equilíbrio do peso saturado da amostra de solo e a força P gerada pela poropressão na base da amostra.

d) Análise de equilíbrio da amostra de solo 1 na iminência da ruptura

$$P_{base}^{(1)} = W_{sat}^{(1)} \quad \rightarrow \quad u_{base}^{(1)} A = \gamma_{sat}^{(1)} A L_1 \quad \rightarrow \quad \gamma_w h_p^B A = \gamma_{sat}^{(1)} A L_1$$

$$h_p^B = h^B - h_e^B = (\Delta h + L - \Delta h_2) - 0{,}4 = \frac{3}{7}\Delta h + 0{,}6$$

$$10 \times \left(\frac{3}{7}\Delta h + 0{,}6\right) = 19 \times 0{,}6 \quad \rightarrow \quad \Delta h = 1{,}26 \text{ m}$$

e) Análise de equilíbrio da amostra de solo 2 na iminência da ruptura

$$P_{base}^{(2)} = W_{sat}^{(1)} + W_{sat}^{(2)} \quad \rightarrow \quad u_{base}^{(2)} A = \gamma_{sat}^{(1)} A L_1 + \gamma_{sat}^{(2)} A L_2$$

$$\gamma_w h_p^A A = \gamma_{sat}^{(1)} A L_1 + \gamma_{sat}^{(2)} A L_2 \quad \rightarrow \quad h_p^A = h^A - h_e^A = (\Delta h + L)$$

$$10 \times (\Delta h + 1{,}0) = 19 \times 0{,}6 + 16 \times 0{,}4 \quad \rightarrow \quad \Delta h = 0{,}78 \text{ m}$$

3 – Determinar o coeficiente de permeabilidade equivalente nas direções vertical e horizontal do maciço de solo estratificado da Fig. 1.35.

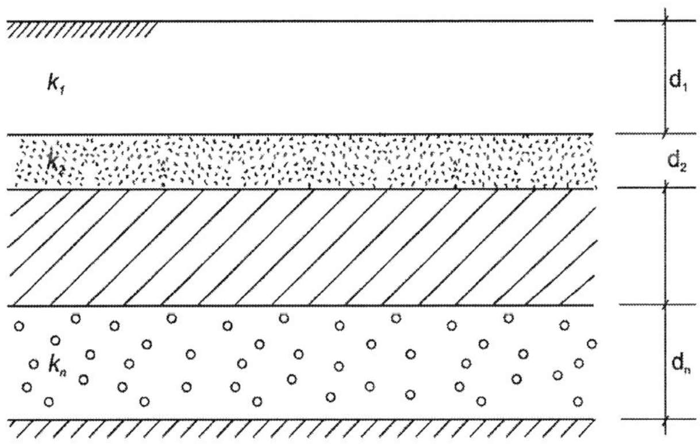

Figura 1.35 - Maciço de solo estratificado
Fonte: autor

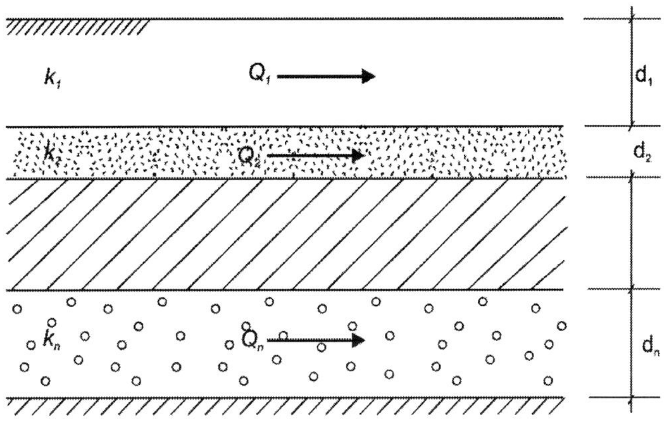

Figura 1.36 – Coeficiente de permeabilidade equivalente na direção horizontal
Fonte: autor

a) Coeficiente de permeabilidade equivalente na direção horizontal $\bar{k}_h$ (Fig. 1.36) - a perda de carga Δh ao longo de uma distância horizontal L é a mesma para qualquer uma das camadas consideradas.

$$\Delta h_1 = \Delta h_2 = \cdots = \Delta h_n = \Delta h$$

Logo $Q^{eq} = \bar{k}_h \dfrac{\Delta h}{L} \displaystyle\sum_{j=1}^{n} d_j$ e $\displaystyle\sum_{j=1}^{n} Q_j = \dfrac{\Delta h}{L} \displaystyle\sum_{j=1}^{n} k_j d_j$

$$Q^{eq} = \sum_{j=1}^{n} Q_j \quad \rightarrow \quad \bar{k}_h \frac{\Delta h}{L} \sum_{j=1}^{n} d_j = \frac{\Delta h}{L} \sum_{j=1}^{n} k_j d_j \quad \rightarrow \quad \bar{k}_h = \frac{\sum_{j=1}^{n} k_j d_j}{\sum_{j=1}^{n} d_j}$$

b) Coeficiente de permeabilidade equivalente na direção vertical $\bar{k}_v$ (Fig. 1.37) - devido à continuidade do fluxo, as vazões, nas diversas camadas e no sistema equivalente, têm de ser iguais entre si:

$$Q^{eq} = Q^1 = Q^2 = \ldots = Q^n \quad \rightarrow \quad \bar{k}_v \frac{\Delta h}{\sum_{j=1}^{n} d_j} A = k_j \frac{\Delta h_j}{d_j} A \quad \rightarrow \quad \Delta h_j = \frac{d_j/k_j}{\sum_{j=1}^{n} d_j} \bar{k}_v \Delta h$$

$$\Delta h = \sum_{j=1}^{n} \Delta h_j = \frac{\bar{k}_v \Delta h}{\sum_{j=1}^{n} d_j} \sum_{j=1}^{n} \frac{d_j}{k_j} \quad \rightarrow \quad \bar{k}_v = \frac{\sum_{j=1}^{n} d_j}{\sum_{j=1}^{n} d_j/k_j}$$

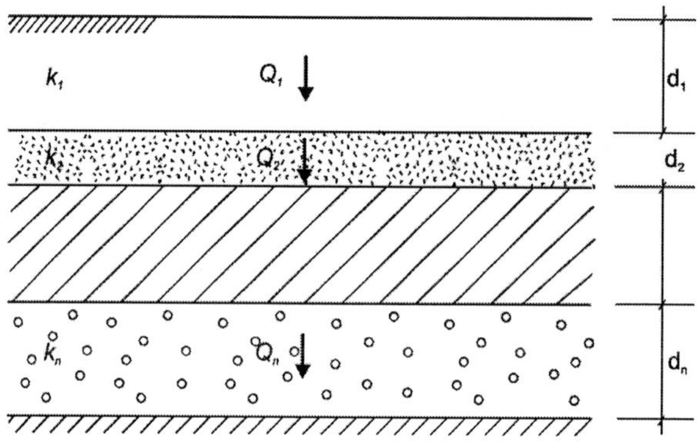

Figura 1.37 – Coeficiente de permeabilidade equivalente na direção vertical
Fonte: autor

4 – Considerando o esquema de fluxo de água da Fig. 1.38, pede-se determinar:

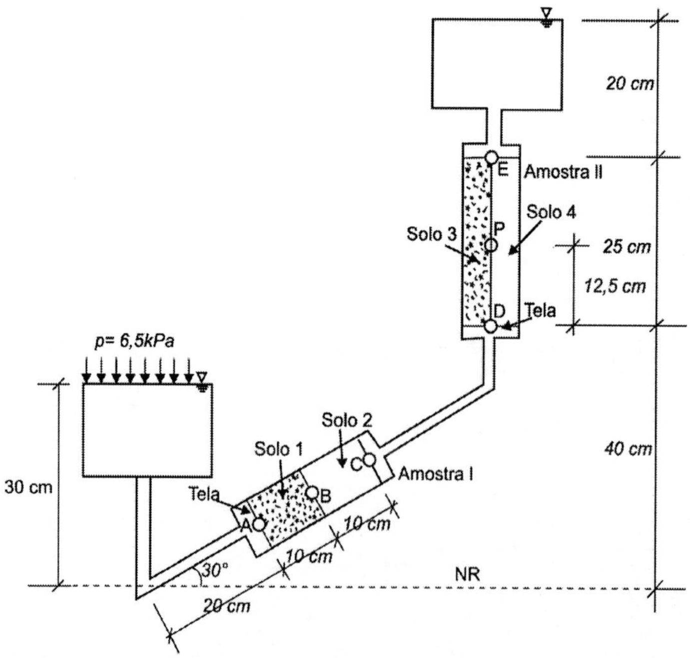

Figura 1.38 - Fluxo permanente unidimensional através de quatro solos
Fonte: autor

a) o valor das cargas de pressão nos pontos C e D, admitindo que ocorre perda de 20% da diferença de carga total quando a água flui através do solo 1;
b) o valor do coeficiente de permeabilidade no solo 4, sabendo que, no solo 3, o coeficiente de permeabilidade $k = 3\times10^{-4}$ cm/s;
c) a velocidade média de percolação no solo 4, considerando teor de umidade w = 24% e densidade dos grãos G_s = 2,75;
d) o valor da poropressão no ponto P;
e) a força que a tela aplica sobre a amostra I (solo 1 + solo 2);
f) a força que a tela aplica sobre a amostra II (solo 3 + solo 4);
g) o valor da pressão p que provocará a ruptura hidráulica.

Propriedades dos solos

$$\text{solo 1}\begin{cases} A = 40\ \text{cm}^2 \\ \gamma_d = 15\ \text{kN/m}^3 \\ e = 0{,}80 \\ k = 10^{-3}\text{cm/s} \end{cases} \qquad \text{solo 2}\begin{cases} A = 40\ \text{cm}^2 \\ G_s = 2{,}75 \\ n = 0{,}40 \\ k = 6\times10^{-4}\text{cm/s} \end{cases}$$

$$\text{solo 3}\begin{cases} A = 25\ \text{cm}^2 \\ G_s = 2{,}70 \\ w = 0{,}20 \\ k = 3\times10^{-4}\text{cm/s} \end{cases} \qquad \text{solo 4}\begin{cases} A = 25\ \text{cm}^2 \\ G_s = 2{,}75 \\ w = 0{,}24 \end{cases}$$

a) Determinação das cargas de pressão nos pontos C e D

a.1) Diferença de carga total Δh

$$\Delta h = h^A - h^E = \left(0{,}30 + \frac{6{,}5}{10}\right) - 0{,}85 = 0{,}95 - 0{,}85 = 0{,}10\ \text{m}$$

a.2) Gradiente hidráulico nos solos 1 e 2

$$i_1 = \frac{\Delta h_1}{L_1} = \frac{0{,}20\times\Delta h}{L_1} = \frac{0{,}2\times0{,}1}{0{,}1} = 0{,}2$$

$$Q_1 = Q_2 \quad \rightarrow \quad k_1 i_1 A_1 = k_2 i_2 A_2 \quad \text{com} \quad A_1 = A_2$$

$$i_2 = \frac{k_1 i_1}{k_2} = \frac{10^{-3}\times0{,}2}{6\times10^{-4}} = \frac{1}{3}$$

a.3) Carga de pressão em C

$$h_p^C = h^C - h_e^C \quad \text{com} \quad h_e^C = 0{,}40\times sen30° = 0{,}20\ \text{m}$$

$$h^C = h^B - i_2 L_2 = (h^A - 0{,}2\Delta h) - i_2 L_2 \quad \rightarrow \quad h^C = 0{,}95 - 0{,}2\times0{,}10 - \frac{1}{3}\times0{,}10$$

$h_p^C = 0{,}90 - 0{,}20 = 0{,}70$ m

a.4) Carga de pressão em D

$h_p^D = h^D - h_e^D$ com $h_e^D = 0{,}40$ m

Como não há perda de carga entre C e D, o fluido é considerado ideal (não viscoso e incompressível),

$h_p^D = h^C - h_e^D = 0{,}90 - 0{,}40 = 0{,}50$ m

b) Coeficiente de permeabilidade no solo 4

$$i_3 = i_4 = \frac{h^D - h^E}{L_3} = \frac{0{,}90 - 0{,}85}{0{,}25} = 0{,}2$$
$$Q_1 = k_1 i_1 A_1 = 10^{-5} \times 0{,}20 \times 40 \times 10^{-4} = 8 \times 10^{-9} \mathrm{m^3/s} = Q_2$$
$$Q_1 = Q_3 + Q_4 \;\rightarrow\; 8 \times 10^{-9} = k_3 i_3 A_3 + k_4 i_4 A_4$$
$$8 \times 10^{-9} = (3 \times 10^{-6} + k_4) \times 0{,}2 \times 25 \times 10^{-4} \;\rightarrow\; k_4 = 1{,}3 \times 10^{-5} \mathrm{m/s}$$

c) Velocidade média de percolação no solo 4

$$v_s^4 = \frac{v^4}{n} = \frac{k_4 i_4}{n}$$

Considerando relações básicas da mecânica dos solos,

$$G_s w = Se \text{ com } S = 1 \text{ e } n = \frac{e}{1+e} \;\rightarrow\; n = \frac{G_s w}{1 + G_s w} = \frac{2{,}75 \times 0{,}24}{1 + 2{,}75 \times 0{,}24} = 0{,}40$$
$$v_s^4 = \frac{1{,}3 \times 10^{-5} \times 0{,}20}{0{,}40} = 6{,}5 \times 10^{-6} \mathrm{m/s}$$

d) Poropressão no ponto P

$$h_p^P = h^P - h_e^P$$
$$h_p^P = (h^D - i_4 \times 0{,}125) - h_e^P = (0{,}90 - 0{,}20 \times 0{,}125) - 0{,}525 = 0{,}35 \text{ m}$$
$$u^P = \gamma_w h_p^P = 10 \times 0{,}35 = 3{,}5 \text{ kPa}$$

e) Força que a tela aplica sobre amostra I (solo 1 + solo 2) - Fig. 1.39

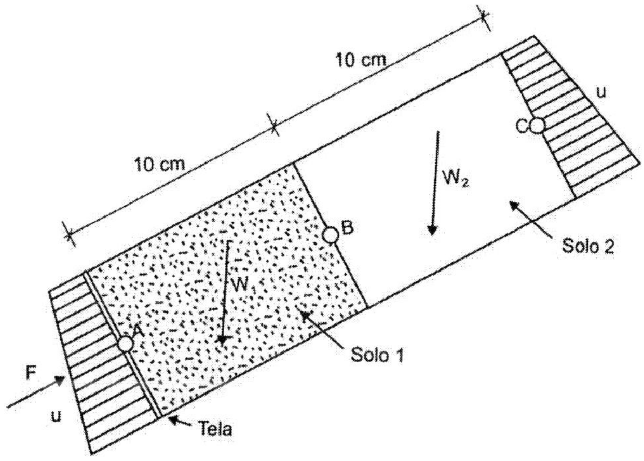

Figura 1.39 – Diagrama de corpo livre (DCL) da amostra I
Fonte: autor

e.1) Peso saturado do solo 1

$$\gamma_d^{(1)} = \frac{G_s}{1+e}\gamma_w \quad \rightarrow \quad G_s = \frac{1+0{,}80}{10} \times 15 = 2{,}7$$

$$\gamma_{sat}^{(1)} = \frac{G_s+e}{1+e}\gamma_w \quad \rightarrow \quad \gamma_{sat}^{(1)} = \frac{2{,}7+0{,}8}{1+0{,}8} \times 10 = 19{,}44 \text{ kN/m}^3$$

$$W_{sat}^{(1)} = \gamma_{sat}^{(1)} \times A_1 \times L_1 = 19{,}44 \times 40 \times 10^{-4} \times 10 \times 10^{-2} = 7{,}78 \times 10^{-3} \text{ kN}$$

e.2) Peso saturado do solo 2

$$e = \frac{n}{1-n} = \frac{0{,}40}{1-0{,}40} = \frac{2}{3}$$

$$\gamma_{sat}^{(2)} = \frac{G_s+e}{1+e}\gamma_w = \frac{2{,}75+\frac{2}{3}}{1+\frac{2}{3}} \times 10 = 20{,}50 \text{ kN/m}^3$$

$$W_{sat}^{(2)} = \gamma_{sat}^{(2)} \times A_2 \times L_2 = 20{,}50 \times 40 \times 10^{-4} \times 10 \times 10^{-2} = 8{,}20 \times 10^{-3} \text{ kN}$$

e.3) Equilíbrio da amostra I na direção da força da tela F

$$F^{tela} = W_{sat}^{(1)} \times sen30^\circ + W_{sat}^{(2)} \times sen30^\circ + u^C \times A_2 - u^A \times A_1$$

$$F^{tela} = 7{,}78 \times 10^{-3} \times 0{,}5 + 8{,}20 \times 10^{-3} \times 0{,}5 + 10 \times 0{,}70 \times 40 \times 10^{-4} - 10 \times (0{,}95 - 0{,}10) \times 40 \times 10^{-4}$$

$$F^{tela} = 1{,}99 \times 10^{-3} \text{ kN}$$

f) Força que a tela aplica sobre amostra II (solo 3 + solo 4) - Fig. 1.40

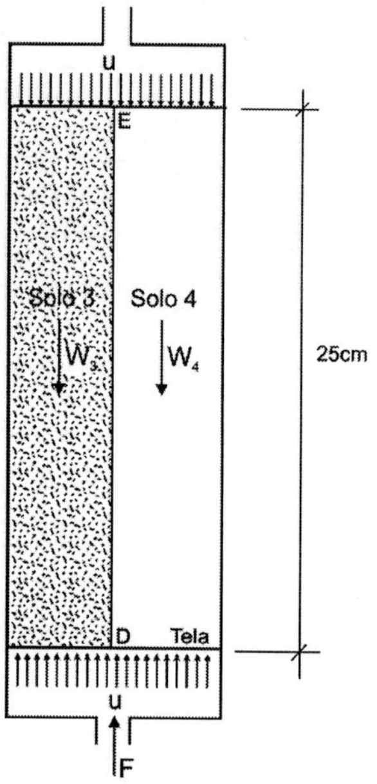

Figura 1.40 – Diagrama de corpo livre (DCL) da amostra II
Fonte: autor

f.1) Peso saturado do solo 3

$$\gamma_{sat}^{(3)} = \frac{1+w}{1+e} G_s \gamma_w = \frac{1+w}{1+G_s w} G_s \gamma_w = \frac{1+0{,}20}{1+2{,}70 \times 0{,}20} \times 2{,}70 \times 10$$

$$\gamma_{sat}^{(3)} = 21{,}04 \text{ kN/m}^3$$

$$W_{sat}^{(3)} = \gamma_{sat}^{(3)} \times A_3 \times L_3 = 21{,}04 \times 25 \times 10^{-4} \times 25 \times 10^{-2} = 13{,}15 \times 10^{-3} \text{ kN}$$

f.2) Peso saturado do solo 4

$$\gamma_{sat}^{(4)} = \frac{1+w}{1+e} G_s \gamma_w = \frac{1+w}{1+G_s w} G_s \gamma_w = \frac{1+0{,}24}{1+2{,}75 \times 0{,}24} \times 2{,}75 \times 10$$

$$\gamma_{sat}^{(4)} = 20{,}54 \text{ kN/m}^3$$

$$W_{sat}^{(4)} = \gamma_{sat}^{(4)} \times A_4 \times L_4 = 20{,}54 \times 25 \times 10^{-4} \times 25 \times 10^{-2} = 12{,}84 \times 10^{-3} \text{ kN}$$

f.3) Equilíbrio da amostra II na direção da força da tela F

$$F^{tela} = W_{sat}^{(3)} + W_{sat}^{(4)} + u^E \times (A_3 + A_4) - u^D \times (A_3 + A_4)$$

$$F^{tela} = 13{,}15 \times 10^{-3} + 12{,}84 \times 10^{-3} + 10 \times 0{,}2 \times (25+25) \times 10^{-4} - 10 \times 0{,}5 \times (25+25) \times 10^{-4}$$

$$F^{tela} = 10{,}99 \times 10^{-3} \text{ kN}$$

g) Valor da pressão p que provocará ruptura hidráulica

g.1) Poropressão no ponto A

$$u^A = \gamma_w h_p^A = \gamma_w (h^A - h_e^A) = 10 \times \left[\left(\frac{p}{10} + 0{,}30\right) - 0{,}20 \times sen30°\right] = (p + 2)\ \text{kPa}$$

g.2) Poropressão no ponto B

$$u^B = \gamma_w h_p^B = \gamma_w (h^B - h_e^B) = 10 \times [(h^A - 0{,}20\Delta h) - 0{,}30 \times sen30°]$$
$$u^B = 10 \times \left\{\left[\left(\frac{p}{10} + 0{,}30\right) - 0{,}20\left(\frac{p}{10} + 0{,}30 - 0{,}85\right)\right] - 0{,}30 \times sen30°\right\}$$
$$u^B = 10 \times \left[\left(\frac{0{,}80p}{10} + 0{,}41\right) - 0{,}15\right] = (0{,}8p + 2{,}6)\ \text{kPa}$$

g.3) Poropressão no ponto C

$$k_1 i_1 A_1 = k_2 i_2 A_2$$
$$10^{-5} \times \frac{0{,}20 \times \left(\frac{p}{10} - 0{,}55\right)}{0{,}10} \times 40 \times 10^{-4} = 6 \times 10^{-6} \times i_2 \times 40 \times 10^{-4}$$
$$i_2 = \frac{2p - 11}{6}$$
$$h^C = h^B - i_2 L_2 = \frac{0{,}80p}{10} + 0{,}41 - \frac{2p - 11}{6} \times 0{,}10 = 0{,}047p + 0{,}593$$
$$h_p^C = h^C - h_e^C = 0{,}047p + 0{,}593 - 0{,}40 \times sen30° = 0{,}047p + 0{,}393$$
$$u^C = \gamma_w h_p^C = (0{,}47p + 3{,}93)\ \text{kPa}$$

g.4) Poropressão no ponto D

$$h^D = h^C$$
$$h_p^D = h^C - h_e^D = 0{,}047p + 0{,}593 - 0{,}40 = 0{,}047p + 0{,}193$$
$$u^D = \gamma_w h_p^D = (0{,}47p + 1{,}93)\ \text{kPa}$$

g.5) Equilíbrio do solo 1 na iminência da ruptura

$$u^A A_A - u^C A_C - W_{sat}^{(1)} \times sen30° - W_{sat}^{(2)} \times sen30° = 0$$
$$(p + 2) \times 40 \times 10^{-4} - (0{,}47p + 3{,}93) \times 40 \times 10^{-4} - 7{,}78 \times 10^{-3} \times 0{,}5 - 8{,}20 \times 10^{-3} \times 0{,}5 = 0$$
$$p = 7{,}41\ \text{kPa}$$

g.6) Equilíbrio do solo 2 na iminência da ruptura

$$u^B A_B - u^C A_C - W_{sat}^{(2)} \times sen30° = 0$$
$$(0{,}8p + 2{,}6) \times 40 \times 10^{-4} - (0{,}47p + 3{,}93) \times 40 \times 10^{-4} - 8{,}20 \times 10^{-3} \times 0{,}5 = 0$$
$$p = 7{,}14\ \text{kPa}$$

g.7) Equilíbrio do solo 3 na iminência da ruptura

$$u^D A_D - u^E A_E - W_{sat}^{(3)} = 0$$
$$(0{,}47p + 1{,}93) \times 25 \times 10^{-4} - (0{,}20 \times 10) \times 25 \times 10^{-4} - 13{,}15 \times 10^{-3} = 0$$
$$p = 11{,}34 \text{ kPa}$$

g.8) Equilíbrio do solo 4 na iminência da ruptura

$$u^D A_D - u^E A_E - W_{sat}^{(4)} = 0$$
$$(0{,}47p + 1{,}93) \times 25 \times 10^{-4} - (0{,}20 \times 10) \times 25 \times 10^{-4} - 12{,}84 \times 10^{-3} = 0$$
$$p = 11{,}08 \text{ kPa}$$

Portanto o valor da pressão que causaria a ruptura hidráulica no sistema da Fig. 1.38 é p = 7,14 kPa.

EXERCÍCIOS PROPOSTOS

1 - Uma escavação de grande extensão e 10 m de profundidade deve ser rapidamente executada na camada de argila mostrada na Fig. 1.41. Determinar a altura mínima de água que deve ser mantida no interior da escavação para evitar a ocorrência de ruptura hidráulica.

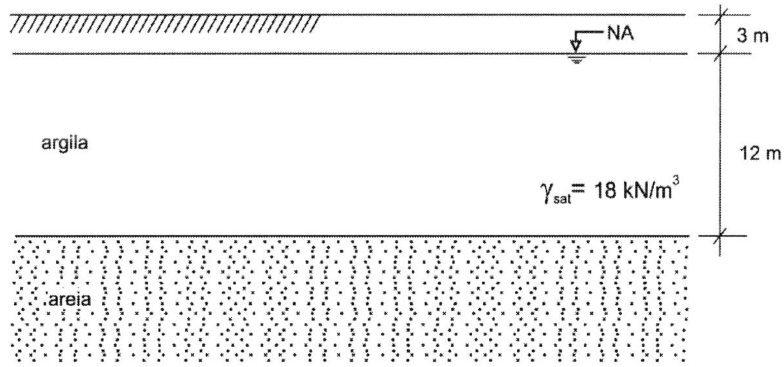

Figura 1.41 - Esquema do perfil de solo
Fonte: autor

Resposta: altura da água = 3 m

2 - Com relação ao perfil de solo apresentado na Fig. 1.42, pede-se: a) os gráficos de distribuição de tensão vertical total, tensão vertical efetiva, poropressão e velocidade média de percolação na camada de silte; b) a profundidade máxima que uma escavação superficial poderia atingir sem risco de levantamento do fundo da escavação.

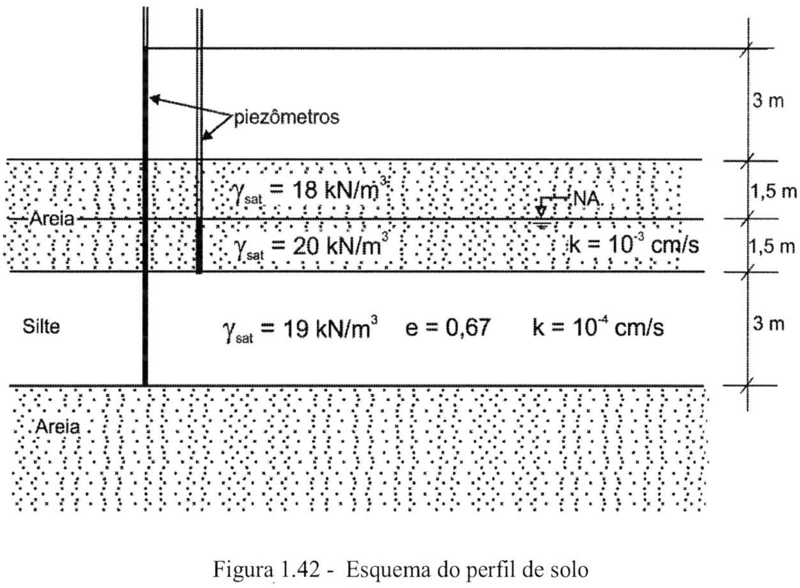

Figura 1.42 - Esquema do perfil de solo
Fonte: autor

Respostas: a) no meio da camada de silte: σ_v = 85,50 kPa; u = 52,50 kPa; σ'_v = 33 kPa; $v_s = 3{,}75\times10^{-4}$ cm/s; b) profundidade máxima = 1,33m

3 - Avalie a quantidade total de água que escoa através da camada arenosa de 0,30 m de espessura na base da barragem da Fig. 1.43. Considere uma faixa de 1 m de largura, perpendicular à seção transversal e por um período de observação de 24 horas. Os elementos para determinação do coeficiente de permeabilidade da areia, por meio de um ensaio de laboratório com permeâmetro de carga constante, são os seguintes:

a) volume de água que flui através do corpo de prova cilíndrico: $6 \times 10^{-5} \text{m}^3$

b) tempo de observação: 1,5 minutos

c) comprimento e diâmetro do corpo de prova: 15 cm e 7,5 cm, respectivamente

d) diferença de carga total: 30 cm.

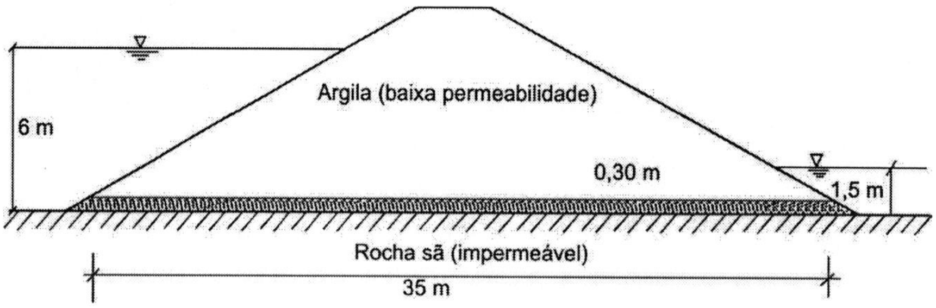

Figura 1.43 - Esquema de aterro com camada de solo permeável na base
Fonte: autor

Resposta: V = 251.443 cm^3/m

4 - Para construir uma fundação de grandes dimensões, é necessário escavar o solo do perfil mostrado na Fig. 1.44 até a profundidade z = 2 m a partir da superfície do terreno. Pede-se determinar: a) a vazão Q, em m^3/ano/m^2, através da camada argilosa antes do início da construção; b) o fator de segurança FS contra a ruptura hidráulica por fluxo; c) o fator de segurança FS contra o levantamento do fundo da escavação. Lembrar que $G_s w = Se$, onde w é o teor de umidade e $\gamma_{sat} = \gamma_w(G_s + e)/(1+e)$, sendo e o índice de vazios.

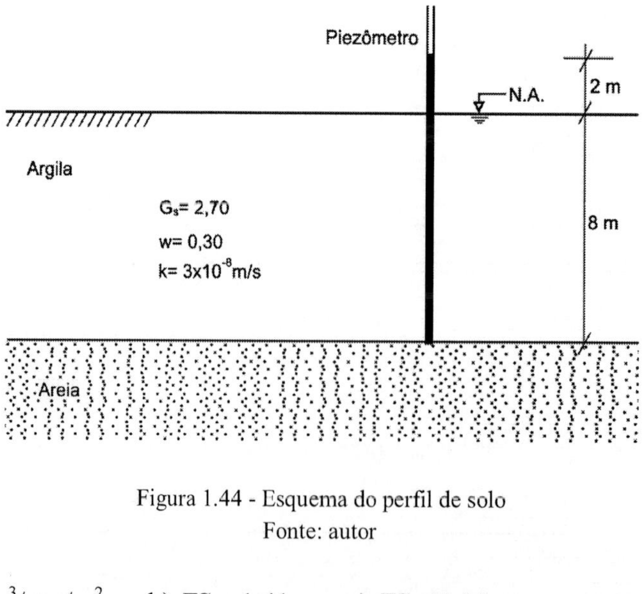

Figura 1.44 - Esquema do perfil de solo
Fonte: autor

Respostas: a) Q = 0,237 m^3/ano/m^2 b) FS = 1,41   c) FS = 1,16

5 - Uma grande escavação foi feita em uma camada de argila com peso específico saturado $\gamma_{sat} = 17{,}6$ kN/m^3. Quando a profundidade da escavação atingiu 7,6 m, o fundo começou a subir, fissurando gradualmente à medida que deixava aparecer uma mistura de areia e água. Sondagens posteriores revelaram a presença de um estrato de areia na profundidade 11,30 m. Determine a altura que a água teria subido em um piezômetro colocado no topo do estrato de areia antes do início da escavação.

Resposta: 6,51 m

6 - Traçar os diagramas de distribuição da carga total, carga de pressão, carga de elevação e velocidade média de percolação para o corpo de prova da Fig. 1.45.

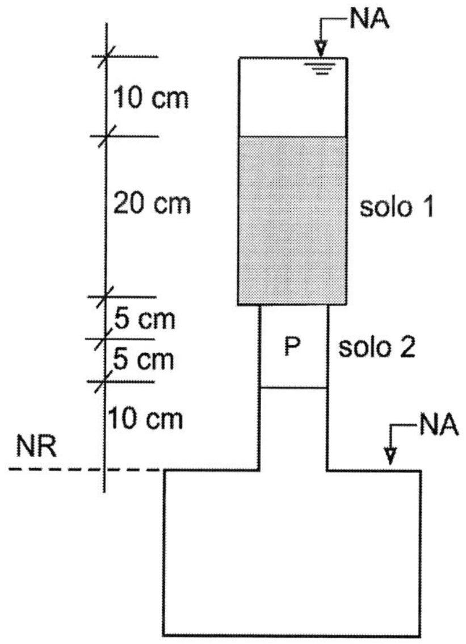

$$\text{solo 1} \begin{cases} A = 100 \text{ cm}^2 \\ \gamma_{sat} = 20 \text{ kN/m}^3 \\ n = 0{,}50 \\ k = 2 \times 10^{-4} \text{cm/s} \end{cases}$$

$$\text{solo 2} \begin{cases} A = 50 \text{ cm}^2 \\ \gamma_{sat} = 18 \text{ kN/m}^3 \\ n = 1/3 \\ k = 10^{-4} \text{cm/s} \end{cases}$$

Figura 1.45 - Esquema de permeâmetro com dois solos
Fonte: autor

Respostas: para o ponto P, $h = 16{,}7$ cm, $h_p = 1{,}7$ cm, $h_e = 15$ cm, $v_s = 10^{-3}$ cm/s

7 - Traçar os diagramas de distribuição da tensão vertical total, tensão vertical efetiva e poropressão para o corpo de prova da Fig. 1.45.

Respostas: para o ponto P, $\sigma_v = 5{,}90$ kPa, $\sigma'_v = 5{,}73$ kPa, $u = 0{,}17$ kPa

8 - Um ensaio de laboratório com permeâmetro de carga variável (Fig. 1.46) é executado para a determinação do coeficiente de permeabilidade de um corpo de prova de silte. Antes de ele ser colocado no permeâmetro, durante a calibração do aparelho, verificou-se que devido à resistência da tela, a água demorou 5 s para cair da elevação 1.000 mm (h_0) para a elevação 150 mm (h_1). Com a instalação do corpo de prova, o tempo cresceu para 150 s entre esses mesmos limites. Pergunta-se: qual o coeficiente de permeabilidade do solo? Considerar $a = 200$ mm^2 , $A = 2000$ mm^2 e $L = 50$ mm.

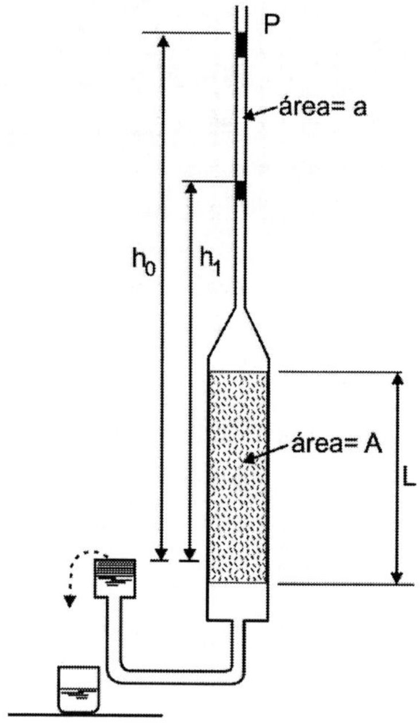

Figura 1.46 - Esquema de permeâmetro de carga variável
Fonte: Cedergren (1967)

Resposta: $k = 6{,}5 \times 10^{-3}$ cm/s

9 – (CEDERGREN, 1967) Irrigadores, como mostrado na Fig. 1.47, são instalados em uma plantação. Quando ativados, irrigam uma área com 3 m de raio. Assumindo que, inicialmente, o teor de umidade w do solo é nulo, qual a vazão máxima Q do irrigador que pode ser continuamente absorvida pelo solo? Considerar $k = 5\times10^{-4}$ cm/s.

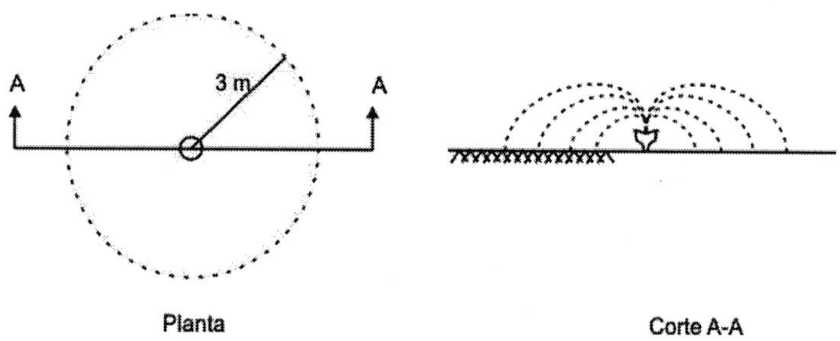

Figura 1.47 - Esquema do irrigador em uma plantação
Fonte: Cedergren (1967)

Resposta: Q = 141,37 cm^3/s

10 - Do esquema mostrado na Fig. 1.48, pede-se determinar, considerando o peso específico da água γ_w = 9,8 kN/m^3: a) o coeficiente de permeabilidade do solo 2, sabendo que no ponto B o valor da poropressão é u^B = 8,5 kPa; b) a velocidade média de percolação no solo 3; c) a poropressão nos pontos D e F; d) a força que as telas aplicam sobre os conjuntos solo 1 + solo 2 e solo 3 + solo 4; e) na ausência das telas, qual o valor da diferença de carga total que causaria a primeira ruptura hidráulica no sistema?

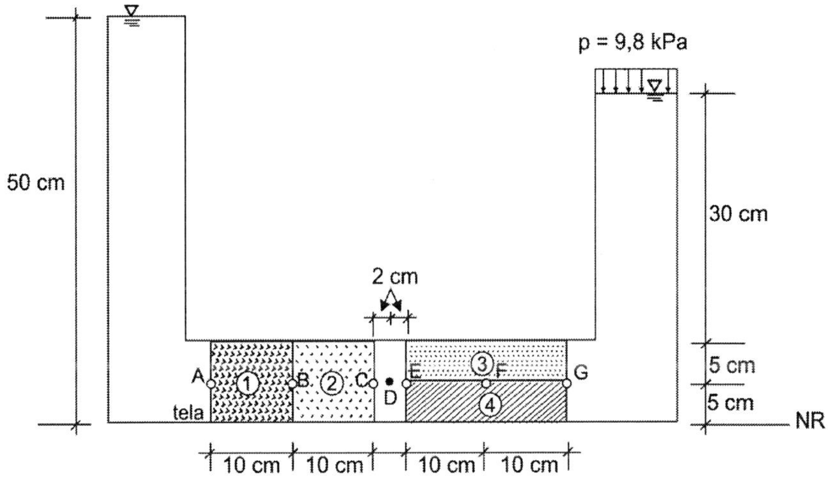

Figura 1.48 - Fluxo permanente unidimensional
Fonte: autor

solo 1 $\begin{cases} A = 100\ \text{cm}^2 \\ G_s = 2{,}72 \\ e = 0{,}70 \\ k = 10^{-4}\text{cm/s} \end{cases}$ solo 2 $\begin{cases} A = 100\ \text{cm}^2 \\ \\ \gamma_{sub} = 8\ \text{kN/m}^3 \\ G_s = 2{,}65 \end{cases}$ solo 3 $\begin{cases} A = 50\ \text{cm}^2 \\ G_s = 2{,}60 \\ \gamma_{sub} = 6\ \text{kN/m}^3 \\ k = 6 \times 10^{-4}\ \text{cm/s} \end{cases}$ solo 4 $\begin{cases} A = 50\ \text{cm}^2 \\ G_s = 2{,}75 \\ w = 0{,}24 \\ k = 2 \times 10^{-4}\text{cm/s} \end{cases}$

Respostas: a) $k_2 = 1{,}5 \times 10^{-4}\text{cm/s}$; b) $v_{s3} = 10^{-3}$ cm/s; c) $u^D = 11{,}20$ kPa e $u^F = 12{,}22$ kPa; d) $F_{1+2} = 68$ N e $F_{3+4} = 20$ N; e) qualquer $\Delta h > 0$

11 – Com relação à Fig. 1.49, pede-se determinar: a) a poropressão nos pontos A e B; b) o gradiente hidráulico no ponto A.

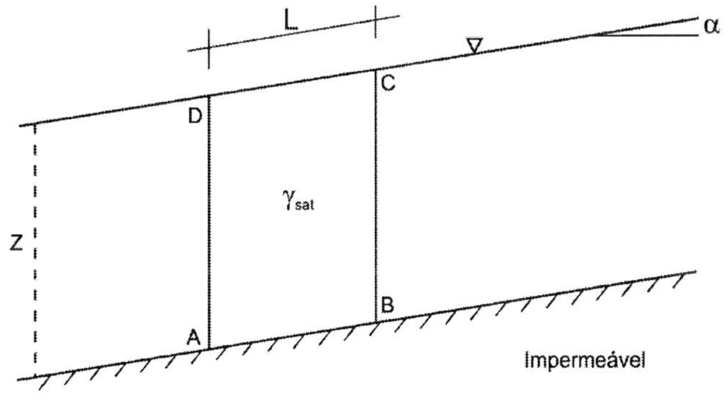

Figura 1.49 - Fluxo permanente em talude semi-infinito
Fonte: autor

Respostas: $u_A = u_B = z\gamma_w cos^2\alpha$ $\qquad i_A = sen\alpha$

12 - No caso de fluxo permanente unidimensional da Fig. 1.50, a variação da carga total no fluido através do corpo de prova (raio R = 0,25 m, comprimento L = 1 m) é admitida como linear. Você concorda? Por quê? O que aconteceria com o corpo de prova caso a tela fosse removida?

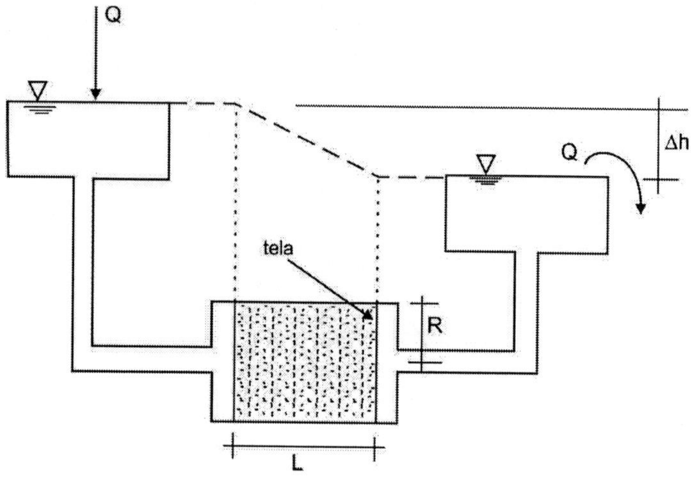

Figura 1.50 – Fluxo permanente 1D através de amostra de solo
Fonte: autor

Resposta: sim, porque trata-se de fluxo permanente com gradiente hidráulico constante. Se a tela fosse removida, ocorreria a ruptura hidráulica por fluxo porque não haveria força horizontal para equilibrar a força de percolação (traçar o diagrama de corpo livre DCL).

13 - Para determinação do coeficiente de permeabilidade em laboratório, empregou-se o permeâmetro de carga variável (Fig. 1.46) onde a = 2 cm^2. O corpo de prova ensaiado tem altura total de 18 cm e área da seção transversal igual a 22 cm^2. O corpo de prova é formado por um solo estratificado com as seguintes características:

a) camada superior – espessura de 6 cm com coeficiente de permeabilidade $k = 3 \times 10^{-4}$ cm/s;
b) camada intermediária – espessura de 6 cm com coeficiente de permeabilidade $k = 4 \times 10^{-4}$ cm/s;
c) camada inferior – espessura de 6 cm com coeficiente de permeabilidade $k = 6 \times 10^{-4}$ cm/s.

Determinar o tempo necessário, em minutos, para a queda do nível d'água da elevação 25 cm para a elevação 10 cm.

Resposta: t = 62,5 min

14 - Um estrato arenoso com 2 m de espessura e declividade 1:10 situa-se entre 2 camadas de argila, praticamente impermeáveis (Fig. 1.51). Dois piezômetros colocados nos pontos A e B mostram diferença de leituras igual a 3,5 m. Considerando um nível de referência NR, passando pelo ponto B, verifica-se que a diferença de carga de elevação entre os pontos A e B, separados pela distância horizontal de 30 m, é de 3 m. Explicar se a diferença de carga total que gera o fluxo permanente é Δh = 3,5 m ou Δh = 6,5 m.

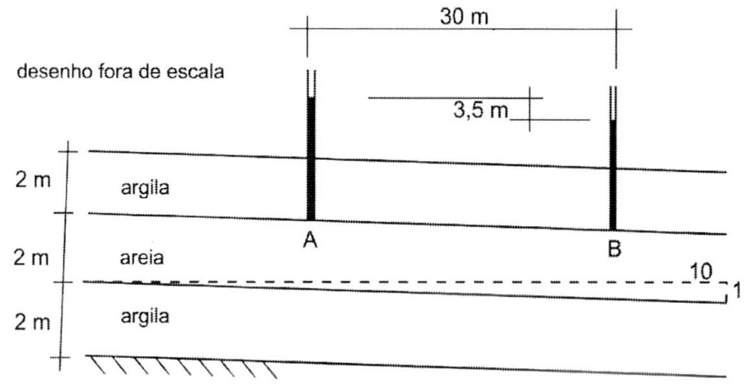

Figura 1.51 - Fluxo permanente em estrato arenoso inclinado
Fonte: autor

Resposta: $\Delta h = 3{,}5$ m

15 - Comente sobre a escolha do nível de referência (NR) nos esquemas da Fig. 1.52, onde NT representa o nível do terreno. Você concorda com a localização do NR? Por quê?

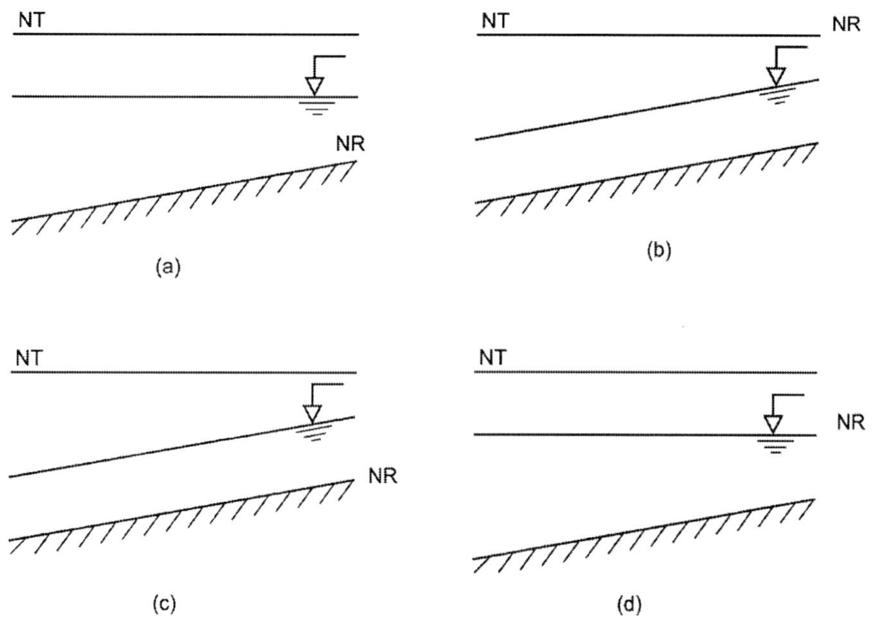

Figura 1.52 – A localização do NR está correta nos esquemas?
Fonte: autor

Respostas: recorde que, na seção 1.2, a carga de elevação foi associada com a energia potencial que é função da força de gravidade, a qual atua na direção vertical. Portanto, o nível de referência NR da carga de elevação deve ser necessariamente horizontal e sua localização nos esquemas a) e c) está incorreta. Observe que no esquema a) a situação é hidrostática (carga total constante) e caso NR fosse admitido correto então a carga de elevação, e consequentemente a carga total, seriam variáveis. A posição do NR nos esquemas b) e d) está correta.

16 - Você concorda com as afirmativas seguintes? Justifique.

a) o fluxo permanente 1D em solo isotrópico e homogêneo ocorre sob gradiente hidráulico constante;

b) o fluxo permanente 1D em solo anisotrópico ($k_x \neq k_y$) e homogêneo ocorre sob gradiente hidráulico constante;

c) o fluxo permanente 1D em solo isotrópico, mas heterogêneo de acordo com a Fig. 1.53, ocorre sob gradiente hidráulico constante.

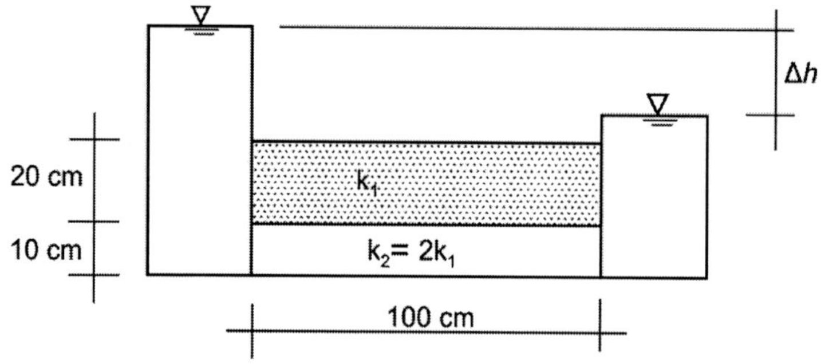

Figura 1.53 - Fluxo permanente em amostra de solo heterogêneo
Fonte: autor

d) o fluxo permanente 1D em solo isotrópico, mas heterogêneo de acordo com a Fig. 1.54, ocorre sob gradiente hidráulico constante.

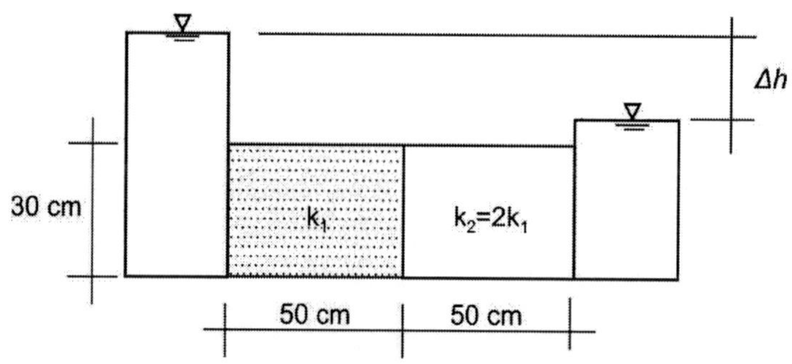

Figura 1.54 - Fluxo permanente em amostra de solo heterogêneo
Fonte: autor

Respostas: sim, o fluxo permanente 1D ocorre com gradiente hidráulico constante e valor único em a), b) e com i = Δh/100 cm em c); no caso d) para o solo 1 o gradiente hidráulico é constante $i_1 = 2\Delta h/150$ cm e para o solo 2 o gradiente hidráulico é constante $i_2 = \Delta h/150$ cm.

17 - Uma grande rodovia será construída conforme mostra a Fig. 1.55. Para remover a água subterrânea (γ_w = 10 kN/m^3), o projeto especifica a construção de um tapete com 30 cm de espessura ligado a drenos longitudinais ao longo das bordas da rodovia. Desprezando a infiltração superficial e admitindo condições de fluxo 1D, pede-se:

i) qual o coeficiente de permeabilidade do material que constituirá o tapete?

ii) qual o valor do fator de segurança contra a ruptura hidráulica por fluxo após os trabalhos de terraplanagem para a construção da estrada?

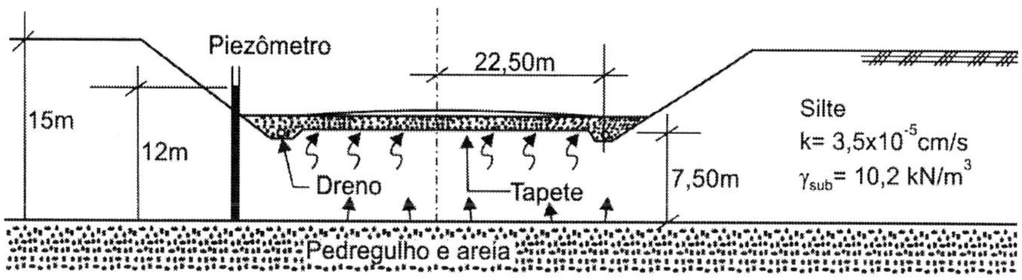

Figura 1.55 - Esquema de um sistema de drenagem para uma rodovia
Fonte: adaptado de Cedergren (1967)

Respostas: a) $k = 1{,}18 \times 10^{-3}\mathrm{m/s}$ b) FS = 1,70. Sugestão: calcular a vazão como fluxo 1D da camada de pedregulho e areia para o tapete; em seguida, considerar essa vazão como fluxo 1D no tapete admitindo que nos drenos laterais a carga de pressão é nula e que no tapete a água pode atingir a altura máxima de saturação de 30 cm no eixo central da rodovia.

18 – Com relação ao fluxo permanente 1D no permeâmetro da Fig. 1.56, considerando $k_1 = 2k_2 = 3k_3$, seria possível calcular a vazão aplicando-se diretamente a lei de Darcy? Como?

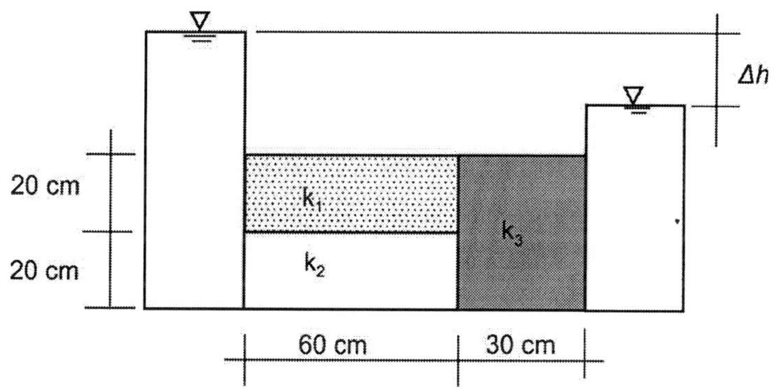

Figura 1.56 - Permeâmetro com três solos
Fonte: autor

Resposta: sim, considerando o coeficiente de permeabilidade equivalente $\bar{k} = 9k_1/17$ (ver exercício resolvido 3) resultando na vazão $\mathrm{Q} = 4k_1\Delta h/17$

19 – Para evitar a ocorrência de ruptura hidráulica por fluxo no fundo de uma escavação em areia, um engenheiro optou por suspender o bombeamento que rebaixava temporariamente o lençol freático e permitiu a elevação do nível d'água em seu interior. Você acredita que esse procedimento funcionou porque:

a) o peso submerso W_{sub} do solo próximo ao fundo da escavação aumentou. Explique.
Resposta: não, porque o peso submerso independe da camada de água acima dele.

b) a força de percolação F_P próxima ao fundo da escavação diminuiu. Explique.

Resposta: sim, porque a força de percolação é proporcional à diferença de carga total Δh que diminuiu com a elevação do nível d'água no interior da escavação devido à suspensão do bombeamento.

c) o valor do gradiente hidráulico crítico diminuiu. Explique.
Resposta: não, o gradiente hidráulico crítico permaneceu constante; o que diminuiu foi o valor do gradiente hidráulico da água que flui para o interior da escavação.

Capítulo 2

FLUXO PERMANENTE 2D

2.1 INTRODUÇÃO

Vários métodos de cálculo podem ser aplicados para a solução de problemas de percolação 2D. Desde soluções matemáticas exatas, para algumas situações ideais envolvendo condições de contorno simples e hipóteses de homogeneidade e isotropia do meio, até soluções numéricas aproximadas, com o método das diferenças finitas e o método dos elementos finitos, passando por soluções gráficas, com as redes de fluxo, por soluções analíticas aproximadas, com o método dos fragmentos, por soluções baseadas em métodos estocásticos, com a caminhada aleatória, por modelos físicos, com modelos de areia. Alguns desses métodos são aqui brevemente revistos e aplicados na solução de problemas de fluxo permanente.

2.2 EQUAÇÃO DIFERENCIAL GOVERNANTE

A Fig. 2.1a mostra o fluxo de água ao longo de trajetórias curvas, chamadas de linhas de fluxo, no solo saturado da fundação de uma barragem de concreto de grande comprimento, perpendicular ao plano do papel, com cortina impermeável a montante, caracterizando um problema de fluxo permanente 2D.

Considere as condições de fluxo no ponto *P*, representado em escala majorada pelo prisma de arestas infinitesimais *dx*, *dy*, *dz* na Fig. 2.1b. A velocidade no ponto *P* é tangente à linha de fluxo e pode ser representada por suas componentes horizontal v_x e vertical v_y, lembrando que $v_z = 0$ no problema bidimensional.

Assumindo que a água é incompressível, a vazão infinitesimal no elemento, definida como a diferença entre as vazões nas faces de entrada dQ^{ent} e de saída dQ^{sai} do elemento, pode ser escrita:

$$dQ = dQ^{ent} - dQ^{sai} \tag{2.2a}$$

$$dQ^{ent} = v_x d_y d_z + v_y d_x d_z \tag{2.2b}$$

$$dQ^{sai} = \left(v_x + \frac{\partial v_x}{\partial x} d_x\right) d_y d_z + \left(v_y + \frac{\partial v_y}{\partial y} d_y\right) d_x d_z \tag{2.2c}$$

$$dQ = -\left(\frac{\partial v_x}{\partial x} + \frac{\partial v_y}{\partial y}\right) d_x d_y d_z \tag{2.2d}$$

A vazão no elemento de volume $dV = d_x d_y d_z$ pode também ser expressa em função da variação no tempo do volume de água presente nos vazios $dV_w = SdV_v$ onde S é o grau de saturação e dV_v o volume infinitesimal de vazios,

$$dQ = \frac{\partial(dV_w)}{\partial t} = \frac{\partial(SdV_v)}{\partial t} = \frac{\partial\left(S\dfrac{edV}{1+e}\right)}{\partial t} = \frac{\partial(Se)}{\partial t}\frac{d_x d_y d_z}{1+e} \tag{2.2e}$$

observando que $d_x d_y d_z/(1+e) = dV_s$ é valor constante do volume infinitesimal de sólidos, quantidade independente do tempo.

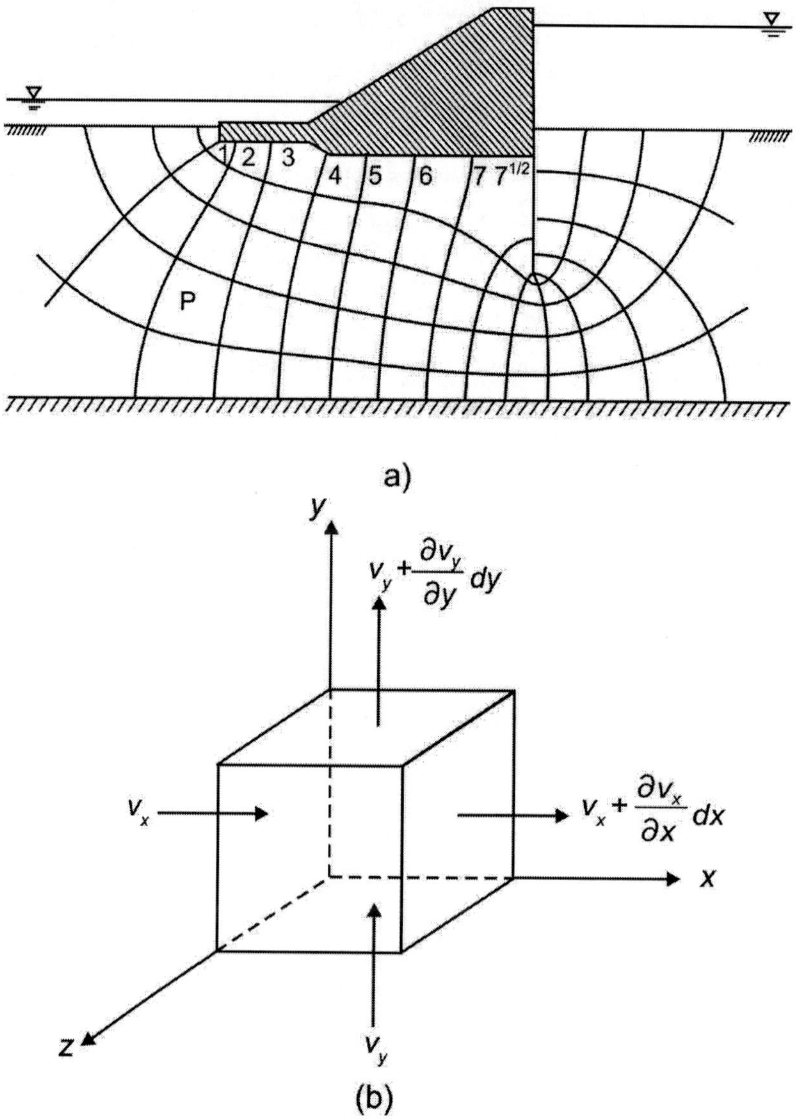

Figura 2.1 - (a) Fluxo 2D no solo de fundação de barragem impermeável de concreto;
(b) Componentes de velocidade no elemento infinitesimal que representa o ponto P
Fonte: adaptado de Craig (2004)

Como as Eq. 2.2d e 2.2e são equivalentes

$$-\left(\frac{\partial v_x}{\partial x} + \frac{\partial v_y}{\partial y}\right) d_x d_y d_z = \frac{\partial (Se)}{\partial t} \frac{d_x d_y d_z}{1+e} \tag{2.2f}$$

e considerando a lei de Darcy para regime de fluxo laminar ($v_x = -k_x \, \partial h/\partial x$ e $v_y = -k_y \, \partial h/\partial y$) resulta

$$\frac{\partial}{\partial x}\left(k_x \frac{\partial h}{\partial x}\right) + \frac{\partial}{\partial y}\left(k_y \frac{\partial h}{\partial y}\right) = \frac{1}{1+e}\left(S\frac{\partial e}{\partial t} + e\frac{\partial S}{\partial t}\right) \qquad (2.2g)$$

onde k_x e k_y são os coeficientes de permeabilidade principais.

Hipótese 1: solo é homogêneo com $\partial k_x/\partial x = \partial k_y/\partial y = 0$

$$k_x \frac{\partial^2 h}{\partial x^2} + k_y \frac{\partial^2 h}{\partial y^2} = \frac{1}{1+e}\left(S\frac{\partial e}{\partial t} + e\frac{\partial S}{\partial t}\right) \qquad (2.2h)$$

Hipótese 2: solo é homogêneo e isotrópico com $k_x = k_y = k$

$$k \frac{\partial^2 h}{\partial x^2} + k \frac{\partial^2 h}{\partial y^2} = \frac{1}{1+e}\left(S\frac{\partial e}{\partial t} + e\frac{\partial S}{\partial t}\right) \qquad (2.2i)$$

Hipótese 3: em solo homogêneo e isotrópico (Eq. 2.2i), o índice de vazios varia com o tempo $\partial e/\partial t \neq 0$, mas o grau de saturação $S = 1$ permanece constante com $\partial S/\partial t = 0$.

$$k \frac{\partial^2 h}{\partial x^2} + k \frac{\partial^2 h}{\partial y^2} = \frac{1}{1+e}\frac{\partial e}{\partial t} \qquad (2.2j)$$

A Eq. 2.2j governa o adensamento primário 2D, onde o solo permanece saturado, mas o volume de vazios diminui (adensamento) ou aumenta (expansão) com o tempo.

Hipótese 4: em solo homogêneo e isotrópico (Eq. 2.2i) tanto o índice de vazios $\partial e/\partial t = 0$, quanto o grau de saturação $\partial S/\partial t = 0$ permanecem constantes com o tempo.

$$k \frac{\partial^2 h}{\partial x^2} + k \frac{\partial^2 h}{\partial y^2} = 0 \quad \rightarrow \quad \frac{\partial^2 h}{\partial x^2} + \frac{\partial^2 h}{\partial y^2} = 0 \quad \rightarrow \quad \nabla^2 h = 0 \qquad (2.2k)$$

A Eq. 2.2k[1] é a conhecida equação diferencial de Laplace que governa o fluxo permanente 2D, para a qual há diversos métodos de solução que serão estudados neste capítulo.

Hipótese 5: fluxo permanente 1D com $\partial^2 h/\partial x^2 = 0$.

$$\frac{\partial^2 h}{\partial y^2} = 0 \quad \rightarrow \quad h = ay + b \qquad a, b = \text{constantes} \qquad (2.2\ell)$$

A Eq. 2.2ℓ mostra que a variação da carga total h em fluxo permanente 1D é linear, com gradiente hidráulico constante $i = -dh/dy = -a$. Esse resultado explica a hipótese assumida nos exemplos do capítulo 1 (Fluxo Permanente 1D), onde a variação da carga hidráulica com a distância de percolação foi admitida linear.

[1] A Eq. 2.2k descreve o movimento da água em um plano vertical, mas o fluxo permanente 2D também pode ocorrer no plano horizontal $\partial^2 h/\partial x^2 + \partial^2 h/\partial z^2 = 0$ (ver exercício proposto 26).

2.3 EQUAÇÃO DE FLUXO PERMANENTE POR ANÁLISE VETORIAL

A equação diferencial de Laplace, que governa o fluxo permanente, pode ser obtida de uma maneira mais concisa mediante aplicação dos três operadores vetoriais definidos a seguir:

2.3.1 Gradiente de uma função escalar $\phi = \phi\,(x,y,z)$

$$\overline{\nabla}\phi = \frac{\partial \phi}{\partial x}\,\bar{\imath} + \frac{\partial \phi}{\partial y}\,\bar{\jmath} + \frac{\partial \phi}{\partial z}\,\bar{k} \tag{2.3a}$$

2.3.2 Divergente de uma função vetorial $\bar{v}(x,y,z) = v_x\bar{\imath} + v_y\bar{\jmath} + v_z\bar{k}$

$$\overline{\nabla}\cdot\bar{v} = \left(\frac{\partial}{\partial x}\,\bar{\imath} + \frac{\partial}{\partial y}\,\bar{\jmath} + \frac{\partial}{\partial z}\,\bar{k}\right)\cdot\left(v_x\,\bar{\imath} + v_y\bar{\jmath} + v_z\,\bar{k}\right)$$

$$\overline{\nabla}\cdot\bar{v} = \frac{\partial v_x}{\partial x} + \frac{\partial v_y}{\partial y} + \frac{\partial v_z}{\partial z} \tag{2.3b}$$

2.3.3 Rotacional (*curl*) de uma função vetorial $\bar{v}(x,y,z) = v_x\bar{\imath} + v_y\bar{\jmath} + v_z\bar{k}$

$$\overline{\nabla}\times\bar{v} = \left(\frac{\partial}{\partial x}\,\bar{\imath} + \frac{\partial}{\partial y}\,\bar{\jmath} + \frac{\partial}{\partial z}\,\bar{k}\right)\times\left(v_x\,\bar{\imath} + v_y\bar{\jmath} + v_z\,\bar{k}\right)$$

$$\overline{\nabla}\times\bar{v} = \begin{vmatrix} \bar{\imath} & \bar{\jmath} & \bar{k} \\ \partial/\partial x & \partial/\partial y & \partial/\partial z \\ v_x & v_y & v_z \end{vmatrix} \tag{2.3c}$$

Se $\bar{v}(x,y,z)$ define um campo vetorial de velocidades, as condições de fluxo laminar e permanente de um fluido incompressível implicam que:

a) condição de fluxo permanente

$$\overline{\nabla}\cdot\bar{v} = \frac{\partial v_x}{\partial x} + \frac{\partial v_y}{\partial y} + \frac{\partial v_z}{\partial z} = 0 \tag{2.3d}$$

conhecida como a equação da continuidade. O divergente $\overline{\nabla}.\bar{v}$ é uma medida de quanto o fluido expande ou contrai (ou diverge, possivelmente explicando a etimologia do termo divergente) em um ponto. A condição de divergente nulo (Eq. 2.3d) indica que, para um fluido incompressível, o fluxo acontece em condição permanente.

b) condição de fluxo laminar

$$\overline{\nabla}\times\bar{v} = 0 \tag{2.3e}$$

o rotacional $\overline{\nabla} \times \bar{v}$ é uma medida de quanto o fluido gira ao redor de determinado eixo. A condição de produto vetorial nulo (Eq. 2.3e) indica que o regime de fluxo é laminar ou irrotacional.

Se $\bar{v}(x,y,z)$ e $\overline{\nabla} \times \bar{v}$ são contínuos em um domínio simplesmente conectado, então o regime de fluxo laminar $\overline{\nabla} \times \bar{v} = 0$ assegura que o campo vetorial $\bar{v}(x,y,z)$ possui uma função potencial escalar $\phi\,(x,y,z)$ associada tal que:

$$\bar{v} = \overline{\nabla}\phi \qquad (2.3f)$$ [2]

Introduzindo a Eq. 2.3f (condição de regime laminar) na Eq. 2.3d (condição de fluxo permanente), obtém-se a equação governante de Laplace para fluxo permanente em meio poroso isotrópico, ou seja,

$$\overline{\nabla} \cdot \bar{v} = \overline{\nabla} \cdot \overline{\nabla}\phi = \nabla^2\phi = 0 \qquad (2.3g)$$

2.4 FUNÇÃO ANALÍTICA

Seja $z = x + iy$ uma variável complexa e $w = \phi + i\psi$ uma função da variável complexa z, com parte real $\phi = \phi\,(x,y)$ e parte imaginária $\psi = \psi\,(x,y)$. Uma função w da variável complexa z é analítica em um ponto z_0 se suas derivadas existem não somente nesse ponto, mas também em cada ponto z na vizinhança de z_0.

$$w'(z) = \lim_{\Delta z \to 0} \frac{w(z_0 + \Delta z) - w(z_0)}{\Delta z} \quad \text{com } z_0 = x_0 + iy_0 \text{ e } \Delta z = \Delta x + i\Delta y \qquad (2.4a)$$

As partes reais e imaginárias da derivada $w'(z)$ podem ser expressas como

$$\begin{aligned} \mathrm{Re}[w'(z)] &= \lim_{\Delta x, \Delta y \to 0} \mathrm{Re}\left[\frac{w(z_0 + \Delta z) - w(z_0)}{\Delta z}\right] \\ &= \lim_{\Delta x, \Delta y \to 0} \frac{\phi(x_0 + \Delta x, y_0 + \Delta y) - \phi(x_0, y_0)}{\Delta x + i\Delta y} \\ \mathrm{Im}[w'(z)] &= \lim_{\Delta x, \Delta y \to 0} \mathrm{Im}\left[\frac{w(z_0 + \Delta z) - w(z_0)}{\Delta z}\right] \\ &= \lim_{\Delta x, \Delta y \to 0} \frac{\psi(x_0 + \Delta x, y_0 + \Delta y) - \psi(x_0, y_0)}{\Delta x + i\Delta y} \end{aligned} \qquad (2.4b)$$

As Eq. 2.4b são válidas para $(\Delta x, \Delta y)$ tendendo a (0,0), independentemente da trajetória escolhida no plano complexo. Em particular, considerando que $(\Delta x, \Delta y)$ tende a (0,0) horizontalmente desde o ponto $(\Delta x, 0)$, como indicado na Fig. 2.2, resulta que

$$\mathrm{Re}[w'(z)] = \lim_{\Delta x \to 0} \frac{\phi(x_0 + \Delta x, y_0) - \phi(x_0, y_0)}{\Delta x} \qquad (2.4c)$$

[2] Substitua a Eq. 2.3f na Eq 2.3e para verificação

$$\text{Im}[w'(z)] = \lim_{\Delta x \to 0} \frac{\psi(x_0 + \Delta x, y_0) - \psi(x_0, y_0)}{\Delta x}$$

$$w'(z) = \frac{\partial \phi(x_0, y_0)}{\partial x} + i \frac{\partial \psi(x_0, y_0)}{\partial x} \tag{2.4d}$$

Outra opção seria (Δx, Δy) tender a (0,0) verticalmente desde o ponto (0, Δy), também mostrado na Fig. 2.2. Considerando $\Delta x = 0$ na Eq. 2.4b resulta

$$\text{Re}[w'(z)] = \lim_{\Delta y \to 0} \frac{\phi(x_0, y_0 + \Delta y) - \phi(x_0, y_0)}{i\Delta y}$$
$$\text{Im}[w'(z)] = \lim_{\Delta y \to 0} \frac{\psi(x_0, y_0 + \Delta y) - \psi(x_0, y_0)}{i\Delta y} \tag{2.4e}$$

$$w'(z) = \frac{1}{i} \frac{\partial \phi(x_0, y_0)}{\partial y} + \frac{i}{i} \frac{\partial \psi(x_0, y_0)}{\partial y} = -i \frac{\partial \phi(x_0, y_0)}{\partial y} + \frac{\partial \psi(x_0, y_0)}{\partial y} \tag{2.4f}$$

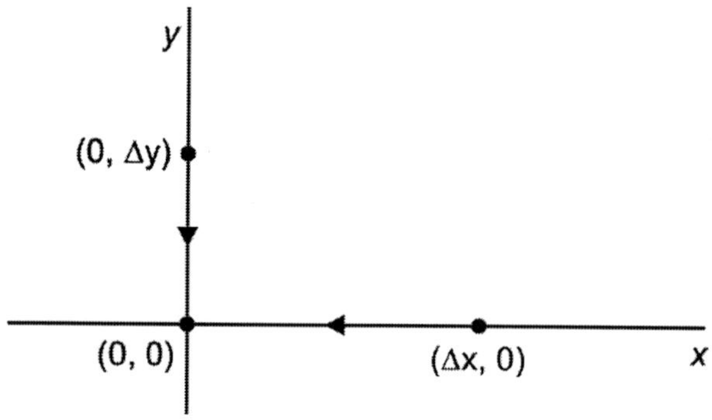

Figura 2.2 - (Δx, Δy) pode tender a (0,0) horizontalmente desde o ponto (Δx, 0) ou verticalmente desde o ponto (0, Δy)
Fonte: Harr (1962)

Para que $w'(z_0)$ exista nas vizinhanças de z_0, as Eq. 2.4d e 2.4f devem ser igualadas nas partes reais e imaginárias, ou seja

$$\frac{\partial \phi(x_0, y_0)}{\partial x} = \frac{\partial \psi(x_0, y_0)}{\partial y} \quad \text{e} \quad \frac{\partial \phi(x_0, y_0)}{\partial y} = -\frac{\partial \psi(x_0, y_0)}{\partial x} \tag{2.4g}$$

As Eq. 2.4g são chamadas de equações de Cauchy-Riemann, necessárias para que a função complexa $w(z)$ seja analítica em z_0.

Conclui-se da Eq. 2.3f que, no caso de fluxo laminar 2D em regime permanente, a velocidade de fluxo $\bar{v} = v_x\bar{\imath} + v_y\bar{\jmath}$ pode ser expressa por

$$\bar{v} = \bar{\nabla}\phi \quad \rightarrow \quad \bar{v} = v_x\bar{\imath} + v_y\bar{\jmath} = \frac{\partial \phi}{\partial x}\bar{\imath} + \frac{\partial \phi}{\partial y}\bar{\jmath} \tag{2.4h}$$

e das equações de Cauchy-Riemann que

$$v_x = \frac{\partial \phi}{\partial x} = \frac{\partial \psi}{\partial y} \qquad \text{e} \qquad v_y = \frac{\partial \phi}{\partial y} = -\frac{\partial \psi}{\partial x} \tag{2.4i}$$

2.4.1 Propriedades das funções analíticas

a) A parte real $\phi(x, y)$ e a parte imaginária $\psi(x, y)$ da função $w(z)$ satisfazem a equação de Laplace.

Derivando a primeira das equações de Cauchy-Riemann em relação a x e a segunda em relação y,

$$\frac{\partial^2 \phi}{\partial x^2} = \frac{\partial^2 \psi}{\partial x \partial y} \qquad \text{e} \qquad \frac{\partial^2 \phi}{\partial y^2} = -\frac{\partial^2 \psi}{\partial x \partial y} \tag{2.4j}$$

Somando-as, resulta

$$\frac{\partial^2 \phi}{\partial x^2} + \frac{\partial^2 \phi}{\partial y^2} = 0 \tag{2.4k}$$

Similarmente, derivando a primeira das equações de Cauchy-Riemann em relação a y e a segunda em relação x,

$$\frac{\partial^2 \phi}{\partial x \partial y} = \frac{\partial^2 \psi}{\partial y^2} \qquad \text{e} \qquad \frac{\partial^2 \phi}{\partial x \partial y} = -\frac{\partial^2 \psi}{\partial x^2} \tag{2.4ℓ}$$

Subtraindo a segunda da primeira das Eq. 2.4ℓ

$$\frac{\partial^2 \psi}{\partial x^2} + \frac{\partial^2 \psi}{\partial y^2} = 0 \tag{2.4m}$$

Qualquer função que satisfaz a equação diferencial de Laplace é chamada de função harmônica.

b) Função de corrente $\psi = \psi(x,y)$

Considere uma partícula de fluido movimentando-se ao longo da trajetória AB, conforme Fig. 2.3, com velocidade $\bar{v} = v_x \bar{\imath} + v_y \bar{\jmath}$ no ponto $P(x,y)$.

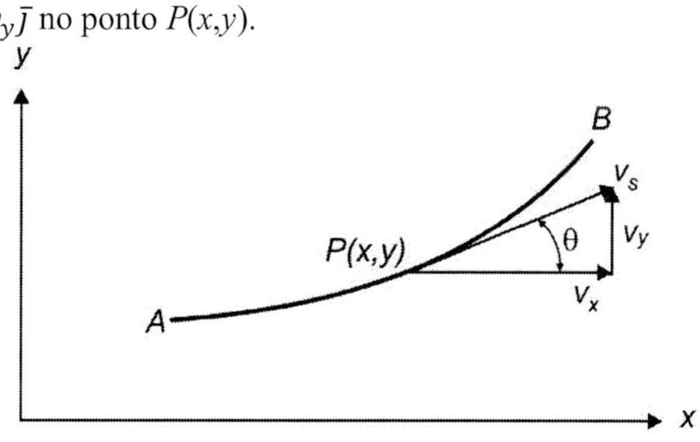

Figura 2.3 – Partícula de fluido na trajetória AB
Fonte: Harr (1962)

$$\tan\theta = v_y/v_x = d_y/d_x \quad (2.4n)$$

$$v_y dx - v_x dy = 0 \quad (2.4p)$$

De acordo com as equações de Cauchy-Riemann (Eq. 2.4i),

$$\frac{\partial\psi}{\partial x}dx + \frac{\partial\psi}{\partial y}dy = 0 \;\rightarrow\; d\psi = 0 \;\rightarrow\; \psi = \text{constante} \quad (2.4q)$$

Logo, as funções $\psi(x,y)$ iguais a uma sequência de constantes c_1, c_2, ... , c_n têm todos os seus pontos tangentes aos vetores de velocidade e, assim, definem trajetórias das partículas de fluido. A função $\psi(x,y) = c$ é conhecida como função de corrente (*stream function*), cuja representação gráfica (Fig. 2.3) é chamada de linha de fluxo.

c) A vazão ΔQ é constante entre duas linhas de fluxo vizinhas.

Considere as duas linhas de fluxo da Fig. 2.4, formando um canal de fluxo. A vazão ΔQ através da seção vertical *ab*, considerando que $v_x = \partial\psi/\partial y$, pode ser calculada como:

$$\Delta Q = \int_{\psi_2}^{\psi_1} v_x dy = \int_{\psi_2}^{\psi_1} \frac{\partial\psi}{\partial y}dy = \int_{\psi_2}^{\psi_1} d\psi = \psi_1 - \psi_2 = \text{constante} \quad (2.4r)$$

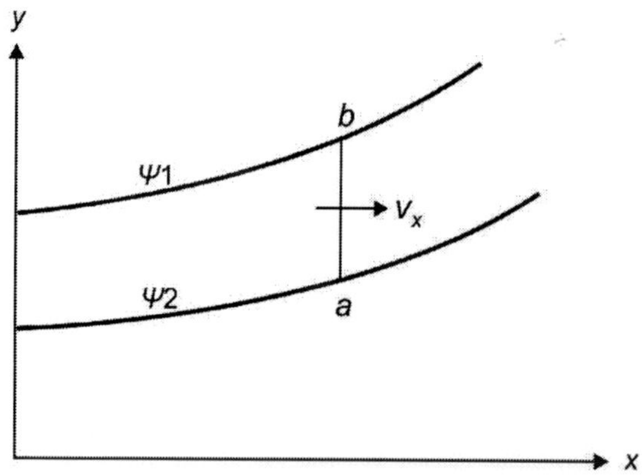

Figura 2.4 – Vazão ΔQ entre duas linhas de fluxo vizinhas
Fonte: Harr (1962)

Uma vez que as linhas de fluxo tenham sido obtidas, seus gráficos não apenas indicam a direção macroscópica de fluxo, mas também o valor relativo das velocidades nos canais de fluxo. Como a vazão ΔQ é constante (Eq. 2.4r), a velocidade varia na razão inversa da seção transversal do canal; se a seção aumenta, a velocidade de fluxo diminui; em caso contrário, a velocidade de fluxo aumenta com o decréscimo da seção transversal do canal.

d) As famílias de funções $\phi(x,y) = c_1$ e $\psi(x,y) = c_2$ se interceptam ortogonalmente.

$$d\phi = \frac{\partial \phi}{\partial x}dx + \frac{\partial \phi}{\partial y}dy = 0 \tag{2.4s}$$

Das equações de Cauchy-Riemann (Eq. 2.4i) com $v_x = \partial\phi/\partial x$ e $v_y = \partial\phi/\partial y$ resulta

$$v_x dx + v_y dy = 0 \quad \rightarrow \quad d_y/d_x = -\,v_x/v_y \tag{2.4t}$$

Conclui-se das Eq. 2.4n e 2.4t que, no ponto $P(x,y)$, a inclinação da tangente à função $\phi\,(x,y) = c_1$ (Eq. 2.4t) é igual ao negativo da recíproca da inclinação da tangente à função $\psi(x,y) = c_2$ (Eq. 2.4n), ou seja, as funções, no ponto de interseção $P(x,y)$, são ortogonais entre si.

A função $\phi\,(x,y)$ é chamada de potencial de velocidade (*velocity potential*), e a curva $\phi\,(x,y) = c_1$ representa uma linha equipotencial, ou de mesma carga hidráulica, desenhada perpendicularmente à curva $\psi(x,y) = c_2$ que representa uma linha de fluxo.

O potencial de velocidade $\phi\,(x,y)$ e a função de corrente $\psi(x,y)$ têm importantes diferenças e similaridades entre si. O potencial de velocidade somente é definido para a condição de fluxo laminar ($\overline{\nabla} \times \bar{v} = 0$) enquanto que a função de corrente pode ser utilizada para fluxo rotacional ou irrotacional. Por outro lado, o potencial de velocidade é aplicável em problemas 3D, enquanto a função de corrente somente em problemas bidimensionais.

e) Em determinada região de fluxo, as linhas de fluxo e as linhas equipotenciais são únicas.

Na solução de um problema de fluxo, basta determinar uma dessas famílias de curvas, obedecendo às condições de contorno, para que a outra família seja obtida diretamente. Considere o diferencial total

$$d\psi = \frac{\partial \psi}{\partial x}dx + \frac{\partial \psi}{\partial y}dy \tag{2.4u}$$

Por meio das equações de Cauchy-Riemann (Eq. 2.4i) é possível determinar a função de corrente $\psi(x,y)$ uma vez conhecido o potencial de velocidade $\phi\,(x,y)$

$$d\psi = -\frac{\partial \phi}{\partial y}dx + \frac{\partial \phi}{\partial x}dy \quad \rightarrow \quad \psi(x,y) = \int \left(-\frac{\partial \phi}{\partial y}dx + \frac{\partial \phi}{\partial x}dy\right) \tag{2.4v}$$[3]

Similarmente, pode-se determinar o potencial de velocidade a partir da função de corrente,

$$d\phi = \frac{\partial \phi}{\partial x}dx + \frac{\partial \phi}{\partial y}dy \tag{2.4w}$$

$$d\phi = \frac{\partial \psi}{\partial y}dx - \frac{\partial \psi}{\partial x}dy \quad \rightarrow \quad \phi(x,y) = \int \left(\frac{\partial \psi}{\partial y}dx - \frac{\partial \psi}{\partial x}dy\right) \tag{2.4x}$$

---

[3] $\int Mdx + Ndy \neq \int Mdx + \int Ndy$

$$\int Mx + Ndy = \int_x Mdx + \int_y \left[N - \frac{\partial}{\partial y}\left(\int_x Mdx\right)\right]dy$$

f) Relação entre o potencial de velocidade $\phi = \phi(x,y)$ e a função de carga hidráulica $h = h(x,y)$

Da Eq. 2.4i e da lei de Darcy, é possível escrever que

$$v_x = \frac{\partial \phi(x,y)}{\partial x} = -k\frac{\partial h(x,y)}{\partial x} \tag{2.4y}$$

$$v_y = \frac{\partial \phi(x,y)}{\partial y} = -k\frac{\partial h(x,y)}{\partial y} \tag{2.4z}$$

Integrando a Eq. 2.4y em relação à variável x resulta:

$$\phi(x,y) = -kh(x,y) + f(y) \tag{2.4A}$$

e similarmente integrando a Eq. 2.4z em relação à variável y

$$\phi(x,y) = -kh(x,y) + g(x) \tag{2.4B}$$

Como x e y podem variar independentemente, para obter a mesma solução pelas Eq. 2.4A e 2.4B, então é necessário que

$$f(y) = g(x) = c \tag{2.4C}$$

$$\phi(x,y) = -kh(x,y) + c \qquad \text{onde } c \text{ é uma constante} \tag{2.4D}$$

2.5 SOLUÇÃO GRÁFICA

2.5.1 Propriedades da rede de fluxo

A solução gráfica conhecida como rede de fluxo foi introduzida pelo engenheiro austríaco Forchheimer (1930), que reconheceu os conceitos e propriedades de linhas equipotenciais e linhas de fluxo, estendendo-os para propor a construção de redes de fluxo como método de análise de problemas de fluxo permanente 2D. A utilização de redes de fluxo no dimensionamento de diques e barragens foi fortemente influenciada pela publicação do artigo técnico *Seepage through Dams* por Casagrande (1937), em substituição aos métodos empíricos de Bligh (1910) e Lane (1935), que até 1940 eram usados no projeto de barragens de terra.

Redes de fluxo são constituídas por duas famílias de curvas que, para solos isotrópicos, interceptam-se ortogonalmente (Fig. 2.5), formando figuras que são geralmente quadrados curvilíneos. Regiões da rede podem ser subdivididas em quadrados menores, tanto para aumentar a acurácia da estimativa de certas quantidades (gradientes hidráulicos, por exemplo), quanto para verificar a correção do traçado da rede.

A escolha de quadrados (Fig. 2.6a), que permite uma melhor inspeção visual da construção da rede, não é condição necessária. Também não há objeção em se utilizar um número fracionário de canais de fluxo (Fig. 2.6b), ou um número fracionário de quedas de equipotenciais, embora seja desejável que ao menos um desses valores seja número inteiro. A razão, para ambos os motivos, é que um refinamento da rede, acrescentando um número maior de linhas de fluxo e linhas equipotenciais, pode transformar retângulos em quadrados curvilíneos e tornar inteiro o número de canais de fluxo e o número de quedas de equipotenciais.

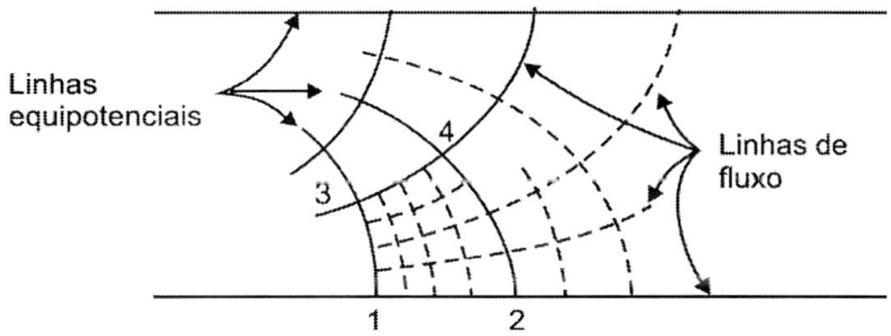

Figura 2.5 - Refinamento da rede de fluxo com subdivisão do quadrado 1234
Fonte: adaptado de Casagrande (1937)

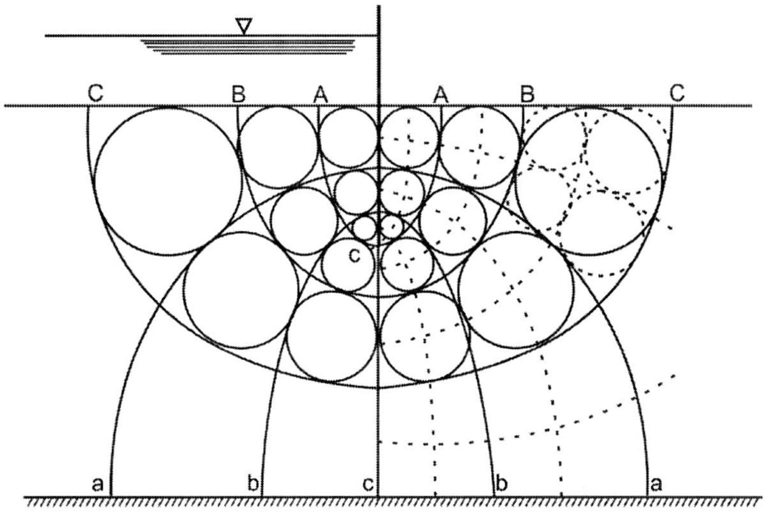

Figura 2.6a - Rede de fluxo formada por quadrados, com número inteiro de canais de fluxo n_f e de quedas de equipotenciais n_d ($n_f = 4$, $n_d = 6$ na rede em linha cheia, $n_f = 8$, $n_d = 12$ na rede em linha tracejada), simétrica em relação à cortina impermeável
Fonte: Shroff e Shah (2003)

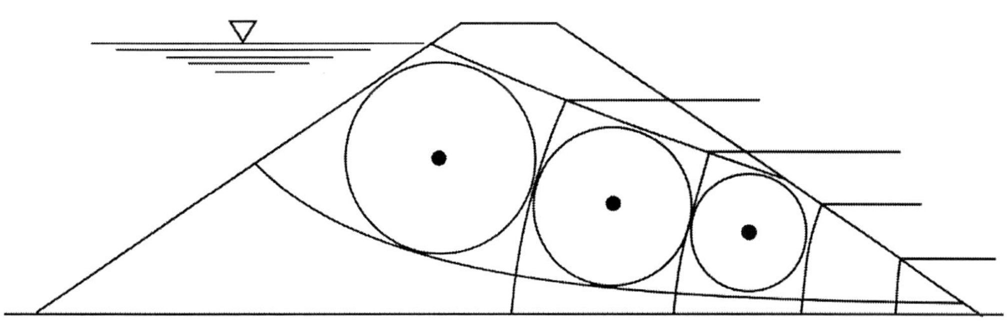

Figura 2.6b – Rede de fluxo formada por quadrados e retângulos, com número fracionário ($n_f = 1,2$) de canais de fluxo
Fonte: Cedergren (1977)

A perda de carga hidráulica entre equipotenciais sucessivas é uma constante ΔH da rede de fluxo,

$$\Delta H = \frac{\Delta h}{n_d} \tag{2.5a}$$

onde Δh é a diferença de carga total entre a linha equipotencial máxima e a linha equipotencial mínima e n_d o número total de quedas de equipotenciais entre as mesmas.

A fração da vazão total conduzida em cada canal de fluxo, formado por linhas de fluxo adjacentes, é também um valor constante ΔQ da rede de fluxo

$$\Delta Q = \frac{Q}{n_f} \tag{2.5b}$$

onde Q é a vazão total e n_f, o número de canais de fluxo da rede.

A rede de fluxo também deve obedecer às condições de contorno do problema, que podem ser expressas em função de:

a) carga hidráulica conhecida: condição de contorno de Dirichlet, ou essencial, expressa em termos da variável primária presente na equação governante (Eq. 2.2k). Por exemplo, ao longo da interface entre solo e água, a carga hidráulica é constante, como na superfície do talude de montante de uma barragem de terra em contato com o reservatório de água.

$$h = \frac{p}{\gamma_w} + y = c_1 \tag{2.5c}$$

$$\phi = -k\left(\frac{p}{\gamma_w} + y\right) + c_2 \quad \rightarrow \quad \phi = c_3 \tag{2.5d}$$

onde p é a pressão da água na superfície do talude e y, a cota do ponto analisado em relação ao nível de referência.

Logo, uma interface solo saturado - água define uma linha equipotencial.

b) velocidade conhecida: condição de contorno de Neumann, ou natural, expressa em termos da derivada da variável primária na equação governante. Por exemplo, velocidade nula na direção normal a uma superfície impermeável (rocha, concreto, metal). Definindo n e t como as direções normal e tangencial à superfície impermeável, respectivamente, pode-se escrever que

$$v_n = \frac{\partial \phi}{\partial n} = \frac{\partial \psi}{\partial t} = 0 \quad \rightarrow \quad \psi = c_4 \tag{2.5e}$$

Logo, uma interface solo saturado – superfície impermeável define uma linha de fluxo[4].

[4] Essa conclusão deve ser aplicada com cautela na solução de problemas de fluxo não confinado; note, no exercício resolvido 14 e no exercício proposto 18, que não é possível definir antecipadamente todo o contato solo – impermeável como linha de fluxo.

c) carga hidráulica e velocidade conhecidas: condição de contorno de Cauchy, ou mista. Por exemplo, na linha freática em problemas de fluxo não confinado, a carga hidráulica deve ser igual à carga de elevação, e a velocidade normal à linha freática deve ser nula. A localização da linha freática não é conhecida antecipadamente, sendo parte da resolução do problema de fluxo mediante um processo de tentativa e erro. Uma posição inicial da linha freática é escolhida (p. ex. no caso de barragens de terra uma posição determinada por soluções analíticas - ver seção 2.11), e a rede de fluxo é traçada, observando as demais condições de contorno e ortogonalidade entre linhas de fluxo e linhas equipotenciais. Se a diferença de carga hidráulica $\Delta H = \Delta h/n_{d,}$ entre quaisquer duas linhas equipotenciais sucessivas, for igual à diferença de carga de elevação Δh_e entre os pontos das interseções destas linhas equipotenciais com a linha freática (Fig. 2.7), então a posição assumida da linha freática está correta. Caso contrário, uma nova posição deverá ser escolhida (elevando-a se $\Delta H > \Delta h_e$ ou rebaixando-a se $\Delta H < \Delta h_e$), e a rede de fluxo deve ser novamente traçada. Na construção da rede para fluxo não confinado, a linha freática deve também obedecer às condições de entrada e saída sumarizadas na Fig. 2.8.

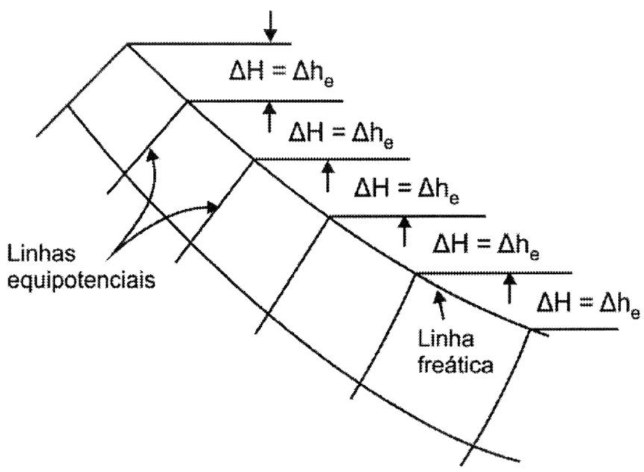

Figura 2.7 - Localização da linha freática em problema de fluxo não confinado
Fonte: autor

d) superfície de fluxo livre: uma superfície em contato com o ar não define uma linha de fluxo e tampouco uma linha equipotencial, como no caso das Fig. 2.8, 2.9 e 1.19 (parede do poço de bombeamento entre a linha freática real e o nível d'água no interior do mesmo). Com relação ao segmento AB do talude de jusante da barragem de terra da Fig. 2.9, conclui-se que não se trata de uma equipotencial, porque a carga de pressão é nula ($h_p = 0$) e a carga de elevação ($h = h_e$) é variável; tampouco é uma linha de fluxo, porque o segmento intercepta uma linha de fluxo construída logo abaixo da linha freática e, no caso de fluxo laminar, trajetórias de partículas de fluido não se cruzam. Outro argumento é que a parcela de vazão conduzida por um canal de fluxo deve ser constante e não tender a zero pelo estrangulamento do canal.

É também interessante observar a existência de certos pontos no contorno do problema onde a velocidade pode ser nula ou tender ao infinito, criando singularidades locais. Considere a barragem de terra homogênea da Fig. 2.9. No ponto A, a linha freática é tangente ao talude de jusante enquanto, abaixo do ponto B, as linhas de fluxo são ortogonais ao talude porque o segmento BE define uma linha equipotencial. O ângulo γ, quando uma linha de fluxo intercepta a superfície de fluxo livre AB, varia de 0° a 90° entre os pontos A e B.

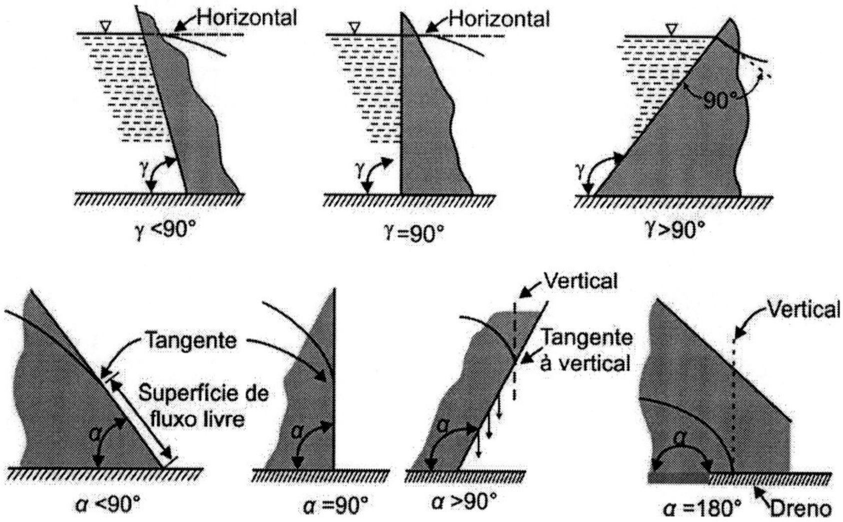

Figura 2.8 - Condições de entrada e saída da linha freática
Fonte: adaptado de Casagrande (1937)

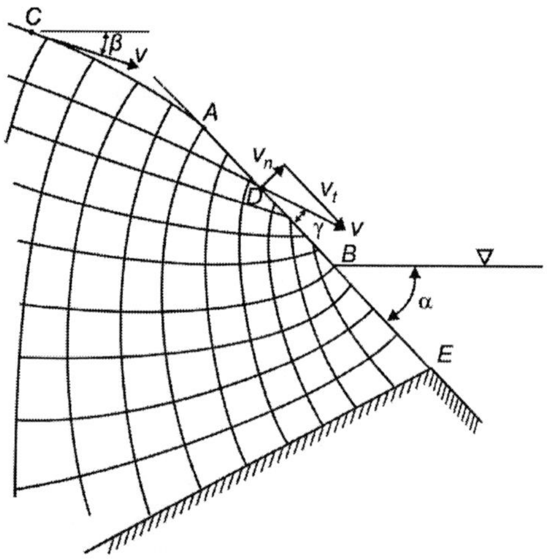

Figura 2.9 - Superfície de fluxo livre AB no talude de jusante da barragem de terra
Fonte: Dachler (1934)

No ponto C, a velocidade de fluxo na linha freática é dada por

$$v = -k\, d_h/d_s = -ksen\beta \tag{2.5f}$$

enquanto, no ponto de saída A, a velocidade tangencial v_t é calculada como

$$v_t = -k\, d_h/d_s = -ksen\alpha \tag{2.5g}$$

onde α é ângulo de inclinação do talude com a horizontal.

Em um ponto qualquer da superfície de fluxo livre (ponto D, por exemplo), a componente normal da velocidade v_n pode ser escrita como

$$v_n = v_t \tan\gamma = -k\, sen\alpha \tan\gamma \qquad (2.5h)$$

À medida que o ângulo γ varia de 0° (ponto A) a 90° (ponto B), a componente normal da velocidade varia de $v_n = 0$ a $v_n \rightarrow \infty$, respectivamente. Na prática, esse resultado explica porque pode ser esperada erosão em taludes de jusante quando a superfície de fluxo livre se aproxima do nível d'água. Outros pontos de singularidade existem ao longo de uma superfície impermeável e no contato de taludes com um reservatório de água, conforme mostra a Fig. 2.10.

Pelo fato de a superfície de fluxo livre não constituir uma linha equipotencial, observe que as linhas de fluxo abaixo do ponto A e acima do ponto B não a interceptam ortogonalmente, e os quadrados da rede, nessa região, são incompletos.

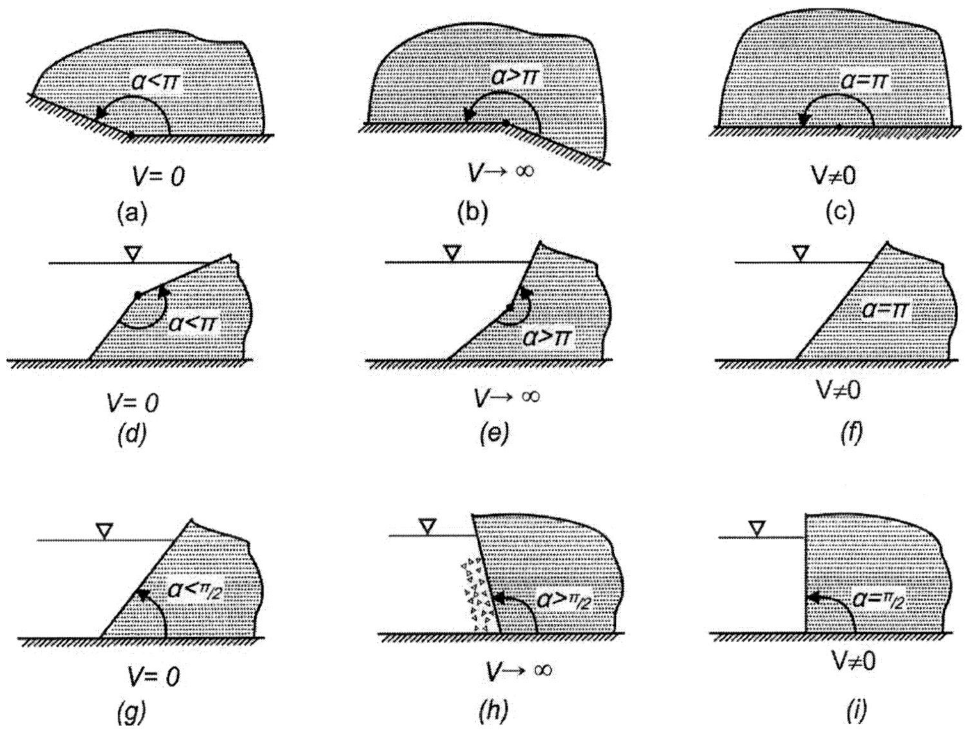

Figura 2.10 – Pontos de singularidade (vértices dos ângulos) em fluxo permanente 2D
Fonte: Harr (1962)

2.5.2 Quantidades determinadas em redes de fluxo

Redes de fluxo permitem uma fácil determinação de três quantidades fundamentais em problemas de fluxo permanente 2D: a vazão Q, as cargas em pontos do solo (de elevação, de pressão e carga hidráulica) e estimativas de gradientes hidráulicos.

a) Vazão Q

Aplicando a lei de Darcy no elemento sombreado da Fig. 2.11 vem:

$$\Delta Q = k\frac{\Delta H}{a}(1 \times b) \tag{2.5i}$$

Considerando as Eq. 2.5a e 2.5b resulta

$$\frac{Q}{n_f} = k\frac{\Delta h}{n_d}\frac{b}{a} \quad \rightarrow \quad Q = k\frac{n_f}{n_d}\Delta h\frac{b}{a} \quad \rightarrow \quad Q = k\$\Delta h\frac{b}{a} \tag{2.5j}$$

onde $\$ = n_f/n_d$ é definido como fator de forma da rede de fluxo. Se a rede de fluxo for formada por quadrados ($a = b$), então

$$Q = k\$\Delta h \tag{2.5k}$$

Na aplicação da Eq. 2.5j ou 2.5k note que a rede de fluxo não depende[5] do coeficiente de permeabilidade k do solo, que aparece explicitamente nessas equações, e que o fator de forma $\$$ é um valor único, independentemente do número de linhas de fluxo e linhas equipotenciais utilizado na construção da rede.

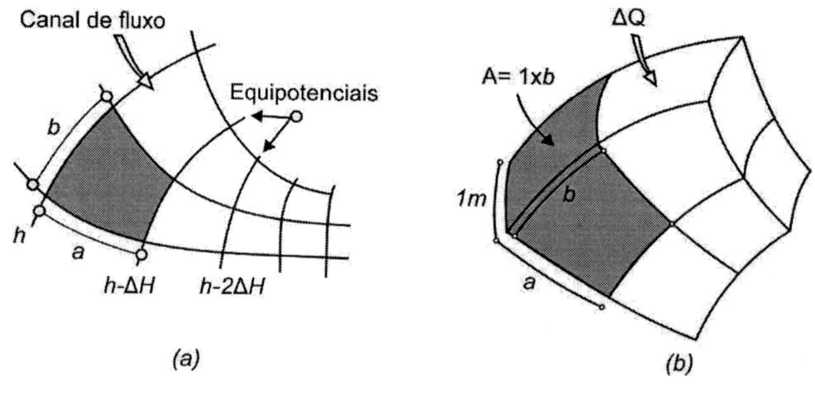

Figura 2.11 - Canal de fluxo em representação (a) 2D; (b) 3D
Fonte: adaptado de Azizi (2000)

b) Cargas de elevação, de pressão e hidráulica

Para determinação da carga hidráulica h^P, em um ponto P da rede de fluxo, diminui-se da carga hidráulica máxima h^{max} o número fracionário aproximado de quedas de carga ΔH até o ponto P[6].

$$h^P = h^{\max} - n_d^P \Delta H \tag{2.5ℓ}$$

[5] No caso de depósitos com camadas de solos heterogêneos, o traçado geral da rede depende do contraste entre os valores dos coeficientes de permeabilidade das camadas de solo adjacentes.

[6] Ou aumenta-se, da carga hidráulica mínima h^{min}, o número fracionário aproximado de quedas de carga ΔH até o ponto P.

Por exemplo, para cálculo da carga hidráulica no ponto B da Fig. 2.12,

$$h^B = h^{\max} - n_d^B \Delta H = 3{,}6 - 9 \times \frac{3{,}6}{10} = 0{,}36 \text{ m} \qquad (2.5\text{m})$$

O valor da carga de elevação h_e^B= -1,44m é lido em escala gráfica diretamente na rede de fluxo, a partir do NR, e a carga de pressão é obtida pela diferença $h_p^B = h^B - h_e^B$= 0,36 -(-1,44) = 1,80 m com $u^B = \gamma_w h_p^B$ = 10×1,80 = 18 kPa.

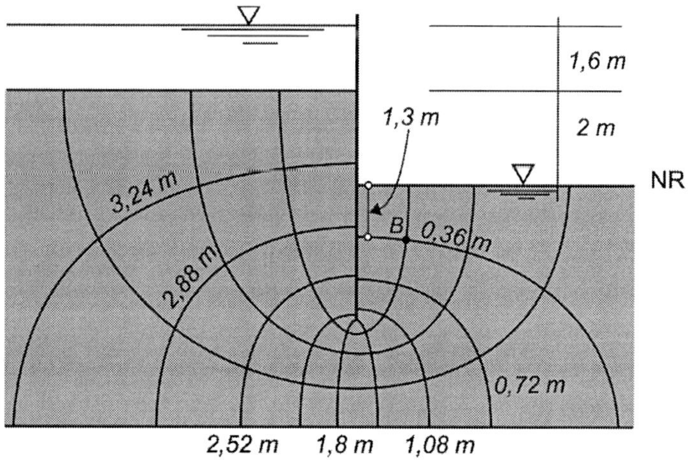

Figura 2.12 - Rede de fluxo em cortina impermeável
Fonte: Azizi (2000)

c) Gradiente hidráulico

O gradiente hidráulico é calculado dividindo o valor da perda de carga entre equipotenciais sucessivas ΔH pelo comprimento da linha de fluxo no quadrado onde se situa o ponto de interesse, medido em escala gráfica. Caso necessite de maior acurácia na estimativa do gradiente hidráulico, refine localmente a rede, subdividindo-a em quadrados menores (Fig. 2.5).

Na Fig. 2.12, o gradiente hidráulico máximo na região de saída $i_{saida}^{\max}$, considerando o segmento da linha de fluxo vertical com comprimento 1,3 m, resulta em

$$i_{saida}^{\max} = \frac{\Delta H}{\ell_{\min}} = \frac{0{,}36}{1{,}3} = 0{,}28 \qquad (2.5\text{n})$$

e o fator de segurança FS contra a ruptura hidráulica por fluxo (Eq. 1.7c)

$$\text{FS} = \frac{i_{cr}}{i_{saida}^{\max}} \approx \frac{1}{0{,}28} = 3{,}6 \qquad (2.5\text{p})$$

2.5.3 Redes de fluxo em solo anisotrópico

Considere um solo saturado, homogêneo, anisotrópico com permeabilidades principais $k_x > k_y$ e a elipse de permeabilidades, representada na Fig. 2.13, com semieixos $\sqrt{k_x}$ e $\sqrt{k_y}$. Para obter as permeabilidades isotrópicas equivalentes nas regiões delimitadas por círculos, duas alternativas são possíveis:

a) transformar a escala das coordenadas x, y da seção natural em coordenadas x_T, y_T em uma seção transformada de acordo com:

$$x_T = x\sqrt{k_y/k_x} \quad \text{e} \quad y_T = y \tag{2.5q}$$

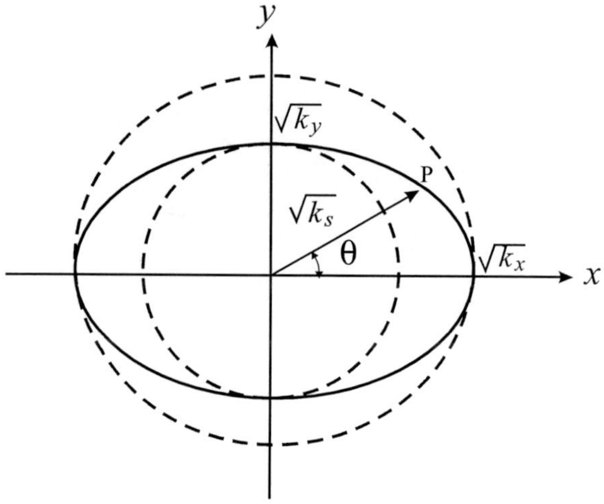

Figura 2.13 – Elipse de permeabilidades em um solo saturado anisotrópico
Fonte: adaptado de Harr (1962)

A Eq. 2.5r que governa o fluxo permanente em solos saturados anisotrópicos,

$$k_x\frac{\partial^2 h}{\partial x^2} + k_y\frac{\partial^2 h}{\partial y^2} = 0 \tag{2.5r}$$

pode ser reescrita na seção transformada como

$$\frac{1}{(k_y/k_x)}\frac{\partial^2 h}{\partial x^2} + \frac{\partial^2 h}{\partial y^2} = 0 \quad \rightarrow \quad \frac{\partial^2 h}{\partial\left(x\sqrt{k_y/k_x}\right)^2} + \frac{\partial^2 h}{\partial y^2} = 0 \tag{2.5s}$$

recuperando a equação de Laplace,

$$x_T = x\sqrt{k_y/k_x} \quad \rightarrow \quad \frac{\partial^2 h}{\partial x_T^2} + \frac{\partial^2 h}{\partial y^2} = 0 \tag{2.5t}$$

Para $k_x > k_y$ esta transformação reduz a escala das abscissas e contrai a elipse de permeabilidades para o círculo interno de raio $\sqrt{k_y}$ da Fig. 2.13.

Na seção transformada, considere um quadrado da rede de fluxo (Fig. 2.14b) que na seção natural (Fig. 2.14a) corresponde a um retângulo ($a \times b$). A vazão no canal de fluxo, determinada pela aplicação direta da lei de Darcy, é escrita na seção natural como

$$\Delta Q = k_x \frac{\Delta H}{a} (1 \times b) \tag{2.5u}$$

e na seção transformada

$$\Delta Q = \bar{k} \; \frac{\Delta H}{a\sqrt{k_y/k_x}} (1 \times b) \tag{2.5v}$$

onde $\bar{k}$ é um coeficiente de permeabilidade isotrópico.

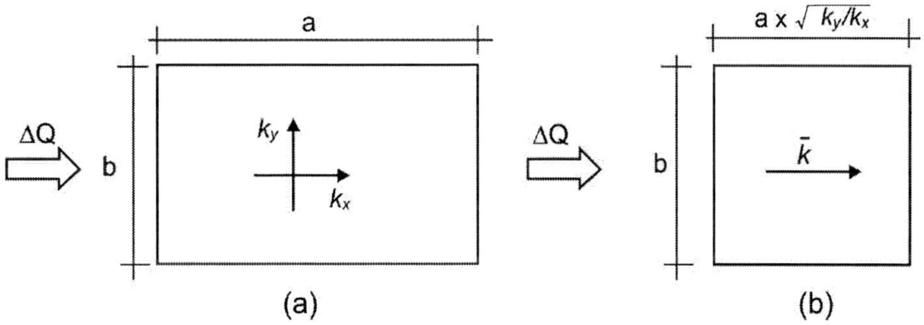

Figura 2.14 – (a) Fluxo na seção natural; (b) fluxo na seção transformada
Fonte: autor

Como a vazão no canal de fluxo das seções natural e transformada deve ser a mesma, resulta então que o coeficiente de permeabilidade equivalente $\bar{k}$ é determinado pela média geométrica

$$\bar{k} = \sqrt{k_x k_y} \tag{2.5x}$$

b) transformar a escala das coordenadas x, y da seção natural em coordenadas x_T, y_T em uma seção transformada de acordo com:

$$x_T = x \quad \text{e} \quad y_T = y\sqrt{k_x/k_y} \tag{2.5y}$$

Nesta alternativa, a equação diferencial governante é expressa por

$$\frac{\partial^2 h}{\partial x^2} + \frac{1}{(k_x/k_y)} \frac{\partial^2 h}{\partial y^2} = 0 \quad \rightarrow \quad \frac{\partial^2 h}{\partial x^2} + \frac{\partial^2 h}{\partial \left(y\sqrt{k_x/k_y}\right)^2} = 0 \tag{2.5z}$$

que novamente recupera a equação de Laplace na seção transformada,

$$y_T = y\sqrt{k_x/k_y} \quad \rightarrow \quad \frac{\partial^2 h}{\partial x^2} + \frac{\partial^2 h}{\partial y_T^2} = 0 \tag{2.5A}$$

Para $k_x > k_y$ este procedimento aumenta a escala das ordenadas e expande a elipse de permeabilidades para o círculo externo de raio $\sqrt{k_x}$ na Fig. 2.13.

A validade da Eq. 2.5x pode ser confirmada determinando novamente a vazão em um quadrado da rede de fluxo na seção transformada e um retângulo na seção natural.

Na prática a transformação da coordenada vertical é inconveniente porque afeta a leitura direta da carga de elevação, o que explica o fato de as redes de fluxo para solos anisotrópicos serem desenhadas na seção transformada aplicando uma mudança de escala nas abscissas $x_T = x\sqrt{k_y/k_x}$.

Como o fator de forma $\$$ da rede de fluxo permanece inalterado nas seções natural e transformada, bem como o coeficiente de permeabilidade equivalente $\bar{k}$, a vazão Q pode ser obtida da rede de fluxo desenhada na seção transformada (x_T, y) por meio da Eq. 2.5j ou Eq. 2.5k.

O gradiente hidráulico pode ser estimado diretamente na seção natural ou na seção transformada. No primeiro caso, a distância média a (Fig. 2.15b), entre equipotenciais sucessivas é medida diretamente em escala gráfica na seção natural e o valor do gradiente hidráulico determinado por:

$$i = \Delta H/a \tag{2.5B}$$

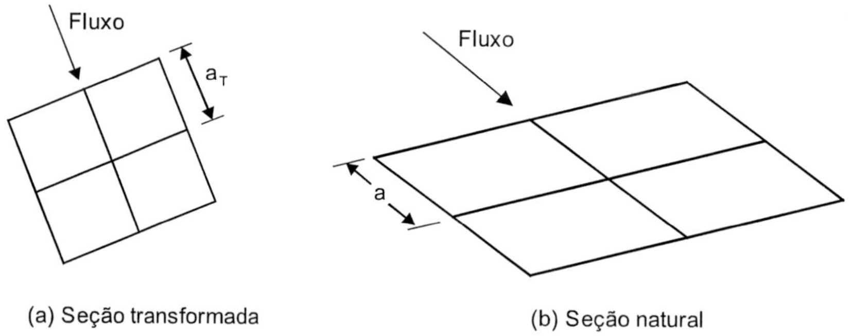

Figura 2.15 - Trecho de rede de fluxo: (a) seção transformada; (b) seção natural
Fonte: adaptado de Lambe e Whitman (1969)

No segundo caso (Fig. 2.15a), na rede de fluxo da seção transformada, as projeções horizontal (a_{Tx}) e vertical ($a_{Ty} = a_y$) da distância a_T são medidas em escala gráfica na seção transformada. O valor da distância real a para aplicação na Eq. 2.5B é calculado como:

$$a = \sqrt{a_x^2 + a_y^2} \quad \rightarrow \quad a = \sqrt{\frac{k_x}{k_y} a_{Tx}^2 + a_{Ty}^2} \tag{2.5C}$$

Para construir a rede de fluxo na seção natural (solo anisotrópico), as coordenadas dos pontos de interseção $P_T = P_T(x_T, y)$ das linhas de fluxo com as linhas equipotenciais na seção transformada devem ser transportadas para a seção natural nos pontos $P = P(x, y)$, utilizando a transformação inversa $x = x_T\sqrt{k_x/k_y}$. Esses pontos são, em seguida, ligados por curva contínua para obtenção da rede de fluxo na seção natural. A Fig. 2.16 mostra alguns exemplos, nos quais se observa que, no fluxo permanente 2D em um solo anisotrópico, as linhas de fluxo e linhas equipotenciais não mais se interceptam ortogonalmente na seção natural, e que os quadrados da rede de fluxo no meio isotrópico equivalente transformam-se em paralelogramos na rede de fluxo no meio anisotrópico.

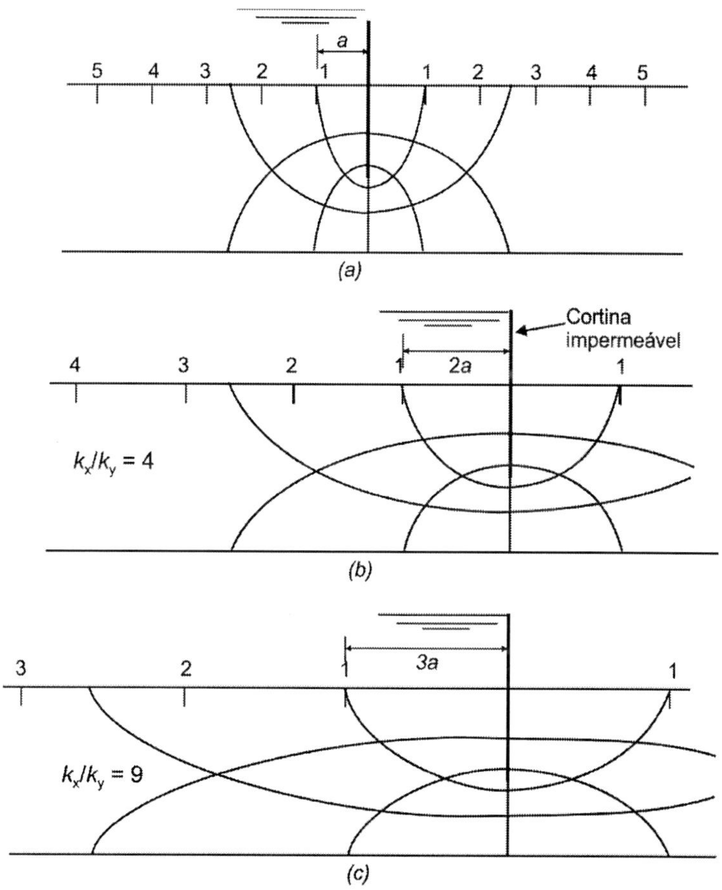

Figura 2.16 – (a) Seção transformada em meio isotrópico equivalente; (b) Seção natural em meio anisotrópico com $k_x = 4k_y$; (c) Seção natural em meio anisotrópico com $k_x = 9k_y$
Fonte: adaptado de Cedergren (1967)

2.5.4 Coeficiente de permeabilidade direcional

Deseja-se determinar a velocidade de fluxo na direção s (Fig. 2.13), tangente à linha de fluxo (Fig. 2.3) em determinado ponto de um maciço de solo anisotrópico saturado. Pela lei de Darcy,

$$v_s = -\,k_s\,\frac{\partial h}{\partial s} \rightarrow \quad \frac{\partial h}{\partial s} = -\frac{v_s}{k_s} \tag{2.5D}$$

$$v_x = -\,k_x\,\frac{\partial h}{\partial x} = v_s\,cos\theta \quad \rightarrow \quad \frac{\partial h}{\partial x} = -\frac{v_s\,cos\theta}{k_x} \tag{2.5E}$$

$$v_y = -\,k_y\,\frac{\partial h}{\partial y} = v_s\,sen\theta \quad \rightarrow \quad \frac{\partial h}{\partial y} = -\frac{v_s\,sen\theta}{k_y} \tag{2.5F}$$

Da regra da cadeia do cálculo diferencial

$$\frac{\partial h(x,y)}{\partial s} = \frac{\partial h(x,y)}{\partial x}\frac{\partial x}{\partial s} + \frac{\partial h(x,y)}{\partial y}\frac{\partial y}{\partial s} \quad \text{com} \quad \frac{\partial x}{\partial s} = \cos\theta \ \text{ e } \ \frac{\partial y}{\partial s} = sen\ \theta \tag{2.5G}$$

Substituindo na Eq. 2.5G as Eq. 2.5D, 2.5E e 2.5F resulta no coeficiente de permeabilidade direcional k_s:

$$\frac{1}{k_s} = \frac{cos^2\theta}{k_x} + \frac{sen^2\theta}{k_y} \tag{2.5H}$$

$$k_s = \frac{k_x k_y}{k_x\, sen^2\theta + k_y cos^2\theta} \tag{2.5I}$$

Transformando as coordenadas cilíndricas do ponto P(r,θ) da Fig. 2.13 em coordenadas Cartesianas $x = r\ cos\theta$ e $y = r\ sen\theta$ e substituindo na Eq. 2.5H obtém-se a equação da elipse das permeabilidades com semieixo máximo $\sqrt{k_x}$ e semieixo mínimo $\sqrt{k_y}$.

$$\frac{r^2}{k_s} = \frac{x^2}{k_x} + \frac{y^2}{k_y} \tag{2.5J}$$

Observe que somente com k_s e θ não é possível determinar as permeabilidades principais k_x e k_y, sendo necessário conhecer os valores dos coeficientes de permeabilidade em duas direções ortogonais, conforme problema resolvido 16.

2.5.5 Condições de transferência entre camadas de solo heterogêneo

No caso de fluxo permanente através de duas camadas de solo com diferentes coeficientes de permeabilidade, porém isotrópicos, as linhas de fluxo sofrem uma mudança de direção quando atingem a interface, de modo semelhante ao que ocorre com raios luminosos na superfície de separação entre dois meios de diferentes índices de refração ou com ondas de tensão entre dois meios com diferentes velocidades de propagação.

Considere o canal de fluxo da Fig. 2.17 que, no solo 1, é formado por duas linhas de fluxo que incidem sobre a interface AC com ângulo de inclinação α_1 e, após cruzá-la, sofrem uma mudança de direção denotada pelo ângulo de inclinação α_2. As linhas equipotenciais, perpendiculares ao canal de fluxo, apresentam ângulos de inclinação θ_1 e θ_2 em relação à interface, nos solos 1 e 2, respectivamente.

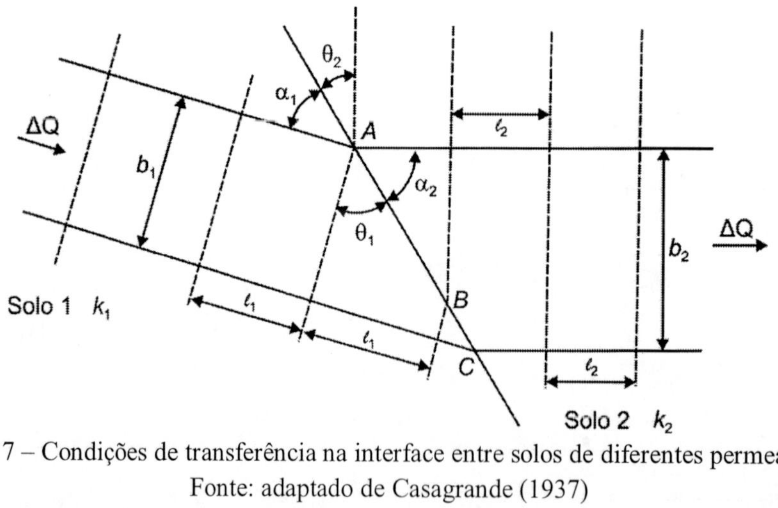

Figura 2.17 – Condições de transferência na interface entre solos de diferentes permeabilidades
Fonte: adaptado de Casagrande (1937)

Como a vazão no canal de fluxo é constante,

$$\Delta Q = k_1 \frac{\Delta H}{\ell_1}(1 \times b_1) = k_2 \frac{\Delta H}{\ell_2}(1 \times b_2) \tag{2.5K}$$

$$\frac{k_1}{k_2} = \frac{b_2}{\ell_2}.\frac{\ell_1}{b_1} \tag{2.5L}$$

Se a rede for constituída no solo 1 por quadrados ($\ell_1 = b_1$) então, no solo 2, será formada por retângulos com proporção ($k_1/k_2 = b_2/\ell_2$), isto é, se $k_1 > k_2$ então $b_2 > \ell_2$.

Da Fig. 2.17 observe também que as relações

$$\ell_1 = \text{ABcos}\alpha_1 \quad \ell_2 = \text{ABcos}\alpha_2 \quad b_1 = \text{AC}\,sen\alpha_1 \quad b_2 = \text{AC}\,sen\alpha_2 \tag{2.5M}$$

substituídas na Eq. 2.5L, resultam na lei de Snell,

$$\frac{k_1}{k_2} = \frac{\text{AC}\,sen\alpha_2}{\text{ABcos}\alpha_2} \times \frac{\text{ABcos}\alpha_1}{\text{AC}\,sen\alpha_1} = \frac{\tan\alpha_2}{\tan\alpha_1} \tag{2.5N}$$

Assim, se $k_1 > k_2$ as linhas de fluxo no solo 2 apresentam inclinação $\alpha_2 > \alpha_1$, aproximando-se da normal à interface AC de separação entre os meios, como indicado na Fig. 2.17. Para $\alpha_1 = 90^o$, as linhas de fluxo não sofrem nenhuma mudança de trajetória ao ingressarem no solo 2, perpendicularmente à interface; para a situação $\alpha_1 = 0$, a linha de fluxo é rasante à superfície de separação AC ($\alpha_1 = \alpha_2 = 0$).

As Eq. 2.5L e 2.5N são conhecidas como condições de transferência na interface entre camadas de solo de diferentes permeabilidades (CASAGRANDE, 1937).

Uma dúvida, que frequentemente ocorre, é como determinar a vazão Q por meio da Eq. 2.5j, desenvolvida para solos isotrópicos e homogêneos. Seja, por exemplo, a rede de fluxo da Fig. 2.18, para um problema 1D, envolvendo dois solos com razão entre os coeficientes de permeabilidade $k_1/k_2 = 20/1$.

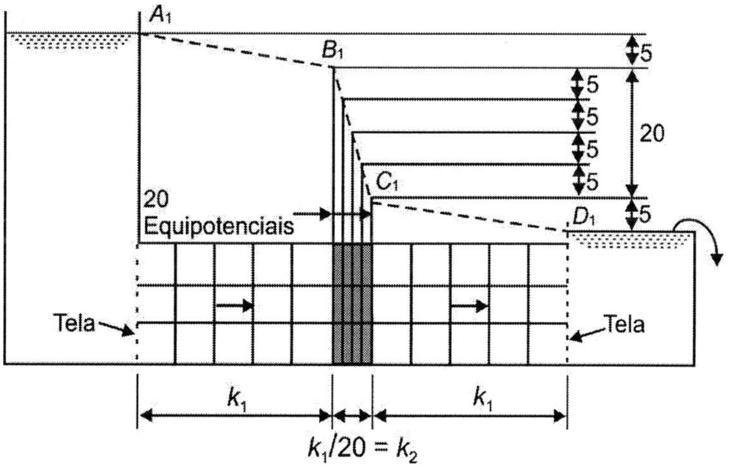

Figura 2.18 - Fluxo permanente 1D em solos de diferentes permeabilidades
Fonte: adaptado de Cedergren (1967)

Opções de cálculo:

a) Trecho inicial da rede de fluxo construída no solo 1, formada por quadrados

$$Q = k_1 \times \frac{3}{5} \times \frac{5}{30} \Delta h \times \frac{1}{1} = k_1 \frac{\Delta h}{10} \tag{2.5P}$$

b) Trecho intermediário da rede de fluxo construída no solo 2, formada por retângulos na proporção b/a = 20/1

$$Q = k_2 \times \frac{3}{20} \times \frac{20}{30} \Delta h \times \frac{20}{1} = 2k_2 \Delta h = 2\frac{k_1}{20} \Delta h = k_1 \frac{\Delta h}{10} \tag{2.5Q}$$

c) Toda a rede de fluxo, considerando coeficiente de permeabilidade do solo 1

$$Q = k_1 \times \frac{3}{30} \times \Delta h \times \frac{1}{1} = k_1 \frac{\Delta h}{10} \tag{2.5R}$$

d) Toda a rede de fluxo, considerando coeficiente de permeabilidade do solo 2

$$Q = k_2 \times \frac{3}{30} \times \Delta h \times \frac{20}{1} = 2k_2 \Delta h = 2\frac{k_1}{20} \Delta h = k_1 \frac{\Delta h}{10} \tag{2.5S}$$

Outras opções ainda poderiam ser consideradas, como determinar a vazão em um canal de fluxo ou em apenas em um trecho do canal (por exemplo, em um quadrado no solo 1) e extrapolar os resultados para toda a rede com base na propriedade de que a parcela de vazão em cada canal de fluxo é constante.

Observe que na aplicação da Eq. 2.5j, a razão b/a leva em conta o formato da rede de fluxo na região associada ao coeficiente de permeabilidade selecionado k_1 ou k_2, o que torna a sua utilização mais recomendável do que a Eq. 2.5k, geralmente apresentada em textos básicos de mecânica dos solos.

2.5.6 Recomendações gerais para o traçado da rede de fluxo

Tempo e esforços podem ser economizados na obtenção de desenhos de boa qualidade de redes de fluxo se as seguintes recomendações gerais forem observadas:

a) desenhe a seção transversal da geometria do problema em uma face de papel transparente e a rede de fluxo no verso. Principalmente em casos de fluxo não confinado, no qual a localização da posição correta da linha freática é um processo por tentativa e erro, essa precaução ao menos protegerá a geometria do problema de ser apagada quando a rede de fluxo for rejeitada;

b) seja prático quanto ao número de linhas desenhadas. Um número excessivo de linhas torna o desenho muito confuso, prejudicando sua leitura e interpretação; por outro lado, um número muito pequeno faz com que características essenciais do fluxo possam ser perdidas. É sempre possível refinar uma região de maior interesse da análise, acrescentando linhas de fluxo e linhas equipotenciais para enfatizar características locais;

c) antes de iniciar o traçado da rede de fluxo, verifique as condições de contorno do problema. Em toda a rede de fluxo, algumas linhas de fluxo e linhas equipotenciais podem ser previamente determinadas com base nas condições de contorno, permitindo ao engenheiro ter antecipadamente uma ideia da configuração geral da rede;

d) em problemas envolvendo solos heterogêneos, preste atenção nas partes dominantes da seção transversal. O padrão de fluxo é influenciado por solos de permeabilidade muito alta ou muito baixa;

e) sempre tenha em mente o desenho geral da rede de fluxo quando trabalhando em certos detalhes, e não refine a rede sem que todas as partes do desenho estejam adequadamente desenvolvidas;

f) estude as regras básicas de uma rede de fluxo (condições de entrada e saída da linha freática, condições de transferência entre camadas de solos heterogêneos, transformação da geometria em problemas com solos anisotrópicos etc.) e siga-as estritamente;

g) analise com cuidado e atenção redes de fluxo bem traçadas, porque elas são fundamentais para criar e consolidar no engenheiro uma percepção da natureza geral do fluxo permanente 2D. Nesse sentido, o livro de Cedergren (1967, 1977, 1989, 1997) é a fonte de consulta recomendada. Observações úteis sobre o traçado de uma rede de fluxo também podem ser obtidas em U.S. *Department of Agriculture* (1973).

2.6 SOLUÇÃO NUMÉRICA

2.6.1 O método das diferenças finitas

O método das diferenças finitas é simples, utilizado para introdução ao cálculo diferencial como limite de aproximações finitas quando o intervalo entre pontos discretos se torna infinitesimalmente pequeno. O método leva diretamente a um sistema de equações algébricas que representa, sob forma discreta, as equações governantes do problema de fluxo permanente 2D sem a necessidade de recorrer a outras considerações matemáticas.

É usual afirmar que uma grande fonte de erros na aplicação de métodos numéricos em problemas de fluxo permanente é a imprecisão nos valores e na distribuição dos coeficientes de permeabilidade através do maciço de solo. Cedergren (1977) escreveu que "as respostas não podem ser melhores do que os dados de entrada", sugerindo com essa afirmação que o grau de incerteza nos valores dos coeficientes de permeabilidade leva a incertezas de mesma ordem nos resultados da análise numérica. De acordo com Rushton e Redshaw (1979), em vários estudos de fluxo confinado, foi constatado que uma variação de dezenas de vezes no valor do coeficiente de permeabilidade do solo levou a pequenas diferenças nos resultados de previsão de cargas e de vazão; mas, em problemas de fluxo não confinado, por outro lado, pequenas variações no coeficiente de permeabilidade resultaram em diferenças significativas nos valores numéricos finais. A única maneira de determinar a dependência dos resultados do problema de fluxo não confinado em relação ao(s) coeficiente(s) de permeabilidade é realizar numericamente uma análise de sensibilidade, obtendo um intervalo de respostas em função da variação estimada no valor de k.

Uma das limitações tradicionais do método das diferenças finitas é a dificuldade na descrição de contornos curvos e geometrias complicadas de camadas de solo. Por essa razão, outro método numérico mais moderno, versátil e eficiente é geralmente preferido na solução de problemas de fluxo: o método dos elementos finitos que, entretanto, não será aqui abordado, por necessitar de um desenvolvimento matemático mais prolongado para análises 2D.

2.6.2 Discretização da equação governante

Seja Δx e Δy as mudanças nas coordenadas do ponto representado por (i,j) na Fig. 2.19; as cargas hidráulicas, nos pontos (i+1,j) e (i-1,j), podem ser aproximadamente obtidas por uma expansão em série de Taylor considerando um número finito de termos.

$$h_{i+1,j} = h_{i,j} + \Delta x \left(\frac{\partial h}{\partial x}\right)_{i,j} + \frac{\Delta x^2}{2!}\left(\frac{\partial^2 h}{\partial x^2}\right)_{i,j} + \frac{\Delta x^3}{3!}\left(\frac{\partial^3 h}{\partial x^3}\right)_{i,j} + O(\Delta x^4) \quad (2.6a)$$

$$h_{i-1,j} = h_{i,j} - \Delta x \left(\frac{\partial h}{\partial x}\right)_{i,j} + \frac{\Delta x^2}{2!}\left(\frac{\partial^2 h}{\partial x^2}\right)_{i,j} - \frac{\Delta x^3}{3!}\left(\frac{\partial^3 h}{\partial x^3}\right)_{i,j} + O(\Delta x^4) \quad (2.6b)$$

Somando as Eq. 2.6a e 2.6b, obtém-se a seguinte expressão aproximada para cálculo de $\partial^2 h/\partial x^2$, com um erro de truncamento local da ordem $O(\Delta x^2)$

$$\left(\frac{\partial^2 h}{\partial x^2}\right)_{i,j} = \frac{h_{i+1,j} + h_{i-1,j} - 2h_{i,j}}{\Delta x^2} + O(\Delta x^2) \quad (2.6c)$$

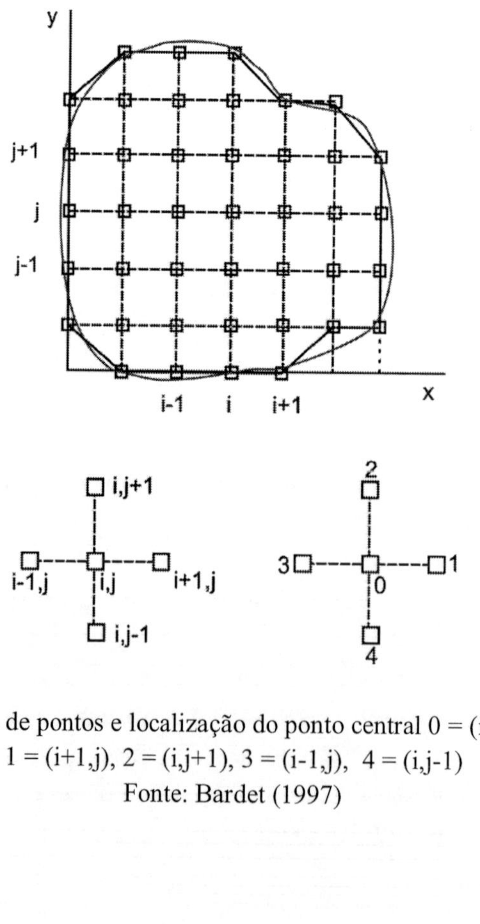

Figura 2.19 - Malha de pontos e localização do ponto central 0 = (i,j) e seus vizinhos 1 = (i+1,j), 2 = (i,j+1), 3 = (i-1,j), 4 = (i,j-1)
Fonte: Bardet (1997)

Similarmente, considerando as cargas hidráulicas nos pontos (i,j+1) e (i,j-1), a expansão em série de Taylor em relação à coordenada *y*,

$$h_{i,j+1} = h_{i,j} + \Delta y\left(\frac{\partial h}{\partial y}\right)_{i,j} + \frac{\Delta y^2}{2!}\left(\frac{\partial^2 h}{\partial y^2}\right)_{i,j} + \frac{\Delta y^3}{3!}\left(\frac{\partial^3 h}{\partial y^3}\right)_{i,j} + O(\Delta y^4) \tag{2.6d}$$

$$h_{i,j-1} = h_{i,j} - \Delta y\left(\frac{\partial h}{\partial y}\right)_{i,j} + \frac{\Delta y^2}{2!}\left(\frac{\partial^2 h}{\partial y^2}\right)_{i,j} - \frac{\Delta y^3}{3!}\left(\frac{\partial^3 h}{\partial y^3}\right)_{i,j} + O(\Delta y^4) \tag{2.6e}$$

$$\left(\frac{\partial^2 h}{\partial y^2}\right)_{i,j} = \frac{h_{i,j+1} + h_{i,j-1} - 2h_{i,j}}{\Delta y^2} + O(\Delta y^2) \tag{2.6f}$$

Para um solo anisotrópico, a equação diferencial governante (Eq. 2.5r) pode ser expressa sob forma de diferenças finitas como

$$k_x \frac{h_{i+1,j} + h_{i-1,j} - 2h_{i,j}}{\Delta x^2} + k_y \frac{h_{i,j+1} + h_{i,j-1} - 2h_{i,j}}{\Delta y^2} = 0 \tag{2.6g}$$

Considerando uma malha de pontos equidistantes $\Delta x = \Delta y$ com $\alpha = k_x/k_y$

$$h_{i,j} = \frac{\alpha h_{i+1,j} + h_{i,j+1} + \alpha h_{i-1.j} + h_{i,j-1}}{2(1+\alpha)} \tag{2.6h}$$

Se o solo for isotrópico ($\alpha = 1$),

$$h_{i,j} = \frac{h_{i+1,j} + h_{i,j+1} + h_{i-1.j} + h_{i,j-1}}{4} \tag{2.6i}$$

A Eq. 2.6i mostra que, para um solo isotrópico e homogêneo, a carga hidráulica em qualquer ponto (i,j), ou ponto 0 na Fig. 2.19, é aproximada pela média aritmética dos valores de carga hidráulica nos quatro pontos adjacentes equidistantes (i+1,j) ou ponto 1, (i, j+1) ou ponto 2, (i-1,j) ou ponto 3 e (i, j-1) ou ponto 4.

A Eq. 2.6h refere-se ao fluxo permanente em solo anisotrópico, considerando a seção natural. Observe que se a Eq. 2.6g for reescrita como

$$\frac{k_x}{k_y}\frac{h_{i+1,j} + h_{i-1,j} - 2h_{i,j}}{\Delta x^2} + \frac{h_{i,j+1} + h_{i,j-1} - 2h_{i,j}}{\Delta y^2} = 0 \tag{2.6j}$$

e considerando $\Delta x_T = \sqrt{k_y/k_x}\,\Delta x$, então

$$\frac{h_{i+1,j} + h_{i-1,j} - 2h_{i,j}}{\Delta x_T^2} + \frac{h_{i,j+1} + h_{i,j-1} - 2h_{i,j}}{\Delta y^2} = 0 \tag{2.6k}$$

que representa a discretização da equação diferencial de Laplace na seção transformada.

A Eq. 2.6i também pode ser obtida pela aplicação direta da lei de Darcy, considerando canais de fluxo de largura Δx e Δy e o ponto 0 de coordenadas (i,j), situado sobre a interseção dos eixos centrais (Fig. 2.20a).

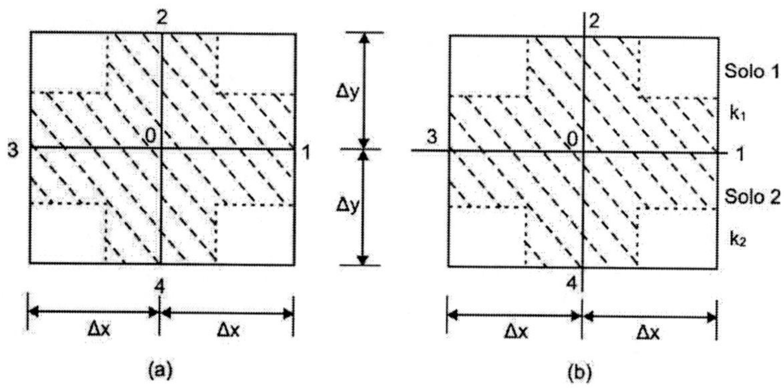

Figura 2.20 - Vazão nos canais de fluxo pela lei de Darcy
Fonte: autor

$$\Delta Q_x = Q_x^{ent} - Q_x^{saida} = k_x \frac{h_3 - h_0}{\Delta x}(1 \times \Delta y) - k_x \frac{h_0 - h_1}{\Delta x}(1 \times \Delta y) \quad (2.6\ell)$$

$$\Delta Q_x = \frac{k_x \Delta y}{\Delta x}(h_1 + h_3 - 2h_0) \quad (2.6m)$$

Similarmente, considerando a vazão na direção y

$$\Delta Q_y = Q_y^{ent} - Q_y^{saida} = k_y \frac{h_4 - h_0}{\Delta y}(1 \times \Delta x) - k_y \frac{h_0 - h_2}{\Delta y}(1 \times \Delta x) \quad (2.6n)$$

$$\Delta Q_y = \frac{k_y \Delta x}{\Delta y}(h_2 + h_4 - 2h_0) \quad (2.6p)$$

Somando as Eq. 2.6m e 2.6p e impondo a condição de continuidade do fluxo, a Eq. 2.6g é novamente obtida, ou seja:

$$\Delta Q = \Delta Q_x + \Delta Q_y = \frac{k_x \Delta y}{\Delta x}(h_1 + h_3 - 2h_0) + \frac{k_y \Delta x}{\Delta y}(h_2 + h_4 - 2h_0) = 0 \quad (2.6q)$$

$$\frac{k_x}{k_y}\frac{h_1 + h_3 - 2h_0}{\Delta x^2} + \frac{h_2 + h_4 - 2h_0}{\Delta y^2} = 0 \quad (2.6r)$$

Se $\Delta x = \Delta y$ recupera-se a Eq. 2.6h e se, adicionalmente $k_x = k_y$, recupera-se a Eq. 2.6i. No caso do fluxo através de duas camadas de solos heterogêneos (Fig. 2.20b), mas isotrópicos, verificar que a aplicação da lei de Darcy resulta em

$$h_0 = \frac{h_1 + h_3}{4} + \frac{k_1 h_2 + k_2 h_4}{2(k_1 + k_2)} \quad (2.6s)$$

2.6.3 Condições de contorno

Em problemas de fluxo confinado, a carga hidráulica, ou a velocidade de fluxo, é conhecida nos contornos. Para um contorno horizontal impermeável (Fig. 2.21b), a Eq. 2.6u é obtida pela aplicação direta da lei de Darcy admitindo $\Delta x = \Delta y$:

$$k\frac{h_3 - h_0}{\Delta x}\left(1 \times \frac{\Delta y}{2}\right) + k\frac{h_1 - h_0}{\Delta x}\left(1 \times \frac{\Delta y}{2}\right) + k\frac{h_2 - h_0}{\Delta y}(1 \times \Delta x) = 0 \tag{2.6t}$$

$$h_0 = \frac{h_1 + 2h_2 + h_3}{4} \tag{2.6u}$$

Se o ponto 0, ou ponto (i,j), estiver localizado na extremidade de um contorno vertical impermeável de pequena espessura (cortina impermeável), então a carga total, no ponto 2 da Fig. 2.21a, pode ser tomada como a média entre as cargas totais à esquerda e à direita do ponto,

$$h_0 = \frac{h_1 + 0{,}5\left(h_2^{esq} + h_2^{dir}\right) + h_3 + h_4}{4} \tag{2.6v}$$

Equações similares podem ser obtidas para outros pontos (ou nós) situados sobre contornos impermeáveis do problema, conforme mostra a Fig. 2.22.

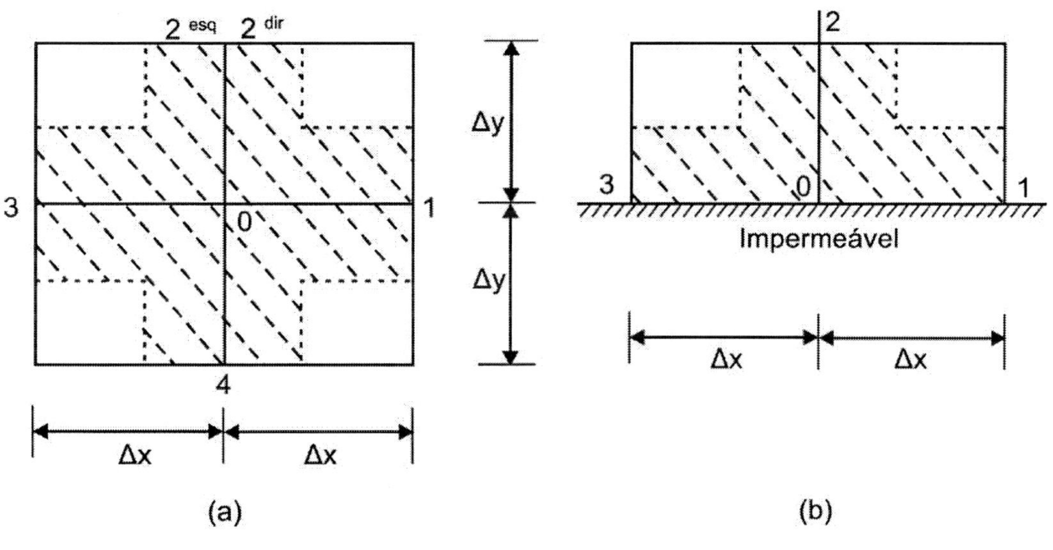

Figura 2.21 - (a) Contorno vertical impermeável (cortina impermeável ligando os pontos 0 e 2);
(b) contorno horizontal impermeável
Fonte: autor

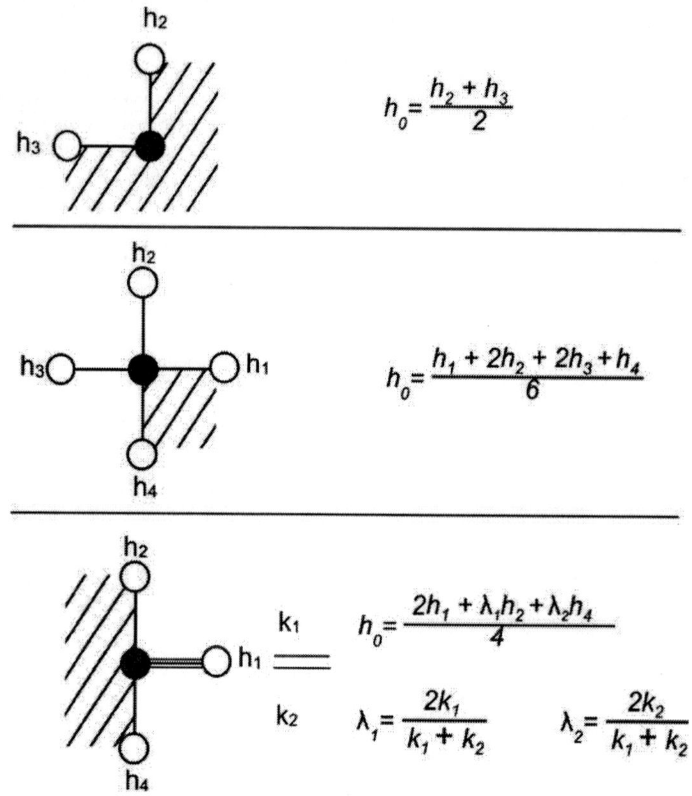

Figura 2.22 - Carga hidráulica no nó 0 (círculo escuro) em contorno impermeável
Fonte: autor

2.6.4 Cálculo da vazão

Considere a seção vertical A (Fig. 2.23), de comprimento unitário perpendicular ao plano do papel, que seciona completamente uma região de fluxo confinado, desde o contorno inferior c até o contorno superior n, passando por vários pontos da malha. A vazão do fluido através dessa seção é analiticamente determinada como:

$$Q = \int_A v_x ds = \int_{y_c}^{y_n} v_x \, dy \tag{2.6w}$$

A interpretação geométrica da integral da Eq. 2.6w é a área delimitada pela distribuição das velocidades horizontais v_x ao longo da seção vertical A. Admitindo que a velocidade varie linearmente entre os pontos sobre a seção, a integral pode ser aproximada pelo somatório dos trapézios construídos com as velocidades $v_{i,j}$ e $v_{i,j+1}$ para $c \leq j \leq n-1$ (regra dos trapézios para quadratura numérica).

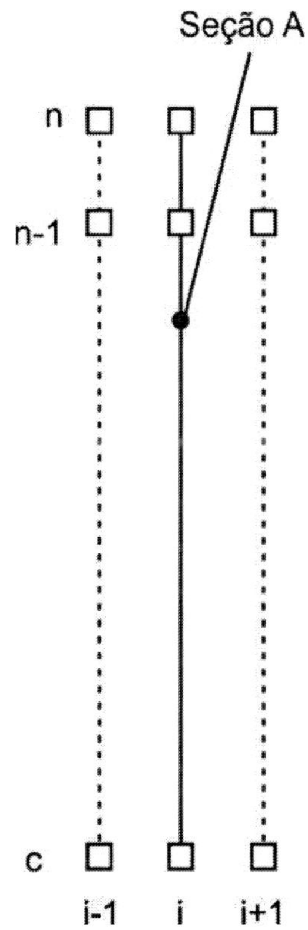

Figura 2.23 - Seção vertical A entre os contornos *c* e *n* para cálculo da vazão *Q*
Fonte: Bardet (1997)

Considerando diferenças finitas centrais para o cálculo das velocidades, resulta na Eq. 2.6y admitindo $\Delta x = \Delta y$,

$$Q = \frac{\Delta y}{2} v_{i,c} + \Delta y \sum_{j=c+1}^{n-1} v_{i,j} + \frac{\Delta y}{2} v_{i,n} \quad \text{com} \quad v_{i,j} \approx \frac{k}{2\Delta x}\left(h_{i-1,j} - h_{i+1,j}\right) \tag{2.6x}$$

$$Q = \frac{k}{4}\left(h_{i-1,c} - h_{i+1,c} + 2 \sum_{j=c+1}^{n-1} \left(h_{i-1,j} - h_{i+1,j}\right) + h_{i-1,n} - h_{i+1,n} \right) \tag{2.6y}$$

Deve estar claro que a forma final da Eq. 2.6y depende da escolha da seção analisada (vertical, neste caso) e que, na situação de uma seção horizontal, a integral correspondente à Eq. 2.6w seria escrita como

$$Q = \int_A v_y ds = \int_{x_c}^{x_n} v_y \, dx \tag{2.6z}$$

2.6.5 Linhas de fluxo

Uma possibilidade para obtenção das linhas de fluxo vem da Eq. 2.4r,

$$\Delta Q = \int_{\psi_2}^{\psi_1} v_x dy = \int_{\psi_2}^{\psi_1} \frac{\partial \psi}{\partial y} dy = \int_{\psi_2}^{\psi_1} d\psi = \psi_1 - \psi_2 = \text{constante} \tag{2.4r}$$

Aproximando a velocidade v_x nos pontos (i,j) e (i,j+1) por diferenças finitas centrais,

$$v_{i,j} \approx \frac{k}{2\Delta x}\left(h_{i-1,j} - h_{i+1,j}\right) \quad \text{e} \quad v_{i,j+1} \approx \frac{k}{2\Delta x}\left(h_{i-1,j+1} - h_{i+1,j+1}\right) \tag{2.6A}$$

e novamente admitindo $\Delta x = \Delta y$, então o valor estimado ΔQ pela regra dos trapézios na quadratura numérica resulta em

$$\Delta Q = \int_{(i,j)}^{(i,j+1)} v_x dy \approx \frac{v_{i,j} + v_{i,j+1}}{2} \times \Delta y$$

$$\Delta Q = \frac{k}{4}\left(h_{i-1,j} - h_{i+1,j} + h_{i-1,j+1} - h_{i+1,j+1}\right) = \psi_{i,j+1} - \psi_{i,j} \tag{2.6B}$$

$$\psi_{i,j+1} = \psi_{i,j} + \frac{k}{4}\left(h_{i-1,j} - h_{i+1,j} + h_{i-1,j+1} - h_{i+1,j+1}\right) \tag{2.6C}$$

Na aplicação da Eq. 2.6C, admite-se que as cargas hidráulicas em todos os pontos da malha foram previamente computadas pelas Eq. 2.6h ou 2.6i, com as respectivas condições de contorno em termos de carga hidráulica. Para cálculo de $\psi_{i,j+1}$ um valor inicial $\psi_{i,j} = 0$ é arbitrado para os pontos situados sobre um contorno impermeável que define, previamente, uma linha de fluxo conhecida. Os valores nos demais pontos da malha são calculados e, em seguida, as linhas de fluxo são traçadas interligando pontos com valores constantes da função de corrente, geralmente normalizados como $\psi'_{i,j} = \psi_{i,j}/k$.

Outra possibilidade para o traçado das linhas de fluxo é resolver um problema complementar, tendo em vista que ambas as funções (potencial de velocidade ϕ e função de corrente ψ) satisfazem a equação diferencial de Laplace. Nesta alternativa, os contornos são prescritos em termos de uma função de corrente modificada $\psi' = \psi/k$, atribuindo-se o valor $\psi' = 0$ em um dos contornos, e $\psi' = Q/k$ em outro contorno conhecido, sendo Q a vazão total computada anteriormente pela Eq. 2.6y. No problema complementar, a obtenção das linhas de fluxo é feita com a execução do mesmo programa computacional empregado para a solução das cargas hidráulicas, baseado no mesmo algoritmo de diferenças finitas, mas com condições de contorno prescritas em termos de funções de corrente modificadas (Fig. 2.24 a 2.26).

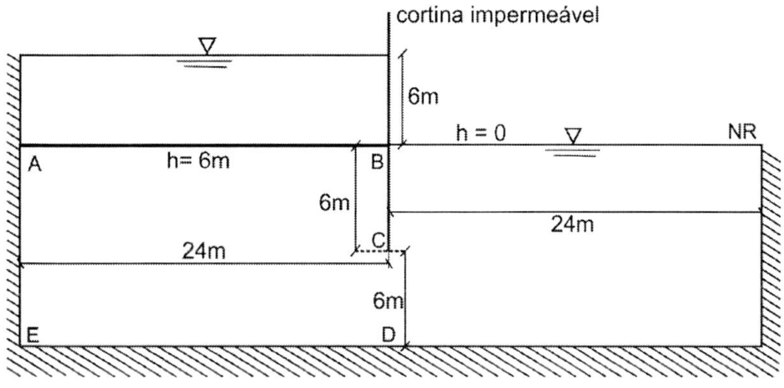

Figura 2.24 - Geometria de um problema de fluxo confinado com cortina impermeável
Fonte: adaptado de Rushton e Redshaw (1979)

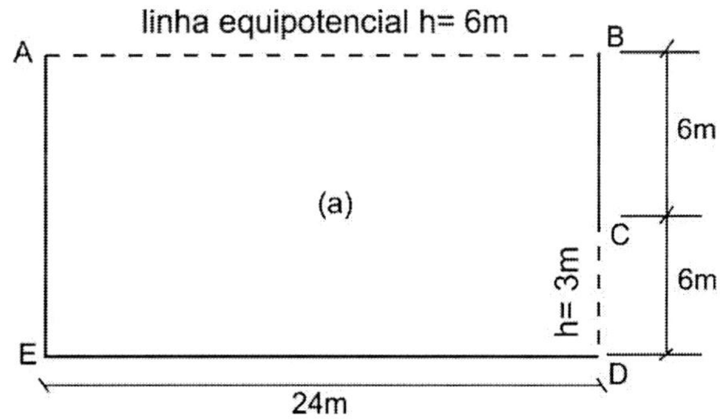

Figura 2.25 – Etapa (a): malha de pontos e condições de contorno (linhas equipotenciais máxima AB e mínima CD) em termos de carga hidráulica prescrita. Devido à simetria geométrica e hidráulica, apenas metade do domínio é considerada.
Fonte: adaptado de Rushton e Redshaw (1979)

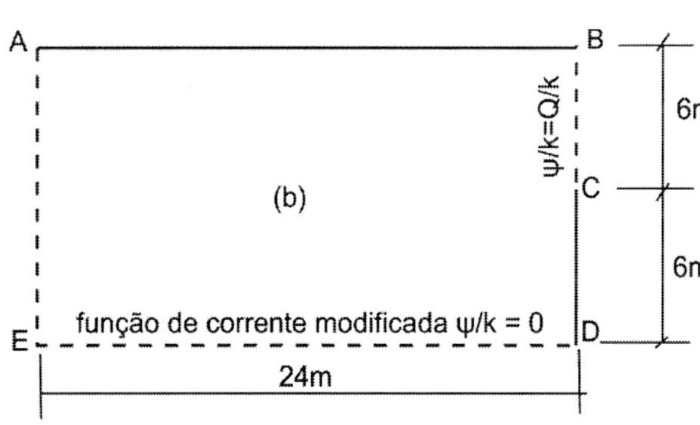

Figura 2.26 – Etapa (b): malha de pontos e condições de contorno (linhas de fluxo máxima AED e mínima BC) em termos de valores prescritos da função $\psi' = \psi/k$
Fonte: adaptado de Rushton e Redshaw (1979)

A rede de fluxo é finalmente obtida, superpondo-se as famílias $h(x,y)$ e $\psi'(x,y)$. A relação entre o número de canais de fluxo n_f e o número de quedas de equipotenciais n_d é valor determinado pela relação $n_f/n_d = Q/k\Delta h$, onde Δh é a perda de carga entre as linhas equipotenciais máxima e mínima do problema.

No método das diferenças finitas, os nós podem estar localizados na interseção das linhas ortogonais que definem a malha (Fig. 2.19) ou situados no centro das células por elas delimitados. No primeiro caso, a área de influência de cada nó é definida pela distância média entre nós adjacentes (Fig. 2.20), enquanto no segundo caso a área de influência corresponde à própria área da célula. Independentemente do tipo de representação, a formulação do método é a mesma em ambos os esquemas.

2.7 SIMULAÇÃO DE MONTE CARLO: CAMINHADA ALEATÓRIA

De modo geral, simulações de Monte Carlo[7] são ferramentas matemáticas utilizadas em ciência e engenharia para solução de problemas com base em uma grande sequência de variáveis aleatórias.

No método das diferenças finitas, valores aproximados da solução da equação de Laplace (em termos de carga hidráulica h ou da função de corrente ψ) são calculados em todos os pontos da discretização do domínio. Todavia, quando o interesse é por apenas um ponto, um procedimento alternativo, de caráter local, pode ser o método da caminhada aleatória que permite a obtenção da solução em um ponto arbitrário do domínio sem necessidade do cálculo da solução geral para todo o domínio.

Considere uma partícula de fluido no ponto P, livre para se movimentar nas direções x e y em passos $\Delta x = \Delta y$, conforme Fig. 2.19. Essa posição inicial é considerada a origem da caminhada, e um número inteiro aleatório é gerado entre 1 e 4 para indicar a direção e sentido do primeiro passo. Dependendo desse valor, a partícula desloca-se para o ponto (i+1,j), no caso de sorteado o número 1, para (i,j+1), o número 2, para (i-1,j), o número 3, ou para (i,j-1), o número 4. Uma vez dado o passo, a nova posição da partícula é considerada sua nova origem, isto é, cada passo é sempre interpretado como se fosse o primeiro. Todos os passos são independentes, sem guardar memória dos passos anteriores.

Assuma agora a partícula na nova origem. A probabilidade de ela retornar ao ponto anterior P(i,j), em movimento positivo ou negativo executado nas direções x ou y no próximo passo, é a mesma (1/4). Como a partícula pode estar posicionada em qualquer um dos quatro pontos adjacentes, então a probabilidade $P_{i,j}$ é escrita como

$$P_{i,j} = \frac{1}{4}\left(P_{i+1,j} + P_{i-1,j} + P_{i,j+1} + P_{i,j-1}\right) \tag{2.7a}$$

Comparando as equações (2.7a) e (2.6i), observa-se que, para um solo saturado, homogêneo e isotrópico, a distribuição de carga hidráulica h é equivalente a uma distribuição de probabilidades no método da caminhada aleatória. O problema original de fluxo permanente é reformulado como um problema estocástico, cuja solução depende de simulações computacionais feitas a partir da geração de números aleatórios. Essa geração pode ser interpretada como o resultado do lançamento de um dado, considerando apenas valores entre 1 a 4. Na prática, empregam-se rotinas de geração de números aleatórios, disponíveis nas linguagens de programação.

A caminhada prossegue em passos sucessivos até atingir um contorno com carga hidráulica prescrita, o que é denominado uma realização. Todavia não é possível tirar qualquer conclusão com uma única realização porque essa caminhada pode ter sido atípica. Logo, caminhadas devem ser repetidas outras e muitas vezes a partir do ponto P de modo que um resultado provável possa ser estimado.

[7] Nome do método dado em referência ao cassino de Monte Carlo, onde jogos são realizados repetidamente com geração de números aleatórios em uma roleta.

De acordo com Scott (1963), a acurácia do valor da carga hidráulica estimado no ponto P aumenta com o número N de caminhadas, mas varia inversamente com $N^{0,5}$. Em outras palavras, para se obter um erro estatístico duas vezes menor é necessário aumentar em quatro vezes o número de caminhadas. A convergência, portanto, é lenta, necessitando de um grande número de caminhadas, mas é uma tarefa que pode ser feita sem dificuldades nos computadores atuais. Por exemplo, Perez et al. (2000) executaram 10.000 caminhadas para cálculo do valor da função de corrente ψ em um problema de fluxo permanente. A precisão do resultado final depende ainda do erro da discretização, isto é, do tamanho do passo $\Delta x = \Delta y$ utilizado na simulação.

Seja a barragem de concreto da Fig. 2.27, onde os contornos AGED e BC são impermeáveis (linhas de fluxo). AB define uma linha equipotencial com carga hidráulica h_1 e CD, outra linha equipotencial com carga hidráulica h_2. O solo da fundação é subdividido em uma malha de zonas quadradas e deseja-se estimar a carga hidráulica no ponto P.

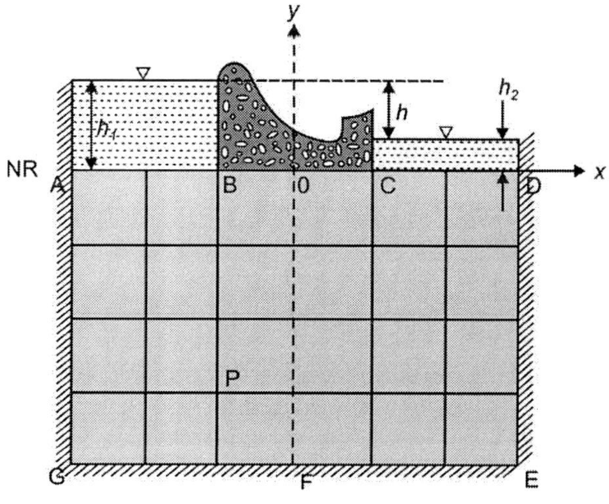

Figura 2.27 - Barragem de concreto e malha de pontos no solo de fundação
Fonte: adaptado de Harr (1977)

A partir do ponto P, a partícula inicia uma caminhada aleatória, controlada pela geração de números inteiros entre 1 e 4 que orientam os passos da caminhada no domínio do problema. Ao tentar cruzar um contorno impermeável, o movimento da partícula é refletido no sentido oposto e, ao atingir uma linha equipotencial, a caminhada termina. O valor da carga hidráulica no ponto P nesta realização é assumido igual ao da carga hidráulica na linha equipotencial de chegada (h_1 em AB ou h_2 em CD).

Se a caminhada for repetida N vezes, sendo contabilizado que, em N_1 delas, a partícula atingiu o contorno AB e nas outras N_2 vezes o contorno CD, então o valor esperado da carga hidráulica no ponto P é dado por

$$h^P = p^{AB} h_1 + p^{CD} h_2 \tag{2.7b}$$

onde p^{AB} e p^{CD} são as probabilidades da partícula atingir os contornos AB e CD, respectivamente, definidas por

$$p^{AB} = \frac{N_1}{N_1 + N_2} \qquad p^{CD} = \frac{N_2}{N_1 + N_2} \tag{2.7c}$$

A medida de tendência central de uma variável aleatória é chamada de esperança, valor esperado ou simplesmente média. Todavia seu conceito é diferente da conhecida média aritmética, que é uma medida da tendência central de um conjunto de dados, cada qual com a mesma probabilidade de ocorrência. O valor esperado $E(x)$ é determinado como o resultado de realizações de variáveis aleatórias com diferentes probabilidades de ocorrência, ou seja

$$E(x) = \sum_{i=1}^{n} f(x_i)x_i \tag{2.7d}$$

onde x_i representa os n possíveis valores da variável aleatória e $f(x_i)$ a função de densidade de probabilidade que atribui a correspondente probabilidade para cada valor de x_i.

O método da caminhada aleatória não é aplicado a problemas de fluxo não confinado, exceto nos casos em que as chegadas à superfície freática possam ser considerados como eventos raros para caminhadas iniciadas no ponto P.

2.8 MÉTODO DOS FRAGMENTOS

2.8.1 Fluxo confinado

Em 1935, um método analítico aproximado, diretamente aplicável a projetos de engenharia, foi introduzido – o método dos fragmentos (PAVLOVSKY, 1956). A hipótese básica do método é que linhas equipotenciais, em partes críticas da região de um problema de fluxo confinado, possam ser aproximadas por linhas retas verticais, dividindo, assim, a geometria do problema em fragmentos, como os 4 fragmentos da Fig. 2.28.

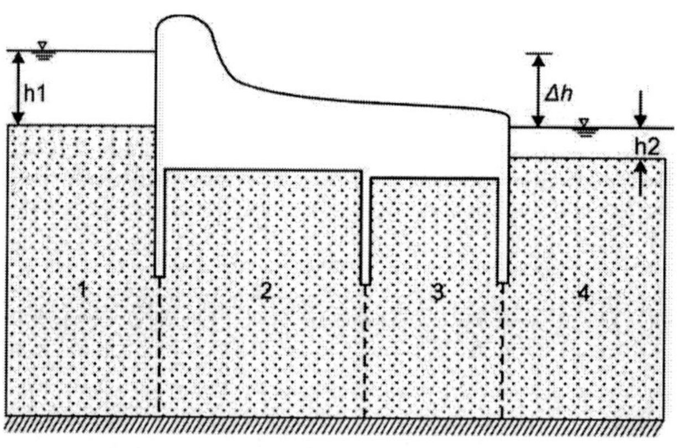

Figura 2.28 – Região de fluxo dividida em 4 fragmentos
Fonte: Harr (1977)

Considere que a vazão Q no fragmento i seja determinada por

$$Q = k_i \frac{\Delta h_i}{\phi_i} \tag{2.8a}$$

onde Δh_i é a perda de carga no fragmento; k_i, o respectivo coeficiente de permeabilidade e $\phi_i = \left(n_f/n_d\right)_i$ é o fator de forma do fragmento i. O número de canais de fluxo (n_f) é constante nos n fragmentos mas o número de quedas de equipotenciais (n_d) varia dependendo da perda de carga em cada fragmento i.

Como a vazão deve ser a mesma através dos n fragmentos do problema,

$$Q = k_1 \frac{\Delta h_1}{\phi_1} = k_2 \frac{\Delta h_2}{\phi_2} = \ldots = k_i \frac{\Delta h_i}{\phi_i} = \ldots = k_n \frac{\Delta h_n}{\phi_n} \tag{2.8b}$$

$$\Delta h = \sum_{i=1}^{n} \Delta h_i = Q \sum_{i=1}^{n} \phi_i/k_i \tag{2.8c}$$

$$Q = \frac{\Delta h}{\sum_{i=1}^{n} \phi_i/k_i} \tag{2.8d}$$

O cálculo da perda de carga Δh_i no fragmento i vem das Eq. (2.8b) e (2.8d),

$$\Delta h_i = \Delta h \frac{\phi_i/k_i}{\sum_{j=1}^{n} \phi_j/k_j} \tag{2.8e}$$

Para aplicar o método, é necessário utilizar um catálogo de tipos de fragmento e seus respectivos fatores de forma, indicados no Quadro 2.1, com valores das integrais elípticas completas de primeiro tipo (K, K') listadas no Quadro 2.2.

Tipo de Fragmento	Esquema do Fragmento	Fator de Forma
I	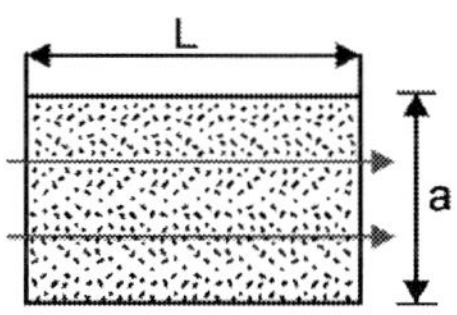	$\phi = \frac{L}{a}$
II	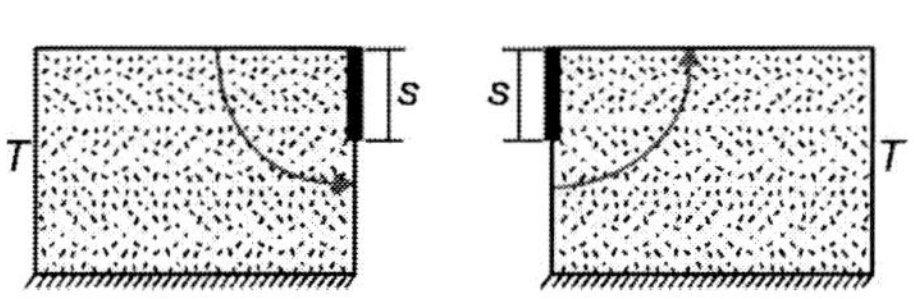	$\phi = \frac{K}{K'}$ $m = sen\frac{\pi s}{2T}$ gradiente hidráulico de saída i_E $i_E = \frac{\Delta h_i \pi}{2KTm}$

<table>
<tr>
<td>III</td>
<td>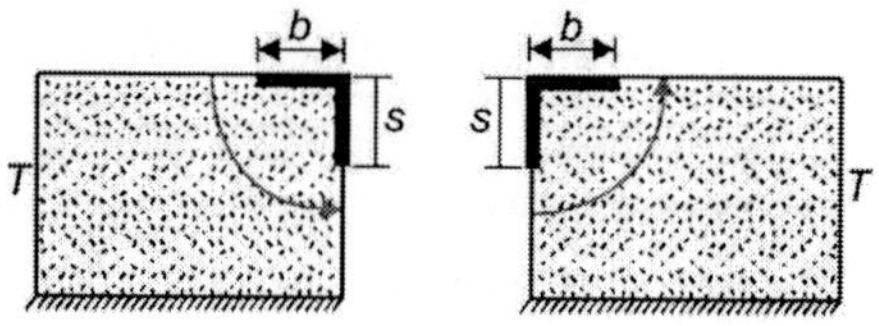
</td>
<td>$$\phi = \frac{K}{K'}$$
$$m = \cos\frac{\pi s}{2T}\sqrt{\tanh^2\left(\frac{\pi b}{2T}\right) + \tan^2\left(\frac{\pi s}{2T}\right)}$$</td>
</tr>
<tr>
<td>IV</td>
<td>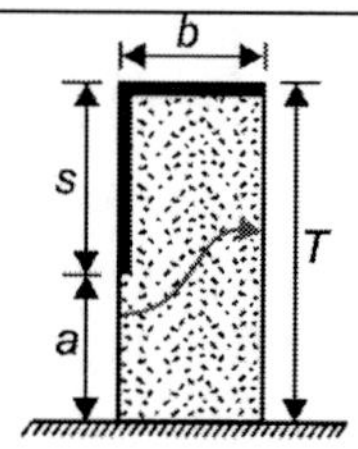

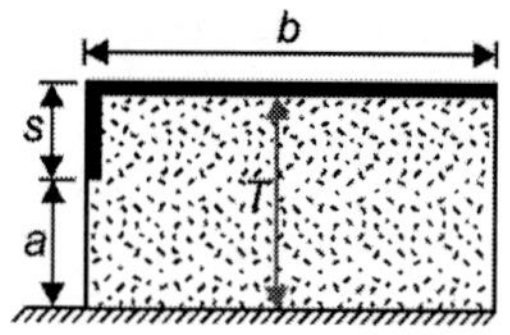
</td>
<td>$$s \geq b$$
$$\phi = \ln\left(1 + \frac{b}{a}\right)$$
$$s \leq b$$
$$\phi = \ln\left(1 + \frac{s}{a}\right) + \frac{b - s}{T}$$</td>
</tr>
<tr>
<td>V</td>
<td>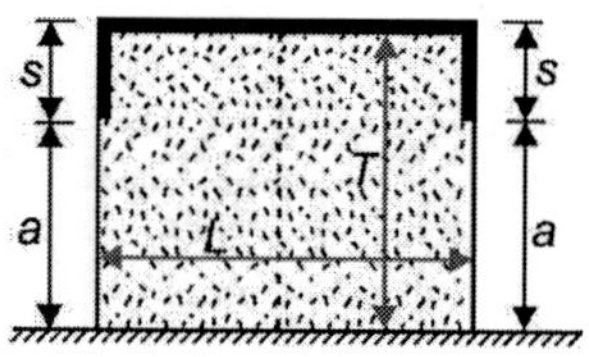
</td>
<td>$$L \leq 2s$$
$$\phi = 2\ln\left(1 + \frac{L}{2a}\right)$$
$$L \geq 2s$$
$$\phi = 2\ln\left(1 + \frac{s}{a}\right) + \frac{L - 2s}{T}$$</td>
</tr>
<tr>
<td>VI</td>
<td>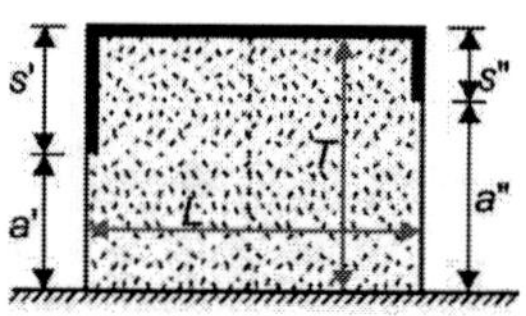

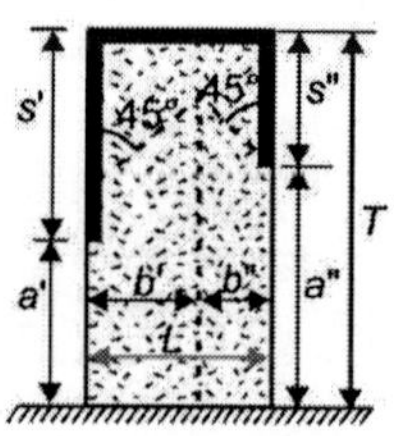
</td>
<td>$$L > s' + s"$$
$$\phi = \ln\left[\left(1 + \frac{s'}{a'}\right)\left(1 + \frac{s"}{a"}\right)\right] + \frac{L - (s' + s")}{T}$$
$$L = s' + s"$$
$$\phi = \ln\left[\left(1 + \frac{s'}{a'}\right)\left(1 + \frac{s"}{a"}\right)\right]$$
$$L < s' + s"$$
$$\phi = \ln\left[\left(1 + \frac{b'}{a'}\right)\left(1 + \frac{b"}{a"}\right)\right]$$
$$b' = \frac{L + (s' - s")}{2} \qquad b" = \frac{L - (s' - s")}{2}$$</td>
</tr>
</table>

Quadro 2.1 - Fragmentos para fluxo confinado
Fonte: Harr (1962); Pavlovsky (1956)

m^2	K	K'	K/K'	K'/K	m'^2
0	1,571	∞	0	∞	1,000
0,001	1,571	4,841	0,325	3,081	0,999
0,002	1,572	4,495	0,349	2,859	0,998
0,003	1,572	4,293	0,366	2,731	0,997
0,004	1,572	4,150	0,379	2,640	0,996
0,005	1,573	4,039	0,389	2,568	0,995
0,006	1,573	3,949	0,398	2,510	0,994
0,007	1,574	3,872	0,406	2,460	0,993
0,008	1,574	3,806	0,413	2,418	0,992
0,009	1,574	3,748	0,420	2,381	0,991
0,010	1,575	3,696	0,426	2,347	0,990
0,020	1,579	3,354	0,471	2,124	0,980
0,030	1,583	3,156	0,502	1,994	0,970
0,040	1,587	3,016	0,526	1,900	0,960
0,050	1,591	2,908	0,547	1,828	0,950
0,060	1,595	2,821	0,565	1,769	0,940
0,070	1,599	2,747	0,582	1,718	0,930
0,080	1,604	2,684	0,598	1,673	0,920
0,090	1,608	2,628	0,612	1,634	0,910
0,100	1,612	2,578	0,625	1,599	0,900
0,110	1,617	2,533	0,638	1,566	0,890
0,120	1,621	2,493	0,650	1,538	0,880
0,130	1,626	2,455	0,662	1,510	0,870
0,140	1,631	2,421	0,674	1,484	0,860
0,150	1,635	2,389	0,684	1,461	0,850
0,160	1,640	2,359	0,695	1,438	0,840
0,170	1,645	2,331	0,706	1,417	0,830
0,180	1,650	2,306	0,716	1,398	0,820
0,190	1,655	2,281	0,726	1,378	0,810
0,200	1,660	2,257	0,735	1,360	0,800
m'^2	K'	K	K'/K	K/K'	m^2

m^2	K	K'	K/K'	K'/K	m'^2
0,210	1,665	2,235	0,745	1,342	0,790
0,220	1,670	2,214	0,754	1,326	0,780
0,230	1,675	2,194	0,763	1,310	0,770
0,240	1,680	2,175	0,773	1,295	0,760
0,250	1,686	2,157	0,782	1,280	0,750
0,260	1,691	2,139	0,791	1,265	0,740
0,270	1,697	2,122	0,800	1,250	0,730
0,280	1,702	2,106	0,808	1,237	0,720
0,290	1,708	2,090	0,817	1,224	0,710
0,300	1,714	2,075	0,826	1,211	0,700
0,310	1,720	2,051	0,834	1,192	0,690
0,320	1,726	2,047	0,843	1,186	0,680
0,330	1,732	2,033	0,852	1,174	0,670
0,340	1,738	2,020	0,860	1,162	0,660
0,350	1,744	2,008	0,869	1,151	0,650
0,360	1,751	1,995	0,877	1,139	0,640
0,370	1,757	1,983	0,886	1,129	0,630
0,380	1,764	1,972	0,895	1,118	0,620
0,390	1,771	1,961	0,903	1,105	0,610
0,400	1,778	1,950	0,911	1,097	0,600
0,410	1,785	1,939	0,920	1,086	0,590
0,420	1,792	1,929	0,929	1,076	0,580
0,430	1,799	1,918	0,938	1,066	0,570
0,440	1,806	1,909	0,946	1,057	0,560
0,450	1,814	1,899	0,955	1,047	0,550
0,460	1,822	1,890	0,964	1,037	0,540
0,470	1,829	1,880	0,978	1,028	0,530
0,480	1,837	1,871	0,982	1,019	0,520
0,490	1,846	1,863	0,991	1,010	0,510
0,500	1,854	1,854	1,000	1,000	0,500
m'^2	K'	K	K'/K	K/K'	m^2

Quadro 2.2 – Integrais elípticas completas do primeiro tipo
Fonte: Aravin e Numerov (1955)

$K = \int_0^{\frac{\pi}{2}} \frac{d\varsigma}{\sqrt{1-m^2 sen^2 \varsigma}}$ Integral elíptica completa de primeiro tipo com módulo *m*

$K' = \int_0^{\frac{\pi}{2}} \frac{d\varsigma}{\sqrt{1-m'^2 sen^2 \varsigma}}$ Integral elíptica completa de primeiro tipo com módulo *m'*

A relação $m'^2 = 1 - m^2$ implica $K'(m) = K(m')$. O método dos fragmentos também pode ser utilizado em meios porosos anisotrópicos, considerando fragmentos identificados na seção transformada.

Para os fragmentos do Quadro 2.1 (exceto fragmento tipo II), Griffiths (1984) reuniu as expressões dos diversos fatores de forma na Eq. 2.8f:

$$\phi = C_2 - ln(C_1) \quad \text{para } C_2 \geq 0$$

$$\phi = \ln\left[\frac{(2 + C_2)^2}{4C_1}\right] \quad \text{para } C_2 < 0$$

$$C_1 = \left(1 - \frac{s'}{T}\right)\left(1 - \frac{s''}{T}\right) \tag{2.8f}$$

$$C_2 = \frac{L - (s' + s'')}{T}$$

Griffiths (1984) também comparou resultados obtidos com o método dos elementos finitos, concluindo que os valores determinados com o método dos fragmentos podem ser considerados estimativas confiáveis de vazão e gradiente hidráulico de saída em vários problemas de fluxo confinado de interesse na engenharia, desde que a hipótese fundamental de equipotenciais verticais seja verificada.

2.8.2 Fluxo não confinado – método dos fragmentos de Harr (1977)

Harr (1977) expandiu a solução de Pavloski para fluxo não confinado em uma barragem de terra homogênea (Fig. 2.29), dividindo a seção transversal em três fragmentos (Quadro 2.3).

a) Fragmento 1 (tipo VIII) - área fdgO da Fig. 2.29

No fragmento 1, as linhas de fluxo são na realidade curvas, mas Pavlovsky (1933) as assumiu horizontais. Então, através da seção vertical Og a vazão dQ em um canal de fluxo de largura infinitesimal dy pode ser determinada como:

$$dQ = kidA = ki(dy)(1) = kidy \quad \text{com} \quad \frac{a_1}{(H_D - y)\cot\beta} \tag{2.8g}$$

A vazão Q, obtida por integração entre os limites $0 \leq y \leq h_1$, resulta na Eq. 2.8h

$$Q = k\int_0^{h_1} \frac{a_1}{(H_D - y)\cot\beta}dy = \frac{ka_1}{\cot\beta}\ln\frac{H_D}{H_D - h_1} = \frac{k(H - h_1)}{\cot\beta}\ln\frac{H_D}{H_D - h_1} \tag{2.8h}$$

Tipo de Fragmento	Esquema do Fragmento	Fator de Forma / Vazão
VII	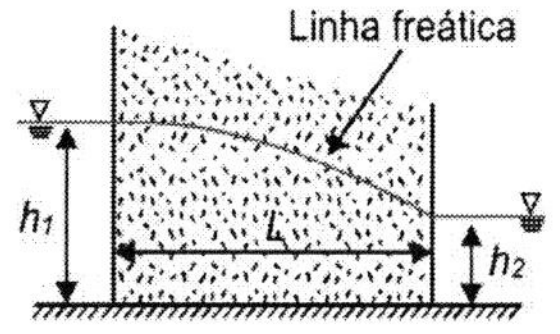	$\phi = \dfrac{2L}{h_1 + h_2}$ $Q = k\dfrac{h_1^2 - h_2^2}{2L}$
VIII	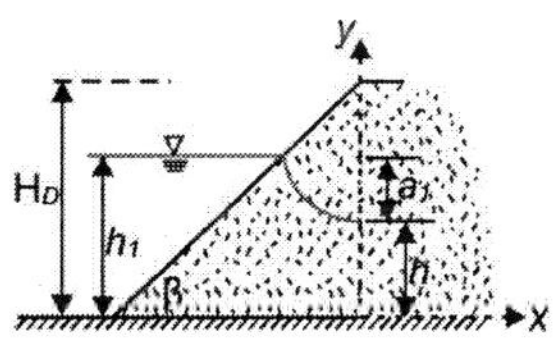	$Q = k\dfrac{h_1 - h}{\cot\beta}\ \ln\dfrac{H_D}{H_D - h}$
IX	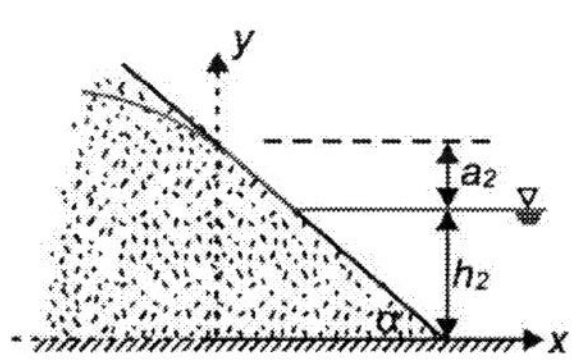	$Q = k\dfrac{a_2}{\cot\alpha}\left(1 + \ln\dfrac{a_2 + h_2}{a_2}\right)$

Quadro 2.3 – Fragmentos para fluxo não confinado
Fonte: Harr (1977)

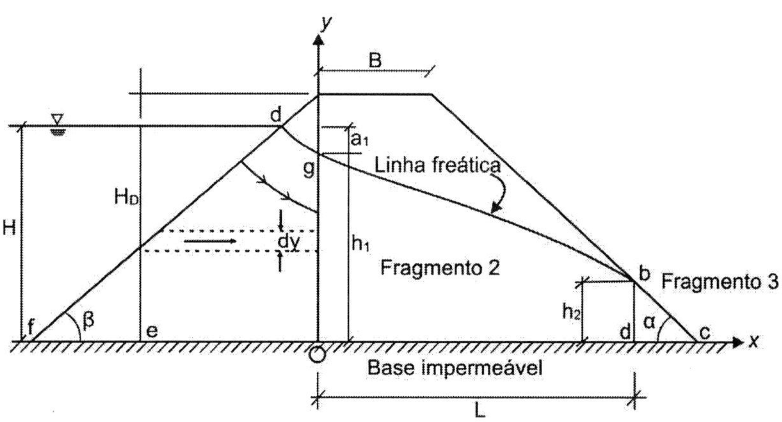

Figura 2.29 - Seção transversal da barragem dividida em 3 fragmentos
Fonte: adaptado de Das (2008)

b) Fragmento 2 (tipo VII) - área Ogbd da Fig. 2.29

O fluxo permanente, neste fragmento, é determinado pela teoria de Dupuit (seção 2.11.1a) como

$$Q = \frac{k}{2L}(h_1^2 - h_2^2) \tag{2.8i}$$

c) Fragmento 3 (tipo IX) - área dbc da Fig. 2.29

Como no fragmento 1, as linhas de fluxo são consideradas horizontais

$$i = \frac{h_2 - y}{(h_2 - y)\cot\alpha} \tag{2.8j}$$

A vazão Q é calculada por integração entre os limites $0 \leq y \leq h_2$

$$dQ = kidA = k\frac{h_2 - y}{(h_2 - y)\cot\alpha}dy \;\rightarrow\; Q = k\int_0^{h_2} \frac{dy}{\cot\alpha} = \frac{kh_2}{\cot\alpha} \tag{2.8k}$$

d) Da geometria da barragem pode-se verificar que

$$L = B + (H_D - h_2)\cot\alpha \tag{2.8ℓ}$$

As quatro equações independentes (Eq. 2.8h, 2.8i, 2.8k, 2.8ℓ) contêm quatro incógnitas h_1, h_2, Q, L que podem ser calculadas. Dada a continuidade da vazão pelos fragmentos 2 e 3, as Eq. 2.8i e 2.8k são igualadas, obtendo-se a Eq. 2.8m com L definido pela Eq. 2.8ℓ,

$$h_2 = \frac{B}{\cot\alpha} + H_D - \sqrt{\left(\frac{B}{\cot\alpha} + H_D\right)^2 - h_1^2} \tag{2.8m}$$

Similarmente, como a vazão é contínua pelos fragmentos 1 e 3, as Eq. 2.8h e 2.8k podem ser combinadas, obtendo-se

$$h_2 = (H - h_1)\,\frac{\cot\alpha}{\cot\beta}\ln\frac{H_D}{H_D - h_1} \tag{2.8n}$$

As Eq. 2.8m e 2.8n contêm duas incógnitas h_1 e h_2, que podem ser resolvidas gráfica ou numericamente (exercício resolvido 5). Uma vez calculados seus valores, a vazão através da seção transversal da barragem de terra pode ser determinada pelas Eq. 2.8h, 2.8i ou 2.8k.

2.8.3 Fluxo não confinado – método dos fragmentos de Stello (1987)

Stello (1987) aplicou o método dos fragmentos para estimativas de vazão em barragens de terra sobre fundação impermeável, como na seção transversal da barragem zonada mostrada na Fig. 2.30, subdividida em cinco fragmentos, classificados de acordo com o Quadro 2.3 como: fragmento 1 - tipo VIII; fragmento 2 - tipo VII; fragmento 3 – tipo IX; fragmento 4 – tipo VII; fragmento 5 – tipo IX. Assumindo um valor constante de vazão Q pelos fragmentos, é possível calcular a posição do ponto de saída da linha freática no fragmento 5 (Fig. 2.31).

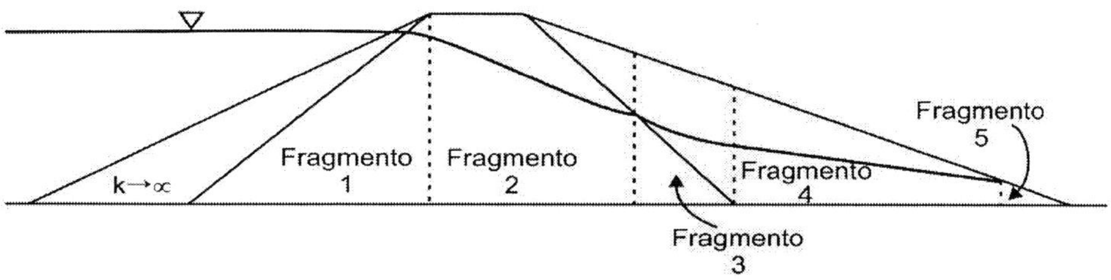

Figura 2.30 – Barragem de terra zonada subdividida em cinco fragmentos
Fonte: adaptado de Stello (1987)

$$A = \frac{Q\cot\beta}{k_s} \tag{2.8p}$$

onde β é a inclinação do talude de jusante e k_s o coeficiente de permeabilidade do espaldar de jusante.

Conhecido o valor da distância A, então h_2 pode ser determinado do fragmento 4 e, retroativamente, os demais valores de carga hidráulica (B, h_1, H). Esse último valor é comparado com a carga hidráulica do reservatório; caso não sejam iguais, a vazão Q é reajustada e os cálculos são executados novamente.

Nesse processo, erros relativos de até 100% foram observados por Stello (1987) em relação à solução obtida por meio de rede de fluxo, causados principalmente pelos fragmentos de entrada (tipo VIII) e saída (tipo IX), visto que a hipótese de linha equipotencial vertical que delimita os fragmentos na solução de Pavlovsky não é satisfatória quando comparada com as equipotenciais determinadas em rede de fluxo (Fig. 2.32). Stello (1987) modificou a formulação para estimativa da vazão nesses fragmentos, conforme Fig. 2.33, apresentando soluções sob forma de gráficos que possibilitam: (i) o cálculo da vazão Q pelo corpo da barragem; (ii) a determinação dos pontos de interseção da linha freática com os taludes de jusante do núcleo e do espaldar da barragem.

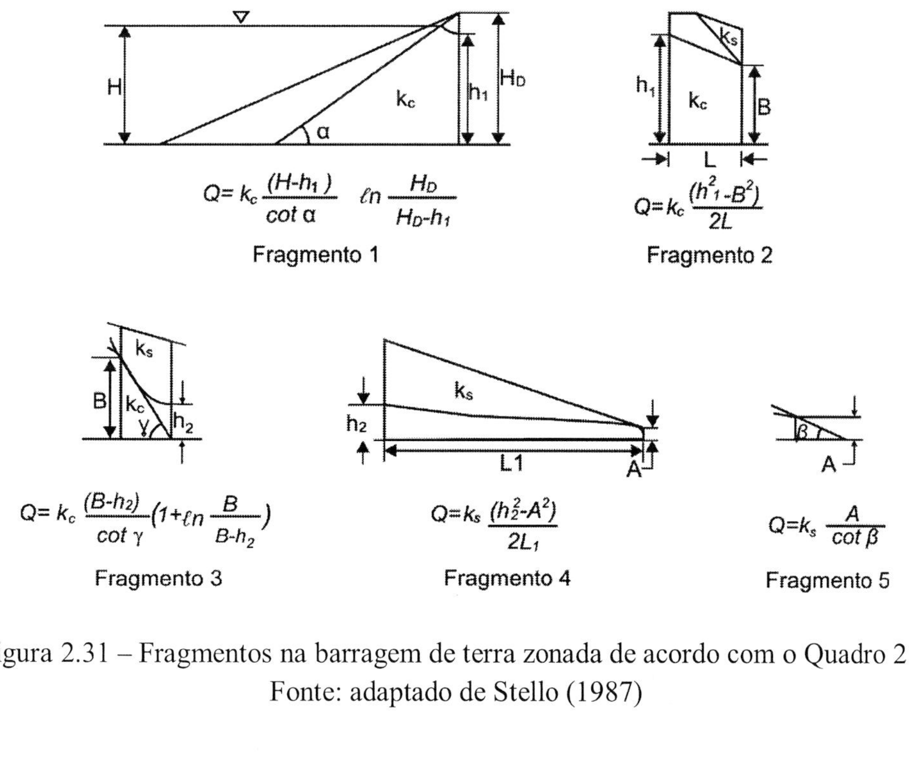

Figura 2.31 – Fragmentos na barragem de terra zonada de acordo com o Quadro 2.3
Fonte: adaptado de Stello (1987)

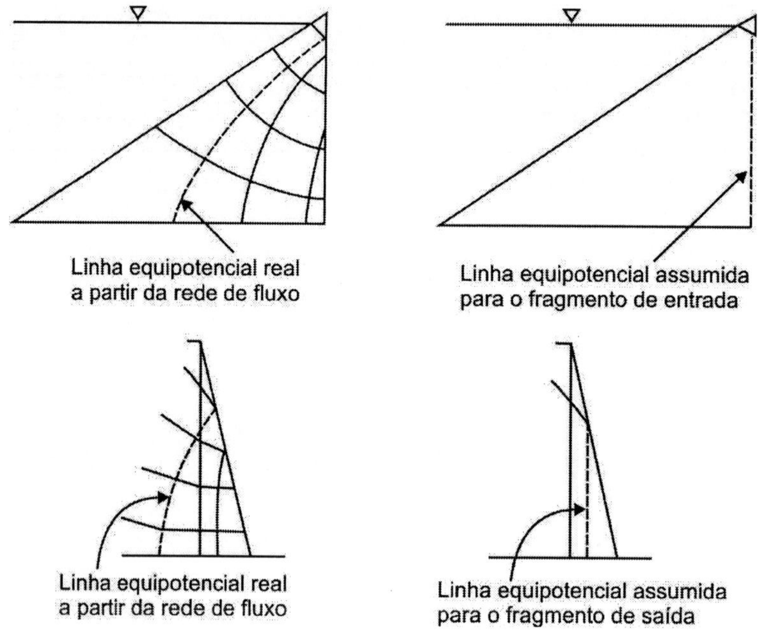

Figura 2.32 – Comparação entre linhas equipotenciais nos fragmentos de entrada e saída de barragem de terra, determinadas por rede de fluxo (coluna da esquerda) e assumidas verticais no método dos fragmentos (coluna da direita)
Fonte: adaptado de Stello (1987)

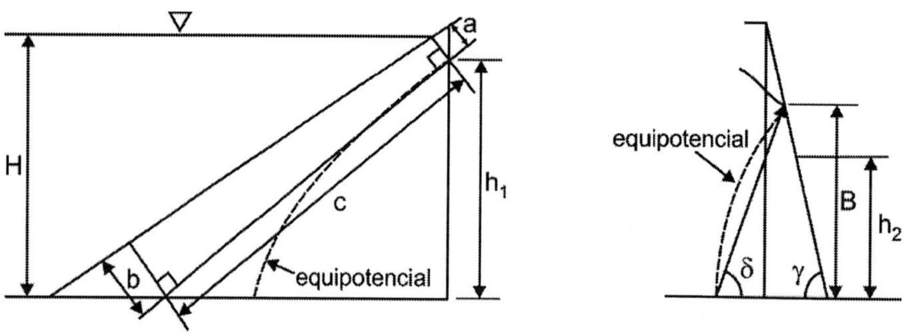

$$Q = k(H - h_1)\frac{(c/a + c/b)}{2}$$

$$Q = k\frac{(B - h_2)\left(1 + ln\frac{B}{B - h_2}\right)}{cot\gamma + cot\delta}$$

Figura 2.33 – Modificações no fragmento de entrada (distâncias a, b, c no trapézio dependem das inclinações da linha freática e do talude de montante) e no fragmento de saída ($\delta < \gamma$ depende da inclinação da linha freática)
Fonte: adaptado de Stello (1987)

A Fig. 2.34 apresenta uma solução gráfica para determinação da vazão Q em barragem de terra homogênea em função do coeficiente de permeabilidade k, das inclinações dos taludes de montante (α) e de jusante (β) e da altura de água H no reservatório. Os resultados referem a uma barragem com largura de crista W_c igual a 10% da altura da barragem H_D, altura de água no reservatório H equivalente a $0,9H_D$ e altura de água $h_2 = 0$ no talude de jusante. Fatores de correção podem ser aplicados para largura da crista W_c variando entre $0,1H_D$ a $0,4H_D$, e altura de água no reservatório H variando de $0,3H_D$ a H_D.

A vazão final normalizada $(Q/kH)_{final}$ pode ser calculada como

$$\left(\frac{Q}{kH}\right)_{final} = \left[\left(\frac{Q}{kH}\right)_{padrão} - \left(\frac{W_C}{H_D} - 0{,}1\right) \times \Delta_1\right] \times \Delta_2 \qquad (2.8q)$$

onde $(Q/kH)_{padrão}$ é a vazão normalizada para dimensões padrão $W_c/H_D = 0{,}1$ e $H/H_D = 0{,}9$; Δ_1, o fator de correção para largura de crista W_c (Tab. 2.1) e Δ_2, o fator de correção para altura d'água no reservatório H_D (Fig. 2.35).

Tabela 2.1 – Fator de correção de largura de crista Δ_1 para Q/kH

cot α	cot β				
	0	0,1	0,5	1,0	4,0
0	11,70	5,90	1,50	0,71	0,05
0,1	6,00	4,11	1,33	0,67	0,05
0,5	2,10	1,59	0,84	0,44	0,05
1,0	0,97	0,71	0,44	0,30	0,04
2,0	0,51	0,42	0,29	0,18	0,03
3,0	0,33	0,27	0,20	0,13	0,03
4,0	0,26	0,22	0,15	0,11	0,03

Fonte: Stello (1987)

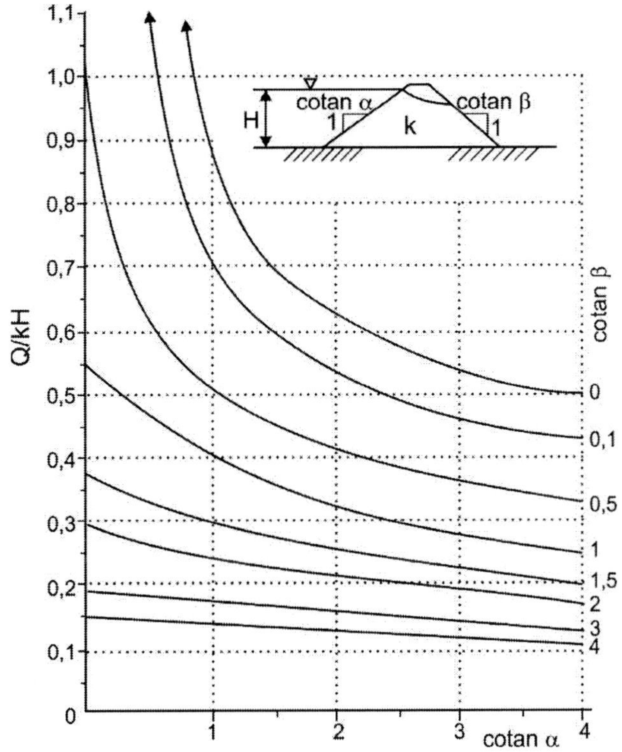

Figura 2.34 – Vazão normalizada Q/kH em barragem de terra homogênea. Para cot α = 0 a interseção com cot β = 0 é 4,6 e com cot β = 0,1 é 2,6. Para cot α = 0,1 a interseção com cot β = 0 é 2,8 e com cot β = 0,1 é 2,1. Para cot α = 0,5 a interseção com cot β = 0 é 1,3. Fonte: adaptado de Stello (1987)

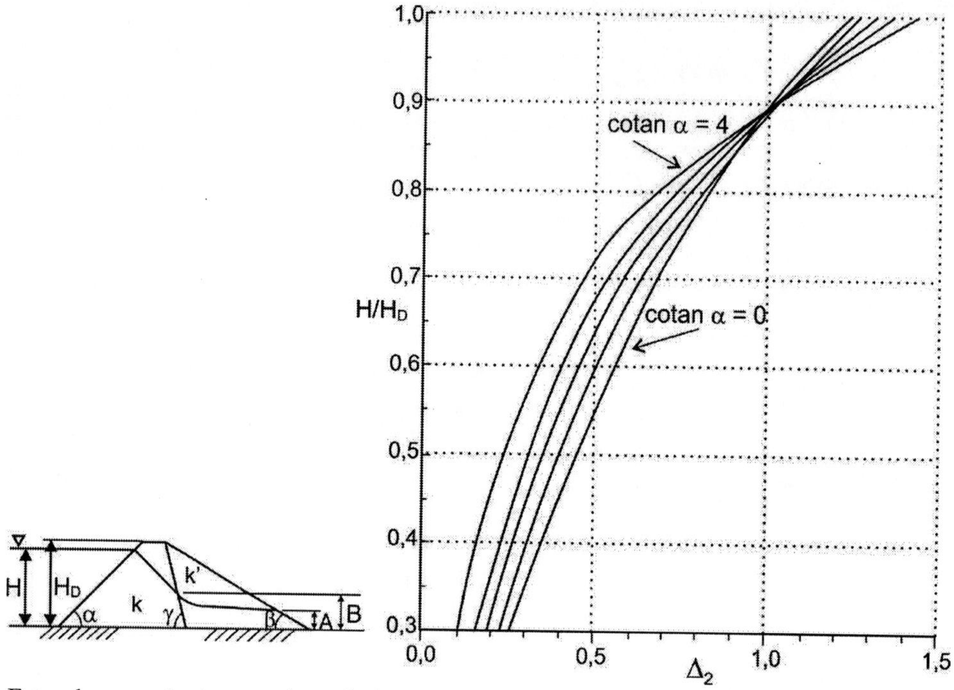

Figura 2.35 – Fator de correção Δ_2 para altura de água H no reservatório. Curvas representam valores de $0 \leq \text{cotan}\ \alpha \leq 4$. Fonte: adaptado de Stello (1987)

No caso de barragem zonada, um cálculo em duas etapas é necessário. Primeiro, o valor da vazão é determinado como se a barragem fosse homogênea com o coeficiente de permeabilidade k' dos espaldares. Em seguida, o procedimento é repetido, considerando $k' \rightarrow \infty$, admitindo que a barragem é constituída apenas pelo núcleo com coeficiente de permeabilidade k. Da Fig. 2.36, é determinado o fator de correção de permeabilidade Δ_3 para cálculo final da vazão.

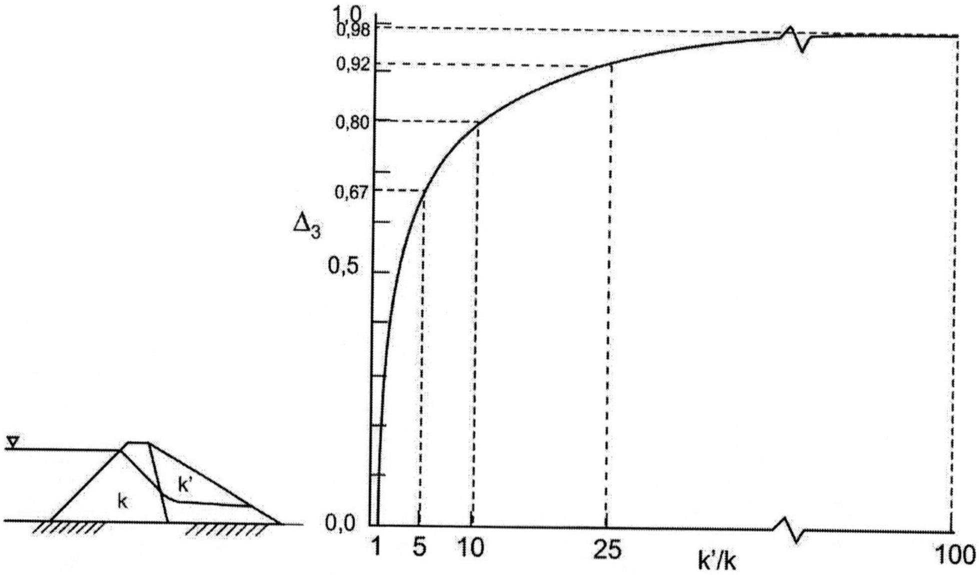

Figura 2.36 – Fator de correção Δ_3 para contraste entre os coeficientes de permeabilidade do núcleo (k) e dos espaldares (k') de uma barragem de terra zonada. Fonte: adaptado de Stello (1987)

$$\left(\frac{Q}{k'H}\right)_{final} = \left(\frac{Q}{k'H}\right)_{etapa1} + \left[\left(\frac{Q}{kH}\right)_{etapa2} - \left(\frac{Q}{k'H}\right)_{etapa1}\right] \times \Delta_3 \qquad (2.8r)$$

onde $Q/k'H$ e Q/kH são vazões normalizadas em relação aos coeficientes de permeabilidade k' (espaldares) e k (núcleo) e Δ_3 o fator de correção de permeabilidade.

Os exercícios resolvidos 9 e 10 exemplificam a aplicação da solução de Stello para determinação da vazão. O leitor interessado na interseção da linha freática com os taludes de jusante do núcleo (distância B na Fig. 2.31) e do espaldar (distância A na Fig. 2.31) deve consultar Stello (1987).

2.8.4 Estimativa de vazão em barragem de terra – correlações aproximadas

a) Solução de Fakhari e Ghanbari (2013)

A aplicação do método sugerido por Stello (1987) é conveniente para uma rápida estimativa da vazão pelo corpo de barragem de terra na etapa de anteprojeto. Uma comparação destes resultados com valores obtidos em análises numéricas pelo método dos elementos finitos foi feita por Fakhari e Ghanbari (2013) considerando mais de 600 configurações de barragens de terra com núcleo de argila vertical (Fig. 2.37) ou inclinado (Fig. 2.38). Aqueles autores também propuseram uma correlação aproximada para estimativa da vazão Q, desenvolvida com base em estudo paramétrico com as seguintes variáveis, e respectivos intervalos, indicadas na Tab. 2.2.

Tabela 2.2 – Variáveis e intervalos

largura da crista do núcleo W (m)	altura de água na face de montante do núcleo h (m)	ângulo do eixo central do núcleo (λ)	ângulo da face de montante do núcleo (α)	ângulo da face de jusante do núcleo (β)
5 - 12	20 - 50	$13^o - 90^o$	$11^o - 80^o$	$14^o - 90^o$

Fonte: Fakhari e Ghanbari (2013)

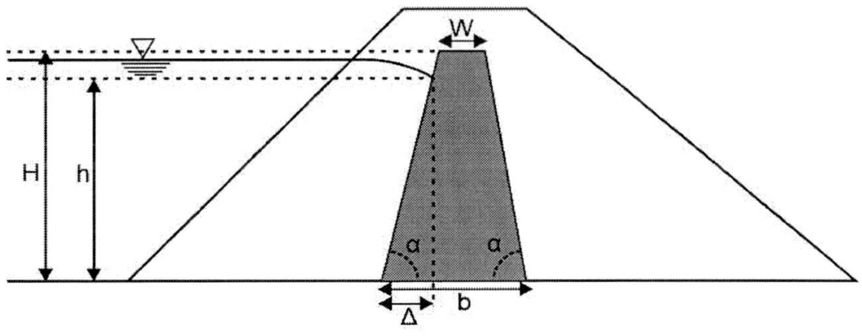

Figura 2.37 – Barragem zonada com núcleo vertical
Fonte: Fakhari e Ghanbari (2013)

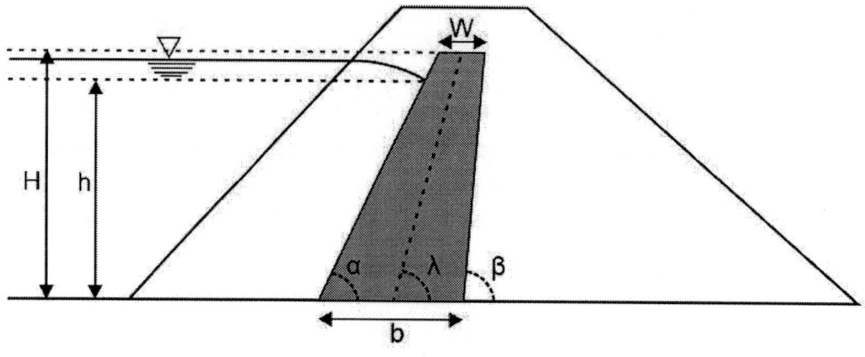

Figura 2.38 – Barragem zonada com núcleo inclinado
Fonte: Fakhari e Ghanbari (2013

A vazão na seção transversal da barragem é estimada como:

$$Q = f \times k \times h \tag{2.8s}$$

onde k é o coeficiente de permeabilidade do material do núcleo e f um fator de percolação. No caso de barragem com núcleo central vertical,

$$f = (2{,}27 - 0{,}006W - 0{,}004h - 0{,}38\tan\alpha) \times H^{-0{,}361} \times (c/h)^{0{,}3947\tan\alpha + 0{,}015h - 1{,}3591} \tag{2.8t}$$

onde $c = b - 0{,}7\Delta$, conforme Fig. 2.37; W é a largura da crista do núcleo; α, o ângulo que o talude do núcleo forma com a horizontal; H, a altura do núcleo e h, a carga hidráulica na face de montante do núcleo.

Da comparação dos resultados entre diferentes soluções (Fig. 2.39), Fakhari e Ghanbari (2013) concluíram que as diferenças nos valores obtidos com as Eq. 2.8s e 2.8t e o método dos elementos finitos são menores do que 20% para os casos considerados na Tab. 2.2. No caso do núcleo inclinado, o fator de percolação f foi expresso como

$$f = (0{,}4\cot^2\lambda + 1{,}1\cot\lambda + 0{,}4) \times (b/h)^{-0{,}054\cot\lambda - 0{,}71} \tag{2.8u}$$

com $b = W + H(\cot\lambda - \cot\beta)$

onde λ é ângulo que o eixo do núcleo forma com a horizontal, β o ângulo do talude de jusante, α o ângulo do talude de montante, W a largura da crista do núcleo, H a altura do núcleo, h a carga hidráulica na face de montante do núcleo, conforme mostra a Fig. 2.38.

De acordo com Fakhari e Ghanbari (op. cit.), as diferenças nos resultados obtidos com a Eq. 2.8s e 2.8u e o método dos elementos finitos são menores do que 17% para todos os casos da Tab. 2.2, com erro médio de 6%.

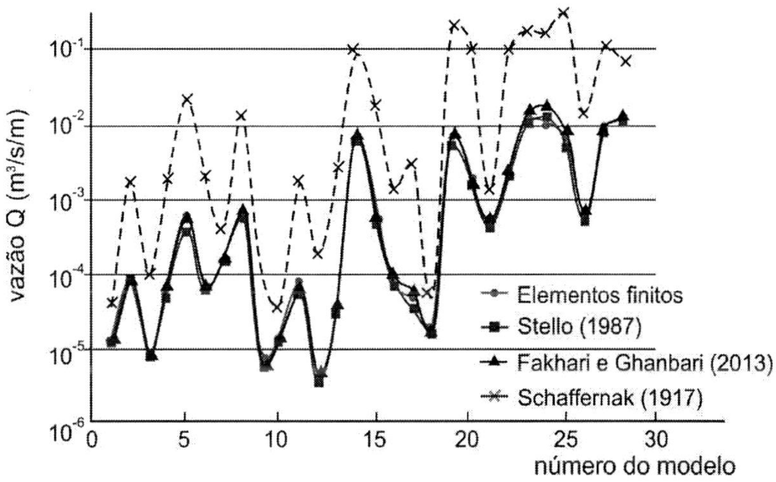

Figura 2.39 – Vazão Q obtida pela solução analítica de Schaffernak (1917), solução de Stello (1987), solução de Fakhari e Ghanbari (2013) e método dos elementos finitos para uma barragem com núcleo central vertical
Fonte: adaptado de Fakhari e Ghanbari (2013)

b) Solução de Irzooki (2016)

Outra solução aproximada pelo método dos elementos finitos foi apresentada por Irzooki (2016) para estimativa da vazão Q em barragem de terra homogênea sobre base impermeável com tapete drenante de saída horizontal (Fig. 2.48).

$$\frac{Q}{kL} = f\left(\tan\theta, \tan\alpha, \frac{H_D}{L}, \frac{F_B}{L}, \frac{b}{L}\right) \quad (2.8v)$$

onde L é o comprimento do tapete drenante; $1{:}3 \leq \tan\theta \leq 1{:}2{,}5$ é a inclinação do talude de montante; $1{:}2{,}5 \leq \tan\alpha \leq 1{:}2$ é a inclinação do talude de jusante; $0{,}7 \leq H_D/L \leq 1{,}6$ é a altura normalizada da barragem; $0{,}05 \leq F_B/L \leq 0{,}2$ é a altura normalizada da borda livre, diferença entre a altura da barragem e a elevação máxima do nível d'água no reservatório; $0{,}2 \leq b/L \leq 0{,}6$ é a largura normalizada da crista.

De análises estatísticas com os resultados numéricos obtidos, foi apresentada a seguinte correlação para estimativa da vazão com coeficiente de determinação $R^2 = 0{,}98$ (IRZOOKI, 2016):

$$Q = 0{,}45kL^{0{,}681}\, H_D^{0{,}589}(\tan\theta)^{0{,}101}(\tan\alpha)^{1{,}167}/\left(F_B^{0{,}176}b^{0{,}094}\right) \quad (2.8w)$$

2.9 MODELOS FÍSICOS

2.9.1 Modelos de areia

Modelos de areia são usados desde os tempos de Darcy, tanto em investigações de problemas de percolação com condições de contorno complexas, não linearidade de gradientes hidráulicos, efeitos de heterogeneidades etc. como também em outras áreas de pesquisa, envolvendo poluição do subsolo, qualidade da água, transporte de sedimentos etc. Modelos de areia de depósitos de solo e obras de terra (barragens, canais, aterros, escavações) são construídos em escala reduzida no interior de caixas impermeáveis, com ao menos uma face transparente construída com vidro ou acrílico (Fig. 2.40). É impraticável e desnecessário aplicar a mesma redução de escala para os grãos individuais do solo, porque o que deve ser mantida é a similaridade cinemática entre os fluxos através dos meios porosos do protótipo e do modelo.

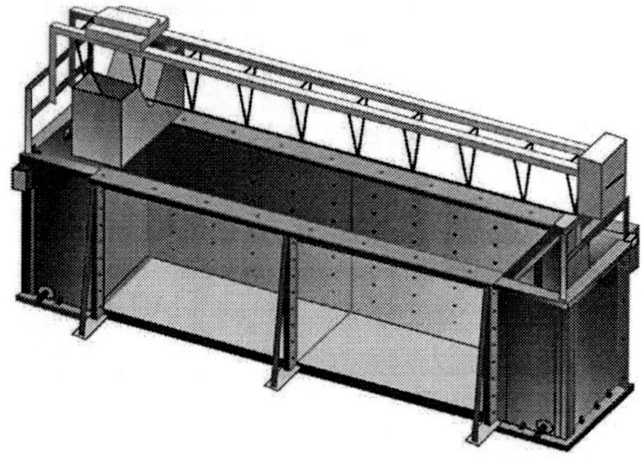

Figura 2.40 - Tanque de areia para estudo do transporte de sedimentos em enchentes e transbordamentos de rios
Fonte: Universidade de British Columbia - Canadá

Uma vez estabelecido o fluxo permanente no modelo, em determinados pontos da areia junto à face transparente da caixa, injeta-se corante para visualização das linhas de fluxo. Valores de carga de pressão podem ser lidos diretamente em piezômetros de pequeno diâmetro instalados no modelo. No caso de fluxo não confinado, a altura de ascensão por capilaridade pode ser proporcionalmente muito grande em relação àquela observada no protótipo, devendo ser introduzidas correções para a obtenção de valores reais.

Por conveniência, o modelo é construído com areia grossa, colocada em pequenas quantidades sob a água e compactada para criar uma permeabilidade uniforme. Idealmente, o solo do próprio protótipo poderia ser empregado no modelo, mas dificuldades em reproduzir a permeabilidade de campo, tanto em valores quanto na distribuição espacial, torna mais conveniente construir o modelo em condições controladas de laboratório e executar um ajuste nos resultados em função das razões de semelhança geométrica e cinemática existentes entre o modelo e o protótipo.

a) razão de semelhança geométrica r_L

$$r_L = L_M / L_P \qquad (2.9a)$$

onde L_M e L_P são dimensões do modelo e do protótipo, respectivamente.

b) razão de semelhança cinemática r_k

A velocidade no protótipo v_P e no modelo v_M podem ser determinadas pela lei de Darcy como

$$v_P = k_P i_P \qquad \text{e} \qquad v_M = k_M i_M \qquad (2.9b)$$

onde k_M e k_P são os coeficientes de permeabilidade principais do modelo e do protótipo, respectivamente, i_M e i_P os gradientes hidráulicos correspondentes.

Como os gradientes hidráulicos no protótipo e no modelo são os mesmos[8], a velocidade no protótipo pode ser estimada por

$$v_P = k_P v_M / k_M \ = \ v_M / r_k \tag{2.9c}$$

onde r_k é a razão entre os coeficientes de permeabilidade

$$r_k = k_M / k_P = v_M / v_P \tag{2.9d}$$

As vazões no protótipo e no modelo podem ser calculadas como

$$Q_P = v_P A_P \qquad \text{e} \qquad Q_M = v_M A_M \tag{2.9e}$$

onde A_M e A_P são as áreas normais ao fluxo no modelo e no protótipo, respectivamente.

Logo, considerando que a razão de semelhança geométrica r_L é a mesma para as dimensões correspondentes das áreas A_M , A_P resulta[9]

$$Q_P = \frac{Q_M}{r_k r_L^2} \tag{2.9f}$$

A construção do primeiro modelo de areia para investigação do fluxo de águas subterrâneas é atribuída a Forchheimer na Universidade Técnica de Gratz, Áustria, em 1898.

2.9.2 Modelo de placas (célula de Hele-Shaw)

Desde o trabalho pioneiro de Hele-Shaw (1898, 1899), vários estudos tiveram como propósito a análise das condições de fluxo de um fluido viscoso entre duas placas paralelas de vidro, separadas de uma pequena distância b, formando um canal estreito (Fig. 2.41). Sob regime de fluxo laminar entre as placas paralelas, a velocidade do fluido pode ser obtida pelas equações de Navier-Stokes como

$$v_M \ = \ -\frac{b^2 \gamma_M}{12 \mu_M} \frac{dh}{ds} \tag{2.9g}$$

onde γ_M e μ_M representam o peso específico e a viscosidade dinâmica do fluido do modelo, respectivamente.

Uma comparação entre as Eq. 2.9g e 1.3c torna aparente a analogia com a lei de Darcy, indicando que o espaçamento entre as placas e a viscosidade do fluido pode ser variado para obtenção de determinado valor do coeficiente de permeabilidade.

$$k_M \ = \ b^2 \frac{\gamma_M}{12 \mu_M} = \frac{\gamma_M}{\mu_M} K_M \tag{2.9h}$$

---

[8] Observe que os fatores de forma $\mathcal{S}$, em redes de fluxo construídas no modelo e no protótipo, são os mesmos, com iguais gradientes hidráulicos em pontos correspondentes.

[9] Caso contrário, verificar procedimento no exercício resolvido 8.

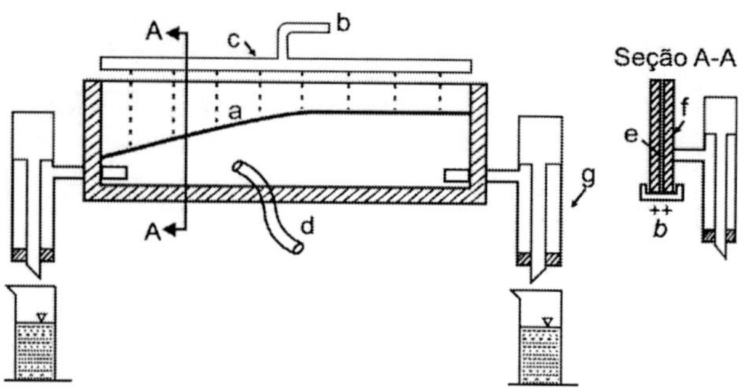

Figura 2.41 – Célula vertical de Hele-Shaw com: (a) linha freática; (b) tubo para simular precipitação pluviométrica; (c) tubo de distribuição de água; (d) tubo de descarga; (e) fluido viscoso; (f) placas transparentes; (g) saída do excesso de água
Fonte: adaptado de Davis e De Weist (1966)

Como os gradientes hidráulicos no modelo e no protótipo são iguais, uma razão de semelhança cinemática pode ser estabelecida,

$$r_k = \frac{v_M}{v_P} = \frac{\frac{b^2\gamma_M}{12\mu_M}}{k_P} = \frac{\frac{b^2\gamma_M}{12\mu_M}}{\frac{\gamma_P}{\mu_P}K_P} = \frac{b^2}{12K_P} \times \frac{r_\gamma}{r_\mu} \tag{2.9i}$$

onde $r_\gamma = \gamma_M/\gamma_P$ e $r_\mu = \mu_M/\mu_P$ (2.9j)

A vazão no protótipo pode, então, ser determinada a partir da vazão do modelo pela Eq. 2.9f. Vários tipos de óleo podem servir como fluido viscoso, inclusive água, com pequeno espaçamento entre placas para garantir regime de fluxo laminar. Para simular regiões de solo com diferentes permeabilidades, a variação do coeficiente de permeabilidade intrínseca K_M do modelo pode ser obtida inserindo-se folhas laminadas finas em posições apropriadas da célula de Hele-Shaw com o objetivo de introduzir variações locais no espaçamento entre as placas.

O modelo de placas paralelas apresenta as seguintes características: a) a linha freática em fluxo não confinado é imediatamente visível e assume a forma correta de campo, não necessitando de correções posteriores; b) por meio de piezômetros, a distribuição das cargas de pressão pode ser diretamente obtida; c) estratificações de solo e existência de drenos podem ser incorporadas no modelo.

2.10 MODELOS ANALÓGICOS

Modelos analógicos foram muito empregados nas décadas de 1950 a 1970. Atualmente, caíram em desuso, sendo difíceis de serem encontrados, mesmo em universidades. Pode-se afirmar que os modelos analógicos foram substituídos por modelos digitais com o avanço tecnológico da engenharia eletrônica e uma crescente aplicação de métodos numéricos para solução aproximada de problemas de engenharia. É interessante notar que esses avanços da tecnologia, com a miniaturização e maior eficiência de componentes e circuitos eletrônicos, não constituíram incentivo forte o suficiente para recuperar a popularidade perdida dos modelos analógicos. Dentre esses modelos, apenas a analogia da malha de resistências elétricas é brevemente descrita, com interesse sob ponto de vista histórico.

2.10.1 Malha de resistências elétricas

Considere o conjunto de resistências R_x e R_y dispostas ortogonalmente ao redor do ponto nodal (i,j) conforme Fig. 2.42. De acordo com a primeira lei de Kirchhoff, a soma algébrica das correntes elétricas ($I_{i-1,j}$, $I_{i+1,j}$, $I_{i,j-1}$, $I_{i,j+1}$) que se dirigem ao ponto nodal (i,j) deve ser igual a zero, ou seja:

$$I_{i-1,j} + I_{i+1,j} + I_{i,j-1} + I_{i,j+1} = 0 \tag{2.10a}$$

$$\frac{V_{i-1,j} - V_{i,j}}{R_x} + \frac{V_{i+1,j} - V_{i,j}}{R_x} + \frac{V_{i,j-1} - V_{i,j}}{R_y} + \frac{V_{i,j+1} - V_{i,j}}{R_y} = 0 \tag{2.10b}$$

$$\frac{1}{R_x}\left(V_{i-1,j} + V_{i+1,j} - 2V_{i,j}\right) + \frac{1}{R_y}\left(V_{i,j-1} + V_{i,j+1} - 2V_{i,j}\right) = 0 \tag{2.10c}$$

onde V representa o potencial elétrico em cada ponto nodal.

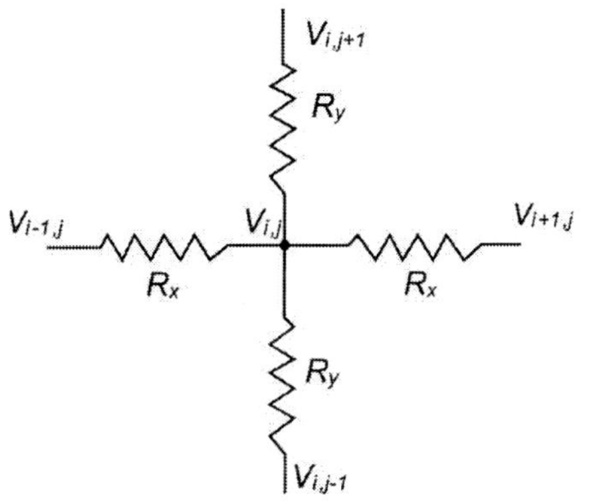

Figura 2.42 - Analogia de resistências elétricas para fluxo em meio anisotrópico
Fonte: autor

Comparando as Eq. 2.10c e 2.6q, constata-se a similaridade entre a malha de resistências (modelo analógico) e o método das diferenças finitas (modelo numérico). A resistência elétrica é análoga à distância entre os pontos nodais dividida pelo produto da área da seção transversal normal ao fluxo (admitindo espessura unitária) e o respectivo coeficiente de permeabilidade.

$$\frac{k_x \Delta y}{\Delta x}\left(h_{i+1,j} + h_{i-1,j} - 2h_{i,j}\right) + \frac{k_y \Delta x}{\Delta y}\left(h_{i,j+1} + h_{i,j-1} - 2h_{i,j}\right) = 0 \tag{2.6q}$$

A Eq. 2.6i para uma malha de pontos nodais equidistantes ($\Delta x = \Delta y$) e solo isotrópico ($k_x = k_y$) é semelhante à Eq. 2.10d para um modelo de resistências elétricas com $R_x = R_y$.

$$V_{i,j} = \frac{V_{i+1,j} + V_{i,j+1} + V_{i-1.j} + V_{i,j-1}}{4} \tag{2.10d}$$

A Fig. 2.43 mostra uma malha de resistências elétricas, com intervalo entre pontos nodais de 2 m, utilizada como analogia do problema de fluxo confinado no solo de fundação de uma barragem impermeável. Nos pontos nodais dos contornos AB e CD (cargas hidráulicas conhecidas) foram aplicadas voltagens de 5V e 0, respectivamente, enquanto nos contornos impermeáveis AFED e BC (velocidades normais nulas), foram inseridas resistências de 2 kΩ, o dobro do valor daquelas utilizadas para representar o meio poroso (1 kΩ). A leitura dos potenciais elétricos foi feita em todos os pontos da malha de resistências elétricas por meio de um voltímetro digital.

O problema complementar pode também ser resolvido para localização das linhas de fluxo (Fig. 2.44), necessitando de uma alteração nas condições de contorno. Os contornos impermeáveis AFED e BC devem ser transformados em linhas equipotenciais, com aplicação de voltagens arbitrárias de 7V e 0, respectivamente. Nos contornos AB e CD são colocadas resistências de 2 kΩ para estabelecer uma analogia com superfície impermeável. A malha é energizada e as leituras dos potenciais elétricos (funções de corrente ψ) são feitas em cada nó por meio do voltímetro.

Note que, na determinação das cargas hidráulicas, voltagens correspondentes aos valores de h prescritos nos contornos AB (5V) e CD (0) foram aplicadas, mas, no problema complementar, os valores prescritos nos contornos AFED e BC foram arbitrados porque, para o traçado das linhas de fluxo, interessa apenas unir pontos de isovalores, independentemente dos valores absolutos do potencial elétrico medido. Finalmente, ambos os resultados são superpostos para obtenção da rede de fluxo, conforme Fig. 2.45.

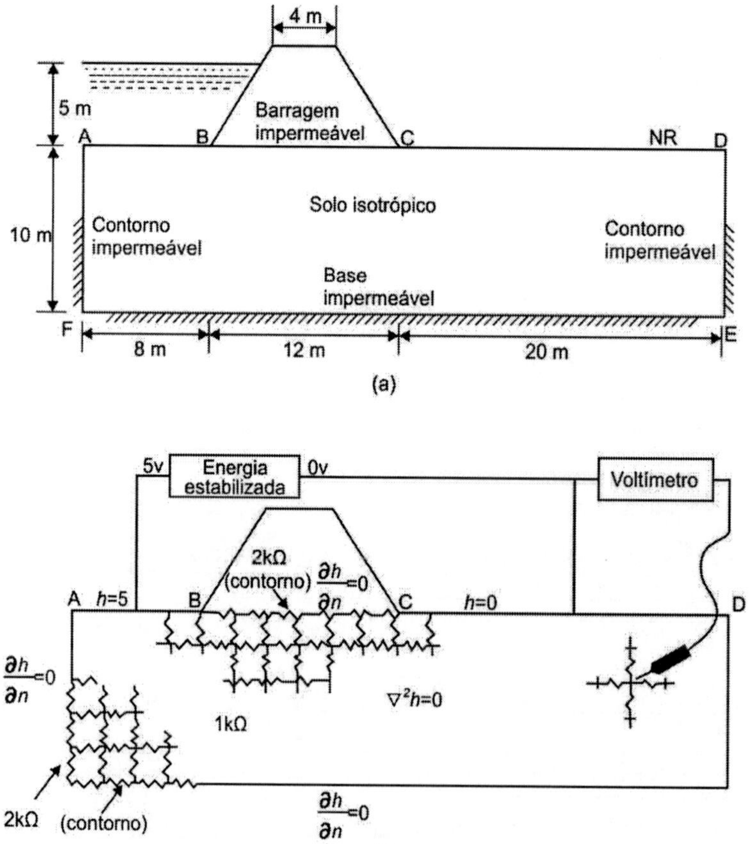

5.00	5.00	5.00	5.00	5.00	3.86	3.11	2.46	1.82	1.09	0.0	0.0	0.0	0.0	0.0	0.0	0.0	0.0	0.0	0.0	0.0
4.73	4.72	4.66	4.54	4.28	3.66	3.05	2.46	1.87	1.27	0.67	0.40	0.27	0.19	0.13	0.10	0.07	0.06	0.05	0.04	0.04
4.50	4.47	4.38	4.21	3.92	3.47	2.97	2.46	1.94	1.43	0.99	0.68	0.48	0.34	0.25	0.19	0.14	0.11	0.09	0.08	0.07
4.37	4.29	4.18	4.00	3.71	3.34	2.91	2.45	1.99	1.55	1.16	0.85	0.63	0.46	0.34	0.25	0.19	0.15	0.12	0.11	0.10
4.22	4.18	4.07	3.88	3.61	3.26	2.86	2.45	2.02	1.51	1.25	0.95	0.71	0.53	0.40	0.30	0.23	0.18	0.14	0.13	0.12
4.18	4.14	4.03	3.84	3.57	3.24	2.85	2.44	2.03	1.63	1.28	0.98	0.74	0.55	0.41	0.31	0.24	0.19	0.15	0.13	0.13

Carga hidráulica

(c)

Figura 2.43 - (a) Solo de fundação de barragem impermeável; (b) Malha de resistências elétricas; (c) Valores análogos de carga hidráulica
Fonte: adaptado de Rushton e Redshaw (1979)

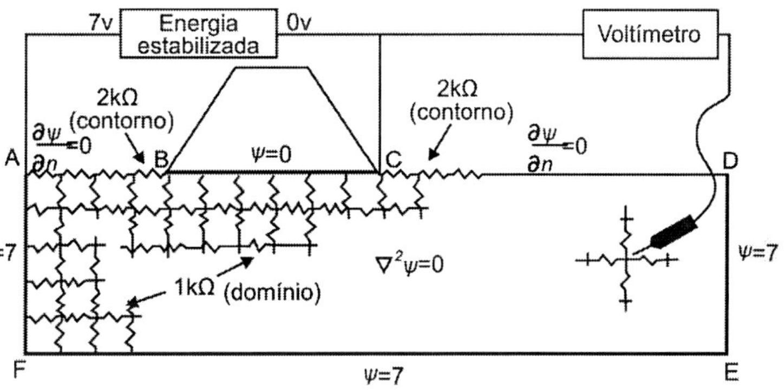

(a)

ψ

7.00	5.98	4.79	3.10	0.00	0.0	0.0	0.0	0.0	0.0	0.0	2.74	4.14	5.00	5.58	5.99	6.29	6.53	6.71	6.86	7.00
7.00	6.07	5.04	3.80	2.39	1.88	1.68	1.63	1.65	1.82	2.24	3.43	4.41	5.14	5.66	6.05	6.33	6.55	6.72	6.87	7.00
7.00	6.27	5.49	4.66	3.87	3.42	3.20	3.12	3.16	3.33	3.70	4.34	4.96	5.48	5.89	6.20	6.43	6.62	6.76	6.89	7.00
7.00	6.50	6.00	5.49	5.03	4.72	4.56	4.49	4.52	4.65	4.88	5.24	5.62	5.94	6.21	6.43	6.60	6.72	6.83	6.92	7.00
7.00	6.75	6.50	6.26	6.04	5.89	5.80	5.76	5.79	5.85	5.97	6.13	6.30	6.46	6.60	6.70	6.79	6.86	6.91	6.96	7.00
7.00	7.00	7.00	7.00	7.00	7.00	7.00	7.00	7.00	7.00	7.00	7.00	7.00	7.00	7.00	7.00	7.00	7.00	7.00	7.00	7.00

(b)

Figura 2.44 - (a) Malha de resistências elétricas no problema complementar; (b) Valores análogos da função de corrente ψ
Fonte: adaptado de Rushton e Redshaw (1979)

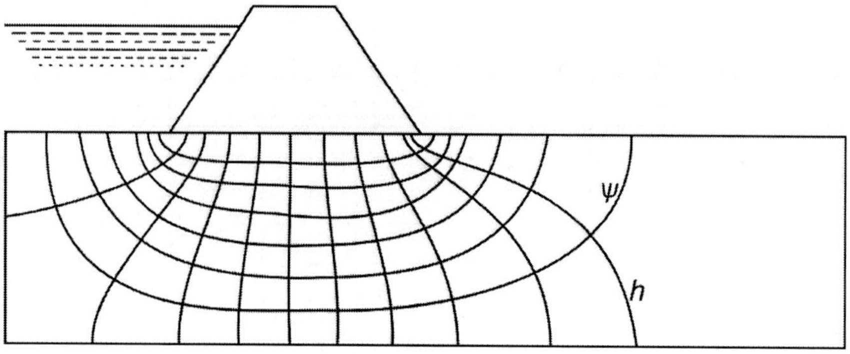

Figura 2.45 - Linhas equipotenciais e linhas de fluxo como solução do problema de fluxo confinado por meio de malha de resistências elétricas
Fonte: adaptado de Rushton e Redshaw (1979)

2.11 SOLUÇÕES ANALÍTICAS

Soluções analíticas da equação de Laplace foram obtidas para vários problemas específicos, geralmente considerando meios porosos homogêneos e isotrópicos com condições de contorno simples. Em alguns desses problemas, uma expressão analítica foi obtida pela integração direta da equação diferencial governante, enquanto, em outros, a solução foi apresentada sob forma de séries ou integrais. Muitas das soluções analíticas clássicas foram publicadas por Muskat (1937), Harr (1962) e Polubarinova-Kochina (1962), que devem ser consultadas pelo leitor para obter mais detalhes sobre os processos de cálculo.

2.11.1 Barragem de terra sobre fundação impermeável

Um dos problemas que mereceu bastante atenção foi o caso de fluxo não confinado em barragem de terra homogênea sobre fundação impermeável, com particular interesse na localização da interseção da linha freática com o talude de jusante, pois a erosão provocada pela saída da água na superfície do talude pode colocar em risco a segurança da geoestrutura.

a) Solução de Dupuit (1863)

A primeira das soluções utilizou a hipótese de Dupuit para cálculo do valor da vazão, mas sem identificação do ponto de interseção da linha freática com o talude de jusante (Fig. 2.46). A vazão em qualquer seção transversal da barragem é dada por:

$$Q = -kh\frac{dh}{dx} \tag{2.11a}$$

com condições de contorno $h = H$ em $x = 0$ e $h = h_2$ em $x = L$. Integrando a Eq. 2.11a entre estes limites resulta

$$Q = \frac{k}{2L}(H^2 - h_2^2) \tag{2.11b}$$

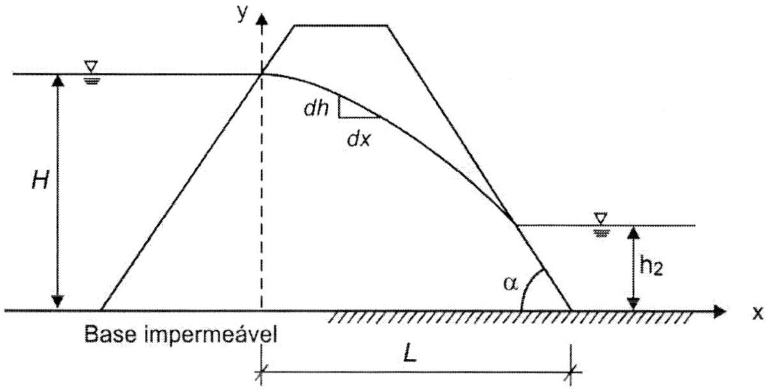

Figura 2.46 - Solução de Dupuit para fluxo não confinado em barragem de terra
Fonte: adaptado de Reddi (2003)

Como a vazão Q é constante, para qualquer valor de x no intervalo $0 \leq x \leq L$ resulta

$$Q = \frac{k}{2x}(H^2 - h^2) \quad \text{ou} \quad h = \sqrt{H^2 - 2\frac{Q}{k}x} \tag{2.11c}$$

Introduzindo a Eq. 2.11b na Eq. 2.11c obtém-se a equação da linha freática que define a parábola de Dupuit:

$$h = \sqrt{H^2 - (H^2 - h_2^2)\frac{x}{L}} \tag{2.11d}$$

Observe que a solução de Dupuit não considera a inclinação dos taludes no desenvolvimento matemático, e a região da barragem à esquerda da origem dos eixos Cartesianos é simplesmente ignorada. Note também que a condição de saída da linha freática (tangente ao talude de jusante) não é satisfeita e que, na situação $h_2 = 0$, a linha freática intercepta a base horizontal impermeável. Essa solução tem acurácia suficiente apenas para pequenos ângulos de inclinação α do talude de jusante.

b) Solução de Schaffernak (1917) e Van Iterson (1916, 1917) para $\alpha < 30°$

A solução proposta satisfaz a condição de saída da linha freática, tangente à face do talude de jusante no ponto C, a uma distância a do pé do talude (Fig. 2.47a). Admitindo que as linhas de fluxo sejam horizontais na região CDB, a vazão através da seção vertical CD pode ser calculada como[10]

$$Q = kiA = k\frac{dh}{dx}(1 \times y) \tag{2.11e}$$

Ao longo da superfície de fluxo livre BC observe que: a) a carga de pressão é nula com a carga hidráulica equivalente à carga de elevação (coordenada y); b) o gradiente hidráulico dy/dx é igual à

[10] Note que o gradiente hidráulico dh/dx é considerado positivo porque h cresce com x.

inclinação $tan\alpha$ do talude de jusante; c) o valor da coordenada y na seção vertical CD é igual a $a(sen\alpha)$. Logo,

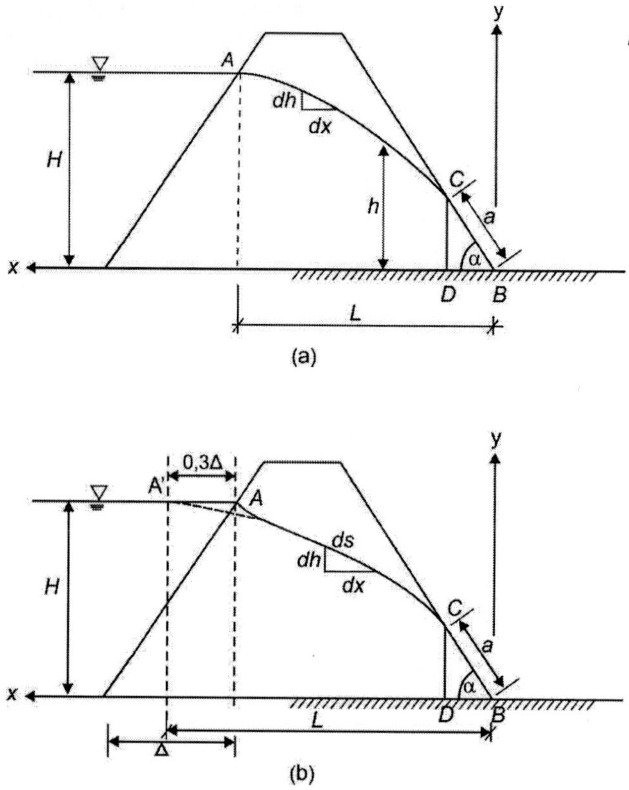

Figura 2.47 - (a) Solução de Schaffernak (1917) e Van Iterson (1916, 1917) para $\alpha < 30°$; (b) solução de Casagrande (1937) para $\alpha > 30°$ com correção de entrada da linha freática
Fonte: adaptado de Reddi (2003)

$$Q = k\frac{dy}{dx}y = ka\ sen\alpha\ tan\alpha \tag{2.11f}$$

Integrando a Eq. 2.11f entre os limites $a\ cos\alpha \leq x \leq L$, a sen$\alpha \leq y \leq H$ (Fig. 2.47a) obtém-se:

$$\int_{asen\alpha}^{H} ydy = a\ sen\alpha\ tan\alpha \int_{acos\alpha}^{L} dx$$

$$a = \frac{L}{cos\alpha} - \sqrt{\frac{L^2}{cos^2\alpha} - \frac{H^2}{sen^2\alpha}} \tag{2.11g}$$

Substituindo a Eq. 2.11g na Eq. 2.11f, o valor da vazão Q pode ser calculado. Ainda que essa solução considere a condição de saída da linha freática, uma correção adicional na entrada da linha freática foi sugerida por Casagrande (1937), movendo seu início para o ponto A' (Fig. 2.47b) de tal forma que o segmento AA' = 0,3Δ com Δ representando o comprimento da projeção horizontal da superfície do talude de montante em contato com a água do reservatório.

A solução aproximada de Schaffernak (1917) e Van Iterson (1916, 1917) fornece resultados satisfatórios para taludes com inclinação $\alpha < 30°$, enquanto a diferença entre os valores do gradiente hidráulico da hipótese de Dupuit ($dh/dx = tan\ \alpha$) e do gradiente hidráulico real ($dh/ds = sen\ \alpha$) não for significativa.

c) Solução de Casagrande (1937) para $\alpha > 30°$

Para taludes com inclinação $\alpha > 30°$, Casagrande (1937) sugeriu utilizar o valor do gradiente hidráulico real no ponto de saída da linha freática no talude de jusante. Logo, a Eq. 2.11f é reescrita como:

$$Q = ky\frac{dy}{ds} = ka\ sen^2\alpha \qquad (2.11h)$$

Integrando a Eq. 2.11h entre os limites $a \le x \le s_0$, $a\ sen\alpha \le y \le H$, onde s_0 representa o comprimento da curva A'CB (Fig. 2.47b), resulta

$$a = s_0 - \sqrt{s_0^2 - \frac{H^2}{sen^2\alpha}} \qquad (2.11i)$$

Para $\alpha \le 60°$, Casagrande (op. cit.) considerou ser suficiente aproximar o comprimento da curva A'CB pelo segmento de reta ligando os pontos A'B, ou seja

$$s_0 = \sqrt{L^2 + H^2} \qquad (2.11j)$$

Substituindo a Eq. 2.11j na Eq. 2.11i, o valor da vazão Q é, em seguida, determinado pela Eq. 2.11h. Se um erro relativo de até 25% for admissível nos cálculos, o comprimento do segmento de reta A'B pode também ser utilizado para taludes com inclinação $60° < \alpha \le 90°$.

d) Solução de Kozeny (1931) para $\alpha = 180°$

Kozeny (1931) desenvolveu uma solução analítica para o problema de fluxo não confinado sobre uma base horizontal impermeável conectada a um tapete horizontal drenante (Fig. 2.48), na região de jusante da barragem de terra. A solução teórica foi descrita por duas famílias de parábolas confocais que representam as linhas de fluxo e linhas equipotenciais. A equação da linha freática foi escrita como:

$$y = \sqrt{y_0^2 + 2xy_0} \qquad (2.11k)$$

onde x, y são coordenadas Cartesianas com origem no foco O, localizado no encontro do tapete com a base impermeável. O valor de y_0 pode ser obtido em função das coordenadas de pontos conhecidos da linha freática. Para o ponto $x = L$ com $y = H$ vem

$$y_0 = \sqrt{L^2 + H^2} - L \qquad (2.11\ell)$$

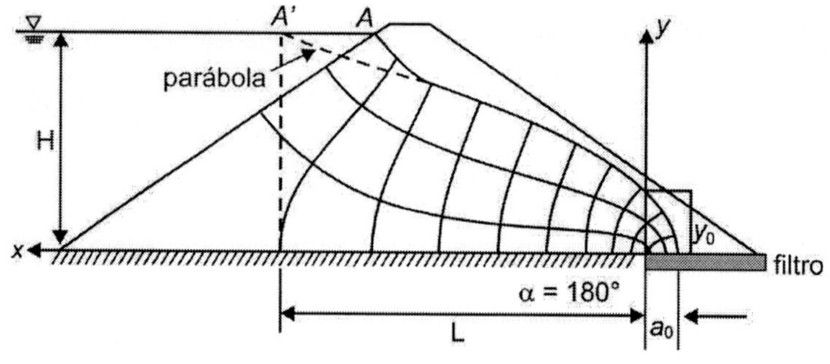

Figura 2.48 – Solução de Kozeny (1931) para $\alpha = 180°$
Fonte: autor

Das propriedades geométricas da parábola, a distância focal a_0 é determinada como

$$a_0 = \frac{y_0}{2} = \frac{1}{2}\left(\sqrt{L^2 + H^2} - L\right) \tag{2.11m}$$

A vazão Q pode, então, ser calculada na seção vertical passando pelo foco O, assumindo que a componente horizontal da velocidade na linha freática representa uma velocidade média de fluxo em toda a seção,

$$v_x = k\frac{dh}{dx} = k\frac{dy}{dx} = k\frac{d}{dx}\left(\sqrt{y_0^2 + 2xy_0}\right) = k\frac{y_0}{\sqrt{y_0^2 + 2xy_0}} \tag{2.11n}$$

Em $x = 0$, o gradiente hidráulico resulta unitário na Eq. 2.11n e a vazão Q pode ser determinada como

$$Q = v_x A = ky_0 = 2ka_0 \tag{2.11p}$$

e) Solução de Casagrande (1937) para 90º < α < 180°

Casagrande comparou soluções obtidas graficamente, por redes de fluxo, com as parábolas teóricas de Kozeny (1931) para α = 180º, concluindo que o comprimento estimado a da superfície de fluxo livre resultava sistematicamente maior na solução de Kozeny do que em redes de fluxo, como mostra a Fig. 2.49 para α = 90º e α = 135º. A diferença Δa entre as soluções é função do ângulo de inclinação α e varia de acordo com o gráfico da Fig. 2.50. A correção do ponto de saída da linha freática é feita determinando a interseção a da parábola de Kozeny e aplicando posteriormente uma redução Δa com base no valor c obtido na Fig. 2.50.

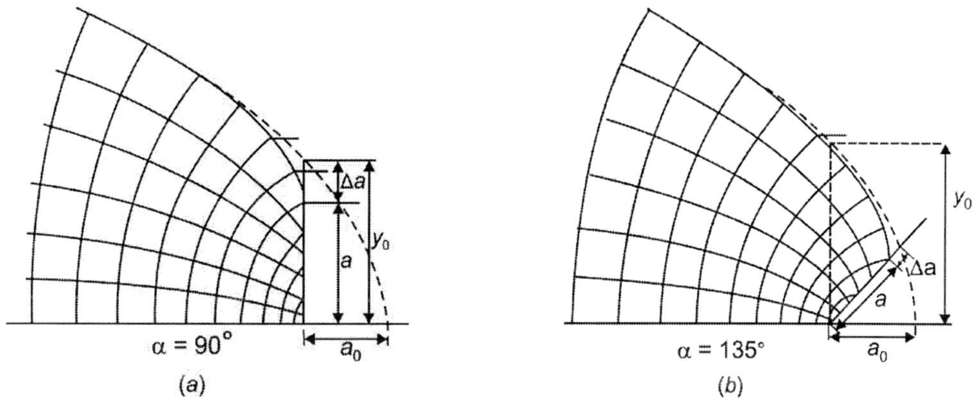

$$\frac{\Delta a}{a + \Delta a} = 0{,}26 \quad ou \; a \sim \frac{3}{4} y_0$$

$$\frac{\Delta a}{a + \Delta a} = 0{,}14$$

Figura 2.49 – Comparação do comprimento da superfície de fluxo livre obtido por redes de fluxo (linha cheia) e parábolas de Kozeny (linha tracejada) para: (a) $\alpha = 90°$; (b) $\alpha = 135°$

Fonte: adaptado de Casagrande (1937)

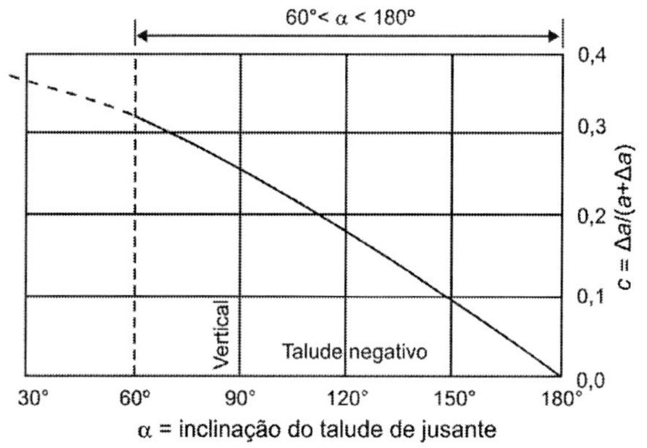

Figura 2.50 – Relação entre Δa e a inclinação α do talude de saída

Fonte: adaptado de Casagrande (1937)

A vazão Q, em barragem de terra homogênea com base impermeável horizontal, pode ser calculada tanto pela Eq. 2.11h quanto pela Eq. 2.11p (tapete drenante). Se houver lâmina d'água a jusante da barragem (como na Fig. 2.46), a seção transversal da barragem pode ser subdividida em duas zonas delimitadas pelo prolongamento do nível d'água a jusante que, para efeitos da utilização da formulação analítica na zona superior, representa uma superfície horizontal impermeável. Na zona inferior, abaixo do nível da lâmina d'água, a lei de Darcy pode ser aplicada diretamente como um caso de fluxo 1D, considerando o comprimento médio da linha de fluxo. A vazão total Q pelo corpo da barragem é estimada como a soma das vazões determinadas em ambas as zonas.

2.11.2 Barragem impermeável sobre semiespaço homogêneo e isotrópico

a) Base da barragem de largura $2b$ na superfície do semiespaço (Fig. 2.51)

O valor do gradiente hidráulico de saída I_E ao longo do eixo x da Fig. 2.51 é calculado como

$$I_E = \frac{h}{\pi\sqrt{x^2 - b^2}} \tag{2.11q}$$

Quando $x \rightarrow b$ o gradiente hidráulico $I_E \rightarrow \infty$, provocando a ruptura hidráulica do solo. Por essa razão, estruturas devem ser projetadas com embutimento no maciço de fundação ou complementadas com cortina impermeável na região de saída. No caso do semiespaço, também a vazão $Q \rightarrow \infty$.

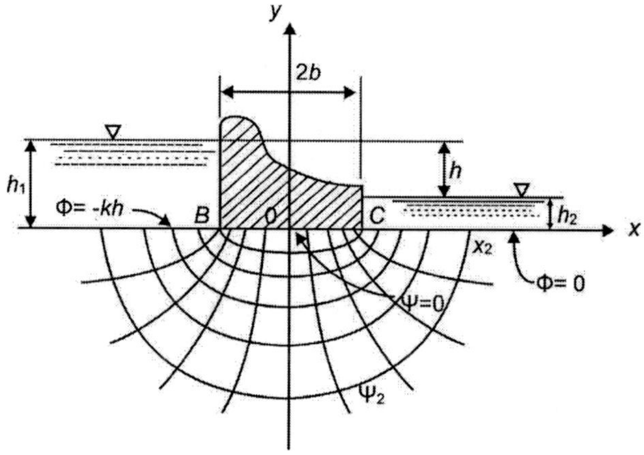

Figura 2.51 – Barragem sobre a superfície de semiespaço
Fonte: adaptado de Harr (1962)

b) Base da barragem de largura $2b$ na profundidade de embutimento d (Fig. 2.52a)

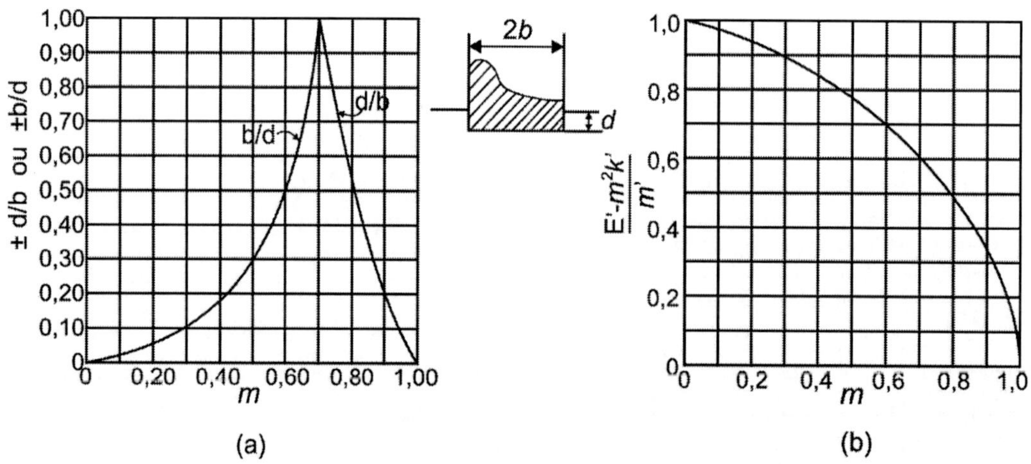

Figura 2.52 – (a) Variação do módulo m com a razão de embutimento d/b ou b/d;
(b) variação de $(E' - m^2k')/m'$ com o módulo m.
Fonte: adaptado de Harr (1962)

O gradiente hidráulico de saída é determinado por

$$I_E = \frac{h}{\pi d}\frac{E' - m^2 K'}{m'} \tag{2.11r}$$

onde h é a diferença de carga hidráulica; K', a integral elíptica completa do primeiro tipo com módulo complementar m' e E', a integral elíptica do segundo tipo com módulo complementar m', definido por $m'^2 = 1 - m^2$. O módulo m é determinado pela Eq. 2.11s em função da razão de embutimento d/b (ou b/d)

$$\frac{d}{b} = \frac{E' - m^2 K'}{E - m'^2 K} \tag{2.11s}$$

A variação do módulo m em função da razão de embutimento pode ser obtida da Fig. 2.52a e, em seguida, a estimativa do valor de $(E' - m^2K')/m'$ para aplicação na Eq. 2.11r é determinada com auxílio da Fig. 2.52b.

c) Barragem de largura b com cortina impermeável a jusante, com comprimento de ficha s (Fig. 2.53a)

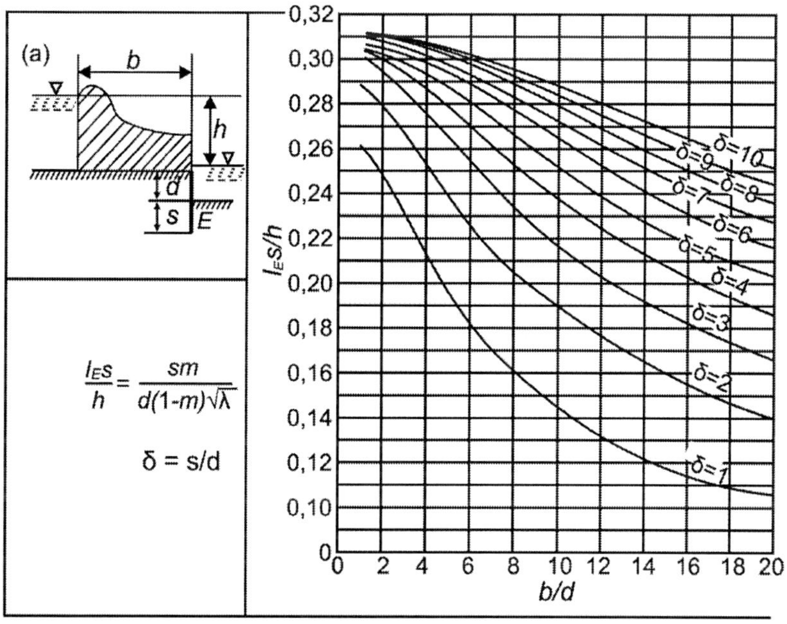

Figura 2.53a– Barragem com cortina impermeável a jusante com comprimento de ficha s para $d > 0$.
Fonte: adaptado de Khosla et al. (1954)

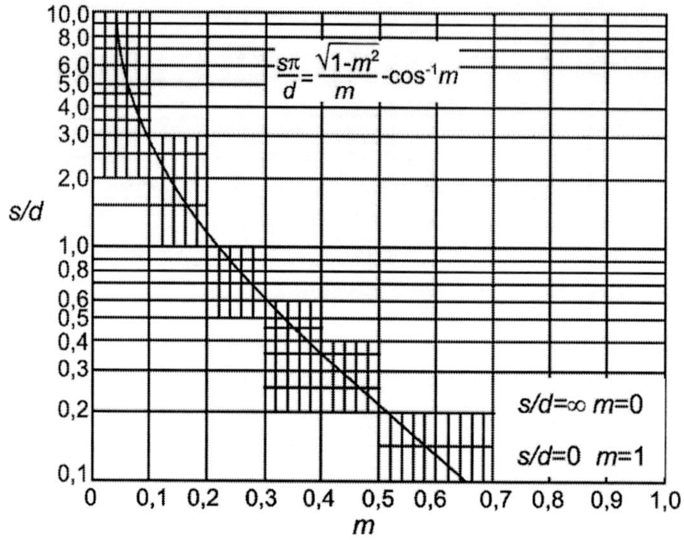

Figura 2.53b – Gráfico para estimativa do módulo m em função da razão s/d
Fonte: adaptado de Harr (1962)

Para cortinas impermeáveis a jusante com $d > 0$, o valor do gradiente hidráulico de saída I_E pode ser estimado dos gráficos da Fig. 2.53a com o módulo m obtido da Fig. 2.53b ou calculado analiticamente pela expressão matemática apresentada na figura. O valor de λ é determinado pela Eq. 2.11t,

$$\lambda = \frac{1}{2}\left[1 + \sqrt{1 + (b/s)^2}\right] \tag{2.11t}$$

Para cortinas a jusante com d = 0, o gráfico da Fig. 2.54 permite uma determinação direta do gradiente hidráulico de saída.

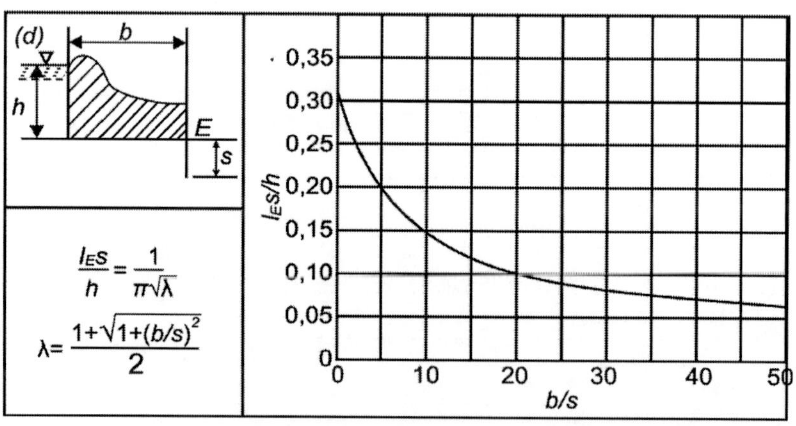

Figura 2.54 – Barragem com cortina impermeável a jusante com comprimento de ficha s
Fonte: adaptado de Khosla et al. (1954)

d) Barragem de largura $2b$, embutida na profundidade d, com cortinas simétricas de comprimento de ficha s (Fig. 2.55)

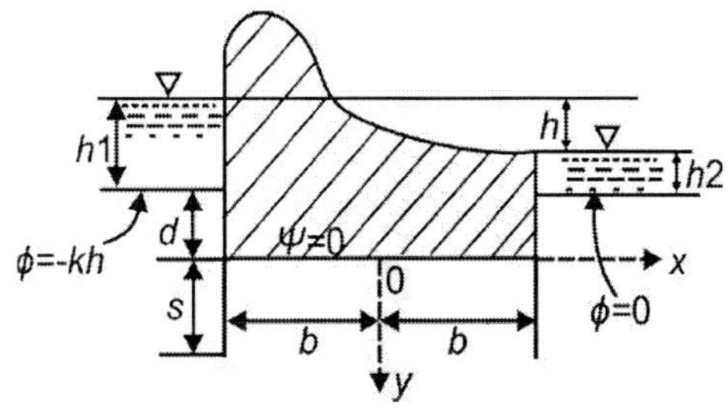

Figura 2.55 – Barragem impermeável embutida, com cortinas duplas.
Fonte: adaptado de Harr (1962)

Neste caso, o gradiente hidráulico de saída é obtido, considerando $m'^2 = 1 - m^2$, por:

$$I_E = \frac{hm'}{2b\left(K' - E' + \frac{d}{b}E\right)} \tag{2.11u}$$

A variação do módulo m com a razão s/b (ou b/s) pode ser obtida da Fig. 2.56 e, em seguida, em função do módulo m ou m' são determinados os valores de K' (do Quadro 2.2), E' e E (Quadro 2.4).

2.11.3 Barragem impermeável sobre camada de espessura finita (Fig. 2.57)

a) Base da barragem de largura $2b$ na superfície da camada de espessura T

A vazão Q pode ser determinada pelo gráfico da Fig. 2.57, onde se observa que $Q \to \infty$ e o gradiente hidráulico de saída $I_E \to \infty$ quando $T \to \infty$ (semiespaço).

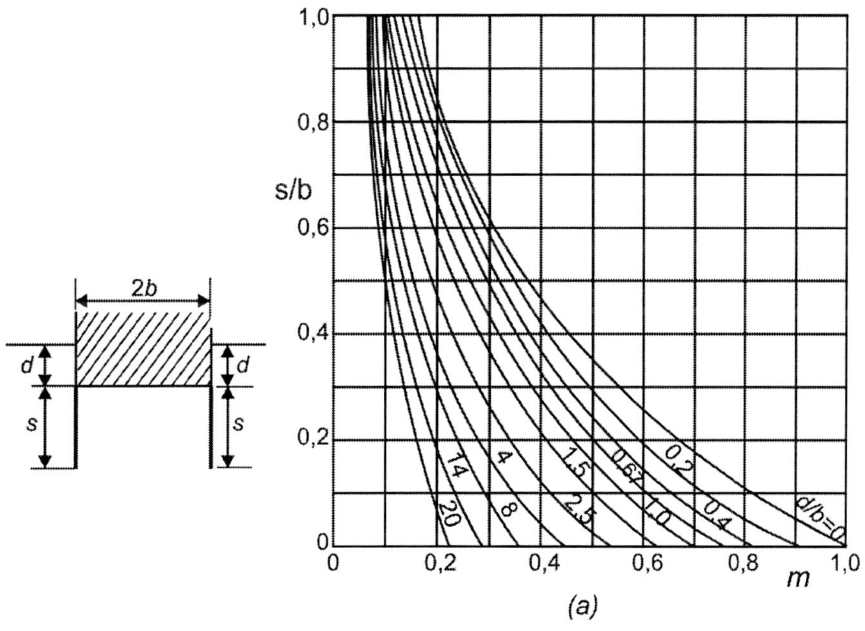

(a)

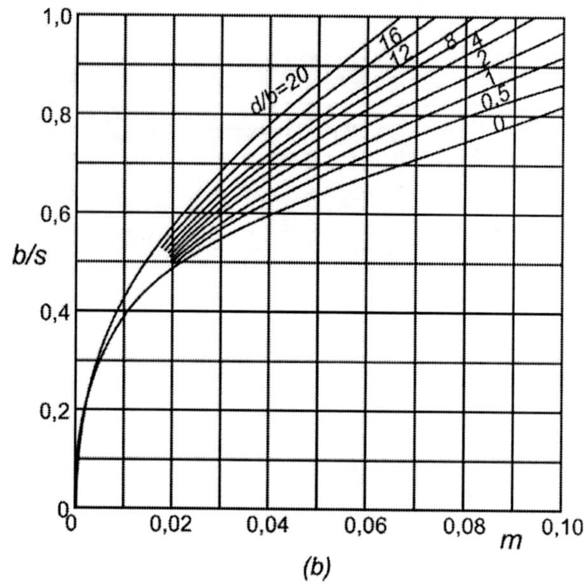

Figura 2.56 – Variação do módulo m com s/b (ou b/s)
Fonte: adaptado de Harr (1962)

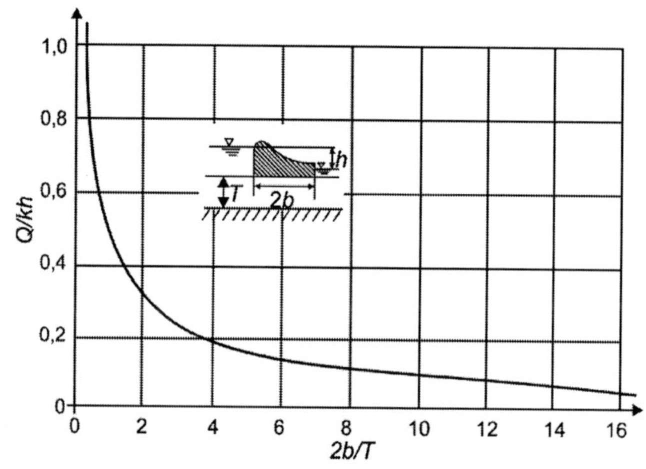

Figura 2.57 – Vazão na camada de fundação de barragem impermeável
Fonte: adaptado de Polubarinova-Kochina (1962)

$\frac{E}{K' - E'}$	m^2	E	E'	m'^2	
0	0	1,5708	1	1,00	
0,5847	0,01	1,5669	1,0160	0,99	128,87
0,6721	0,02	1,5629	1,0286	0,98	64,989
0,7368	0,03	1,5589	1,0399	0,97	43,636
0,7911	0,04	1,5550	1,0505	0,96	32,932
0,8393	0,05	1,5509	1,0605	0,95	26,492
0,8836	0,06	1,5470	1,0700	0,94	22,187
0,9250	0,07	1,5429	1,0791	0,93	19,104

$\frac{E}{K' - E'}$	m^2	E	E'	m'^2	
1,5875	0,26	1,4631	1,2173	0,74	5,3363
1,6232	0,27	1,4587	1,2235	0,73	5,1395
1,6595	0,28	1,4543	1,2300	0,72	4,9561
1,6961	0,29	1,4498	1,2357	0,71	4,7847
1,7337	0,30	1,4454	1,2417	0,70	4,6413
1,7716	0,31	1,4409	1,2476	0,69	4,4731
1,8103	0,32	1,4364	1,2534	0,68	4,3311
1,8497	0,33	1,4318	1,2593	0,67	4,1971

0,9644	0,08	1,5389	1,0880	0,92	16,785
1,0023	0,09	1,5348	1,0965	0,91	14,976
1,0387	0,10	1,5307	1,1050	0,90	13,525
1,0748	0,11	1,5267	1,1128	0,89	12,334
1,1098	0,12	1,5225	1,1207	0,88	11,339
1,1443	0,13	1,5184	1,1284	0,87	10,495
1,1785	0,14	1,5143	1,1360	0,86	9,7685
1,2123	0,15	1,5101	1,1434	0,85	9,1373
1,2460	0,16	1,5059	1,1506	0,84	8,5832
1,2796	0,17	1,5017	1,1578	0,83	8,0928
1,3131	0,18	1,4975	1,1648	0,82	7,6555
1,3467	0,19	1,4933	1,1717	0,81	7,2629
1,3804	0,20	1,4890	1,1785	0,80	6,9084
1,4142	0,21	1,4848	1,1852	0,79	6,5865
1,4483	0,22	1,4805	1,1918	0,78	6,2929
1,4826	0,23	1,4761	1,1983	0,77	5,9938
1,5172	0,24	1,4718	1,2047	0,76	5,7765
1,5521	0,25	1,4675	1,2111	0,75	5,5480
	m'^2	E'	E	m^2	$\frac{E}{K'-E'}$

1,8898	0,34	1,4273	1,2650	0,66	4,0704
1,9307	0,35	1,4227	1,2707	0,65	3,9503
1,9724	0,36	1,4181	1,2763	0,64	3,8367
2,0151	0,37	1,4134	1,2819	0,63	3,7285
2,0587	0,38	1,4088	1,2875	0,62	3,6256
2,1034	0,39	1,4041	1,2930	0,61	3,5275
2,1491	0,40	1,3994	1,2984	0,60	3,4338
2,1960	0,41	1,3946	1,3038	0,59	3,3443
2,2442	0,42	1,3899	1,3092	0,58	3,2586
2,2936	0,43	1,3851	1,3145	0,57	3,1764
2,3443	0,44	1,3802	1,3198	0,56	3,0976
2,3966	0,45	1,3754	1,3250	0,55	3,0218
2,4504	0,46	1,3705	1,3302	0,54	2,9490
2,5058	0,47	1,3656	1,3354	0,53	2,8788
2,5629	0,48	1,3606	1,3405	0,52	2,8112
2,6219	0,49	1,3557	1,3456	0,51	2,7459
2,6829	0,50	1,3506	1,3506	0,50	2,6829
	m'^2	E'	E	m^2	$\frac{E}{K'-E'}$

$E = \int_0^{\frac{\pi}{2}} \sqrt{1 - m^2 sen^2 \varsigma}\, d\varsigma$ Integral elíptica completa de segundo tipo com módulo m

$E' = \int_0^{\frac{\pi}{2}} \sqrt{1 - m'^2 sen^2 \varsigma}\, d\varsigma$ Integral elíptica completa de segundo tipo com módulo complementar m'

Quadro 2.4 – Integrais elípticas completas do segundo tipo
Fonte: Nelson-Skornyakov (1949)

b) Barragem de largura $2b$ com cortina de comprimento de ficha s, localizada no eixo central da estrutura (Fig. 2.58)

A vazão Q pode ser calculada pela Eq. 2.11v com os valores das integrais elípticas $K'(m)$ e $K(m)$ listados no Quadro 2.2.

$$Q = kh\, K'(m)/[2K(m)] \text{ com } m = cos\frac{\pi s}{2T}\sqrt{tanh^2\frac{\pi b}{2T} + tan^2\frac{\pi s}{2T}} \qquad (2.11v)$$

A Fig. 2.58 mostra a variação da vazão normalizada Q/kh em função da razão s/T para vários valores da semilargura normalizada b/T da barragem. Para $s = 0$, a Eq. 2.11v descreve o gráfico da Fig. 2.57. Da Fig. 2.58 também se observa que a vazão Q decresce com o aumento da semilargura b/T e da profundidade s/T da cortina impermeável. O benefício em majorar s/T decresce rapidamente à medida que b/T aumenta; mas para $b/T \geq 1$ a vazão apresenta pouca variação, salvo se o comprimento da cortina aproximar-se da espessura da camada ($s/T > 0,9$).

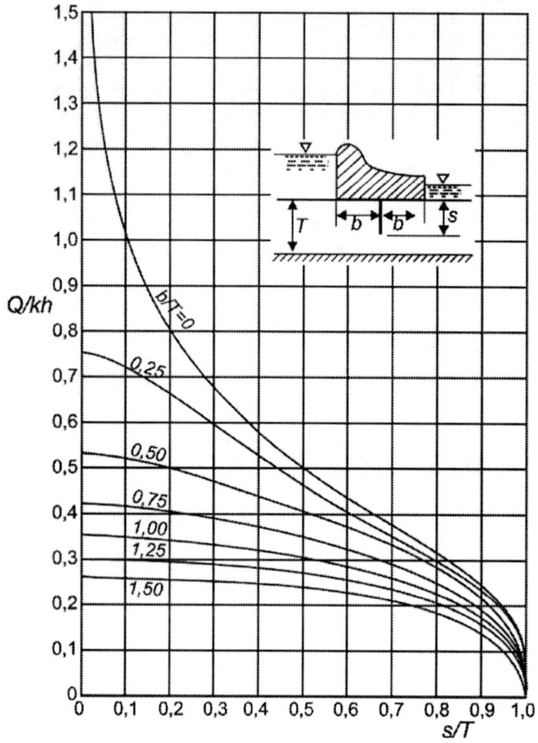

Figura 2.58 - Variação da vazão normalizada Q/kh com a razão s/T
Fonte: adaptado de Polubarinova-Kochina (1962)

A Fig. 2.59 mostra que a vazão atinge um valor máximo quando a cortina está localizada no centro da barragem. Como a variação de Q/kh é pequena para $0 \leq x/b \leq 1$, Harr (1962) sugere, para determinação da vazão para fins de engenharia, considerar a cortina no eixo central da estrutura em $x/b = 0$.

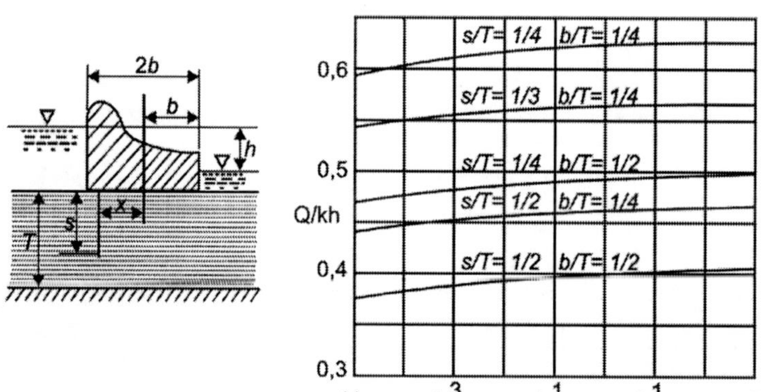

Figura 2.59 – Vazão normalizada Q/kh na camada de fundação da barragem com cortina impermeável em várias posições x/b .
Fonte: adaptado de Harr (1962)

c) Barragem de largura $2b$ com cortina impermeável de comprimento de ficha s localizada a jusante (Fig. 2.60)

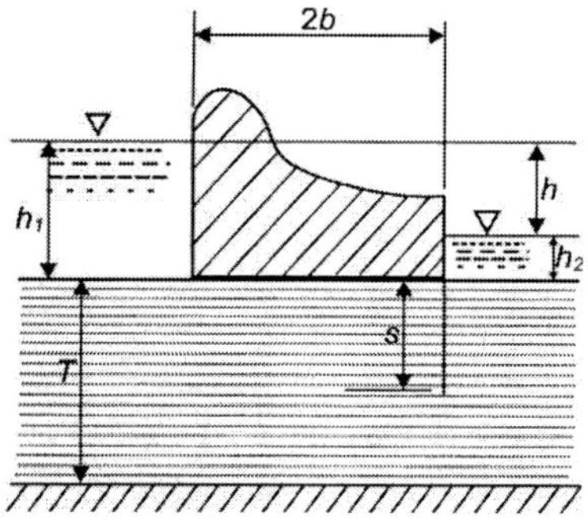

Figura 2.60 – Barragem em camada de solo com cortina impermeável a jusante com comprimento de ficha *s*.
Fonte: adaptado de Harr (1962)

O gradiente hidráulico de saída I_E é calculado pela Eq. 2.11w (HARR, 1962):

$$I_E = \frac{\pi h}{4K(m)T\sigma}\sqrt{\frac{2\sigma(1+\beta)(1+\sigma)}{\beta+\sigma}} \qquad \sigma = sen\frac{\pi s}{2T} \tag{2.11w}$$

$$m = \sqrt{\frac{2(\beta+\sigma)}{(1+\beta)(1+\sigma)}} \qquad \beta = cos\frac{\pi s}{2T}\sqrt{tanh^2\frac{\pi b}{T} + tan^2\frac{\pi s}{2T}} \tag{2.11x}$$

2.11.4 Cortina impermeável

a) Em semiespaço homogêneo e isotrópico (Fig. 2.61)

Para $d > 0$, o gradiente hidráulico de saída é obtido com auxílio dos gráficos da Fig. 2.61, com módulo m determinado no gráfico da Fig. 2.53b ou calculado pela equação nela apresentada.

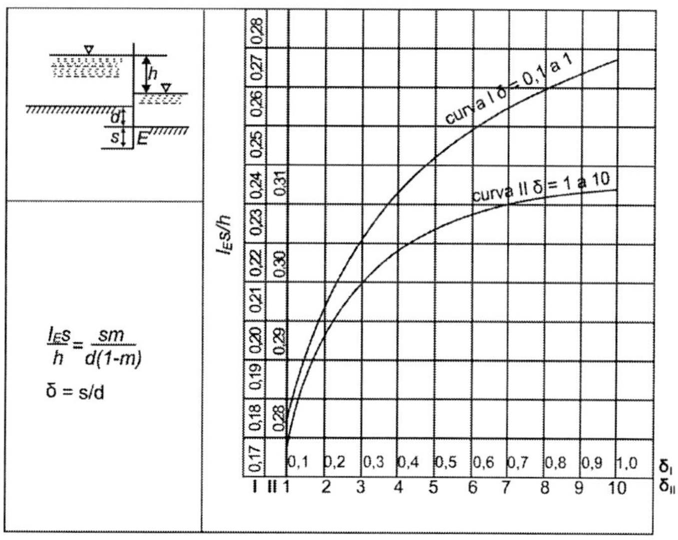

Figura 2.61 – Gradiente hidráulico de saída em cortina impermeável em meio semi-infinito para $d > 0$
Fonte: adaptado de Khosla et al. (1954)

Para $d = 0$, o gradiente hidráulico de saída é obtido por:

$$I_E = h/(s\pi) \tag{2.11y}$$

Para um sistema duplo de cortinas impermeáveis, utilizar os gráficos da Fig. 2.62 para determinação de I_E.

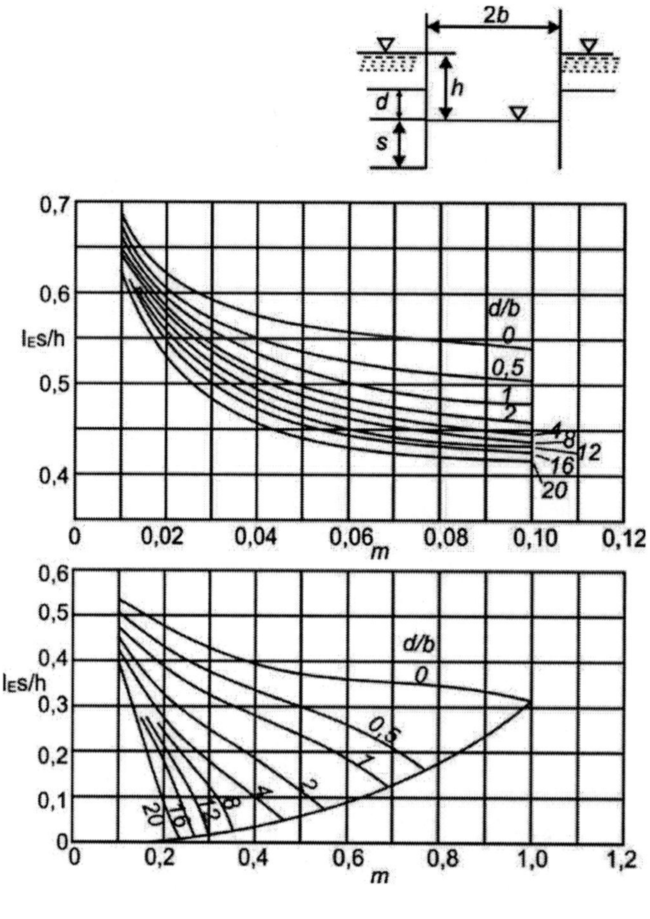

Figura 2.62 – Gradiente hidráulico de saída em sistema duplo de cortinas impermeáveis
Fonte: adaptado de Harr (1962)

b) Em camada de espessura finita sobre estrato impermeável (Fig. 2.63)

O gradiente hidráulico de saída é determinado pela Eq. 2.11z, graficamente apresentada na Fig. 2.63. Quando a espessura da camada $T \rightarrow \infty$, o gradiente hidráulico de saída tende para o valor $I_E \rightarrow h/(\pi s)$ correspondente ao caso de meio semi-infinito (Eq. 2.11y).

$$I_E = \frac{\pi h}{4K(m)Tm} \qquad m = sen\frac{\pi s}{2T} \tag{2.11z}$$

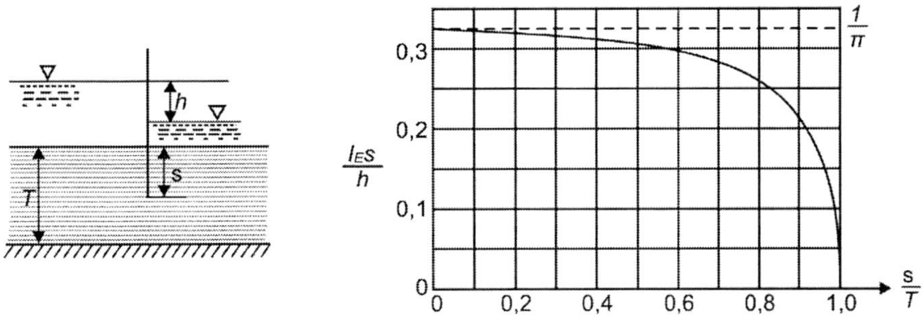

Figura 2.63 – Gradiente hidráulico de saída para cortina impermeável em camada de espessura finita sobre estrato impermeável

Fonte: adaptado de Harr (1962)

c) Em camada de espessura finita sobre estrato infinitamente permeável

c.1) $s \geq d$ (Fig. 2.64a) - fluxo é unidimensional com gradiente hidráulico constante

$$I_E = h/T = h/(2d) \qquad (2.11A)$$

c.2) $s < d$ (Fig. 2.64b)

$$I_E = \frac{h}{Tsen(\pi s/T)} \qquad (2.11B)$$

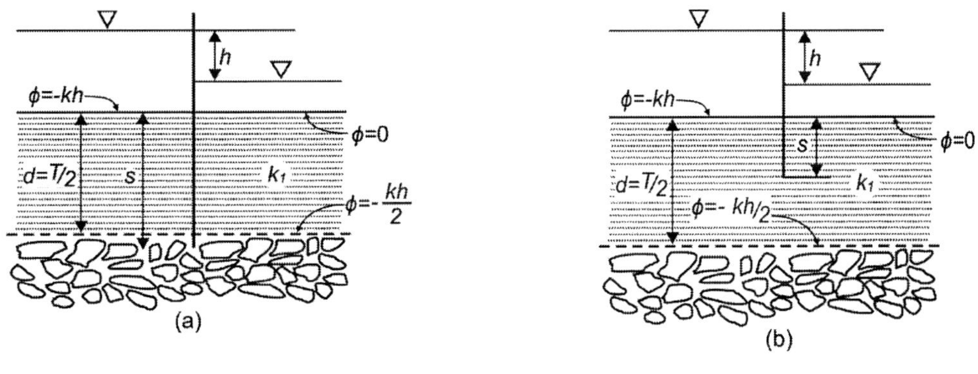

Figura 2.64 – Cortina impermeável em camada sobre estrato infinitamente permeável: (a) $s \geq d$; (b) $s < d$

Fonte: adaptado de Harr (1962)

2.11.5 Método épsilon para fluxo confinado em depósito de solo formado por duas camadas (POLUBARINOVA-KOCHINA, 1941)

O depósito de solo consiste de duas camadas de mesma espessura d sobre um subestrato impermeável (Fig. 2.65). Os coeficientes de permeabilidade k_1 (camada superior) e k_2 (camada inferior) estão relacionados por

$$tan\pi\varepsilon = \sqrt{k_2/k_1} \quad \text{com} \quad 0 \leq \varepsilon \leq 1/2 \tag{2.11C}$$

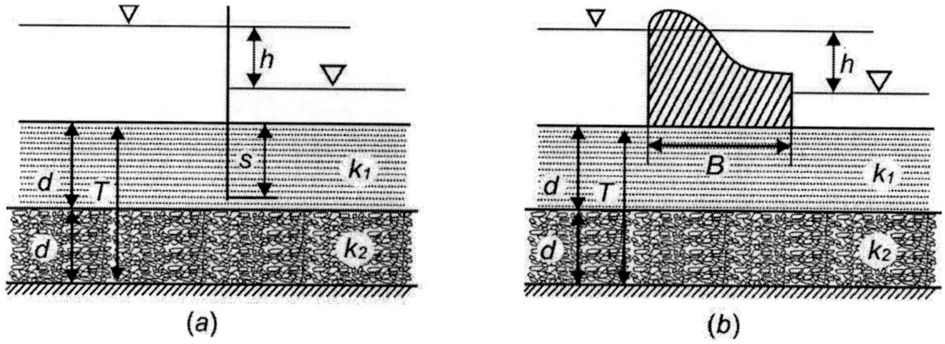

Figura 2.65 – Cortina (a) e barragem impermeável (b) em depósito estratificado de duas camadas
Fonte: adaptado de Harr (1962)

À medida que a razão k_2/k_1 varia de 0 a ∞, o valor de ε varia de 0 a ½. Para alguns valores particulares de ε existem soluções analíticas pois, nesses casos, o problema reduz-se ao problema de fluxo permanente em única camada: (i) $\varepsilon = 0$ com $k_2 = 0$, isto é, base impermeável na profundidade d com fluxo apenas na camada superior; (ii) $\varepsilon = 1/4$ com $k_2 = k_1$, isto é, uma camada homogênea de espessura $2d$; (iii) $\varepsilon \to 1/2$ com $k_2 \to \infty$, isto é, base infinitamente permeável na profundidade d com fluxo apenas na camada superior. Para os demais valores de ε, o método de Polubarinova-Kochina (1941) consiste na interpolação de valores entre esses resultados analíticos, com o objetivo de obter uma solução aproximada da vazão Q e do gradiente hidráulico de saída I_E. As Fig. 2.66 a 2.69 referem a uma cortina impermeável, enquanto as Fig. 2.70 e 2.71, à vazão normalizada no solo de fundação de uma barragem impermeável. Com relação à barragem, em virtude de a estrutura não apresentar profundidade de embutimento, os gradientes hidráulicos de saída tendem a infinito para todos os valores de ε.

O método aproximado de Polubarinova-Kochina também pode ser aplicado para depósitos de solo com duas camadas de diferentes espessuras. Neste caso, para determinação do gradiente hidráulico de saída, considerar as soluções analíticas para $\varepsilon = 0$ (Eq. 2.11z somente com a espessura da camada superior), $\varepsilon = 1/4$ (Eq. 2.11z com a espessura total das duas camadas) e $\varepsilon = 1/2$ (Eq. 2.11A ou 2.11B), interpolando em seguida para o valor particular de ε com auxílio destes resultados. O mesmo procedimento pode ser utilizado para determinação de vazão.

Para $\varepsilon = 0$ vem do Quadro 2.1 considerando o fragmento tipo II,

$$Q = \frac{k_1 h}{2} \frac{K'}{K} \quad \text{com } m = sen\frac{\pi s}{2d} \tag{2.11D}$$

onde d é a espessura da camada superior. Para $\varepsilon = 1/4$, o valor de d deve ser considerado igual à soma das espessuras das duas camadas e para $\varepsilon = 1/2$, a vazão seria teoricamente infinita, pois a camada inferior não oferece resistência ao fluxo. Neste último caso, Polubarinova-Kochina (1962) sugeriu utilizar um valor próximo a 0,5 (note que $\varepsilon < 0{,}5$ nos gráficos das Fig. 2.66 e 2.67) de tal modo que a vazão pode ser estimada por

$$Q = \frac{k_1 h}{2}\sqrt{\frac{k_2}{k_1}} \tag{2.11E}$$

Verificar no exercício resolvido 17 o caso de cortina impermeável em depósito de solo formado por três camadas de diferentes espessuras.

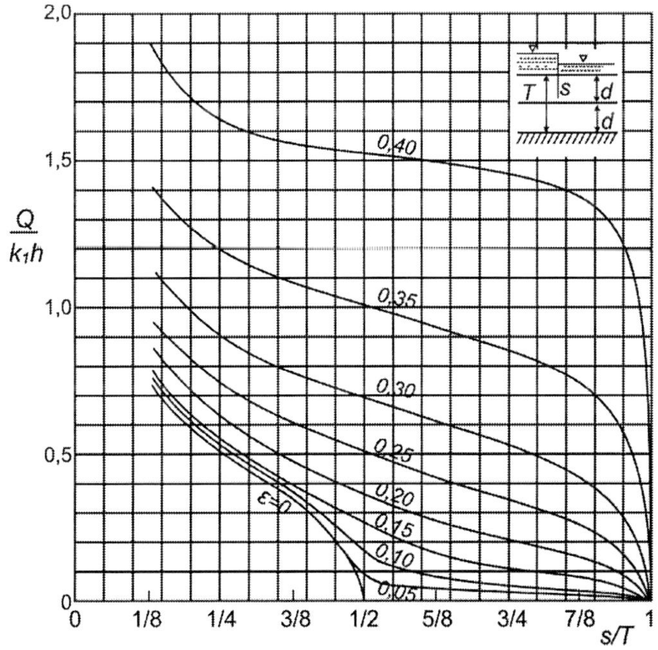

Figura 2.66 – Vazão normalizada Q/k_1h em função da profundidade de penetração s/T para diferentes valores de ε
Fonte: adaptado de Polubarinova-Kochina (1962)

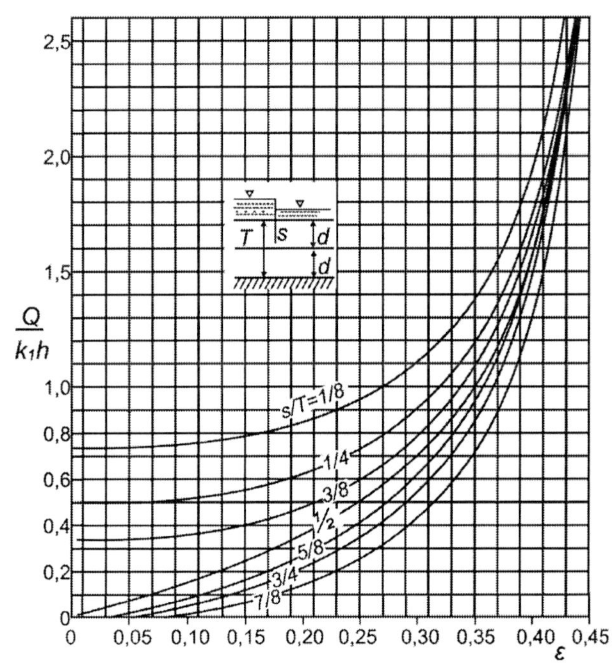

Figura 2.67 – Vazão normalizada Q/k_1h em função de ε para diferentes valores de profundidade relativa de penetração s/T
Fonte: adaptado de Polubarinova-Kochina (1962)

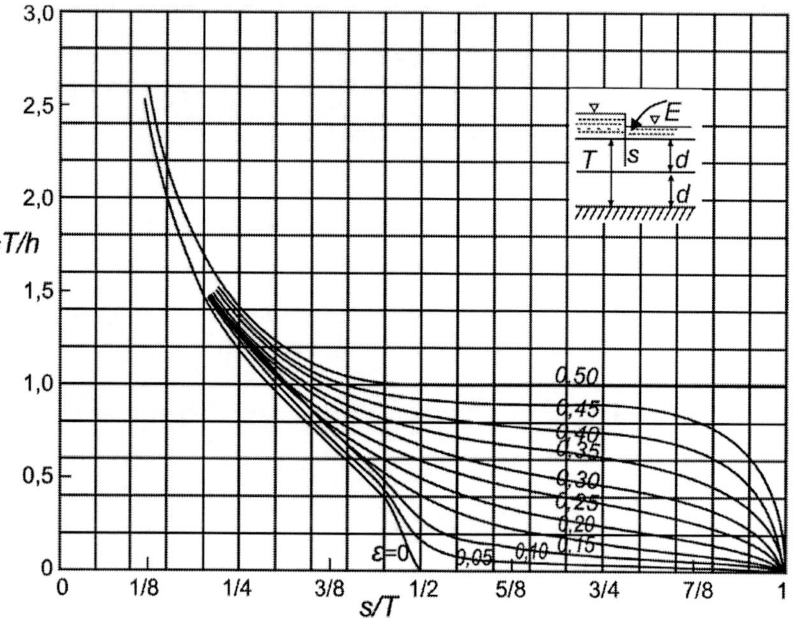

Figura 2.68 – Gradiente hidráulico de saída em função da profundidade de penetração s/T para diferentes valores de ε
Fonte: adaptado de Polubarinova-Kochina (1962)

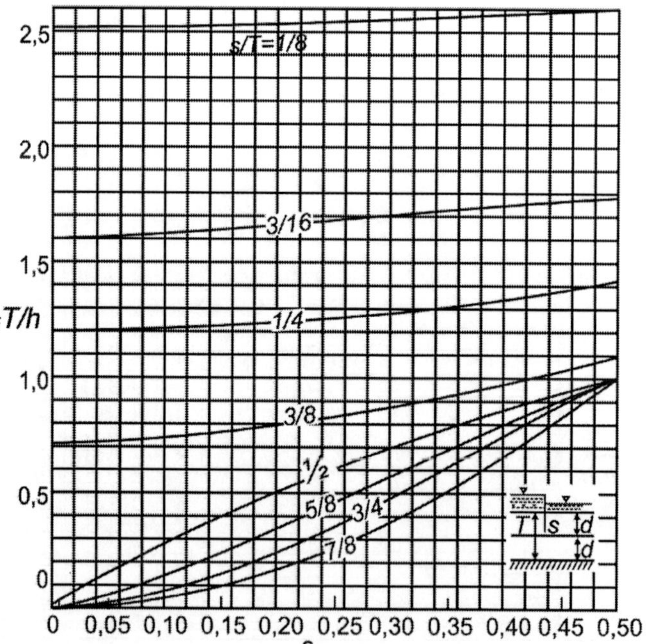

Figura 2.69 – Gradiente hidráulico de saída em função de ε para diferentes valores de profundidade de penetração s/T
Fonte: adaptado de Polubarinova-Kochina (1962)

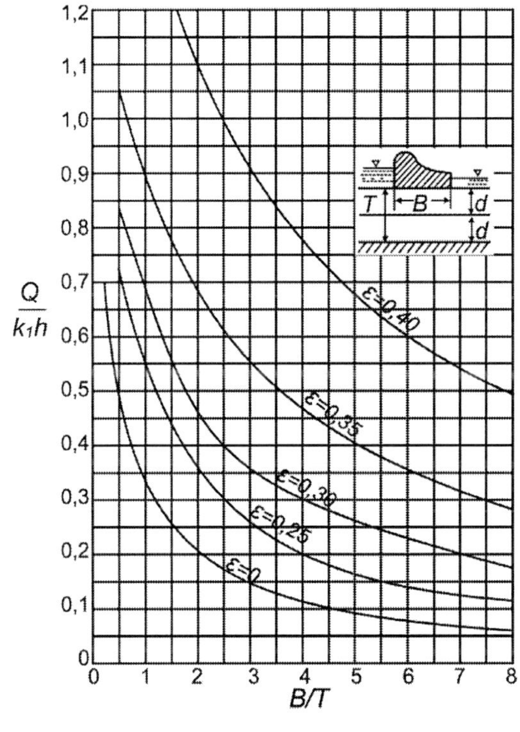

Figura 2.70 – Vazão normalizada Q/k_1h em função da largura relativa da barragem B/T para diferentes valores de ε

Fonte: adaptado de Polubarinova-Kochina (1962)

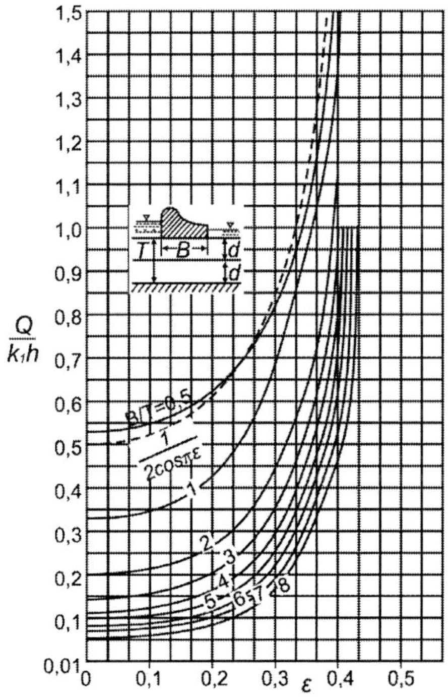

Figura 2.71 – Vazão normalizada Q/k_1h em função de ε para diferentes valores da largura relativa da barragem B/T

Fonte: adaptado de Polubarinova-Kochina (1962)

EXERCÍCIOS RESOLVIDOS

1 - Com relação à Fig. 2.72, prove que a perda de carga ΔH entre equipotenciais sucessivas é a mesma na rede de fluxo.

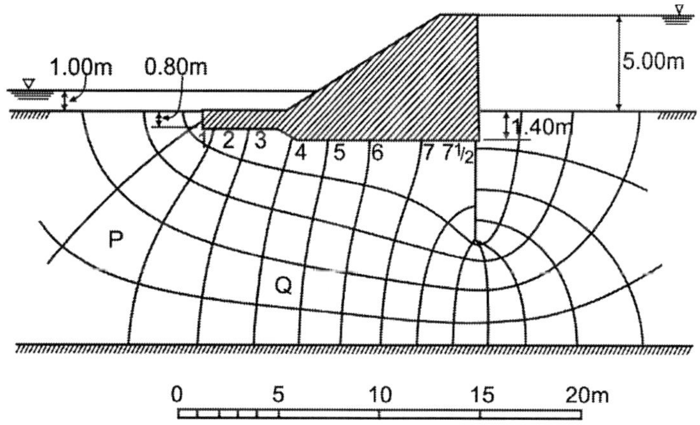

Figura 2.72 - Rede de fluxo em solo de fundação de barragem impermeável de concreto
Fonte: adaptado de Craig (2004)

Considere o canal de fluxo onde estão situados os pontos P e Q da Fig. 2.72. A vazão no quadrado onde se situa o ponto P, com proporção largura/comprimento igual a b_1/a_1, é dada pela lei de Darcy como

$$\Delta Q_P = k\frac{\Delta H_P}{a_1}(1 \times b_1) \tag{e1.a}$$

enquanto a vazão no quadrado onde se situa o ponto Q é escrita como

$$\Delta Q_Q = k\frac{\Delta H_Q}{a_2}(1 \times b_2) \tag{e1.b}$$

Como a vazão em um canal de fluxo é constante, resulta

$$k\frac{\Delta H_P}{a_2}(1 \times b_2) = k\frac{\Delta H_Q}{a_1}(1 \times b_1) \tag{e1.c}$$

$$\Delta H = \Delta H_P = \Delta H_Q \text{ se } \; b_1/a_1 = b_2/a_2 \tag{e1.d}$$

isto é, a perda de carga entre equipotenciais sucessivas é a mesma desde que os quadrados curvilíneos (ou mais genericamente retângulos) da rede de fluxo possuam a mesma proporção entre largura média b e comprimento médio a.

2 - (LAMBE e WHITMAN, 1969) Com relação às três opções de projeto para uma barragem de concreto, conforme Fig. 2.73, pede-se comparar, com base nas redes de fluxo mostradas, os valores de: a) vazão Q por metro de comprimento da barragem; b) o valor da carga de pressão no ponto A; c) o gradiente de saída I_E. Considerar $k = 0{,}3 \times 10^{-3}$ m/min.

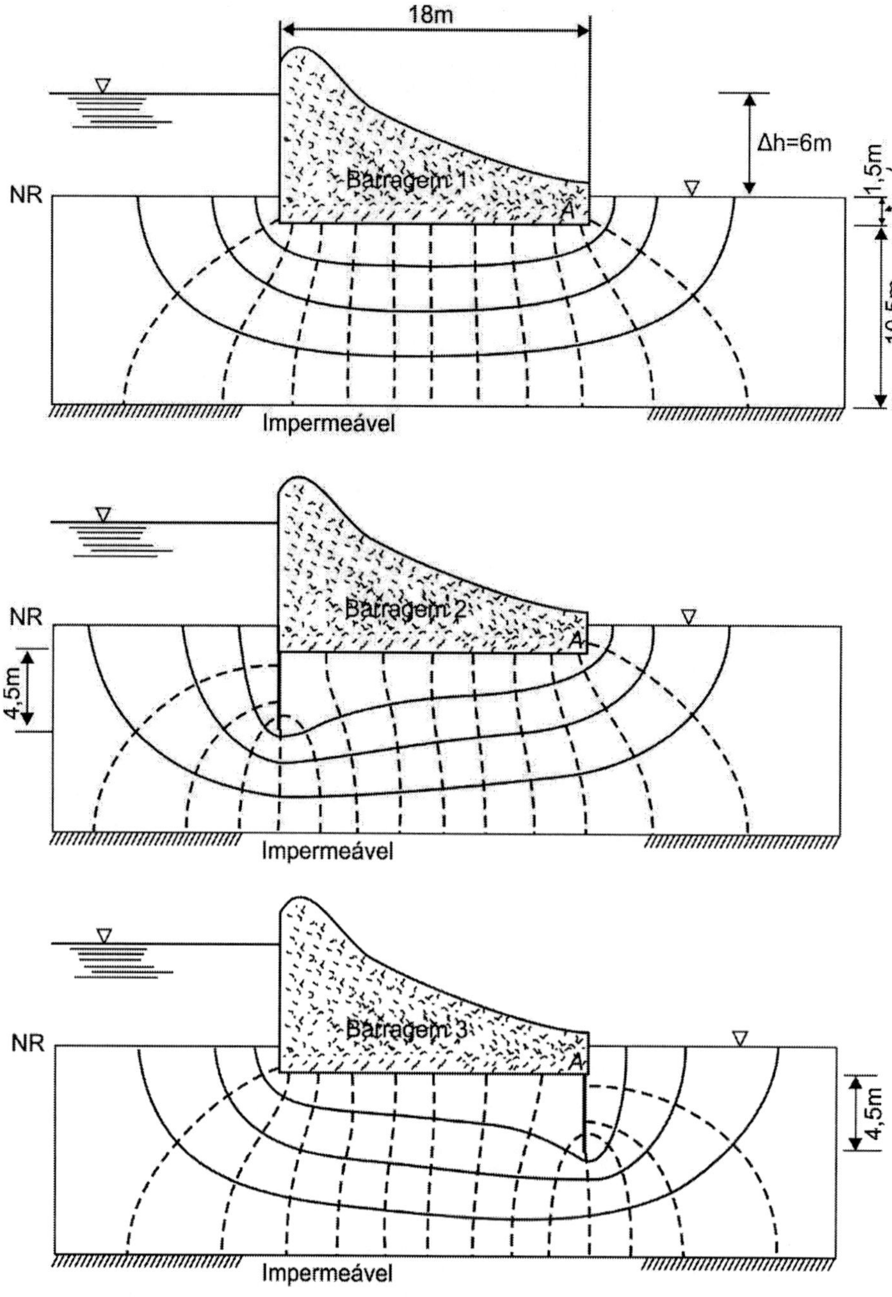

Figura 2.73 - Três opções de barragem impermeável de concreto
Fonte: adaptado de Lambe e Whitman (1969)

2.1) Barragem I

a) Vazão Q

Considerando a rede de fluxo da barragem I, vem da Eq. 2.5j

$$Q = k\frac{n_f}{n_d}\Delta h\frac{b}{a} \tag{2.5j}$$

$$Q = 0{,}3 \times 10^{-3} \times \frac{4}{12} \times 6 \times \frac{1}{1} = 0{,}6 \times 10^{-3}\ \text{m}^3/\text{min}/\text{m} \tag{e2.a}$$

$$Q = 10 \times 10^{-6}\ \text{m}^3/\text{s}/\text{m} \tag{e2.b}$$

b) Carga de pressão no ponto A

$$h^A = h^{\max} - n_d^A \Delta H = 6 - 10{,}5 \times \tfrac{6}{12} = 0{,}75\ \text{m} \tag{e2.c}$$

$$h_p^A = h^A - h_e^A = 0{,}75 - (-1{,}5) = 2{,}25\ \text{m} \tag{e2.d}$$

c) Gradiente hidráulico de saída

Considcrando $\ell^{\min} = 1{,}5$ m medido na rede de fluxo, igual ao comprimento da linha de fluxo no menor quadrado da região de saída, junto à interface com a barragem, resulta

$$I_E = \Delta H/\ell^{\min} = (6/12)/1{,}5 = 1/3 \tag{e2.e}$$

2.2) Barragem II

a) Vazão Q

$$Q = 0{,}3 \times 10^{-3} \times \tfrac{4}{14} \times 6 \times \tfrac{1}{1} = 0{,}51 \times 10^{-3}\ \text{m}^3/\ \text{min}/\text{m} \tag{e2.f}$$

$$Q = 8{,}57 \times 10^{-6}\ \text{m}^3/\text{s}/\text{m} \tag{e2.g}$$

b) Carga de pressão no ponto A

$$h^A = h^{\max} - n_d^A \Delta H = 6 - 12{,}5 \times \tfrac{6}{14} = 0{,}64\ \text{m} \tag{e2.h}$$

$$h_p^A = h^A - h_e^A = 0{,}64 - (-1{,}5) = 2{,}14\ \text{m} \tag{e2.i}$$

c) Gradiente hidráulico de saída

Considerando $\ell^{\min} = 1{,}25$ m medido na rede de fluxo, igual ao comprimento da linha de fluxo no menor quadrado da região de saída, junto à interface com a barragem, resulta

$$I_E = \Delta H/\ell^{\min} = (6/14)/1{,}25 = 0{,}34 \tag{e2.j}$$

2.3) Barragem III

a) A vazão Q é a mesma da barragem II tendo em vista que os fatores de forma de ambas as redes são iguais.

$$Q = 8{,}57 \times 10^{-6}\ \text{m}^3/\text{s}/\text{m} \tag{e2.k}$$

b) Carga de pressão no ponto A

$$h^A = h^{\max} - n_d^A \Delta H = 6 - 8{,}5 \times \frac{6}{14} = 2{,}36 \text{ m} \qquad (e2.\ell)$$

$$h_p^A = h^A - h_e^A = 2{,}36 - (-1{,}5) = 3{,}86 \text{ m} \qquad (e2.m)$$

c) Gradiente hidráulico de saída

Considerando $\ell^{\min} = 2{,}4$ m medido na rede de fluxo, igual ao comprimento da linha de fluxo no menor quadrado da região de saída, junto à interface com a barragem, resulta

$$I_E = \Delta H/\ell^{\min} = (6/14)/2{,}4 = 0{,}18 \qquad (e2.n)$$

3 - Pelo método dos fragmentos de Pavlosky, determine a vazão Q, o gradiente hidráulico na região de saída e a distribuição de subpressões na base da barragem impermeável de concreto da Fig. 2.74.

O problema de fluxo confinado pode ser resolvido pelo método dos fragmentos porque é possível identificar as posições de linhas equipotenciais verticais que dividem o domínio em três fragmentos, como indicado na Fig. 2.75.

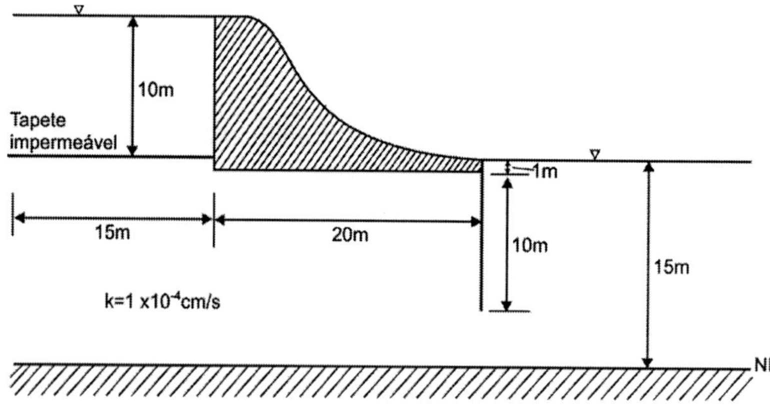

Figura 2.74 - Barragem impermeável de concreto
Fonte: adaptado de Reddi (2003)

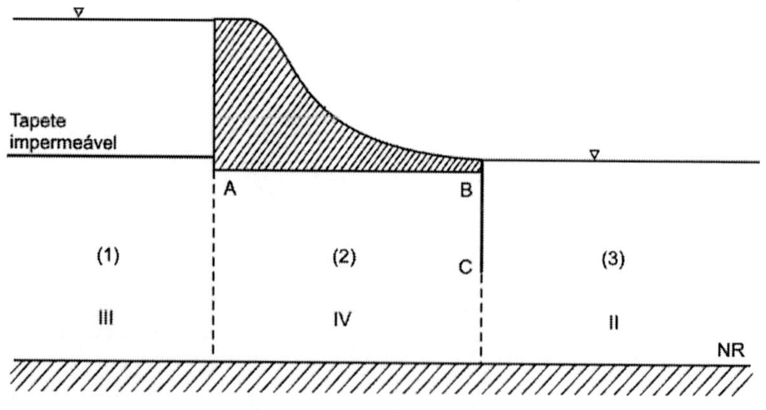

Figura 2.75 - Identificação dos fragmentos do problema de fluxo confinado
Fonte: adaptado de Reddi (2003)

3.1) Fragmento (1) - tipo III com b =15 m, s = 1 m, T = 15 m

$$m = cos\frac{\pi s}{2T}\sqrt{tanh^2\frac{\pi b}{2T} + tan^2\frac{\pi s}{2T}} \tag{e3.a}$$

$$m = cos\frac{\pi \times 1}{2 \times 15}\sqrt{tanh^2\frac{\pi \times 15}{2 \times 15} + tan^2\frac{\pi \times 1}{2 \times 15}} \tag{e3.b}$$

$$m = 0{,}918 \quad \rightarrow \quad m^2 = 0{,}843 \quad \rightarrow \quad K/K' = \phi_1 = 1{,}446 \text{ do Quadro 2.2} \tag{e3.c}$$

3.2) Fragmento (2) - tipo IV com $s \leq b$ e s = 10 m, a = 4 m, b = 20 m, T = 14 m

$$\phi_2 = \ln\left(1 + \frac{s}{a}\right) + \frac{b - s}{T} \tag{e3.d}$$

$$\phi_2 = \ln\left(1 + \frac{10}{4}\right) + \frac{20 - 10}{14} = 1{,}967 \tag{e3.e}$$

3.3) Fragmento (3) - tipo II com s = 11 m, T = 15 m

$$m = sen\frac{\pi s}{2T} = sen\frac{\pi \times 11}{2 \times 15} = 0{,}914 \tag{e3.f}$$

$$m^2 = 0{,}835 \quad \rightarrow \quad \phi_3 = K/K' = 1{,}43 \text{ do Quadro 2.2} \tag{e3.g}$$

3.4) Vazão Q (Eq. 2.8d)

$$Q = k\frac{\Delta h}{\sum_{i=1}^{3}\phi_i} = 10^{-6}\frac{10}{1{,}446 + 1{,}967 + 1{,}43} = 2{,}06 \times 10^{-6} \text{ m}^3/\text{s/m} \tag{e3.h}$$

3.5) Gradiente hidráulico máximo na região de saída

O fragmento (3) do tipo II permite o cálculo do gradiente hidráulico de saída com a seguinte equação do Quadro 2.1:

$$i_E = \frac{\Delta h_i \pi}{2KTm} \tag{e3.i}$$

onde T = 15 m, m = 0,914, K = 2,345 do Quadro 2.2 e a perda de carga no fragmento Δh_i avaliada pela Eq. 2.8e.

$$\Delta h_3 = \Delta h\frac{\phi_3}{\sum_{j=1}^{3}\phi_j} = 10 \times \frac{1{,}43}{4{,}843} = 2{,}953 \text{ m} \tag{e3.j}$$

$$i_E = \frac{\Delta h_i \pi}{2KTm} = \frac{2{,}953 \times \pi}{2 \times 2{,}345 \times 15 \times 0{,}914} = 0{,}14 \tag{e3.k}$$

3.6) Distribuição de subpressões na base da barragem

Perda de carga hidráulica dos fragmentos (1) e (2)

$$\Delta h_1 = \Delta h \frac{\phi_1}{\sum_{j=1}^{3} \phi_j} = 10 \times \frac{1,446}{4,843} = 2,986 \text{ m} \quad \text{(e3.}\ell\text{)}$$

$$\Delta h_2 = \Delta h \frac{\phi_2}{\sum_{j=1}^{3} \phi_j} = 10 \times \frac{1,967}{4,843} = 4,061 \text{ m} \quad \text{(e3.m)}$$

Taxa de dissipação de carga hidráulica ao longo da linha de fluxo mínima ABC no fragmento (2)

$$\eta = \frac{4,061}{20 + 10} = 0,135 \quad \text{(e3.n)}$$

Cargas hidráulicas nos pontos A e B da base da barragem (Fig. 2.75)

$$h^A = h^{\max} - \Delta h_1 = 25 - 2,986 = 22,014 \text{ m} \quad \text{(e3.p)}$$
$$h^B = h^A - 20\eta = 22,014 - 0,135 \times 20 = 19,314 \text{ m} \quad \text{(e3.q)}$$

Poropressões nos pontos A e B da base da barragem

$$u^A = \gamma_w(h^A - h_e^A) = 10 \times (22,014 - 14) = 80,14 \text{ kPa} \quad \text{(e3.r)}$$
$$u^B = \gamma_w(h^B - h_e^B) = 10 \times (19,314 - 14) = 53,14 \text{ kPa} \quad \text{(e3.s)}$$

Como a Eq. e3.n admite uma taxa constante de perda de carga ao longo da base da barragem (η), a distribuição das poropressões é admitida linear como mostra a Fig. 2.76.

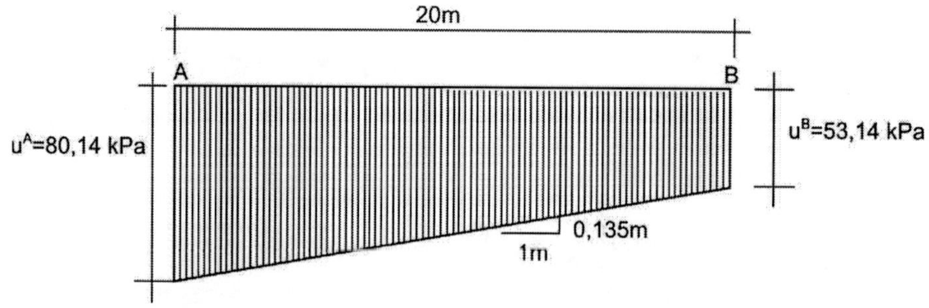

Figura 2.76 – Distribuição aproximada de poropressões na base da barragem de concreto
Fonte: autor

4 - (AYSEN, 2006) A Fig. 2.77 mostra a seção transversal de uma barragem de concreto com 8 m de largura, sobre uma camada de solo isotrópico de 8 m de espessura. Considerando o NR na base da camada de solo, determine as cargas hidráulicas nos pontos da malha de diferenças finitas com $\Delta x = \Delta y = 4$ m. Construa a linha equipotencial com carga hidráulica $h = 11,75$ m.

Porque o problema possui simetria, apenas metade da geometria será analisada.

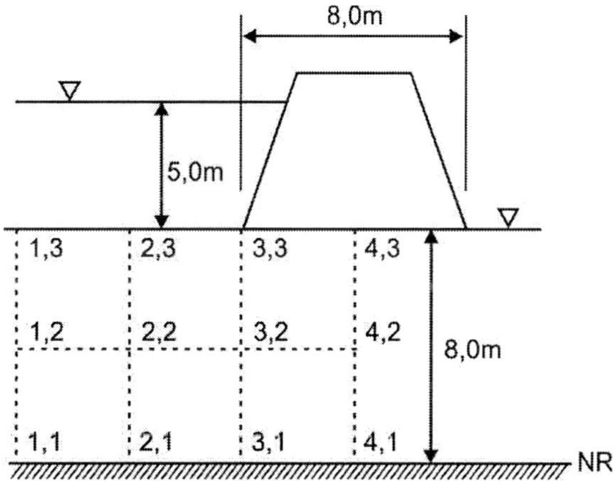

Figura 2.77 - Barragem de concreto e malha de pontos em metade da geometria do problema
Fonte: Aysen (2006)

Condições de contorno

$$h_{1,3} = h_{2,3} = h_{3,3} = 13 \text{ m}$$
$$h_{4,1} = h_{4,2} = h_{4,3} = 8 + 2{,}5 = 10{,}5 \text{ m} \qquad \text{(e4.a)}$$

Admitindo que, no contorno lateral à esquerda, a poropressão é hidrostática[11],

$$h_{1,1} = h_{1,2} = h_{1,3} = 13 \text{ m} \qquad \text{(e4.b)}$$

Aplicando a Eq. 2.6i para os pontos internos (2,2) e (3,2) e a Eq. 2.6u para os pontos (2,1) e (3,1) sobre o contorno impermeável,

$$\begin{bmatrix} 4 & -2 & -1 & 0 \\ -1 & 4 & 0 & -1 \\ -1 & 0 & 4 & -2 \\ 0 & -1 & -1 & 4 \end{bmatrix} \begin{Bmatrix} h_{2,1} \\ h_{2,2} \\ h_{3,1} \\ h_{3,2} \end{Bmatrix} = \begin{Bmatrix} h_{1,1} \\ h_{1,2} + h_{2,3} \\ h_{4,1} \\ h_{3,3} + h_{4,2} \end{Bmatrix} \qquad \text{(e4.c)}$$

$$\begin{bmatrix} 4 & -2 & -1 & 0 \\ -1 & 4 & 0 & -1 \\ -1 & 0 & 4 & -2 \\ 0 & -1 & -1 & 4 \end{bmatrix} \begin{Bmatrix} h_{2,1} \\ h_{2,2} \\ h_{3,1} \\ h_{3,2} \end{Bmatrix} = \begin{Bmatrix} 13 \\ 26 \\ 10{,}5 \\ 23{,}5 \end{Bmatrix} \qquad \text{(e4.d)}$$

Resolvendo o sistema de equações algébricas (Eq. e4.d), resulta

[11] Hipótese de pressão hidrostática aplica-se a contornos laterais suficientemente distantes da barragem. No caso, essa hipótese foi considerada válida para limitar o número de equações algébricas do sistema para explicação do método.

$$h_{2,1} = 12{,}49 \text{ m} \quad h_{2,2} = 12{,}61 \text{ m} \quad h_{3,1} = 11{,}73 \text{ m} \quad h_{3,2} = 11{,}96 \text{ m} \tag{e4.e}$$

A Fig. 2.78 mostra a linha equipotencial para h = 11,75 m, na qual os pontos A, B, C e D foram obtidos por interpolação linear com os valores das cargas hidráulicas nos pontos da malha. Resultados mais precisos podem ser obtidos refinando a malha ($\Delta x = \Delta y$ = 2 m, por exemplo) e considerando o contorno vertical esquerdo mais afastado da barragem, de modo a melhor obedecer à hipótese de carga hidráulica constante (poropressão hidrostática) admitida preliminarmente.

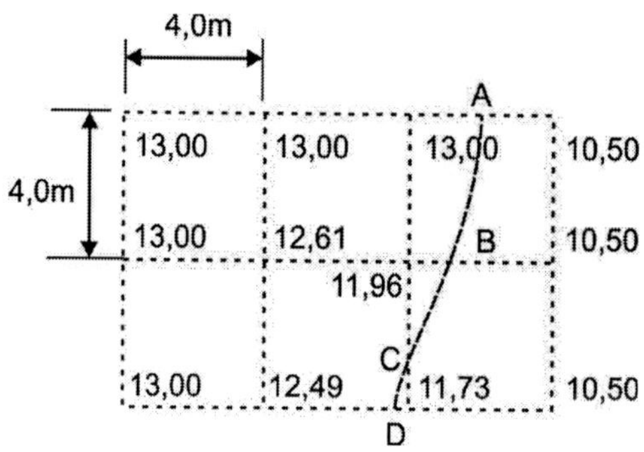

Figura 2.78 - Linha equipotencial h =11,75m obtida por interpolação linear
Fonte: Aysen (2006)

Considerando o coeficiente de permeabilidade $k = 5 \times 10^{-6}$ m/s, pede-se também calcular a vazão Q no solo de fundação.

A vazão através da seção vertical de simetria, com aproximação dos gradientes hidráulicos por diferenças finitas descendentes, resulta considerando $\Delta x = \Delta y$,

$$Q = \frac{\Delta y}{2} v_{i,c} + \Delta y \sum_{j=c+1}^{n-1} v_{i,j} + \frac{\Delta y}{2} v_{i,n} \text{ com } v_{i,j} = -k\frac{\partial h}{\partial x} \approx \frac{k}{\Delta x}\left(h_{i-1,j} - h_{i,j}\right) \tag{e4.f}$$

Como $\Delta x = \Delta y$,

$$Q = \frac{k}{2}\left(h_{i-1,c} - h_{i,c} + 2\sum_{j=c+1}^{n-1}\left(h_{i-1,j} - h_{i,j}\right) + h_{i-1,n} - h_{i,n}\right) \tag{e4.g}$$ [12]

$$\frac{Q}{k} = \frac{1}{2} \times [11{,}73 - 10{,}50 + 2(11{,}96 - 10{,}50) + 13{,}00 - 10{,}50] = 3{,}325 \tag{e4.h}$$

$$Q = 5 \times 10^{-6} \times 3{,}325 = 16{,}625 \times 10^{-6} \text{m}^3/\text{s/m} \tag{e4.i}$$

[12] Observe que a Eq. e.4g foi obtida com diferenças finitas descendentes, e a Eq. 2.6y, com diferenças finitas centrais.

Pelo método dos fragmentos de Pavlovsky, a vazão Q pode ser calculada considerando que o problema de fluxo é representado por dois fragmentos simétricos do tipo III com b = 4 m, s = 0, T = 8 m

$$m = cos\frac{\pi s}{2T}\sqrt{tanh^2\frac{\pi b}{2T} + tan^2\frac{\pi s}{2T}} \quad \rightarrow \quad m = tanh\frac{\pi \times 4}{2 \times 8} \tag{e4.j}$$

$$m = 0{,}656 \ \rightarrow \ m^2 = 0{,}43 \ \rightarrow \ K/K' = \phi = 0{,}938 \ \text{do Quadro 2.2} \tag{e4.k}$$

$$Q = \frac{\Delta h}{\phi/k} = 5 \times 10^{-6} \times \frac{2{,}5}{0{,}938} = 13{,}326 \times 10^{-6}\ \text{m}^3/\text{s}/\text{m} \tag{e4.ℓ}$$

O erro relativo entre ambos os valores de vazão (≃24%) tende a decrescer com um maior refinamento da malha de diferenças finitas.

Para localização das linhas de fluxo, pode-se resolver o problema de fluxo complementar com as seguintes condições de contorno para a linha de fluxo máxima,

$$\psi'_{1,1} = \psi'_{2,1} = \psi'_{3,1} = \psi'_{4,1} = 0 \tag{e4.m}$$

e para a linha de fluxo mínima, considerando a vazão normalizada Q/k,

$$\psi'_{3,3} = \psi'_{4,3} = \frac{16{,}625 \times 10^{-6}}{5 \times 10^{-6}} = 3{,}325 \tag{e4.n}$$

Admitindo que o contorno lateral à esquerda é impermeável[13], com o mesmo valor da condição de contorno estabelecido para a linha de fluxo máxima $\psi'_{1,3} = \psi'_{1,2} = 0$

então o seguinte sistema de equações é obtido,

$$\begin{bmatrix} 4 & -2 & 0 & 0 \\ -1 & 4 & -1 & 0 \\ 0 & -1 & 4 & -1 \\ 0 & 0 & -2 & 4 \end{bmatrix} \begin{Bmatrix} \psi'_{2,3} \\ \psi'_{2,2} \\ \psi'_{3,2} \\ \psi'_{4,2} \end{Bmatrix} = \begin{Bmatrix} \psi'_{1,3} + \psi'_{3,3} \\ \psi'_{1,2} + \psi'_{2,1} \\ \psi'_{3,3} + \psi'_{3,1} \\ \psi'_{4,3} + \psi'_{4,1} \end{Bmatrix} \tag{e4.p}$$

$$\begin{bmatrix} 4 & -2 & 0 & 0 \\ -1 & 4 & -1 & 0 \\ 0 & -1 & 4 & -1 \\ 0 & 0 & -2 & 4 \end{bmatrix} \begin{Bmatrix} \psi'_{2,3} \\ \psi'_{2,2} \\ \psi'_{3,2} \\ \psi'_{4,2} \end{Bmatrix} = \begin{Bmatrix} 3{,}325 \\ 0 \\ 3{,}325 \\ 3{,}325 \end{Bmatrix} \tag{e4.q}$$

cuja solução permite estimar, por interpolação, a linha de fluxo $\psi' = \psi/k$ =1,5 mostrada na Fig. 2.79.

---

[13] Hipótese de contorno impermeável aplica-se a contornos laterais suficientemente distantes da barragem; no caso, essa hipótese foi considerada válida para limitar o número de equações algébricas na solução do exemplo.

$$\psi'_{2,3} = 1{,}145 \quad \psi'_{2,2} = 0{,}628 \quad \psi'_{3,2} = 1{,}367 \quad \psi'_{4,2} = 1{,}515 \tag{e4.r}$$

Outra alternativa para localização de linhas de fluxo é utilizar a Eq. 2.6C uma vez computados os valores de carga hidráulica em todos os pontos da malha,

$$\frac{\psi_{i,j+1}}{k} = \frac{\psi_{i,j}}{k} + \frac{1}{4}\left(h_{i-1,j} - h_{i+1,j} + h_{i-1,j+1} - h_{i+1,j+1}\right) \tag{2.6C}$$

Como exemplo, considere o ponto (2,2) e a condição de contorno conhecida $\psi_{i,j} = 0$ para $1 \leq i \leq 4$

$$\frac{\psi_{2,2}}{k} = \frac{\psi_{2,1}}{k} + \frac{1}{4}\left(h_{1,1} - h_{3,1} + h_{1,2} - h_{3,2}\right) = \frac{1}{4}(13 - 11{,}73 + 13 - 11{,}96) = 0{,}577 \tag{e4.s}$$

Esse resultado difere de aproximadamente 8% do anteriormente obtido, mas a diferença deve diminuir à medida que a malha for refinada.

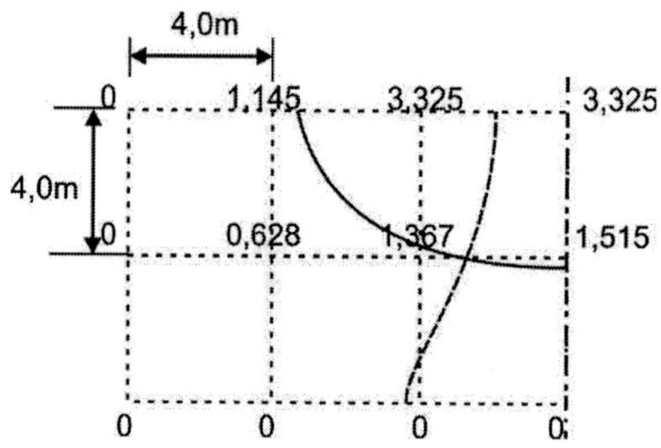

Figura 2.79 - Linha de fluxo $\psi' = \psi/k = 1{,}5$ (traço cheio) e linha equipotencial (tracejada) $h = 11{,}75$ m obtida por interpolação linear com os valores nos pontos da malha de diferenças finitas
Fonte: autor

5) (HARR, 1977) Pelo método dos fragmentos de Pavlovsky, determine a vazão Q por unidade de comprimento, na barragem de terra homogênea da Fig. 2.80, considerando coeficiente de permeabilidade $k = 10^{-3}$ cm/s.

Para solução do problema, empregando o método dos fragmentos, a barragem é subdividida nos fragmentos 1, 2 e 3 dos tipos VIII, VII e IX, respectivamente.

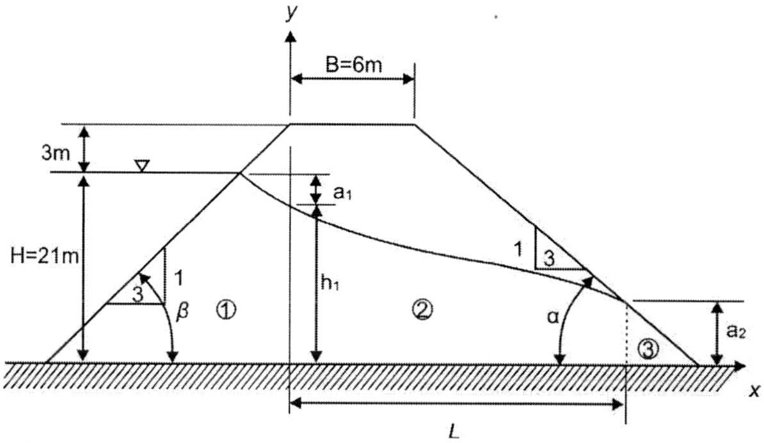

Figura 2.80 - Barragem de terra sobre fundação horizontal impermeável
Fonte: Harr (1977)

5.1) Fragmento 1 vem do Quadro 2.3 com H = 21 m, H_D = 24 m e cot β = 3

$$\frac{Q}{k} = \frac{H - h_1}{cot\beta}\ln\frac{H_D}{H_D - h_1} = \frac{21 - h_1}{3}\ln\frac{24}{24 - h_1} \qquad \text{(e5.a)}$$

5.2) Fragmento 2 vem do Quadro 2.3

$$\frac{Q}{k} = \frac{h_1^2 - a_2^2}{2L} \qquad \text{(e5.b)}$$

5.3) Fragmento 3 vem do Quadro 2.3 com $cot\alpha$ = 3

$$\frac{Q}{k} = \frac{a_2}{cot\alpha} = \frac{a_2}{3} \qquad \text{(e5.c)}$$

5.4) Da geometria da barragem

$$L = B + cot\alpha(H_D - a_2) = 6 + 3(24 - a_2) \qquad \text{(e5.d)}$$

Igualando as vazões nos fragmentos 2 e 3 (Eq. e5.b, e5.c), resulta

$$\frac{h_1^2 - a_2^2}{2L} = \frac{a_2}{3} \quad \rightarrow \quad L = \frac{3}{2}\frac{h_1^2 - a_2^2}{a_2} \qquad \text{(e5.e)}$$

Considerando o comprimento L da Eq. e5.d, é então possível escrever

$$\frac{3}{2}\frac{h_1^2 - a_2^2}{a_2} = 6 + 3(24 - a_2) \qquad \text{(e5.f)}$$

$$a_2^2 - 52a_2 + h_1^2 = 0 \quad \rightarrow \quad a_2 = 26 - \sqrt{676 - h_1^2} \qquad \text{(e5.g)}^{14}$$

Igualando as vazões nos fragmentos 1 e 3 (Eq. e5.a, e5.c) vem

$$\frac{21 - h_1}{3} \ln \frac{24}{24 - h_1} = \frac{a_2}{3} \qquad \text{(e5.h)}$$

$$a_2 = (21 - h_1) \ln \frac{24}{24 - h_1} \qquad \text{(e5.i)}$$

As Eq. e5.g e e5.i envolvem apenas duas incógnitas (a_2 e h_1) e podem ser igualadas. Uma técnica de solução numérica, como o método da bisseção, é possível ser utilizada para cálculo da raiz (zero) da equação Eq. e.5j

$$(21 - h_1) \ln \frac{24}{24 - h_1} - 26 + \sqrt{676 - h_1^2} = 0 \qquad \text{(e5.j)}$$

Outra alternativa é uma solução gráfica aproximada, mostrada na Fig. 2.81, obtida plotando as curvas descritas pelas Eq. e5.g e e5.i e verificando o ponto de interseção que as atende simultaneamente. Os valores aproximados são h_1 = 16 m e a_2 = 5,5 m, enquanto os valores obtidos pelo método da bisseção resultaram em h_1 = 15,99 m e a_2 = 5,5 m.

Logo, da Eq. e5.c (ou das Eq. e5.a, e5.b) vem finalmente que

$$\frac{Q}{k} = \frac{a_2}{3} \quad \rightarrow \quad Q = \frac{5{,}5 \times 10^{-5}}{3} = 0{,}183 \times 10^{-4} \ \text{m}^3/\text{s/m} \qquad \text{(e5.c)}$$

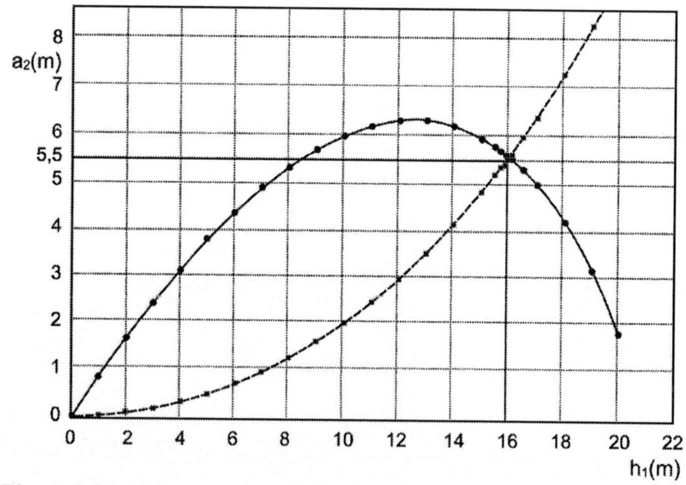

Figura 2.81 – Esquema de solução gráfica das equações e5.g e e5.i
Fonte: autor

---

[14] A raiz $a_2 = 26 + \sqrt{676 - h_1^2}$ é desprezada porque o valor seria superior à altura da barragem H_D = 24 m.

6) (HARR, 1962) O potencial de velocidade para determinada condição de fluxo é dado por $\phi = x^2 - y^2$. Determine a correspondente função de corrente $\psi(x,y)$ e o valor e direção da velocidade de fluxo nos pontos com coordenadas (1,0), (1,1) e (2,0).

Da Eq. 2.4v

$$d\psi = -\frac{\partial\phi}{\partial y}dx + \frac{\partial\phi}{\partial x}dy \quad\rightarrow\quad \psi(x,y) = \int\left(-\frac{\partial\phi}{\partial y}dx + \frac{\partial\phi}{\partial x}dy\right) \tag{2.4v}$$

Note de maneira geral que

$$f(x,y) = \int Mdx + Ndy \neq \int Mdx + \int Ndy \tag{e6.a}$$

$$f(x,y) = \int Mdx + Ndy = \int_x Mdx + \int_y \left[N - \frac{\partial}{\partial y}\left(\int_x Mdx\right)\right]dy \tag{e6.b}$$

Comparando as Eq. 2.4v e e6.b

$$M(x,y) = -\frac{\partial\phi}{\partial y} = 2y \qquad N(x,y) = \frac{\partial\phi}{\partial x} = 2x \tag{e6.c}$$

$$\psi(x,y) = 2\int_x ydx + \int_y \left[2x - \frac{\partial}{\partial y}\left(2\int_x ydx\right)\right]dy \tag{e6.d}$$

$$\psi(x,y) = 2xy + (2xy - 2xy) + c = 2xy + c \tag{e6.e}$$

$$\text{Como } v_x = \frac{\partial\phi}{\partial x} = \frac{\partial\psi}{\partial y} = 2x \qquad v_y = \frac{\partial\phi}{\partial y} = -\frac{\partial\psi}{\partial x} = -2y \tag{e6.f}$$

então as velocidades nos pontos solicitados são:

Ponto (1,0): $\bar{v} = 2\bar{\imath}$ Ponto (1,1): $\bar{v} = 2\bar{\imath} - 2\bar{\jmath}$ Ponto (2,0): $\bar{v} = 4\bar{\imath}$ (e6.g)

Outra maneira de resolver o problema, sem recorrer à Eq. e6.b, é por meio da integração parcial das equações de Cauchy-Riemann:

$$\frac{\partial\phi}{\partial x} = \frac{\partial\psi}{\partial y} = 2x \quad\rightarrow\quad \psi = 2xy + f(x) + c \tag{e6.h}$$

$$\frac{\partial\phi}{\partial y} = -\frac{\partial\psi}{\partial x} = -2y \quad\rightarrow\quad \psi = 2xy + g(y) + c \tag{e6.i}$$

Comparando os resultados das integrações parciais (Eq. e6.h, e6.i), conclui-se que resultado único é obtido se $f(x) = g(y) = 0$. Logo,

$$\psi = 2xy + c \qquad \text{(e6.j)}$$

7) (HARR, 1977) Determine o valor aproximado da poropressão no ponto P pelo método da caminhada aleatória, sabendo que 1.150 caminhadas terminaram no contorno AB, 826 caminhadas no contorno CD e 1.447 caminhadas no contorno EF da Fig. 2.82.

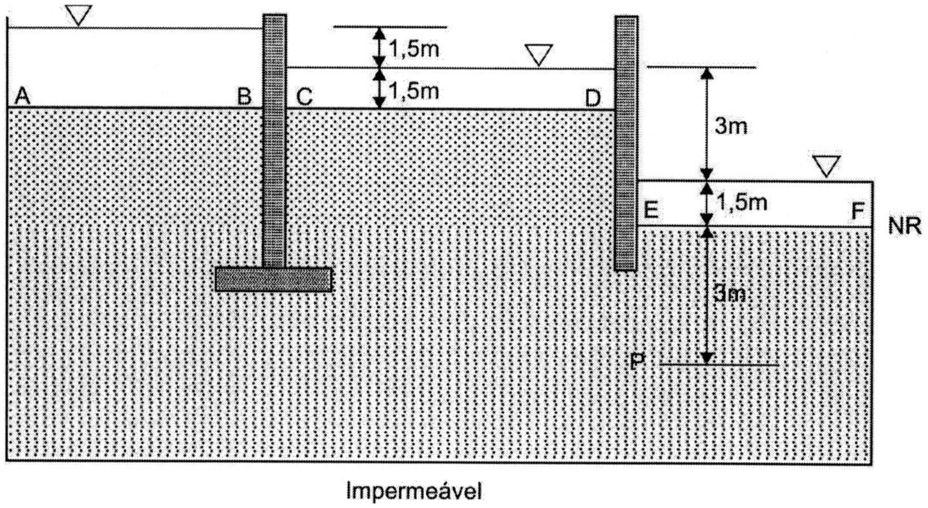

Figura 2.82 - Determinação da poropressão no ponto P pelo método da caminhada aleatória
Fonte: Harr (1977)

$$h^P = p^{AB}h_1 + p^{CD}h_2 + p^{EF}h_3 \qquad \text{(e7.a)}$$

$$\begin{aligned} p^{AB} &= 1.150/3.423 = 0{,}336 \qquad & h_1 &= 6{,}0 \text{ m} \\ p^{CD} &= 826/3.426 = 0{,}241 \qquad & h_2 &= 4{,}5 \text{ m} \\ p^{EF} &= 1.447/3.423 = 0{,}423 \qquad & h_3 &= 1{,}5 \text{ m} \end{aligned} \qquad \text{(e7.b)}$$

$$h^P = p^{AB}h_1 + p^{CD}h_2 + p^{EF}h_3 = 3{,}735 \text{ m} \qquad \text{(e7.c)}$$

$$h_p^P = h^P - h_e^P = 3{,}735 - (-3{,}0) = 6{,}735 \text{ m} \rightarrow u^P = \gamma_w h_p^P = 67{,}35 \text{ kPa} \qquad \text{(e7.d)}$$

8) A Fig. 2.83 mostra a rede de fluxo em um modelo de areia de uma barragem de terra zonada construído por um grupo de alunos de mecânica dos solos. A profundidade do reservatório na barragem real (25 m) foi modelada com a profundidade de 1,25 m no laboratório, conforme indicado na figura. A vazão medida no modelo de areia foi $Q_M = 1{,}64 \times 10^{-4}$ m^3/s/m. São conhecidos os coeficientes de permeabilidade do solo na zona 2 do modelo $k_2^M = 9 \times 10^{-4}$m/s e do solo na zona 1 do protótipo $k_1^P = 1{,}2 \times 10^{-6}$m/s. Pede-se determinar a vazão por metro de comprimento do protótipo.

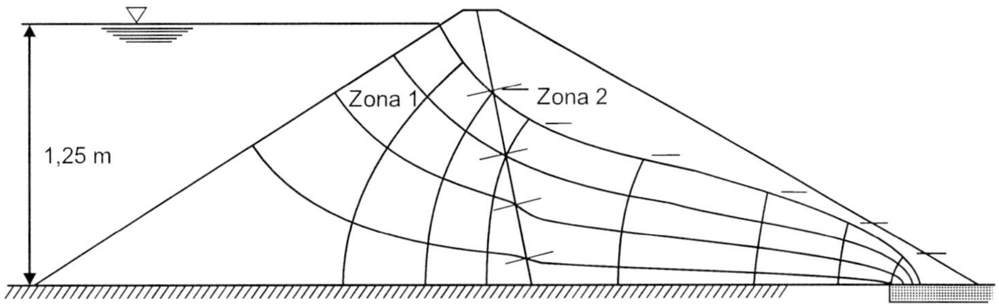

Figura 2.83 - Rede de fluxo na seção transversal do modelo de areia da barragem zonada
Fonte: adaptado de Cedergren (1989)

Observe no modelo de areia que na zona do solo 1 a rede de fluxo é formada por quadrados e na zona do solo 2 por retângulos com proporção largura/comprimento de aproximadamente 1/3.

$$\frac{k_1^M}{k_2^M} = \frac{b_2^M}{a_2^M}\frac{a_1^M}{b_1^M} \quad \rightarrow \quad \frac{k_1^M}{9\times 10^{-4}} = \frac{1}{3}\times\frac{1}{1} \quad \rightarrow \quad k_1^M = 3\times 10^{-4}\ \mathrm{m/s} \tag{e8.a}$$

Alternativamente, o valor de k_1^M poderia ser estimado da vazão medida no modelo, pois na rede de fluxo da Fig. 2.83 $n_d = 8$ e $n_f = 3{,}5$ (aproximadamente),

$$Q_M = k_1^M \$\Delta h\frac{b}{a} \quad \rightarrow \quad 1{,}64\times 10^{-4} = k_1^M \times \frac{3{,}5}{8}\times 1{,}25\times\frac{1}{1} \tag{e8.b}$$
$$k_1^M = 3\times 10^{-4}\ \mathrm{m/s}$$

Razão de semelhança geométrica entre o modelo e o protótipo

$$r_L = \frac{L_M}{L_P} = \frac{1{,}25}{25} = 0{,}05 \tag{e8.c}$$

Razão de semelhança cinemática entre o modelo e o protótipo

$$r_k = \frac{k_1^M}{k_1^P} = \frac{3\times 10^{-4}}{1{,}2\times 10^{-6}} = 250 \tag{e8.d}$$

Vazão no protótipo Q_P em função da vazão medida no modelo Q_M

Normalmente, o comprimento do modelo de areia é pré-estabelecido, em função do comprimento da caixa impermeável que o abriga. Neste caso é preferível escrever a Eq. 2.9f como

$$Q_P = \frac{Q_M}{r_k\times r_L^S\times r_L^C} \quad \rightarrow \quad Q_P = \frac{1{,}64\times 10^{-4}}{250\times 0{,}05\times 1} = 13{,}12\ \times 10^{-6}\ \mathrm{m^3/s/m} \tag{e8.e}$$

onde $r_L^S = 1/20$ é a razão de semelhança geométrica utilizada entre dimensões (largura, altura) das seções transversais do modelo e do protótipo, e $r_L^C = 1/1$, a razão de semelhança geométrica entre os comprimentos (ambos de 1 m) do modelo e do protótipo.

Observe também que, nesse problema, a vazão no protótipo poderia ser calculada diretamente da rede de fluxo do modelo, cuja configuração é similar à rede de fluxo do protótipo

$$Q_P = 1{,}2 \times 10^{-6} \times \frac{3{,}5}{8} \times 25 \times \frac{1}{1} \rightarrow Q_P = 13{,}12 \times 10^{-6}\ \text{m}^3/\text{s}/\text{m} \quad \text{(e8.f)}$$

9) (STELLO, 1987) Determinar a vazão Q, através de uma barragem de terra homogênea, com as seguintes características: altura H_D = 16,8 m, inclinação do talude de montante $cot\ \alpha$ = 2,5, inclinação do talude de jusante $cot\ \beta$ = 2,5, largura da crista W_C = 4,9 m, altura do reservatório de água H = 15,3 m, coeficiente de permeabilidade $k = 10^{-6}$ cm/s.

a) do gráfico da Fig. 2.34, com $cot\ \alpha$ = 2,5 e $cot\ \beta$ = 2,5 determinar por interpolação Q/kH = 0,17

b) da Tab. 2.1 determinar por interpolação o fator de correção da largura da crista W_C/H_D obtendo-se Δ_1 = 0,09

c) do gráfico da Fig. 2.35 determinar por interpolação o fator de correção Δ_2 considerando H/H_D = 15,3/16,8 = 0,91 e $cot\ \alpha$ = 2,5 obtendo-se $\Delta_2 \simeq 1{,}03$

A vazão é então calculada como

$$\left(\frac{Q}{kH}\right)_{\text{final}} = \left[\left(\frac{Q}{kH}\right)_{\text{padrão}} - \left(\frac{W_C}{H_D} - 0{,}1\right) \times \Delta_1\right] \times\ \Delta_2 \quad \text{(e9.a)}$$

$$\left(\frac{Q}{kH}\right)_{\text{final}} = [0{,}17 - (0{,}29 - 0{,}1) \times 0{,}09] \times\ 1{,}03\ = 0{,}157 \quad \text{(e9.b)}$$

$$Q_{\text{final}}\ = 0{,}157 \times 10^{-8} \times 15{,}3 = 24{,}1 \times 10^{-9}\text{m}^3/\text{s}/\text{m} \quad \text{(e9.c)}$$

10) (STELLO, 1987) Determinar a vazão Q, através de uma barragem de terra zonada, com as seguintes características: altura H_D = 29,3 m, inclinação do talude de montante $cot\ \alpha$ = 1,52, inclinação do talude de jusante $cot\ \beta$ = 2, largura da crista W_C = 2,9 m, altura do reservatório de água H = 27,4 m, coeficiente de permeabilidade do espaldar $k' = 10^{-8}$ m/s, coeficiente de permeabilidade do núcleo $k = 2 \times 10^{-9}$ m/s, inclinação do talude de jusante do núcleo $cot\ \gamma$ = 0,25.

a) admitindo a barragem como homogênea ($k = k' = 10^{-8}$ m/s), com $cot\ \alpha$ = 1,52 e $cot\ \beta$ = 2, determinar por interpolação no gráfico da Fig. 2.34 o valor Q/kH = 0,23

b) nesse caso particular, como W_C/H_D = 0,1, não há necessidade de obter o fator de correção da largura da crista Δ_1

c) o fator de correção devido à razão H/H_D = 0,94 da Fig. 2.35, considerando interpolação entre as curvas $cot\ \alpha = 1$ e $cot\ \beta = 2$, resulta aproximadamente Δ_2 = 1,11

d) em uma primeira etapa de cálculo, estimar a vazão na barragem homogênea como

$$\left(\frac{Q}{k'H}\right)_{\text{etapa1}} = \left[\left(\frac{Q}{k'H}\right)_{\text{padrão}} - \left(\frac{W_C}{H_D} - 0{,}1\right) \times \Delta_1\right] \times \Delta_2 \quad \text{(e10.a)}$$

$$\left(\frac{Q}{k'H}\right)_{\text{etapa1}} = [0{,}23 - (0{,}1 - 0{,}1) \times \Delta_1] \times 1{,}11 = 0{,}26 \quad \text{(e10.b)}$$

e) admitindo que o coeficiente de permeabilidade do espaldar $k' \rightarrow \infty$, obter a vazão considerando apenas o núcleo da barragem com coeficiente de permeabilidade $k = 2 \times 10^{-9}$ m/s, determinando dos gráficos da Fig. 2.34 o valor Q/kH = 0,53 com $cot\ \alpha$ = 1,52 e $cot\ \gamma$[15] = 0,25;

f) novamente, não há necessidade de calcular o fator de correção Δ_1 (observar largura da crista no esquema da Fig. 2.36) enquanto que o fator de correção Δ_2 = 1,11 é o mesmo já determinado em c);

g) na segunda etapa de cálculo, estimar a vazão no núcleo ($k = 2 \times 10^{-9}$ m/s) como

$$\left(\frac{Q}{kH}\right)_{\text{etapa2}} = \left[\left(\frac{Q}{kH}\right)_{\text{padrão}} - \left(\frac{W_C}{H_D} - 0{,}1\right) \times \Delta_1\right] \times \Delta_2 \quad \text{(e10.c)}$$

$$\left(\frac{Q}{kH}\right)_{\text{etapa2}} = [0{,}53 - (0{,}1 - 0{,}1) \times \Delta_1] \times 1{,}11 = 0{,}59 \quad \text{(e10.d)}$$

h) obter da Fig. 2.36 o fator de correção Δ_3 = 0,67, correspondente ao contraste entre os coeficientes de permeabilidade k'/k = 5;

i) obter a vazão final normalizada em relação ao coeficiente de permeabilidade do espaldar $k' = 10^{-8}$ m/s como

$$\left(\frac{Q}{k'H}\right)_{\text{final}} = \left(\frac{Q}{k'H}\right)_{\text{etapa1}} + \left[\left(\frac{Q}{kH}\right)_{\text{etapa2}} - \left(\frac{Q}{k'H}\right)_{\text{etapa1}}\right] \times \Delta_3 \quad \text{(e10.e)}$$

$$\left(\frac{Q}{k'H}\right)_{\text{final}} = 0{,}26 + (0{,}59 - 0{,}26) \times 0{,}67 = 0{,}48 \quad \text{(e10.f)}$$

j) calcular o valor final da vazão

$$Q_{final} = 0{,}48 \times k \times H = 0{,}48 \times 10^{-8} \times 27{,}4 = 131{,}5 \times 10^{-9} \text{m}^3/\text{s}/\text{m} \quad \text{(e10.g)}$$

11 - Alunos de mecânica dos solos devem construir um modelo da barragem de terra zonada com núcleo central impermeável (protótipo) da Fig. 2.84, com as seguintes características:

[15] Na Fig. 2.34, considerar $cot\ \beta = cot\ \gamma = 0{,}25$.

Barragem
altura = 28,5 m
largura da base = 126 m
largura da crista = 12 m
inclinação dos taludes 1:2 (V:H)
$k_x = 20 \times 10^{-6}$ m/s
$k_y = 5 \times 10^{-6}$ m/s

Núcleo
altura = 25,5 m
largura da base = 19 m
largura da crista = 2 m
inclinação dos taludes 3:1 (V:H)
$k_x = k_y = 10^{-6}$ m/s

O modelo de laboratório deve ter altura limitada em 1 m. O solo do modelo no corpo da barragem (espaldares de montante e de jusante) tem os seguintes coeficientes de permeabilidade: $k_x = 18 \times 10^{-5}$ m/s e $k_y = 2 \times 10^{-5}$ m/s.

Pede-se: a) qual o coeficiente de permeabilidade do núcleo central no modelo, admitido isotrópico? b) quais as dimensões do modelo a ser construído em laboratório (desenhar a seção transversal mostrando a geometria como na Fig. 2.84). Caso a construção do modelo não seja possível, explicar a razão.

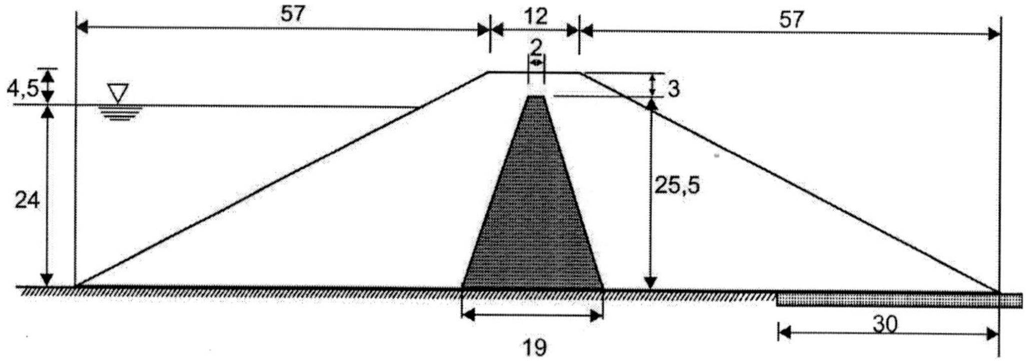

Figura 2.84 – Barragem de terra zonada (medidas em m)
Fonte: autor

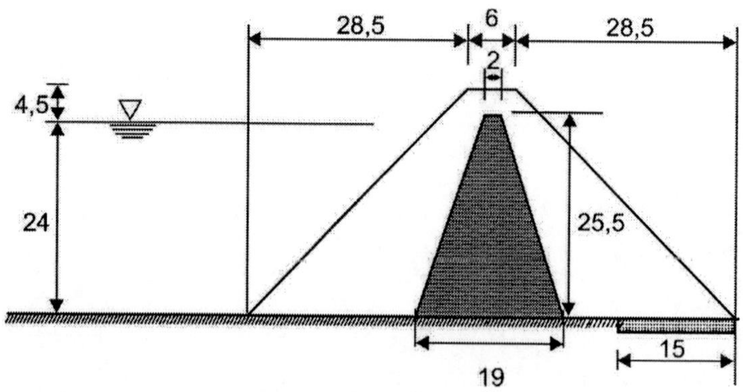

Figura 2.85a – Barragem de terra na seção transformada (medidas em m)
Fonte: autor

a) Barragem na seção transformada (Fig. 2.85a)

$$x_T = x\sqrt{\frac{k_y}{k_x}} = x\sqrt{\frac{5 \times 10^{-6}}{20 \times 10^{-6}}} = \frac{x}{2} \qquad \text{(e11.a)}$$

Coeficiente de permeabilidade isotrópico dos espaldares

$$\bar{k}_{\text{espaldares}} = \sqrt{k_x k_y} = \sqrt{5 \times 20 \times 10^{-12}} = 10 \times 10^{-6}\text{m/s} \qquad \text{(e11.b)}$$

Razão entre os coeficientes de permeabilidade isotrópicos dos espaldares e núcleo

$$\frac{\bar{k}_{\text{espaldares}}}{k_{\text{nucleo}}} = \frac{10 \times 10^{-6}}{10^{-6}} = 10 \qquad \text{(e11.c)}$$

b) Coeficientes de permeabilidade isotrópicos do modelo

$$\bar{k}^{\text{mod}}_{\text{espaldares}} = \sqrt{k_x k_y} = \sqrt{18 \times 2 \times 10^{-10}} = 6 \times 10^{-5}\text{m/s} \qquad \text{(e11.d)}$$

Considerando que a razão entre os coeficientes de permeabilidade dos espaldares e do núcleo deve ser a mesma no protótipo e no modelo,

$$\frac{\bar{k}^{\text{mod}}_{\text{espaldares}}}{k^{\text{mod}}_{\text{nucleo}}} = \frac{6 \times 10^{-5}}{k^{\text{mod}}_{\text{nucleo}}} = 10 \;\rightarrow\; k^{\text{mod}}_{\text{nucleo}} = 6 \times 10^{-6}\text{m/s} \qquad \text{(e11.e)}$$

c) Geometria do modelo considerando altura máxima de 1 m

c.1) Na seção transformada (Fig. 2.85b) a razão de semelhança geométrica é

$$r_L = \frac{L_M}{L_P} = \frac{1}{28{,}5} \qquad \text{(e11.f)}$$

c.2) Na seção natural (Fig. 2.85c)

Considerando a anisotropia dos coeficientes de permeabilidade

$$x = x_T\sqrt{\frac{k_x}{k_y}} = x_T\sqrt{\frac{18 \times 10^{-5}}{2 \times 10^{-5}}} = 3x_T \qquad \text{(e11.g)}$$

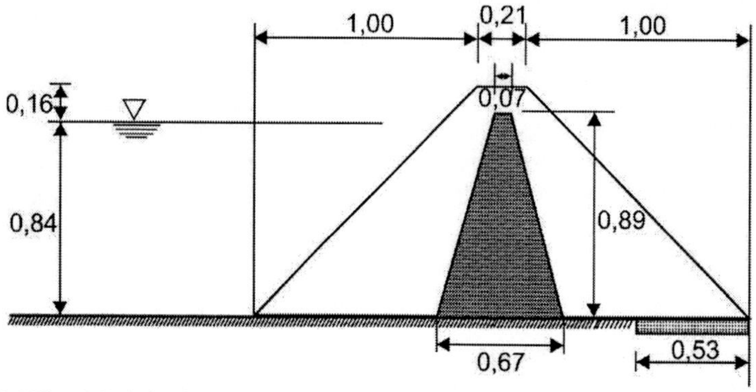

Figura 2.85b – Modelo da barragem de terra na seção transformada (medidas em m)
Fonte: autor

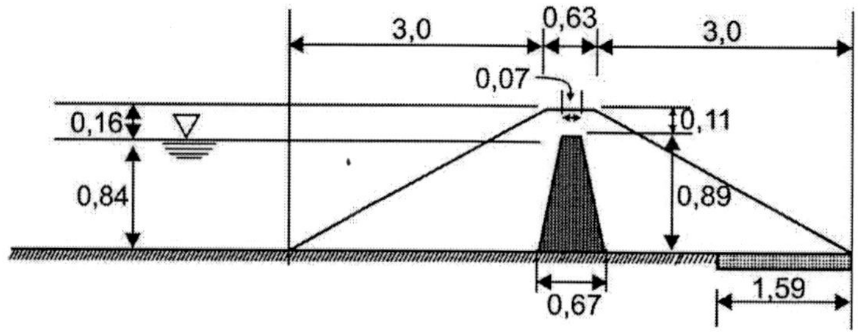

Figura 2.85c – Modelo da barragem de terra na seção natural (medidas em m)
Fonte: autor

12 - A Fig. 2.86 mostra uma barragem de concreto e o solo de fundação discretizado em uma malha de diferenças finitas, considerando a simetria do problema hidráulico, enquanto a Fig. 2.87 apresenta os valores da carga hidráulica calculados em cada um dos pontos da malha. Pede-se uma estimativa da função de corrente normalizada ψ/k, nos pontos assinalados com um círculo na Fig. 2.87, a partir dos valores de carga hidráulica conhecidos.

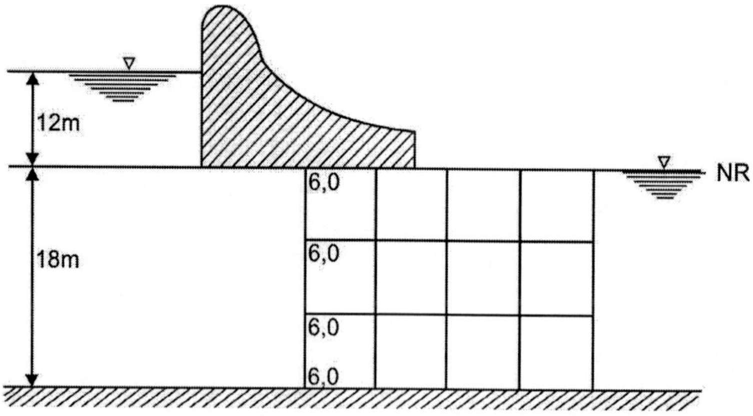

Figura 2.86 – Malha de diferenças finitas da barragem e solo de fundação
Fonte:autor

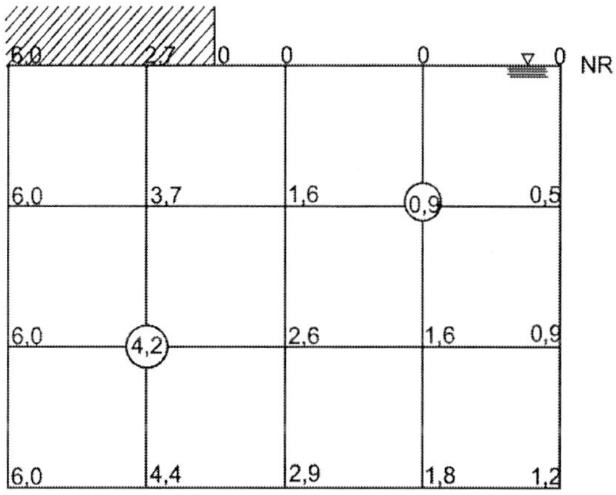

Figura 2.87 - Cargas hidráulicas h calculadas nos pontos da malha
Fonte: autor

$$\frac{\psi_{i,j+1}}{k} = \frac{\psi_{i,j}}{k} + \frac{1}{4}\left(h_{i-1,j} - h_{i+1,j} + h_{i-1,j+1} - h_{i+1,j+1}\right) \quad \text{(e12.a)}$$

a) Para o ponto (2,2) com carga hidráulica de 4,2 m

$$\frac{\psi_{2,2}}{k} = \frac{\psi_{2,1}}{k} + \frac{1}{4}\left(h_{1,1} - h_{3,1} + h_{1,2} - h_{3,2}\right) \quad \text{(e12.b)}$$

com $\psi_{2,1}/k = 0$ pois o ponto se encontra sobre linha de fluxo com valor arbitrado nulo.

$$\frac{\psi_{2,2}}{k} = \frac{1}{4}(6 - 2{,}9 + 6 - 2{,}6) = 1{,}625 \quad \text{(e12.c)}$$

b) Para o ponto (4,3) com carga hidráulica de 0,9 m

$$\frac{\psi_{4,2}}{k} = \frac{\psi_{4,1}}{k} + \frac{1}{4}\left(h_{3,1} - h_{5,1} + h_{3,2} - h_{5,2}\right) \quad \text{(e12.d)}$$

com $\psi_{4,1}/k = 0$ pois o ponto se encontra sobre linha de fluxo com valor arbitrado nulo.

$$\frac{\psi_{4,2}}{k} = \frac{1}{4}(2{,}9 - 1{,}2 + 2{,}6 - 0{,}9) = 0{,}85 \quad \text{(e12.e)}$$

$$\frac{\psi_{4,3}}{k} = \frac{\psi_{4,2}}{k} + \frac{1}{4}\left(h_{3,2} - h_{5,2} + h_{3,3} - h_{5,3}\right)$$

$$\frac{\psi_{4,3}}{k} = 0{,}85 + \frac{1}{4}(2{,}6 - 0{,}9 + 1{,}6 - 0{,}5) = 1{,}55 \quad \text{(e12.f)}$$

13 – Com relação à barragem impermeável da Fig. 2.88, sobre camada de solo com espessura H e coeficientes de permeabilidade principais $k_x = 4k_y$, considere os seguintes cenários de projeto: i) cortina impermeável no centro da barragem com profundidade $D = H/2$; ii) tapete impermeável a montante com

largura H; iii) cortina e tapete impermeáveis combinados. Com o método dos fragmentos pede-se calcular a variação da vazão Q nas alternativas ii) e iii) em relação à vazão estimada no cenário i).

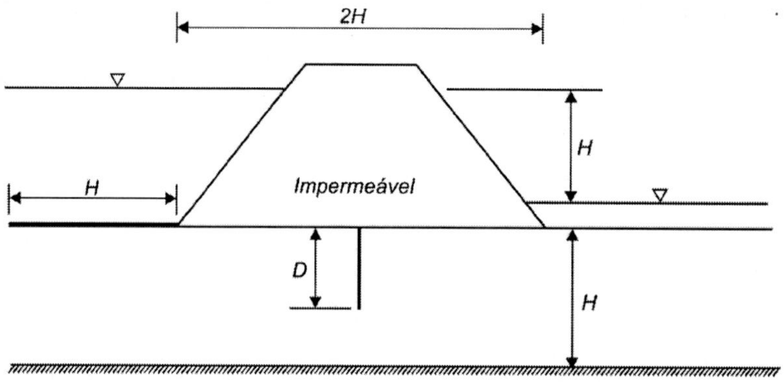

Figura 2.88 – Vazão no solo de fundação de uma barragem impermeável
Fonte: autor

a) Barragem na seção transformada

$$x_T = x\sqrt{\frac{k_y}{k_x}} = x\sqrt{\frac{k_y}{4k_y}} = \frac{x}{2} \quad \text{(e13.a)}$$

Coeficiente de permeabilidade isotrópico equivalente

$$\bar{k} = \sqrt{k_x k_y} = \sqrt{4k_y \times k_y} = 2k_y \quad \text{(e13.b)}$$

b) Cortina impermeável no centro da barragem com $D = H/2$

Fragmento de entrada = Fragmento de saída = Fragmento tipo III

$s = D = H/2$ $\quad T = H$ $\quad b = b_T = H/2$ na seção transformada (e13.c)

$$m = cos\frac{\pi s}{2T}\sqrt{tanh^2\frac{\pi b}{2T} + tan^2\frac{\pi s}{2T}} \quad \text{(e13.d)}$$

$$m = cos\frac{\pi H/2}{2H}\sqrt{tanh^2\frac{\pi H/2}{2H} + tan^2\frac{\pi H/2}{2H}} = cos\frac{\pi}{4}\sqrt{tanh^2\frac{\pi}{4} + tan^2\frac{\pi}{4}} \quad \text{(e13.e)}$$

$$m = \frac{\sqrt{2}}{2}\sqrt{0{,}4301 + 1} = 0{,}846 \qquad m^2 = 0{,}715 \qquad \phi_1 = \phi_2 = 1{,}23 \quad \text{(e13.f)}$$

$$Q = \frac{\bar{k}\Delta h}{\phi_1 + \phi_2} = \frac{\bar{k}H}{2{,}46} = 0{,}406\,\bar{k}H = 0{,}812k_yH \quad \text{(e13.g)}$$

c) Tapete impermeável a montante com largura H

Fragmento de entrada = Fragmento de saída = Fragmento tipo III

$s = 0 \qquad T = H \qquad b = b_T = 1{,}5H/2$ [16] (e13.h)

$$m = tanh\frac{3\pi}{8} \quad m = 0{,}827 \quad m^2 = 0{,}684 \quad \phi_1 = \phi_2 = 1{,}19 \tag{e13.i}$$

$$Q = \frac{\bar{k}\Delta h}{\phi_1 + \phi_2} = \frac{\bar{k}H}{2{,}38} = 0{,}420\,\bar{k}H = 0{,}840k_yH \tag{e13.j}$$

Variação de vazão em relação à cortina impermeável

$$Q = \frac{0{,}420\bar{k}H}{0{,}406\bar{k}H} \times 100 = \; 103{,}4\% \tag{e13.k}$$

d) Cortina impermeável no centro da barragem e tapete impermeável a montante

1) Fragmento de entrada = Fragmento tipo III

$s = H/2 \qquad T = H \qquad b = b_T = H$ (e13.ℓ)

$$m = cos\frac{\pi H/2}{2H}\sqrt{tanh^2\frac{\pi H}{2H} + tan^2\frac{\pi H/2}{2H}} = cos\frac{\pi}{4}\sqrt{tanh^2\frac{\pi}{2} + tan^2\frac{\pi}{4}} \tag{e13.m}$$

$$m = \frac{\sqrt{2}}{2}\sqrt{0{,}8412 + 1} = 0{,}959 \quad m^2 = 0{,}921 \quad \phi_1 = 1{,}67 \tag{e13.n}$$

d.2) Fragmento de saída = Fragmento tipo III

$s = H/2 \qquad T = H \qquad b = b_T = H/2$ (e13.p)

$\phi_2 = 1{,}23$ do item b (e13.q)

$$Q = \frac{\bar{k}\Delta h}{\phi_1 + \phi_2} = \frac{\bar{k}H}{1{,}67 + 1{,}23} = 0{,}345\,\bar{k}H = 0{,}690k_yH \tag{e13.r}$$

Variação de vazão em relação à cortina impermeável

$$Q = \frac{0{,}345\bar{k}H}{0{,}406\bar{k}H} \times 100 = \; 85{,}0\% \tag{e13.s}$$

14 – A Fig. 2.89 mostra a seção transversal de um maciço de solo onde a água flui através de uma camada de silte para uma escavação. A camada de argila superior e o estrato de rocha inferior podem ser considerados impermeáveis. O nível d'água do rio está 2 m acima do topo da camada de silte. Bombas são empregadas para retirar a água da escavação, mantendo o nível constante conforme indicado na figura. O coeficiente de

[16] Admitindo equipotencial vertical na distância média que inclui a largura do tapete (0,5*H*) mais a largura da base da barragem (*H*). Outra possibilidade seria considerar dois fragmentos similares, mas não iguais, com $b_1 = b_{T1} = H$ e $b_2 = b_{T2} = 0{,}5H$.

permeabilidade do silte é $k = 10^{-5}$ m/s. Pede-se calcular a vazão Q, por unidade de comprimento, pelo método dos fragmentos e por rede de fluxo.

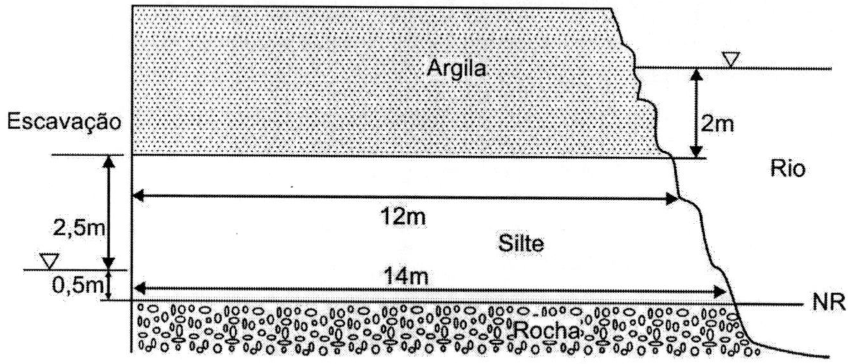

Figura 2.89 – Fluxo permanente de água do rio para a escavação pela camada de silte com 3 m de espessura
Fonte: autor

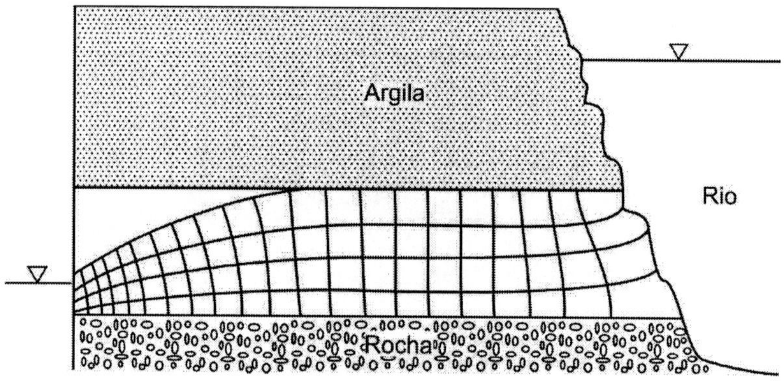

Figura 2.90 – Rede de fluxo composta por 4 canais de fluxo e 21 quedas de equipotenciais
Fonte: autor

Da rede de fluxo da Fig. 2.90 vem

$$Q = k\frac{n_f}{n_d}\Delta h\frac{b}{a} \quad \rightarrow \quad Q = 10^{-5} \times \frac{4}{21} \times 4{,}5 \times \frac{1}{1} = 0{,}857 \times 10^{-5} \text{ m}^3/\text{s/m} \tag{e14.a}$$

Pelo método dos fragmentos de Pavlovsky, considerando os fragmentos tipo VII (Quadro 2.3) e tipo I (Quadro 2.1)

$$Q = k\frac{h_1^2 - h_2^2}{2L_1} = k(H - h_1)\frac{a}{L_2} \tag{e14.b}$$

onde $H = 5$ m, $h_1 = 3$ m, $h_2 = 0{,}5$ m, $a = 3$ m, L_1 = comprimento do fragmento tipo VII, L_2 = comprimento do fragmento tipo I.

Comprimento médio da camada de silte $L_1 + L_2 = 13$ m resultando

$$L_1 = 5{,}5\,m \quad L_2 = 7{,}5\,m \qquad Q = 10^{-5} \times 2 \times \frac{3}{7{,}5} \;= 0{,}8 \times 10^{-5}\ \ \mathrm{m^3/s/m} \tag{e14.c}$$

15 – A Fig. 2.91 mostra a seção transversal de uma cortina impermeável (ficha s = 2 m) em depósito de solo com 4 m de espessura, formado por duas camadas. O solo 1 apresenta coeficiente de permeabilidade $k_1 = 2\times10^{-5}$ m/s e o solo 2 tem coeficiente de permeabilidade $k_2 = 10^{-5}$ m/s. Considere que os pontos dos contornos laterais, suficientemente afastados da cortina, estão sob pressão hidrostática. Admitindo o NR na base impermeável do depósito, apresente o sistema de equações, na forma matricial, para cálculo das cargas hidráulicas desconhecidas na malha de diferenças finitas com $\Delta x = \Delta y = 2$ m. Não é necessário resolver o sistema de equações.

Note que o problema hidráulico não é simétrico em relação à cortina impermeável, como nos exercícios resolvidos 4 e 12, devido à heterogeneidade do solo de fundação.

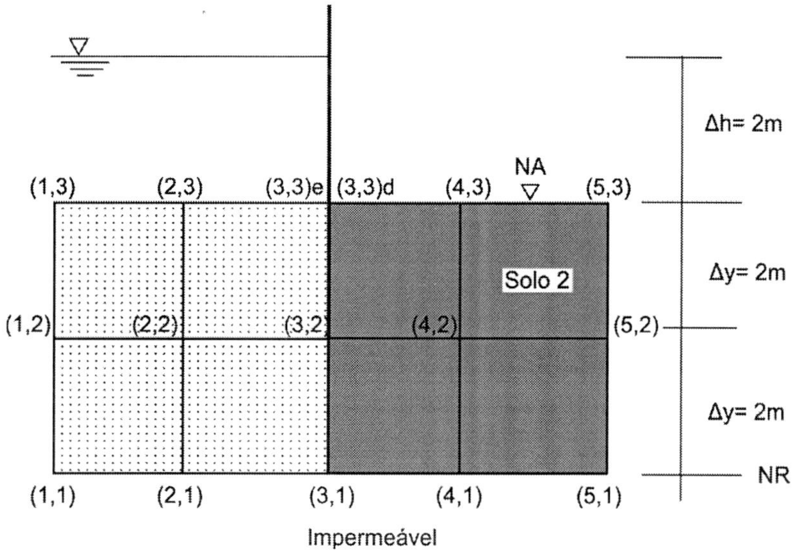

Figura 2.91 – Cortina impermeável em depósito de solo com duas camadas
Fonte: autor

Nó (2,1) $4h_{2,1} - h_{1,1} - 2h_{2,2} - h_{3,1} = 0$ (e15.a)

Nó (4,1) $4h_{4,1} - h_{3,1} - 2h_{4,2} - h_{5,1} = 0$ (e15.b)

Nó (2,2) $4h_{2,2} - h_{1,2} - h_{2,3} - h_{3,2} - h_{2,1} = 0$ (e15.c)

Nó (4,2) $4h_{4,2} - h_{3,2} - h_{4,3} - h_{5,2} - h_{4,1} = 0$ (e15.d)

$$\text{Nó (3,1) } k_1 \frac{h_{2,1} - h_{3,1}}{\Delta x}\frac{\Delta y}{2} + k_2 \frac{h_{4,1} - h_{3,1}}{\Delta x}\frac{\Delta y}{2} + k_1 \frac{h_{3,2} - h_{3,1}}{\Delta y}\frac{\Delta x}{2} + k_2 \frac{h_{3,2} - h_{3,1}}{\Delta y}\frac{\Delta x}{2} = 0 \tag{e15.e}$$

$$\text{Nó (3,2)}\ k_1\frac{h_{2,2}-h_{3,2}}{\Delta x}\Delta y+k_2\frac{h_{4,2}-h_{3,2}}{\Delta x}\Delta y+k_1\frac{h_{3,1}-h_{3,2}}{\Delta y}\frac{\Delta x}{2} \qquad \text{(e15.f)}$$

$$+\ k_2\frac{h_{3,1}-h_{3,2}}{\Delta y}\frac{\Delta x}{2}+k_1\frac{h^e_{3,3}-h_{3,2}}{\Delta y}\frac{\Delta x}{2}+k_2\frac{h^d_{3,3}-h_{3,2}}{\Delta y}\frac{\Delta x}{2}=0$$

Para $\Delta x = \Delta y = 2$ m e $k_1 = 2k_2$

$$\text{Nó (3,1)}\quad 6h_{3,1}-2h_{2,1}-3h_{3,2}-h_{4,1}=0 \qquad \text{(e15.g)}$$

$$\text{Nó (3,2)}\quad 12h_{3,2}-4h_{2,2}-2h_{4,2}-3h_{3,1}-\left(2h^e_{3,3}+h^d_{3,3}\right)=0 \qquad \text{(e15.h)}$$

Condições de contorno:

$$6h_{3,1}-2h_{2,1}-3h_{3,2}-h_{4,1}=0 \qquad \text{(e15.i)}$$

$$h_{5,1}=h_{5,2}=h_{4,3}=h^d_{3,3}=4\text{ m} \qquad \text{(e15.j)}$$

$$\begin{bmatrix} 4 & -1 & 0 & -2 & 0 & 0\\ -2 & 6 & -1 & 0 & -3 & 0\\ 0 & -1 & 4 & 0 & 0 & -2\\ -1 & 0 & 0 & 4 & -1 & 0\\ 0 & -3 & 0 & -4 & 12 & -2\\ 0 & 0 & -1 & 0 & -1 & 4 \end{bmatrix}\begin{Bmatrix} h_{2,1}\\ h_{3,1}\\ h_{4,1}\\ h_{2,2}\\ h_{3,2}\\ h_{4,2}\end{Bmatrix}=\begin{Bmatrix} 6\\ 0\\ 4\\ 12\\ 16\\ 8\end{Bmatrix} \qquad \text{(e15.k)}$$

16 – Em um solo anisotrópico, conhecidos os coeficientes de permeabilidade nas direções principais *s*, *t* pede-se determinar as velocidades de fluxo nas direções dos eixos Cartesianos *x*, *y*. Considere que a direção principal *s* forma um ângulo θ com o semieixo positivo *x*, conforme Fig. 2.92.

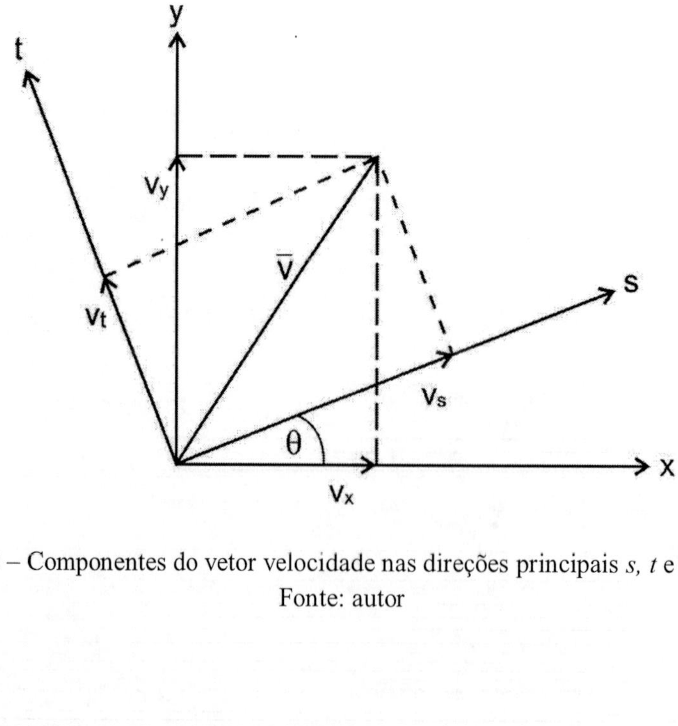

Figura 2.92 – Componentes do vetor velocidade nas direções principais *s, t* e direções *x, y*
Fonte: autor

As velocidades nas direções x, y podem ser obtidas pela rotação θ dos vetores que representam as velocidades nas direções principais s, t.

$$v_x = v_s cos\theta - v_t sen\theta \qquad \text{(e16.a)}$$
$$v_y = v_s sen\theta + v_t cos\theta \qquad \text{(e16.b)}$$
$$\begin{Bmatrix} v_x \\ v_y \end{Bmatrix} = \begin{bmatrix} cos\theta & -sen\theta \\ sen\theta & cos\theta \end{bmatrix} \begin{Bmatrix} v_s \\ v_t \end{Bmatrix} \qquad \text{(e16.c)}$$

Da aplicação da lei de Darcy vem que

$$\begin{Bmatrix} v_s \\ v_t \end{Bmatrix} = -\begin{bmatrix} k_s & 0 \\ 0 & k_t \end{bmatrix} \begin{Bmatrix} \partial h/\partial s \\ \partial h/\partial t \end{Bmatrix} \qquad \text{(e16.d)}$$

Pela regra da cadeia do cálculo diferencial

$$\frac{\partial h(s,t)}{\partial s} = \frac{\partial h(x,y)}{\partial x}\frac{\partial x}{\partial s} + \frac{\partial h(x,y)}{\partial y}\frac{\partial y}{\partial s} \qquad \text{(e16.e)}$$

$$\frac{\partial h(s,t)}{\partial t} = \frac{\partial h(x,y)}{\partial x}\frac{\partial x}{\partial t} + \frac{\partial h(x,y)}{\partial y}\frac{\partial y}{\partial t} \qquad \text{(e16.f)}$$

ou, matricialmente,

$$\begin{Bmatrix} \partial h/\partial s \\ \partial h/\partial t \end{Bmatrix} = \begin{bmatrix} \partial x/\partial s & \partial y/\partial s \\ \partial x/\partial t & \partial y/\partial t \end{bmatrix} \begin{Bmatrix} \partial h/\partial x \\ \partial h/\partial y \end{Bmatrix} = \begin{bmatrix} cos\theta & sen\theta \\ -sen\theta & cos\theta \end{bmatrix} \begin{Bmatrix} \partial h/\partial x \\ \partial h/\partial y \end{Bmatrix} \qquad \text{(e16.g)}$$

Substituindo as Eq. e16.d e e16.g na Eq. e16.c resulta

$$\begin{Bmatrix} v_x \\ v_y \end{Bmatrix} = -\begin{bmatrix} cos\theta & -sen\theta \\ sen\theta & cos\theta \end{bmatrix} \begin{bmatrix} k_s & 0 \\ 0 & k_t \end{bmatrix} \begin{bmatrix} cos\theta & sen\theta \\ -sen\theta & cos\theta \end{bmatrix} \begin{Bmatrix} \partial h/\partial x \\ \partial h/\partial y \end{Bmatrix} \qquad \text{(e16.h)}$$

$$\begin{Bmatrix} v_x \\ v_y \end{Bmatrix} = -[R]\,[K]\,[R]^T \begin{Bmatrix} \partial h/\partial x \\ \partial h/\partial y \end{Bmatrix} = -[\bar{K}] \begin{Bmatrix} \partial h/\partial x \\ \partial h/\partial y \end{Bmatrix} \qquad \text{(e16.i)}$$

onde $[R] = \begin{bmatrix} cos\theta & -sen\theta \\ sen\theta & cos\theta \end{bmatrix}$ é a matriz de rotação e $[K] = \begin{bmatrix} k_s & 0 \\ 0 & k_t \end{bmatrix}$ a matriz das permeabilidades principais.

Observe que no caso de permeabilidade principais, a velocidade de fluxo na direção i é causada pelo gradiente hidráulico somente na direção i, enquanto que a matriz de permeabilidade $\bar{k}_{ij}$ relaciona a velocidade de fluxo na direção i também com o gradiente hidráulico na direção j. Se as direções de anisotropia forem alinhadas com as direções dos eixos x, y (θ = 0), então $[\bar{K}] = [K]$,

$$\begin{Bmatrix} v_x \\ v_y \end{Bmatrix} = -[K] \begin{Bmatrix} \partial h/\partial x \\ \partial h/\partial y \end{Bmatrix} = \begin{bmatrix} k_x & 0 \\ 0 & k_y \end{bmatrix} \begin{Bmatrix} \partial h/\partial x \\ \partial h/\partial y \end{Bmatrix} \qquad \text{(e16.j)}$$

Se, adicionalmente, os elementos da diagonal de $[K]$ forem iguais entre si, então $[K] = k[I]$ onde a matriz identidade $[I] = [R]\,[R]^T$ independe do ângulo θ e k é uma grandeza escalar (coeficiente de permeabilidade isotrópico),

$$\begin{Bmatrix} v_x \\ v_y \end{Bmatrix} = -k \begin{Bmatrix} \partial h/\partial x \\ \partial h/\partial y \end{Bmatrix} \tag{e16.k}$$

17 – (FENG E WU, 2006) Determinar, pelo método épsilon, a vazão Q e o gradiente hidráulico de saída na cortina impermeável da Fig. 2.93, situada em depósito de solo formado por três camadas de diferentes espessuras.

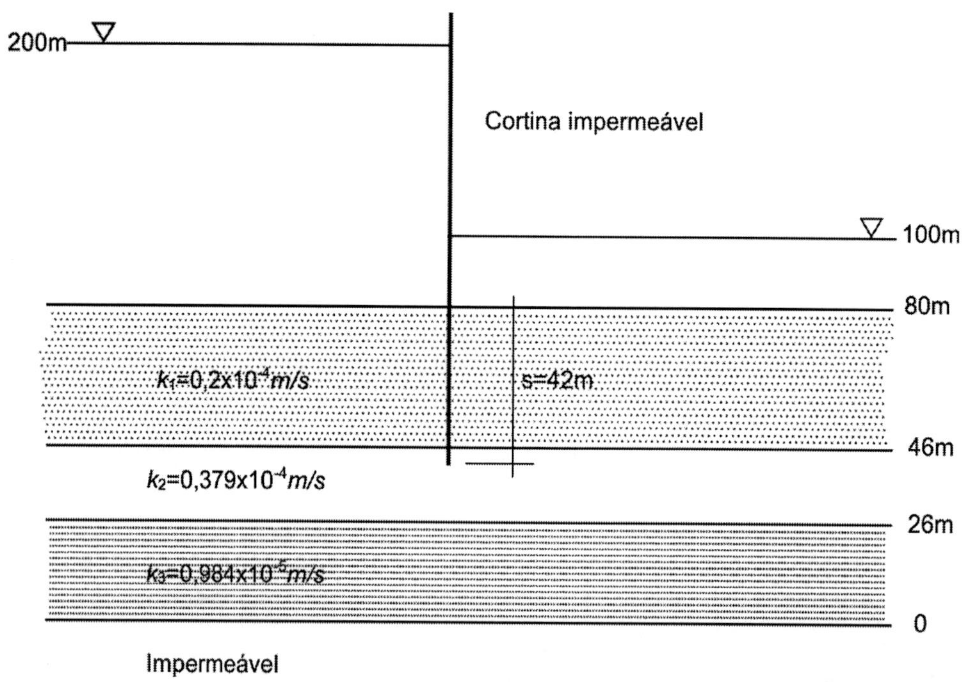

Figura 2.93 – Cortina impermeável em depósito de três camadas de solo
Fonte: adaptado de Feng e Wu (2006)

Para um depósito formado por n camadas de solo, são necessários n-1 valores de ε para definir as características do fluxo. No caso do depósito da Fig. 2.93, os dois valores são

$$\varepsilon_1 = \frac{1}{\pi} tan^{-1} \sqrt{\frac{k_2}{k_1}} = \frac{1}{\pi} tan^{-1} \sqrt{\frac{0{,}379 \times 10^{-4}}{0{,}2 \times 10^{-4}}} = 0{,}30 \tag{e17.a}$$

$$\varepsilon_2 = \frac{1}{\pi} tan^{-1} \sqrt{\frac{k_3}{k_2}} = \frac{1}{\pi} tan^{-1} \sqrt{\frac{0{,}984 \times 10^{-5}}{0{,}379 \times 10^{-4}}} = 0{,}15 \tag{e17.b}$$

Valores do gradiente hidráulico de saída I_E e da razão k_1h/Q [17] são determinados para as nove combinações de $\varepsilon_1 = 0$, ¼, ½ e $\varepsilon_2 = 0$, ¼, ½. Cada uma dessas combinações, apresentadas na Tab. 2.3, corresponde ao caso de apenas uma camada hidraulicamente equivalente T ao depósito de três camadas da Fig. 2.93.

Tabela 2.3 - Valores de I_e e k_1h/Q para combinações de ε_1 e ε_2

Caso	ε_1	ε_2	I_E	k_1h/Q	T(m)	s/T
1	0	0	0	∞	34	1,24
2	0	0,25	0	∞	34	1,24
3	0	0,50	0	∞	34	1,24
4	0,25	0	0,62	3,10	54	0,78
5	0,25	0,25	0,71	2,08	80	0,53
6	0,25	0,50	0,99	0	108	0,39
7	0,50	0	1,47	0	68	0,62
8	0,50	0,25	1,47	0	68	0,62
9	0,50	0,50	1,47	0	68	0,62

Fonte: adaptado de Feng e Wu (2006)

Comentários sobre os valores da Tab. 2.3:

a) Para os casos 1, 2 e 3, a camada equivalente tem espessura $T = 34$ m com $\varepsilon_1 = 0$ e $k_2 = 0$, isto é, base impermeável na interface entre as camadas de solo 1 e 2. Como o comprimento da cortina $s = 42$ m é superior à espessura da camada equivalente, não há fluxo e o sistema se encontra em equilíbrio hidrostático ($I_E = 0$, $Q = 0$).

b) Para o caso 4, a camada equivalente tem espessura T = 54 m ($\varepsilon_1 = 0{,}25$ com $k_1 = k_2$) sobre base impermeável ($\varepsilon_2 = 0$ com $k_3 = 0$) na interface entre as camadas de solo 2 e 3. O gradiente hidráulico de saída pode ser calculado pela Eq. 2.11z com valor $K(m)$ do Quadro 2.2:

$$I_E = \frac{\pi h}{4K(m)Tm} \tag{2.11z}$$

$$m = sen\frac{\pi s}{2T} = sen\frac{\pi \times 42}{2 \times 54} = 0{,}94 \ \rightarrow \ m^2 = 0{,}883 \ \rightarrow \ K(m) = 2{,}505 \tag{e17.c}$$

$$I_E = \frac{\pi \times 100}{4 \times 2{,}505 \times 54 \times 0{,}94} = 0{,}62 \tag{e17.d}$$

A razão k_1h/Q é determinada com base no fragmento tipo II (Quadro 2.1) com valor de K/K' do Quadro 2.2:

$$\frac{k_1 h}{Q} = \phi_1 + \phi_2 \ \rightarrow \ m_1 = m_2 = sen\frac{\pi s}{2T} = sen\frac{\pi \times 42}{2 \times 54} = 0{,}94 \tag{e17.e}$$

[17] Polubarinova-Kochina (1941) apresentou os gráficos reproduzidos na seção 2.11.5 na forma Q/k_1h.

$$m^2 = 0{,}883 \quad \rightarrow \quad \phi_1 = \phi_2 = \frac{K}{K'} = 1{,}55 \qquad \text{(e17.f)}$$

$$\frac{k_1 h}{Q} = 1{,}55 + 1{,}55 = 3{,}10 \qquad \text{(e17.g)}$$

c) Para o caso 5, o depósito torna-se homogêneo ($\varepsilon_1 = \varepsilon_2 = 0{,}25$) e a camada equivalente tem espessura T = 80 m. O gradiente hidráulico de saída pode novamente ser calculado pela Eq. 2.11z com módulo m no Quadro 2.2 definido por

$$m = sen\frac{\pi s}{2T} = sen\frac{\pi \times 42}{2 \times 80} = 0{,}734 \ \rightarrow \ m^2 = 0{,}539 \ \rightarrow \ K(m) = 1{,}889 \qquad \text{(e17.h)}$$

$$I_E = \frac{\pi \times 100}{4 \times 1{,}889 \times 80 \times 0{,}734} = 0{,}71 \qquad \text{(e17.i)}$$

A razão k_1h/Q é então obtida do fragmento tipo II

$$\frac{k_1 h}{Q} = \phi_1 + \phi_2 \quad \rightarrow \quad m_1 = m_2 = sen\frac{\pi s}{2T} = sen\frac{\pi \times 42}{2 \times 80} = 0{,}734 \qquad \text{(e17.j)}$$

$$m^2 = 0{,}539 \quad \rightarrow \quad \phi_1 = \phi_2 = K/K' = 1{,}04 \qquad \text{(e17.k)}$$

$$\frac{k_1 h}{Q} = 1{,}04 + 1{,}04 = 2{,}08 \qquad \text{(e17.}\ell\text{)}$$

d) Para o caso 6 ($\varepsilon_1 = 0{,}25$ e $\varepsilon_2 = 0{,}50$), a camada equivalente tem espessura $T = 2 \times 54$ m = 108 m assente sobre base infinitamente permeável ($k_3 \rightarrow \infty$), conforme Fig. 2.65[18]. O gradiente hidráulico de saída I_E é estimado pela Eq. 2.11B como:

$$I_E = \frac{h}{T sen(\pi s/T)} \qquad \text{(2.11B)}$$

$$I_E = \frac{100}{108 \times sen(\pi \times 42/108)} = 0{,}99 \qquad \text{(e17.m)}$$

A razão k_1h/Q poderia ser aproximada pela Eq. 2.11E, conforme sugestão de Polubarinova-Kochina (1962), mas aqui foi considerado o valor teórico $Q \rightarrow \infty$ para $\varepsilon_2 = 0{,}50$. Logo, $k_1h/Q = 0$.

e) Para os casos 7, 8 e 9, a condição $\varepsilon_1 = 0{,}50$ ($k_2 \rightarrow \infty$) implica que a camada está assente sobre base infinitamente permeável, com espessura $T = 2{\times}34$ m = 68 m, conforme Fig. 2.65. O valor do gradiente hidráulico de saída pode ser determinado pela Eq. 2.11A e vazão teórica admitida como $Q \rightarrow \infty$.

[18] Observar na Fig. 2.65 que $d = T/2$

$$I_E = \frac{h}{T} = \frac{h}{2d} = \frac{100}{2 \times 34} = 1{,}47 \tag{2.11A}$$

$$I_E = \frac{100}{2 \times 34} = 1{,}47 \tag{e17.n}$$

Após a construção da Tab. 2.3, são plotadas as curvas I_E versus ε_1 e k_1h/Q versus ε_1 para os três valores distintos de ε_2, conforme mostram os gráficos da Fig. 2.94a. Com os resultados dessa figura, considerando o valor único $\varepsilon_1 = 0{,}30$ é possível plotar as curvas I_E versus ε_2 e k_1h/Q versus ε_2, mostradas na Fig. 2.94b.

Finalmente, com o valor $\varepsilon_2 = 0{,}15$ são lidos das curvas da Fig. 2.94b os valores $k_1h/Q = 1{,}9$, correspondente à vazão $Q = 1{,}05$ m^3/s/m, e o gradiente hidráulico de saída $I_E = 0{,}82$. Feng e Wu (2006) obtiveram também a resposta numérica desse problema pelo método dos elementos finitos (MEF) com resultados próximos aos calculados pelo método épsilon ($I_E^{MEF} = 0{,}813$ e $Q^{MEF} = 1{,}04$ m^3/s/m).

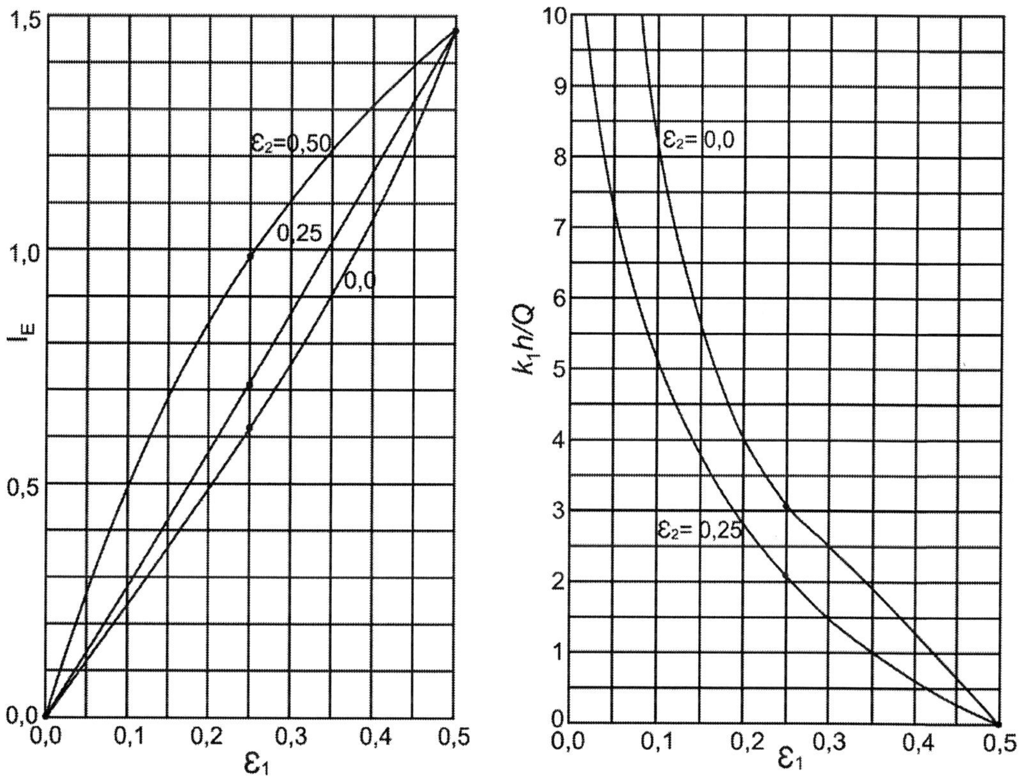

Figura 2.94a - Variação de I_E (esquerda) e k_1h/Q (direita) com ε_1 para $\varepsilon_2 = 0$, ¼, ½
Fonte: adaptado de Feng e Wu (2006)

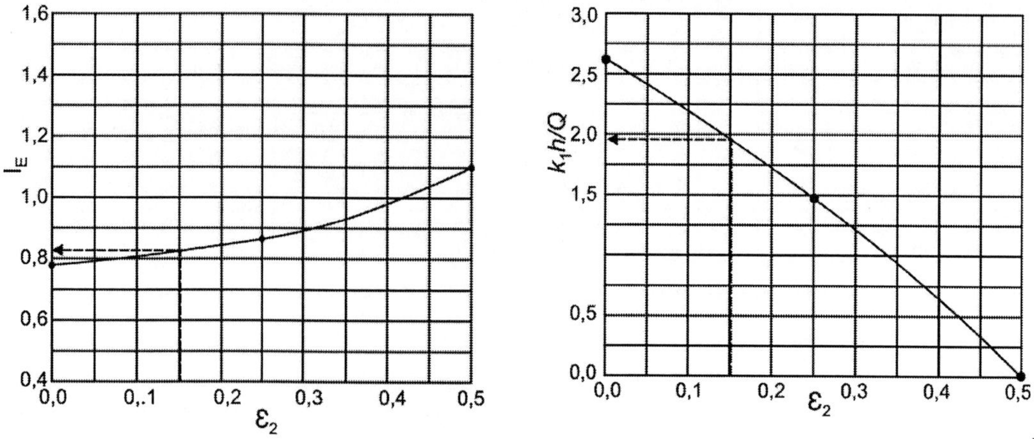

Figura 2.94b - Variação de I_E (esquerda) e k_1h/Q (direita) com ε_2 para $\varepsilon_1 = 0{,}30$
Fonte: adaptado de Feng e Wu (2006)

EXERCÍCIOS PROPOSTOS

1 – Justifique se as afirmativas abaixo estão corretas ou não:
a) o fator de forma $\mathcal{S}$ de uma rede de fluxo independe do coeficiente de permeabilidade do maciço;
b) com relação à Fig. 2.95, o segmento de reta tracejado AB representa a variação da carga hidráulica no problema.

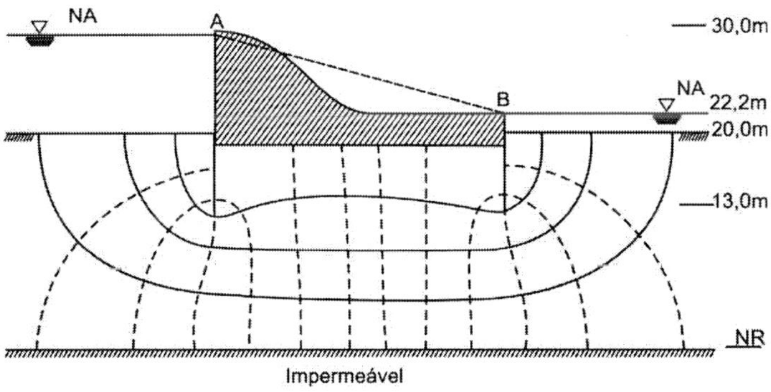

Figura 2.95 – Rede de fluxo no solo de fundação de uma barragem de concreto
Fonte: autor

Respostas: a) afirmativa correta se o maciço de solo for homogêneo, caso contrário o fator de forma da rede de fluxo dependerá do contraste entre os coeficientes de permeabilidade dos solos; b) incorreto, porque a carga hidráulica não varia linearmente em problemas de fluxo permanente 2D. A variação é linear para problemas 1D conforme indica a Eq. 2.2ℓ.

2 - No problema da Fig. 2.96: a) estime graficamente a altura de água em um piezômetro colocado no ponto P da barragem; b) como a linha de fluxo que passa por P é horizontal, explicar se é correto calcular a carga de pressão em P considerando fluxo 1D pela expressão abaixo:

$$h^P = h_p^P = h^{\max} - \Delta h^P = h^{\max} - i \times \Delta L^P = 18 - \frac{18}{57} \times 15 = 13{,}26 \text{ m}$$

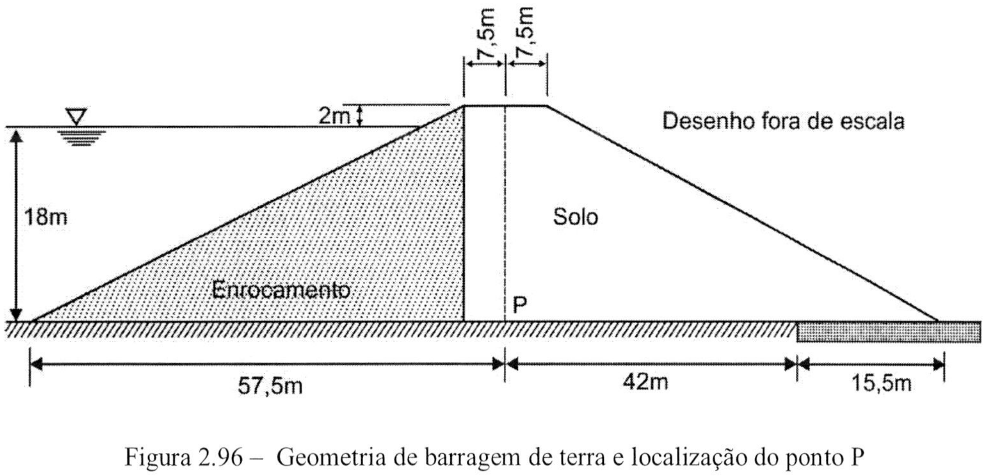

Figura 2.96 – Geometria de barragem de terra e localização do ponto P
Fonte: autor

Resposta: a) traçar uma linha equipotencial passando por P até sua interseção com a linha freática. A diferença de carga de elevação entre o ponto de interseção e o ponto P corresponde à carga de pressão medida pelo piezômetro. Note também que não há perda de carga hidráulica no enrocamento; b) a consideração de fluxo 1D implica que o gradiente hidráulico i é constante; esboçar uma rede de fluxo e verificar se os quadrados interceptam a linha de fluxo horizontal que passa por P em pontos igualmente espaçados para validar ou não esta hipótese (a hipótese é incorreta).

3 – Em um problema de fluxo permanente 2D, o potencial de velocidade é descrito por $\phi(x, y) = y + x^2 - y^2$. Pede-se determinar a correspondente função de corrente ψ(x,y) a menos de uma constante; b) localizar o ponto de estagnação, isto é, ponto com velocidade nula; c) se h = 100 cm no ponto onde ϕ = 10 cm²/s, determine a carga total h no ponto de coordenadas (20, 20) cm. Considere k = 0,1 cm/s. Haveria fluxo neste ponto? Explicar.

Respostas: a) ψ $(x,y) = 2xy - x + c$ b) $P = P(0, ½)$ c) h = 0, sim haveria fluxo neste ponto com velocidades $\bar{v}_x = 40\bar{\imath}$ cm/s e $\bar{v}_y = -39\bar{\jmath}$ cm/s

4 - Considere a barragem de concreto da Fig. 2.97 com coeficientes de permeabilidade do solo de fundação $k_h = 4k_v = 10^{-3}$ m/s. É possível determinar pelo método dos fragmentos o valor da vazão Q por metro de comprimento da barragem? Explique.

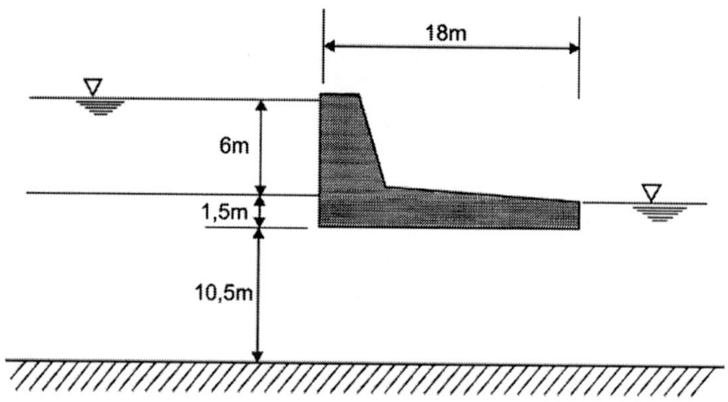

Figura 2.97 – Barragem de concreto em camada de solo homogêneo
Fonte: autor

Resposta: Não é possível utilizar o método dos fragmentos porque só há uma equipotencial vertical, no meio da barragem, que cria dois fragmentos de tipo não disponível no catálogo do Quadro 2.1. Observe que as equipotenciais que passam pelos cantos da barragem não são verticais (ver também Fig. 2.74). No caso do exercício resolvido 3 note que a equipotencial vertical entre os dois primeiros fragmentos foi devido ao longo tapete impermeável a montante da barragem.

5 - Dada a rede de fluxo na seção transformada de uma barragem de terra zonada (Fig. 2.98), pede-se determinar: a) a vazão Q através da barragem; b) o valor do coeficiente de permeabilidade isotrópico equivalente na zona de solo 2. Considerar que na zona de solo 1 a barragem tem coeficientes de permeabilidade $k_h = 8 \times 10^{-7}$m/s e $k_v = 2 \times 10^{-7}$m/s.

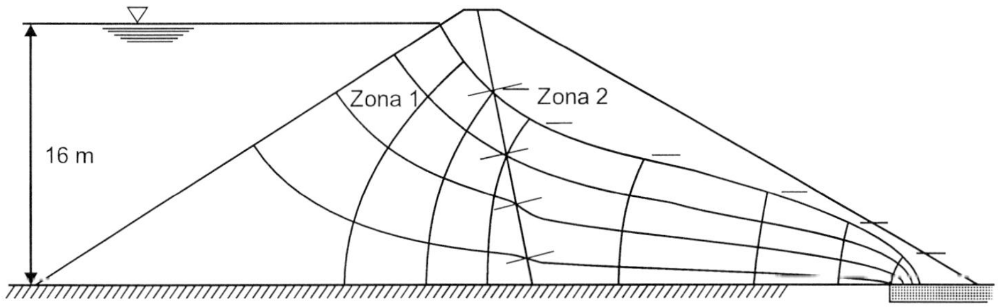

Figura 2.98 – Rede de fluxo na seção transformada de uma barragem de terra zonada
Fonte: adaptado de Cedergren (1989)

Respostas: a) $Q = 2{,}8 \times 10^{-6}$ m^3/s/m b) $\bar{k}_2 = 1{,}2 \times 10^{-6}$m/s

6 - Caso o potencial de velocidade possa ser representado por $\phi(x,y) = x^2 + y^2$, pede-se calcular a correspondente função de corrente $\psi(x,y)$. Explicar a sua resposta.

Resposta: $\phi(x,y) = x^2 + y^2$ não é função analítica, portanto não representa fluxo permanente 2D.

7 - Calcular a vazão Q, por metro de comprimento, no solo de fundação da barragem de concreto mostrada na Fig. 2.99. Considerar coeficientes de permeabilidade $k_1 = 4k_2 = 10^{-2}$cm/s e $\gamma_w = 10$ kN/m^3. Qual o valor da poropressão nos pontos A e B indicados na figura?

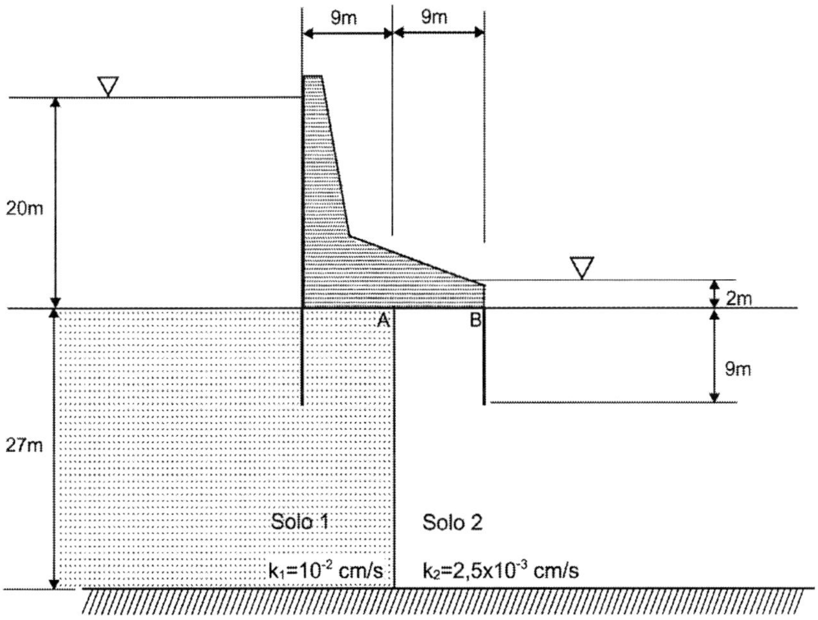

Figura 2.99 – Barragem de concreto em camada de solo heterogêneo
Fonte: autor

Respostas: a) $Q = 303{,}29 \times 10^{-6}$ m^3/s/m b) $u_A = 164$ kPa $u_B = 139{,}44$ kPa

8 - Uma barragem de terra (protótipo), com taludes de inclinação 1:2 (V:H), foi projetada para ser construída com solo de permeabilidade horizontal $k_h^P = 20 \times 10^{-5}$cm/s e permeabilidade vertical $k_v^P = 5 \times 10^{-5}$cm/s. Para a análise do comportamento da barragem, um modelo reduzido será construído, usando solo com coeficiente de permeabilidade horizontal $k_h^M = 32 \times 10^{-3}$cm/s e coeficiente de permeabilidade vertical $k_v^M = 16 \times 10^{-3}$cm/s. Pede-se determinar a inclinação dos taludes do modelo.

Resposta: $1{:}\sqrt{2}$

9 – Com relação à rede de fluxo da Fig. 2.100, desenhada na seção natural pede-se:

a) a rede de fluxo apresenta erros de traçado que impedem sua utilização para cálculo de vazão, gradientes hidráulicos ou cargas? Explicar sua resposta;

b) a rede de fluxo se refere a um solo isotrópico ou anisotrópico? Explicar;

c) a rede de fluxo se refere a um solo homogêneo ou não? Explicar;

d) a diferença de carga hidráulica Δh é igual ao valor de H ou $H+L$? Explicar;

e) seria possível resolver este problema pelo método dos fragmentos? Explicar;

f) caso a profundidade H do reservatório de água variasse com o tempo, a rede de fluxo sofreria modificações? E o valor da vazão Q? Explicar;

g) caso houvesse possibilidade de ruptura hidráulica por fluxo neste problema, você acha que o lançamento de água no interior da região escavada seria um procedimento recomendável? Explicar;

h) se fosse colocado um piezômetro no ponto A, o nível d'água em seu interior atingiria qual cota em relação ao NR? E para um piezômetro no ponto B? Explicar.

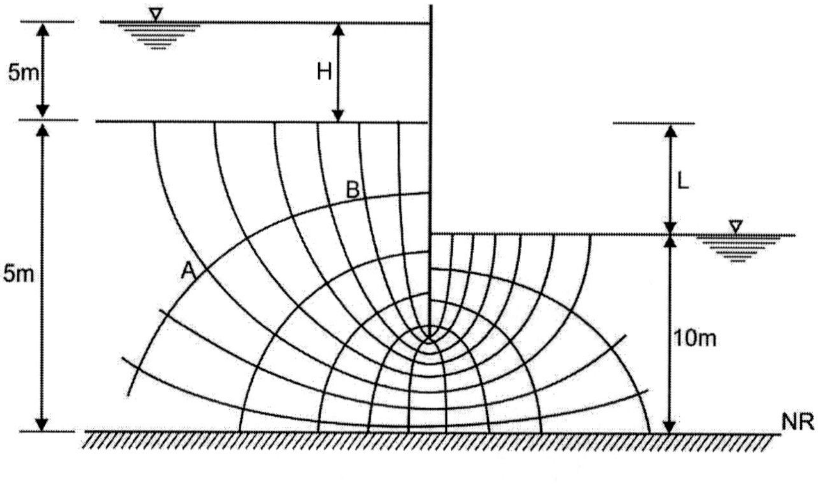

Figura 2.100 – Rede de fluxo em cortina impermeável
Fonte: adaptado de Scott (1965)

Respostas:

a) a rede de fluxo está corretamente traçada: linhas de fluxo e linhas equipotenciais perpendiculares entre si para um solo isotrópico; retângulos que formam a rede mantém relação constante largura/comprimento = 0,5; o traçado obedece às condições de contorno do problema;

b) solo isotrópico porque as linhas de fluxo e linhas equipotenciais se interceptam ortogonalmente;

c) solo homogêneo porque não há mudança súbita na direção das linhas de fluxo e linhas equipotenciais;

d) a diferença de carga $\Delta h = H+L$, isto é, a diferença entre os níveis de água a montante e jusante;

e) sim, é possível identificar uma linha equipotencial vertical que divide o solo em dois fragmentos tipo II;
f) uma vez estabelecido o fluxo permanente, a variação da altura d'água H no reservatório não modificaria a rede de fluxo, mas afetaria o valor da vazão Q que depende da diferença de carga hidráulica $\Delta h = H+L$;
g) sim, a diferença de carga hidráulica seria reduzida e, consequentemente, a força de percolação que causaria a ruptura hidráulica.
h) em relação ao NR, o nível d'água nos piezômetros inseridos em A e B atingiria a elevação 19 m.

10 – A Fig. 2.101 mostra a rede de fluxo no caso de uma barragem de terra zonada (ombreiras de enrocamento e núcleo de argila) sobre uma fundação constituída por rocha muito fraturada (coeficiente de permeabilidade k_f). A área sombreada sob o núcleo da barragem representa uma região onde será construída uma cortina de injeção, consistindo de tratamento à base de bombeamento de pasta de cimento. Pergunta-se:
a) qual deve ser o coeficiente de permeabilidade k_c da cortina de injeção para que seja atingida a especificação de projeto que prevê uma redução de 2/3 da vazão em relação ao valor Q calculado sem a existência da cortina?
b) desenhe o diagrama de subpressão u_b na base do núcleo se a cortina de injeção fosse 100% eficiente, i.e. completamente impermeável.

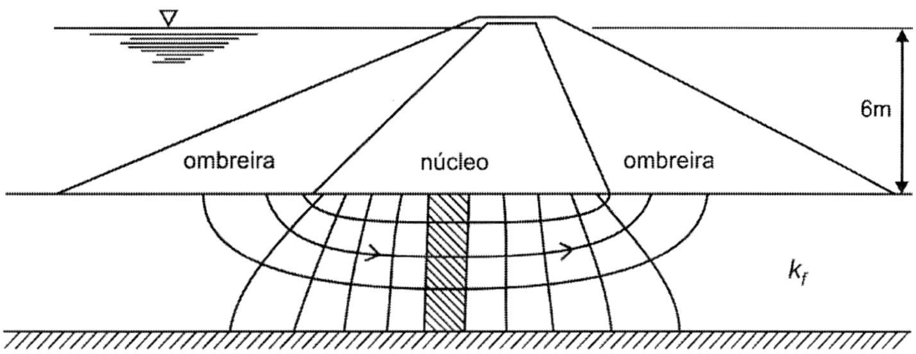

Figura 2.101 - Barragem de terra zonada sobre camada de rocha muito fraturada
Fonte: adaptado de Cedergren (1967)

Respostas: a) $k_c = k_f/23$ b) a montante da cortina u_b = 60 kPa (poropressão hidrostática) e a jusante u_b = 0
Sugestão: Com o valor reduzido da vazão, considerando k_f, determine o número de quedas de equipotenciais n_d na nova rede de fluxo. A razão entre k_c e k_f dependerá da proporção entre os quadrados (na rocha muito fraturada) e os retângulos (na cortina).

11 – Um dreno é instalado junto a um muro de gravidade de 9 m de altura, conforme Fig. 2.102. Estime o coeficiente de permeabilidade mínimo do material do dreno, considerando que a espessura do mesmo é de 75 cm e seu comprimento 8,5 m. Coeficiente de permeabilidade do solo k_1 = 0,001 cm/s.

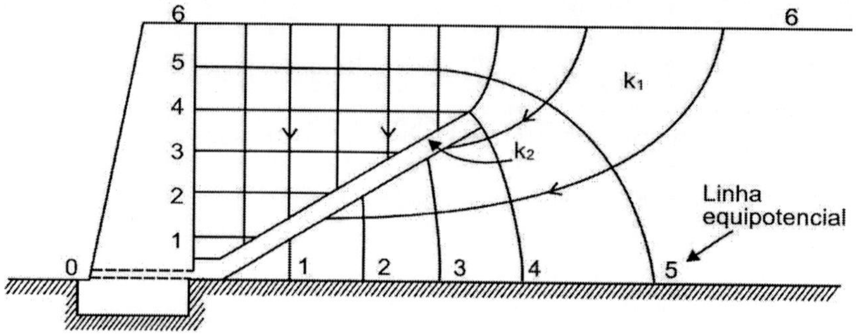

Figura 2.102 - Rede de fluxo em aterro com muro de gravidade
Fonte: adaptado de Cedergren (1967)

Resposta: $k_2 = 25{,}5 \times 10^{-3}$ cm/s

12 – Esboce a rede de fluxo e indique o gradiente hidráulico de saída para o problema de fluxo permanente representado na Fig. 2.103. Considerar $d = 5$ m, $\Delta h = 2$ m, $s = 6$ m.

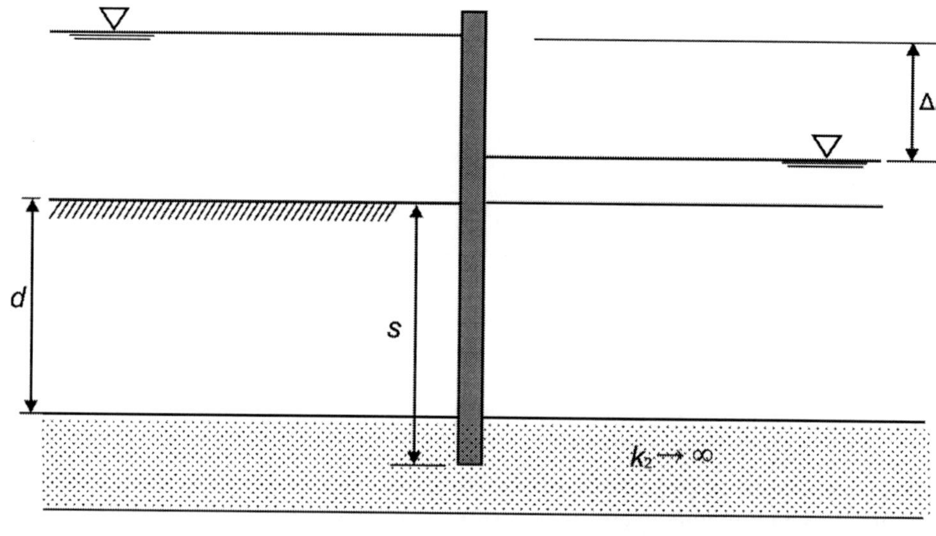

Figura 2.103 - Cortina impermeável em maciço de solo heterogêneo
Fonte: autor

Respostas: Rede de fluxo 1D, gradiente hidráulico de saída $I_E = 0{,}2$

13 - Determine o valor aproximado da vazão Q pela fundação da barragem de concreto da Fig. 2.104 com largura do tapete A = 3 m e solo anisotrópico com $k_h = 4 \times 10^{-2}$ cm/s e $k_v = 10^{-2}$ cm/s.

Resposta: $Q = 0{,}226 \times 10^{-3}$ m^3/s/m

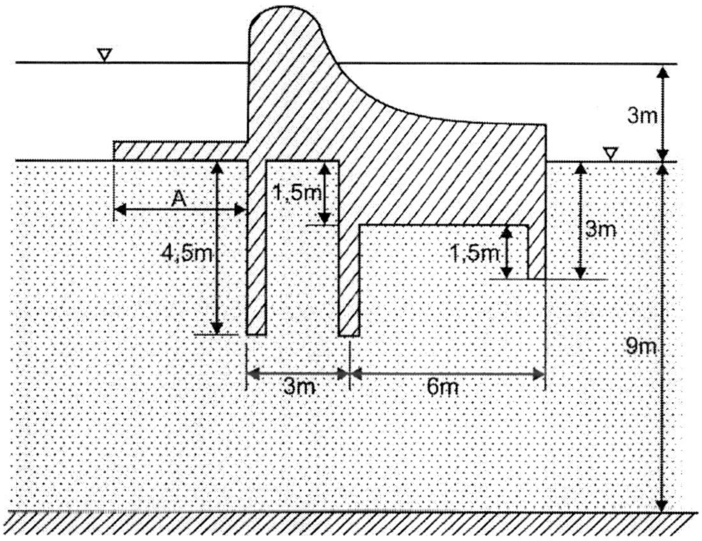

Figura 2.104 - Geometria de barragem de concreto em camada de solo saturado
Fonte: Harr (1977)

14 - Se $\psi = 3x^2y - y^3$ representa fluxo permanente irrotacional em um depósito de solo isotrópico, com coeficiente de permeabilidade k, determine: a) o correspondente potencial de velocidade $\phi = \phi\,(x,y)$; b) o valor e a direção da velocidade de fluxo nos pontos M = M(1,1) e N = N(1,0); c) a função de carga hidráulica $h = h\,(x,y)$.

Respostas: a) $\phi = x^3 - 3xy^2 + c$ b) $\bar{v}_M = -6\bar{j}$ $\bar{v}_N = 3i$ c) $h(x,y) = -(x^3 - 3xy^2)/k + c$

15 - Para cálculo da vazão Q através do maciço de solo estratificado da Fig. 2.105, um engenheiro geotécnico aplicou a seguinte metodologia:

a) cálculo do coeficiente de permeabilidade equivalente na direção horizontal $k_h = \sum_{i=1}^{3} k_i d_i / d$

b) cálculo do coeficiente de permeabilidade equivalente na direção vertical $k_v = \frac{d}{\sum_{i=1}^{3} d_i/k_i}$

c) traçado da rede de fluxo na seção transformada ($x_T = x\sqrt{k_v/k_h}$) com determinação da vazão por $Q = \bar{k}\$\Delta h(b/a)$ com $\bar{k} = \sqrt{k_h k_v}$.

Você concorda com essa metodologia para cálculo da vazão? Justifique.

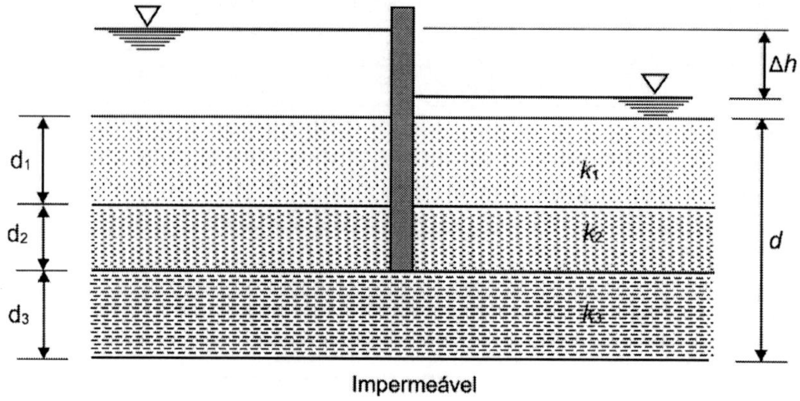

Figura 2.105 - Fluxo permanente através de maciço de solo estratificado
Fonte: autor

Resposta: A metodologia é incorreta pois as expressões dos coeficientes de permeabilidade equivalentes nas direções horizontal e vertical são válidas apenas para fluxo permanente 1D.

16 - a) Em relação às amostras de solo da Fig. 2.106 e 2.107, pede-se determinar a vazão por rede de fluxo em função de: i) coeficiente de permeabilidade k_1; ii) coeficiente de permeabilidade k_2; b) é possível calcular a vazão usando os coeficientes de permeabilidade equivalentes definidos na questão 15? Justifique; c) é possível calcular a vazão pelo método dos fragmentos? Justifique.

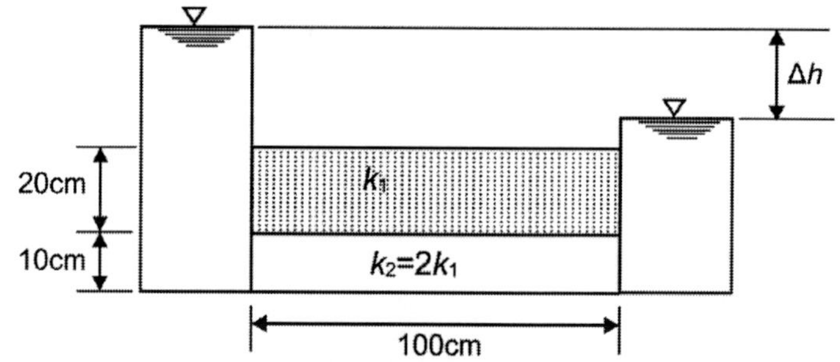

Figura 2.106 - Fluxo permanente em amostra de solo com duas camadas
Fonte: autor

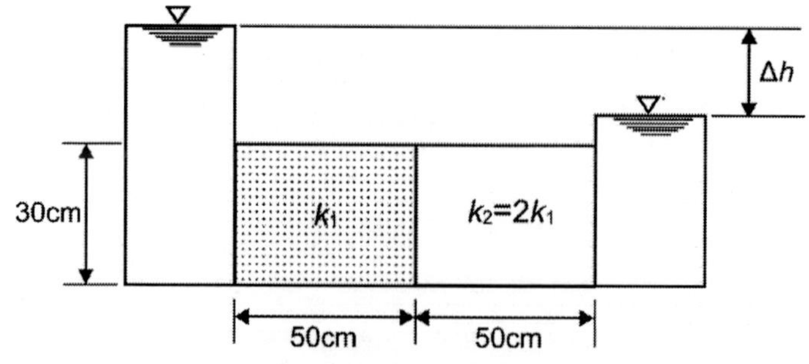

Figura 2.107 - Fluxo permanente em amostra de solo com duas camadas
Fonte: autor

Respostas: a) $Q = 2k_1\Delta h/5 = k_2\Delta h/5$ na Fig. 2.106 e $Q = 2k_1\Delta h/5 = k_2\Delta h/5$ na Fig. 2.107; b) sim, porque são casos de fluxo permanente 1D e as expressões da questão 15 para coeficientes de permeabilidade equivalentes são aplicáveis; c) sim, diretamente na amostra de solo da Fig. 2.107 considerando dois fragmentos tipo I, e indiretamente nas amostras das Fig. 2.106 e 2.107 considerando amostras de solo homogêneo com os coeficientes de permeabilidade equivalentes determinados em b).

17 - Dois grupos de alunos da disciplina mecânica dos solos devem construir, em laboratório, um modelo de barragem de terra homogênea, taludes com inclinação 1:2 (V:H), coeficiente de permeabilidade horizontal $k_h = 20 \times 10^{-3}$cm/s, coeficiente de permeabilidade vertical $k_v = 5 \times 10^{-3}$ cm/s. O primeiro grupo utilizou solo isotrópico, com permeabilidade k= 10^{-2} cm/s em um modelo com taludes de inclinação 1:1, enquanto o segundo usou solo com coeficiente de permeabilidade horizontal $k_h = 5 \times 10^{-2}$cm/s e coeficiente permeabilidade vertical $k_v = 8 \times 10^{-3}$cm/s em um modelo com taludes de inclinação 1:3. Comente se esses modelos podem ser utilizados para determinação da vazão da barragem real. Caso negativo, explique a razão.

Resposta: Na seção transformada, a barragem apresenta taludes com inclinação 1:1 coincidente com a inclinação do modelo de solo isotrópico do primeiro grupo. Quanto ao modelo do segundo grupo, para preservar a razão de semelhança geométrica, os taludes deveriam ser construídos com inclinação 1:2,5.

18 - Estime a vazão Q sob a estrutura impermeável da Fig. 2.108, por unidade de comprimento, e a largura B da base da estrutura até o ponto onde a linha freática inicia. Considerar coeficiente de permeabilidade k= 5×10^{-3}cm/s.

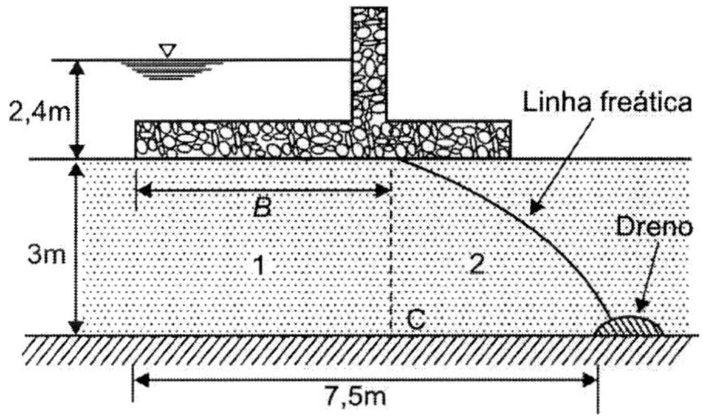

Figura 2.108 - Estimativa da vazão no solo de fundação de estrutura impermeável
Fonte: adaptado de Harr (1977)

Respostas: $Q = 66{,}5\times10^{-6}$ m^3/s/m $B = 4{,}1$ m
Sugestão – Admita a existência de uma linha equipotencial vertical, passando por C que divide o problema nos fragmentos tipo III, na região 1, e tipo VII, na região 2. Determine a vazão normalizada Q/k em cada fragmento em função da distância normalizada B/T. Varie B/T até que ambas as curvas de vazão se interceptem graficamente. O ponto comum indica o valor da distância B.

19 – (JAMES COOK UNIVERSITY, 2000) Uma pequena área é protegida de inundações por meio de cortinas impermeáveis, conforme Fig. 2.109. Os pontos X e Y encontram-se na camada de pedregulho, a 1 m e 2 m de profundidade, respectivamente, enquanto o ponto Z se situa 1 m acima da base da camada de argila. Medida piezométrica indica que a poropressão em Y é 90 kPa, considerando peso específico da água γ_w = 10

kN/m^3. As propriedades geotécnicas dos solos estão listadas na Tab. 2.4. Pede-se calcular: a) a carga hidráulica no ponto Y, usando o topo da camada de pedregulho como nível de referência NR; b) a tensão vertical total e efetiva nos pontos X, Y, Z; c) o gradiente hidráulico e a correspondente velocidade de fluxo no ponto Z.

Tabela 2.4 - Propriedades dos solos

Solo	Peso específico (kN/m^3)	Coeficiente de permeabilidade (cm/s)
Areia	18,5	10^{-2}
Argila saturada	18,0	10^{-5}
Pedregulho saturado	20,0	10

Fonte: autor

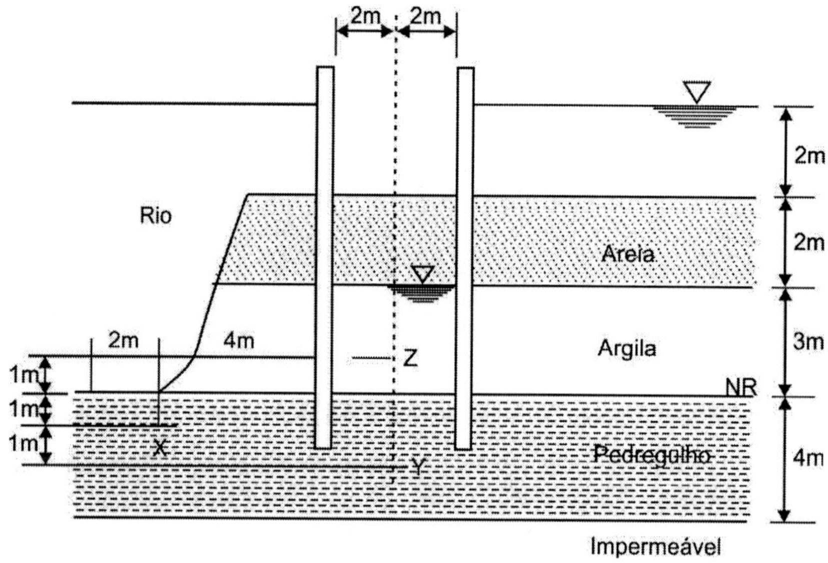

Figura 2.109 - Cortinas impermeáveis para proteção de pequena área contra inundações
Fonte: adaptado de James Cook University (2001)

Respostas: no ponto Z $i_z = 4/3$ $v_z = (4/3)\times10^{-5}$ cm/s (fluxo 1D ascendente)

Ponto	h_e (m)	h_P (m)	h (m)	u (kPa)	σ_v (kPa)	σ'_v (kPa)
X	-1	8	7	80	90	10
Y	-2	9	7	90	131	41
Z	1	14/3	17/3	140/3	73	26,3

20 - Os alunos A e B de Mecânica dos Solos estudaram o problema de fluxo permanente em solo anisotrópico ($k_x \neq k_y$) com o método das diferenças finitas utilizando a equação aproximada $4h_0 - h_1 - h_2 - h_3$

– h_4 = 0. O aluno A utilizou uma malha quadrada de lado a desenhada na seção transformada da geometria do problema. O aluno B optou em usar uma malha desenhada na seção natural, formada por retângulos de largura a e comprimento $a\sqrt{k_x/k_y}$. Ambos os alunos conseguiram os mesmos resultados de cargas hidráulicas? Explique.

Resposta: sim, na seção transformada a malha do aluno B é constituída por quadrados de lado a e na seção natural a malha do aluno A é formada por retângulos de largura a e comprimento $a\sqrt{k_x/k_y}$.

21 - Se o campo de velocidades de um caso de fluxo permanente 2D for $(v_x, v_y) = (2Ax, -2Ay)$, pede-se determinar: a) o potencial de velocidade $\phi(x,y)$ e a correspondente função de corrente $\psi(x,y)$, a menos de uma constante; b) no problema de fluxo, o que podem representar os eixos $x = 0$ e $y = 0$? c) esboce uma linha de fluxo considerando $A = 1/2$ para $\phi(x,y) \neq 0$ e $\psi(x,y) \neq 0$.

Respostas: a) $\phi(x,y) = A(x^2 - y^2) + c_1$ e $\psi(x,y) = 2Axy + c_2$ b) observe que $v_x = 2Ax = 0$ para $x = 0$ e $v_y = -2Ay = 0$ para $y = 0$; portanto os eixos $x = 0$ e $y = 0$ representam contornos impermeáveis em relação aos quais as velocidades normais são nulas; c) considerando $A = ½$ uma linha de fluxo é dada por $\psi(x,y) = xy = 1$ ou $y = 1/x$, por exemplo, com $c_2 = -1$.

22 - Para a situação de fluxo permanente em solo anisotrópico ($k_x \neq k_y$) indicada na Fig. 2.110, o aluno X determinou a vazão Q pela lei de Darcy usando o valor de k_x na seção natural (A, L), enquanto o aluno Y aplicou a lei de Darcy na seção transformada $\left(A, L\sqrt{k_y/k_x}\right)$ com o valor do coeficiente de permeabilidade equivalente $\bar{k} = \sqrt{k_x k_y}$. Ambos estão corretos? Justifique sua resposta.

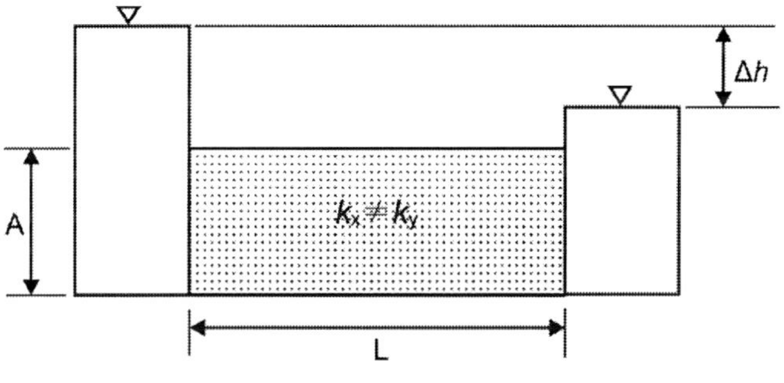

Figura 2.110 - Fluxo permanente 1D em solo anisotrópico
Fonte: autor

Resposta: Ambos estão corretos, com aluno X calculando $Q = k_x(\Delta h/L)A$ na seção natural e aluno Y determinando $Q = \bar{k}\frac{\Delta h}{L\sqrt{k_y/k_x}}A = \sqrt{k_x k_y}\sqrt{k_x/k_y}\,(\Delta h/L)A = k_x(\Delta h/L)A$ na seção transformada

23 - Alunos de mecânica dos solos construíram, em laboratório, um modelo de barragem de terra para visualização de linhas de fluxo com uso de corantes, bem como para medição de vazão, cargas e gradientes hidráulicos. A barragem em escala real está apresentada na Fig. 2.111, formada por solo homogêneo, porém anisotrópico, com $k_x = 20 \times 10^{-5}$m/s e $k_y = 5 \times 10^{-5}$m/s. O modelo de laboratório deve ter altura

limitada em 1 m. O grupo de alunos da turma A utilizou um solo isotrópico com coeficiente de permeabilidade $k_A = 10^{-4}$m/s, os alunos da turma B um solo isotrópico com coeficiente de permeabilidade $k_B = 10^{-3}$m/s e os alunos da turma C o solo real da barragem. Pede-se: a) a geometria dos modelos das turmas A, B, C; b) se as vazões medidas nos modelos, construídos em caixas impermeáveis com um metro de comprimento, foram respectivamente Q_A, Q_B e Q_c, então qual a vazão Q por metro de comprimento da barragem real? c) Se as cargas de pressão medidas por piezômetros em determinado ponto M nos modelos foram h_P^A, h_P^B, h_P^C, respectivamente, qual a carga de pressão h_P na barragem real ?

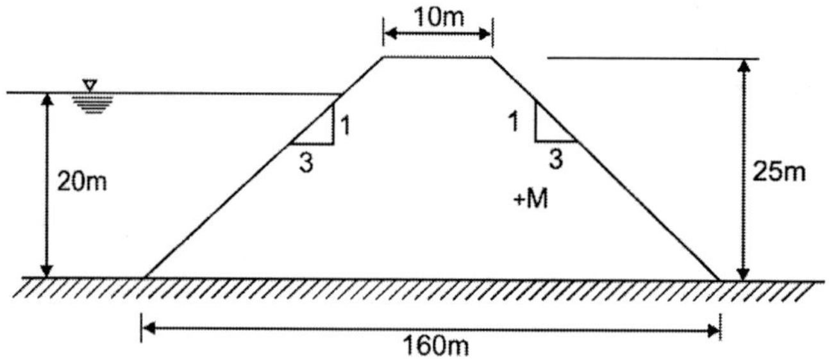

Figura 2.111 - Barragem de terra (protótipo)
Fonte: autor

Respostas: a) Turma C – Fig. 2.112.

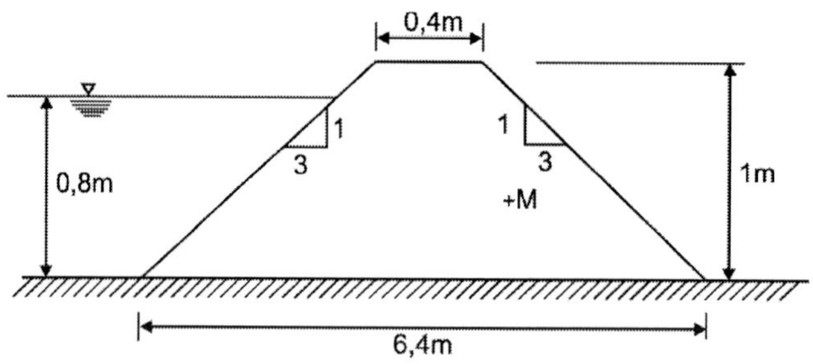

Figura 2.112 – Modelo da turma C
Fonte: autor

Respostas: a) Turmas A e B – Fig. 2.113

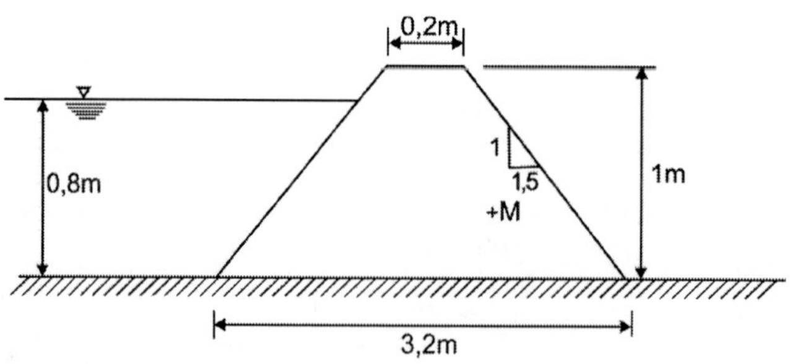

Figura 2.113 – Modelo das turmas A e B
Fonte: autor

b) $Q = 25Q_A \quad Q = 2{,}5Q_B \quad Q = 25Q_C$ c) $h_p = 25h_p^A = 25h_p^B = 25h_p^C$

24 – (UNIVERSITY OF SYDNEY, 2001) A Fig. 2.114 mostra a seção transversal de um rio situado em um vale. Em um lado, o vale é formado por rocha impermeável, e no outro, por rocha muito fraturada de alta permeabilidade. O vale é preenchido com areia siltosa homogênea com coeficiente de permeabilidade $k = 0{,}5$ m/dia e peso específico saturado $\gamma_{sat} = 20$ kN/m^3. Pede-se determinar a vazão do fluxo d'água para o rio, considerando que o nível d'água (NA) na rocha fraturada situa-se 8 m acima do nível d'água do rio. Marque claramente as condições de contorno na rede de fluxo.

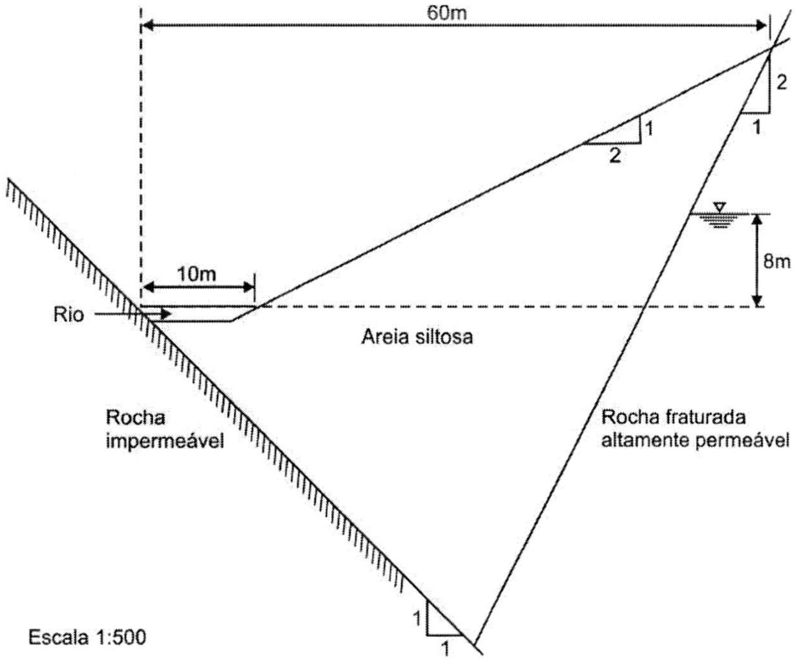

Figura 2.114 - Fluxo permanente em um vale de areia siltosa
Fonte: adaptado de University of Sydney (2001)

Resposta: a) $Q = 2{,}5$ m^3/dia/m

25 – (UNIVERSITY OF SYDNEY, 1999) Para a construção de um edifício, uma escavação de 10 m x 10 m de área e 10 m de profundidade é executada. O solo local consiste de argilosa siltosa com uma camada de areia ($k = 5 \times 10^{-5}$m/s) de 1,5 m de espessura a partir da profundidade 8,5 m (Fig. 2.115a). A extensão lateral do solo é limitada por um rio, de um lado, e uma rocha impermeável, de outro (Fig. 2.115b). Durante a construção, a água percola através da camada de areia para o interior da escavação em regime de fluxo permanente. O nível do rio mantém-se constante 1m abaixo da superfície do terreno. Se o bombeamento mantém o nível d'água no interior da escavação na profundidade 10 m (fundo da escavação), pede-se calcular: a) a vazão Q da água para o interior da escavação; b) se a bomba parar, em quanto tempo a água no interior da escavação se elevará em 1,5 m, variando da profundidade 10 m para a profundidade 8,5 m?

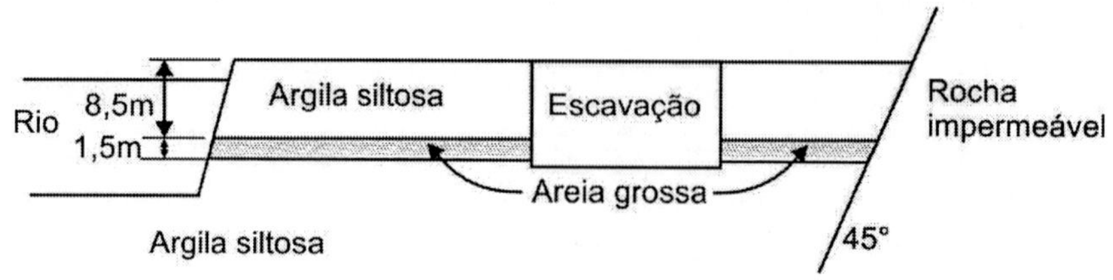

Figura 2.115a - Corte vertical - sem escala
Fonte: adaptado de University of Sydney (1999)

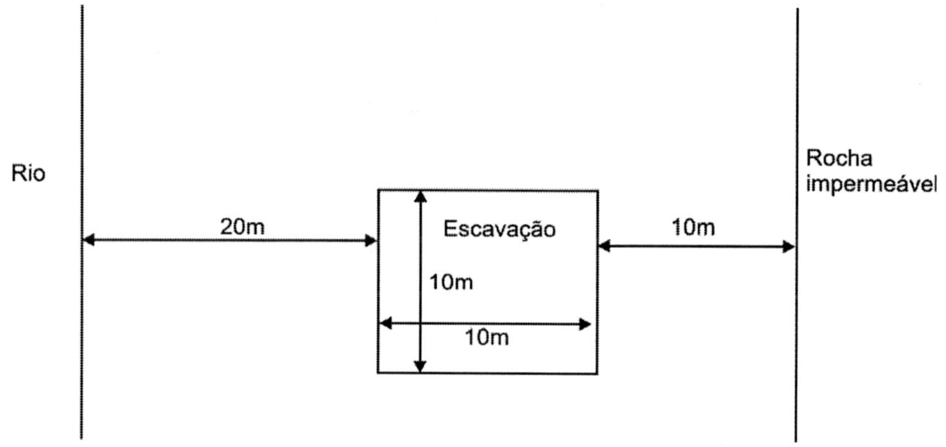

Figura 2.115b - Corte horizontal na profundidade de 10 m - sem escala
Fonte: adaptado de University of Sydney (1999)

Respostas: Considerando a rede de fluxo da Fig. 2.115c

a) $Q = 157{,}5 \times 10^{-5}$ m^3/s b) $t = 28{,}94$ h

Se a bomba parar, observe que a vazão Q diminuirá gradualmente devido à redução da diferença de carga hidráulica Δh entre o nível d'água no rio e no interior da escavação. Logo,

$$Q = k\$\Delta h \times \frac{b}{a} \times c = vA$$

onde v é a velocidade de elevação da água no interior da escavação ($v = dz/dt$), $A = 10 \times 10$ m^2 é a área da seção normal ao fluxo (fundo da escavação) e $c = 1{,}5$ m é a espessura da camada de areia.

$$5 \times 10^{-5} \times \frac{21}{9} \times (9 - z) \times \frac{1}{1} \times 1{,}5 = \frac{dz}{dt} \times 100 \;\rightarrow\; 5 \times 10^{-7} \times \frac{21}{9} \times 1{,}5 \times \int_0^t dt \;=\; \int_0^{1{,}5} \frac{dz}{9 - z}$$

$$\frac{157{,}5}{9} \times 10^{-7} \times t = -\ln(9 - z)_0^{1{,}5} \quad \rightarrow \quad t = \ln\left(\frac{9}{7{,}5}\right) \times \frac{9}{157{,}5} \times 10^{7}\,\mathrm{s} = 28{,}94\,\mathrm{h}$$

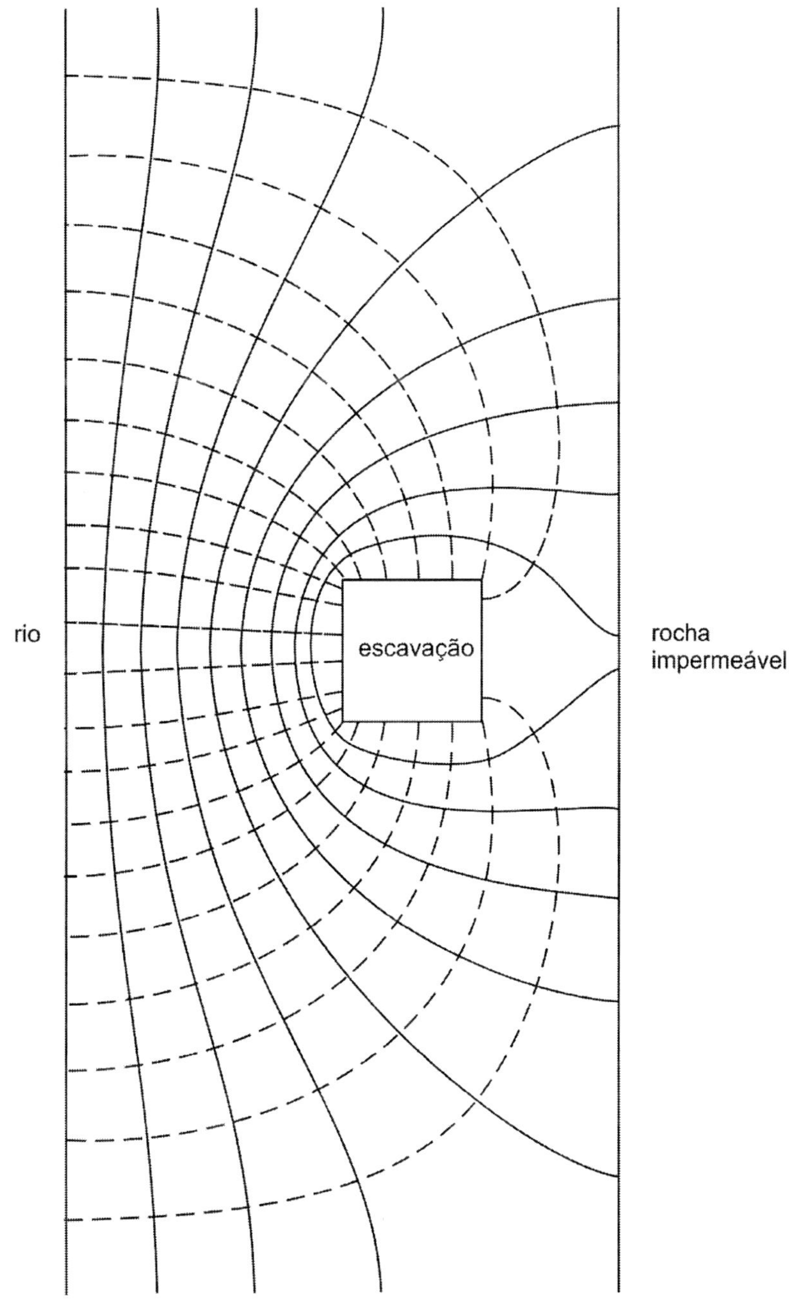

Figura 2.115c - Rede de fluxo na profundidade de 10 m
Fonte: autor

26 – A Fig. 2.116 mostra a seção transversal de uma barragem de concreto com 8 m de largura, sobre um estrato de solo formado por duas camadas horizontais de 4 m de espessura cada. O solo 1 apresenta coeficientes de permeabilidade $k_x = 8 \times 10^{-5}$m/s e $k_y = 2 \times 10^{-5}$m/s, enquanto o solo 2 tem coeficiente de permeabilidade isotrópica $k = 10^{-5}$m/s. Como o problema tem simetria de fluxo, basta analisar apenas metade da geometria. Considere também que os pontos da malha situados no contorno lateral esquerdo tem carga hidráulica conhecida h = 13 m. Admita o NR na base do estrato de solo, e escreva o sistema de equações, na forma matricial, que calcula aproximadamente as cargas hidráulicas nos pontos (2,2), (3,2), (2,1), (3,1).

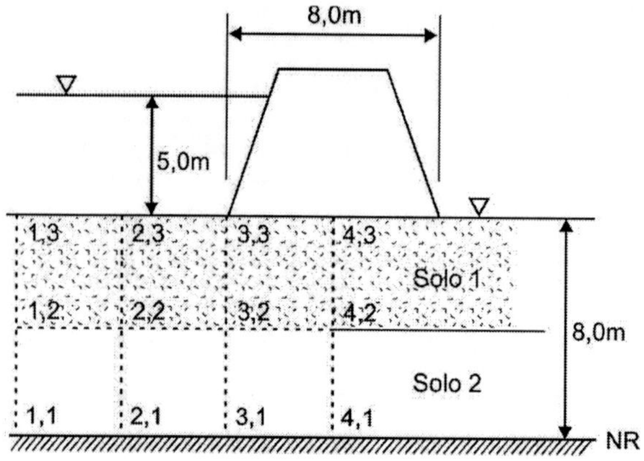

Figura 2.116 - Barragem de concreto e malha de pontos em metade da geometria do problema
Fonte: autor

Resposta: $\begin{bmatrix} 24 & -9 & -2 & 0 \\ -9 & 24 & 0 & -2 \\ -2 & 0 & 4 & -1 \\ 0 & -2 & -1 & 4 \end{bmatrix} \begin{Bmatrix} h_{2,2} \\ h_{3,2} \\ h_{2,1} \\ h_{3,1} \end{Bmatrix} = \begin{Bmatrix} 169 \\ 146{,}5 \\ 13 \\ 10{,}5 \end{Bmatrix}$

27 – Considere a barragem de terra zonada da Fig. 2.117, onde o coeficiente de permeabilidade da zona 1 é $k_1 = 6 \times 10^{-7}$m/s e o coeficiente de permeabilidade da zona 2 é $k_2 = 18 \times 10^{-7}$m/s. Para determinação da vazão Q em problemas com solos de diferentes permeabilidades, foram discutidas quatro opções de cálculo de vazão (seção 2.5.4), dentre as quais: i) com o coeficiente de permeabilidade do solo 1 e trecho da rede de fluxo compreendida somente na zona do solo 1; ii) com o coeficiente de permeabilidade do solo 2 e trecho da rede de fluxo compreendida somente na zona do solo 2. Determine o valor da vazão Q conforme procedimentos i) e ii).

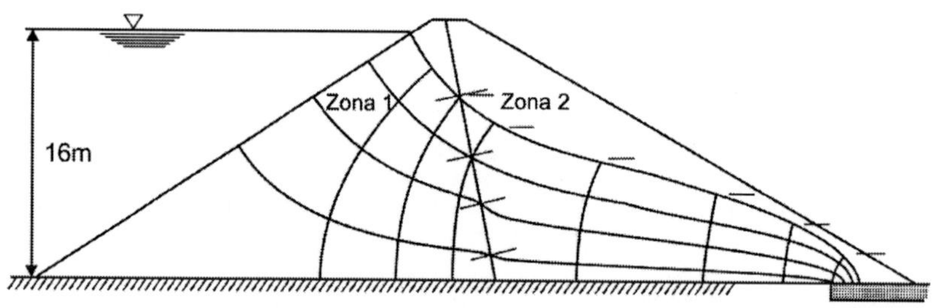

Figura 2.117 – Fluxo permanente 2D em barragem de terra zonada
Fonte: adaptado de Cedergren (1989)

Resposta: $Q = 4{,}2 \times 10^{-6}$ m^3/s/m

Sugestão: Para a zona de solo 1, considere a região da rede de fluxo entre a primeira (talude de montante) e a segunda equipotencial. A vazão nesse trecho, que é a mesma em toda a barragem, pode ser calculada como

$Q = k_1 \$ \Delta H(b/a)$ com $\Delta H = 16/8 = 2$ m $\quad \$ = 3{,}5/1 = 3{,}5 \quad b/a = 1$

Para a zona de solo 2, considere a região da rede de fluxo entre a quarta e a quinta equipotencial, por exemplo. A vazão nesse trecho, que é a mesma em toda a barragem, pode ser calculada como

$Q = k_2 \$ \Delta H(b/a)$ com $\Delta H = 16/8 = 2$ m $\quad \$ = 3{,}5/1 = 3{,}5 \quad b/a = k_1/k_2 = 1/3$

28 – Você concorda com os seguintes traçados de rede de fluxo da Fig. 2.118? Justifique.

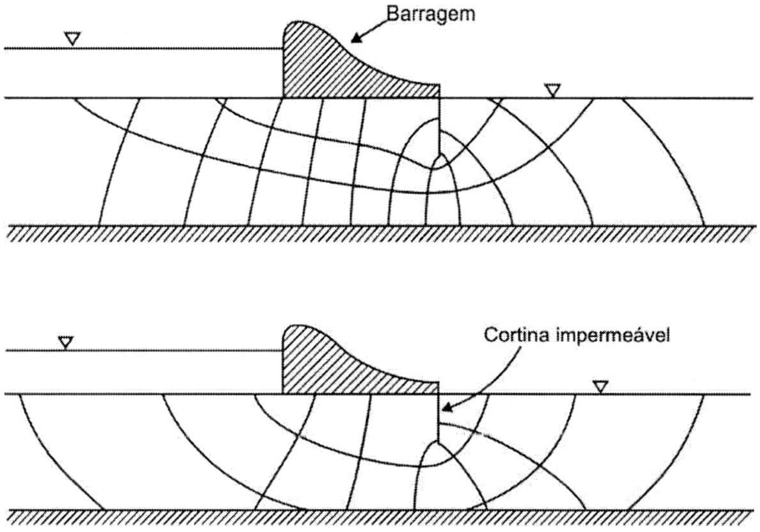

Figura 2.118 – Barragem de concreto com cortina impermeável a jusante
Fonte: Gerscovich e Bernardes (1988)

Respostas: Linhas equipotenciais interceptam linhas equipotenciais máxima e mínima (rede superior); linhas de fluxo interceptam linha de fluxo máxima (rede inferior).

29 – (HARR, 1962) Determinar a vazão pelo solo de fundação da barragem de concreto com cortina impermeável a jusante por traçado de rede de fluxo (Fig. 2.119). Considerar coeficiente de permeabilidade isotrópico $k = 10^{-5}$m/s. Desenhar a rede de fluxo na escala 1:500 com o papel na orientação paisagem. Medidas em m.

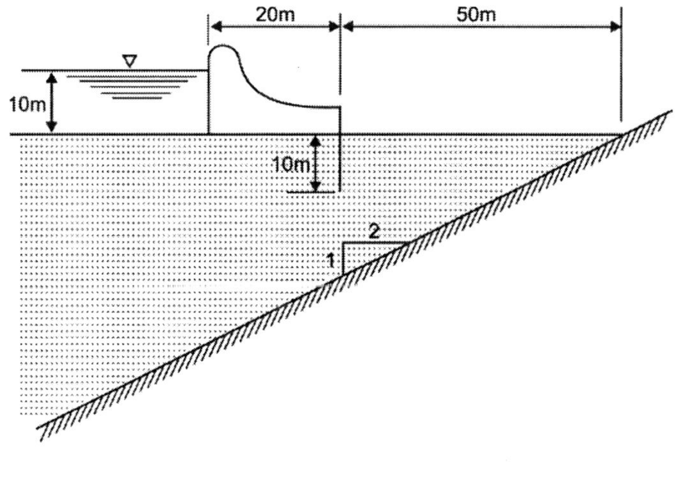

Figura 2.119 – Barragem de concreto com cortina impermeável a jusante em solo isotrópico
Fonte: adaptado de Harr (1962)

Resposta: $Q = 4{,}5 \times 10^{-5}$ m^3/s/m

30 - O método da caminhada aleatória foi aplicado para determinar as cargas hidráulicas nos pontos P e Q indicados na Fig. 2.120 com os resultados mostrados na Tab. 2.5. Estimar o valor da velocidade de fluxo permanente e da poropressão no ponto *Q*.

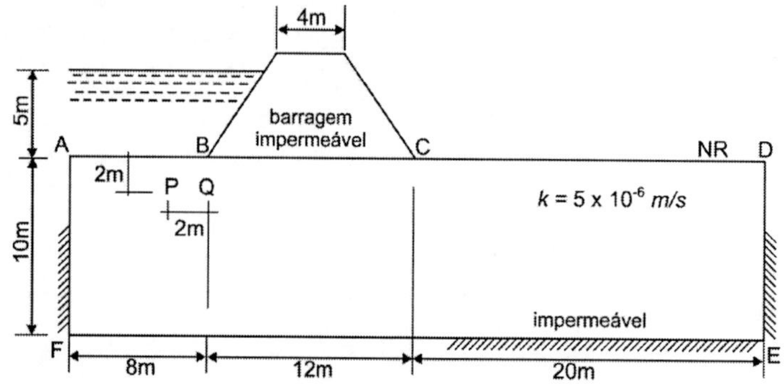

Figura 2.120 – Fluxo permanente em solo de fundação sob barragem impermeável
Fonte: autor

Tabela 2.5 – Número de realizações no método da caminhada aleatória

Ponto	Contorno AB	Contorno CD
P	1816	184
Q	1712	288

Fonte: autor

Respostas: $v_x^Q = 0{,}65 \times 10^{-6}\text{m/s}$ $\quad v_y^Q = 1{,}80 \times 10^{-6}\text{m/s}$ $\quad v^Q = 1{,}91 \times 10^{-6}\text{m/s}$

31 - (HARR, 1977) Trace uma rede de fluxo e determine a poropressão nos pontos A e B da região de solo do problema da Fig. 2.121. Considere peso específico da água $\gamma_w = 10$ kN/m^3.

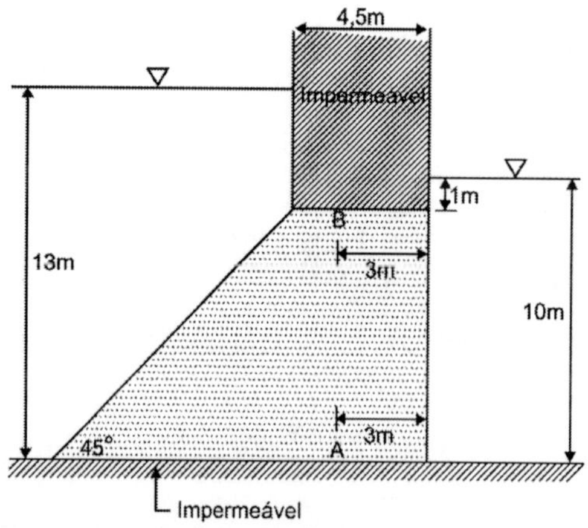

Figura 2.121 – Pontos A e B na interface solo / material impermeável
Fonte: adaptado de Harr (1977)

32 - A Fig. 2.122 mostra a rede de fluxo permanente em um modelo de areia de cortina impermeável, construído por um grupo de alunos de mecânica dos solos. A camada do solo de fundação foi construída em laboratório na escala 1:5 em uma caixa impermeável com 1m de profundidade. A areia utilizada no modelo tem coeficiente de permeabilidade $k_x^M = 8 \times 10^{-5}\mathrm{m/s}$. Pede-se determinar, com base na rede de fluxo do modelo, mostrada na figura: a) a vazão Q_P na cortina real, por metro de comprimento, sabendo que os coeficientes de permeabilidade do protótipo são $k_x^P = 9 \times 10^{-6}\mathrm{m/s}$ e $k_y^P = 4 \times 10^{-6}\mathrm{m/s}$; b) o gradiente hidráulico de saída I_E na cortina real, sabendo que, no modelo, o trecho vertical AB = 28 cm. Conferir a resposta com a solução analítica da Eq. 2.11y.

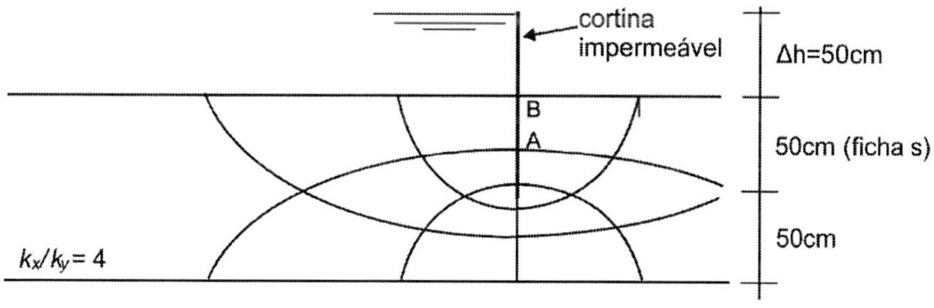

Figura 2.122 – Rede de fluxo em modelo de areia com cortina impermeável
Fonte:adaptado de Cedergren (1967)

Respostas: a) $Q_P = 7{,}5 \times 10^{-6}$ m³/s/m   b) $I_E = 0{,}30$

33 - A Fig. 2.123 mostra uma barragem de concreto, com cortinas impermeáveis a montante e a jusante até a profundidade de 7 m e reservatório de água com 4 m de profundidade. O solo de fundação tem permeabilidade isotrópica $k_\mathrm{f} = 10^{-5}$m/s e o solo do reaterro (camada superficial de 2 m de espessura) apresenta coeficiente de permeabilidade isotrópica $k_\mathrm{a} = 2 \times 10^{-5}$m/s. Considerando a malha de diferenças finitas da figura, escreva o sistema de equações, na forma matricial, para cálculo das cargas hidráulicas desconhecidas. Não é necessário resolver o sistema de equações. Assuma que nos contornos laterais da malha as cargas hidráulicas são hidrostáticas.

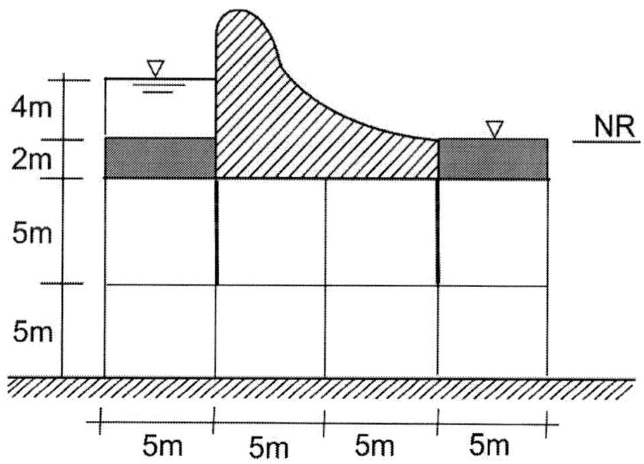

Figura 2.123 – Malha de diferenças finitas em barragem de concreto com cortinas impermeáveis duplas
Fonte: autor

Resposta: $$\begin{bmatrix} 2 & -1 & 0 & 0 \\ -2 & 8 & -1 & -1 \\ 0 & -0{,}5 & 3{,}9 & 0 \\ 0 & -1 & 0 & 2 \end{bmatrix} \begin{Bmatrix} h_{2,1} \\ h_{2,2} \\ h_{2,3}^{e} \\ h_{2,3}^{d} \end{Bmatrix} = \begin{Bmatrix} 3{,}0 \\ 12{,}0 \\ 13{,}6 \\ 2{,}0 \end{Bmatrix}$$

Capítulo 3

REBAIXAMENTO TEMPORÁRIO DO LENÇOL FREÁTICO

3.1 INTRODUÇÃO

Muitas obras de Engenharia Civil como edificações, barragens, túneis, diques etc. envolvem frequentemente a necessidade da execução de escavações em solos saturados, o que exige medidas apropriadas de planejamento e controle da água subterrânea e da água superficial. Em outras situações, a escavação pode estar situada acima de um aquífero granular confinado (artesiano) que, se não tiver sua carga de pressão reduzida, pode levar ao levantamento do fundo da escavação, perda de material do solo de fundação e à ruptura hidráulica.

Os métodos de controle da água subterrânea podem ser divididos em duas classes gerais: a) pré-drenagem, com a instalação de sistemas de rebaixamento do lençol freático; b) instalação de barreiras físicas (*cut-off* na terminologia de língua inglesa) que impeçam a água de atingir o local da obra, com a utilização de cortinas impermeáveis metálicas ou de concreto, paredes diafragma, trincheiras impermeáveis etc.

O rebaixamento do lençol freático atende aos seguintes objetivos principais: a) criar uma superfície de trabalho adequada no fundo da escavação; b) aumentar a estabilidade dos taludes laterais da escavação; c) prevenir a perda de material pelos taludes e fundo da escavação; d) prevenir o levantamento do fundo da escavação.

A escolha de um sistema para rebaixamento do lençol freático depende de diversos fatores: a) tipo de obra – para escavações rasas com rebaixamento projetado de até 6 m normalmente empregam-se ponteiras filtrantes; para rebaixamentos maiores, são utilizados poços profundos com bombas submersas individuais (grandes valores de vazão) ou poços profundos com injetores; b) permeabilidade do aquífero, como indicado na Fig. 3.1, relacionando a escolha de um sistema de rebaixamento em função do coeficiente de permeabilidade do aquífero; c) efeito do rebaixamento em estruturas vizinhas, pois a diminuição das poropressões provoca um aumento das tensões efetivas no solo de fundação que podem produzir recalques e danificar construções existentes; d) natureza do aquífero granular, se confinado (artesiano) ou não confinado (gravitacional); e) extensão da área a ser rebaixada; f) proximidade de corpos d'água etc.

3.2 BOMBEAMENTO DIRETO

No bombeamento direto, também conhecido como esgotamento de vala, a água é recolhida em valas abertas ao longo do pé do talude da escavação ou por elas transportada a um poço aberto situado fora da área principal de escavação (Fig. 3.2 e 3.3), com profundidade inferior a 1,5 m, de onde é retirada por meio de bombas de diferentes tipos e potências. É usualmente um método barato, simples e de fácil instalação e operação, desde que as condições não sejam desfavoráveis (Quadro 3.1). Ao optar pelo bombeamento direto, o engenheiro deve ter certeza de que não haverá danos no solo de fundação, evitando atrasos na construção, aumentos dos custos da obra ou correr riscos desnecessários e provocar acidentes.

3.3 REBAIXAMENTO COM PONTEIRAS FILTRANTES (*wellpoints*)

Quando for necessário rebaixar o nível do lençol freático, antes da execução da escavação (pré-drenagem), o engenheiro pode optar por várias técnicas, dentre as quais o versátil sistema de ponteiras filtrantes, em uso há décadas. Esse sistema é utilizado em solos granulares, podendo bombear desde pequenas (em areias finas) a grandes (em pedregulhos) quantidades de água, ainda que em determinadas situações possa não vir a ser a alternativa mais econômica ou a sua instalação possa interferir fisicamente com as operações de construção.

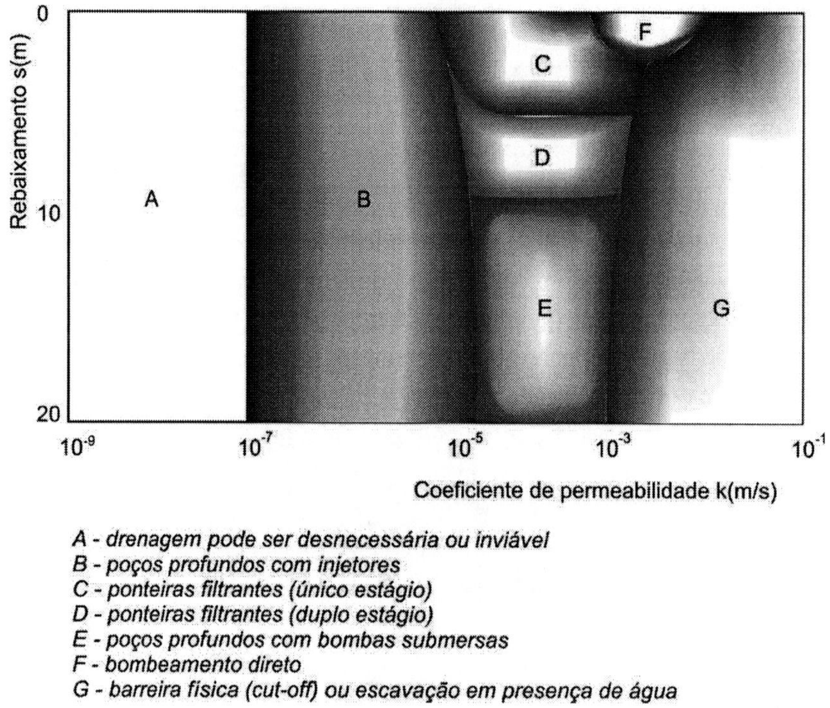

Figura 3.1 – Aplicabilidade de sistemas de rebaixamento em função do coeficiente de permeabilidade do aquífero
Fonte: adaptado de CIRIA (2000)

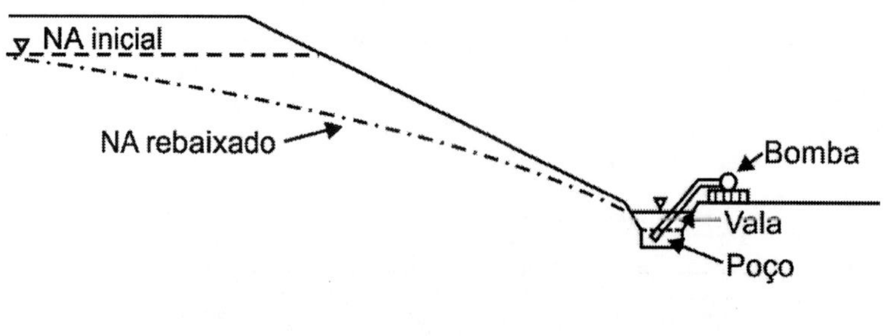

Figura 3.2 - Bombeamento direto em poços e valas
Fonte: adaptado de Mansur e Kaufman (1962)

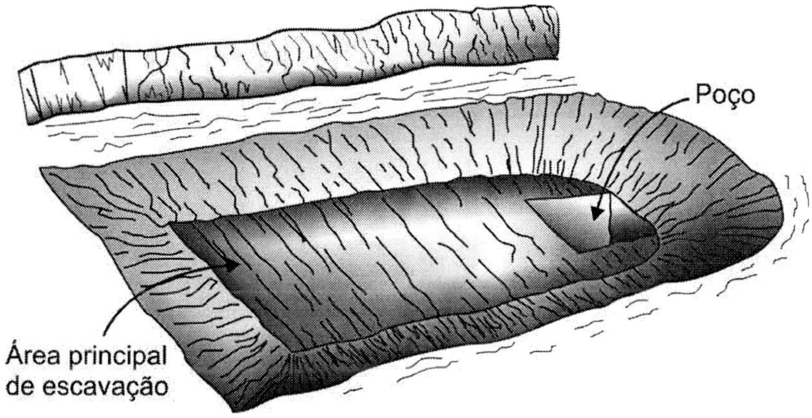

Figura 3.3 - Poço para bombeamento direto na parte baixa da escavação
Fonte: adaptado de Somerville (1986)

Características do solo	Justificativas
Solos granulares fofos, uniformes, sem finos	Possibilidade de levantamento do fundo da escavação e instabilidade de taludes.
Siltes e argilas com teor de umidade próximo ou acima do limite de liquidez	Solos inerentemente instáveis; valores baixos de poropressão em lentes permeáveis podem provocar deslizamentos.
Rocha branda; rochas com preenchimento de materiais não consolidados.	Grande quantidade de água bombeada pode causar erosão ou remoção do material de preenchimento.

Características hidrológicas	Justificativas
Permeabilidade moderada a alta; proximidade de fonte de recarga; gradiente hidráulico moderado a alto	Potencial para produção de grandes volumes de água. Mesmo pedregulhos bem graduados podem sofrer instabilidades nestes casos. Problemas na construção e manutenção da escavação.
Aquífero artesiano (água sob pressão) abaixo da escavação	Bombeamento direto não é recomendado, pois água pode atingir o fundo da escavação com riscos de erosão (*piping*) e levantamento do fundo da escavação.

Outras condições	Justificativas
Estruturas adjacentes	Bombeamento direto deve ser evitado quando houver perda de finos pelos taludes da escavação com ameaça de danos a estruturas vizinhas.
Altas cargas de fundação	Quando fundação da estrutura a ser construída for projetada para suportar altas cargas, qualquer perturbação no solo de fundação deve ser evitada.

Taludes verticais	Possibilidade de escorregamento ou erosão pela percolação de água se o nível do lençol freático não for rebaixado previamente (pré-drenagem).
Técnica de construção	Emprego de carregadeiras, escavadeiras, caminhões, etc. é prejudicado pelo ambiente úmido característico de instalações de bombeamento direto.

Quadro 3.1 - Condições desfavoráveis para bombeamento direto
Fonte: Powers (1992)

O nível do lençol freático deve ficar no mínimo 50 cm abaixo do fundo da escavação, sendo este valor controlado pela instalação de piezômetros. O espaçamento típico entre ponteiras varia de 1 a 3 m (areias) e de 0,5 m a 1 m (pedregulhos). Nomogramas são disponíveis para um pré-dimensionamento do espaçamento entre ponteiras em depósitos de areia limpa, uniforme ou pedregulho (Fig. 3.4) ou maciços estratificados de areia limpa ou pedregulho (Fig. 3.5). Ponteiras filtrantes são instaladas ao longo do perímetro da escavação, conforme Fig. 3.6. São constituídas geralmente por tubos de PVC com diâmetro de 1½" a 2", terminados em uma peça perfurada de aproximadamente 1 m de comprimento, envolvida por tela de nylon com malha de 0,6 mm (a ponteira propriamente dita).

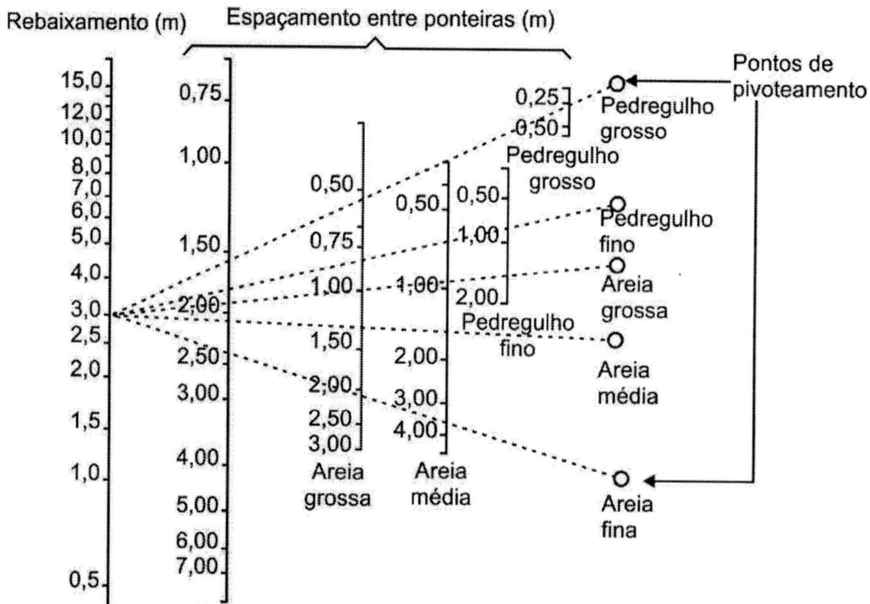

Figura 3.4 - Nomograma para espaçamento entre ponteiras em depósito de areia limpa uniforme ou pedregulho
Fonte: adaptado de Mansur e Kaufman (1962)

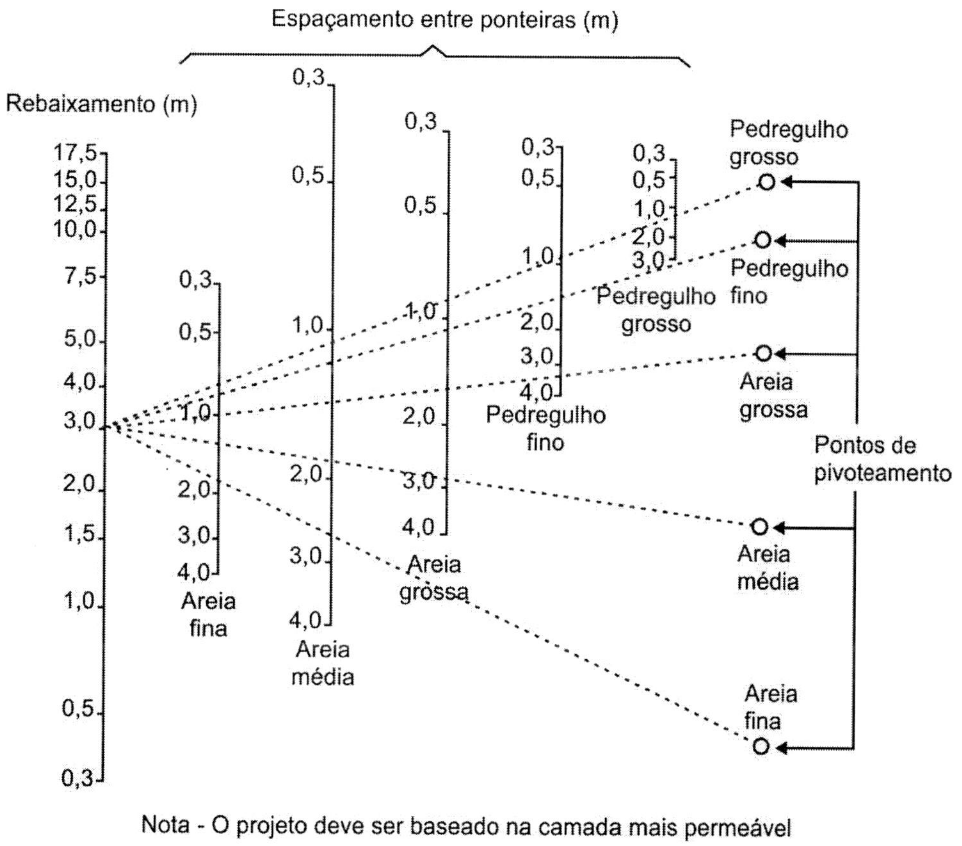

Figura 3.5 - Nomograma para espaçamento entre ponteiras em depósito estratificado de areia limpa ou pedregulho
Fonte: adaptado de Mansur e Kaufman (1962)

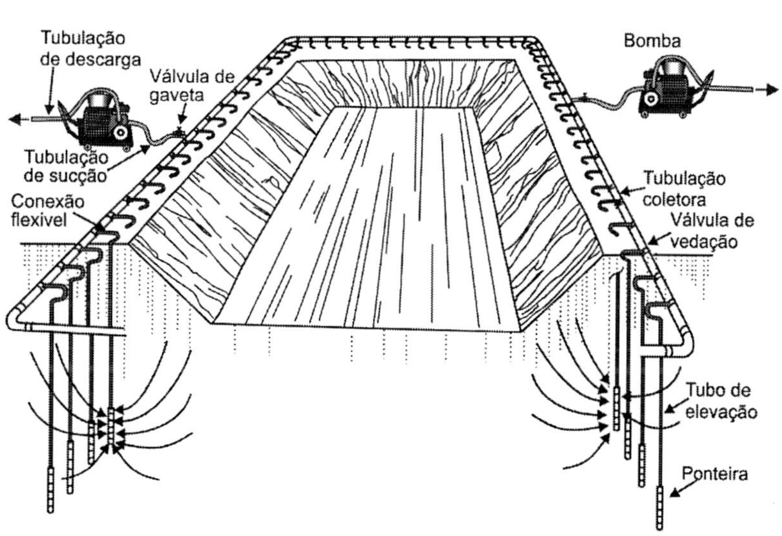

Figura 3.6 - Esquema de um sistema de rebaixamento do lençol freático por ponteiras filtrantes
Fonte: autor

A execução do furo é feita por circulação de água em processo semelhante ao de perfuração com lavagem dos ensaios de simples reconhecimento SPT. Em um tubo é injetado água, na extremidade do qual existe uma sapata de perfuração que tem a finalidade de desagregar o solo; após circular pela sapata, a água sobe pelo espaço entre o tubo e a parede do furo. Se houver possibilidade de o furo fechar, a perfuração deve ser acompanhada de um tubo de revestimento em PVC de 4" a 6" de diâmetro, que será retirado após a instalação da ponteira. Outra opção é utilizar ponteiras injetadas (Fig. 3.7) com a execução do furo feita por meio de jatos d'água sob pressão. Esse tipo de ponteira é recomendado para solos constituídos por areia média ou fina com injeção d'água sob pressão de até 0,5 MPa.

O espaço entre a tubulação das ponteiras e as paredes do furo é preenchido com areia bem graduada para proteger o sistema contra obstrução por carreamento de finos. Próximo à superfície, o furo é selado com bentonita ou mistura de solo-cimento, com o objetivo de melhorar as condições de vácuo e eficiência do sistema. A água é aspirada do solo por meio de uma bomba de vácuo; o trecho filtrante da ponteira deve ser mantido sempre submerso para evitar a entrada de ar. O tubo coletor está conectado a uma câmara de vácuo (Fig. 3.8) que armazena temporariamente a água extraída do subsolo antes desta ser lançada para fora da obra com auxílio de uma bomba de recalque. Se a bomba de recalque estiver subdimensionada para a vazão de água recebida, a água se elevará dentro da câmara, empurrando a boia que, por sua vez, abrirá uma válvula de alívio, liberando a entrada de ar e reduzindo a vazão da entrada de água. Com a diminuição posterior do nível d'água, a válvula de alívio é novamente fechada, e a vazão torna a aumentar (ALONSO, 1999).

O princípio de funcionamento das ponteiras filtrantes está ilustrado no tubo U da Fig. 3.9 contendo água. Quando ambas as extremidades do tubo estão sob pressão atmosférica (p_a = 101,325 kPa), a água está em equilíbrio. Quando uma bomba de vácuo é usada, a água se elevará na extremidade da direita (verificar na equação de Bernoulli Eq. 1.2a), gerando um fluxo forçado com carga de elevação h_e que, na situação de vácuo completo, pode chegar a uma coluna de 10,33 m de altura.

Esse valor teórico é impossível de ser atingido, porque o vácuo não é completo e há perdas de carga devido à viscosidade da água, ao fluxo de água através de solos e drenos, ao atrito nas tubulações e válvulas etc. Em consequência, a profundidade de rebaixamento é geralmente limitada a 6 m. Em areias finas ou areias siltosas pode ser de somente 3 a 4 m, de acordo com Quinion e Quinion (1987).

Para superar a limitação da profundidade de rebaixamento, podem ser empregados dois ou mais estágios de ponteiras, com cada estágio operando a partir do lençol freático rebaixado pelo estágio anterior, ou então fazer uso de sistemas mistos com poços profundos (Fig. 3.10).

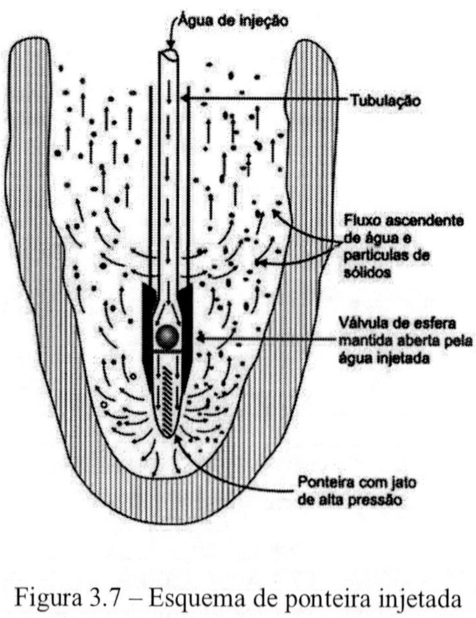

Figura 3.7 – Esquema de ponteira injetada
Fonte: adaptado de Mansur e Kaufman (1962)

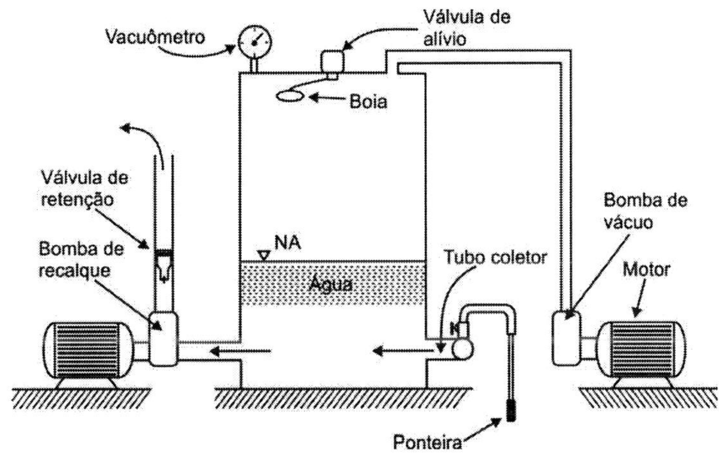

Figura 3.8 - Esquema de funcionamento de uma câmara de vácuo
Fonte: adaptado de Alonso (1999)

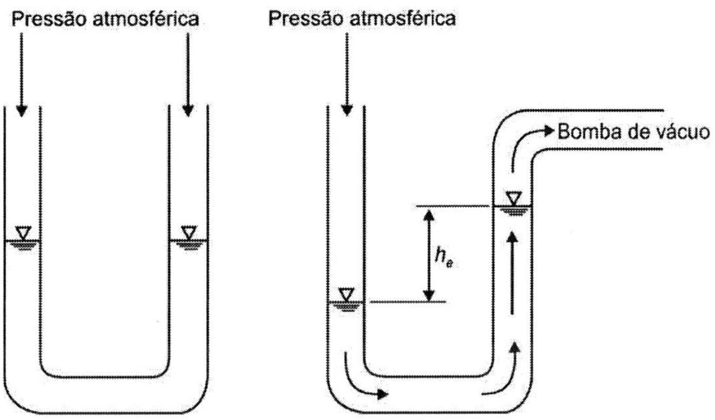

Figura 3.9 - Princípio de funcionamento de ponteiras
Fonte: autor

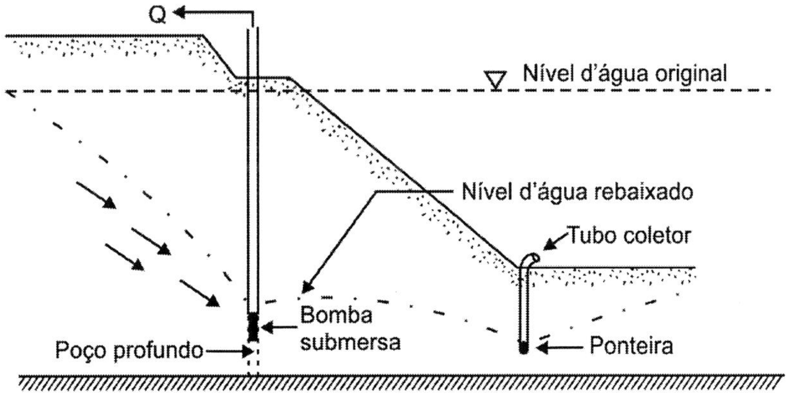

Figura 3.10 - Sistema misto de rebaixamento com poço profundo e ponteiras filtrantes
Fonte: adaptado de Mansur e Kaufman (1962)

3.4 REBAIXAMENTO COM INJETORES

Trata-se de um sistema alternativo ao uso de ponteiras filtrantes, consistindo de poços de 250 a 300 mm de diâmetro, com profundidade de até 30 m, espaçados geralmente de 5 a 10 m, no interior dos quais se instalam os injetores. A água é injetada por meio de uma bomba centrífuga em uma tubulação horizontal (tubo distribuidor geral), na qual se conectam os tubos de injeção que conduzem água (vazão Q) sob pressão (0,7 a 1 MPa) até um injetor instalado na extremidade do tubo, no fundo do poço. A água atravessa um bico Venturini (Fig. 3.11 e 3.12), e a vazão no tubo de retorno, de diâmetro ligeiramente superior ao do tubo de injeção, é acrescida da água aspirada do solo (vazão adicional ΔQ). O nível d'água na caixa é mantido constante, sendo o excesso lançado para fora da obra sempre que necessário. Essa mesma caixa d'água alimenta a bomba centrífuga, estabelecendo um circuito semifechado de operação do sistema.

O furo onde se instala o injetor é normalmente feito utilizando uma perfuratriz rotativa, que gira um revestimento metálico, contendo na extremidade inferior uma coroa de perfuração que desagrega o solo. Concluída a perfuração, instala-se em seu interior um tubo de PVC ou metal com diâmetro de 4" a 6", dotado de um segmento perfurado em sua parte inferior, envolto em tela de nylon com malha de 0,6 mm. O espaço entre o tubo e o revestimento é preenchido com material drenante (areia bem graduada) à medida que o revestimento é retirado do furo. O segmento final do tubo (1 m) é liso, sem perfurações, destinado a recolher as partículas finas do solo que, eventualmente, penetrem no tubo e depositem no fundo por decantação. Concluída a execução dos poços, são instalados os tubos de injeção (diâmetro de 1" a 1¼") e de retorno (diâmetro de 1 ¼" a 1½"), conectados na extremidade inferior ao injetor e na extremidade superior aos tubos coletor e distribuidor, conforme mostra a Fig. 3.11 (ALONSO, 1999).

O esquema da Fig. 3.12 ilustra o funcionamento de um bico Venturini. A água de injeção (vazão Q), quando obrigada a passar pela seção estrangulada (bico Venturini), sofre um aumento da velocidade e, portanto, da carga de velocidade $h_v = v^2/2g$. Em consequência, a carga de pressão diminui bruscamente na mesma proporção, pois a carga total do fluido, se considerado ideal, deveria manter-se constante de acordo com a equação de Bernoulli (Eq. 1.2a). Nessa seção estrangulada, a diferença de pressão entre a água injetada e a água do aquífero cria uma sucção que aspira a água externa e a impulsiona para o interior do tubo de retorno com acréscimo de vazão ΔQ. O alargamento posterior da seção do tubo coletor, após o bico Venturini, faz com que a velocidade de fluxo diminua, aumentando novamente a carga de pressão e recalcando a água para níveis mais elevados.

De acordo com Grandis (1996), a principal desvantagem da utilização de injetores é seu baixo rendimento, com alto consumo de energia por unidade de volume bombeado, sendo recomendado para rebaixamento de escavações profundas, onde o volume de água bombeado é relativamente pequeno (areias finas ou siltosas).

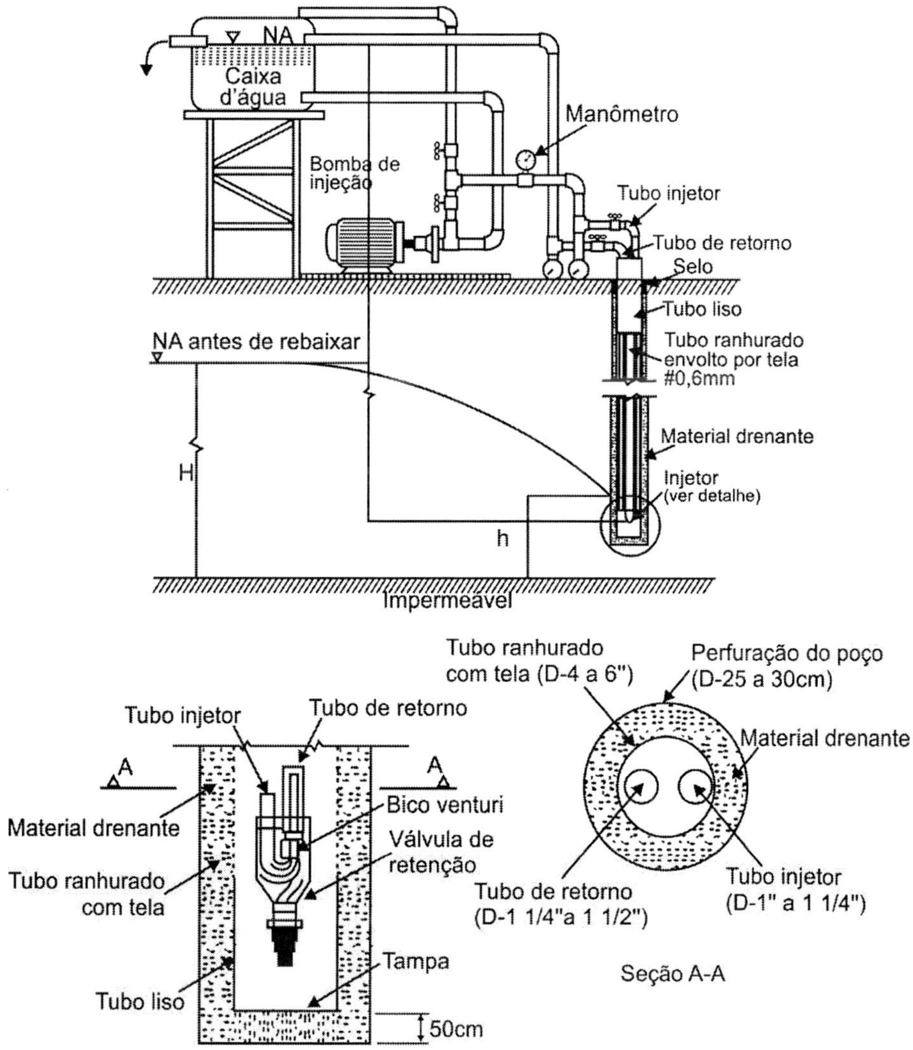

Figura 3.11 – Sistema de rebaixamento com injetores de tubos paralelos
Fonte: adaptado de Alonso (1999)

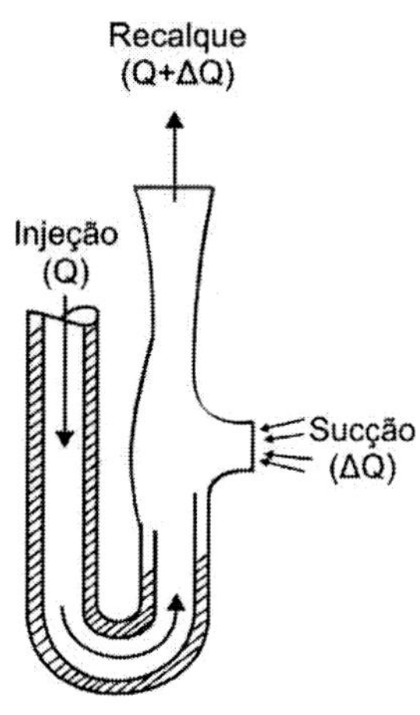

Figura 3.12 – Princípio de funcionamento do bico Venturini
Fonte: adaptado de Alonso (1999)

3.5 POÇOS PROFUNDOS

O sistema consiste de um ou mais poços profundos, espaçados geralmente de 10 a 60 m, cada um com sua própria bomba submersa de eixo vertical, tipo turbina, instalada no fundo do poço. Recomendado para rebaixamento do lençol freático a grandes profundidades, em aquíferos muito espessos e permeáveis, onde se necessita extração de grandes volumes de água, ou no caso da presença de água sob pressão (aquífero granular confinado). Podem ser instalados fora da área de trabalho e combinados com sistemas de ponteiras filtrantes.

A instalação é feita em poços com diâmetro de 300 a 600 mm, com diâmetro do tubo de 150 mm a 200 mm, de PVC ou metal, suficiente para abrigar uma bomba submersa na extremidade, com diâmetro mínimo de 100 mm (Fig. 3.13). O tubo interno é perfurado ao longo do comprimento do aquífero a ser drenado. À medida que o revestimento externo é retirado, o espaçamento entre o tubo e o aquífero é preenchido com areia bem graduada no trecho perfurado e com aterro no trecho não perfurado. O segmento final do tubo, com 1 m de comprimento, destina-se novamente a recolher partículas finas do aquífero que passem através do filtro e depositem no fundo do poço por decantação.

O custo de instalações de poços profundos é relativamente alto (tubulações, cabos elétricos, bombas, quadros de controle e de automação), fazendo com que esse sistema seja recomendável para obras com grande período de duração e com permeabilidade do maciço de solo determinada previamente por ensaios de bombeamento em campo.

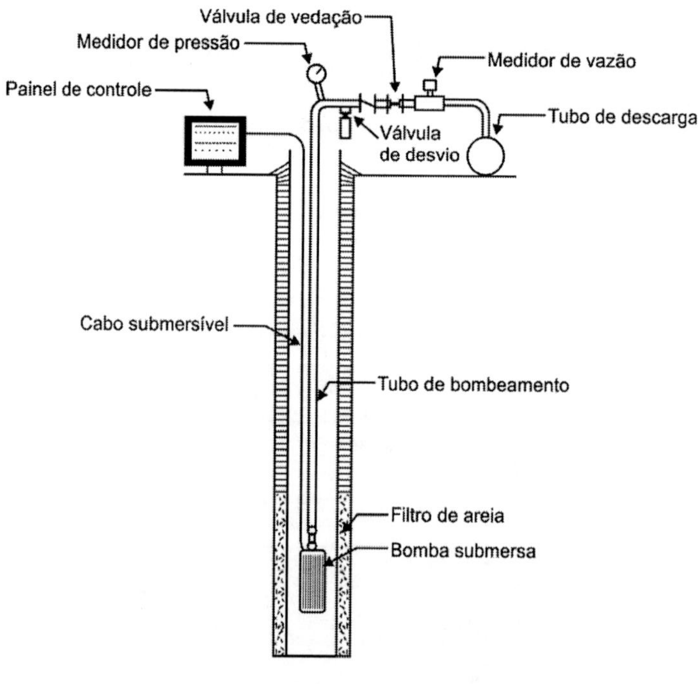

Figura 3.13 - Esquema típico de um poço profundo para rebaixamento do lençol freático
Fonte: adaptado de Powers et al. (2007)

3.6 RECALQUE DE ESTRUTURAS VIZINHAS

No caso da existência de estruturas adjacentes, é preciso também verificar a possibilidade da ocorrência de recalque devido ao rebaixamento do lençol freático. Recarga da água subterrânea (Fig. 3.14) pode ser necessária para eliminar ou diminuir o acréscimo de tensões efetivas no solo de fundação, ou então deve ser examinada a possibilidade de instalação de barreiras impermeáveis (*cut-offs*) para evitar o rebaixamento do nível d'água fora do perímetro da obra (Fig. 3.15).

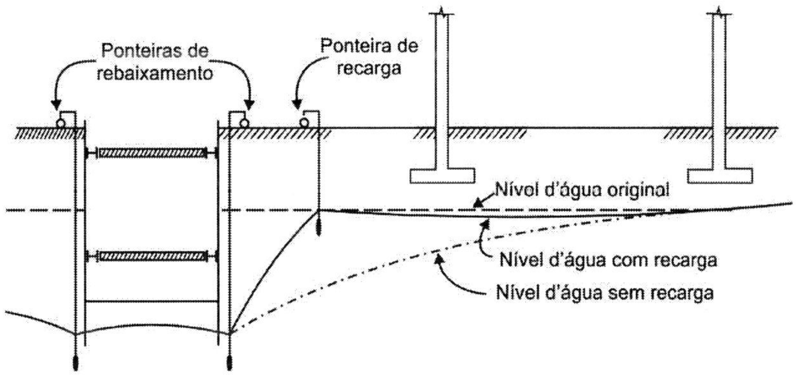

Figura 3.14 - Recarga da água subterrânea para prevenir recalque em estruturas vizinhas
Fonte: adaptado de NAVFAC (1983)

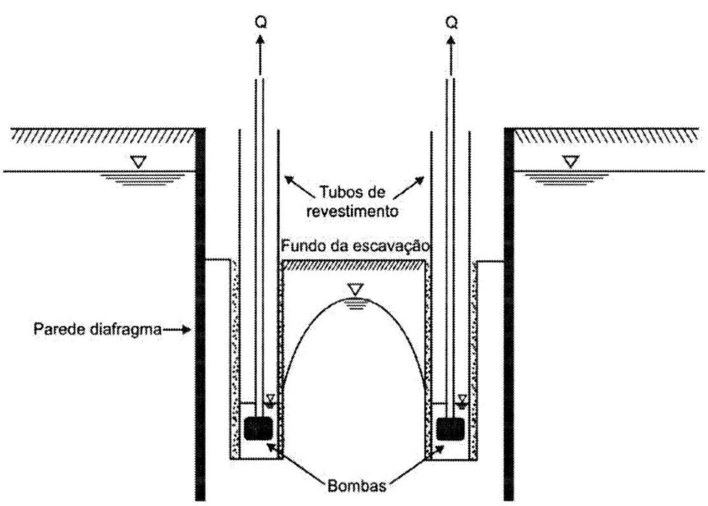

Figura 3.15 - Proteção dos efeitos do rebaixamento em estruturas vizinhas por paredes diafragma
Fonte: adaptado de NAVFAC (1983)

3.7 DIMENSIONAMENTO BASEADO EM POÇO OU CAVA EQUIVALENTE

Em regime de fluxo permanente, a vazão de bombeamento (Q) necessária para executar o rebaixamento do lençol freático pode ser estimada: i) considerando a escavação como uma cava ou poço único equivalente; ii) utilizando formulações de poços múltiplos para configurações específicas do sistema de rebaixamento; iii) empregando redes de fluxo; iv) com soluções numéricas aproximadas pelo método dos elementos finitos.

Na prática da engenharia, o rebaixamento do lençol freático é feito com poços[1] múltiplos dispostos em configurações lineares (escavações de grande comprimento), circulares ou retangulares, conforme Fig. 3.16. Como é mais complicado analisar o fluxo em cada poço individualmente, devido à interação estabelecida entre eles, uma abordagem aproximada para dimensionamento do sistema, mais simples e rápida, é considerar os grupos de poços como um poço equivalente ou cava equivalente, com a utilização de formulação analítica para fluxo permanente em poços ou cavas publicada na literatura. Um poço equivalente substitui um sistema de rebaixamento quando o fluxo é aproximadamente radial (problema axissimétrico), enquanto uma cava equivalente é utilizada para longas linhas lineares de poços, situação na qual o fluxo é admitido aproximadamente plano.

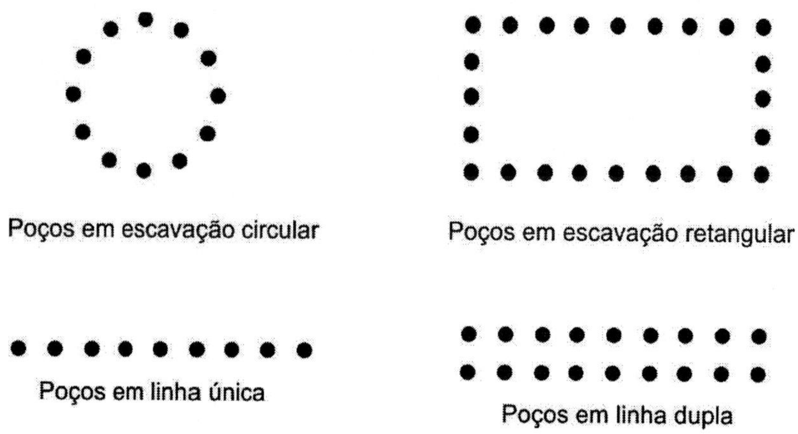

Figura 3.16 - Configuração em planta de sistemas de poços
Fonte: adaptado de Cashman e Preene (2001)

O raio r_e do poço equivalente é determinado igualando-se o perímetro (Eq. 3.7a) ou a área (Eq. 3.7b) de uma escavação retangular de comprimento a e largura c. Ambas as equações produzem resultados similares desde que as dimensões não sejam muito diferentes entre si ($a/c < 1,5$).

$$r_e = \frac{a+c}{\pi} \tag{3.7a}$$

$$r_e = \sqrt{\frac{ac}{\pi}} \tag{3.7b}$$

No caso de poços dispostos linearmente, o sistema é representado por uma cava equivalente onde, além do fluxo plano, pode ser considerada a ocorrência de fluxo radial nos poços das extremidades do grupo (Fig. 3.17). Para sistemas relativamente longos, o fluxo radial é pouco significativo; em outras situações, sua contribuição pode ser importante e deve ser incorporada no dimensionamento do sistema.

[1] Será empregada a designação genérica de poços mesmo para sistemas de rebaixamento por ponteiras ou injetores.

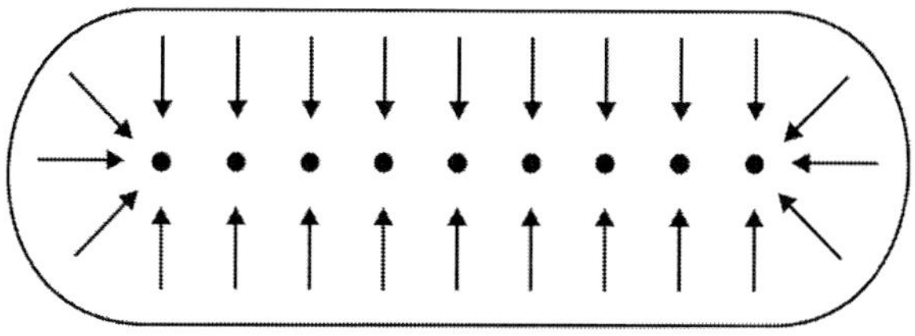

Figura 3.17 - Zona de influência de poços dispostos linearmente
Fonte: Cashman e Preene (2001)

De acordo com Cashman e Preene (2001), em um aquífero homogêneo, o poço deve ser suficientemente profundo para assegurar que o rebaixamento desejado seja obtido; como regra empírica, aqueles autores recomendam uma profundidade do poço entre 1,5 a 2 vezes a profundidade da escavação. Se o aquífero for muito profundo, o poço será parcialmente penetrante, com a profundidade de penetração controlada pela necessidade de um comprimento adequado do trecho filtrante (tubo perfurado) do poço.

A formulação analítica para determinação da vazão vem do trabalho pioneiro de Dupuit (1863)[2], que considerou certas simplificações e hipóteses quanto à natureza do fluxo e geometria do aquífero, já mencionadas no capítulo 1. Apesar dessas hipóteses serem teóricas e ideais, há evidências na literatura (MANSUR e KAUFMAN, 1962; POWERS, 1992) que a formulação de Dupuit "fornece valores de vazão com grau de precisão comparável com os erros experimentais" (HANTUSH, 1964).

Para fluxo axissimétrico, o raio de influência R_0 do cone de rebaixamento é determinado com boa precisão pela análise dos resultados de ensaios de poços de bombeamento no método das distâncias de rebaixamento (seção 4.2.2). Na falta desses ensaios de campo, ou inexistência de um contorno de recarga conhecido nas proximidades, como um corpo d'água, o valor pode ser estimado pela equação Eq. 3.7c sugerida por Kyrieleis e Sichardt (1930), considerando que o raio do poço equivalente r_e na maioria dos casos não pode ser desprezado em relação ao raio de influência R_0.

$$R_0 = r_e + 3000\left(H - h_w\right)\sqrt{k} \tag{3.7c}$$

onde R_0, r_e e o rebaixamento $s = (H - h_w)$ são expressos em metros e o coeficiente de permeabilidade k em m/s.

No caso de fluxo plano (cava), o valor da distância L_0 do eixo central da cava equivalente até um contorno de recarga linear (Quadro 3.3) também pode ser estimado por uma equação similar à Eq. 3.7c, porém com alteração do fator de calibração

$$L_0 = 1750\left(H - h_w\right)\sqrt{k} \tag{3.7d}$$

onde L_0 e o rebaixamento $s = (H - h_w)$ são expressos em metros e k em m/s.

Na seção 1.9, foram apresentadas as equações de Thiem (1906) e Dupuit-Thiem (1906) para determinação da vazão Q em poço totalmente penetrante em aquífero confinado ou não confinado. Outras situações de fluxo permanente, envolvendo fluxo axissimétrico ou plano, em poços ou cavas parcial ou totalmente penetrantes, foram apresentadas por Mansur e Kaufman (1962). Os Quadros 3.2 e 3.3 listam as

[2] Dupuit (1863) considerou o problema de fluxo radial, enquanto Muskat (1935) apresentou a solução para o problema de fluxo plano.

expressões matemáticas para cálculo da vazão nos casos indicados pelos respectivos esquemas. Soluções analíticas para fluxo em poço devido à fonte de recarga linear (p. ex. fluxo em escavação localizada nas proximidades de rios ou canais) são apresentadas no Quadro 3.4, enquanto o Quadro 3.5 mostra soluções aproximadas para uma escavação retangular combinando casos de fluxo plano e axissimétrico.

Caso	Esquema	Formulação
1- Poço totalmente penetrante, aquífero confinado, contorno de recarga circular na distância R_0	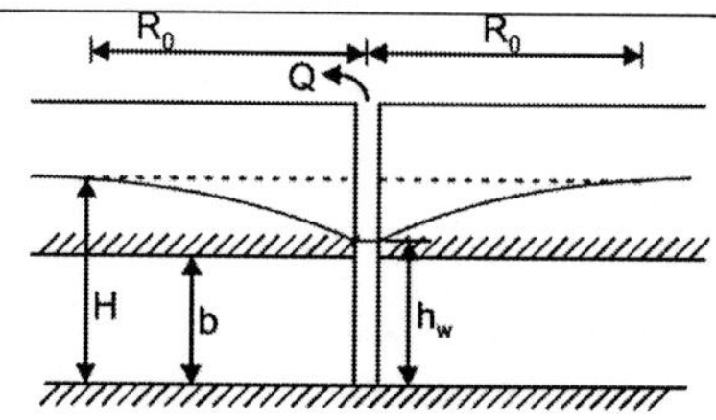	$Q = \dfrac{2\pi kb(H - h_w)}{\ln\left(\frac{R_0}{r_e}\right)}$
2 - Poço totalmente penetrante, aquífero não confinado, contorno de recarga circular na distância R_0	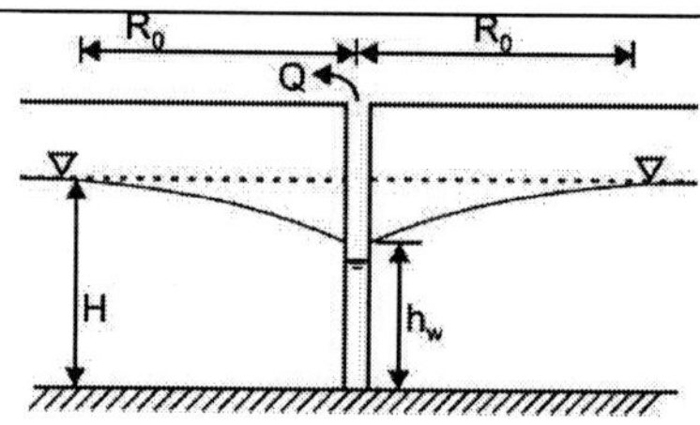	$Q = \dfrac{\pi k(H^2 - h_w^2)}{\ln\left(\frac{R_0}{r_e}\right)}$
3 - Poço parcialmente penetrante, aquífero confinado, contorno de recarga circular na distância R_0	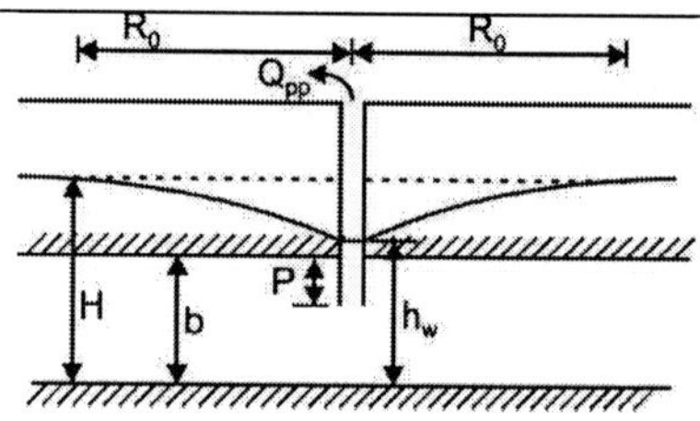	$Q_{pp} = GQ$ $G \cong \dfrac{P}{b}\left(1 + 7\sqrt{\dfrac{r_e}{2P}}\cos\dfrac{\pi P}{2b}\right)$ vazão Q do caso 1
4 - Poço parcialmente penetrante, aquífero não confinado, contorno de recarga circular na distância R_0 A equação também se aplica para poço totalmente penetrante ($s = 0$)	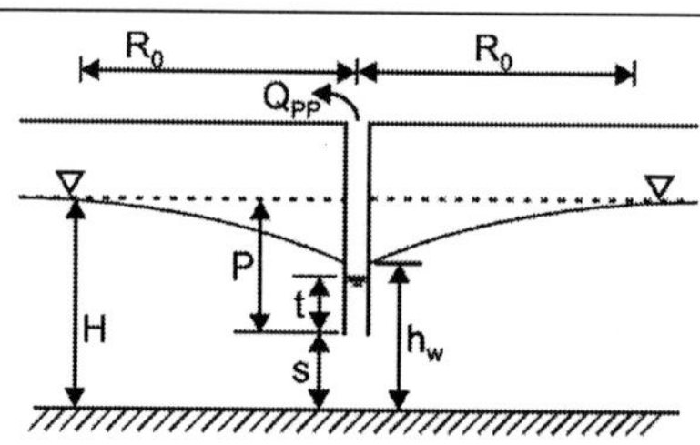	$Q_{pp} = \dfrac{\pi k[(H - s)^2 - t^2]}{\ln(R_0/r_e)} \times$ $\left[1 + \left(0{,}3 + 10\dfrac{r_e}{H}\right) sen\,\dfrac{1{,}8s}{H}\right]$ ou $Q_{PP} = GQ$ G da Fig. 3.18 e Q do caso 2

k - coeficiente de permeabilidade
b - espessura do aquífero confinado
H - carga hidráulica antes do rebaixamento
h_w - carga hidráulica na parede do poço após o rebaixamento
r_c - raio equivalente
R_0 - raio do contorno de recarga circular
Q_{pp} - vazão no poço parcialmente penetrante
Q - vazão no poço totalmente penetrante
P - profundidade de penetração no aquífero
G - fator para poço parcialmente penetrante (Fig. 3.18)

Quadro 3.2 - Cálculo da vazão em poço equivalente com contorno de recarga circular
Fonte: adaptado de Mansur e Kaufman (1962)

Caso	Esquema	Formulação
1 - Cava totalmente penetrante, aquífero confinado, contorno de recarga linear em ambos os lados	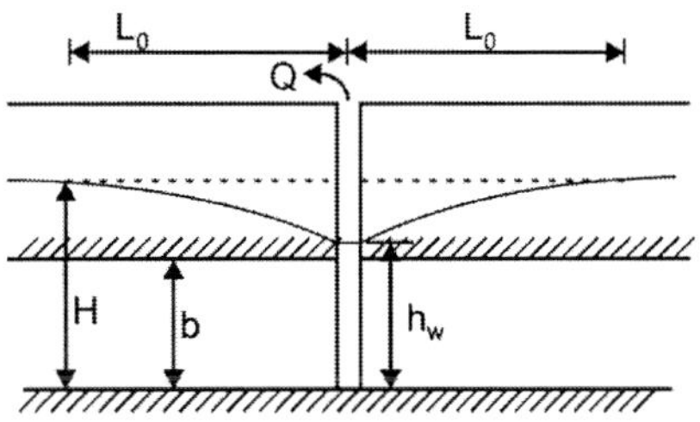	$Q = \frac{2kbx(H - h_w)}{L_0}$ Para contorno de recarga linear em apenas um lado considerar $Q/2$
2 - Cava totalmente penetrante, aquífero não confinado, contorno de recarga linear em ambos os lados	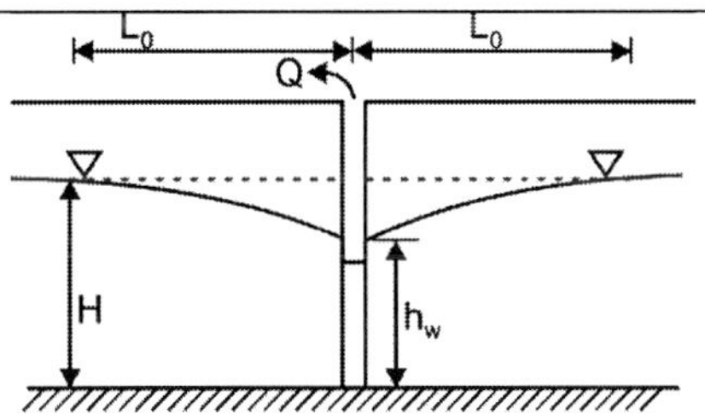	$Q = \frac{kx(H^2 - h_w^2)}{L_0}$ Para contorno de recarga linear em apenas um lado considerar $Q/2$
3 - Cava parcialmente penetrante, aquífero confinado, contorno de recarga linear em ambos os lados	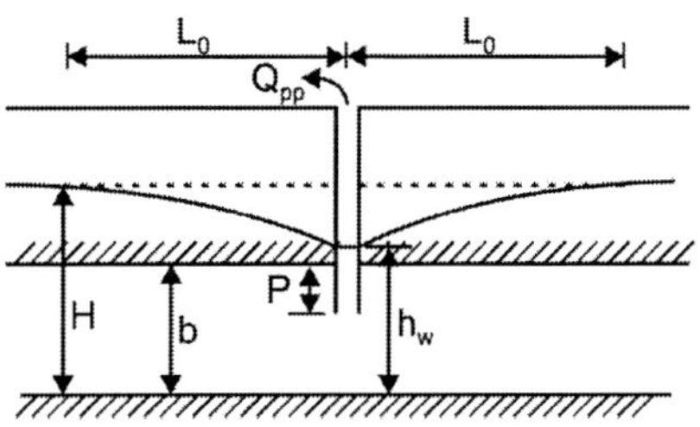	$Q_{PP} = \frac{2kbx(H - h_w)}{L_0 + \lambda b}$ λ da Fig. 3.19 Para contorno de recarga linear em apenas um lado considerar $Q_{PP} = \frac{kbx(H - h_w)}{L_0 + E_A}$ E_A da Fig. 3.20
4 - Cava parcialmente penetrante, aquífero não confinado, contorno de recarga linear em ambos os lados	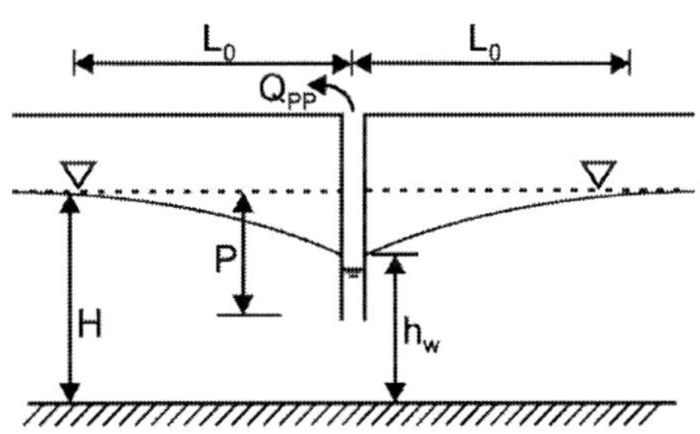	$Q_{PP} \cong \left(0{,}73 + 0{,}23\frac{P}{H}\right)\frac{kx(H^2 - h_w^2)}{L_0}$ Para contorno de recarga linear em apenas um lado aproximar como $Q_{PP}/2$ Cashman e Preene (2001)

Q - vazão
k - coeficiente de permeabilidade
b - espessura do aquífero confinado
H - carga hidráulica antes do rebaixamento
h_w - carga hidráulica na parede da cava após o rebaixamento
E_A - fator de comprimento extra (Fig. 3.20)
Q_{PP} - vazão em cava parcialmente penetrante
x - extensão da cava perpendicular ao plano do esquema gráfico
L_0 - distância do contorno de recarga linear
P - profundidade de penetração no aquífero
λ - fator para cava parcialmente penetrante (Fig. 3.19)

Quadro 3.3 - Cálculo da vazão em cava equivalente com contorno de recarga linear
Fonte: adaptado de Mansur e Kaufman (1962), Cashman e Preene (2001)

Caso	Esquema	Formulação
1 - Poço totalmente penetrante, aquífero confinado, contorno de recarga linear (curso d'água) em um lado na distância L_0	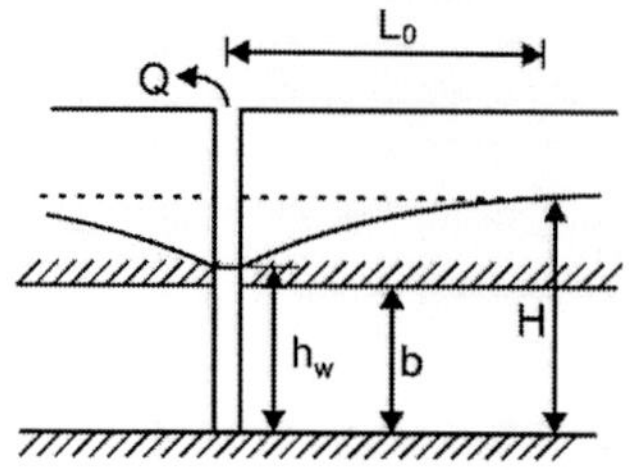	$Q = \dfrac{2\pi k b (H - h_w)}{\ln\left(\frac{2L_0}{r_e}\right)}$ ver observação
2 - Poço totalmente penetrante, aquífero não confinado, contorno de recarga linear (curso d'água) em um lado na distância L_0	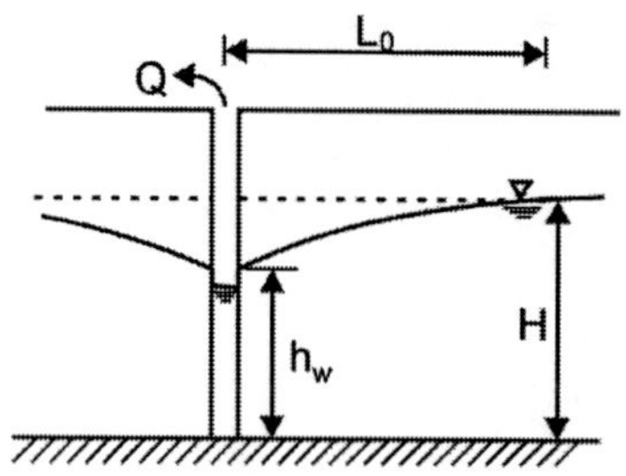	$Q = \dfrac{\pi k (H^2 - h_w^2)}{\ln\left(\frac{2L_0}{r_e}\right)}$ ver observação

Q - vazão
k - coeficiente de permeabilidade
b - espessura do aquífero confinado
H - carga hidráulica antes do rebaixamento
L_0 - distância do contorno de recarga linear
r_c - raio equivalente
h_w - carga hidráulica na parede do poço após o rebaixamento

Observação: da correspondente equação para poço totalmente penetrante, no caso de contorno de recarga circular na distância R_0 (Quadro 3.2), verifica-se que a vazão será a mesma quando $2L_0 = R_0$. Se $2L_0 > R_0$ então o fluxo da recarga linear pode ser ignorado porque a vazão será principalmente devida ao fluxo axissimétrico.

Quadro 3.4 - Cálculo da vazão em poço equivalente com contorno de recarga linear
Fonte: adaptado de Mansur e Kaufman (1962)

Caso	Esquema	Formulação
1 - Escavação retangular, totalmente penetrante, aquífero confinado Cashman e Preene (2001) solução numérica obtida por elementos finitos	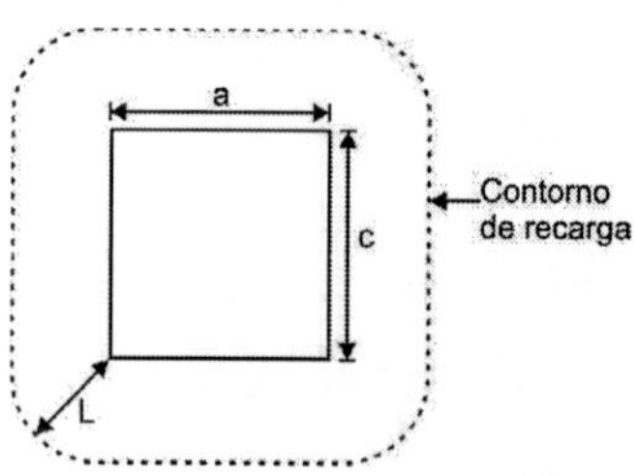	$Q = kb(H - h_w)D$ D da Fig. 3.21
2 - Escavação retangular, totalmente penetrante, aquífero confinado solução aproximada Cedergren (1989, p.272)	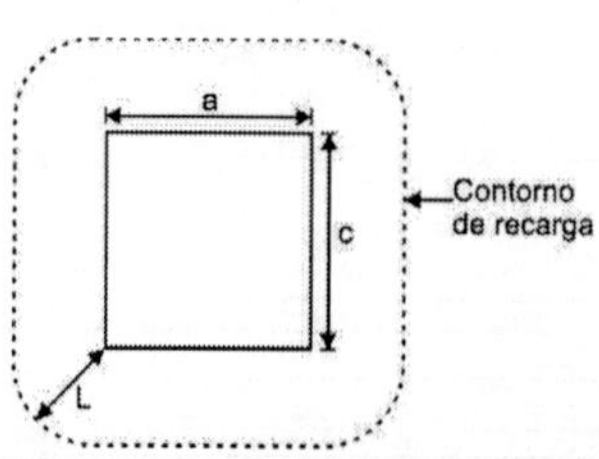	$Q = kb(H - h_w) \times$ $[2(a + c)/L + \pi]$

3 - Escavação retangular, totalmente penetrante, aquífero confinado (c<<a) Powrie e Preene (1992)	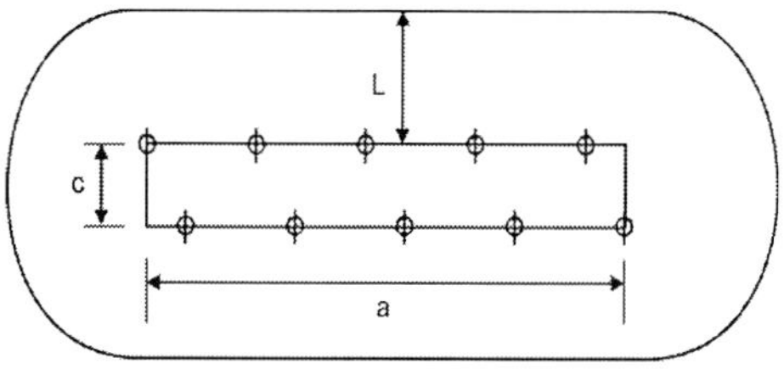	$Q = 2kb(H - h_w)\times$ $[a / L + \pi / ln(2L / c)]$
4 - Escavação retangular, totalmente penetrante, aquífero confinado com $a/c > 1,5$ Powers et al. (2007)	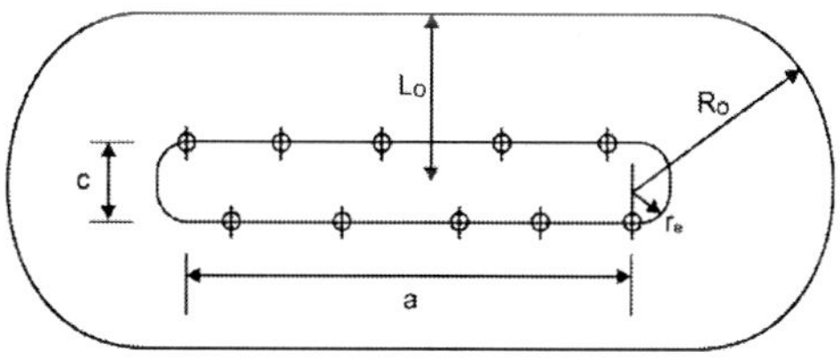	$Q = \dfrac{2\pi kb(H - h_w)}{ln\left(\dfrac{R_0}{r_e}\right)} + \dfrac{2kba(H - h_w)}{L_0}$
5 - Escavação retangular, totalmente penetrante, aquífero não confinado com $a/c > 1,5$ Powers et al. (2007)	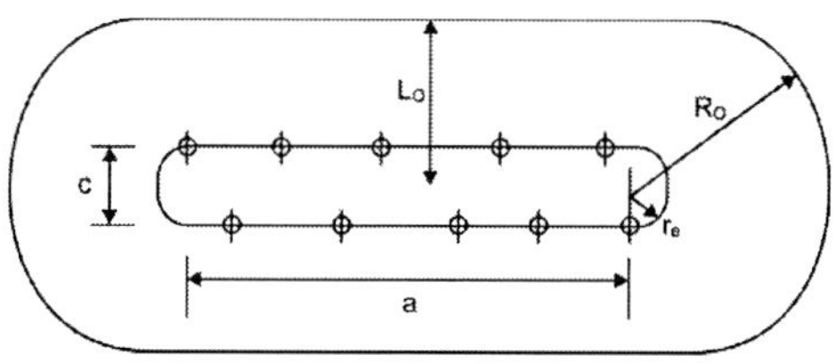	$Q = \dfrac{\pi k(H^2 - h_w^2)}{ln\left(\dfrac{R_0}{r_e}\right)} + \dfrac{ka(H^2 - h_w^2)}{L_0}$
6 - Escavação retangular, totalmente penetrante, aquífero não confinado solução aproximada Cedergren (1989, p.272)	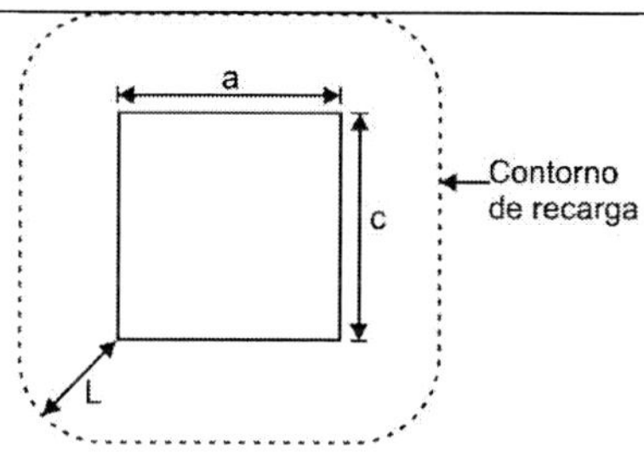	$Q = \dfrac{k}{2}(H^2 - h_w^2)\times$ $[2(a + c)/ L + \pi]$

Q - vazão
b - espessura do aquífero confinado
h_w - carga hidráulica na parede da escavação após o rebaixamento
L = distância do contorno de recarga linear da parede da escavação
r_e = raio equivalente
k - coeficiente de permeabilidade
H - carga hidráulica antes do rebaixamento
D - fator de forma da escavação retangular
R_0 = raio do contorno de recarga circular
L_0 = distância do contorno de recarga linear do eixo da escavação

Quadro 3.5- Cálculo da vazão em escavação retangular (fluxos plano e radial combinados)
Fonte: Cashman e Preene (2001), Powrie e Preene (1992), Powers et al. (2007), Cedergren (1989)

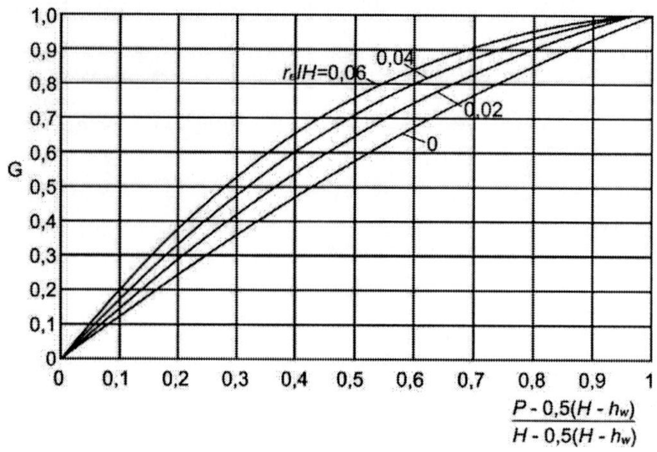

Figura 3.18 - Fator G para poço parcialmente penetrante em aquífero não confinado
Fonte: Cashman e Preene (2001)

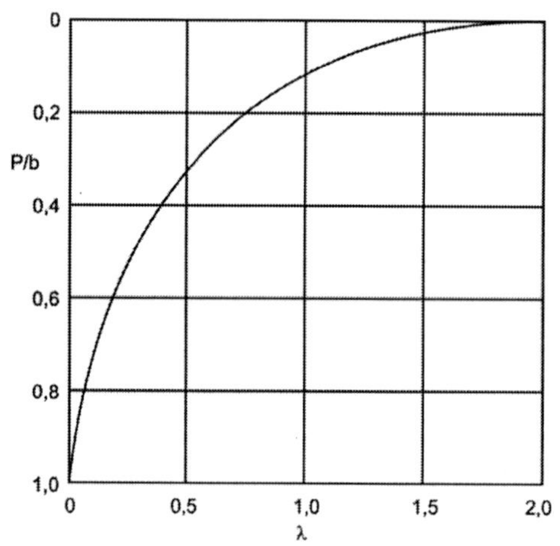

Figura 3.19 - Fator λ para cava parcialmente penetrante em aquífero confinado
Fonte: Mansur e Kaufman (1962)

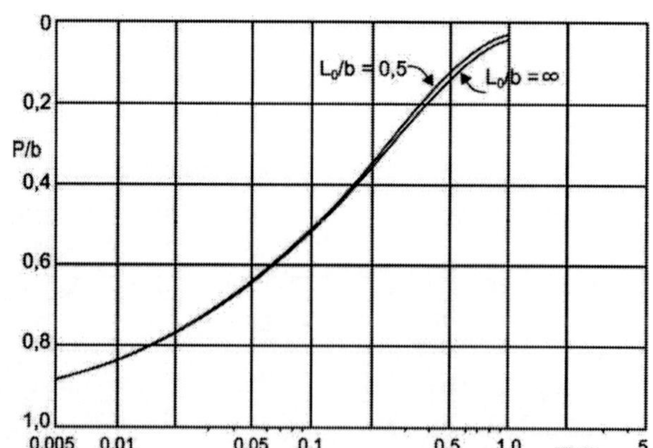

Figura 3.20 - Fator E_A para cava parcialmente penetrante em aquífero confinado
Fonte: Mansur e Kaufman (1962)

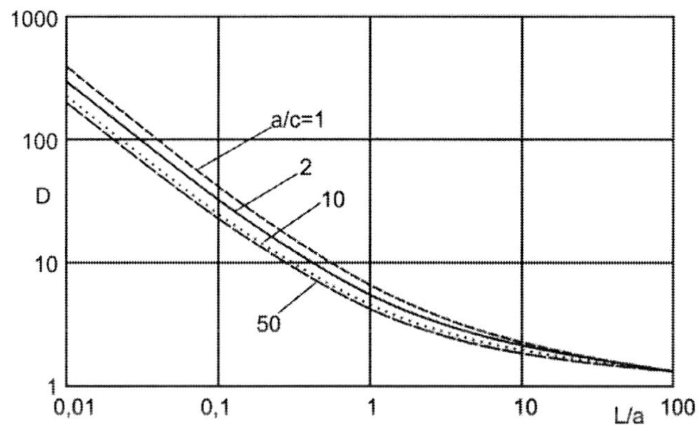

Figura 3.21 - Fator de forma geométrica D para fluxo confinado em escavação retangular
Fonte: Powrie e Preene (1992)

3.7.1 Produção individual do poço

Tendo determinado a vazão total do poço ou da cava equivalente, a próxima etapa é estimar a produção individual do poço (seja ponteira filtrante, poço profundo com injetor, poço profundo com bomba submersa) e, em seguida, calcular o espaçamento necessário entre eles. A água entra no poço através do segmento perfurado da tubulação situado abaixo do nível final do rebaixamento do lençol d'água, no caso de aquífero não confinado, ou quando este segmento penetra um aquífero confinado. Teoricamente, a vazão Q_w por poço pode ser determinada pela aplicação da lei de Darcy,

$$Q_w = 2\pi r_w \ell_w ki \qquad (3.7e)$$

onde r_w é o raio do poço individual (incluindo a espessura do filtro de areia graduada); ℓ_w, o comprimento do segmento perfurado da tubulação; k, o coeficiente de permeabilidade do aquífero; i, o gradiente hidráulico do aquífero na interface com o poço.

O engenheiro não tem como modificar o coeficiente de permeabilidade do aquífero, mas pode variar o comprimento do tubo perfurado, bem como o raio do poço dentro de certos limites estabelecidos pela geologia local e pela disponibilidade de equipamento de perfuração.

O valor calculado pela Eq. 3.7e é um máximo teórico que não é atingido na prática. A produção por poço é afetada pelo uso inadequado de material no filtro e pela técnica de execução dos poços; os perfurados por jatos d'água são geralmente mais eficientes do que os perfurados por rotação ou percussão (CASHMAN e PREENE, 2001).

Quanto ao gradiente hidráulico, Kyrieleis e Sichardt (1930) relacionaram empiricamente o valor máximo i_{max} com o coeficiente de permeabilidade k (m/s) por meio da Eq. 3.7f.

$$i_{\max} = 1/\left(15\sqrt{k}\right) \qquad (3.7f)$$

Preene e Powrie (1993) constataram, após análise de uma série de casos históricos de rebaixamento do lençol freático em solos finos, que a Eq. 3.7f superestima o gradiente hidráulico (logo a produção no poço) em solos com coeficiente de permeabilidade $k < 10^{-4}$ m/s. Sugeriram a utilização dos gráficos da Fig. 3.22 para determinação do comprimento mínimo do segmento perfurado ℓ_w em poços profundos (com injetores ou bombas submersas), uma vez selecionado o diâmetro do poço entre 250 a 610 mm. Como os valores obtidos são teóricos, e adicionalmente são valores máximos, a produção esperada por poço pode não ser atingida em campo, o que faz com que o comprimento teórico ℓ_w seja maior do que comprimento real de campo.

O número teórico de poços profundos pode ser obtido dividindo-se a vazão global Q do poço ou cava equivalente pela produção individual do poço Q_w. A cautela e a segurança recomendam que esse número seja aumentado em, pelo menos, um poço para sistemas de rebaixamento pequenos e em aproximadamente 20% para sistemas maiores, com o objetivo de compensar erros decorrentes de diferenças entre as hipóteses da solução analítica e as condições de campo, bem como para garantir que o rebaixamento projetado seja atingido mesmo quando um ou dois poços não estejam operacionais devido a problemas de manutenção ou ocorrência de defeitos em bombas.

O espaçamento entre poços naturalmente influencia o tempo necessário para o final do rebaixamento; quanto mais próximos estiverem entre si, mais rapidamente o rebaixamento será atingido. Como o tempo é frequentemente um fator determinante no custo de construções, sistemas de rebaixamento são geralmente instalados em espaçamentos menores do que as distâncias calculadas teoricamente. Em aquíferos de alta permeabilidade, o engenheiro geotécnico pode optar entre um pequeno número de poços de alta produção com grandes espaçamentos ou um número maior de poços de menor produção e mais próximos entre si. Outro fator que deve ser considerado em poços de alta produção, na etapa da escolha dos espaçamentos, é a potência e a disponibilidade de bombas submersas adequadas para produzir o rebaixamento previsto.

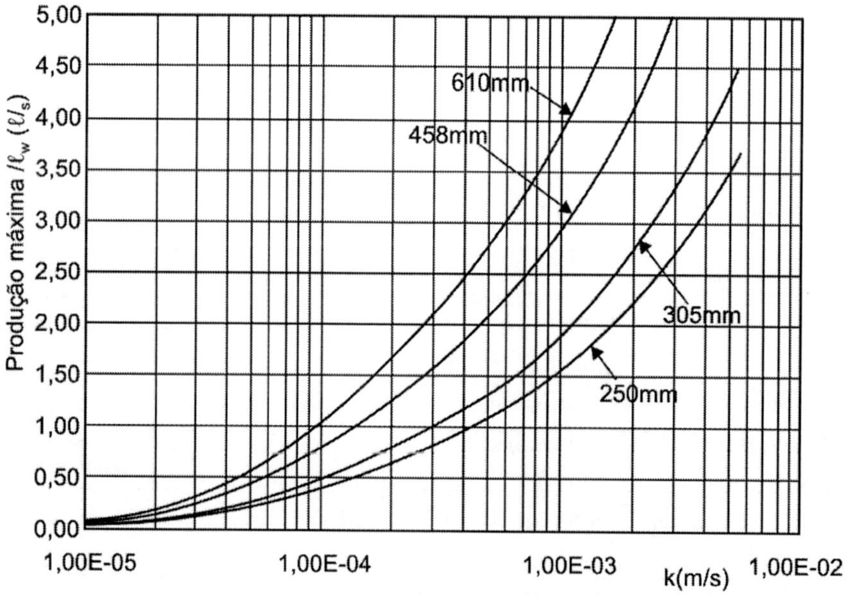

Figura 3.22 - Produção máxima por comprimento unitário de tubo perfurado para poço com diâmetro entre 250 e 610 mm
Fonte: adaptado de Preene e Powrie (1993)

Em aquíferos de permeabilidade moderada, a produção do poço será relativamente pequena, e a opção de um menor número de poços de alta produção com grandes espaçamentos é, em geral, descartada. Se a alternativa de um maior número de poços de menor produção resultar em espaçamentos médios inferiores a 10 m, ou a produção do poço for inferior a 0,7 L/s, sugere-se utilizar um sistema de poços com injetores e espaçamentos entre 5 m a 10 m.

Poços com injetores também podem ser utilizados como ponteiras filtrantes profundas para atingir rebaixamentos superiores a 6 m, com espaçamentos médios entre 1,5 m a 3 m, de modo semelhante ao dimensionamento de um sistema de ponteiras filtrantes.

No caso de ponteiras filtrantes, a Fig. 3.23 mostra o limite teórico de vazão máxima, considerando um comprimento de tubo perfurado $\ell_w = 700$ mm em uma ponteira filtrante instalada no interior de furo com filtro de areia bem graduada com diâmetro de 200 mm. Estimativas de produção para valores menores ou maiores de ℓ_w podem ser feitas proporcionalmente em relação ao comprimento $\ell_w \doteq 700$ mm. Dessa figura observa-se que um valor máximo de produção por ponteira dificilmente ultrapassa 1 L/s, limite fácil de ser lembrado pelo engenheiro quando da escolha do espaçamento entre ponteiras. Na prática, esses espaçamentos variam de 0,5 m a 3 m, com intervalos de 0,5 m, dependendo da permeabilidade do solo. Ponteiras são instaladas mais próximas em solos de maior permeabilidade, tendo sempre em vista a regra empírica de que a produção máxima por ponteira individual é 1 L/s (CASHMAN e PREENE, 2001). Caso o espaçamento resulte inferior a 0,5 m, o sistema de ponteiras não é adequado para o rebaixamento proposto.

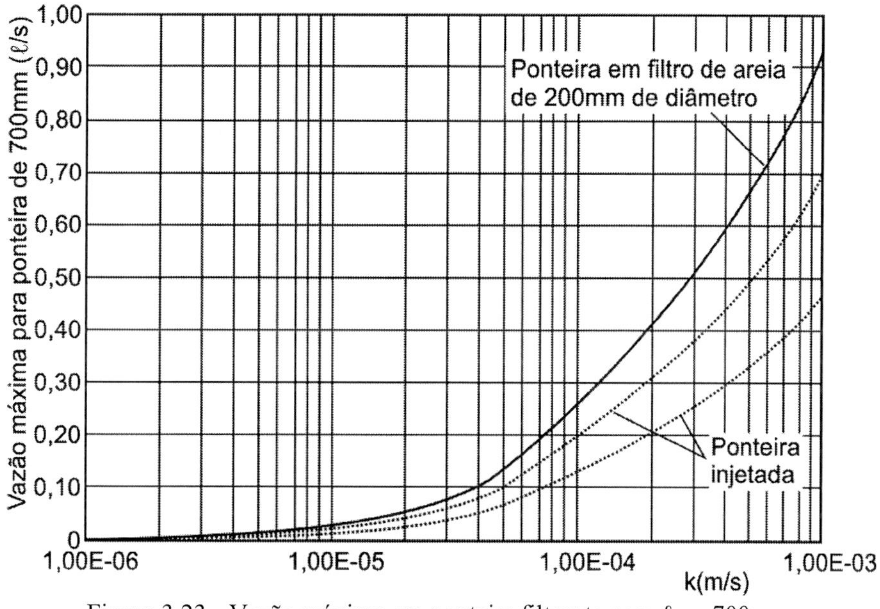

Figura 3.23 - Vazão máxima em ponteira filtrante com $\ell_w = 700$ mm
Fonte: adaptado de Cashman e Preene (2001)

3.8 DIMENSIONAMENTO BASEADO EM POÇOS MÚLTIPLOS

Além da alternativa de substituir o grupo de poços por um único poço ou cava equivalente, é possível também calcular o rebaixamento do lençol freático considerando a influência de cada poço individualmente. Esse método é mais preciso do que o anterior, pois permite verificar o rebaixamento em qualquer ponto da escavação.

A equação para rebaixamento em um ponto genérico P, causada por um grupo de poços em aquífero confinado, foi obtida pela superposição das soluções de poços individuais por Forchheimer (1930):

$$H - h_P = \frac{1}{2\pi kb} \sum_{i=1}^{n} Q_{wi} \, ln \frac{R_{0i}}{r_i} \tag{3.8a}$$

e, no caso de aquífero não confinado, como

$$H^2 - h_P^2 = \frac{1}{\pi k} \sum_{i=1}^{n} Q_{wi} \, ln \frac{R_{0i}}{r_i} \tag{3.8b}$$

onde H é a carga hidráulica antes do rebaixamento; h_P, a carga hidráulica no ponto P após o rebaixamento; b, a espessura do aquífero confinado; k, o coeficiente de permeabilidade; Q_{wi}, a vazão no poço i; R_{0i}, o raio de influência do poço i; r_i, a distância do ponto P ao poço i; n, o número de poços do sistema de rebaixamento.

As Eq. 3.8a e 3.8b podem ser reescritas como

$$H - h_P = \frac{F}{2\pi kb} \tag{3.8c}$$

$$H^2 - h_P^2 = \frac{F}{\pi k} \tag{3.8d}$$

$$F = \sum_{i=1}^{n} Q_{wi} \, ln \frac{R_{0i}}{r_i} \tag{3.8e}$$

onde o termo comum F, chamado de fator de rebaixamento, é independente da natureza do aquífero (confinado ou não). Em problemas nos quais não há condições de contorno predefinidas, o raio do cone de rebaixamento R_{0i} é grande em relação às distâncias entre os poços do sistema, podendo então ser assumido um valor único $R_0 = R_{0i}$. Adicionalmente, é geralmente admitido que a vazão em todos os poços individuais é a mesma $Q_w = Q_{wi}$.

Para algumas configurações especiais de poços, o Quadro 3.6, para recarga circular, e o Quadro 3.7, para recarga linear, listam as expressões do fator de rebaixamento F correspondente aos pontos indicados nos respectivos esquemas.

3.8.1 Método das imagens

Ensaios de bombeamento, às vezes, devem ser executados próximos aos contornos de um aquífero, que podem ser classificados como contorno de recarga (um rio, por exemplo) ou contorno impermeável. Quando esses contornos estiverem localizados na área de influência do cone de rebaixamento, então a hipótese geral de aquífero com extensão lateral infinita deixa de ser válida.

A equação diferencial que governa o fluxo permanente é linear, o que permite a aplicação do princípio da superposição de soluções, isto é, o rebaixamento causado por dois ou mais poços é a soma dos rebaixamentos provocados por cada um dos poços isoladamente. Assim, pela introdução de poços adicionais fictícios (imagens), é possível transformar o problema do aquífero real, com contorno localizado nas proximidades, para o caso de um aquífero ideal, com extensão lateral infinita e com solução analítica conhecida. Essa técnica de criação de poços adicionais caracteriza o método das imagens, empregada para obtenção das soluções mencionadas nos Quadros 3.4 e 3.7.

No caso de contorno impermeável (Fig. 3.24a), o poço imagem é colocado perpendicularmente ao contorno, na mesma distância entre o poço real e o contorno, de modo análogo à formação de imagens em espelhos planos. O cone de rebaixamento será a soma dos rebaixamentos produzidos por ambos os poços que, para efeitos de análise, operam simultaneamente com a mesma vazão *Q*. De modo semelhante, um poço imagem é colocado à mesma distância do poço real em relação ao contorno de recarga; mas, nesse caso, enquanto o poço real extrai água, o poço imagem injeta água com a mesma vazão *Q* (Fig. 3.24b).

A criação de poços imagens é mostrada em algumas condições de contorno: i) dois contornos em interseção de 90 graus (Fig. 3.25); ii) dois contornos paralelos (Fig. 3.26); iii) dois contornos paralelos interceptados por um terceiro a 90° (Fig. 3.27). Nessas figuras, o poço imagem de injeção d'água (–*Q*) é representado pelo círculo escuro, enquanto o poço imagem de extração (+*Q*) pelo círculo claro. Note também que a reflexão por um contorno impermeável faz com que o poço imagem conserve o sinal da vazão, enquanto a reflexão por um contorno de recarga faz trocar esse sinal. Na situação de contornos paralelos, o número de imagens tende ao infinito, mas somente aquelas imagens mais próximas do ponto onde se requer o rebaixamento são preponderantes para a estimativa desse valor.

Caso	Esquema	Formulação
1 - Arranjo circular de *n* poços	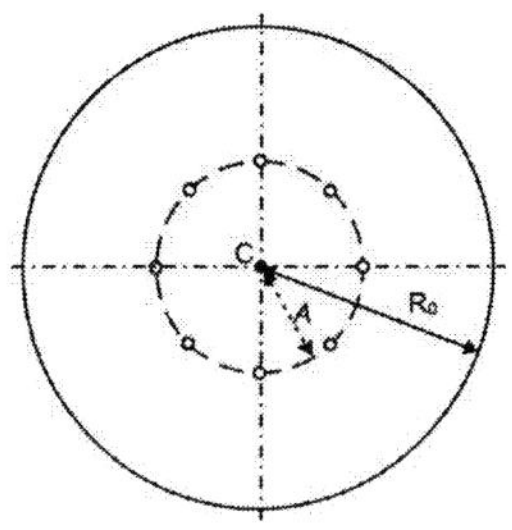	$F_C = nQ_w \, ln(R_0 / A)$
2 - Arranjo retangular de *n* poços	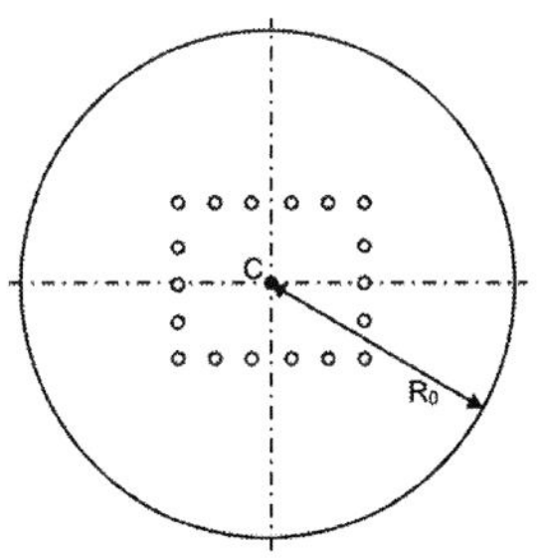	$F_C = nQ_w \sum_{i=1}^{n} ln(R_0 / r_i)$
3 - Duas linhas paralelas de *n* poços	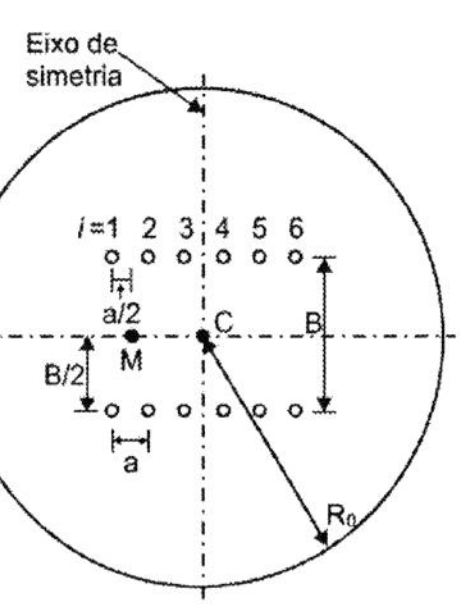	$F_C = 4Q_w \sum_{i=1}^{n/4} ln \frac{R_0}{0{,}5\sqrt{a^2(2i-1)^2 + B^2}}$ $F_M = 2Q_w \sum_{i=1}^{n/2} ln \frac{R_0}{0{,}5\sqrt{a^2(2i-3)^2 + B^2}}$ ver observação

A - raio do arranjo circular de poços
Q_w - vazão no poço individual
$Q = nQ_w$ vazão total do sistema
B - distância entre linhas paralelas de poços

R_0 - raio de influência dos poços
r_i - distância do poço i ao ponto considerado
n - número de poços do sistema
a - espaçamento entre poços da mesma linha

Observação - o ponto M situa-se entre as duas linhas de poços paralelos, na interseção com a linha média entre os dois últimos poços. Esse ponto corresponde à localização do rebaixamento mínimo do conjunto de poços.

Quadro 3.6 - Fator de rebaixamento F para poços múltiplos, totalmente penetrantes, igualmente espaçados, com recarga circular
Fonte: adaptado de Mansur e Kaufman (1962)

<table>
<tr><th>Caso</th><th>Esquema</th><th>Formulação</th></tr>
<tr><td>1 - Arranjo circular de n poços</td><td>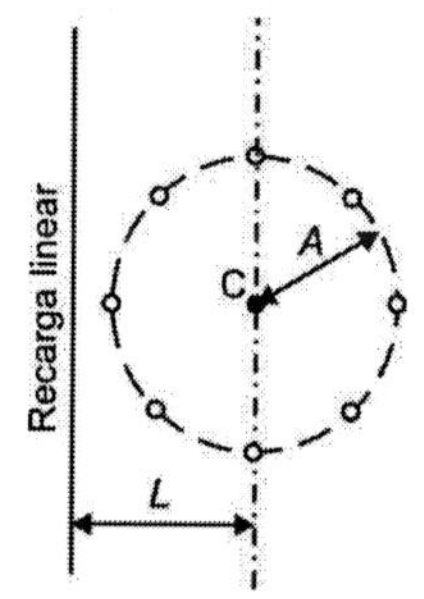
</td><td>$$F_C = \frac{Q_w}{2}\sum_{i=1}^{n} ln\left[1+4(L/A)^2 - 4(L/A)cos(i-1)(2\pi/n)\right]$$
se $L/A \geq 2$ então
$$F_C = Q_w n\, ln\frac{2L}{A}$$</td></tr>
<tr><td>2 - Única linha de n poços</td><td>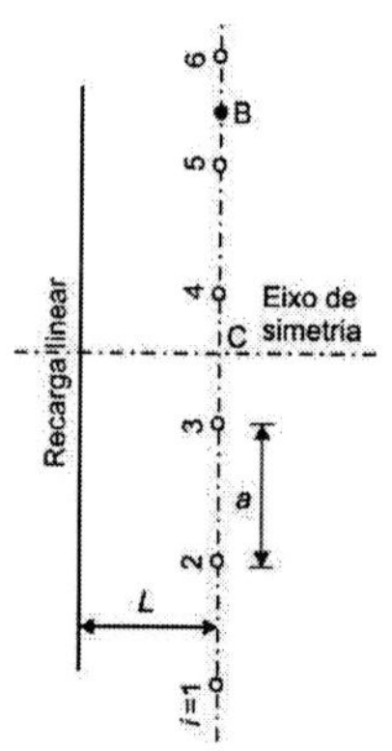
</td><td>$$F_C = 2Q_w\sum_{i=1}^{n/2} ln\sqrt{1+\left[\frac{2L}{(a/2)(n+1-2i)}\right]^2}$$
$$F_B = Q_w\sum_{i=1}^{n} ln\sqrt{1+\left[\frac{2L}{(a/2)(2i-3)}\right]^2}$$
B é ponto médio entre os 2 últimos poços</td></tr>
<tr><td>3 - Duas linhas paralelas de n poços</td><td>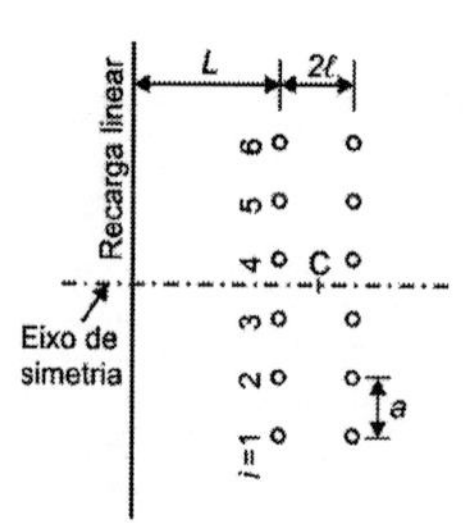
</td><td>$$F_C = 2Q_w\sum_{i=1}^{n/4}\left\{ln\sqrt{1+\left[\frac{2L+\ell}{(a/4)(n+2-4i)}\right]^2} + ln\sqrt{1+\left[\frac{2L+3\ell}{(a/4)(n+2-4i)}\right]^2}\right\}$$</td></tr>
</table>

A - raio do arranjo circular de poços
Q_w - vazão no poço individual
$Q = nQ_w$ vazão total do sistema
L - distância da recarga linear
a - espaçamento entre poços
n - número de poços do sistema

Quadro 3.7 - Fator de rebaixamento F para poços múltiplos, totalmente penetrantes, igualmente espaçados, com recarga linear
Fonte: adaptado de Mansur e Kaufman (1962)

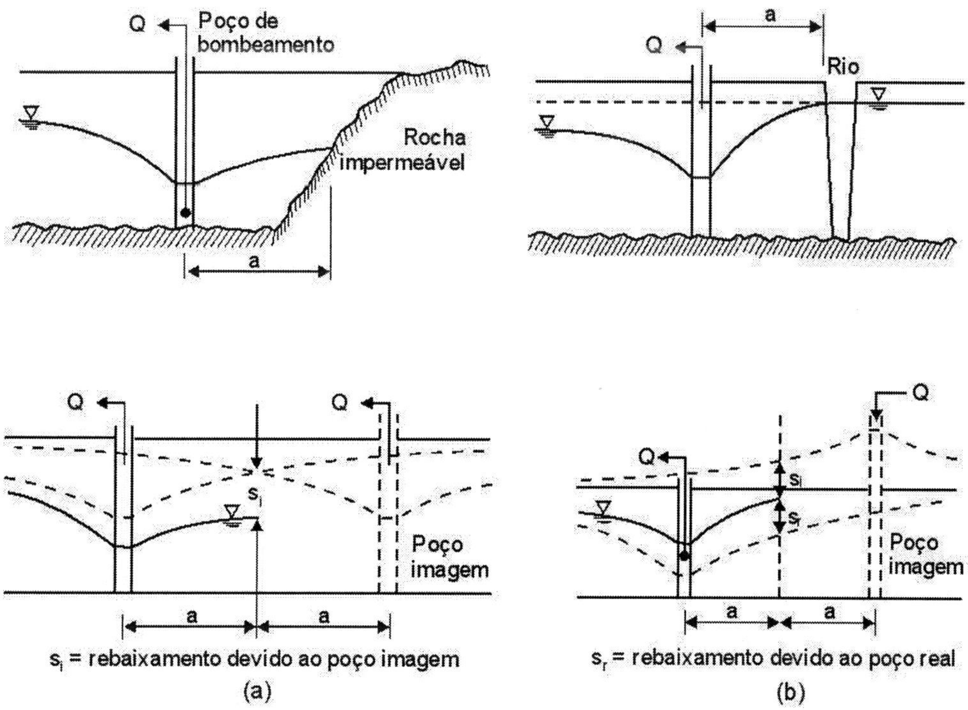

s_i = rebaixamento devido ao poço imagem s_r = rebaixamento devido ao poço real

Figura 3.24 – Cone de rebaixamento assimétrico obtido pela superposição de dois cones de rebaixamento simétricos criados pelo poço real e sua imagem: (a) contorno impermeável (b) contorno de recarga.
Fonte: adaptado de Ferris et al. (1962)

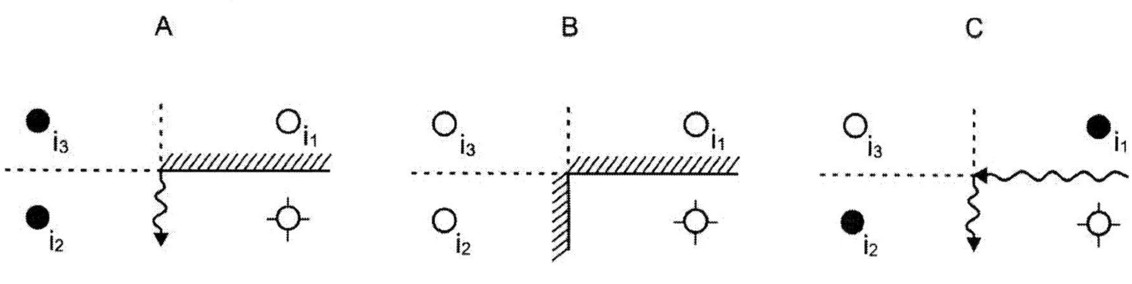

Figura 3.25 – Imagens de poços geradas em um aquífero com dois contornos ortogonais. Contorno impermeável é representado pela linha hachurada, contorno de recarga pela linha ondulada e poço real pelo círculo ranhurado
Fonte: adaptado de Kruseman e De Ridder (2000)

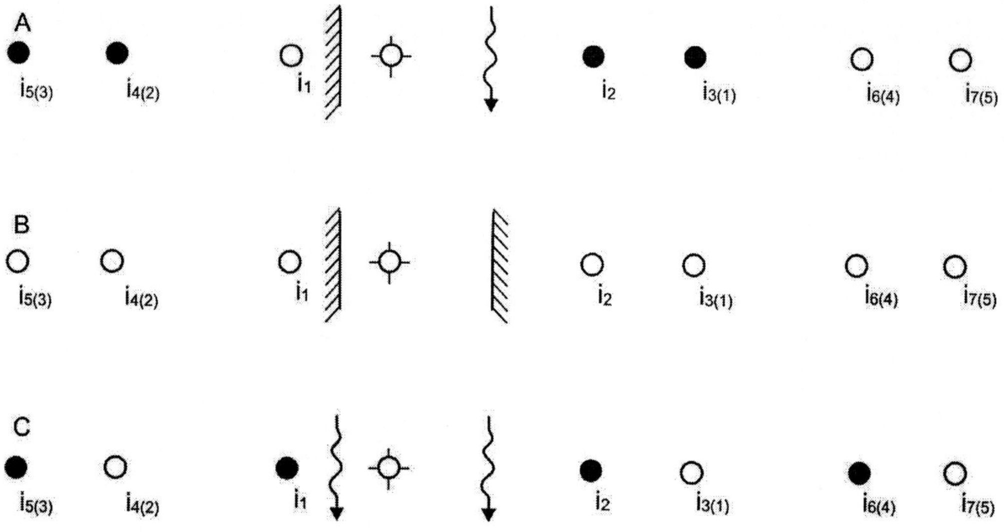

Figura 3.26 – Imagens de poços geradas em um aquífero com dois contornos paralelos. Notação $i_{j(k)}$ indica poço imagem de número j gerado pela reflexão do poço imagem de número k
Fonte: adaptado de Kruseman e De Ridder (2000)

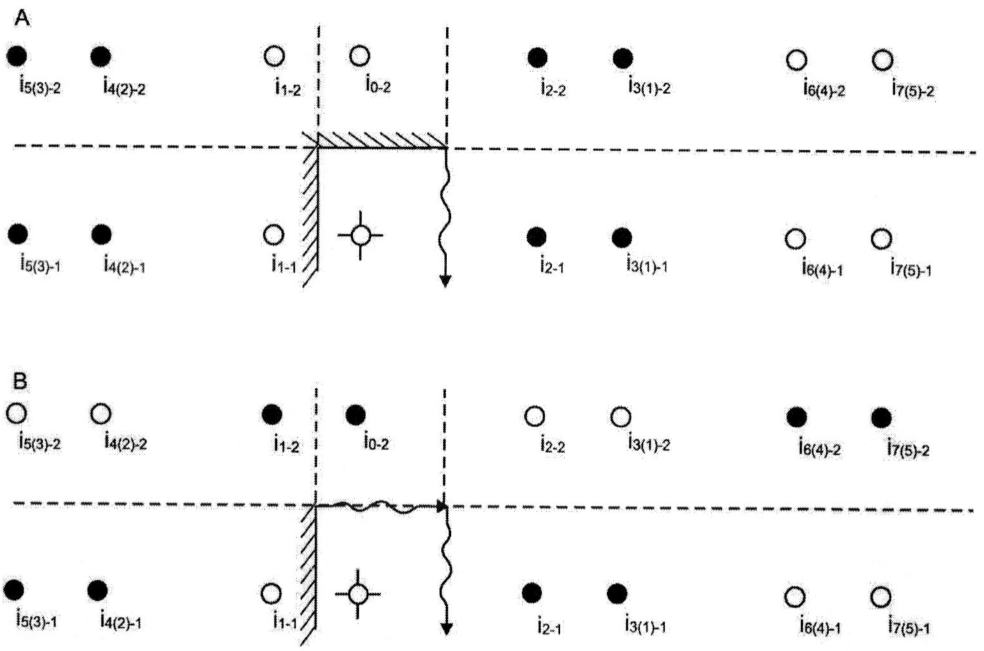

Figura 3.27 – Imagens de poços geradas em um aquífero com dois contornos paralelos interceptados ortogonalmente por um terceiro contorno. Notação $i_{j(k)-\ell}$ indica poço imagem de número j gerado pela reflexão do poço imagem de número k no contorno ℓ
Fonte: adaptado de Kruseman e De Ridder (2000)

O número de imagens n gerado por dois contornos que se interceptam formando ângulo θ (graus) pode ser determinado por $n = 360/\theta - 1$. De acordo com Walton (1953), essa relação é aplicável quando: i) a divisão de 180° por θ resultar em número inteiro e os dois contornos forem de mesma natureza (ou recarga ou impermeável); ii) a divisão de 90° por θ resultar em número inteiro e os dois contornos forem de natureza diferente (um de recarga, outro impermeável). No caso de $\theta = 45°$, o número de imagens é $n = 7$ em qualquer dos casos (Fig. 3.28); mas, para $\theta = 60°$, o número de imagens é $n = 5$ somente no caso de contornos de mesma natureza.

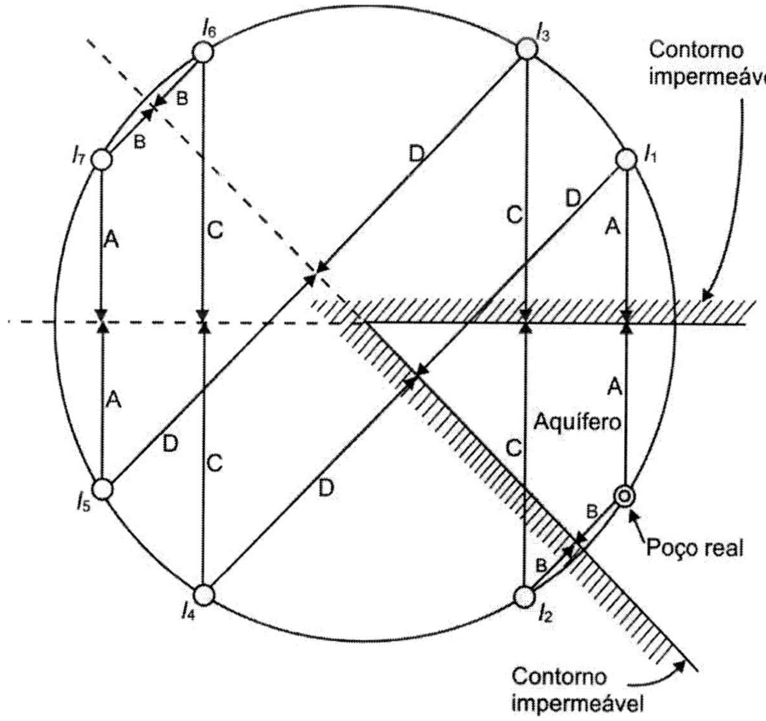

Figura 3.28 – Imagens de poços geradas em um aquífero com dois contornos impermeáveis em interseção de 45°
Fonte: adaptado de Ferris et al. (1962)

Dietz (1943) usou o método das imagens para calcular o fator de rebaixamento F (Eq. 3.8e) em um ponto com coordenadas (x_1, y_1), causado pelo bombeamento de um poço com coordenadas (x_w, y_w) considerando os casos de contornos de recarga indicados no Quadro 3.8.

Esquema	Formulação
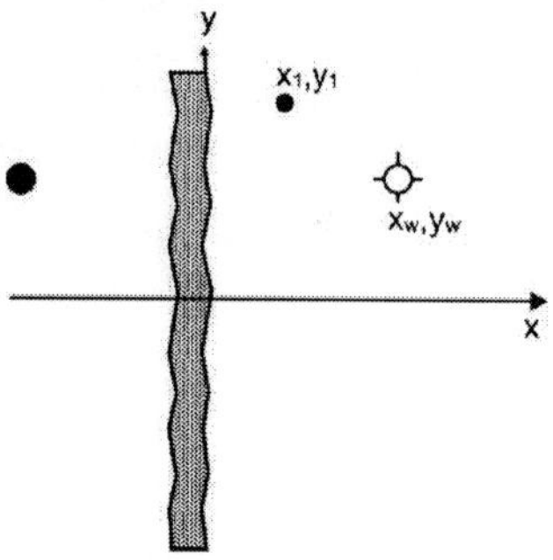	$$F = \frac{1}{2} ln \frac{(x_1 + x_w)^2 + (y_1 - y_w)^2}{(x_1 - x_w)^2 + (y_1 - y_w)^2}$$
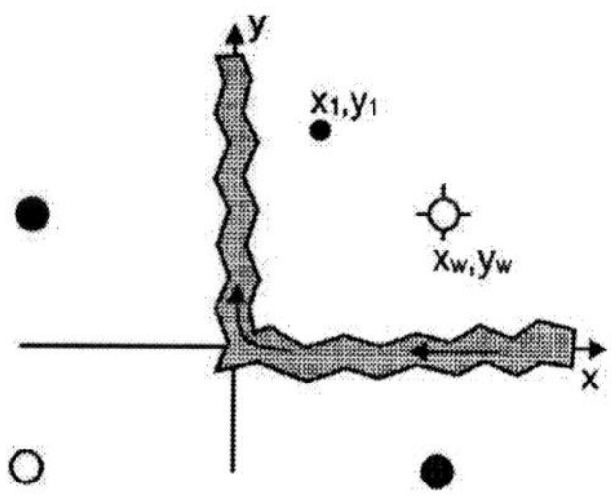	$$F = \frac{1}{2} ln \left[\frac{(x_1 - x_w)^2 + (y_1 + y_w)^2}{(x_1 - x_w)^2 + (y_1 - y_w)^2} \times \frac{(x_1 + x_w)^2 + (y_1 - y_w)^2}{(x_1 + x_w)^2 + (y_1 + y_w)^2} \right]$$
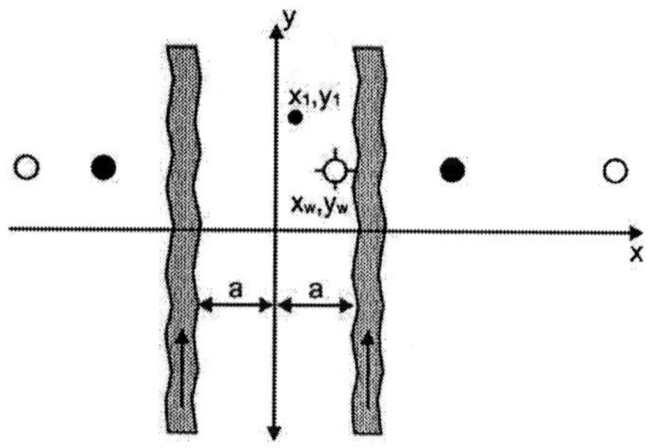	$$F = \frac{1}{2} ln \frac{cosh \frac{\pi(y_1 - y_w)}{2a} + cosh \frac{\pi(x_1 + x_w)}{2a}}{cosh \frac{\pi(y_1 - y_w)}{2a} - cosh \frac{\pi(x_1 - x_w)}{2a}}$$
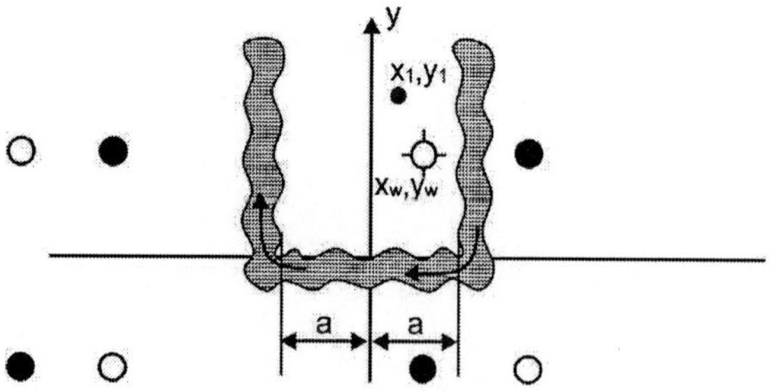	$$F = \frac{1}{2} ln \left[\frac{cosh \frac{\pi(y_1 - y_w)}{2a} + cosh \frac{\pi(x_1 + x_w)}{2a}}{cosh \frac{\pi(y_1 - y_w)}{2a} - cosh \frac{\pi(x_1 - x_w)}{2a}} \times \frac{cosh \frac{\pi(y_1 + y_w)}{2a} - cosh \frac{\pi(x_1 - x_w)}{2a}}{cosh \frac{\pi(y_1 + y_w)}{2a} + cosh \frac{\pi(x_1 + x_w)}{2a}} \right]$$

Quadro 3.8 - Fator de rebaixamento F pelo método das imagens considerando aquíferos (confinados ou não) delimitados por contornos de recarga
Fonte: adaptado de Kruseman e De Ridder (2000)

3.9 DIMENSIONAMENTO BASEADO EM REDES DE FLUXO

No caso de rebaixamento do lençol freático sob regime de fluxo permanente, a vazão Q pode ser também estimada por redes de fluxo, principalmente em situações envolvendo solos anisotrópicos e complexas geometrias e condições de contorno do aquífero. Considere o exemplo mostrado na Fig. 3.29, com o fluxo permanente da água de um rio para o interior de uma escavação retangular situada nas proximidades, totalmente penetrante em um aquífero confinado.

Do capítulo 2, sabe-se que a vazão Q, por unidade de comprimento perpendicular ao plano da Fig. 3.29, é calculada da rede de fluxo por

$$Q = k\$\Delta hb/a \; onde \; \$ = nf/nd = 18/4 = 4{,}5 \; e \; b/a = 1 \tag{2.5j}$$

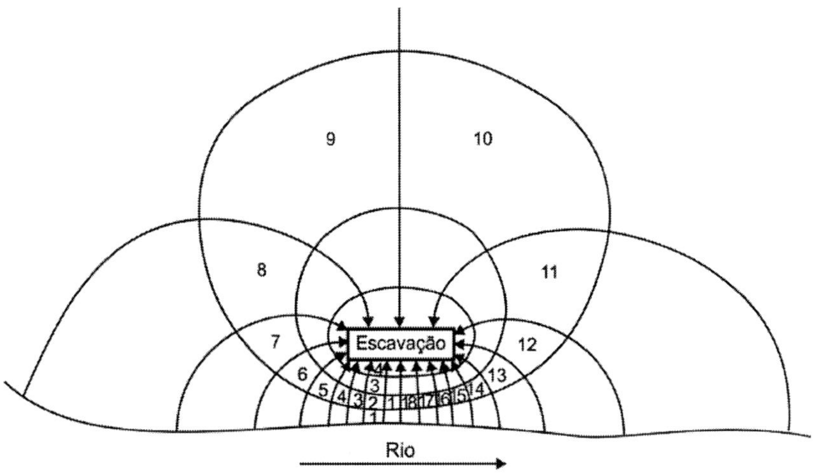

Figura 3.29 – Rede de fluxo (no plano horizontal) ao redor de uma escavação situada próxima a um rio
Fonte: adaptado de Watson e Burnett (1995)

A vazão total Q_t é obtida multiplicando o valor obtido na Eq. 2.5j pela espessura b do aquífero confinado (Fig. 3.30a)

$$Q_t = Qb \tag{3.9a}$$

Para o caso de um aquífero não confinado, o valor aproximado da vazão total pode ser estimado multiplicando Q pela carga hidráulica média $(H + h_0)/2$ da parábola de Dupuit[3] (Fig. 3.30b)

$$Q_t = Q\frac{H+h_0}{2} = k\$(H-h_0)\frac{H+h_0}{2} = k\$\frac{H^2-h_0^2}{2} \tag{3.9b}$$

A produção por poço (Q_w) e sua distribuição ao redor da escavação podem ser determinadas localizando um poço no eixo de cada canal de fluxo, ou seja,

---

[3] De acordo com Mansur e Kaufman (1962), independentemente do comprimento da superfície de fluxo livre $(h_w - h_0)$, a vazão pode ser calculada considerando a carga hidráulica no interior da escavação h_0 no caso de aquífero não confinado (solução de Dupuit).

$$Q_w = Q_t/n_f \qquad (3.9c)$$

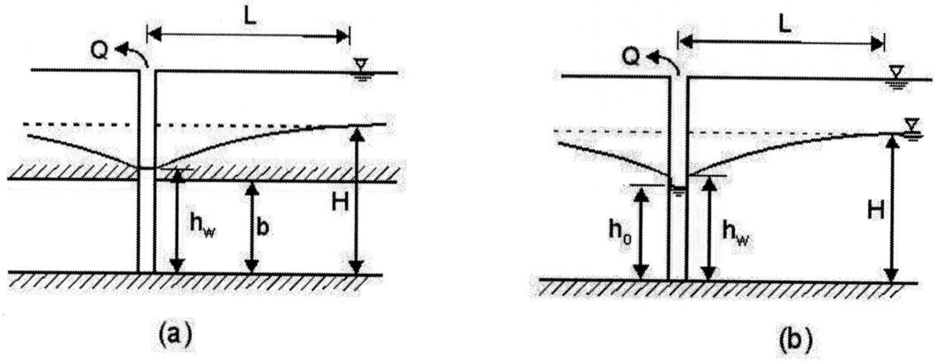

Figura 3.30 – – Esquemas de rebaixamento em: (a) aquífero confinado; (b) aquífero não confinado
Fonte: autor

Esses valores podem ser ajustados, variando o refinamento da rede de fluxo, diminuindo ou aumentando a largura do canal de fluxo, modificando o valor da parcela de vazão em cada canal (isto é, da produção dos poços neles localizados), para estabelecer o número de poços e sua distribuição em relação à escavação.

Outro exemplo é a rede de fluxo da Fig. 3.31 correspondente a uma cava parcialmente penetrante em um aquífero confinado com permeabilidade $k = 5 \times 10^{-4} m/s$, espessura b = 15 m, profundidade de penetração P = 7,5 m, contorno de recarga linear em ambos os lados com L_0 = 19,5 m e rebaixamento da carga hidráulica $H - h_w = 25 - 16 = 9$ m.

A vazão por unidade de comprimento da cava (1 m), considerando a rede simétrica formada por quadrados, é determinada como:

$$\frac{Q}{2} = k\$\Delta h \frac{b}{a} = 5 \times 10^{-4} \times \frac{4}{6} \times 9 \times \frac{1}{1} = 0{,}003\,\text{m}^3/\text{s}/\text{m} \quad \rightarrow \quad Q = 6\,\text{L/s/m} \qquad (2.5j)$$

Para esse caso, poderia também ser empregada a formulação analítica da Quadro 3.3,

$$Q_{PP} = \frac{2kbx(H - h_w)}{L_0 + \lambda b} = \frac{2 \times 5 \times 10^{-4} \times 15 \times 1 \times 9}{19{,}5 + 0{,}25 \times 15} = 0{,}0058\,\text{m}^3/\text{s}/\text{m} \qquad (3.9d)$$

$Q_{PP} = 5{,}8$ L/s/m onde $\lambda \simeq 0{,}25$ é lido da Fig. 3.21 para $P/b = 0{,}5$.

Observe que a rede de fluxo é uma solução geralmente usada para análise de problemas de fluxo permanente 2D e deve ser empregada com cautela nos casos tridimensionais. Por exemplo, se a escavação da Fig. 3.29 fosse parcialmente penetrante, a rede de fluxo nos planos horizontais variaria com a profundidade, pois as equipotenciais não são mais verticais, como assumido no caso de penetração total da escavação, e as Eq. 3.9a e 3.9b tampouco poderiam ser utilizadas. Mansur e Kaufman (1962) sugerem um método de ajuste de cargas hidráulicas para considerar a situação de poços parcialmente penetrantes mas, nos dias atuais, com a disponibilidade de computadores e programas computacionais para geometrias 3D, o mais conveniente é recorrer a métodos numéricos para obtenção de soluções aproximadas.

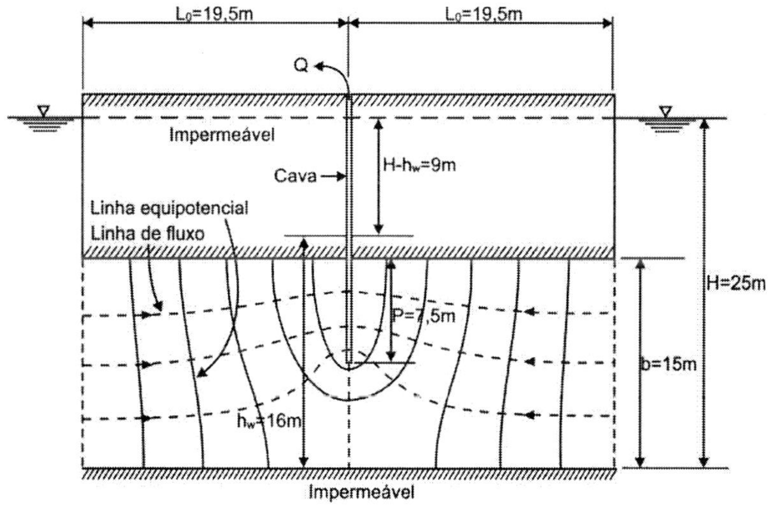

Figura 3.31 – Rede de fluxo gerada pelo rebaixamento de carga hidráulica em uma cava parcialmente penetrante
Fonte: adaptado de Mansur e Kaufman (1962)

3.10 DIMENSIONAMENTO BASEADO NO MÉTODO DOS ELEMENTOS FINITOS

Para uma escavação retangular de área $a \times c$, totalmente penetrante em aquífero confinado, análises 2D pelo método dos elementos finitos (MEF) foram executadas por Powrie e Preene (1992), com o objetivo de comparar os resultados numéricos de vazão (Q_{MEF}) com os valores obtidos via soluções analíticas (Q). A escavação foi considerada com dimensões $a >> c$ (a/c = 10, 20, 50) e distâncias do contorno de recarga $0{,}01a < L < a$. As soluções analíticas para estimativas da vazão (Quadro 3.5) encontram-se reproduzidas no Quadro 3.9, considerando as situações de fluxo plano e radial combinados e de fluxo plano somente.

A importância do fluxo radial nas extremidades da escavação depende mais da distância ao contorno de recarga L do que do aspecto geométrico a/c. Conforme mostra a Fig. 3.32, desconsiderar o fluxo radial nas extremidades causa erros inferiores a 20% para $L < 0{,}1a$ mas subestima significativamente a vazão quando o contorno de recarga encontra-se mais distante.

Quando a área da escavação apresenta dimensões não muito diferentes entre si (a/c = 1, 2, 5) e o contorno de recarga está suficientemente afastado, o fluxo pode ser admitido essencialmente radial, com a vazão analítica Q calculada pela formulação do Quadro 3.2, reproduzida no Quadro 3.10, com base no método do poço equivalente.

Na análise numérica, Powrie e Preene (1992) verificaram a influência do raio do poço equivalente (r_e) quando calculado pela equivalência de perímetro (Eq. 3.7a) ou de área (Eq. 3.7b). Os resultados estão mostrados na Fig. 3.33, na qual se observa que: i) a Eq. 3.7a produz resultados mais próximos aos computados pelo MEF para $L/a > 5$ e é menos sensível às mudanças da razão de geometria a/c; ii) a Eq. 3.7b mostrou-se mais adequada no intervalo $2 < L/a < 5$; iii) se $L/a < 2$ ambas as aproximações para raio do poço equivalente introduzem erros significativos, pois o fluxo deixa de ser predominantemente radial quando o contorno de recarga está próximo da escavação.

Powrie e Preene (1992) também analisaram a situação de escavação retangular (a/c = 1, 2, 5) próxima a contorno de recarga ($0{,}001 < L/a < 10$), considerando os casos de fluxo plano e de fluxo plano e radial combinados, conforme formulação do Quadro 3.5, reproduzida no Quadro 3.11. Da comparação entre vazões calculadas analítica e numericamente (Fig. 3.34), concluíram que: i) o caso de fluxo plano e radial combinados fornece resultados satisfatórios para distâncias $L/a < 2$; ii) a desconsideração do fluxo radial nos cantos da escavação geralmente subestima a vazão, mas pode ser aceitável para distâncias $L/a < 0,3$.

Escavação retangular, totalmente penetrante, aquífero confinado $a >> c$

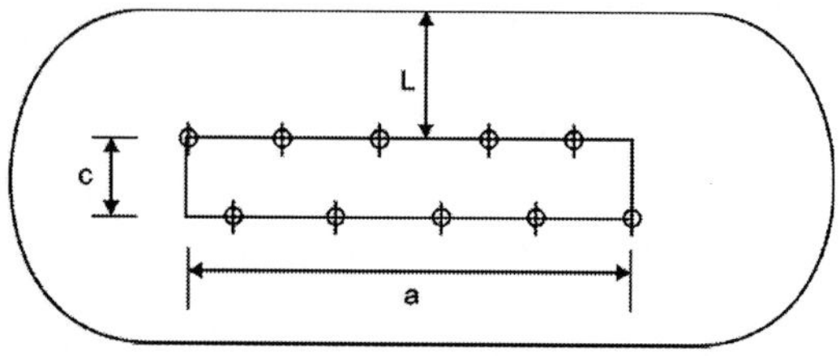

Fluxo plano e radial combinados

$$Q = 2kb(H - h_w) \times [a/L + \pi / ln(2L/c)]$$

Fluxo plano

$$Q = 2kb(H - h_w) \times a/L$$

Quadro 3.9 - Vazão em escavação retangular ($a >> c$) em aquífero confinado
Fonte: Powrie e Preene (1992)

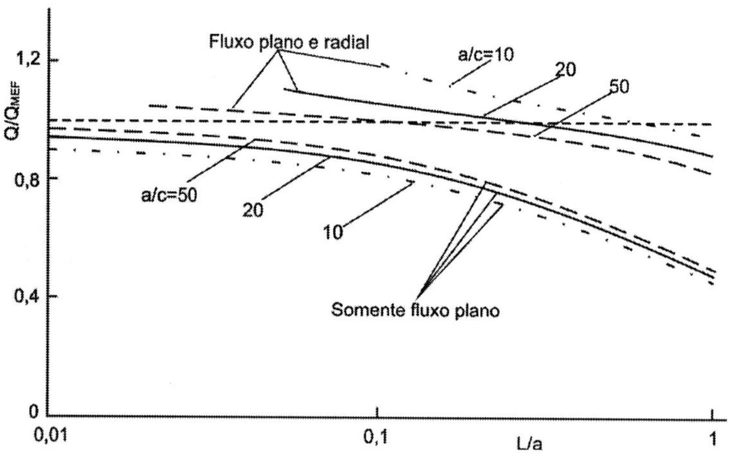

Figura 3.32 – Comparação entre vazões analítica (Q) e numérica (Q_{mef}) em uma longa escavação ($a >> c$)
Fonte: adaptado de Powrie e Preene (1992)

Poço totalmente penetrante, aquífero confinado, contorno de recarga na distância R_0

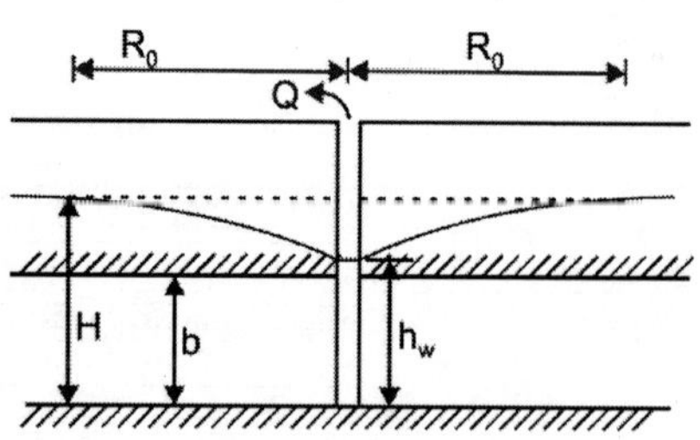

$$Q = \frac{2\pi kb(H - h_w)}{ln\left(\frac{R_0}{r_e}\right)}$$

Quadro 3.10 - Vazão em poço totalmente penetrante em aquífero confinado
Fonte: adaptado de Mansur e Kaufman (1962)

Escavação retangular, totalmente penetrante, aquífero confinado	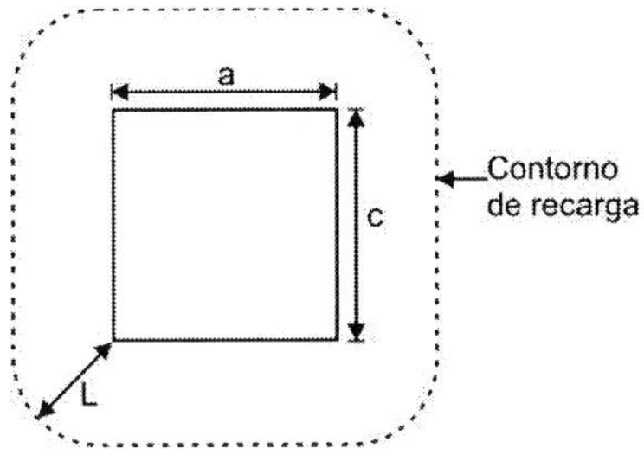	Fluxo plano e radial combinados $Q = kb(H - h_w) \times [2(a+c)/L + \pi]$ Fluxo plano $Q = kb(H - h_w) \times [2(a+c)/L]$

Quadro 3.11- Vazão em escavação retangular considerando fluxos plano e radial
Fonte: Cedergren (1989)

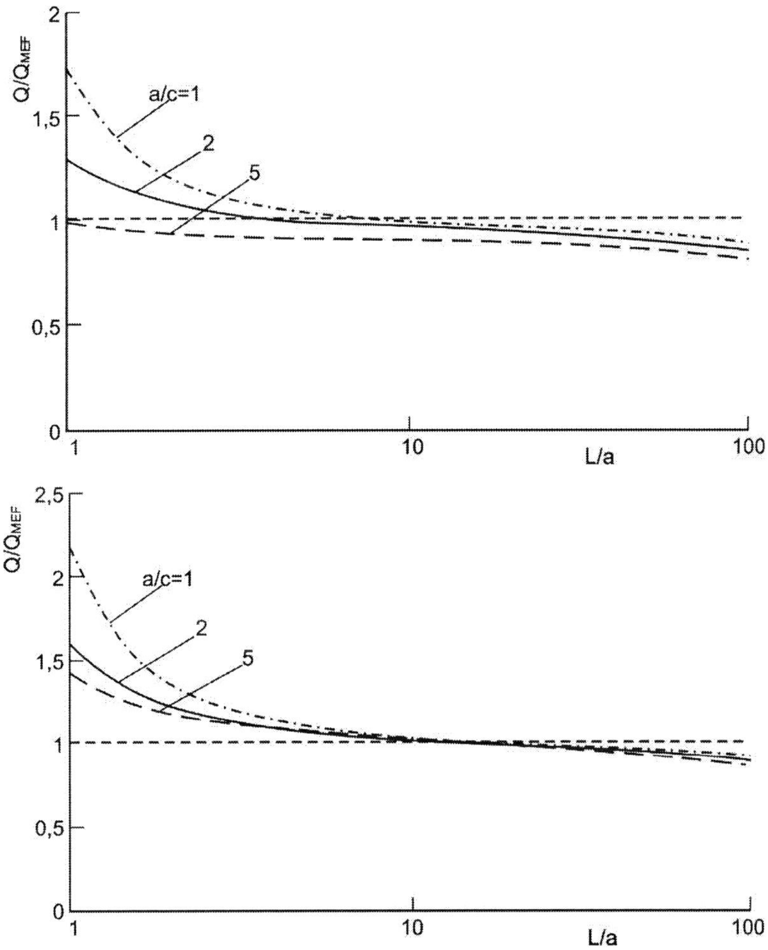

Figura 3.33 – Comparação entre vazões analítica (Q) e numérica (Q_{mef}) em uma escavação retangular com raio de poço equivalente r_e calculado por equivalência de área (acima) e de perímetro (abaixo)
Fonte: adaptado de Powrie e Preene (1992)

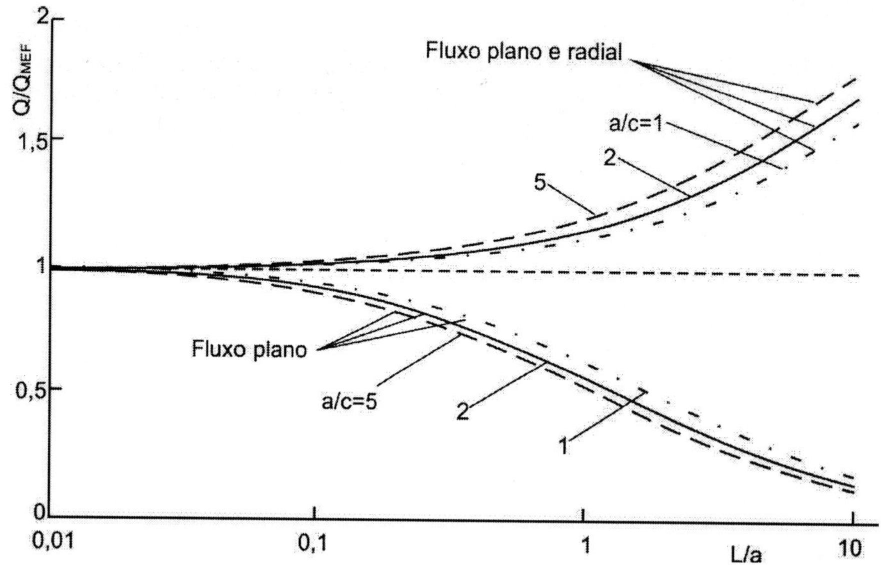

Figura 3.34 – Comparação entre vazões analítica (Q) e numérica (Q_{mef}) em uma escavação retangular considerando casos de fluxo plano e de fluxo plano e radial combinados
Fonte: adaptado de Powrie e Preene (1992)

EXERCÍCIOS RESOLVIDOS

1) (CASHMAN e PREENE, 2001) - A escavação retangular (35 m x 15 m) da Fig. 3.35 deve ser executada até a profundidade de 9 m. O perfil geotécnico consiste de uma camada de argila impermeável até a profundidade de 10 m, seguida por uma camada de areia média ($k = 2 \times 10^{-4}$ m/s) entre as profundidades de 10 a 19 m. A carga de pressão medida na camada de areia atingiu a elevação máxima de 1 m abaixo da superfície do terreno. O fluxo no aquífero confinado (camada de areia) pode ser considerado axissimétrico com contorno de recarga circular à distância R_0.

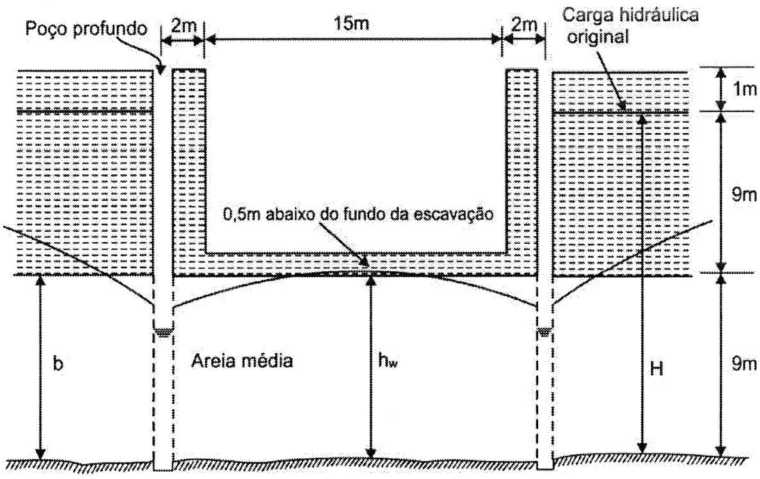

Figura 3.35 - Rebaixamento em escavação com sistema de poços profundos com bombas submersas
Fonte: adaptado de Cashman e Preene (2001)

a) Escolha do sistema de rebaixamento

A presença de um aquífero confinado nas proximidades aumenta o risco de ocorrência de levantamento do fundo da escavação. A proposta é rebaixar a carga hidráulica para 0,5 m abaixo do fundo da escavação, ou até a profundidade 9,5 m contada a partir da superfície do terreno, o que é equivalente a um rebaixamento s = 8,5 m. Considerando o valor s = 8,5 m e o coeficiente de permeabilidade do aquífero $k = 2 \times 10^{-4}$ m/s, verifica-se que duas alternativas de sistemas de rebaixamento são indicadas na Fig. 3.1: poços profundos com bombas submersas e ponteiras filtrantes com estágio duplo. Nesse exemplo, é feita a opção por poços profundos.

b) Vazão no poço equivalente

Considere que os poços são totalmente penetrantes e instalados a 2 m de distância das bordas da escavação (Fig. 3.35). A vazão Q do poço equivalente é determinada com base na formulação específica do Quadro 3.2 expressa por:

$$Q = \frac{2\pi kb\left(H - h_w\right)}{ln\left(\dfrac{R_0}{r_e}\right)} \qquad \text{(e1.a)}$$

O raio equivalente r_e pode ser determinado em função do perímetro (r_e = 18,5 m pela Eq. 3.7a) ou da área (r_e = 15,4 m pela Eq. 3.7b) equivalente. Como o raio equivalente aparece na Eq. e1.a como argumento de função logarítmica, o erro introduzido por um ou outro valor deve ser pequeno. Optou-se por r_e = 18,5 m pois, de acordo com os resultados das análises numéricas pelo método dos elementos finitos (seção 3.10), o raio equivalente determinado pela Eq. 3.7a é mais indicado para casos onde L/a = 360/39 > 5 (ver estimativa de L na Eq. e2.b).

O raio de influência R_0 do cone de rebaixamento é determinado pela Eq. 3.7c, considerando o rebaixamento $s = H - h_w$ = 8,5 m

$$R_0 = r_e + 3000(H - h_w)\sqrt{k} = 18,5 + 3000 \times 8,5 \times \sqrt{2 \times 10^{-4}} = 379\,\text{m} \tag{3.7c}$$

$$Q = \frac{2\pi k b(H - h_w)}{\ln\left(\dfrac{R_0}{r_e}\right)} = \frac{2\pi \times 2 \times 10^{-4} \times 9 \times 8,5}{\ln\left(\dfrac{379}{18,5}\right)} = 0,0318\ \text{m}^3/\text{s} = 31,8\,\text{L/s} \tag{e1.b}$$

c) Produção por poço e espaçamento entre poços

Para solos com coeficiente de permeabilidade $k > 10^{-4}$ m/s, o gradiente hidráulico máximo na interface poço-solo pode ser obtido pela equação de Kyrieleis e Sichardt (Eq. 3.7f), com a produção individual do poço (Eq. 3.7e) reescrita como

$$Q_w = \frac{2\pi r_w \ell_w \sqrt{k}}{15} \tag{e1.c}$$

Nesse ponto, algumas hipóteses devem ser feitas em relação ao poço. O diâmetro do furo (incluindo filtro de areia graduada) será considerado $2r_w$ = 0,30 m, enquanto o comprimento do segmento perfurado será assumido como ℓ_w = 6 m, correspondente a 2/3 da espessura do aquífero confinado b = 9 m. O valor ℓ_w = 9 m não é considerado, porque a previsão é que o rebaixamento nos poços profundos será maior do que o rebaixamento no meio da escavação, conforme mostra a Fig. 3.35.

$$Q_w = \frac{2\pi r_w \ell_w \sqrt{k}}{15} = \frac{\pi \times 0,30 \times 6 \times \sqrt{2 \times 10^{-4}}}{15} = 0,0053\ \text{m}^3/\text{s} = 5,3\ \text{L/s} \tag{e1.d}$$

Logo, o número de poços $n = Q/Q_w$ = 31,8/5,3 = 6

Para a área retangular de rebaixamento (39 m x 19 m), seis poços podem ser espaçados a cada 19 m aproximadamente (quatro nos cantos, dois em cada ponto médio dos lados de 39 m).

d) Verificação dos resultados

Os valores obtidos pela análise teórica devem ser comparados com aqueles recomendados na prática da engenharia: o espaçamento teórico situa-se no intervalo recomendado de 10 m a 60 m; a profundidade do poço equivalente é 19 m e a profundidade da escavação é 9 m, portanto satisfazendo a regra empírica de que o poço deve ser de 1,5 a 2 vezes mais profundo do que a escavação. É prudente também aumentar o número de poços em aproximadamente 20%, como precaução aos casos de poços em manutenção, temporariamente parados. O projeto final deveria então prever um número de oito poços distribuídos ao longo do perímetro da área retangular.

2) Repetir o exercício 1, mas determinar a vazão no poço equivalente considerando a configuração retangular do Quadro 3.5 e resultados indicados na Fig. 3.21.

A vazão no poço equivalente é expressa como

$$Q = kb(H - h_w)D \tag{e2.a}$$

O fator de forma D depende da razão comprimento / largura (a/c = 39/19 = 2,1) da área retangular e da razão entre a distância ao contorno de recarga L e do comprimento a = 39 m. Como o fluxo radial é predominante para a escavação (não há um contorno de recarga linear predefinido nas proximidades, como um rio, por exemplo), o valor de L pode ser estimado como

$$L = 3000\left(H - h_w\right)\sqrt{k} = 3000 \times 8,5 \times \sqrt{2 \times 10^{-4}} = 360 \text{ m} \tag{e2.b}$$

Observe que essa equação difere da Eq. 3.7c por não conter o termo referente ao raio r_e do poço equivalente, mas note também que, em relação à Fig. 3.21, o valor de L é uma distância medida a partir das bordas da escavação e não do seu eixo central (caso 1 do Quadro 3.5).

Considerando os valores a/c = 2,1 e L/a = 360/39 = 9,2 é determinado D = 2,1 da Fig. 3.21.

$$Q = 2 \times 10^{-4} \times 9 \times 8,5 \times 2,1 = 0,032 \text{ m}^3/\text{s} = 32 \text{ L/s} \tag{e2.c}$$

resultado de vazão igual ao obtido anteriormente no exercício 1. O desenvolvimento do restante do problema segue o procedimento anterior.

3 - Repetir exercício 1, mas utilizando o método dos poços múltiplos.

A vazão por poço individual Q_w foi calculada anteriormente (Eq. e1.d), admitida ser a mesma em todos os poços do sistema ($Q_w = Q_{wi}$ = 5,3 L/s).

Da Eq. 3.8c o valor do fator F para assegurar um rebaixamento de 8,5 m no ponto genérico P é dado por

$$F = 2\pi kb\left(H - h_P\right) = 2\pi \times 2 \times 10^{-4} \times 9 \times 8,5 = 961,33 \times 10^{-4} \text{m}^3/\text{s} = 96,13 \text{ L/s} \tag{e3.a}$$

Como a recomendação da prática da engenharia são poços situados no intervalo entre 10 m a 60 m, a primeira hipótese será considerar quatro poços localizados nos cantos da área retangular (39 m x 19 m) conforme Fig. 3.36. As distâncias dos pontos de controle A, B e C, correspondentes aos meios dos lados e ao centro da escavação, em relação aos poços 1, 2, 3 e 4, estão listadas na Tab. 3.1. Os valores da função de rebaixamento F em relação aos pontos de controle também foram determinados por meio da Eq. 3.8e

$$F = \sum_{i=1}^{4} Q_{wi} \ln \frac{R_{0i}}{r_i} \tag{3.8e}$$

considerando que o raio do cone de rebaixamento é grande em relação às distâncias entre poços, de tal forma que $R_0 = R_{0i} = 379$ m para $i = 1,2,3,4$.

Como os valores de F_A, F_B e F_C resultaram inferiores ao valor necessário para garantir o rebaixamento de 8,5 m ($F = 96,13$ L/s), uma nova configuração de poços é assumida, distribuindo agora seis poços, conforme Fig. 3.37, com os correspondentes resultados da análise mostrados na Tab. 3.2.

A configuração mostrada na Fig. 3.37 é considerada satisfatória, ainda que no ponto médio B ($F_B = 93,20$ L/s < 96,13 L/s) o rebaixamento seja levemente inferior ao desejado (H - h_B) = 8,2 m. No entanto, como é aconselhado aumentar em 20% o número teórico de poços (de seis para oito), dois novos poços serão posicionados no meio dos lados de 19 m.

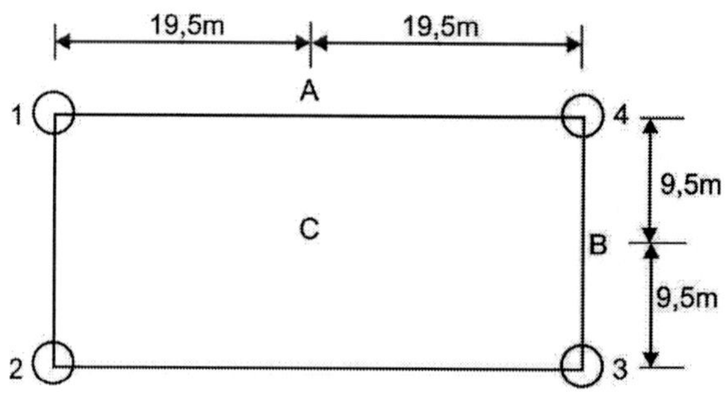

Figura 3.36 - Configuração de 4 poços profundos nos cantos da área retangular
Fonte: autor

Tabela 3.1 - Distâncias (m) dos pontos de controle aos 4 poços profundos do sistema e respectivos valores do fator de rebaixamento F (L/s)

Ponto	poço 1	poço 2	poço 3	poço 4	fator F
A	19,5	27,23	27,23	19,5	59,36
B	40,14	40,14	9,5	9,5	62,87
C	21,69	21,69	21,69	21,69	60,65

Fonte: autor

Tabela 3.2 - Distâncias (m) dos pontos de controle aos 6 poços profundos do sistema e respectivos valores do fator de rebaixamento F (L/s)

Ponto	poço 1	poço 2	poço 3	poço 4	poço 5	poço 6	fator F
A	19,5	27,23	27,23	19,5	19,0	0,15	116,75
B	40,14	40,14	9,5	9,5	21,69	21,69	93,20
C	21,69	21,69	21,69	21,69	9,5	9,5	99,72

Fonte: autor

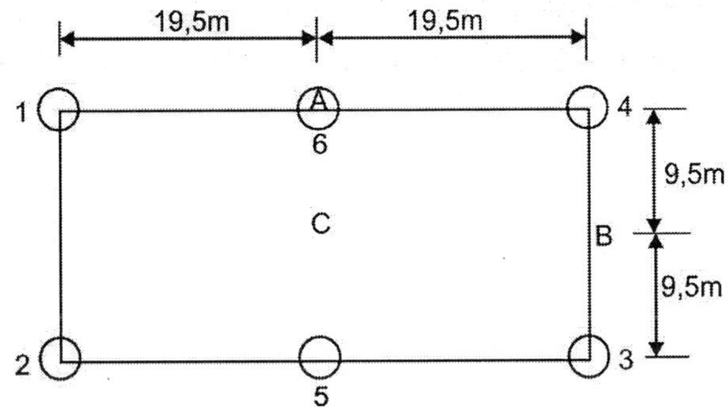

Figura 3.37 – Configuração de 6 poços profundos no perímetro da área retangular
Fonte: autor

4 – (CASHMAN e PREENE, 2001) Uma escavação estreita e longa é necessária para instalar uma tubulação que se estende por várias centenas de metros. A escavação tem 1 m de largura, 3 m de profundidade, em um aquífero não confinado com nível d'água 0,5 m abaixo da superfície do terreno (Fig. 3.38). O fluxo é predominantemente plano, o coeficiente de permeabilidade da areia $k = 10^{-4}$ m/s e o rebaixamento projetado do lençol freático é 3 m, até atingir a profundidade de 0,5 m abaixo do fundo da escavação.

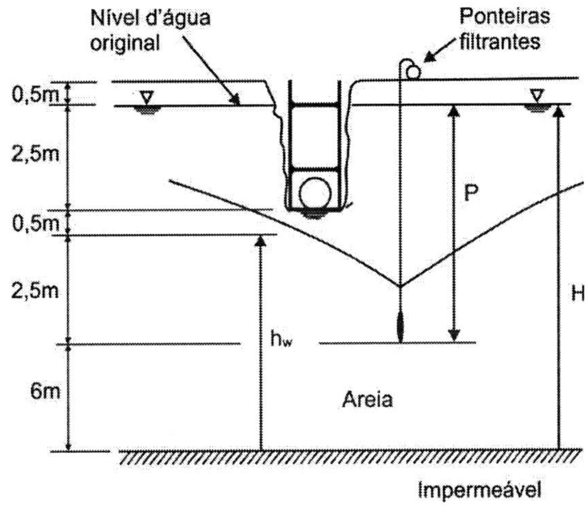

Figura 3.38 – Rebaixamento com ponteiras filtrantes
Fonte: adaptado de Cashman e Preene (2001)

Embora a escavação seja muito longa, estima-se que, no máximo, 30 m estarão abertos a qualquer tempo. Tipicamente, o bombeamento é mantido em uma linha de ponteiras com comprimento equivalente de três a quatro vezes o comprimento aberto da escavação. Nesse caso, a linha de ponteiras é considerada com comprimento aproximado de 100 m.

Como ponteiras filtrantes são instaladas até a profundidade de 6 m, esse problema pode ser classificado como de fluxo para uma cava equivalente parcialmente penetrante, com contorno de recarga linear em ambos os lados. Do Quadro 3.3 vem,

$$Q = \left(0,73 + 0,23\frac{P}{H}\right)\frac{kx\left(H^2 - h_w^2\right)}{L_0} \tag{e4.a}$$

onde a profundidade de penetração no aquífero é P = 5,5 m, a espessura do aquífero não confinado antes do rebaixamento é H = 11,5 m, a carga hidráulica no interior da cava equivalente é h_w = 8,5 m, o comprimento da cava equivalente é x = 100 m e a distância do contorno de recarga L_0 é calculada pela Eq. 3.7d,

$$L_0 = 1750\left(H - h_w\right)\sqrt{k} \;= 1750 \times 3 \times 10^{-2} = 52,5 \text{ m} \tag{3.7d}$$

$$Q = \left(0,73 + 0,23 \times \frac{5,5}{11,5}\right) \times \frac{10^{-4} \times 100 \times (11,5^2 - 8,5^2)}{52,5} = 0,0096 \text{ m}^3/\text{s} = 9,6 \text{ L/s} \tag{e4.b}$$

O resultado assume apenas fluxo plano para a cava equivalente. Com o propósito de incluir o fluxo radial nas ponteiras das extremidades do segmento de 100 m, admite-se a existência de um poço equivalente com diâmetro igual à largura da cava equivalente. Como existe apenas uma linha de ponteiras, assume-se que a cava equivalente tem largura igual ao diâmetro da perfuração executada em campo (tipicamente 200 mm), sendo o raio do poço equivalente fixado em r_e = 0,10 m.

$$R_0 = r_e + 3000(H - h_w)\sqrt{k} \;\; = 0,1 + 3000 \times 3 \times 10^{-2} = 90,1 \text{ m} \tag{3.7c}$$

Do Quadro 3.2,

$$\Delta Q = G\frac{\pi k\left(H^2 - h_w^2\right)}{\ln\left(R_0/r_e\right)} = 0,5 \times \frac{\pi \times 10^{-4} \times \left(11,5^2 - 8,5^2\right)}{\ln\left(90,1/0,1\right)} = 0,0014 \text{ m}^3/\text{s} = 1,4 \text{ L/s} \tag{e4.c}$$

com o fator G = 0,5 lido dos gráficos da Fig. 3.18, considerando r_e/H = 0,01 e

$$\frac{P - 0,5\left(H - h_w\right)}{H - 0,5\left(H - h_w\right)} = \frac{5,5 - 1,5}{11,5 - 1,5} = 0,4 \tag{e4.d}$$

Este acréscimo de vazão refere-se às duas ponteiras das extremidades (50% em cada uma delas), o que representa menos do que 15% da vazão obtida com a hipótese de fluxo plano somente. A vazão total é, portanto,

$$Q_t = Q + \Delta Q = 9,6 + 1,4 = 11 \text{ L/s} \tag{e4.e}$$

Da Fig. 3.23, considerando um comprimento do segmento perfurado ℓ_w = 700 mm, estima-se que a produção mínima por ponteira é 0,26 L/s. Como em um sistema de rebaixamento por ponteiras o espaçamento varia entre 0,5 m a 3 m, são calculados os seguintes valores de produção total (Tab. 3.3) para algumas opções de espaçamento ao longo do segmento de 100 m. Tendo em vista a vazão total calculada (Q_t = 11 L/s), conclui-se que o espaçamento de 2 m entre ponteiras é adequado para atingir o rebaixamento de 3 m especificado no projeto.

Tabela 3.3 - Estimativa da produção total do sistema de ponteiras em função do espaçamento

Espaçamento (m)	Número de ponteiras em 100m	Produção total (L/s)
1	101	26,3
1,5	67	17,4
2	51	13,3
2,5	41	10,4

Fonte: Cashman e Preene (2001)

EXERCÍCIO PROPOSTO

1 - Para análise do rebaixamento do lençol freático pelo método das imagens (Fig. 3.39), localizar os poços imagens e indicar o sinal da vazão correspondente (positivo para extração, negativo para injeção de água). Se um dos contornos fosse impermeável seria possível aplicar o método das imagens?

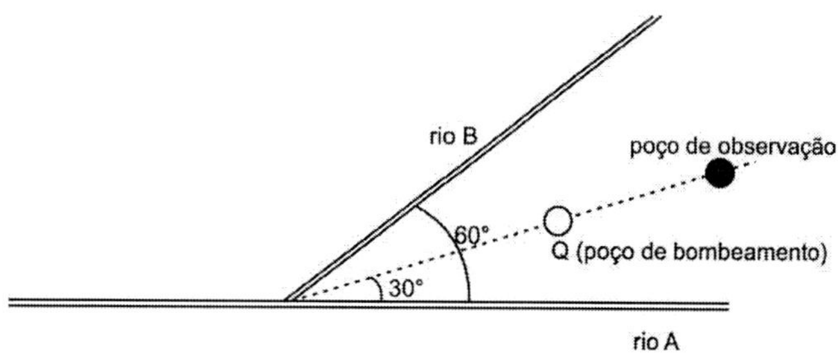

Figura 3.39 - Localização dos contornos do aquífero e dos poços de bombeamento e de observação
Fonte: autor

Capítulo 4

FLUXO TRANSIENTE EM POÇOS DE BOMBEAMENTO

4.1 INTRODUÇÃO

No capítulo 1 (seção 1.9), os ensaios de campo com poço de bombeamento totalmente penetrante, na condição de fluxo permanente, foram apresentados para determinação do coeficiente de permeabilidade k do maciço de solo por meio das equações de Thiem (Eq. 1.9d e 1.9h). Ali foi antecipada uma alternativa de interpretação de ensaios de bombeamento, considerando também os resultados obtidos na condição de fluxo transiente para estimativa de dois parâmetros hidráulicos: a transmissividade T e o coeficiente de armazenamento S do aquífero.

O estudo do problema de fluxo axissimétrico em um poço de bombeamento localizado em um aquífero homogêneo e isotrópico de extensão lateral infinita tem aplicação em dois importantes problemas da engenharia geotécnica: a) obtenção de propriedades hidráulicas de aquíferos por meio de ensaios de bombeamento; b) dimensionamento de sistemas de rebaixamento temporário do lençol freático em escavações, situação que frequentemente ocorre em obras da construção civil, que no capítulo anterior foi tratado na condição de fluxo permanente. Antes do desenvolvimento do tema, algumas definições preliminares são necessárias:

a) Coeficiente de armazenamento S de um aquífero confinado - parâmetro adimensional definido como o volume de água que o aquífero libera ou armazena, por unidade de área A do aquífero, devido à variação da carga hidráulica normal a essa superfície. De acordo com Todd e Mays (2005), na maioria dos aquíferos confinados, o coeficiente de armazenamento situa-se entre $10^{-5} \leq S \leq 10^{-3}$, faixa de valores que indica serem necessárias grandes variações de carga hidráulica para produzir volumes d'água significativos.

$$S = \partial V_w / A \partial h \tag{4.1a}$$

$$S = S_s b \tag{4.1b}$$

onde b é a espessura do aquífero confinado e S_s, o armazenamento específico definido por

$$S_s = \rho_w g \left(\alpha + n\beta \right) \tag{4.1c}$$

onde ρ_w é a massa específica da água; α, a compressibilidade do aquífero (esqueleto sólido); n, a porosidade do solo e β, a compressibilidade da água.

b) Transmissividade T de um aquífero confinado - parâmetro que indica a capacidade do aquífero de transmitir água em toda a sua espessura b. Unidade L^2T^{-1}.

$$T = k \times b \tag{4.1d}$$

4.2 POÇO TOTALMENTE PENETRANTE EM AQUÍFERO CONFINADO

A equação diferencial governante do fluxo transiente em poço totalmente penetrante em aquífero confinado é desenvolvida em coordenadas cilíndricas, tendo em vista a natureza axissimétrica do problema. Considere a vazão de água através de dois cilindros concêntricos (Fig. 4.1) de altura b, com fluxo em direção a um poço de bombeamento situado no centro. A diferença entre a vazão de entrada Q_2 e de saída Q_1 na casca cilíndrica de espessura infinitesimal dr é dada por

$$Q_2 - Q_1 = \Delta Q \tag{4.2a}$$

$$Q_1 = ki \times 2\pi rb = k\frac{\partial h}{\partial r}2\pi rb = T\frac{\partial h}{\partial r}2\pi r \quad \text{com } T = kb \tag{4.2b}$$

$$Q_2 = k\left(i + \frac{\partial i}{\partial r}dr\right)2\pi(r+dr)b = T\left(\frac{\partial h}{\partial r} + \frac{\partial^2 h}{\partial r^2}dr\right)2\pi(r+dr) \tag{4.2c}$$

A diferença das vazões ΔQ pode ser também expressa considerando a definição da Eq. 4.1a,

$$\Delta Q = \frac{\partial V_w}{\partial t} = \frac{\partial V_w}{\partial h}\frac{\partial h}{\partial t} = AS\frac{\partial h}{\partial t} = (2\pi rdr)S\frac{\partial h}{\partial t} \quad \text{com } A = 2\pi rdr \tag{4.2d}$$

Substituindo as Eq. 4.2b, 4.2c e 4.2d na Eq. 4.2a, resulta

$$T\left(\frac{\partial h}{\partial r} + \frac{\partial^2 h}{\partial r^2}dr\right)2\pi(r+dr) - T\frac{\partial h}{\partial r}2\pi r = S\frac{\partial h}{\partial t}2\pi rdr \tag{4.2e}$$

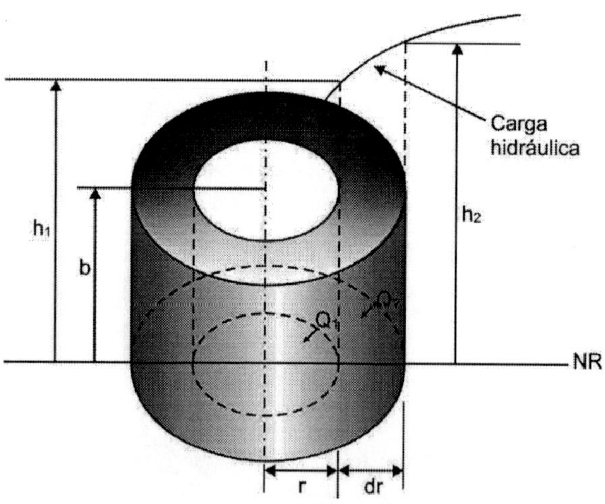

Figura 4.1 - Fluxo transiente para poço central através de dois cilindros concêntricos
Fonte: autor

Desprezando o infinitésimo de segunda ordem dr^2 face ao infinitésimo de primeira ordem dr, a seguinte equação diferencial governa o fluxo transiente da água para o poço, em coordenadas cilíndricas:

$$\frac{\partial^2 h}{\partial r^2}+\frac{1}{r}\frac{\partial h}{\partial r}=\frac{S}{T}\frac{\partial h}{\partial t} \tag{4.2f}$$

ou, em coordenadas Cartesianas,

$$\frac{\partial^2 h}{\partial x^2}+\frac{\partial^2 h}{\partial y^2}=\frac{S}{T}\frac{\partial h}{\partial t} \tag{4.2g}$$

Na condição de fluxo permanente, quando $\partial h/\partial t = 0$ as Eq. 4.2f e 4.2g simplificam na equação de Laplace.

4.2.1 Método de Theis (1935)

Theis (1935) obteve a solução da Eq. 4.2f baseado em uma analogia entre fluxo de água subterrânea e um problema de condução de calor, com a condição inicial $h = H$ para $t = 0$ e a condição de contorno $h \rightarrow H$ para $r \rightarrow \infty$ em $t > 0$, onde H e h são as cargas hidráulicas antes e durante o rebaixamento, respectivamente, no aquífero confinado.

$$s(r,t)=\frac{Q}{4\pi T}W(u)=\frac{Q}{4\pi T}\int_u^{\infty}\frac{e^{-u}du}{u}=\frac{Q}{4\pi T}\left[-0,5772-\ln u-\sum_{n=1}^{\infty}(-1)^n\frac{u^n}{n\times n!}\right] \tag{4.2h}$$

onde $s(r,t) = H - h$ representa o rebaixamento da carga hidráulica no tempo t em um piezômetro situado à distância radial r do poço de bombeamento; Q, a vazão do poço e $W(u)$, a função de poço de Theis com argumento u definido por

$$u=\frac{r^2 S}{4Tt} \tag{4.2i}$$

com S, o coeficiente de armazenamento do aquífero confinado; T, a transmissividade e t, o tempo desde o início do bombeamento.

A Eq. 4.2h é preferida em relação à Eq. 1.9h, pois somente um piezômetro é necessário para interpretação dos resultados, e os tempos de execução do ensaio são menores quando comparados à condição de fluxo permanente. Na obtenção da solução da Eq. 4.2h, as seguintes hipóteses foram assumidas: a) o aquífero confinado é homogêneo, isotrópico, de extensão lateral infinita e de espessura constante; b) a vazão Q do poço de bombeamento é constante; c) o poço penetra totalmente o aquífero, sendo o fluxo horizontal e laminar, obedecendo à lei de Darcy; d) o diâmetro do poço é infinitesimal, tal que o armazenamento no interior do poço pode ser ignorado; e) a água liberada do aquífero causa uma redução instantânea da carga hidráulica.

Comparando as Eq. 4.2h e 4.2i,

$$s = \left(\frac{Q}{4\pi T}\right) W(u) \qquad \text{e} \qquad \frac{r^2}{t} = \left(\frac{4T}{S}\right) u \tag{4.2j}$$

observa-se que a relação existente entre os termos s versus r^2/t (lado esquerdo em ambas as Eq. 4.2j) é proporcional àquela existente entre os termos $W(u)$ versus u (lado direito das Eq. 4.2j) pois os valores de Q, T e S são admitidos constantes. A relação s versus r^2/t define a curva de campo, enquanto a relação $W(u)$ versus u define a curva tipo, cujos valores estão listados na Tab. 4.1. Essa proporcionalidade entre as curvas tipo e de campo é a base do método gráfico de Theis (1935) para determinação do coeficiente de armazenamento S e da transmissividade T de um aquífero confinado.

Tabela 4.1 – Valores da função de poço $W(u)$ para vários valores de u

u	$W(u)$	u	$W(u)$	u	$W(u)$
1×10^{-10}	22,45	1×10^{-6}	13,24	1×10^{-2}	4,04
2	21,76	2	12,55	2	3,35
3	21,35	3	12,14	3	2,96
4	21,06	4	11,85	4	2,68
5	20,84	5	11,63	5	2,47
6	20,66	6	11,45	6	2,30
7	20,50	7	11,29	7	2,15
8	20,37	8	11,16	8	2,03
9	20,25	9	11,04	9	1,92
1×10^{-9}	20,15	1×10^{-5}	10,94	1×10^{-1}	1,823
2	19,45	2	10,34	2	1,223
3	19,05	3	9,84	3	0,906
4	18,76	4	9,55	4	0,702
5	18,54	5	9,33	5	0,560
6	18,35	6	9,14	6	0,454
7	18,20	7	8,99	7	0,374
8	18,07	8	8,86	8	0,311
9	17,95	9	8,74	9	0,260
1×10^{-8}	17,84	1×10^{-4}	8,63	1×10^{0}	0,219
2	17,15	2	7,94	2	0,049
3	16,74	3	7,53	3	0,013
4	16,46	4	7,25	4	0,004
5	16,23	5	7,02	5	0,001
6	16,05	6	6,84		
7	15,90	7	6,69		
8	15,76	8	6,55		
9	15,65	9	6,44		
1×10^{-7}	15,54	1×10^{-3}	6,33		
2	14,85	2	5,64		
3	14,44	3	5,23		
4	14,15	4	4,95		
5	13,93	5	4,73		
6	13,75	6	4,54		
7	13,60	7	4,39		
8	13,48	8	4,20		
9	13,34	9	4,14		

Fonte: Wenzel e Fishel (1942)

Primeiramente, a curva tipo $W(u)$ versus u é graficamente construída em escalas log-log e, em seguida, os resultados experimentais s versus r^2/t são plotados, também em escalas log-log, para obtenção da curva de campo[1]. Ambas as curvas são então superpostas, sem rotação dos eixos, buscando ajustar a posição na qual o maior número possível de pontos experimentais localize-se sobre a curva tipo (Fig. 4.2). Qualquer ponto conveniente é, então, escolhido, não necessariamente sobre o trecho das curvas justapostas, registrando suas coordenadas em ambos os gráficos, isto é, anotam-se os valores de $W(u)$, u, s e r^2/t.

Da leitura de s e $W(u)$ nos eixos das ordenadas, é possível calcular T da Eq. 4.2k,

$$T = \frac{Q}{4\pi s} W(u) \tag{4.2k}$$

Da leitura de u e r^2/t, nos eixos das abscissas, e com o valor de T determinado na Eq. 4.2k, é possível calcular S da Eq. 4.2 ℓ,

$$S = \frac{4Tu}{r^2/t} \tag{4.2ℓ}$$

As Eq. 4.2k e 4.2ℓ podem ser aplicadas aos resultados de dois ou mais piezômetros para obtenção de valores médios do coeficiente de armazenamento S e da transmissividade T. Na aplicação do método de Theis, os rebaixamentos registrados nos tempos iniciais podem não se ajustar adequadamente à curva tipo porque, entre outros motivos, as equações teóricas são baseadas na hipótese de vazão constante Q e na liberação instantânea de água pelo aquífero, proporcional à taxa de variação da carga hidráulica. Em campo, pode haver uma diferença de tempo entre o declínio da carga hidráulica e a liberação d'água, bem como a vazão variar à medida que a bomba se ajusta à nova condição hidráulica. Tais fatores podem causar uma discordância entre as vazões prevista e medida, que tende a diminuir à medida que o tempo de bombeamento aumenta.

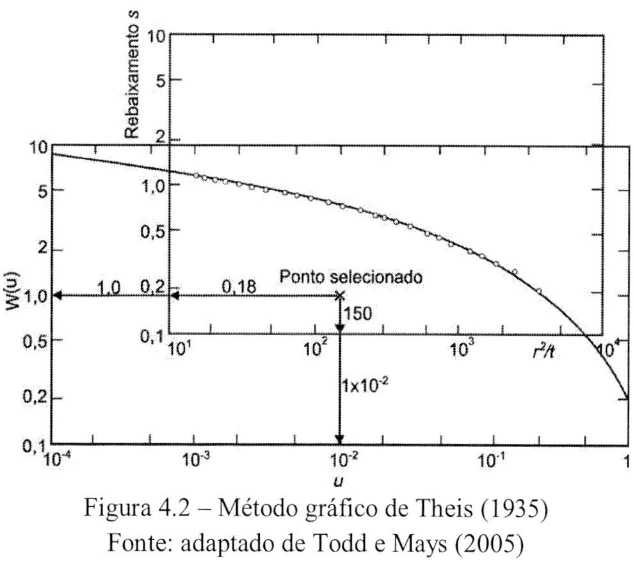

Figura 4.2 – Método gráfico de Theis (1935)
Fonte: adaptado de Todd e Mays (2005)

---

[1] Frequentemente, também se constrói o gráfico $W(u)$ versus $1/u$ (curva tipo reversa) e o gráfico s versus t/r^2 (curva de campo reversa).

4.2.2 Método de Cooper e Jacob (1946)

Cooper e Jacob (1946) notaram que, nos ensaios com poço de bombeamento, os termos da série infinita que representa a função de poço (Eq. 4.2h), com exceção dos dois primeiros, têm uma contribuição muito pequena no valor do rebaixamento $s(r,t)$ em duas situações: quando o regime de fluxo aproxima-se da condição permanente (para grandes valores de tempo t), ou quando a distância do piezômetro r é pequena. Nessas situações, o valor de $u = r^2S/(4Tt)$ é pequeno e o rebaixamento pode ser aproximado por

$$s(r,t) = \frac{Q}{4\pi T}\left[-0,5772 - \ln\frac{r^2S}{4Tt}\right] \tag{4.2m}$$

$$s(r,t) = \frac{Q}{4\pi T}\left[\ln(0,5615) - \ln\frac{r^2S}{4Tt}\right] = \frac{Q}{4\pi T}\ln\frac{0,5615}{\dfrac{r^2S}{4Tt}} = \frac{Q}{4\pi T}\ln\frac{2,25Tt}{r^2S} \tag{4.2n}$$

ou, expressando em logaritmo decimal,

$$s(r,t) = \frac{2,30Q}{4\pi T}\log\frac{2,25Tt}{r^2S} \tag{4.2p}$$

que representa a equação de uma reta em um gráfico semilog, conforme mostra a Fig. 4.3.

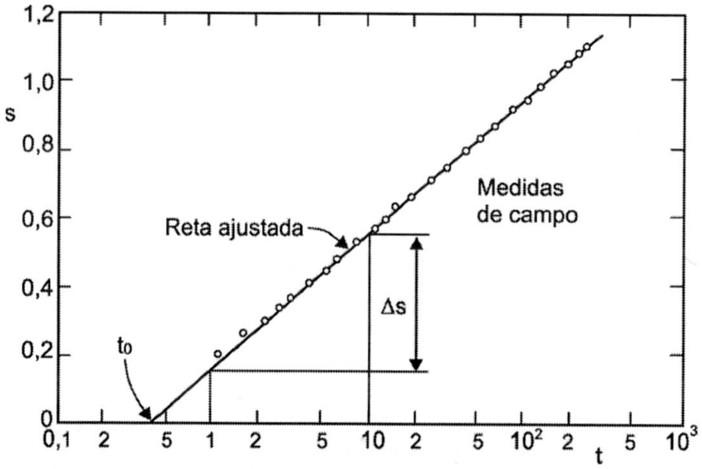

Figura 4.3 – Método gráfico de Cooper e Jacob (1946)
Fonte: adaptado de Todd e Mays (2005)

A condição inicial $s(r,t) = 0$ no tempo $t = t_0$ resulta em

$$0 = \frac{2,30Q}{4\pi T}\log\frac{2,25Tt_0}{r^2S} \rightarrow \log\frac{2,25Tt_0}{r^2S} = 0 \rightarrow \frac{2,25Tt_0}{r^2S} = 1 \tag{4.2q}$$

$$S = \frac{2,25Tt_0}{r^2} \tag{4.2r}$$

com o valor de t_0 determinado pelo ajuste linear dos dados de campo, como indicado na Fig. 4.3.

A transmissividade T pode ser obtida notando que, para $t_2 = 10t_1$, tem-se $log\ (t_2/t_1) = 1$. Assim, aplicando a Eq. 4.2p em instantes separados de um ciclo logarítmico, a diferença de rebaixamento Δs (Fig. 4.3) pode ser expressa pela Eq. 4.2s, de onde se calcula diretamente o valor de T.

$$\Delta s = \frac{2,30Q}{4\pi T}\left(\log\frac{2,25Tt_2}{r^2S} - \log\frac{2,25Tt_1}{r^2S}\right) = \frac{2,30Q}{4\pi T}\log\frac{t_2}{t_1} = \frac{2,30Q}{4\pi T}\log\frac{10t_1}{t_1} \tag{4.2s}$$

$$\Delta s = \frac{2,30Q}{4\pi T} \qquad \rightarrow \qquad T = \frac{2,30Q}{4\pi\Delta s} \tag{4.2t}$$

No método de Cooper e Jacob (1946), o valor de T é determinado primeiramente pela Eq. 4.2t e, em seguida, obtém-se S pela Eq. 4.2r. Para evitar grandes erros de aproximação nos valores assim calculados, a aplicação desse método é recomendada para situações com valores de $u < 0,01$; em outros casos, o método geral de Theis (1935) deve ser utilizado[2].

Uma segunda variação do método de Cooper e Jacob (1946) é conhecida como método das distâncias de rebaixamento, na qual se faz a leitura simultânea do rebaixamento s_j no mesmo tempo t em dois ou mais piezômetros situados às distâncias r_j do poço de bombeamento. Esse procedimento permite obter rapidamente uma indicação das propriedades do aquífero, enquanto o ensaio de bombeamento está ainda em progresso.

Considere duas leituras de rebaixamento no tempo t em piezômetros localizados às distâncias r_2 e r_1. Da Eq. 4.2p, válida para $u < 0,01$ vem

$$\Delta s = s_1 - s_2 = \frac{2,30Q}{4\pi T}\log\left(\frac{2,25Tt}{r_1^2S} - \frac{2,25Tt}{r_2^2S}\right) = \frac{2,30Q}{4\pi T}\log\left(\frac{r_2}{r_1}\right)^2 = \frac{1,15Q}{\pi T}\log\left(\frac{r_2}{r_1}\right) \tag{4.2u}$$

Se $r_2/r_1 = 10$ (Fig. 4.4), então

$$\Delta s = \frac{1,15Q}{\pi T} \qquad \rightarrow \qquad T = \frac{1,15Q}{\pi\Delta s} \tag{4.2v}$$

Observe que a Eq. 4.2u também recupera a equação de Thiem (Eq. 1.9h) para poço totalmente penetrante em aquífero confinado na condição de fluxo permanente.

---

[2] O erro é menor do que 1% para $u = 0,03$; menor do que 2% para $u = 0,05$; menor do que 5% para $u = 0,1$ e menor do que 10% para $u = 0,15$. Kruseman e de Rider (2000) e Boonstra e Kselik (2001) recomendam a utilização do método de Cooper e Jacob para $u < 0,1$.

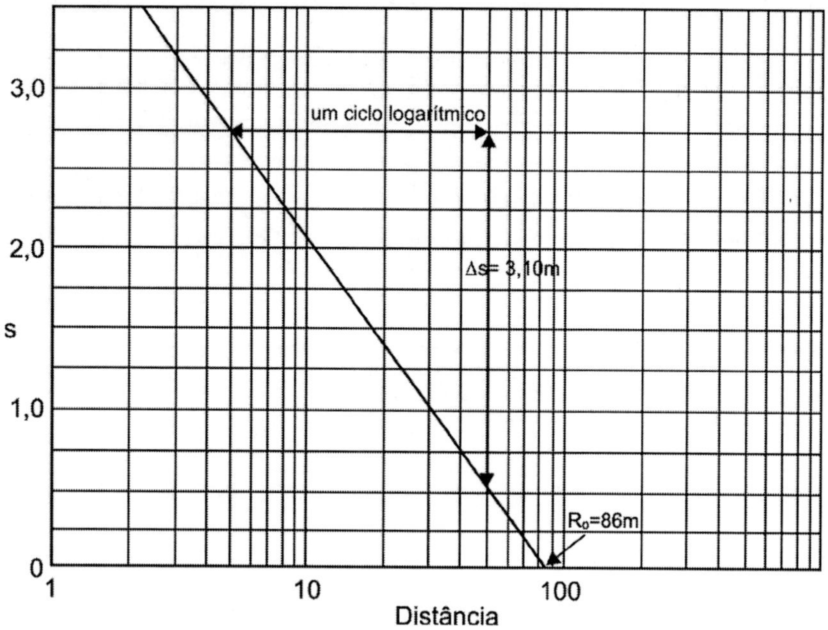

Figura 4.4 – Método das distâncias de rebaixamento
Fonte: adaptado de Watson e Burnett (1995)

A interseção com o eixo das abscissas (s = 0) do prolongamento da reta ajustada pelas leituras dos piezômetros permite estimar o raio de influência do rebaixamento R_0 no instante de tempo t. Da Eq. 4.2p finalmente resulta

$$0 = \frac{2,30Q}{4\pi T}\log\frac{2,25Tt}{R_0^2 S} \quad \rightarrow \quad S = \frac{2,25Tt}{R_0^2} \tag{4.2w}$$

Finalmente, uma terceira variação do método de Cooper e Jacob (1946) é possível de ser utilizada, com todos os valores de rebaixamento nos tempos t_i lidos nos piezômetros situados às distâncias r_j. Uma reta ajustada no gráfico semilog s versus t/r^2 é prolongada até atingir o valor s = 0, determinando a razão $(t/r^2)_0$. Seguindo o mesmo raciocínio na obtenção das equações anteriores (Eq. 4.2t e 4.2u), resulta

$$S = 2,25T\left(\frac{t}{r^2}\right)_0 \quad \text{e} \quad T = \frac{2,30Q}{4\pi\Delta s} \tag{4.2x}$$

Note, portanto, que o método de Cooper e Jacob (1946) pode ser aplicado de três diferentes maneiras para avaliação das propriedades hidráulicas S e T de um aquífero granular confinado, com base em ensaio de bombeamento executado em poço totalmente penetrante, considerando: a) medidas de rebaixamento no mesmo piezômetro em diversos tempos; b) medidas de rebaixamento em diversos piezômetros no mesmo tempo; c) medidas de rebaixamento em diversos piezômetros em vários tempos.

4.2.3 Ensaio de recuperação

Se o bombeamento for interrompido, a carga hidráulica retornará gradualmente à posição original, fenômeno descrito como rebaixamento residual $s'(r,t')$ em um piezômetro situado à distância r no tempo t'. Esse rebaixamento residual é interpretado como a diferença entre o rebaixamento causado pelo bombeamento contínuo com vazão constante Q no tempo t e a recuperação devida à injeção d'água no mesmo ponto, com a mesma vazão Q, a partir do instante t' após a interrupção do bombeamento (Fig. 4.5).

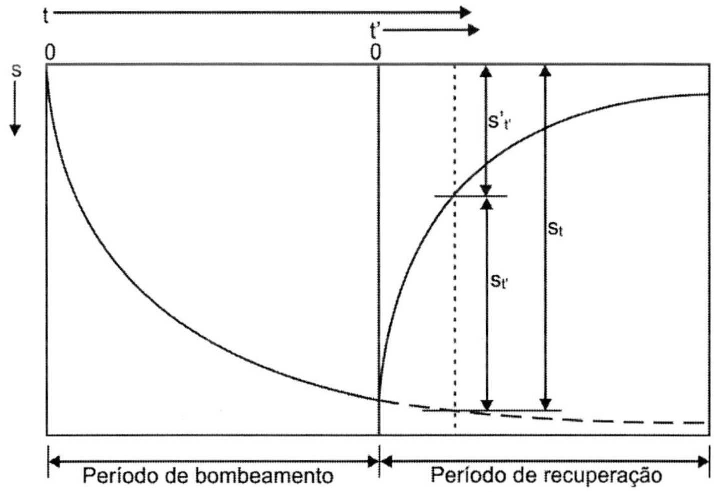

Figura 4.5 – Rebaixamento e recuperação da carga hidráulica em ensaio de bombeamento
Fonte: adaptado de Boonstra e Ksekik (2001)

$$s'(r,t') = s(r,t) - s(r,t') \tag{4.2y}$$

$$s'(r,t') = \frac{Q}{4\pi T}\left[W(u) - W(u')\right] \tag{4.2z}$$

onde $u = r^2S/(4Tt)$ e $u' = r^2S'/(4Tt')$ com S' o coeficiente de armazenamento durante a recuperação.

Para valores de $u' < 0{,}01$ e $u < 0{,}01$, a variação da diferença entre as funções $W(u)$ - $W(u')$ pode ser aproximada somente com os dois primeiros termos da série de função de poço de Theis. Logo,

$$s'(r,t') = \frac{Q}{4\pi T}\left[-0{,}5772 - \ln\frac{r^2S}{4Tt} + 0{,}5772 + \ln\frac{r^2S'}{4Tt'}\right] \tag{4.2A}$$

$$s'(r,t') = \frac{Q}{4\pi T}\ln\frac{S't}{St'} = \frac{2{,}30Q}{4\pi T}\log\frac{S't}{St'} \tag{4.2B}$$

Admitindo a hipótese que os valores do coeficiente de armazenamento são constantes e iguais entre si ($S = S'$) resulta, então,

$$s'(r,t') = \frac{2,30Q}{4\pi T} \log \frac{t}{t'} \qquad (4.2C)$$

Se os tempos de bombeamento t e de recuperação t' forem suficientemente longos, a variação do rebaixamento residual $s'(r,t')$, com o logaritmo da razão de tempos t/t' em um piezômetro situado à distância r do poço de bombeamento, será aproximadamente linear (Fig. 4.6). Nesse caso, a diferença $\Delta s'$ do rebaixamento residual nas razões de tempo $(t/t')_1$ e $(t/t')_2$ é determinada como

$$\Delta s' = \frac{2,30Q}{4\pi T}\left[\log\left(\frac{t}{t'}\right)_1 - \log\left(\frac{t}{t'}\right)_2\right] = \frac{2,30Q}{4\pi T} \log \frac{(t/t')_1}{(t/t')_2} \qquad (4.2D)$$

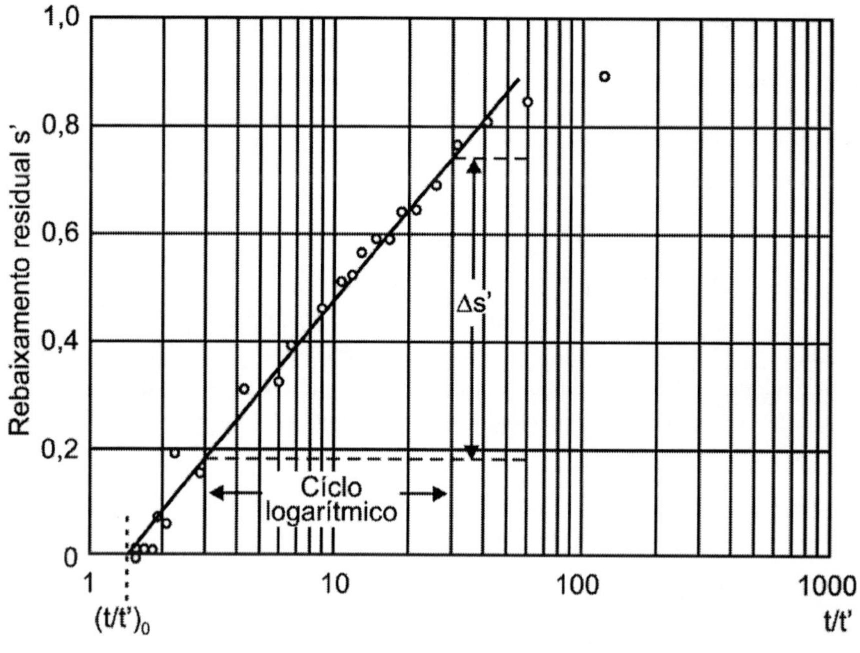

Figura 4.6 – Variação do rebaixamento residual s' com a razão de tempos t/t'
Fonte: adaptado de Boonstra e Ksekik (2001)

Se as razões de tempo estiverem defasadas de um ciclo logarítmico, então é possível determinar o valor da transmissividade T como

$$\Delta s' = \frac{2,30Q}{4\pi T} \quad \rightarrow \quad T = \frac{2,30Q}{4\pi \Delta s'} \qquad (4.2E)$$

Quando os valores de S e S' são constantes, porém desiguais, o trecho linear ajustado do gráfico da Fig. 4.6 deve ser prolongado para obtenção da razão de tempo $(t/t')_0$ correspondente à situação de rebaixamento residual nulo $s' = 0$. Nessa situação, a Eq. 4.2B é reescrita como

$$0 = \frac{2,30Q}{4\pi T}\log\frac{S'(t/t')_0}{S} \quad \rightarrow \quad 1 = \frac{S'(t/t')_0}{S} \quad \rightarrow \quad S' = S/(t'/t)_0 \tag{4.2F}$$

com S determinado anteriormente, considerando valores obtidos durante a fase de bombeamento do poço.

Finalmente, deve ser verificado se as hipóteses da Eq. 4.2A são satisfeitas, isto é, se $u < 0,01$ ($t > 25r^2S/T$) e $u' < 0,01$ ($t' > 25r^2S'/T$).

4.3 POÇO TOTALMENTE PENETRANTE EM AQUÍFERO NÃO CONFINADO

Quando um aquífero não confinado é bombeado, a água proveniente vem principalmente da drenagem do fluido presente nos vazios, com o consequente rebaixamento da superfície freática, enquanto, em um aquífero confinado, a vazão resulta da expansão da água decorrente da diminuição da carga de pressão e da compactação do aquífero pelo aumento das tensões efetivas. Em um aquífero não confinado, o coeficiente de armazenamento é definido por

$$S = S_y + S_s H \tag{4.3a}$$

onde H é a espessura inicial saturada; S_s, o armazenamento específico e S_y, a produção específica (*specific yield* na terminologia de língua inglesa), um valor adimensional. Como a parcela S_sH é tipicamente pequena em relação à S_y, o coeficiente de armazenamento S de um aquífero não confinado é equivalente à sua produção específica, situado entre valores de 0,1 a 0,3.

Bear (1979) relacionou a produção específica com a porosidade do aquífero n por:

$$n = S_y + S_r \tag{4.3b}$$

onde S_r é a retenção específica que representa a quantidade de água retida por forças capilares durante a drenagem gravitacional do aquífero; por essa razão, a produção específica é também frequentemente chamada de porosidade efetiva.

Para poço totalmente penetrante, a curva de rebaixamento versus tempo apresenta tipicamente a forma de S (Fig. 4.7), com três segmentos distintos: i) um segmento linear inicial, similar à curva tipo de Theis, onde o aquífero não confinado se comporta de maneira idêntica ao aquífero confinado, produzindo água imediatamente devido à expansão do fluido e compressão do esqueleto sólido; ii) uma curva achatada intermediária, que se desvia da curva tipo de Theis à medida que o nível do lençol freático é gradualmente rebaixado e a água é drenada por gravidade dos vazios; iii) um segmento linear final que reflete a situação na qual o fluxo no aquífero torna-se gradualmente horizontal, com tendência a ajustar-se à curva tipo de Theis. Essa forma da curva S é explicada pelo conceito de resposta retardada do lençol freático, introduzido por Boulton (1954, 1963) e conhecido em terminologia de língua inglesa como *delayed yield.*

Os métodos de Theis (1935) e de Cooper e Jacob (1946) podem ser empregados em ambos os trechos lineares da curva. O coeficiente de armazenamento determinado no primeiro trecho, utilizando informações registradas nos piezômetros localizados próximos ao poço, não deve ser usado para estimativas de longo prazo do rebaixamento. O segundo trecho linear permite o cálculo de $S = S_y$ que, de acordo com Van der Kamp (1985), produz valores mais realistas. Se um aquífero não mostrar o fenômeno de resposta retardada, o rebaixamento deve acompanhar o último segmento linear da curva S.

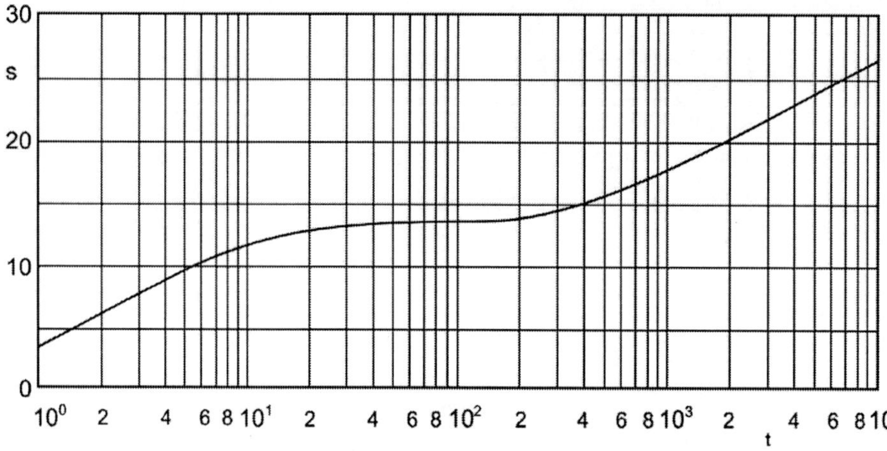

Figura 4.7 – Forma típica do rebaixamento em poço totalmente penetrante em aquífero não confinado
Fonte: adaptado de Boonstra e Ksekik (2001)

Jacob (1950) mostrou que, se o rebaixamento s for pequeno em relação à espessura inicial do aquífero H (s/H < 10% de acordo com Watson e Burnett, 1995), então a condição de fluxo horizontal, no caso de um poço totalmente penetrante, é aproximadamente satisfeita, e os métodos de Theis (1935) e de Cooper e Jacob (1946) podem ser utilizados, definindo a transmissividade $T = kH$ em relação à espessura inicial do aquífero saturado e admitindo $S = S_y$. Para rebaixamentos do lençol freático entre 10% a 20% da espessura inicial do aquífero não confinado, a formulação para aquífero confinado ainda pode ser utilizada, porém com a recomendação de incorporar o fator de correção de Jacob, definido por

$$s_c(r,t) = s(r,t) - \frac{s(r,t)^2}{2H} \tag{4.3c}$$

onde $s_c(r,t)$ é o valor do rebaixamento corrigido; $s(r,t)$, o rebaixamento medido em um piezômetro na distância r no tempo t; H, a espessura saturada do aquífero não confinado antes do bombeamento.

De acordo com Neuman (1975), a correção de Jacob (Eq. 4.3c) deve ser aplicada somente para o último segmento linear da curva de rebaixamento (Fig. 4.7). Para rebaixamentos superiores a 20% da espessura do aquífero, formulações específicas devem ser utilizadas, como a desenvolvida por Neuman (1975) ou soluções numéricas aproximadas, por meio de programas computacionais, como os disponíveis na *USGS - U.S. Geological Survey*.

4.4 MÉTODO DAS IMAGENS

De maneira similar ao caso de fluxo permanente em poços (seção 3.8.1), o método das imagens também pode ser empregado em situações de fluxo transiente. Considere um poço totalmente penetrante em aquífero confinado, delimitado por dois contornos que se interceptam ortogonalmente (Fig. 4.8). A aplicação do método de Theis (1935) resulta em

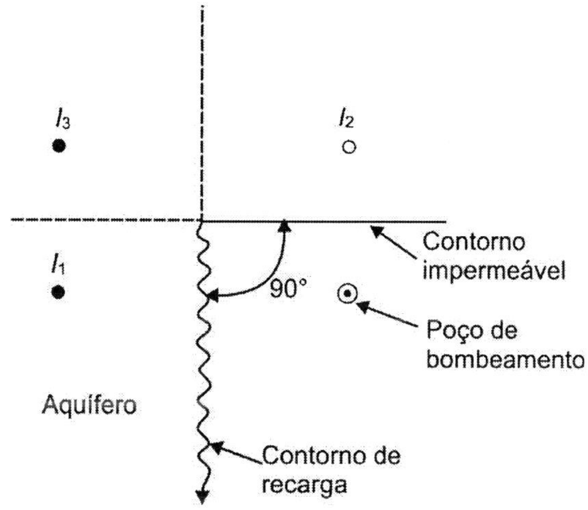

Figura 4.8 – Rebaixamento em aquífero confinado, poço totalmente penetrante, delimitado por contornos ortogonais. Nos poços imagens marcados com círculo escuro (I_1 e I_3) a vazão tem sinal oposto da vazão no poço de bombeamento real Fonte: adaptado de Ferris et al. (1962).

$$s(r,t)=s_r(r,t)-s_{i1}(r,t)+s_{i2}(r,t)-s_{i3}(r,t) \tag{4.4a}$$

$$s(r,t)=\frac{Q}{4\pi T}\left[W(u_r)-W(u_{i1})+W(u_{i2})-W(u_{i3})\right] \text{ com} \tag{4.4b}$$

$$u_r=\frac{r_r^2 S}{4Tt} \qquad u_{i1}=\frac{r_{i1}^2 S}{4Tt} \qquad u_{i2}=\frac{r_{i2}^2 S}{4Tt} \qquad u_{i3}=\frac{r_{i3}^2 S}{4Tt}$$

onde $s_r(r,t)$ é o rebaixamento devido ao poço real; $s_{i1}(r,t)$, $s_{i2}(r,t)$ *e* $s_{i3}(r,t)$, as parcelas de rebaixamento causadas pelos três poços imagens; r_r, a distância do piezômetro ao poço de bombeamento real; r_{i1}, r_{i2} e r_{i3}, as distâncias do piezômetro aos poços imagens.

Para valores de $u < 0{,}01$, a aplicação do método de Cooper e Jacob (1946) simplifica a Eq. 4.4b para

$$s(r,t)=\frac{Q}{4\pi T}\left[-0{,}5772-\ln(u_r)+0{,}5772+\ln(u_{i1})-0{,}5772-\ln(u_{i2})+0{,}5772+\ln(u_{i3})\right] \tag{4.4c}$$

$$s(r,t)=\frac{Q}{4\pi T}\left[-\ln\left(\frac{r_r^2 S}{4Tt}\right)+\ln\left(\frac{r_{i1}^2 S}{4Tt}\right)-\ln\left(\frac{r_{i2}^2 S}{4Tt}\right)+\ln\left(\frac{r_{i3}^2 S}{4Tt}\right)\right] \tag{4.4d}$$

$$s(r,t)=\frac{Q}{4\pi T}\times 2\ln\frac{r_{i1}r_{i3}}{r_r r_{i2}}=\frac{Q}{2\pi T}\ln\frac{r_{i1}r_{i3}}{r_r r_{i2}}=\frac{1{,}15Q}{\pi T}\log\frac{r_{i1}r_{i3}}{r_r r_{i2}} \tag{4.4e}$$

De acordo com Kruseman e de Rider (2000), o método das imagens pode ser empregado no caso de poço totalmente penetrante em aquífero não confinado desde que o rebaixamento seja pequeno em relação à espessura inicial do aquífero saturado.

4.5 REBAIXAMENTO DO LENÇOL FREÁTICO - POÇOS MÚLTIPLOS

Preene e Roberts (1994) sugeriram a aplicação da metodologia de poços múltiplos (seção 3.8) sob forma gráfica quando resultados de ensaios de poços de bombeamento são disponíveis. No caso de um poço totalmente penetrante em aquífero confinado de espessura *b* e coeficiente de permeabilidade *k,* vem da seção 3.8:

$$H - h_P = \frac{1}{2\pi kb}\sum_{i=1}^{n} Q_{wi} \ln \frac{R_{0i}}{r_i} \tag{3.8a}$$

onde r_i é a distância do ponto P analisado até o poço de bombeamento *i* e R_{0i} é o raio do cone de rebaixamento provocado pelo poço *i* com vazão Q_{wi} no instante *t*.

O procedimento envolve os seguintes passos, baseados no método das distâncias de rebaixamento de Cooper e Jacob (1946):

i) plotar, em um gráfico semilog, os valores de rebaixamento divididos pela vazão de campo registrada durante o ensaio (rebaixamento específico) versus as distâncias aos poços de observação, no tempo *t*, e ajustar uma linha reta;

ii) o tempo *t* é interpretado como o tempo disponível entre o início do bombeamento e a execução da escavação, especificado pelo cronograma da obra;

iii) desenhar uma planta da escavação e do sistema de rebaixamento, marcando a localização dos poços de bombeamento previstos nas proximidades da escavação e dos pontos de controle do rebaixamento (centro da escavação, distância média entre poços vizinhos, por exemplo);

iv) determinar a produção, em cada poço, que pode ser estimada conforme descrito na seção 3.7.1;

v) para determinado ponto de controle, ler no gráfico construído na etapa (i) o valor do rebaixamento específico em função da distância desse ponto a cada um dos poços de bombeamento (etapa iii) e multiplicá-lo pela produção do poço estimada na etapa (iv);

vi) o rebaixamento total no ponto de controle é a soma dos rebaixamentos provocados por cada um dos poços do sistema, multiplicado por uma constante *J*. A hipótese básica da análise é que os poços não interferem entre si tanto em relação à vazão quanto na influência no rebaixamento. Preene e Roberts (1994), com base em retroanálises executadas em vários projetos de rebaixamento, indicaram que o valor dessa constante pode ser assumido entre $0,80 < J < 0,95$ para aquíferos confinados.

$$H - h_P = J\sum_{i=1}^{n} \left(H - h_P\right)_i \tag{4.5a}$$

vii) o valor calculado pela Eq. 4.5a é comparado com o rebaixamento especificado para os pontos de controle no tempo t; caso inferior, poços são reposicionados ou novos poços adicionados ao sistema;

viii) o método pode ser empregado em aquíferos não confinados desde que o rebaixamento seja inferior a 20% da espessura saturada inicial H do aquífero;

ix) naturalmente as operações gráficas podem ser substituídas por cálculos numéricos com a obtenção da equação da reta na etapa (i), das distâncias dos pontos de controle a cada um dos poços de bombeamento na etapa (iii), como feito no exercício resolvido 3 do capítulo 3.

4.6 POÇO PARCIALMENTE PENETRANTE

O caso de poço parcialmente penetrante não será aqui abordado, e o leitor interessado deve consultar bibliografia específica (HANTUSH, 1962; KIPP, 1973; STERNBERG, 1973; KRUSEMAN e RIDDER, 2000, dentre outros). Quando um aquífero é bombeado por um poço parcialmente penetrante, a hipótese de que ele recebe água exclusivamente por fluxo horizontal não é mais válida e as equações obtidas na seção 4.2 não são aplicáveis. De acordo com Todd e Mays (2005), há, entretanto, situações comumente encontradas em campo nas quais o padrão de fluxo pode ainda ser considerado predominantemente horizontal, reduzindo a importância prática da formulação para poços parcialmente penetrantes, que geralmente envolvem equações matematicamente complicadas. Dentre tais situações são mencionadas as seguintes: i) o comprimento do filtro (parte perfurada) do poço é maior do que 85% da espessura do aquífero; ii) o poço de observação está distante do poço de bombeamento de 1,5 a 2 vezes a espessura saturada do aquífero; iii) muitos aquíferos aluviais apresentam significativa anisotropia, com pequena contribuição da parcela de fluxo na direção vertical.

EXERCÍCIOS RESOLVIDOS

1) Com o método de Cooper e Jacob (1946), calcule a velocidade de rebaixamento da carga hidráulica em um aquífero confinado (T = 350 m^2/dia, S = 10^{-4}). Se o poço é bombeado com vazão constante Q = 300 m^3/dia, qual o tempo necessário para atingir uma condição de fluxo quase permanente a 60 m de distância do poço? Considere uma condição aceitável de fluxo quase permanente uma velocidade de rebaixamento inferior a 1,5 cm/h.

O método de Cooper e Jacob (1946) é válido para u < 0,01 em r = 60 m. Logo,

$$t > \frac{r^2 S}{4Tu} = \frac{60^2 \times 10^{-4}}{4 \times 350 \times 0,01} = 0,025 \text{ dia} = 37 \text{ min} \tag{e1.a}$$

O rebaixamento $s(r,t)$ é determinado como

$$s(r,t) = \frac{Q}{4\pi T}\left[-0,5772 - \ln\frac{r^2 S}{4Tt}\right] = \frac{Q}{4\pi T}\left[-0,5772 - \ln\frac{r^2 S}{4T} + \ln t\right] \tag{e1.b}$$

Definindo a velocidade de rebaixamento como ds/dt vem

$$\frac{ds}{dt} = \frac{Q}{4\pi T} \times \frac{1}{t} = \frac{300}{4\pi \times 350} \times \frac{1}{37} = 0,00184 \text{ m/min} = 11 \text{ cm/h} \tag{e1.c}$$

Observe da Eq. e1.c que a velocidade de rebaixamento é independente da distância r e inversamente proporcional ao tempo t. Logo, o tempo para que a velocidade atinja o valor de 1,5 cm/h, correspondente à condição de fluxo quase permanente, é determinado por

$$\frac{ds}{dt} = \frac{Q}{4\pi T} \times \frac{1}{t} \quad \rightarrow \quad 1,5 \times 10^{-2} = \frac{300}{4\pi \times 350} \times \frac{1}{t} \quad \rightarrow \quad t = 4,5 \text{ h} \tag{e1.d}$$

2) (TODD E MAYS, 2005) Um poço de 0,5 m de diâmetro, distante 200 m de um rio, está bombeando um aquífero confinado, com vazão constante Q desconhecida (Fig. 4.9). As propriedades do aquífero são T = 432 m^2/dia e S = 4 x 10^{-4}. Após 8 horas de bombeamento, o rebaixamento da carga hidráulica em um poço de observação a 60 m do rio é 0,8 m. Pergunta-se qual a vazão e o rebaixamento no poço de bombeamento.

Devido à presença do rio (contorno de recarga), um poço imagem é colocado simetricamente em relação ao mesmo

$$s = \frac{Q}{4\pi T}\left[W(u_r) - W(u_i)\right] \text{ com} \tag{e2.a}$$

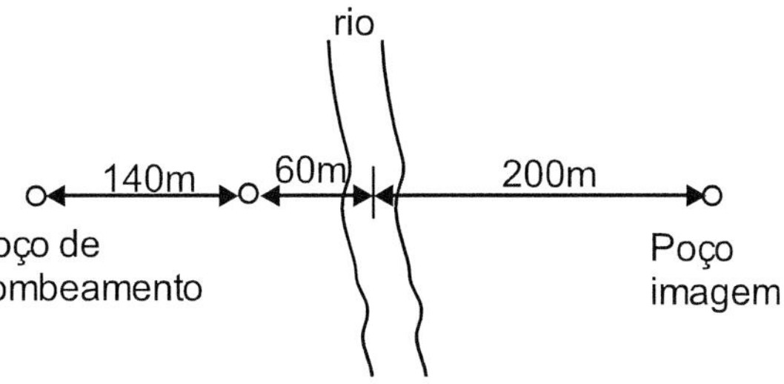

Figura 4.9 - Localização dos poços de bombeamento, observação e imagem
Fonte: adaptado de Todd e Mays (2005)

$$u_r = \frac{r_r^2 S}{4Tt} = \frac{140^2 \times 4 \times 10^{-4}}{4 \times \frac{432}{24} \times 8} = 1,36 \times 10^{-2} \quad \text{(e2.b)}$$

$$u_i = \frac{r_i^2 S}{4Tt} = \frac{260^2 \times 4 \times 10^{-4}}{4 \times \frac{432}{24} \times 8} = 4,69 \times 10^{-2} \quad \text{(e2.c)}$$

Da Tab. 4.1 resulta, por interpolação linear $W(1,36 \times 10^{-2}) = 3,79$ e $W(4,69 \times 10^{-2}) = 2,54$.

$$0,8 = \frac{Q}{4\pi \times 432}\left[3,79 - 2,54\right] \quad \rightarrow \quad Q = 3.474 \text{ m}^3/\text{dia} \quad \text{(e2.d)}$$

O rebaixamento no poço de bombeamento é calculado de forma similar pela Eq. e2.a, considerando as distâncias da parede do poço ao centro do poço real (r_e = 0,25 m) e ao centro do poço imagem (r_i = 400,25 m).

$$u_r = \frac{r_e^2 S}{4Tt} = \frac{0,25^2 \times 4 \times 10^{-4}}{4 \times \frac{432}{24} \times 8} = 4,34 \times 10^{-8} \quad \text{(e2.e)}$$

$$u_i = \frac{r_i^2 S}{4Tt} = \frac{400,25^2 \times 4 \times 10^{-4}}{4 \times \frac{432}{24} \times 8} = 0,111 \quad \text{(e2.f)}$$

Da Tab. 4.1 resulta por interpolação linear $W(4,34 \times 10^{-8}) = 16,38$ e $W(0,111) = 1,75$.

$$s = \frac{Q}{4\pi T}\left[W(u_r) - W(u_i)\right] = \frac{3,474}{4\pi \times 432}\left[16,38 - 1,75\right] \quad \rightarrow \quad s = 9,36 \text{m} \quad \text{(e2.g)}$$

3) (TODD E MAYS, 2005) Um poço está bombeando um aquífero confinado de espessura 20 m, próximo a um contorno impermeável, com vazão Q = 0,03 m^3/s (Fig. 4.10). O coeficiente de permeabilidade é k =

27,65 m/dia, e o coeficiente de armazenamento $S = 5 \times 10^{-5}$. Determine, pelo método das imagens, o rebaixamento da carga hidráulica no poço de observação após 10h de bombeamento contínuo. Qual a fração do bombeamento atribuído ao poço imagem?

$$s = \frac{Q}{4\pi T}\left[W(u_r) + W(u_i)\right] \quad \text{(e3.a)}$$

$$u_r = \frac{r_r^2 S}{4Tt} = \frac{240^2 \times 5 \times 10^{-5}}{4 \times 27,65 \times 20 \times \frac{10}{24}} = 3,12 \times 10^{-3} \quad \text{(e3.b)}$$

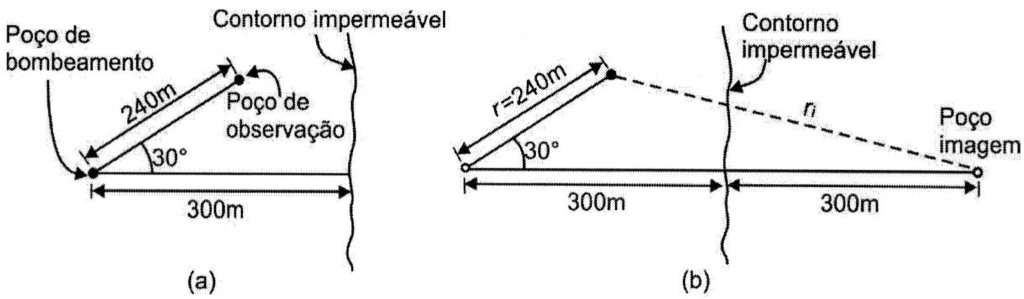

Figura 4.10 – a) Localização do poço de bombeamento e de observação; (b) Localização do poço imagem
Fonte: adaptado de Todd e Mays (2005)

Da lei dos cossenos em um triângulo qualquer (Fig. 4.10b) resulta

$$r_i^2 = 600^2 + 240^2 - 2 \times 600 \times 240 \times cos30^o = 168.185 \ \text{m}^2 \quad \text{(e3.c)}$$

$$u_i = \frac{r_i^2 S}{4Tt} = \frac{168.185 \times 5 \times 10^{-5}}{4 \times 27,65 \times 20 \times \frac{10}{24}} = 9,12 \times 10^{-3} \quad \text{(e3.d)}$$

Da Tab. 4.1, por interpolação linear $W(3,12\times10^{-3}) = 5,20$ e $W(9,12\times10^{-3}) = 4,13$.

Logo, da Eq. e3.a,

$$s = \frac{0,03 \times 60 \times 60 \times 24}{4\pi \times 27,65 \times 20}(5,20 + 4,13) = 3,48 \text{ m} \quad \text{(e3.e)}$$

A parcela do rebaixamento devida ao poço imagem é

$$s = \frac{0,03 \times 60 \times 60 \times 24}{4\pi \times 27,65 \times 20} \times 4,13 = 1,54 \text{ m} \quad \rightarrow \quad \frac{s_i}{s} = \frac{1,54}{3,48} = 44,3\% \quad \text{(e3.f)}$$

4) O poço A (Fig. 4.11) começa a bombear água com vazão Q_A = 30 L/s no tempo t = 0. Um dia mais tarde, o poço B inicia o bombeamento com vazão Q_B = 45 L/s. Determinar o rebaixamento da carga hidráulica no poço de observação C em t = 3 dias, considerando que os poços são totalmente penetrantes em um aquífero confinado de 12 m de espessura, com $S = 10^{-3}$ e $k = 7{,}5 \times 10^{-4}$ m/s.

O número de imagens n gerado por dois contornos que se interceptam formando ângulo θ (graus) pode ser determinado por $n = (360^{o}/\theta - 1)$ desde que, no caso de contornos de natureza diferente, a divisão de 90° por θ resulte em número inteiro. No caso de θ = 90°, essa divisão é igual a 1 e, portanto, o número de imagens é n = 3. Para cada um dos poços, as imagens estão ilustradas na Fig. 4.12.

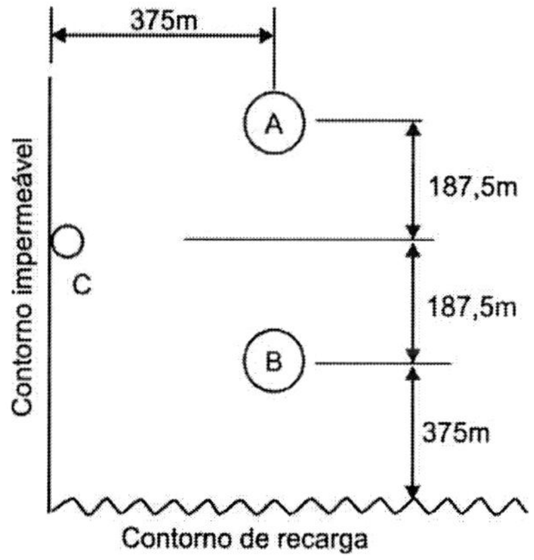

Figura 4.11 - Localização dos contornos do aquífero confinado, dos poços de bombeamento A e B e do poço de observação C
Fonte: autor

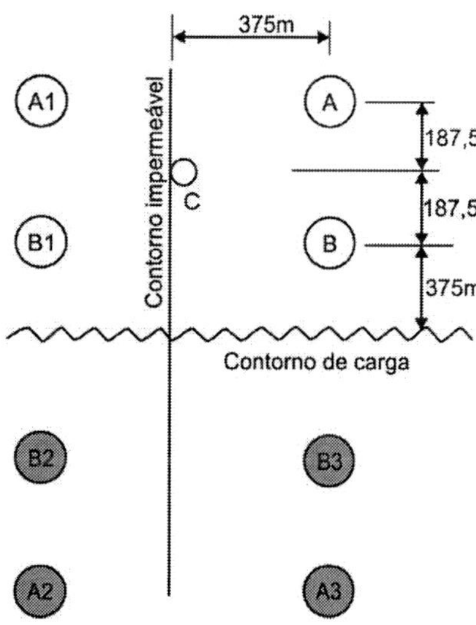

Figura 4.12 - Localização dos poços reais e dos poços imagens.
Poços imagens escuros significam injeção d'água com vazão Q
Fonte: autor

As distâncias do poço de observação aos poços de bombeamento, reais e imagens, estão listadas na Tab. 4.2 bem como os respectivos valores de u e da função de poço de Theis $W(u)$, determinados pela Eq. 4.2i e Tab. 4.1, respectivamente, considerando t = 3 dias, para o poço A e respectivas imagens, e t' = 2 dias para o poço B e correspondentes imagens.

Tabela 4.2 – Distância r ao poço de observação (m) e valor da função $W(u)$

poço	A	A1	A2	A3	B	B1	B2	B3
r(m)	419,26	419,26	1546,16	1546,16	419,26	419,26	838,53	838,53
u	0,0188	0,0188	0,2562	0,2562	0,0283	0,0283	0,1130	0,1130
$W(u)$	3,43	3,43	1,05	1,05	3,03	3,03	1,75	1,75

Fonte: autor

O rebaixamento no poço de observação no tempo t = 3 dias é calculado como:

$$s(r,t)=\sum_{i=1}^{4}\frac{Q_A}{4\pi T}W(u_i)+\sum_{j=1}^{4}\frac{Q_B}{4\pi T}W(u_j) \tag{e4.a}$$

$$s(r,t)=\frac{30\times10^{-3}}{4\pi\times12\times7,5\times10^{-4}}(2\times3,43-2\times1,05)+\frac{45\times10^{-3}}{4\pi\times12\times7,5\times10^{-4}}\times(2\times3,03-2\times1,75) \tag{e4.b}$$

$$s(r,t)=2,28\,\text{m} \tag{e4.c}$$

5) (CHANG-YU, 2006) A Fig. 4.13 mostra um ensaio de campo em um aquífero confinado com espessura b = 10 m, com 3 poços de observação K-1, K-2 e K-3, situados nas distâncias de 10, 20 e 30 m, respectivamente, do poço de bombeamento P-1 com vazão Q = 1 m^3/h. A Tab. 4.3 lista os rebaixamentos ao longo do tempo, enquanto a Tab. 4.4 contém os valores dos rebaixamentos residuais após a interrupção do bombeamento no tempo t = 180 min. Pede-se determinar os valores do coeficiente de permeabilidade k, da transmissividade T e do coeficiente de armazenamento S pelos métodos de Theis (1935), Cooper e Jacob (1946), Thiem (1906) e com base nos registros do ensaio de recuperação.

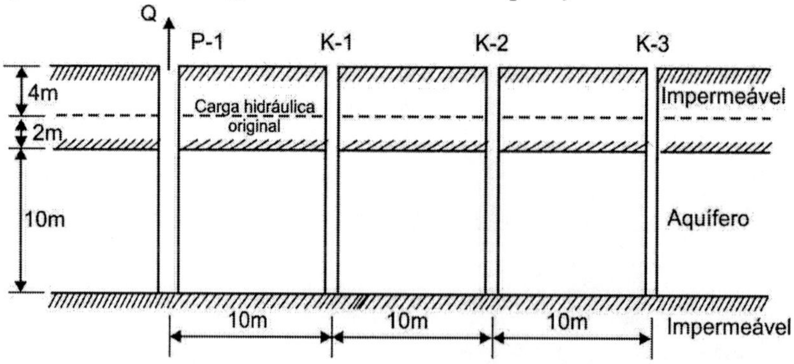

Figura 4.13 – Ensaio de bombeamento em aquífero confinado com três poços de observação
Fonte: adaptado de Chang-Yu (2006)

Tabela 4.3 – Rebaixamento de carga hidráulica (cm) em função do tempo (min)

tempo (min)	P-1	K-1	K-2	K-3
0	0	0	0	0
0,5	10,0	0,3	0	0
1	12,5	0,6	0,1	0
2	15,5	1,1	0,3	0,1
4	18,1	2,1	0,7	0,3
6	20,2	3,5	1,2	0,6
15	22,4	5,0	2,0	1,0
30	24,8	6,6	2,4	1,8
60	27,5	8,4	4,9	3,1
90	29,2	9,4	6,0	4,1
120	30,9	10,2	6,7	4,7
180	32,0	11,3	7,7	5,6

Fonte: Chang-Yu (2006)

Tabela 4.4 – Rebaixamento residual s' (cm) no poço P-1 ao longo do tempo t desde o início do ensaio e a partir do tempo t' após a interrupção do bombeamento em t = 180 min

t (min)	t' (min)	t/t'	s' (cm)
180	0	---	32,0
180,5	0,5	361	15,2
181	1	181	12,6
182	2	91	9,8
184	4	46	7,5
188	8	23,5	4,9
195	15	13	3,3
210	30	7	2,3
240	60	4	1,6
300	120	2,5	1,1

Fonte: Chang-Yu (2006)

a) Método de Theis – t variável, r constante

Selecione os registros do poço de observação K-2 e construa a curva de campo reversa t/r^2, com t em segundos e r = 2000 cm, conforme valores da Tab. 4.5 e plotados na Fig. 4.14. Construa a curva tipo reversa $W(u)$ versus $1/u$ com os valores listados na Tab. 4.1.

Tabela 4.5 – Valores da curva de campo reversa s versus t/r^2 no poço de observação K-2

t (s)	t/r^2 (s/cm^2)	s (cm)
30	$7{,}5\times10^{-6}$	0
60	$1{,}5\times10^{-5}$	0,1
120	$3{,}0\times10^{-5}$	0,3
240	$6{,}0\times10^{-5}$	0,7
360	$1{,}2\times10^{-4}$	1,2
900	$2{,}25\times10^{-4}$	2,0
1.800	$4{,}5\times10^{-4}$	2,4

3.600	$9,0\times10^{-4}$	4,9
5.400	$1,35\times10^{-3}$	6,0
7.200	$1,8\times10^{-3}$	6,7
10.800	$2,7\times10^{-3}$	7,7

Fonte: Chang-Yu (2006)

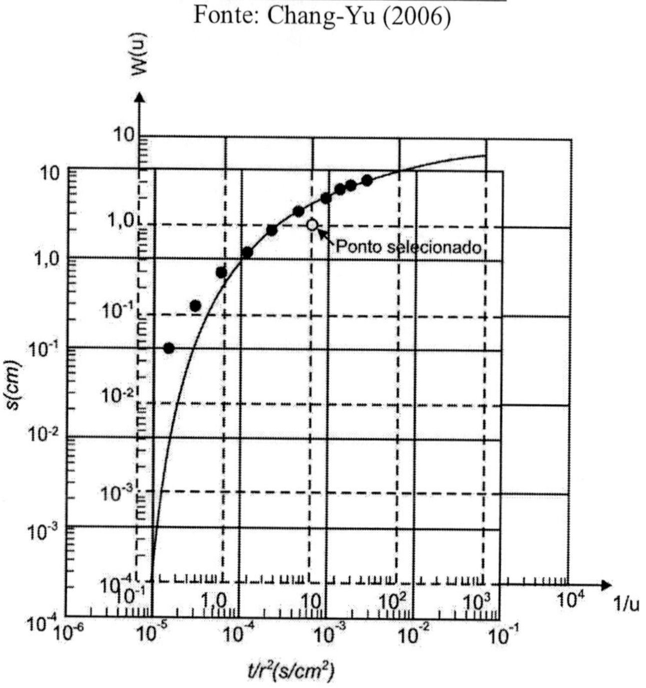

Figura 4.14 – Método de Theis considerando leituras do poço de observação K-2 (r = 2000 cm)
Fonte: adaptado de Chang-Yu (2006)

Após superposição e concordância das duas curvas, plotadas em escala log-log, selecione o ponto com coordenadas s = 2,4 cm, $t/r^2 = 6,5 \times 10^{-4}$ s/cm², $W(u)$ = 1, $1/u$ = 10. Aplique as Eq. 4.2k, 4.2ℓ e 4.1d para obter os valores da transmissividade T, coeficiente de armazenamento S e coeficiente de permeabilidade k.

$$T = \frac{Q}{4\pi s} W(u) = \frac{1 \times 10^6/(60 \times 60)}{4 \times \pi \times 2,4} \times 1 = 9,21\ \text{cm}^2/\text{s} \qquad \text{(e5.a)}$$

$$S = \frac{4Tu}{r^2/t} = 4 \times 9,21 \times 0,1 \times 6,5 \times 10^{-4} = 2,39 \times 10^{-3} \qquad \text{(e5.b)}$$

$$k = \frac{T}{b} = \frac{9,21}{10^3} = 9,21 \times 10^{-3}\ \text{cm/s} \qquad \text{(e5.c)}$$

b) Método de Theis – t constante, r variável

Selecione os registros dos poços de observação K-1, K-2 e K-3 no tempo t = 120 min (7200 s) e construa a curva de campo reversa t/r^2, com t em segundos e r em centímetros, conforme valores indicados na Tab. 4.6 e plotados na Fig. 4.15. A curva tipo reversa $W(u)$ versus $1/u$ é a mesma construída anteriormente com base nos valores listados na Tab. 4.1.

Tabela 4.6 – Valores da curva de campo reversa s versus t/r^2 em t = 7200s

Variável	K-1	K-2	K-3
r (cm)	1000	2000	3000
t/r^2 (s/cm^2)	$7,2\times10^{-3}$	$1,8\times10^{-3}$	8×10^{-4}
s (cm)	10,2	6,7	4,7

Fonte: Chang-Yu (2006)

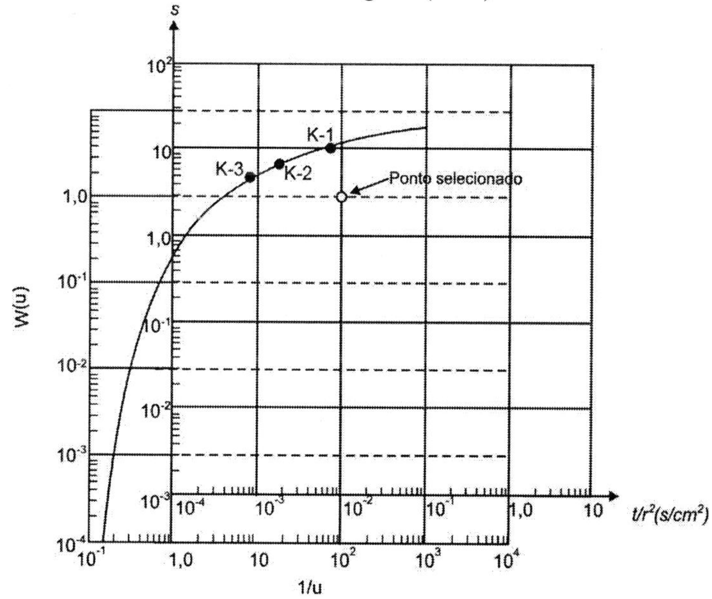

Figura 4.15 – Método de Theis com leituras de K-1, K-2 e K-3 no tempo t = 7200 s
Fonte: adaptado de Chang-Yu (2006)

Após superposição e concordância das duas curvas, plotadas em escala log-log, selecione o ponto com coordenadas s = 2,9 cm, t/r^2 = 0,01 s/cm^2, $W(u)$ = 1, $1/u$ = 100. Aplique novamente as Eq. 4.2k, 4.2ℓ e 4.1d para obter os valores da transmissividade T, coeficiente de armazenamento S e coeficiente de permeabilidade k.

$$T = \frac{Q}{4\pi s}W(u) = \frac{1\times10^6/(60\times60)}{4\times\pi\times2,9}\times1 = 7,62\ \text{cm}^2/\text{s} \tag{e5.d}$$

$$S = \frac{4Tu}{r^2/t} = 4\times7,62\times0,01\times0,01 = 3,05\times10^{-3} \tag{e5.e}$$

$$k = \frac{T}{b} = \frac{7,62}{10^3} = 7,62\times10^{-3}\ \text{cm/s} \tag{e5.f}$$

c) Método de Cooper e Jacob – t variável, r constante

Com base nos dados de rebaixamento do poço de observação K-2 (Tab. 4.5), construa em gráfico semilog a curva s versus t ou, alternativamente, a curva s versus t/r^2 com r = 2000 cm, como mostra a Fig. 4.16.

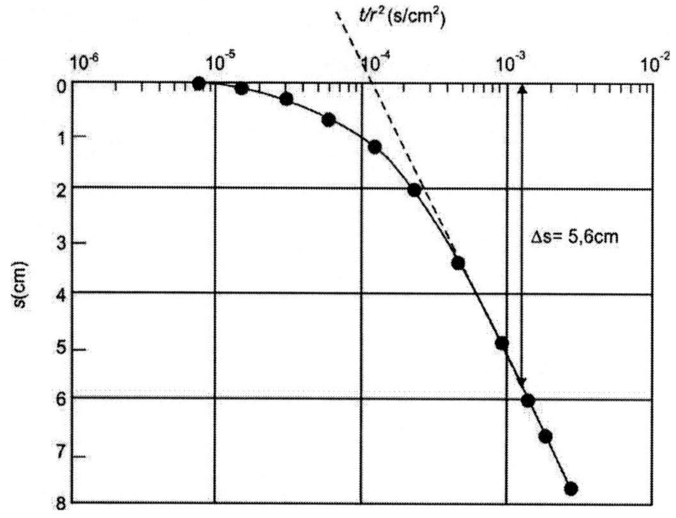

Figura 4.16 – Método de Cooper e Jacob com as leituras do poço de observação K-2 (r = 2000 cm) ao longo do tempo de bombeamento
Fonte: adaptado de Chang-Yu (2006)

Da Eq. 4.2u é possível escrever que

$$\Delta s = \frac{2{,}30Q}{4\pi T}\left(\log\frac{2{,}25Tt_2}{r^2S} - \log\frac{2{,}25Tt_1}{r^2S}\right) = \frac{2{,}30Q}{4\pi T}\log\left(\frac{t_2/r^2}{t_1/r^2}\right) \tag{e5.g}$$

$$\Delta s = \frac{2{,}30Q}{4\pi T}\log\left[\frac{10\times(t_1/r^2)}{t_1/r^2}\right] \tag{e5.h}$$

$$\Delta s = \frac{2{,}30Q}{4\pi T}\log\left(\frac{10t_1}{t_1}\right) = \frac{2{,}30Q}{4\pi T} \tag{e5.i}$$

Da reta ajustada pelos maiores valores de t/r^2, obtém-se Δs = 5,6 cm considerando um ciclo logarítmico e $(t/r^2)_{s=0} = 1{,}2\times10^{-4}$ s/cm² pelo prolongamento da reta até a condição $s = 0$.

$$T = \frac{2{,}30Q}{4\pi\Delta s} = \frac{2{,}30\times10^6/(60\times60)}{4\pi\times5{,}6} = 9{,}08\ \text{cm}^2/\text{s} \tag{e5.j}$$

Da Eq. 4.2r calcula-se o coeficiente de armazenamento S

$$S = \frac{2{,}25Tt_0}{r^2} = 2{,}25\times9{,}08\times1{,}2\times10^{-4} = 2{,}45\times10^{-3} \tag{e5.k}$$

e da Eq. 4.1d determina-se o coeficiente de permeabilidade k

$$k = T/b = 9{,}08/10^3 = 9{,}08\times10^{-3}\text{cm/s} \tag{e5.ℓ}$$

Admitindo que o método de Cooper e Jacob possa ser aplicado para situações com $u < 0,1$ (KRUSEMAN e RIDER, 2000; BOONSTRA e KSELIK, 2001) resulta, então,

$$u = \frac{r^2 S}{4Tt} < 0,1 \rightarrow \frac{t}{r^2} > \frac{2,5S}{T} = \frac{2,5 \times 2,45 \times 10^{-3}}{9,08} = 6,75 \times 10^{-4}\text{s/cm}^2 \qquad \text{(e5.m)}$$

ou seja, o intervalo de pontos para ajuste da reta da Fig. 4.16 foi escolhido adequadamente.

d) Método de Cooper e Jacob – t constante, r variável

É também possível utilizar os dados de rebaixamento dos poços de observação K-1, K-2 e K-3 (Tab. 4.6) para a construção da curva s versus r em um gráfico semilog, ou alternativamente da curva s versus t/r^2 em t = 7200 s, como mostra a Fig. 4.17.

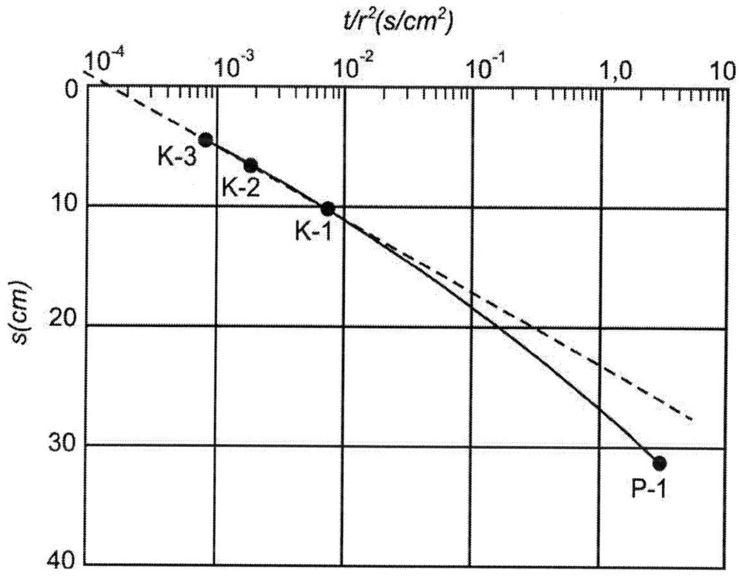

Figura 4.17 – Método de Cooper e Jacob com as leituras dos poços de observação K-1, K-2 e K-3 no tempo t = 7200 s
Fonte: adaptado de Chang-Yu (2006)

Da reta ajustada pelos poços de observação K-1, K-2 e K-3, obtém-se Δs = 6,1 cm para um ciclo logarítmico e $(t/r^2)_{s=0} = 1,2 \times 10^{-4}$ s/cm² considerando o prolongamento da reta até a condição $s = 0$. Observe que a Eq. 4.2u pode ser reescrita como:

$$\Delta s = s_1 - s_2 = \frac{2,30Q}{4\pi T}\log\left(\frac{2,25Tt}{r_1^2 S} - \frac{2,25Tt}{r_2^2 S}\right) = \frac{2,30Q}{4\pi T}\log\left(\frac{t/r_1^2}{t/r_2^2}\right) \qquad \text{(e5.n)}$$

Para $t/r_1^2 = 10 \times t/r_2^2$ a Eq. 4.2t é recuperada,

$$T = \frac{2,30Q}{4\pi \Delta s} = \frac{2,30 \times 10^6/(60 \times 60)}{4\pi \times 6,1} = 8,33\ \text{cm}^2/\text{s} \qquad \text{(e5.p)}$$

Da Eq. 4.2w

$$S = 2{,}25T \times (t/r^2)_{s=0} = 2{,}25 \times 8{,}33 \times 1{,}2 \times 10^{-4} = 2{,}25 \times 10^{-3} \quad \text{(e5.q)}$$

Da Eq. 4.1d

$$k = T/b = 8{,}33/10^3 = 8{,}33 \times 10^{-3} \text{cm/s} \quad \text{(e5.r)}$$

Fazendo a verificação da aplicabilidade do método de Cooper e Jacob, resulta em

$$u = \frac{r^2 S}{4Tt} < 0{,}1 \rightarrow \frac{t}{r^2} > \frac{2{,}5S}{T} = \frac{2{,}5 \times 2{,}25 \times 10^{-3}}{8{,}33} = 6{,}75 \times 10^{-4}\, \text{s/cm}^2 \quad \text{(e5.s)}$$

confirmando que a escolha do tempo de análise t = 7200 s foi adequada para o ajuste da reta da Fig. 4.17 com os valores medidos nos poços de observação K-1, K-2 e K-3.

e) Método de Thiem (1906) – somente k e T

Observe do Exercício 1 (Eq e1.c) que, no método de Cooper e Jacob (1946), a velocidade de rebaixamento no tempo t = 180 min = 10800 s é expressa por

$$\frac{ds}{dt} = \frac{Q}{4\pi T} \times \frac{1}{t} = \frac{\frac{10^6}{60 \times 60}}{4\pi \times 8{,}33} \times \frac{1}{10800} = 0{,}25 \times 10^{-3}\ \text{cm/s} = 0{,}9\, \text{cm/h} \quad \text{(e5.t)}$$

Como a velocidade resulta inferior a 1,5 cm/h, é aceitável admitir que a condição de fluxo quase permanente foi atingida, e que o método de Thiem pode ser aplicado considerando a Eq. 1.9h.

$$k = \frac{Q \ln(r_2/r_1)}{2\pi b(h_2 - h_1)} = \frac{1{,}15\, Q \log(r_2/r_1)}{\pi b(h_2 - h_1)} \quad \text{(1.9h)}$$

Para um ciclo logarítmico $\log(r_2/r_1) = 1$ resulta, no gráfico semilog da Fig. 4.18, uma variação da carga hidráulica $\Delta s = h_2 - h_1 = 12{,}1$ cm.

Logo,

$$k = \frac{1{,}15\ \times 10^6\ /(60 \times 60)}{\pi \times 10^3 \times 12{,}1} = 8{,}40 \times 10^{-3} \text{cm/s} \quad \text{(e5.u)}$$

$$T = k \times b = 8{,}4 \times 10^{-3} \times 10^3 = 8{,}40\ \ \text{cm}^2/\text{s} \quad \text{(e5.v)}$$

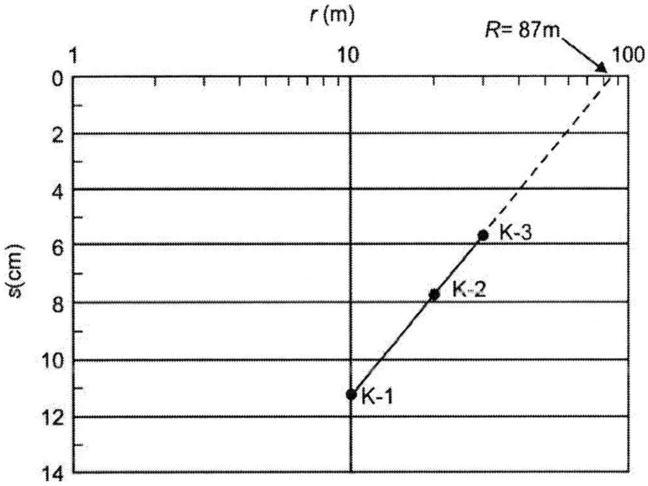

Figura 4.18 – Método de Thiem com as leituras dos poços de observação K-1, K-2 e K-3 no tempo t = 10800 s
Fonte: adaptado de Chang-Yu (2006)

f) Ensaio de recuperação – somente k e T

Com base nas leituras de rebaixamento residual da carga hidráulica no poço P-1 ao longo do tempo (Tab. 4.4), é construído o gráfico semilog da Fig. 4.19 e ajustada uma reta pelos pontos obtidos do ensaio. Considerando um ciclo logarítmico, determina-se $\Delta s'$ = 8,5 cm.

Da Eq. 4.2E a transmissividade T do aquífero pode então ser estimada como

$$T = \frac{2{,}30Q}{4\pi\Delta s'} = \frac{2{,}30\ \times 10^6\ /(60 \times 60)}{4\pi \times 8{,}5} = 5{,}98\ \text{cm}^2/\text{s} \tag{e5.w}$$

$$k = T/b = 5{,}98/10^3 = 5{,}98 \times 10^{-3}\text{cm/s} \tag{e5.x}$$

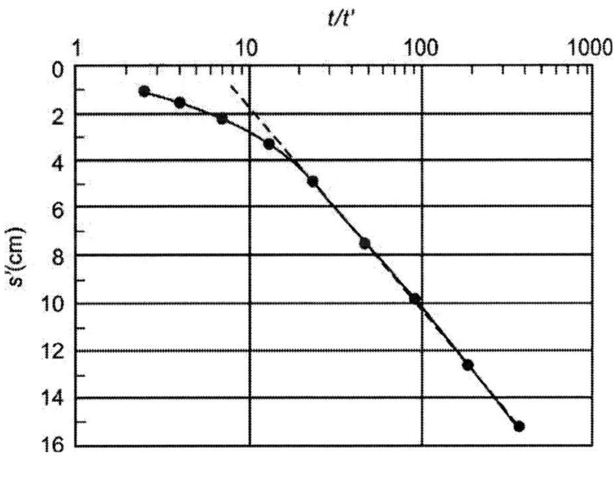

Figura 4.19 – Ensaio de recuperação com as leituras do poço de bombeamento P-1 ao longo do tempo
Fonte: adaptado de Chang-Yu (2006)

A Tab. 4.7 lista os valores dos parâmetros hidráulicos (coeficiente de permeabilidade *k*, transmissividade *T*, coeficiente de armazenamento *S*) determinados pelos diferentes métodos utilizados neste exercício.

Tabela 4.7 – Parâmetros hidráulicos determinados com base em resultados de ensaio de bombeamento

Método	T (cm^2/s)	k (cm/s)	S
Theis – t variável	9,21	$9{,}21 \times 10^{-3}$	$2{,}39 \times 10^{-3}$
Theis – r variável	7,62	$7{,}62 \times 10^{-3}$	$3{,}05 \times 10^{-3}$
Cooper e Jacob – t variável	9,08	$9{,}08 \times 10^{-3}$	$2{,}45 \times 10^{-3}$
Cooper e Jacob – r variável	8,33	$8{,}33 \times 10^{-3}$	$2{,}25 \times 10^{-3}$
Thiem – fluxo permanente	8,40	$8{,}40 \times 10^{-3}$	------
Ensaio de recuperação	5,98	$5{,}98 \times 10^{-3}$	------

Fonte: Chang-Yu (2006)

Capítulo 5

TEORIAS DO ADENSAMENTO

5.1 INTRODUÇÃO

Adensamento é a gradual redução de volume de um solo saturado de baixa permeabilidade devido à drenagem da água de seus vazios, com o processo hidráulico-mecânico continuando até que o excesso de poropressão, gerado por um incremento de tensão total, tenha sido completamente dissipado. O adensamento envolve os seguintes fenômenos interconectados: aumento da tensão efetiva, decréscimo da poropressão, decréscimo do teor de umidade, decréscimo do volume do solo e rearranjo das partículas sólidas. Se o excesso de poropressão for negativo, com o solo aumentando de volume no tempo, o processo é chamado de expansão.

Teorias matemáticas que descrevem o fenômeno da dissipação de excessos de poropressão, com o consequente aumento gradual das tensões efetivas e a ocorrência de deformações do esqueleto sólido ao longo do tempo, são conhecidas como teorias do adensamento primário. Essas teorias podem ser classificadas em duas grandes categorias: na primeira, associada aos nomes de Terzaghi (1923, 1925) e Rendulic (1936), assume-se que as tensões totais geradas pelo carregamento externo permanecem constantes durante o adensamento. A teoria proposta por Terzaghi foi desenvolvida para o estado de deformação 1D (deformações verticais) e generalizada por Rendulic para o estado 3D de deformação. Uma das dificuldades desse tipo de abordagem é a ausência de acoplamento entre a deformação do esqueleto sólido e a dissipação dos excessos de poropressão na água presente nos poros do solo saturado, o que dificulta a previsão de recalques em problemas bi ou tridimensionais.

Na segunda categoria, o solo é modelado como um meio saturado poroso e linearmente elástico sob estado de deformação 3D. Essa abordagem, conhecida como teoria da poroelasticidade, foi proposta por Biot (1935, 1941) e desenvolvida por Biot (1955, 1956), Verruijt (1969), Rice e Cleary (1976), dentre outros. O acoplamento hidromecânico é descrito por um conjunto de equações diferenciais parciais, envolvendo variáveis mecânicas (tensões, poropressão) e cinemáticas (deslocamentos, velocidades) relativas às fases sólida e fluida do solo saturado.

Grande parte deste capítulo é reservada ao estudo da teoria 1D de Terzaghi, incluindo os métodos experimentais para avaliação de parâmetros geotécnicos, soluções para determinação de excessos de poropressão, formulações para cálculo do recalque de adensamento, adaptações da teoria de Terzaghi para uma consideração aproximada de efeitos 3D, técnicas para aceleração da dissipação de poropressão (drenos verticais), imposição de pré-carregamentos para aceleração de recalques, dentre outros tópicos.

5.2 TEORIA DO ADENSAMENTO PRIMÁRIO DE TERZAGHI

A teoria do adensamento de Terzaghi estuda a variação das poropressões com o tempo, sendo a deformação do esqueleto sólido no instante t determinada de forma desacoplada, ou independente, com base na equivalência entre a dissipação dos excessos de poropressão e o consequente incremento da tensão efetiva vertical, admitindo a tensão vertical total constante. A teoria de Terzaghi é bastante utilizada na prática da engenharia geotécnica apesar das limitações introduzidas por suas hipóteses básicas: a) solo isotrópico, completamente saturado; b) partículas sólidas e água são admitidas incompressíveis; c) validade da lei de Darcy; d) o coeficiente de adensamento c_v permanece constante durante o adensamento; e) há uma única relação linear entre índice de vazios e tensão vertical efetiva, que permanece constante durante o adensamento; f) as deformações que ocorrem no solo são infinitesimais.

As maiores limitações[1,2], além da natureza 1D da teoria, dizem respeito às hipóteses d), e). Evidências experimentais mostram que o coeficiente de adensamento decresce rapidamente quando a tensão vertical efetiva é superior a determinado valor, conhecido como tensão de pré-adensamento, e o comportamento tensão x deformação é tampouco linear ou elástico. Ressalte-se, nesse ponto, que a não linearidade da curva tensão x deformação pode ser incorporada em processos de cálculo do recalque final de adensamento primário, que é independente do tempo, mas não na solução analítica da equação do adensamento estabelecida por Terzaghi, escrita em função do tempo.

Considere a equação diferencial governante (Eq. 2.2j) para o adensamento 2D obtida no capítulo 2 e aqui reproduzida:

$$k\frac{\partial^2 h}{\partial x^2} + k\frac{\partial^2 h}{\partial y^2} = \frac{1}{1+e}\frac{\partial e}{\partial t} \qquad (2.2j)$$

Para a situação 1D, admitindo z como eixo vertical

$$k\frac{\partial^2 h}{\partial z^2} = \frac{1}{1+e}\frac{\partial e}{\partial t} \qquad (5.2a)$$

$$\frac{\partial^2 h}{\partial z^2} = \frac{\partial^2}{\partial z^2}\left[h_e + \frac{1}{\gamma_w}(u_{ss} + u_e)\right] \qquad (5.2b)$$

Como a carga de elevação h_e varia linearmente com a coordenada vertical z, resulta na Eq. 5.2b que $\partial^2 h_e/\partial z^2 = 0$. Considerando que na condição permanente a poropressão u_{ss}[3] varia linearmente com a profundidade[4], então $\partial^2 u_{ss}/\partial z^2 = 0$ e a Eq. 5.2b pode ser reescrita como:

$$\frac{k}{\gamma_w}\frac{\partial^2 u_e}{\partial z^2} = \frac{1}{1+e}\frac{\partial e}{\partial t} \qquad (5.2c)$$

Admitindo uma relação tensão vertical efetiva x deformação linear para o esqueleto sólido, define-se como coeficiente de compressibilidade[5] $a_v = -\Delta e/\Delta\sigma'_v$ (Fig. 5.1). Assim, pela regra da cadeia do cálculo diferencial, e tendo em mente o princípio das tensões efetivas de Terzaghi para solos saturados, é possível escrever que:

---

[1] "Considerando que a teoria de Terzaghi produz resultados aceitáveis em muitos casos de campo, alguns engenheiros sentem que, se todas as hipóteses realistas fossem consideradas simultaneamente, então certos efeitos poderiam se cancelar mutuamente" - Mesri e Rokhsar (1974).

[2] A teoria do adensamento primário de Mikasa (1963) que permite a variação do coeficiente de permeabilidade e da relação tensão x deformação do esqueleto sólido concorda com os resultados previstos pela teoria de Terzaghi desde que o coeficiente de adensamento seja mantido constante.

[3] O índice *ss* (*steady state*) denota a condição permanente em $t \rightarrow \infty$.

[4] Lembrar que, para fluxo 1D em regime permanente, o gradiente hidráulico é constante.

[5] O sinal negativo justifica-se porque há uma diminuição do índice de vazios com o aumento da tensão vertical efetiva e o coeficiente de compressibilidade a_v é definido como quantidade positiva.

$$\frac{k}{\gamma_w}\frac{\partial^2 u_e}{\partial z^2} = \frac{1}{1+e}\frac{\partial e}{\partial \sigma'_v}\frac{\partial \sigma'_v}{\partial t}$$

$$\frac{k(1+e)}{\gamma_w a_v}\frac{\partial^2 u_e}{\partial z^2} = -\frac{\partial}{\partial t}[\sigma_v - (u_{ss} + u_e)] \qquad (5.2d)$$

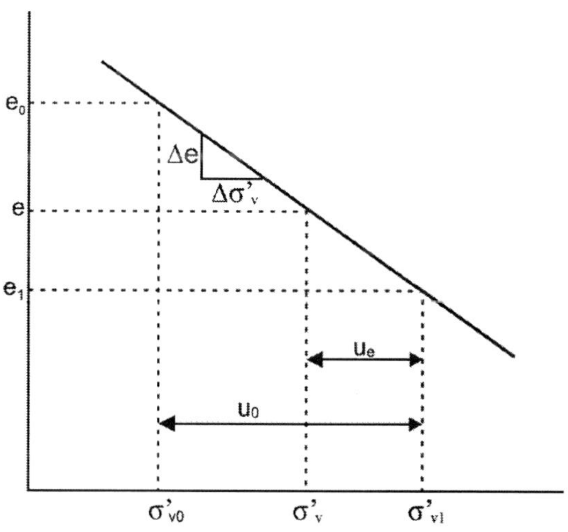

Figura 5.1 – Relação linear entre índice de vazios e tensão vertical efetiva
Fonte: autor

Como na condição permanente $\partial u_{ss}/\partial t = 0$, obtém-se, então, a equação de adensamento de Terzaghi cuja "dedução marca o início da moderna mecânica dos solos" (LAMBE e WHITMAN, 1969). Desenvolvida na década de 1920, "é ainda ensinada para todo estudante de engenharia geotécnica, ainda usada por todo engenheiro geotécnico, mesmo quando métodos mais avançados são também ensinados ou eventualmente empregados" (DUNCAN, 1993).

$$c_v\frac{\partial^2 u_e}{\partial z^2} = \frac{\partial u_e}{\partial t} - \frac{\partial \sigma_v}{\partial t} \qquad (5.2e)$$

onde $c_v = k(1+e)/(\gamma_w a_v)$ é o coeficiente de adensamento com unidade $L^2\ T^{-1}$.

Se a tensão total permanecer constante ($\partial \sigma_v / \partial t = 0$), a Eq. 5.2e transforma-se na equação de difusão 1D (Eq. 5.2f). Note que pelo fato da tensão total ser considerada constante, a ocorrência de deformações do esqueleto sólido é totalmente devida ao acréscimo das tensões efetivas decorrente da gradual dissipação dos excessos de poropressão.

$$c_v\frac{\partial^2 u_e}{\partial z^2} = \frac{\partial u_e}{\partial t} \qquad (5.2f)$$

A equação diferencial parcial 5.2f é linear, isto é, o excesso de poropressão u_e e suas derivadas aparecem somente na primeira potência e também não há produtos entre a variável u_e e suas derivadas. A superposição de soluções é válida, e a linearidade da equação governante torna conveniente a utilização de parâmetros normalizados com o objetivo de reescrever a Eq. 5.2f de forma adimensional e, assim, obter uma solução matemática geral que facilite a apresentação de resultados sob forma de gráficos e tabelas.

Definem-se, então, os seguintes parâmetros adimensionais:

$$Z = \frac{z}{H} \quad \text{e} \quad T_v = \frac{c_v t}{H^2} \tag{5.2g}$$

onde z representa a profundidade do ponto de interesse a partir do topo da camada de argila saturada; Z, a profundidade adimensional; T_v o fator tempo; H, a máxima espessura de drenagem igual à espessura real da camada dividida pelo número de faces de drenagem (2 para drenagem dupla pelo topo e base; 1 para drenagem simples pelo topo ou base).

$$\frac{c_v}{H^2}\frac{\partial^2 u_e}{\partial Z^2} = \frac{1}{(H^2/c_v)}\frac{\partial u_e}{\partial T_v} \quad \rightarrow \quad \frac{\partial^2 u_e}{\partial Z^2} = \frac{\partial u_e}{\partial T_v} \tag{5.2h}$$

A solução da equação diferencial parcial Eq. 5.2h vai depender ainda das condições de contorno específicas do problema e de uma condição inicial. Algumas soluções, relacionadas a problemas típicos da engenharia geotécnica, são apresentadas a seguir.

5.3 SOLUÇÕES DA EQUAÇÃO DE DIFUSÃO 1D

5.3.1 Caso 1: excesso inicial de poropressão uniforme com a profundidade, drenagem dupla

a) Condição inicial – no instante inicial t_0 o excesso de poropressão u_0 é uniforme ao longo da espessura b da camada para $0 \leq z \leq b$.

b) Condições de contorno – para $t > 0$ o excesso de poropressão é nulo ($u_e = 0$) nos contornos em $z = 0$ ($Z = 0$) e em $z = b$ ($Z = 2$), admitindo drenagem dupla ($b = 2H$).

Antes de prosseguir, pergunta-se que tipo de carregamento produziria um excesso inicial de poropressão u_0 uniforme com a profundidade e deformações laterais nulas? Considere a fundação circular flexível de raio R, uniformemente carregada (Δq), na superfície de um semiespaço linearmente elástico, homogêneo e isotrópico. A distribuição dos acréscimos das tensões verticais pode ser determinada analítica (POULOS e DAVIS, 1974) ou graficamente, conforme Fig. 5.2. Nessa figura, observe que as deformações horizontais são nulas em $x/R = 0$ devido à simetria geométrica e do carregamento. Admitindo que o raio da fundação circular aumente infinitamente $R \rightarrow \infty$ tal que, para qualquer ponto P(x, z) do maciço de solo resulte nos valores normalizados $x/R \rightarrow 0$ e $z/R \rightarrow 0$, então o acréscimo de tensão vertical tende a tornar-se constante com a profundidade e igual ao valor do carregamento aplicado Δq. Observe também que as deformações horizontais resultam nulas porque qualquer eixo vertical em uma fundação de raio infinito pode ser admitido como eixo de simetria ($x/R \rightarrow 0$). A designação 1D para o adensamento na teoria de Terzaghi significa, portanto, unidimensional em deformações, isto é, as deformações acontecem somente na direção vertical. Em campo, a condição para uma existência aproximada deste estado 1D implica na aplicação de um carregamento de grandes dimensões e, em laboratório, no confinamento lateral dos corpos de prova ensaiados.

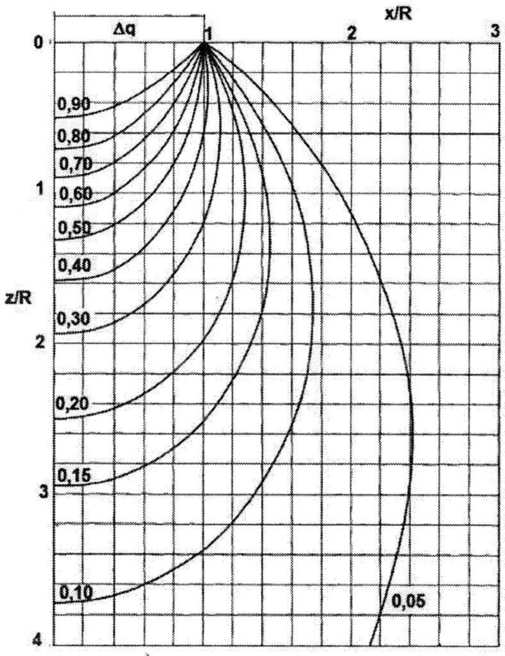

Figura 5.2 – Bulbos de tensão vertical normalizada ($\Delta\sigma_v/\Delta q$) devido a carregamento uniforme Δq sobre fundação circular perfeitamente flexível de raio R. Fonte: adaptado de Lambe e Whitman (1969)

Outra pergunta que pode ser feita é por que o excesso inicial de poropressão u_0 é admitido igual ao acréscimo de carregamento Δq. Considere um elemento de solo saturado de volume V e índice de vazios e sujeito a um acréscimo de tensão total na condição não drenada, no estado 1D de deformação.

Uma variação de volume dV deve ocorrer. Como a compressibilidade dos grãos sólidos é muito menor do que a compressibilidade da água, podendo ser ignorada, então, no instante do carregamento e antes que a drenagem inicie, a variação do volume do elemento de solo corresponde a uma variação do volume da água presente nos vazios.

A compressibilidade da água C_w é definida como

$$C_w = -\frac{dV_w/V_w}{du} \tag{5.3a}$$

onde dV_w é a variação do volume de água resultante da aplicação do incremento de poropressão du no volume V_w que preenche totalmente o volume de vazios V_v do solo saturado,

$$V_v = V_w = \frac{e}{1+e}V$$

$$dV_w = -\,C_w V_w du = -\,C_w\left(\frac{e}{1+e}V\right)du \tag{5.3b}$$

Mas a variação do volume do elemento de solo representa não somente uma variação de volume da água como também uma variação de volume do esqueleto sólido, cujo coeficiente de compressibilidade foi definido anteriormente como

$$a_v = -\frac{de}{d\sigma'_v} = -\left(\frac{dV_v}{V_s}\right)\frac{1}{d\sigma'_v} = -\frac{dV}{V}\frac{1+e}{d\sigma'_v} \quad (5.3c)$$

com $dV_v = dV$ e $V_s = V/(1+e)$

A variação de volume do esqueleto sólido é, portanto,

$$dV = -\frac{a_v}{1+e}Vd\sigma'_v \quad (5.3d)$$

As variações nos volumes de água e do esqueleto sólido devem ser iguais. Logo, das Eq. 5.3b e 5.3d, é possível escrever que

$$-C_w\frac{e}{1+e}Vdu = -\frac{a_v}{1+e}Vd\sigma'_v \quad \rightarrow \quad d\sigma'_v = \frac{C_w e}{a_v}du \quad (5.3e)$$

Pelo princípio das tensões efetivas de Terzaghi para solos saturados $d\sigma'_v = d\sigma_v - du$, ou seja,

$$d\sigma_v - du = \frac{C_w e}{a_v}du \quad \rightarrow \quad \frac{du}{d\sigma_v} = \frac{1}{1+\left(\frac{C_w e}{a_v}\right)} \quad (5.3f)$$

O coeficiente de compressibilidade[6] da água é $C_w = 0{,}458 \times 10^{-9}$ Pa aproximadamente. Para valores típicos de índices de vazios e coeficientes de compressibilidade do esqueleto sólido, a Eq. 5.3f resulta em $du/d\sigma_v \approx 1$. Logo, sob as condições de carregamento assumidas, essencialmente todo o incremento de tensão vertical total é transmitido para a água sob forma de excesso inicial de poropressão ($\Delta\sigma_v = \Delta q = u_0$).

Uma generalização da Eq. 5.3f para o estado 3D de deformação, incluindo também a compressibilidade das partículas sólidas, será apresentada na seção 5.12.

A solução analítica da equação diferencial Eq. 5.2h, para as condições de contorno e inicial do caso 1, é dada pela série de Fourier (TAYLOR, 1948):

$$u_e = \sum_{m=0}^{\infty}\frac{2u_0}{M}(senMZ)exp(-M^2T_v) \text{ com } M = \frac{\pi}{2}(2m+1) \quad (5.3g)$$

a qual é graficamente representada na Fig. 5.3, onde U_z é a porcentagem (ou grau) de dissipação dos excessos de poropressão na profundidade normalizada Z para o fator tempo T_v. O progresso do adensamento no tempo é visualizado pela série de curvas da Fig. 5.3, chamadas de isócronas. Na avaliação analítica da Eq. 5.3g os termos da série são geralmente somados até que o expoente M^2T_v atinja o valor 20, descartando aqueles contendo fatores exp (-20) ou inferiores. Em $t = 0$ a série oscilará rapidamente em torno do valor real u_0 à medida que se aproximar de $Z = 0$ ou $Z = 2$. Este comportamento (fenômeno de Gibbs) decorre da

[6] O coeficiente de compressibilidade C_w é o recíproco do módulo de variação volumétrica $K_w = 2{,}2 \times 10^9$ Pa

tentativa da série de Fourier em satisfazer a descontinuidade da poropressão inicial imposta nos contornos drenantes instantaneamente.

Define-se matematicamente U_z como

$$U_z = \frac{u_0 - u_e}{u_0} = 1 - \frac{u_e}{u_0}$$

$$U_z = 1 - \sum_{m=0}^{\infty} \frac{2}{M}(senMZ)exp(-M^2T_v) \quad \text{com } M = \frac{\pi}{2}\,(2m+1) \tag{5.3h}$$

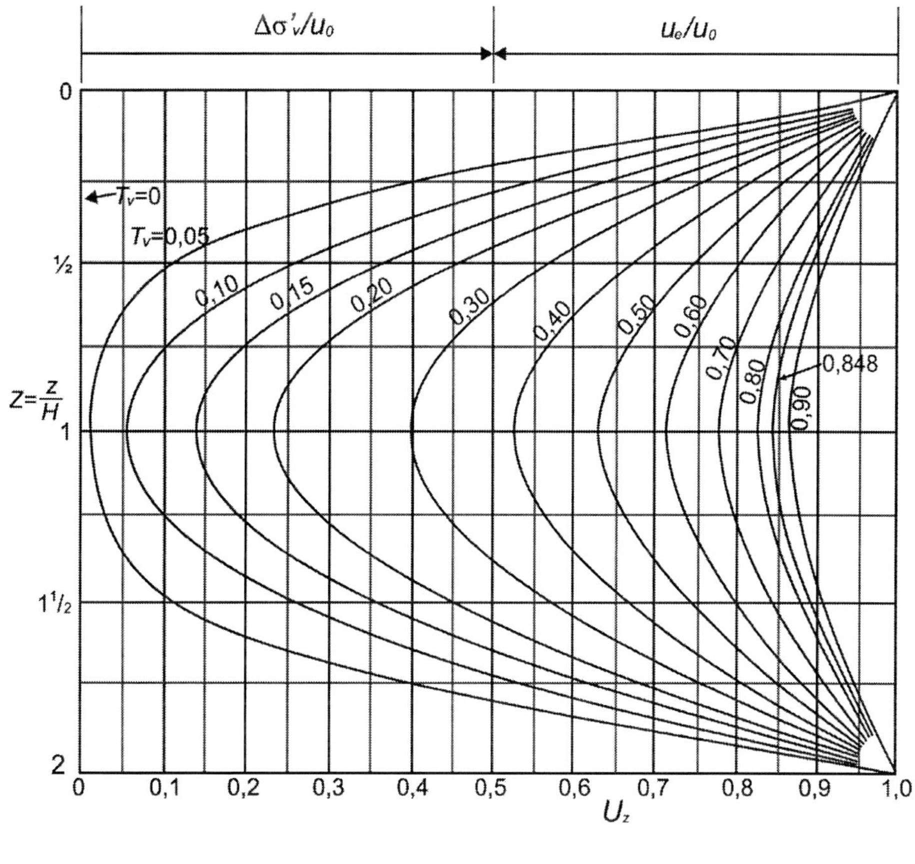

Figura 5.3 – Porcentagem de dissipação do excesso de poropressão U_z em função da profundidade normalizada Z e do fator tempo T_v para excesso uniforme de poropressão inicial u_0
Fonte: adaptado de Lambe e Whitman (1969)

Entre os pontos A e B da Fig. 5.4, no fator tempo T_v, a diferença de carga hidráulica é dada por:

$$\Delta h = h^A - h^B = \left(h_e^A + \frac{u_{ss}^A + u_e^A}{\gamma_w}\right) - \left(h_e^B + \frac{u_{ss}^B + u_e^B}{\gamma_w}\right) \tag{5.3i}$$

$$\Delta h = \left[\left(h_e^A + \frac{u_{ss}^A}{\gamma_w}\right) - \left(h_e^B + \frac{u_{ss}^B}{\gamma_w}\right)\right] + \frac{u_e^A - u_e^B}{\gamma_w}$$

$$\Delta h = (h_{ss}^A - h_{ss}^B) + \frac{u_0}{\gamma_w}[(1 - U_z^A) - (1 - U_z^B)] \tag{5.3j}$$

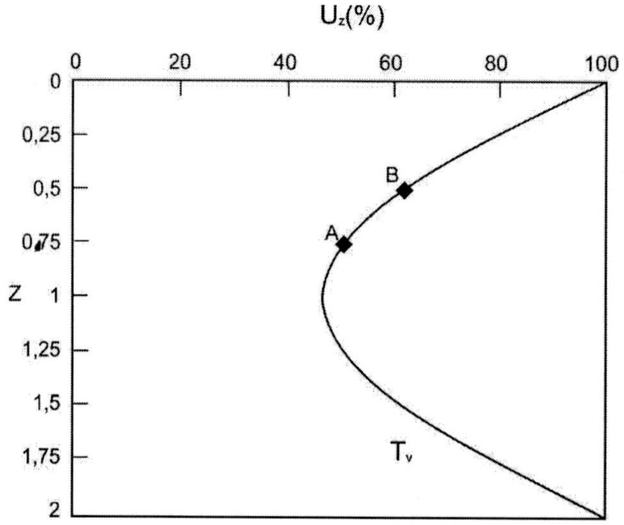

Figura 5.4 – Diferença de carga hidráulica Δh entre os pontos A e B no fator tempo T_v
Fonte: autor

Admitindo, em princípio, que na condição permanente não há fluxo, com a diferença de carga total $\Delta h_{ss} = h_{ss}^A - h_{ss}^B = 0$ em $t \to \infty$, então[7]

$$\Delta h = \frac{u_0(U_z^B - U_z^A)}{\gamma_w} = \frac{u_0 \Delta U_z}{\gamma_w} \tag{5.3k}$$

No limite, quando os pontos A e B coincidirem ($\Delta z = H\Delta Z \to 0$), o gradiente hidráulico, na profundidade normalizada Z, no fator tempo T_v, considerando a Eq. 5.3k, pode ser calculado por

$$i = \lim_{\Delta z \to 0} \frac{\Delta h}{\Delta z} = \frac{u_0}{\gamma_w H} \lim_{\Delta Z \to 0} \frac{\Delta U_z}{\Delta Z} = \frac{u_0}{\gamma_w H} \frac{\partial U_z}{\partial Z} \tag{5.3ℓ}$$

Observe da Eq. 5.3h que $\partial U_z / \partial Z$ pode ser determinado analiticamente como

$$\frac{\partial U_z}{\partial Z} = 2 \sum_{m=0}^{\infty} \cos(MZ)\, exp(-M^2 T_v) \quad \text{com} \quad M = \frac{\pi}{2}\,(2m+1) \tag{5.3m}$$

A interpretação geométrica da derivada $\partial U_z / \partial Z$ é a inclinação que a tangente à isócrona T_v, traçada pelo ponto na profundidade normalizada $Z = z/H$, forma com o eixo vertical Z. Essa interpretação do gradiente hidráulico permite estabelecer as seguintes observações em relação às isócronas da Fig. 5.3:

a) imediatamente após a aplicação do carregamento, surgem grandes gradientes hidráulicos nas proximidades do topo e da base da camada, indicando que há uma rápida variação do volume do solo nestas regiões. Em contrapartida, no meio da camada ($Z = 1$), deformações significativas começam a ocorrer somente para valores de $T_v > 0{,}05$;

[7] Se na condição permanente ocorrer diferença de carga total, uma solução do problema de fluxo permanente 1D deve ser adicionada à solução do problema de adensamento.

b) o gradiente hidráulico em $Z = 1$ é sempre nulo (tangente vertical); logo não há fluxo de água através do plano médio da camada de solo;
c) para $T_v > 0{,}3$, as isócronas são quase que curvas senoidais perfeitas, isto é, apenas o primeiro termo da série da Eq. 5.3g ($m = 0$ com $M = \pi/2$) torna-se importante para descrição matemática da isócrona, ou seja:

$$u_e = \frac{4u_0}{\pi}\left(sen\frac{\pi}{2}Z\right) exp(-\pi^2 T_v/4) \text{ para } T_v > 0{,}3 \tag{5.3n}$$

Em termos de engenharia geotécnica, é mais conveniente conhecer, para certo valor do fator tempo T_v, a porcentagem média de dissipação dos excessos de poropressão U_v em toda a espessura da camada de solo saturado, e não apenas em pontos isolados na profundidade normalizada Z. Define-se, similarmente, a porcentagem média de dissipação dos excessos de poropressão no fator tempo T_v como:

$$U_v = \frac{u_0 - \bar{u}_e}{u_0} = 1 - \frac{\bar{u}_e}{u_0} \tag{5.3p}$$

onde $\bar{u}_e$ é o excesso médio de poropressão em toda a camada.

O valor de $\bar{u}_e$ pode ser calculado com base na equivalência das áreas da Fig. 5.5, uma compreendida entre a isócrona T_v e o eixo vertical $T_v \to \infty$ (quando $U_z \to 100\%$) e a outra área, de forma retangular, com a mesma espessura normalizada ($Z = 2$) e largura igual ao valor médio do excesso de poropressão $\bar{u}_e$ no mesmo fator tempo T_v.

$$2\bar{u}_e = \int_0^2 u_e dZ \tag{5.3q}$$

$$\bar{u}_e = \frac{1}{2}\int_0^2 \sum_{m=0}^{\infty} \frac{2u_0}{M} sen(MZ) exp(-M^2 T_v)\, dZ$$

$$\bar{u}_e = \sum_{m=0}^{\infty} \frac{u_0}{M^2} exp(-M^2 T_v)[-\cos(MZ)]_0^2$$

$$\bar{u}_e = \sum_{m=0}^{\infty} \frac{u_0}{M^2} exp(-M^2 T_v)[-\cos(2M) + \cos 0]$$

$$\bar{u}_e = \sum_{m=0}^{\infty} \frac{2u_0}{M^2} exp(-M^2 T_v) \quad \text{com } \cos(2M) = \cos[\pi(2m+1)] = -1 \tag{5.3r}$$

$$U_v = 1 - \frac{\bar{u}_e}{u_0} = 1 - \sum_{m=0}^{\infty} \frac{2}{M^2} exp(-M^2 T_v) \text{ com } M = \frac{\pi}{2}(2m+1) \tag{5.3s}$$

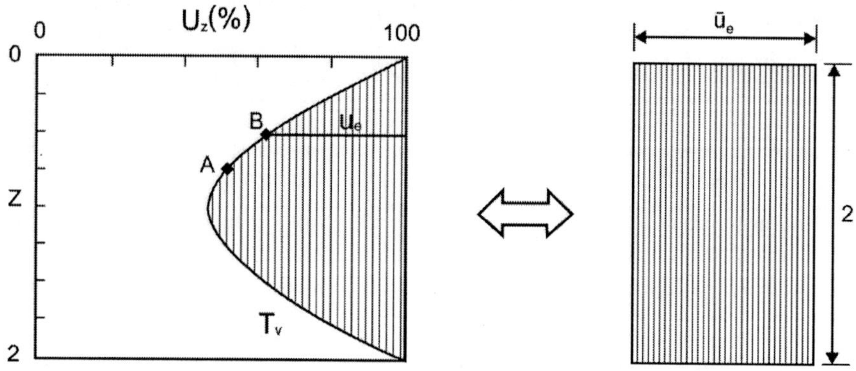

Figura 5.5 – Equivalência de áreas para determinação do excesso médio de poropressão $\bar{u}_e$ no fator tempo T_v
Fonte: autor

Valores da Eq. 5.3s podem ser obtidos por meio da solução gráfica representada pela curva 1 da Fig. 5.6, ou também estimados, com excelente precisão, pelas seguintes expressões algébricas propostas por Taylor (1948):

$$T_v = \frac{\pi}{4} U_v^2 \ \text{ para } U_v \leq 0{,}60 \quad \text{ou} \quad U_v = 2\sqrt{\frac{T_v}{\pi}} \ \text{ para } T_v \leq 0{,}28$$

$$T_v = -0{,}933 \log(1 - U_v) - 0{,}085 \ \text{ para } U_v > 0{,}60 \ \text{ ou} \qquad (5.3t)$$

$$U_v = 1 - 10^{-1{,}0716 T_v - 0{,}09119} \ \text{ para } T_v > 0{,}28$$

Alternativamente, pelas equações sugeridas por Fox (1948):

$$T_v = \frac{\pi}{4} U_v^2 \ \text{ para } U_v \leq 0{,}50 \quad \text{ou} \quad U_v = 2\sqrt{\frac{T_v}{\pi}} \ \text{ para } T_v \leq 0{,}2$$

$$T_v = -0{,}405 \ln(1 - U_v) - 0{,}085 \ \text{ para } U_v > 0{,}50 \ \text{ ou} \qquad (5.3u)$$

$$U_v = 1 - \frac{8}{\pi^2} \exp\left(-\frac{\pi^2}{4} T_v\right) \ \text{ para } T_v > 0{,}2$$

Outras soluções aproximadas para a porcentagem média de dissipação dos excessos de poropressão U_v foram sugeridas por vários pesquisadores, como Sivaram e Swamee (1977) pela Eq. 5.3v, e Hansen (Chan, 2003) pela Eq. 5.3w, porém com menor precisão. Uma comparação dos valores obtidos pelas Eq. 5.3s, 5.3t, 5.3u, 5.3v e 5.3w é apresentada na Tab. 5.1. Neste capítulo, os valores de U_v foram determinados pelas curvas da Fig. 5.6 ou calculados pelas expressões algébricas (Eq. 5.3t e 5.3u) propostas por Taylor (1948) e Fox (1948), respectivamente.

$$U_v = \frac{(4T_v/\pi)^{0{,}5}}{[1 + (4T_v/\pi)^{2{,}8}]^{0{,}179}} \quad \text{para} \quad T_v \leq 6 \qquad (5.3v)$$

$$T_v = \sqrt[3]{\frac{U_v^6}{2(1 - U_v^6)}} \quad \text{ou} \quad U_v = \sqrt[6]{\frac{2T_v^3}{1 + 2T_v^3}} \quad \text{para} \quad T_v \leq 1 \tag{5.3w}$$

Teoricamente o adensamento primário se prolonga infinitamente no tempo ($t \rightarrow \infty$) mas, para fins de engenharia, pergunta-se se é possível escolher um valor do fator tempo T_v que represente, na prática, o final do adensamento primário. Com base nos valores da porcentagem média de dissipação dos excessos de poropressão U_v da Tab. 5.2, geralmente se considera em engenharia o final do adensamento primário quando $T_v = 1$ (LAMBE e WHITMAN, 1969). Como o fator tempo depende do coeficiente de adensamento, então pela própria definição de c_v (Eq. 5.2e) verifica-se que o tempo para dissipação média dos excessos de poropressão aumenta com a diminuição do coeficiente de permeabilidade (k) do solo saturado e com o aumento do coeficiente de compressibilidade (a_v).

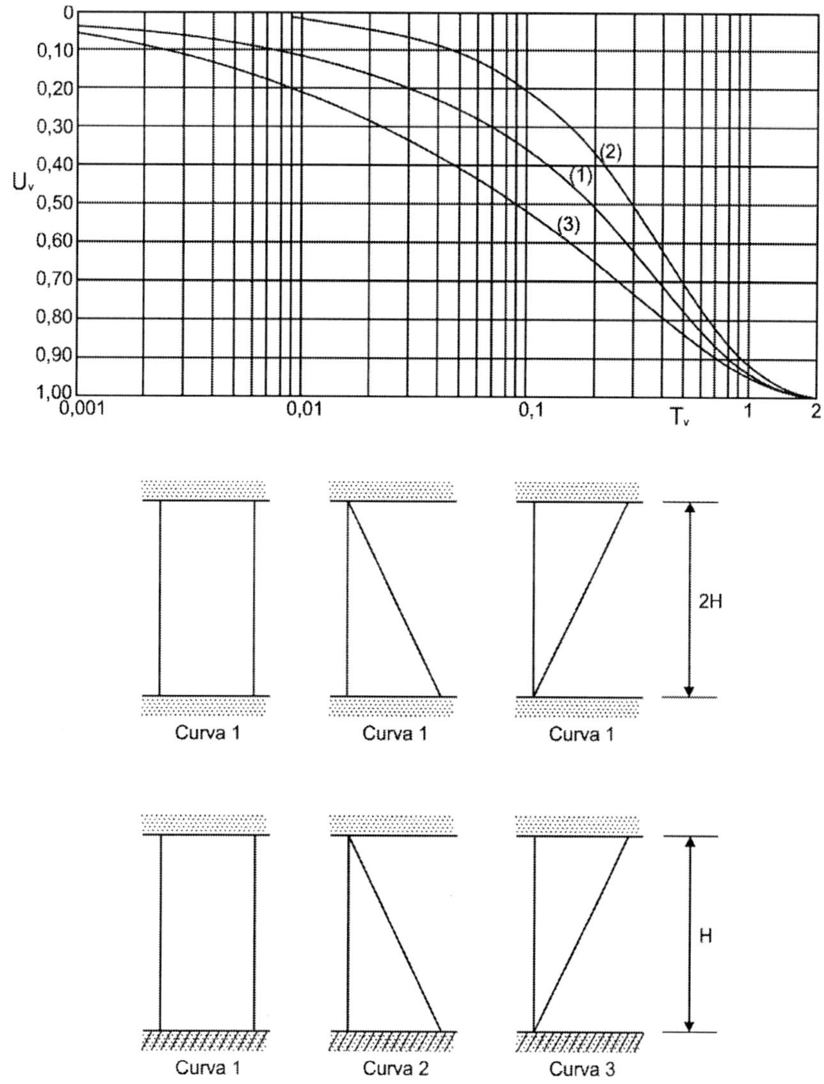

Figura 5.6 – Relação entre porcentagem média de dissipação dos excessos de poropressão U_v e fator tempo T_v
Fonte: adaptado de Craig (2004)

Tabela 5.1 – Comparação entre valores da porcentagem média de dissipação dos excessos de poropressão U_v calculados por diferentes equações

T_v	U_v (%) Eq. 5.3s	U_v (%) Eq. 5.3t	U_v (%) Eq. 5.3u	U_v (%) Eq. 5.3v	U_v (%) Eq. 5.3w
0,001	03,57	03,57	03,57	03,57	03,55
0,010	11,28	11,28	11,28	11,28	11,22
0,020	15,96	15,96	15,96	15,96	15,87
0,030	19,54	19,54	19,54	19,54	19,44
0,040	22,57	22,57	22,57	22,57	22,45
0,050	25,23	25,23	25,23	25,23	25,10
0,060	27,64	27,64	27,64	27,64	27,49
0,070	29,85	29,85	29,85	29,85	29,69
0,080	31,92	31,92	31,92	31,91	31,74
0,090	33,85	33,85	33,85	33,84	33,67
0,100	35,68	35,68	35,68	35,66	35,48
0,200	50,41	50,46	50,46	50,27	50,07
0,300	61,32	61,34	61,34	61,09	60,94
0,400	69,79	69,79	69,79	69,59	69,58
0,500	76,40	76,40	76,40	76,31	76,47
0,600	81,56	81,56	81,56	81,57	81,89
0,700	85,59	85,59	85,59	85,63	86,08
0,800	88,74	88,74	88,74	88,73	89,27
0,900	91,20	91,20	91,20	91,09	91,66
1,000	93,13	93,13	93,13	92,88	93,47

Fonte: autor

Tabela 5.2 - Porcentagem média de dissipação dos excessos de poropressão para alguns valores do fator tempo T_v na Eq. 5.3s

T_v	U_v (%)	T_v	U_v (%)	T_v	U_v (%)
1	93,13	2	99,42	3	99,95

Fonte: autor

5.3.2 Caso 2: excesso inicial de poropressão uniforme com a profundidade, drenagem simples

a) Condição inicial – no instante inicial t_0, o excesso de poropressão u_0 é uniforme ao longo da espessura b da camada para $0 \leq z \leq b$.

b) Condições de contorno – para $t > 0$ o excesso de poropressão é nulo ($u_e = 0$) no contorno em $z = 0$ ($Z = 0$) e a velocidade de fluxo transiente é nula ($i = \partial h/\partial z = \partial u_e/\partial z = 0$) no contorno impermeável em $z = b$ ($Z = 1$), admitindo drenagem simples ($b = H$). Alternativamente, com condições de contorno intercambiadas entre os contornos em $Z = 0$ e $Z = 1$.

Neste caso as soluções obtidas no caso 1, para porcentagem de dissipação dos excessos de poropressão U_z na profundidade normalizada Z, no fator tempo T_v (Eq. 5.3h e Fig. 5.3), bem como para porcentagem média de dissipação dos excessos de poropressão U_v no fator tempo T_v (Eq. 5.3s, 5.3t, 5.3u, Fig. 5.6, Tab. 5.2), continuam válidas, porém restritas ao intervalo $0 \leq Z \leq 1$.

Note que, se no caso 1 (dupla drenagem), uma camada de solo de espessura b atinge determinado valor de U_v no tempo t_1, então a mesma camada, porém com drenagem simples (caso 2), atingirá a mesma porcentagem média de dissipação dos excessos de poropressão U_v no tempo $t_2 = 4t_1$.

$$U_v(T_{v1}) = U_v(T_{v2}) \rightarrow T_{v1} = T_{v2} \rightarrow \frac{c_v t_1}{(b/2)^2} = \frac{c_v t_2}{b^2} \rightarrow t_2 = 4t_1 \qquad (5.3x)$$

5.3.3 Caso 3: distribuição do excesso inicial de poropressão linear com a profundidade, drenagem dupla

A distribuição inicial dos excessos de poropressão pode variar com a profundidade, e as poucas soluções de interesse prático na engenharia são os casos de variação linear (triangular, trapezoidal) e senoidal. Uma distribuição triangular $u_0 = u_0(z)$ pode ser gerada em campo pela redução das poropressões devido à extração de água da camada de areia inferior da Fig. 5.7a, ou pela variação do nível do lençol freático na camada de areia superior da Fig. 5.7b, por exemplo. Outras situações são o adensamento de um aterro hidráulico devido ao peso próprio (Fig. 5.7c) ou o carregamento de fundações superficiais (Fig. 5.7d), com a distribuição dos acréscimos de poropressão ao longo do eixo vertical da fundação aproximada por uma variação linear.

O caso 3 apresenta as seguintes condições de contorno e inicial:

a) Condição inicial – no instante inicial t_0, distribuição triangular do excesso de poropressão u_0 ao longo da espessura b da camada para $0 \leq z \leq$ b.

b) Condições de contorno – para $t > 0$ o excesso de poropressão é nulo ($u_e = 0$) nos contornos em $z = 0$ ($Z = 0$) e em $z = b$ ($Z = 2$), admitindo dupla drenagem ($b = 2H$).

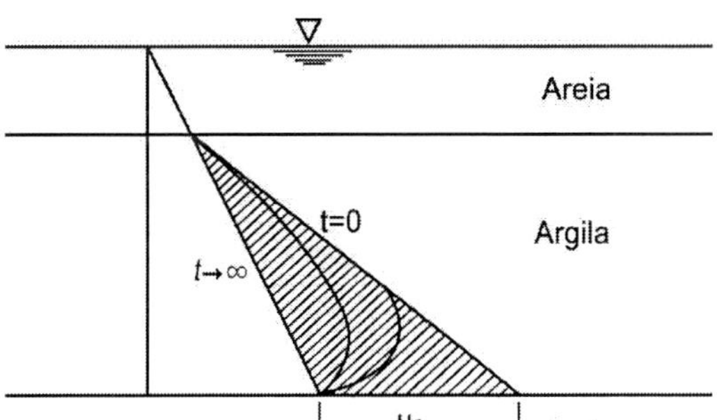

Figura 5.7a - Uma camada de argila inicialmente sujeita ao fluxo permanente 1D em $t = 0$, apresenta excesso de poropressão inicial devido a bombeamento que reduz instantaneamente a carga de pressão na camada de areia inferior. Fonte: adaptado de Olson (1989)

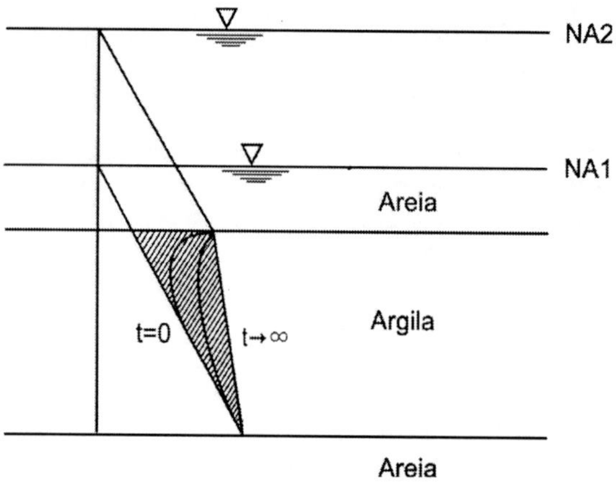

Figura 5.7b - A carga hidráulica da camada de argila está inicialmente em equilíbrio hidrostático com o nível d'água NA1 em $t = 0$, que é subitamente elevado para o nível NA2 devido ao enchimento do reservatório de uma barragem situada nas proximidades. A carga hidráulica da camada de areia inferior não é modificada.
Fonte: adaptado de Olson (1989)

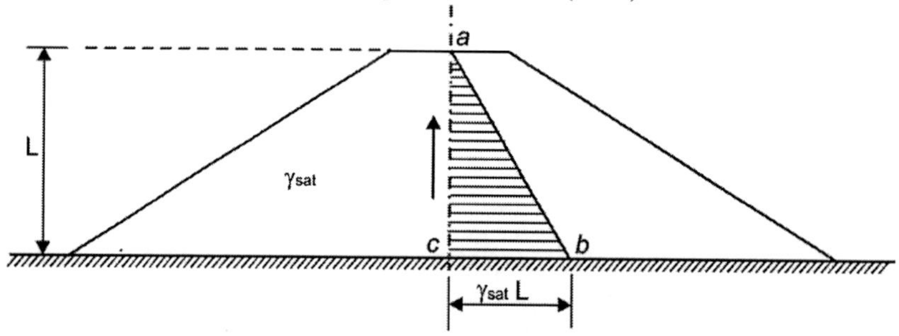

Figura 5.7c – Distribuição triangular do excesso inicial de poropressão causado pelo peso próprio do material lançado em aterro hidráulico
Fonte: adaptado de Jumikis (1962)

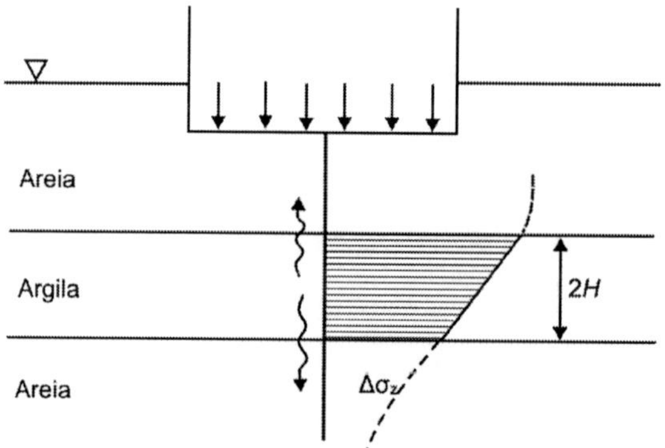

Figura 5.7d – Distribuição trapezoidal aproximada do excesso inicial de poropressão causado por carregamento uniforme em fundação superficial. A curva tracejada representa os acréscimos de tensão vertical total determinados pela teoria da elasticidade linear[8]
Fonte: adaptado de Jumikis (1962)

[8] Verificar a distribuição dos acréscimos de tensão vertical pela teoria da elasticidade linear em Poulos e Davis (1974).

A solução analítica da equação diferencial 5.2h neste caso é dada por

$$u_e = \sum_{n=1}^{\infty} \frac{2u_0^b}{n\pi} (-1)^{n+1} sen\left(\frac{n\pi Z}{2}\right) exp\left(-\frac{n^2\pi^2 T_v}{4}\right) \quad n = 1,2, \ldots \infty \tag{5.3y}$$

onde Z é medido a partir do vértice da distribuição triangular e u_0^b representa o máximo excesso de poropressão inicial (na base da distribuição triangular).

A porcentagem de dissipação do excesso de poropressão U_z na profundidade normalizada Z no fator tempo T_v é obtida conforme Eq. 5.3z e ilustrada na Fig. 5.8.

$$U_z = \frac{u_0^b - u_e}{u_0^b} = 1 - \frac{u_e}{u_0^b}$$

$$U_z = 1 - \sum_{n=1}^{\infty} \frac{2}{n\pi} (-1)^{n+1} sen\left(\frac{n\pi Z}{2}\right) exp\left(-\frac{n^2\pi^2 T_v}{4}\right) \quad n = 1,2 \ldots \infty \tag{5.3z}$$

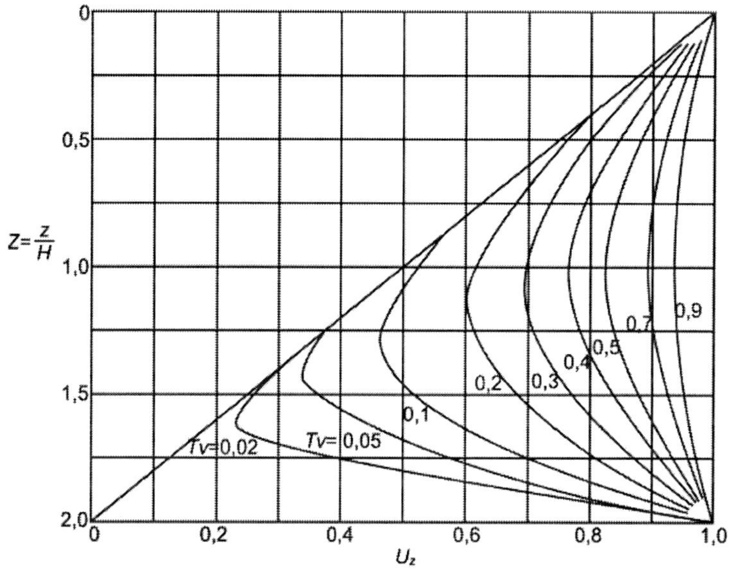

Figura 5.8 – Porcentagem de dissipação do excesso de poropressão U_z na profundidade normalizada Z, no fator tempo T_v, para distribuição triangular inicial de u_0 considerando dupla drenagem ($b = 2H$)
Fonte: adaptado de Lambe e Whitman (1969)

O gradiente hidráulico, na profundidade normalizada Z, no fator tempo T_v, para cálculo da velocidade de fluxo transiente pela lei de Darcy, é determinado novamente como

$$i = \lim_{\Delta z \to 0} \frac{\Delta h}{\Delta z} = \frac{u_0^b}{\gamma_w H} \lim_{\Delta Z \to 0} \frac{\Delta U_z}{\Delta Z} = \frac{u_0^b}{\gamma_w H} \frac{\partial U_z}{\partial Z} \tag{5.3A}$$

lembrando que u_0^b representa o excesso de poropressão inicial na base da distribuição triangular.

A interpretação geométrica da derivada $\partial U_z/\partial Z$ é a inclinação que a tangente à isócrona T_v, traçada pelo ponto na profundidade normalizada $Z = z/H$, forma com o eixo vertical Z nos gráficos da Fig. 5.8. Note que, nessa figura, o valor máximo do excesso de poropressão inicial ocorre na base da camada em $Z = 2$ (como no caso da Fig. 5.7a); quando o máximo ocorrer no topo da camada (como no caso da Fig. 5.7b) então inverter o sentido da leitura da variável Z na Fig. 5.8, considerando a origem $Z = 0$ no vértice da distribuição triangular inicial dos excessos de poropressão, agora localizado na base da camada.

Da Eq. 5.3z é também possível avaliar o gradiente hidráulico analiticamente, pois

$$\frac{\partial U_z}{\partial Z} = \sum_{n=1}^{\infty} (-1)^{n+1} \cos\left(\frac{n\pi Z}{2}\right) exp\left(-\frac{n^2\pi^2 T_v}{4}\right) \quad n = 1,2, \ldots \infty \tag{5.3B}$$

A porcentagem média de dissipação dos excessos de poropressão $U_v = U_v\ (T_v)$ é determinada considerando a equivalência das áreas da Fig. 5.9, onde $\bar{u}^b$ representa o excesso de poropressão na base da distribuição triangular no fator tempo T_v.

$$\frac{\bar{u}^b \times 2}{2} = \int_0^2 u_e \, dZ \tag{5.3C}$$

$$\frac{\bar{u}^b \times 2}{2} = \int_0^2 \sum_{n=1}^{\infty} \frac{2u_0^b}{n\pi} (-1)^{n+1} sen\left(\frac{n\pi Z}{2}\right) exp\left(-\frac{n^2\pi^2 T_v}{4}\right) dZ$$

$$\bar{u}^b = \sum_{n=1}^{\infty} \frac{2u_0^b}{n\pi} (-1)^{n+1} exp\left(-\frac{n^2\pi^2 T_v}{4}\right) \left\{\frac{2}{n\pi}[-\cos(n\pi) + \cos 0]\right\} \tag{5.3D}$$

série que apresenta termos positivos não nulos para valores ímpares de n.

$$\bar{u}^b = \sum_{n=1}^{\infty} \frac{8u_0^b}{n^2\pi^2} \, exp\left(-\frac{n^2\pi^2 T_v}{4}\right) \quad n = 1,3,5, \ldots \infty \tag{5.3E}$$

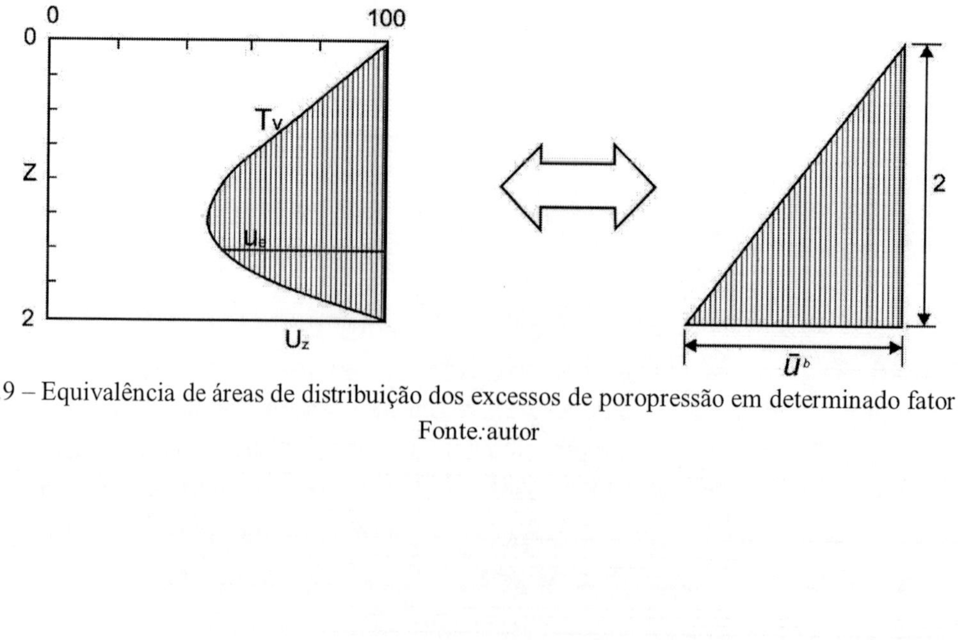

Figura 5.9 – Equivalência de áreas de distribuição dos excessos de poropressão em determinado fator tempo T_v
Fonte:autor

Logo, a porcentagem média de dissipação dos excessos de poropressão, em relação ao excesso de poropressão inicial u_0^b na base da distribuição triangular, é calculada como:

$$U_v(T_v) = 1 - \frac{\bar{u}^b}{u_0^b} = 1 - \sum_{n=1}^{\infty} \frac{8}{n^2\pi^2} exp\left(-\frac{n^2\pi^2 T_v}{4}\right) \quad n = 1,3,5, \ldots \infty \tag{5.3F}$$

Comparando as Eq. 5.3s e 5.3F com $M = \pi\ (2m+1)/2 = \pi n/2$, verifica-se que a porcentagem média de dissipação dos excessos de poropressão $U_v = U_v\,(T_v)$ para a distribuição triangular com dupla drenagem (Eq. 5.3F) é exatamente igual à determinada para o caso 1 (Eq. 5.3s). As soluções algébricas aproximadas (Eq. 5.3t, 5.3u), bem como a solução gráfica da curva 1 na Fig. 5.6, podem ser utilizadas.

Valores de $U_v = U_v\,(T_v)$ permanecem os mesmos também para uma distribuição trapezoidal dos excessos iniciais de poropressão, conforme Tab. 5.1. A solução analítica da equação diferencial 5.2h para uma distribuição trapezoidal do excesso inicial de poropressão é dada pela superposição das soluções obtidas para os casos com excesso inicial de poropressão uniforme (Eq. 5.3g) e distribuição inicial triangular (Eq. 5.3y):

$$u_e = \sum_{n=1,3,5\ldots}^{\infty} \frac{4u_0^{topo}}{n\pi} sen\left(\frac{n\pi Z}{2}\right) exp\left(-\frac{n^2\pi^2 T_v}{4}\right) + \sum_{n=1,2,3\ldots}^{\infty} \frac{2\left(u_0^{base} - u_0^{topo}\right)}{n\pi} (-1)^{n+1}\, sen\left(\frac{n\pi Z}{2}\right) exp\left(-\frac{n^2\pi^2 T_v}{4}\right) \tag{5.3G}$$

onde u_0^{topo} e u_0^{base} são os excessos de poropressão no topo ($Z = 0$) e na base ($Z = 2$) da camada de argila.

5.3.4 Caso 4: distribuição do excesso inicial de poropressão linear com a profundidade, drenagem simples

a) Condição inicial – no instante inicial t_0, distribuição triangular do excesso de poropressão u_0 ao longo da espessura b da camada para $0 \leq z \leq b$.

b) Condições de contorno – para $t > 0$ o excesso de poropressão é nulo ($u_e = 0$) no contorno em $z = 0$ ($Z = 0$) e a velocidade de fluxo transiente é nula ($i = \partial h\ /\ \partial z = \partial u_e\ /\ \partial z = 0$) no contorno impermeável em $z = b$ ($Z = 1$), admitindo drenagem simples ($b = H$). Alternativamente, com condições intercambiadas nos contornos $Z = 0$ e $Z = 1$.

As porcentagens de dissipação dos excessos de poropressão U_z na profundidade normalizada Z no fator tempo T_v podem ser estimadas dos gráficos das isócronas mostrados nas Fig. 5.10 e 5.11. Na Fig. 5.10, a distribuição triangular dos excessos iniciais de poropressão apresenta valor máximo em $Z = 1$ (contorno impermeável) como no esquema da curva 2 da Fig. 5.6 (carregamento triangular básico).

Na Fig. 5.11, o valor máximo da distribuição dos excessos iniciais de poropressão acontece em Z = 0 (contorno permeável) como no esquema da curva 3 da Fig. 5.6 (carregamento triangular reverso). Até determinado valor do fator tempo ($T_v \approx 0{,}125$), o fluxo vertical transiente ocorre em ambos os sentidos, delimitados pelo ponto da isócrona onde a tangente à curva é vertical. A partir deste valor de T_v, o fluxo transiente passa a acontecer apenas no sentido do contorno impermeável para o contorno permeável.

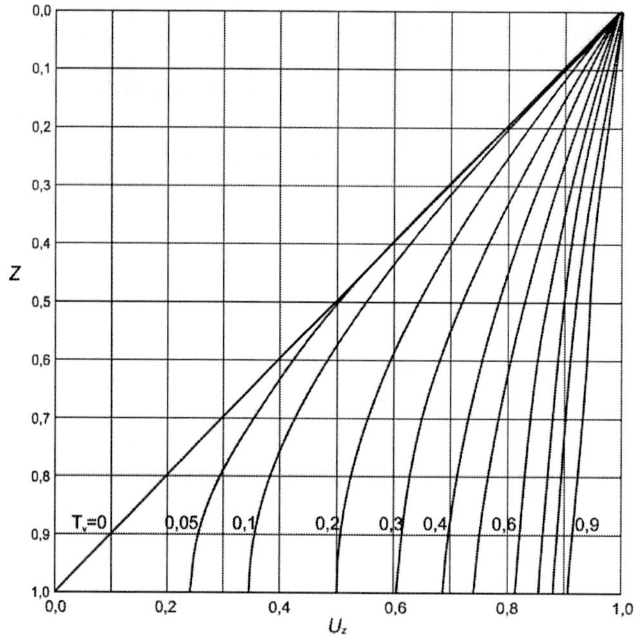

Figura 5.10 – Porcentagem de dissipação do excesso de poropressão U_z na profundidade normalizada Z, no fator tempo T_v, para distribuição triangular inicial de u_0 com drenagem simples em Z = 0. Máximo valor do excesso de poropressão inicial em Z = 1

Fonte: autor

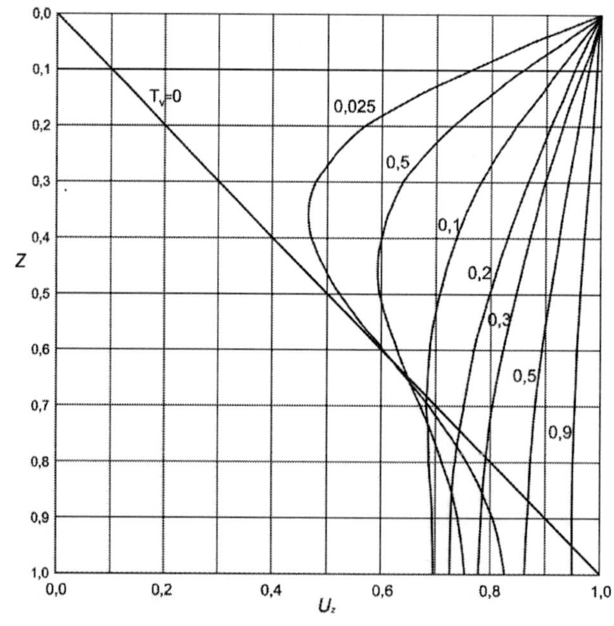

Figura 5.11 – Porcentagem de dissipação do excesso de poropressão U_z na profundidade normalizada Z, no fator tempo T_v, para distribuição triangular inicial de u_0 com drenagem simples em Z = 0. Máximo valor do excesso de poropressão inicial em Z = 0

Fonte: autor

Em relação à porcentagem média de dissipação dos excessos de poropressão U_v, as soluções gráficas estão mostradas nas curvas 2 e 3 da Fig. 5.6, dependendo da posição do contorno impermeável em relação à distribuição triangular inicial dos excessos de poropressão u_0.

As seguintes soluções analíticas foram obtidas por Terzaghi e Fröhlich (1936), para as curvas 2 (Eq. 5.3H) e 3 (Eq. 5.3I) com $n = 1,3,5,\ldots\infty$

$$U_v(T_v) = 1 - \left(\frac{32}{\pi^3}\right)\sum_{n=1}^{\infty} \frac{1}{n^3} sen\frac{n\pi}{2} exp\left(-\frac{n^2\pi^2 T_v}{4}\right) \tag{5.3H}$$

$$U_v(T_v) = 1 - \sum_{n=1}^{\infty} \frac{8}{n^3\pi^3}\left[n\pi(1 - \cos n\pi) - 4sen\frac{n\pi}{2}\right] exp\left(-\frac{n^2\pi^2 T_v}{4}\right) \tag{5.3I}$$

Para o caso 4, é também interessante conhecer para qual valor do fator tempo T_v o fim do adensamento primário pode ser considerado em termos de engenharia. A Tab. 5.3 indica que o valor $T_v = 1$, usualmente empregado, apresenta erros relativos da porcentagem média de dissipação dos excessos de poropressão variando entre 5% (curva 3) a 8,75% (curva 2).

Tabela 5.3 - Porcentagem média de dissipação dos excessos de poropressão para alguns valores do fator tempo T_v para as curvas 1 (Eq. 5.3s), 2 (Eq. 5.3H) e 3 (Eq. 5.3I) da Fig. 5.6

curva 1	U_v (%)
T_v =1	93,13
T_v =2	99,42
T_v =3	99,95

curva 2	U_v (%)
T_v =1	91,25
T_v =2	99,26
T_v =3	99,94

curva 3	U_v (%)
T_v =1	95,00
T_v =2	99,58
T_v =3	99,96

Fonte: autor

A Tab. 5.4 mostra a relação entre T_v e U_v para ambos os casos de distribuição inicial dos excessos de poropressão: $U_v^{curva\ 2}$, quando a base da distribuição triangular está junto ao contorno impermeável, e $U_v^{curva\ 3}$, quando a base da distribuição triangular está junto ao contorno permeável [9]. Note que $U_v^{curva\ 1} = (U_v^{curva\ 2} + U_v^{curva\ 3})/2$.

No caso de uma distribuição trapezoidal U_v^{trap}, utilizar a Eq. 5.3J apresentada por Terzaghi e Fröhlich (1936):

$$U_v^{trap} = \frac{2U_v^{curva\ 1} + (\eta - 1)U_v^{curva\ 2}}{\eta + 1} \tag{5.3J}$$

onde η é a razão entre os excessos de poropressão inicial na base e no topo da camada de argila ($\eta = u_0^{base}/u_0^{topo}$).

[9] De acordo com Singh (2005), para baixos valores de T_v as porcentagens médias de dissipação dos excessos de poropressão calculadas por Terzaghi e Fröhlich (1936), e reproduzidas em alguns livros-texto (Jumikis, 1962; Perloff e Baron, 1976), contêm alguma inexatidão. Os valores apresentados na Tab. 5.4 foram determinados com base nas Eq. 5.3H e 5.3I.

5.3.5 Caso 5: distribuição do excesso inicial de poropressão senoidal com a profundidade, drenagem dupla

Admita que, em época desconhecida, um aterro de solo granular foi colocado sobre a superfície de um depósito de argila saturada (Fig. 5.12). Atualmente, pretende-se adicionar uma camada final de aterro para concluir uma obra nesse local. Piezômetros foram instalados na camada de argila saturada e verificou-se que há excessos de poropressão residuais u_r, devido ao carregamento anterior, não uniformes com a profundidade, mas que podem ser aproximados por uma curva senoidal (lembre que nos casos 1 e 2 para $T_v > 0,3$ as isócronas podem ser aproximadas por curvas senoidais). Para o novo aterro, os excessos de poropressão em determinado tempo t são calculados em duas etapas: i) camada com dupla drenagem, excesso inicial de poropressão uniforme com a profundidade, causado pelo lançamento do novo aterro; ii) camada com dupla drenagem, excesso inicial de poropressão descrito por uma curva senoidal, devido à construção do aterro antigo. Os resultados parciais de ambas as etapas são somados no tempo t.

Tabela 5.4 - Porcentagem média de dissipação dos excessos de poropressão U_v para distribuição triangular inicial dos excessos de poropressão e drenagem simples

T_v	U_v (%) curva 2 da Fig. 5.6	U_v (%) curva 3 da Fig. 5.6
0,004	0,80	13,47
0,008	1,60	18,58
0,012	2,40	22,32
0,020	4,00	27,92
0,028	5,60	32,16
0,036	7,20	35,62
0,048	9,58	39,85
0,060	11,98	43,29
0,072	14,36	46,20
0,083	16,51	48,51
0,100	19,77	51,59
0,125	24,42	55,36
0,150	28,86	58,53
0,167	31,74	60,45
0,175	33,06	61,30
0,200	37,04	63,78
0,250	44,32	68,13
0,300	50,77	71,87
0,350	56,49	75,15
0,400	61,53	78,04
0,500	69,95	82,84
0,600	76,52	86,60
0,700	81,65	89,53
0,800	85,66	91,82
0,900	88,80	93,61
1	91,25	95,00
2	99,26	99,58

Fonte: Autor

Se a data de colocação do aterro antigo fosse conhecida, os excessos de poropressão u_r no tempo t seriam determinados admitindo excesso inicial de poropressão uniforme com a profundidade, como no caso do novo aterro.

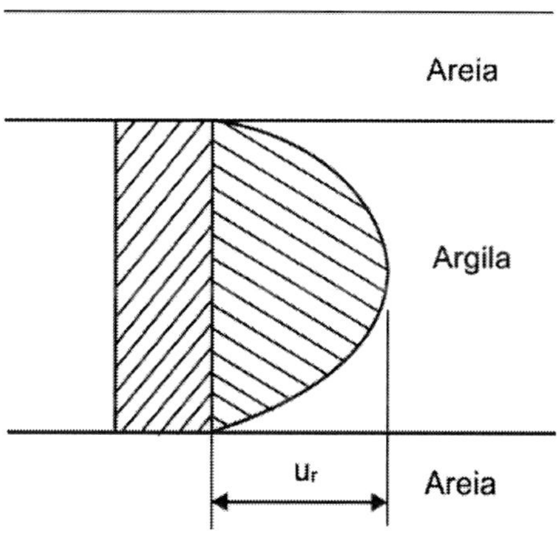

Figura 5.12 - Distribuição inicial de excessos de poropressão composta por distribuição uniforme com a profundidade (novo aterro) e distribuição senoidal devida a excessos residuais de poropressão (aterro antigo) Fonte: adaptado de Olson (1989)

Excessos de poropressão u_r da distribuição senoidal, com valor máximo u_c no centro da camada, considerando dupla drenagem, podem ser obtidos para $0 \leq Z \leq 2$ pela Eq. 5.3K, enquanto os correspondentes valores da porcentagem média de dissipação dos excessos de poropressão $U_v = U_v(T_v)$ podem ser calculados pela Eq. 5.3L.

$$u_e = u_c\ sen(\pi Z/2)exp(-\pi^2 T_v/4) \tag{5.3K}$$

$$U_v = 1 - exp(-\pi^2 T_v/4) \tag{5.3L}$$

A Tab. 5.5 lista os valores da dissipação média dos excessos de poropressão U_v, considerando drenagem dupla ($0 \leq Z \leq 2$) e excessos iniciais de poropressão senoidais para um quarto e metade do comprimento da onda senoidal (JUMIKIS, 1962; LEONARDS, 1962).

5.4 CARREGAMENTO DEPENDENTE DO TEMPO

As soluções apresentadas na seção anterior foram obtidas com a hipótese de carregamento instantâneo, sem variação da tensão total com o tempo. A Eq. 5.3t permite uma estimativa do tempo de construção para que um carregamento possa ser considerado instantâneo. Admitindo que a dissipação média dos excessos de poropressão durante a construção não deva ultrapassar $U_v = 0{,}01$, por exemplo, então o tempo para a hipótese de carregamento instantâneo pode ser aproximado por:

$$t_{1\%} = \frac{\pi H^2}{4c_v} \times 10^{-4} \approx \frac{H^2}{c_v} \times 10^{-4} \tag{5.4a}$$

Tabela 5.5 - Porcentagem média de dissipação dos excessos de poropressão U_v para distribuição inicial senoidal dos excessos de poropressão com drenagem dupla

T_v	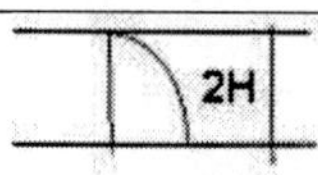	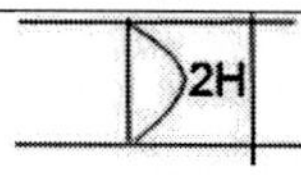
0,004	6,49	0,98
0,008	8,62	1,95
0,012	10,49	2,92
0,020	13,67	4,81
0,028	16,38	6,67
0,036	18,76	8,50
0,048	21,96	11,17
0,060	24,81	13,76
0,072	27,43	16,28
0,083	29,67	18,52
0,100	32,88	21,87
0,125	37,19	26,54
0,150	41,12	30,93
0,167	43,61	33,77
0,175	44,73	35,07
0,200	48,09	38,95
0,250	54,17	46,03
0,300	59,50	52,30
0,350	64,21	57,83
0,400	68,36	62,73
0,500	75,28	70,88
0,600	80,69	77,25
0,700	84,91	82,22
0,800	88,21	86,11
0,900	90,79	89,15
1	92,80	91,52

Fonte: Jumikis (1962)

Há situações, no entanto, nas quais o tempo de construção não deve ser ignorado nos cálculos, como em obras que podem demorar para serem completadas ou que sofrem interrupções. Em tais casos, um método aproximado para carregamento infinito linearmente crescente é subdividir o carregamento ao final da construção (q_c) em um número adequado de incrementos de carregamento Δq^i, aplicados instantaneamente no centro $t = t_i$ dos intervalos de tempo indicados na Fig. 5.13. A estimativa da dissipação média dos excessos de poropressão para o carregamento não instantâneo pode ser obtida como $U_v^{ni} = \sum U_v^i \, \Delta q^i / q_c$ onde U_v^i é a porcentagem média de dissipação dos excessos de poropressão devido à aplicação instantânea do incremento de carregamento Δq^i.

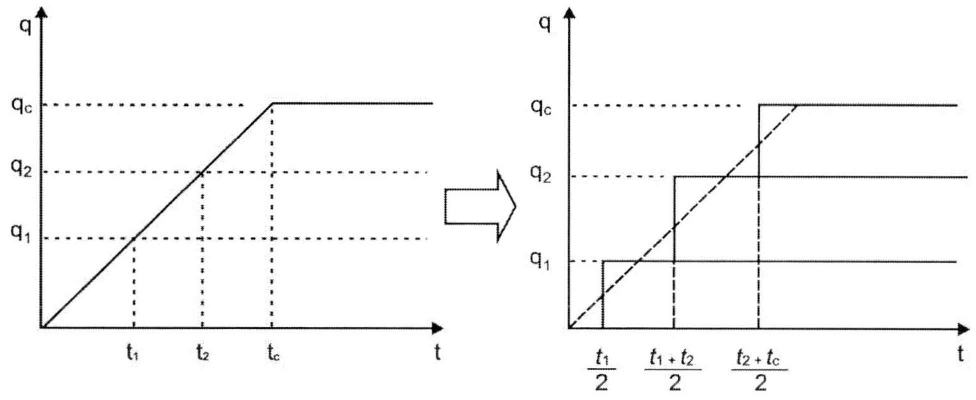

Figura 5.13 - Subdivisão do carregamento total q_c, que cresce linearmente com o tempo até $t = t_c$, em carregamentos instantâneos parciais
Fonte: autor

Um procedimento mais rigoroso foi sugerido por Olson (1977) para carregamentos de extensão infinita que crescem linearmente no tempo, atingindo um valor constante q_c no tempo correspondente ao final da construção t_c. Para o caso de camada com dupla drenagem, o excesso infinitesimal de poropressão inicial du_0, uniforme com a profundidade, gerado pela aplicação do incremento infinitesimal de carregamento dq no intervalo de tempo dt_i (Fig. 5.14) é expresso por

$$du_0 = dq = \frac{q_c}{t_c} dt_i \tag{5.4b}$$

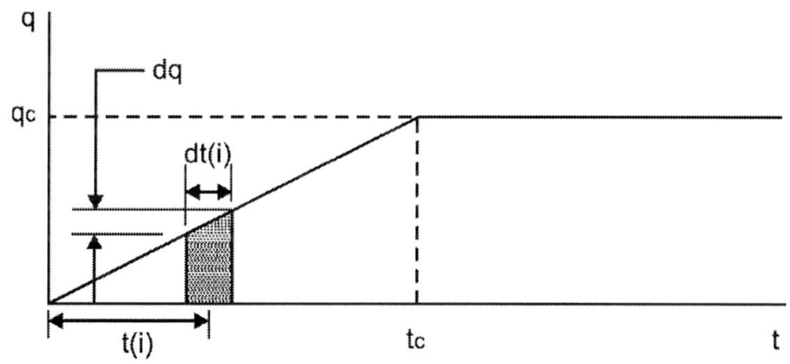

Figura 5.14 - Função carregamento versus tempo (linear para $t \leq t_c$ e constante para $t > t_c$)
Fonte: Olson (1977)

No instante de tempo (t-t_i) na profundidade normalizada Z, o excesso infinitesimal de poropressão vem da Eq. 5.3g

$$du_e = \sum_{m=0}^{\infty} \frac{2}{M} \frac{q_c}{t_c} dt_i sen\,(MZ) \exp\left(-\frac{M^2 c_v (t - t_i)}{H^2}\right) \tag{5.4c}$$

que deve ser integrada considerando os períodos de carregamento crescente ($t \leq t_c$) e de carregamento constante ($t > t_c$).

Para $t \leq t_c$, a integração no tempo resulta em

$$u_e = \sum_{m=0}^{\infty} \frac{2q_c}{M^3 T_c} sen\,(MZ)[1 - \exp(-M^2 T_v)] \text{ onde } T_c = \frac{c_v t_c}{H^2} \tag{5.4d}$$

A porcentagem média de dissipação dos excessos de poropressão U_v foi definida por Olson (1977) como

$$U_v = \frac{2q_c \frac{t}{t_c} - \int_0^2 u_e dZ}{2q_c} \tag{5.4e}$$

Substituindo a Eq. 5.4d na Eq. 5.4e resulta para $T_v \leq T_c$, considerando $M = \frac{\pi}{2}(2m + 1)$

$$U_v = \frac{T_v}{T_c}\left\{1 - \frac{2}{T_v}\sum_{m=0}^{\infty} \frac{1}{M^4}[1 - \exp(-M^2 T_v)]\right\} \tag{5.4f}$$

Para $t > t_c$, um procedimento similar leva às seguintes equações:

$$u_e = \sum_{m=0}^{\infty} \frac{2q_c}{M^3 T_c}[\exp(M^2 T_c) - 1]\, sen\,(MZ)[\exp(-M^2 T_v)] \tag{5.4g}$$

$$U_v = 1 - \frac{2}{T_c}\sum_{m=0}^{\infty} \frac{1}{M^4}[\exp(M^2 T_c) - 1]\exp(-M^2 T_v) \tag{5.4h}$$

Os gráficos da Fig. 5.15 mostram a evolução da porcentagem média de dissipação dos excessos de poropressão U_v para vários valores do fator tempo de construção $T_c = c_v t_c / H^2$. Dessa figura observa-se que, para $T_v \geq 5T_c$, a porcentagem média de dissipação dos excessos de poropressão U_v pode ser aproximada pela solução de carregamento instantâneo.

De modo similar aos casos 1 e 2 de carregamento instantâneo, as Eq. 5.4d, 5.4f, 5.4g, 5.4h e gráficos da Fig. 5.15 também podem ser aplicados para a situação de carregamento infinito com drenagem simples ($H = b$).

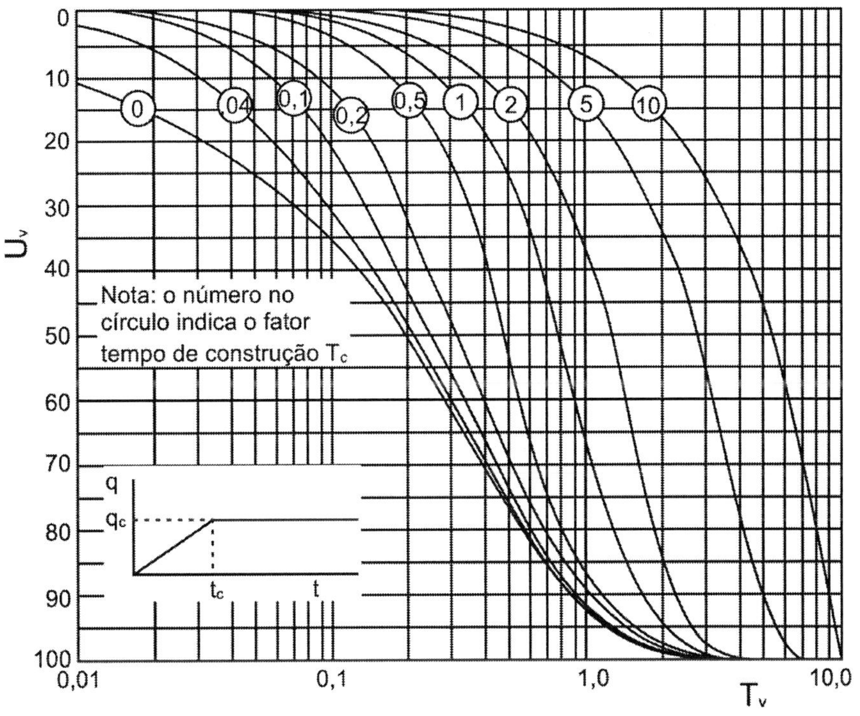

Figura 5.15 – Porcentagem média de dissipação dos excessos de poropressão $U_v = U_v\,(T_v)$ para valores do fator tempo de construção T_c considerando carregamento infinito linearmente crescente no tempo
Fonte: adaptado de Olson (1977)

Schiffman (1960) deduziu equações similares às Eq. 5.4d e 5.4g, obtendo a Eq. 5.4i para $t \leq t_c$

$$u_e = \frac{q_c}{T_c}\left[-\sum_{m=0}^{\infty}\frac{2}{M^3}sen\,(MZ)\exp(-M^2T_v) + Z - \frac{Z^2}{2}\right] \tag{5.4i}$$

e a Eq. 5.4j para $t > t_c$

$$u_e = \sum_{m=0}^{\infty}\frac{2q_c}{M^3T_c}[\exp(M^2T_c) - 1]\;sen\,(MZ)[\exp(-M^2T_v)] \tag{5.4j}$$

as quais produzem valores de porcentagem média de dissipação dos excessos de poropressão iguais aos previstos pelas Eq. 5.4f e 5.4h apresentadas por Olson (1977).

Zhu e Yin (1998) publicaram soluções para cálculo de U_v quando o excesso inicial de poropressão u_0 varia linearmente ao longo da espessura da camada de argila nas condições de drenagem dupla ou simples. Para o caso de dupla drenagem as Eq. 5.4f e 5.4h são novamente recuperadas.

Uma solução geral para estimativa de excessos de poropressão no adensamento 1D, com possibilidade de variação do carregamento no tempo e do excesso de poropressão inicial com a profundidade, foi determinada para situações de drenagem simples ou dupla por Liu e Griffiths (2015). Soluções particulares também foram desenvolvidas por Rahalt e Vuez (1998), para drenagem dupla, excesso inicial de poropressão uniforme com a profundidade, variação senoidal do carregamento no tempo, e por Liu et al. (2014), para drenagem simples, excesso inicial de poropressão variando linearmente com a profundidade, carregamento cíclico triangular no tempo.

5.5 ADENSAMENTO PRIMÁRIO DE CAMADAS CONTÍGUAS

Soluções para um sistema formado por duas camadas contíguas com drenagem simples ou dupla foram apresentadas por Gray (1945), resolvendo a equação diferencial de Terzaghi em cada camada separadamente e impondo condições de continuidade (iguais valores dos excessos de poropressão u_e e de velocidade de fluxo transiente) na interface.

Entretanto, tais equações não são utilizadas na prática, porque são trabalhosas de serem avaliadas para casos específicos e também porque o número de variáveis envolvidas é grande para apresentação de uma solução geral sob forma de gráficos ou tabelas. Para sistemas compostos por multicamadas, uma solução foi apresentada por Schiffman e Stein (1970), mas também é de difícil utilização em aplicações práticas.

Verruijt (2013) apresentou uma solução que depende da avaliação de uma sequência de raízes de equações transcendentes, para o caso de duas camadas contíguas de solo saturado nas seguintes situações: a) drenagem simples (permeável no topo, impermeável na base); b) drenagem dupla.

Um método aproximado para determinação da porcentagem média de dissipação dos excessos de poropressão U_v foi sugerido pela U.S. Navy (1962) para o caso de duas camadas contíguas, com dupla drenagem (base e topo do sistema), quando uma das camadas apresentar coeficiente de adensamento no mínimo 20 vezes superior ao coeficiente de adensamento da camada vizinha. Nesse caso, pode-se considerar o processo de adensamento em duas etapas independentes: i) primeiramente, a camada com maior c_v adensa com drenagem simples até atingir o fator tempo $T_v = 1$; ii) a partir deste instante, inicia o adensamento da camada contígua com menor c_v admitindo drenagem dupla.

5.6 SOLUÇÃO NUMÉRICA DO ADENSAMENTO PRIMÁRIO 1D

A aplicação do método das diferenças finitas em problemas de adensamento primário 1D leva diretamente a um sistema de equações algébricas que representa, de forma aproximada, a solução da equação diferencial governante (Eq. 5.2f) sob determinadas condições de contorno e inicial. O desenvolvimento matemático mais detalhado desse método, incluindo o caso de carregamento não instantâneo, é apresentado no apêndice A para o leitor interessado em implementação numérica. Os gráficos das isócronas mostrados nas Fig. 5.10 e 5.11 foram obtidos pelo autor com o método das diferenças finitas utilizando o esquema de Crank-Nicholson descrito na seção A3 daquele apêndice.

O apêndice B faz uma introdução ao método dos elementos finitos para solução aproximada de problemas de adensamento primário 1D. As equações do método são desenvolvidas por meio da formulação variacional e pelo método dos resíduos ponderados (método de Galerkin). São apresentados os conceitos básicos de funções de interpolação, discutidas as vantagens e restrições de esquemas de diferenças finitas para obtenção de soluções no tempo, e um exemplo é resolvido com o objetivo de mostrar as etapas necessárias para cálculo das respostas pelo método dos elementos finitos.

5.7 DETERMINAÇÃO DE PARÂMETROS DE SOLO EM LABORATÓRIO

A determinação experimental dos parâmetros geotécnicos necessários para estimativa da velocidade de adensamento (coeficiente de adensamento) bem como para cálculo do recalque de adensamento primário (parâmetros de compressibilidade) é feita normalmente em um aparelho desenvolvido por Frontard (1914), aperfeiçoado por Terzaghi e Casagrande nas décadas de 1920 e 1930, denominado edômetro (Fig. 5.16). É basicamente constituído por um sistema de aplicação de carregamento vertical (prensa de adensamento), uma célula de adensamento que contém o corpo de prova, um anel de confinamento, pedras porosas e uma placa rígida de transmissão do carregamento.

A deformação lateral do corpo de prova é impedida pelo anel, ocorrendo, portanto, somente deformações verticais durante o ensaio. Drenagem é permitida através das pedras porosas colocadas no topo e na base do corpo de prova, de modo que a água expulsa dos vazios do solo durante o adensamento flui na direção vertical.

Quando um incremento de carregamento é aplicado no corpo de prova de solo saturado, há um aumento instantâneo da poropressão igual ao valor do acréscimo de tensão vertical total. À medida que a drenagem ocorre, os excessos de poropressão são dissipados e as tensões efetivas crescem com o tempo, até que o carregamento seja totalmente transferido ao esqueleto sólido, resultando num deslocamento vertical (recalque) medido por um extensômetro durante a execução do ensaio.

O procedimento de ensaio de adensamento incremental consiste em aplicar incrementos de carregamento na prensa de adensamento (10 kPa, 20 kPa, 40 kPa, 80 kPa, 160 kPa, 320 kPa, 640 kPa) mantendo-os constantes por até 24 horas, dependendo do tipo de solo. Para cada um dos incrementos de carregamento, a variação da espessura do corpo de prova é registrada em leituras feitas no extensômetro na sequência de tempos 1/8, 1/4, 1/2, 1, 2, 4, 8, 15, 30 minutos e 1, 2, 4, 8, 24 horas. Para conhecer o comportamento de expansão do corpo de prova, retiram-se as cargas na sequência inversa, registrando-se novamente as leituras do extensômetro com o tempo na fase de descarregamento.

Para cada incremento de carregamento, as leituras feitas são utilizadas para determinação do coeficiente de adensamento c_v por meio de dois métodos clássicos de interpretação: a) método de Taylor ou $\sqrt{t}$; b) método de Casagrande ou *log t*.

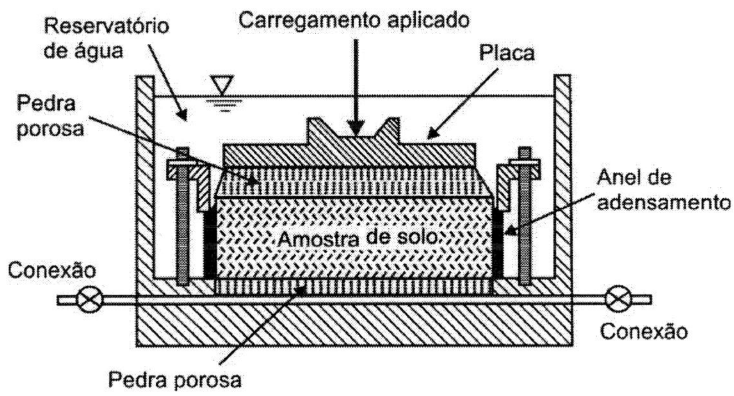

Figura 5.16 – Esquema de um edômetro
Fonte: adaptado de Daniel (1994)

5.7.1 Coeficiente de adensamento c_v

a) Método de Taylor (1948)

a.1) Justificativa teórica

Como a determinação da porcentagem média de dissipação dos excessos de poropressão para $U_v \leq 0{,}60$ pode ser aproximada pela Eq. 5.3t, então, em um gráfico U_v versus $\sqrt{T_v}$, a equação é representada como uma linha reta com inclinação $\sqrt{\pi}/2$ em relação ao eixo vertical (Fig. 5.17). Uma nova reta traçada pela origem ($U_v = 0$), com inclinação 15% superior (AC = 1,15AB na Fig. 5.17), intercepta a curva teórica em U_v = 90% (ponto C), correspondente ao fator tempo T_v^{90}= 0,848 (verificar na Eq. 5.3t).

Em laboratório, são plotadas as leituras do extensômetro versus a raiz quadrada dos tempos de cada incremento de carregamento, e uma curva experimental é ajustada por esses pontos. Como o recalque de adensamento primário do corpo de prova e a drenagem da água acontecem na direção vertical, admite-se uma proporcionalidade direta entre a evolução das leituras do extensômetro (curva experimental) e da porcentagem média de dissipação dos excessos de poropressão U_v (curva teórica). Similarmente, como o coeficiente de adensamento é considerado constante durante o incremento de carregamento, também considera-se uma proporcionalidade entre $\sqrt{T_v}$ e $\sqrt{t}$.

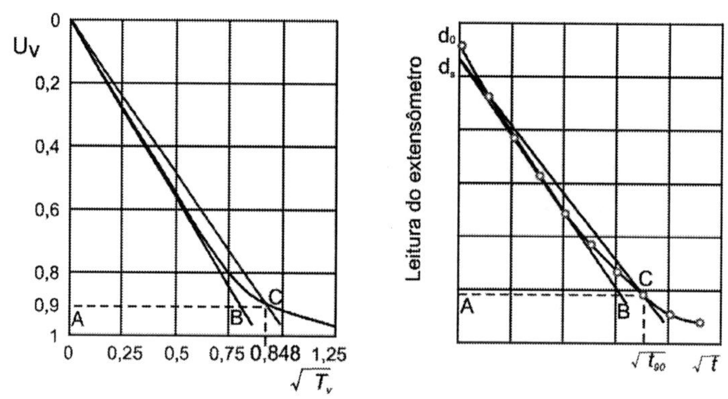

Figura 5.17 – – Curvas teórica (esquerda) e experimental (direita) do método de Taylor para determinação do coeficiente de adensamento

Fonte: adaptado de Lambe e Whitman (1969)

a.2) Determinação experimental do coeficiente de adensamento c_v

i) para cada incremento de carregamento, construir a curva de adensamento, marcando no eixo das ordenadas as leituras do extensômetro (variação da espessura do corpo de prova) e no eixo das abscissas os correspondentes valores da raiz quadrada do tempo desde o início do incremento de carregamento;

ii) determinar o ponto da leitura inicial corrigida do extensômetro d_s, prolongando a reta ajustada com os pontos correspondentes às leituras iniciais do ensaio;

iii) a partir da leitura inicial corrigida d_s, traçar uma nova reta com inclinação, em relação ao eixo vertical, 1,15 vezes maior do que a inclinação da reta do trecho inicial, prolongando-a até interceptar a curva de laboratório no ponto C com coordenadas ($t_{90}^{1/2}$, d_{90});

iv) o coeficiente de adensamento é calculado como $c_v = 0{,}848 \times H^2/t_{90}$;

v) no método de Taylor, a espessura final do corpo de prova d_{100} pode ser estimada por extrapolação como $d_{100} = d_s - (d_s - d_{90}) \times 10/9$.

b) Método de Casagrande (1940)

b.1) Justificativa teórica

A curva teórica $U_v = U_v(T_v)$ é plotada em escala logarítmica para valores do fator tempo T_v, conforme Fig. 5.18. É composta por um trecho parabólico para $U_v \leq 0{,}60$, com concavidade para baixo, seguido de um trecho intermediário linear e uma curva final, com concavidade para cima, para a qual o eixo das abscissas é uma assíntota horizontal.

Como a escala dos tempos é logarítmica, o ponto correspondente a $T_v = 0$ deve ser obtido indiretamente, selecionando dois valores do fator tempo no trecho parabólico inicial (T_{v1} e T_{v2}) tal que $T_{v2}/T_{v1} = 4$. Logo, pela Eq. 5.3t para $U_v \leq 0{,}60$ resulta:

$$\frac{T_{v2}}{T_{v1}} = \frac{\frac{\pi}{4}U_{v2}^2}{\frac{\pi}{4}U_{v1}^2} = \frac{4}{1} \quad \rightarrow \quad \frac{U_{v2}}{U_{v1}} = 2 \qquad (5.7a)$$

e a posição do ponto inicial ($U_v = 0$) pode ser marcada, conforme indicado na Fig. 5.18, notando que o segmento de comprimento x entre U_{v2} e U_{v1} deve ser igual ao segmento de comprimento x entre U_{v1} e $U_v = 0$ para satisfazer a proporção $U_{v2} / U_{v1} = 2$ da Eq. 5.7a.

Teoricamente, o adensamento termina quando o tempo $t \rightarrow \infty$. Todavia uma aproximação pode ser feita para $U_v = 100\%$, considerando a interseção da assíntota (eixo das abscissas) com o prolongamento do trecho linear intermediário da curva (Fig. 5.18). O método de Casagrande é baseado no valor do fator tempo correspondente a 50% de dissipação média dos excessos de poropressão, calculado como $U_v^{50} = (U_v^0 + U_v^{100})/2$ para o qual o valor teórico do fator tempo estimado pela Eq. 5.3t é $T_v^{50} = 0{,}197$.

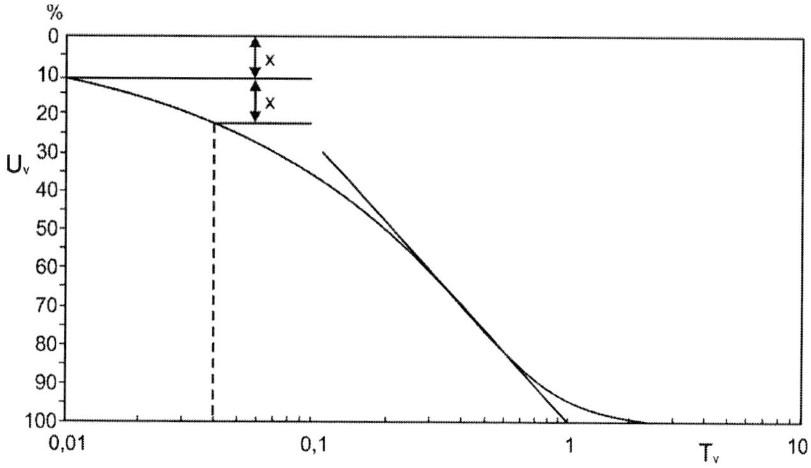

Figura 5.18 - Curva teórica $U_v = U_v(T_v)$ com fator tempo em escala logarítmica
Fonte: autor

b.2) Determinação experimental do coeficiente de adensamento c_v

i) Para cada incremento de carregamento, construir a curva de adensamento marcando no eixo das ordenadas as leituras do extensômetro (variação da espessura do corpo de prova) e no eixo das abscissas, em escala logarítimica, os correspondentes valores de tempo, conforme Fig. 5.19;

ii) determinar o ponto correspondente à leitura inicial corrigida do extensômetro d_s, selecionando, no trecho parabólico inicial da curva ajustada, dois pontos separados na razão entre tempos $t_2/t_1 = 4$. Medir a diferença entre as leituras do extensômetro nesses tempos e transportá-la acima da leitura de t_1 para estabelecer o valor da leitura inicial corrigida d_s. Esse processo significa considerar que, entre $t = 0$ e t_1, o deslocamento vertical é igual ao observado entre os tempos t_1 e $t_2 = 4t_1$;

iii) determinar o ponto d_{100}, correspondente ao fim do adensamento primário, na interseção entre a reta do trecho intermediário da curva de adensamento e a tangente ao seu trecho final. Devido à possibilidade de ocorrência de compressão secundária no corpo de prova, essa tangente pode não ser horizontal, como previsto pela teoria de adensamento primário de Terzaghi;

iv) considerar a leitura média do extensômetro $d_{50} = (d_s + d_{100})/2$ e determinar o tempo t_{50} correspondente a 50% de adensamento primário, conforme Fig. 5.19;

v) o coeficiente de adensamento é calculado como $c_v = 0{,}197 \times H^2/t_{50}$.

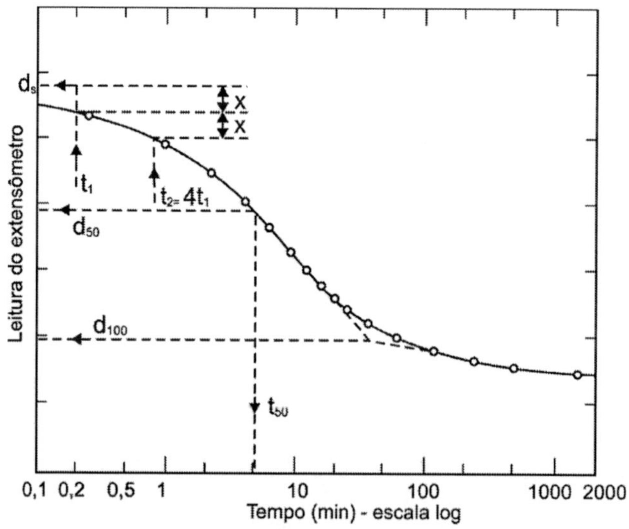

Figura 5.19 – Método de Casagrande para determinação do coeficiente de adensamento
Fonte: autor

Uma das questões para estimativa do coeficiente de adensamento, tanto pelo método de Taylor quanto de Casagrande, é que o valor da espessura de drenagem H, elevado ao quadrado, influencia o resultado final. Pode haver grande diferença entre valores de c_v calculados com a espessura inicial do corpo de prova e com algum outro valor de espessura reduzida, como as correspondentes para as leituras do extensômetro d_{100} ou d_{50}, por exemplo. Duncan (1993) recomendou utilizar a espessura de drenagem inicial do corpo de prova, porém, usualmente, nas interpretações de ensaios de laboratório considera-se o valor da espessura média.

Os métodos de Taylor e de Casagrande utilizam a mesma equação parabólica (Eq. 5.3t) para estabelecer o valor da leitura inicial corrigida d_s, mas diferem em relação à maneira pela qual estimam a leitura d_{100} correspondente ao final do adensamento primário. A compressão secundária pode influenciar no valor de c_v determinado pelo método de Casagrande, enquanto que o método de Taylor implica na hipótese da ocorrência de apenas adensamento primário até t_{90}. Geralmente, o coeficiente de adensamento calculado pelo método de Taylor resulta maior do que o valor determinado pelo método de Casagrande (SRIDHARAN et al., 1995; LOVISA e SIVAKUGAN, 2013). Ambos os métodos deveriam produzir o mesmo resultado de c_v se a curva teórica U_v versus T_v fosse fielmente reproduzida no ensaio de laboratório.

Os valores do coeficiente de adensamento em campo são também geralmente maiores do que os determinados em laboratório por qualquer dos dois métodos (LEROUEIL, 1988). Com base na constatação de que, na maioria dos casos de engenharia, as velocidades de recalque estimadas pela teoria 1D do adensamento são inferiores às observadas em campo, Duncan (1993) recomendou a utilização do método de Taylor que, por resultar em maiores valores de c_v, tenderia a diminuir a diferença entre as velocidades de recalque previstas e medidas.

A literatura registra vários outros métodos baseados em ajustes gráficos de curvas, bem menos conhecidos que os dois métodos clássicos apresentados, que procuram estabelecer o valor do coeficiente de adensamento por meio da consideração de outros pontos e características da curva de laboratório, como os métodos propostos por Scott (1961), Cour (1971), Sivaram e Swamee (1977), Sridharan e Rao (1981), Robinson (1999), Mesri et al. (1999), Feng e Lee (2001), Singh (2007), dentre outros.

A grande deficiência da maioria dos métodos de ajuste de curvas é que a correlação entre as curvas recalque x tempo, experimental e teórica, é imposta em apenas um ponto (90% e 50% da porcentagem média dos excessos de poropressão nos métodos de Taylor e Casagrande, respectivamente). Adicionalmente, estes métodos são muito dependentes da forma da curva experimental, função do grau de não linearidade do solo ensaiado. Não é portanto razoável assumir que o coeficiente de adensamento calculado com base em uma curva recalque x tempo ideal represente um valor adequado de c_v para todo o período de adensamento.

Há outros métodos disponíveis na literatura onde todos os pontos experimentais são ajustados à curva recalque x tempo teórica por meio de modelos de regressão não linear pelo método dos mínimos quadrados (Chan, 2003; Day e Morris, 2006; Barros e Pinto, 2007) ou procedimentos computacionais por tentativa e erro (Lovisa, 2012).

5.7.2 Parâmetros de compressibilidade

Gráficos típicos de valores de índice de vazios (e) pós-adensamento versus tensão vertical efetiva (σ'_v) são mostrados na Fig. 5.20a, exibindo uma compressão inicial, seguida por um ciclo de expansão e de recompressão, com a forma dessas curvas dependendo da história de tensões do solo. Em gráficos e versus $log\ (\sigma'_v)$ solos podem exibir um trecho inicial curvo, delimitando a região pré-adensada (PA), seguido de trecho aproximadamente linear, indicando a região normalmente adensada (NA), conforme Fig. 5.20b. No descarregamento, observa-se também que o solo não segue a mesma trajetória da fase de carregamento, indicando que deformações plásticas irreversíveis ocorreram.

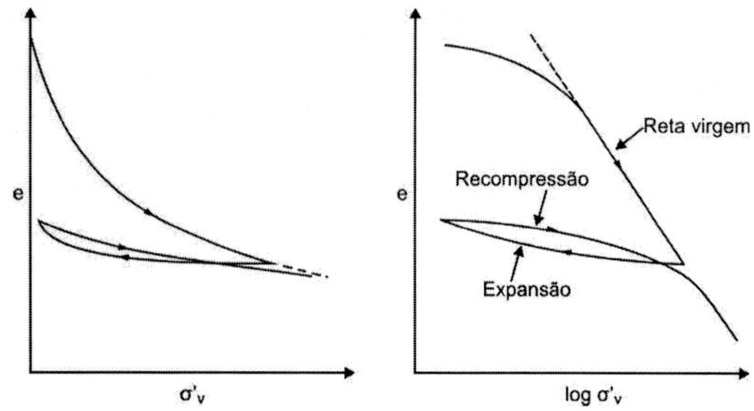

Figura 5.20 – Gráficos de variação do índice de vazios com a tensão vertical efetiva:
(a) $e \times \sigma'_v$ (b) $e \times \log \sigma'_v$
Fonte: adaptado de Craig (2004)

A compressibilidade do esqueleto sólido, com base no comportamento das curvas tensão x deformação, pode ser representada pelos seguintes parâmetros:

a) Índice de compressão C_c e índice de recompressão C_r

Os resultados do ensaio edométrico são normalmente apresentados em um gráfico semilog (Fig. 5.20b) no qual, no eixo das ordenadas, em escala aritmética, são plotados os valores do índice de vazios no final de cada incremento de carregamento e no eixo das abscissas, em escala logarítmica, os correspondentes valores finais de tensão vertical efetiva.

Para valores baixos de tensão efetiva, a taxa de decréscimo do índice de vazios é, normalmente, pequena, evidenciando que se trata da recompressão de um solo pré-adensado. De fato, ao se retirar uma amostra indeformada do interior do depósito de solo, há um alívio de tensões e o corpo de prova se comportará como pré-adensado enquanto o valor da máxima tensão a que já esteve submetido em campo (chamada de tensão de pré-adensamento σ'_{vm}) não for ultrapassada pela tensão vertical efetiva do carregamento imposto no ensaio.

O índice de recompressão C_r pode ser definido no trecho de pré-adensamento ou, similarmente, em um ciclo de descarregamento e recarregamento. Em geral recomenda-se a determinação de C_r no ciclo de descarregamento e recarregamento porque, no trecho inicial, o solo pode ainda exibir efeitos do amolgamento sofrido durante a etapa de preparação do corpo de prova. Leonards (1976) sugere que esse ciclo seja executado próximo ao valor da tensão de pré-adensamento e que uma inclinação média única seja adotada para as trajetórias de recompressão e expansão do solo.

$$C_r = -\frac{\Delta e}{\Delta \log \sigma'_v} \tag{5.7b}$$

Para valores de tensão vertical efetiva superiores à tensão de pré-adensamento, define-se no trecho linear, chamado de reta virgem, o índice de compressão C_c

$$C_c = -\frac{\Delta e}{\Delta \log \sigma'_v} \tag{5.7c}$$

Valores típicos de C_c em argilas NA variam de 0,2 a 0,5 aumentando com o índice de plasticidade (IP). Em argilas orgânicas (OH) o índice de compressão pode atingir até 4 e em turfas ultrapassar a 10.

A tensão de pré-adensamento σ'_{vm}, definida como a máxima tensão vertical efetiva que o solo já esteve submetido em sua história, pode ser determinada por vários métodos propostos na literatura, dentre os quais o método de Schmertmann (1955), o método de Tavenas (1979), o método de Butterfield (1979), o método de Casagrande (1936), o método de Pacheco Silva (1953), dentre outros. Apenas os dois últimos são aqui descritos: o método de Casagrande, por ser um método internacional e tradicional da engenharia geotécnica, e o método de Pacheco Silva, utilizado no Brasil.

Conhecida a tensão de pré-adensamento, é possível então determinar a razão de pré-adensamento OCR[10] do solo definida como a razão entre a tensão vertical efetiva máxima σ'_{vm} e a tensão vertical efetiva atual σ'_v.

a.1) Tensão de pré-adensamento: método de Casagrande (1936)

Em relação à Fig. 5.21, o processo de determinação da tensão de pré-adensamento segue os passos:

i) marcar na curva o ponto A de máxima curvatura (ou de raio mínimo);
ii) por esse ponto, traçar uma horizontal e uma tangente à curva, formando entre elas o ângulo α;
iii) a interseção da bissetriz do ângulo α com o prolongamento da reta virgem determina a tensão de pré-adensamento σ'_{vm}.

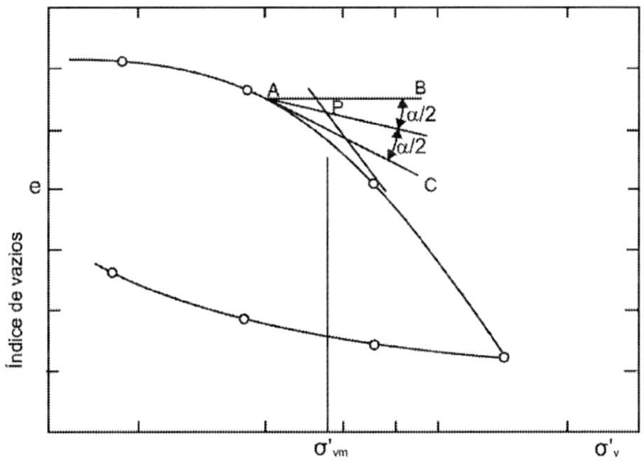

Figura 5.21 - Método de Casagrande para determinação da tensão de pré-adensamento
Fonte: autor

O método de Casagrande necessita da localização do ponto de máxima curvatura, que pode ser diferente para dois observadores, e também depende das escalas do gráfico no qual a curva é representada

[10] Da terminologia inglesa *overconsolidation ratio*. Solos com OCR =1 são ditos solos normalmente adensados (NA) e solos com OCR > 1 são denominados solos pré-adensados (PA).

(Pinto, 1992; Gouw, 2017). Para remover esta dificuldade, no Japão é recomendado o método de Mikasa (*Japanese Standards Association*, 2009) e no Brasil o método de Pacheco Silva (1953), descrito a seguir.

a.2) Tensão de pré-adensamento: método de Pacheco Silva (1953)

Em relação à Fig. 5.22, o processo de determinação da tensão de pré-adensamento segue os passos:

i) pelo índice de vazios inicial e_0 traçar uma horizontal e determinar o ponto de interseção com o prolongamento da reta virgem;
ii) pelo ponto de interseção, traçar uma vertical até cruzar com a curva de ensaio e, em seguida, a partir deste novo ponto traçar uma horizontal até encontrar o prolongamento da reta virgem, determinando assim a tensão de pré-adensamento σ'_{vm}.

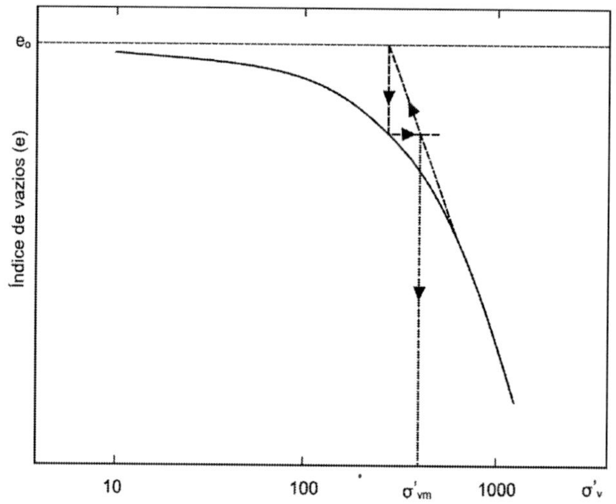

Figura 5.22 - Método de Pacheco Silva para determinação da tensão de pré-adensamento
Fonte: autor

b) Coeficiente de compressibilidade a_v

Definido anteriormente na Fig. 5.1 como $a_v = -\Delta e/\Delta\sigma'_v$, trata-se na realidade de uma relação tensão vs deformação pois

$$a_v = -\frac{\Delta e}{\Delta\sigma'_v} = -\frac{\frac{\Delta V_v}{V_s}}{\Delta\sigma'_v} = -\frac{(1+e_0)\frac{\Delta V}{V_0}}{\Delta\sigma'_v} = -\frac{(1+e_0)\frac{A\Delta L}{AL_0}}{\Delta\sigma'_v} = -(1+e_0)\frac{\Delta\varepsilon_v}{\Delta\sigma'_v} \tag{5.7d}$$

onde A é a área da seção transversal do corpo de prova; $\Delta L = L - L_0$, a variação da espessura do corpo de prova no incremento de carregamento, sendo L_0 e L as espessuras inicial e final, respectivamente, $\Delta\varepsilon_v$ é a correspondente variação da deformação vertical e e_0 o índice de vazios inicial. Como $L < L_0$, o valor final do coeficiente de compressibilidade a_v é positivo.

c) Coeficiente de variação volumétrica m_v

Por definição,

$$m_v = -\frac{\frac{\Delta V}{V_0}}{\Delta\sigma'_v} = -\frac{\frac{A\Delta L}{AL_0}}{\Delta\sigma'_v} = -\frac{\Delta\varepsilon_v}{\Delta\sigma'_v} \qquad (5.7e)$$

Concluindo-se, portanto, das Eq. 5.7d e 5.7e, que

$$m_v = \frac{a_v}{1+e_0} \qquad (5.7f)$$

Note que o coeficiente de variação volumétrica m_v define compressibilidade em relação à espessura do corpo de prova, e o coeficiente de compressibilidade a_v define compressibilidade em relação à espessura de sólidos.

d) Módulo de compressão confinada *M*

Também chamado de módulo edométrico, tem a seguinte definição:

$$M = -\frac{\Delta\sigma'_v}{\Delta\varepsilon_v} \qquad (5.7g)$$

Das Eq. 5.7f e 5.7g, resulta imediatamente que

$$M = \frac{1}{m_v} = \frac{1+e_0}{a_v} \qquad (5.7h)$$

A relação entre o módulo de compressão confinada *M* e o módulo de Young *E* do esqueleto sólido pode ser estabelecida considerando a lei de Hooke generalizada[11],

$$\begin{aligned}
\Delta\varepsilon_{zz} &= -\frac{1}{E}\left[\Delta\sigma'_{zz} - \nu\left(\Delta\sigma'_{xx} + \Delta\sigma'_{yy}\right)\right] \\
\Delta\varepsilon_{xx} &= -\frac{1}{E}\left[\Delta\sigma'_{xx} - \nu\left(\Delta\sigma'_{yy} + \Delta\sigma'_{zz}\right)\right] \\
\Delta\varepsilon_{yy} &= -\frac{1}{E}\left[\Delta\sigma'_{yy} - \nu(\Delta\sigma'_{xx} + \Delta\sigma'_{zz})\right]
\end{aligned} \qquad (5.7i)$$

onde ν representa o coeficiente de Poisson do esqueleto sólido. Como o solo é confinado pelo anel de adensamento, impedindo a ocorrência de deformações horizontais, então $\Delta\varepsilon_{xx} = \Delta\varepsilon_{yy} = 0$.

Logo, da segunda e terceira equações (Eq. 5.7i) vem

$$\Delta\sigma'_{xx} = \nu\left(\Delta\sigma'_{yy} + \Delta\sigma'_{zz}\right) = \nu[\nu(\Delta\sigma'_{xx} + \Delta\sigma'_{zz}) + \Delta\sigma'_{zz}]$$

---

[11] O sinal negativo nas Eq. 5.7i decorre da diferença nas convenções de sinais de tensão e de deformação, o que explica também o sinal negativo empregado nas Eq 5.7b, 5.7c, 5.7d, 5.7e, 5.7g.

$$\Delta\sigma'_{xx} = \nu^2\Delta\sigma'_{xx} + \nu(1+\nu)\Delta\sigma'_{zz} \tag{5.7j}$$

$$\frac{\Delta\sigma'_{xx}}{\Delta\sigma'_{zz}} = \frac{\nu(1+\nu)}{(1+\nu)(1-\nu)} = \frac{\nu}{1-\nu} = K_0 \tag{5.7k}$$

com K_0 denominado coeficiente de empuxo no repouso[12].

Substituindo a Eq. 5.7k, na primeira das equações 5.7i, resulta

$$\Delta\varepsilon_{zz} = -\frac{1}{E}\left[\Delta\sigma'_{zz} - \nu\left(\frac{\nu}{1-\nu} + \frac{\nu}{1-\nu}\right)\Delta\sigma'_{zz}\right] = -\frac{\Delta\sigma'_{zz}}{E}\left(\frac{1-\nu-2\nu^2}{1-\nu}\right) \tag{5.7ℓ}$$

$$-\frac{\Delta\sigma'_{zz}}{\Delta\varepsilon_{zz}} = -\frac{\Delta\sigma'_{v}}{\Delta\varepsilon_{v}} = \frac{E(1-\nu)}{(1-2\nu)(1+\nu)} = M \tag{5.7m}$$

Note que para $\nu = \nu_u = 0{,}5$ (condição não drenada), o valor de $M \rightarrow \infty$ e $\Delta\varepsilon_v \rightarrow 0$, isto é, o valor do recalque não drenado (também chamado de recalque imediato ou elástico) é nulo no estado 1D de deformação. Observe também que, à medida que o adensamento ocorre, os valores do coeficiente de Poisson $\nu_u = 0{,}5$ e do módulo de elasticidade E_u, na condição não drenada em $t = 0$, mudam gradualmente para os valores dos parâmetros elásticos do esqueleto sólido ν e módulo de elasticidade E, na condição drenada em $t \rightarrow \infty$.

Admitindo o comportamento mecânico do esqueleto sólido como elástico linear, existe a seguinte relação teórica entre os parâmetros elásticos nas condições drenada e não drenada:

$$G = \frac{E_u}{2(1+\nu_u)} = \frac{E}{2(1+\nu)} \quad \rightarrow \quad \frac{E_u}{E} = \frac{3}{2(1+\nu)} \tag{5.7n}$$

onde G é o módulo de cisalhamento.

Segundo Lambe e Whitman (1969), em solos a razão E_u/E é superior ao valor elástico teórico, não sendo incomum encontrar valores de 3 a 4 no caso de solos NA.

A Tab. 5.6 lista as relações existentes entre os diversos parâmetros de compressibilidade utilizados para cálculo de recalque de adensamento primário na formulação unidimensional. As relações entre os parâmetros M, m_v e a_v podem ser facilmente estabelecidas a partir das respectivas definições. Entretanto não são evidentes as relações entre esses parâmetros e o índice de compressão C_c. Para compreender a relação entre C_c e a_v, por exemplo, considere a definição do índice de compressão em termos infinitesimais,

$$C_c = -\frac{de}{d(\log\sigma'_v)} \rightarrow de = -C_c d(\log\sigma'_v) = -\frac{C_c}{2{,}30}d(\ln\sigma'_v) = -\frac{C_c}{2{,}30}\frac{d\sigma'_v}{\sigma'_v} \tag{5.7p}$$

$$a_v = -\frac{de}{d\sigma'_v} = \frac{C_c}{2{,}30\sigma'_v} = \frac{0{,}435C_c}{\sigma'_v} \tag{5.7q}$$

[12] Outras expressões, na engenharia geotécnica, foram propostas para K_0, sendo implícito na Eq. 5.7k que o solo é representado como material linearmente elástico e isotrópico para o qual $K_0 \leq 1$.

Como a_v é considerado constante, observe que C_c varia com a tensão vertical efetiva σ'_v. No caso de incrementos finitos de tensão, considerar σ'_v como o valor médio da tensão vertical efetiva $\bar{\sigma}'_v$ no intervalo de interesse, conforme indicado na Tab. 5.6.

Tabela 5.6 - Relação entre os parâmetros de compressibilidade na compressão confinada

	M	m_v	a_v	C_c
M	$M = -\dfrac{\Delta\sigma'_v}{\Delta\varepsilon_v}$	$M = \dfrac{1}{m_v}$	$M = \dfrac{1+e_0}{a_v}$	$M = \dfrac{(1+e_0)\bar{\sigma}'_v}{0{,}435C_c}$
m_v	$m_v = \dfrac{1}{M}$	$m_v = -\dfrac{\Delta\varepsilon_v}{\Delta\sigma'_v}$	$m_v = \dfrac{a_v}{1+e_0}$	$m_v = \dfrac{0{,}435C_c}{(1+e_0)\bar{\sigma}'_v}$
a_v	$a_v = \dfrac{1+e_0}{M}$	$a_v = (1+e_0)m_v$	$a_v = -\dfrac{\Delta e}{\Delta\sigma'_v}$	$a_v = \dfrac{0{,}435C_c}{\bar{\sigma}'_v}$
C_c	$C_c = \dfrac{(1+e_0)\bar{\sigma}'_v}{0{,}435M}$	$C_c = \dfrac{(1+e_0)m_v\bar{\sigma}'_v}{0{,}435}$	$C_c = \dfrac{a_v\bar{\sigma}'_v}{0{,}435}$	$C_c = -\dfrac{\Delta e}{\Delta\log\sigma'_v}$

onde $\bar{\sigma}'_v$representa a tensão vertical efetiva média no intervalo

Fonte: Lambe e Whitman (1969)

5.8 RECALQUE NÃO DRENADO E RECALQUE DE ADENSAMENTO PRIMÁRIO

O recalque total ρ de uma camada de solo pode ser decomposto em três parcelas, calculadas por formulações distintas: a) o recalque não drenado ρ_u ou recalque elástico ou recalque imediato, que ocorre imediatamente após a aplicação do carregamento, geralmente avaliado por formulação da teoria da elasticidade linear; b) recalque de adensamento primário ρ_c cuja evolução no tempo, no estado 1D de deformação, pode ser prevista com base na dissipação média dos excessos de poropressão U_v calculada pela teoria de adensamento primário de Terzaghi; c) recalque de compressão secundária ρ_s que pode ser significativo em turfas e solos orgânicos.

Há uma distinção entre o termo recalque e subsidência, ainda que ambos os fenômenos estejam relacionados com o deslocamento vertical do solo. Recalque é um fenômeno principalmente local, produzido por um acréscimo de carregamento no maciço de solo, como na construção de uma obra de engenharia civil, enquanto subsidência é de natureza regional, provocada por causas como dissolução de rochas (carstificação), flutuação do nível de águas subterrâneas, extração de recursos naturais (petróleo, gás) ou mesmo eventos tectônicos com deslocamentos do subsolo ao longo de planos de falhas geológicas.

5.8.1 Recalque não drenado

Parcela do recalque que ocorre sem mudança de volume do solo saturado, na condição não drenada. Calculado por formulação da teoria da elasticidade linear, considerando um meio isotrópico e homogêneo com parâmetros E_u e $\nu_u = 0{,}5$. Para o estado 1D de deformação, o recalque não drenado ρ_u é nulo pois, como já mencionado, $M \rightarrow \infty$ e $\Delta\varepsilon_v \rightarrow 0$.

5.8.2 Recalque final de adensamento primário - método direto

Considere uma camada de solo homogêneo saturado de espessura inicial b_0 sujeita a um carregamento infinito de intensidade Δq que provoca um recalque final de adensamento ρ_c em $t \to \infty$ com espessura final b_1 da camada. Esse deslocamento, chamado de recalque quando indica redução da espessura da camada de solo, é definido como

$$\rho_c = b_1 - b_0 \tag{5.8a}$$

$$\rho_c = \frac{b_1 - b_0}{b_0} \times b_0 = \Delta\varepsilon_v b_0 \quad \text{com} \tag{5.8b}$$

$$\Delta\varepsilon_v = \frac{b_1 - b_0}{b_0} \tag{5.8c}$$

No caso 1D, a deformação volumétrica é igual à deformação vertical,

$$\rho_c = b_0\Delta\varepsilon_v = b_0\frac{\Delta V}{V_0} = b_0\frac{\Delta V_v}{V_0} = b_0\frac{\Delta e V_s}{V_{v0} + V_s} = b_0\frac{\Delta e}{1 + e_0} \tag{5.8d}$$

onde $\Delta e = e - e_0$ é a diferença entre os valores dos índices de vazios final e inicial, respectivamente.

Em termos do parâmetro $m_v = -\Delta\varepsilon_v/\Delta\sigma'_v$, o recalque final de adensamento primário pode ser escrito da Eq. 5.8b como

$$\rho_c = \Delta\varepsilon_v b_0 = -m_v\Delta\sigma'_v b_0 \tag{5.8e}$$

Em termos do parâmetro $M = 1/m_v$ resulta diretamente da Eq. 5.8e que

$$\rho_c = -\frac{\Delta\sigma'_v}{M} b_0 \tag{5.8f}$$

e em termos do parâmetro $a_v = m_v(1 + e_0)$

$$\rho_c = -\frac{a_v}{1 + e_0}\Delta\sigma'_v\ b_0 \tag{5.8g}$$

Para o modelo bilinear em função dos parâmetros C_c e C_r, três situações devem ser verificadas:

a) solo pré-adensado (OCR > 1) com tensão vertical final σ'_{vf} igual ou inferior à tensão de pré-adensamento σ'_{vm} $(\sigma'_{vf} \leq \sigma'_{vm})$

Considerando na Eq. 5.8d que $\Delta e = e - e_0 = -C_r\Delta\log\sigma'_v$ resulta

$$\rho_c = -b_0\frac{C_r}{1 + e_0}\left(\log\sigma'_{vf} - \log\sigma'_{v0}\right) = -b_0\frac{C_r}{1 + e_0}\log\frac{\sigma'_{v0} + \Delta\sigma'_v}{\sigma'_{v0}} \tag{5.8h}$$

b) solo pré-adensado (OCR > 1) com tensão vertical final σ'_{vf} superior à tensão de pré-adensamento σ'_{vm} $(\sigma'_{v0} < \sigma'_{vm} < \sigma'_{vf})$

$$\rho_c = -\frac{b_0}{1+e_0}\left(C_r \log\frac{\sigma'_{vm}}{\sigma'_{v0}} + C_c \log\frac{\sigma'_{vf}}{\sigma'_{vm}}\right) \tag{5.8i}$$

c) solo normalmente adensado (OCR = 1) com tensão vertical inicial σ'_{v0} e tensão vertical final σ'_{vf}na reta virgem $(\sigma'_{vm} = \sigma'_{v0} < \sigma'_{vf})$

$$\rho_c = -b_0 \frac{C_c}{1+e_0} \log\frac{\sigma'_{v0} + \Delta\sigma'_v}{\sigma'_{v0}} \tag{5.8j}$$

Sempre que possível, o cálculo do recalque deve ser feito com base no modelo bilinear, utilizando os parâmetros C_c e C_r, que representam os diferentes comportamentos do solo nos trechos NA e PA, em vez de considerar um modelo linear baseado nos parâmetros elásticos m_v, a_v ou M. As Eq. 5.8d a 5.8j referem ao cálculo do recalque final de adensamento primário em $t \to \infty$. Na prática da engenharia, é também necessário conhecer a evolução do recalque com o tempo. Como na teoria de Terzaghi a deformação do solo e a drenagem associada com a dissipação dos excessos de poropressão ocorrem ambas na direção vertical, o recalque de adensamento primário ρ_t no tempo t é admitido diretamente proporcional à porcentagem média de dissipação dos excessos de poropressão U_v nesse tempo.

$$\rho_t = U_v(t)\rho_c \tag{5.8k}$$

Uma das premissas básicas para cálculo do recalque pela formulação 1D é que as deformações do esqueleto sólido são infinitesimais. Os erros dessa hipótese podem ser significativos no caso de aterros sobre solos altamente compressíveis, como a situação reportada por Weber (1969), na qual a espessura da camada compressível diminuiu aproximadamente 80% em relação à espessura original após o adensamento. Olson e Ladd (1979), com base nos resultados de análises numéricas pelo método das diferenças finitas do adensamento de camadas altamente compressíveis, concluíram que a porcentagem média de dissipação dos excessos de poropressão pode ainda ser calculada pelas Eq. 5.3s, 5.3t ou 5.3u, no caso da ocorrência de grandes deformações, desde que a espessura de drenagem H seja corrigida de acordo com:

$$H_c = H - (\rho_c/n) \tag{5.8ℓ}$$

onde H_c é a espessura de drenagem corrigida e n, o número de faces de drenagem da camada (1 ou 2).

Essa correção resulta em erros inferiores a 2% para $\rho_c/(2H_c) <$ 0,25, inferiores a 5% para $\rho_c/(2H_c) <$ 0,46 e inferiores a 10% para $\rho_c/(2H_c) <$ 0,65, de acordo com Olson e Ladd (1979). Teorias específicas de adensamento primário para deformações finitas foram desenvolvidas por Mikasa (Mikasa, 1963; Mikasa et al., 1998) e Gibson (Gibson et al., 1967; Gibson et al., 1981), dentre outros pesquisadores.

5.8.3 Recalque final de adensamento primário - método indireto

No método direto (formulação em deslocamentos), o cálculo do recalque é feito, como o próprio nome do método indica, diretamente por meio da aplicação de uma das Eq. 5.8d a 5.8j, admitindo implicitamente que a camada é formada por solo saturado homogêneo e isotrópico e que o acréscimo de tensão vertical é constante com a profundidade.

Quando o acréscimo de tensão vertical ou o parâmetro de compressibilidade variar com a profundidade, o recalque pode ser calculado pelo método indireto (formulação em tensões), subdividindo a camada em um número adequado de subcamadas (Fig. 5.23), calculando o acréscimo de deformação vertical em seus planos médios ($\Delta\varepsilon_v = -m_v \Delta\sigma'_v$), obtendo em seguida as estimativas isoladas de deslocamentos verticais das subcamadas (áreas retangulares na Fig. 5.23) que, somadas, totalizam aproximadamente o recalque final de adensamento primário da camada de solo (Eq. 5.8m).

$$\rho_c = \sum_{j=1}^{n} b_0^j \, \Delta\varepsilon_v^j = -\sum_{j=1}^{n} b_0^j \, m_v^j \Delta\sigma'^j_v \qquad (5.8m)$$

A Eq. 5.8m é equivalente à soma das áreas escurecidas da Fig. 5.23, onde b_0^j representa a espessura da subcamada j, m_v^j e $\Delta\sigma'^j_v$ são o coeficiente de variação volumétrica e o acréscimo de tensão vertical efetiva no plano médio da subcamada j, respectivamente.

A precisão da estimativa do recalque final de adensamento primário naturalmente cresce com o número considerado de subcamadas, não necessariamente todas com a mesma espessura. Alternativamente, pode-se determinar as deformações verticais em dois pontos (topo, base) ou três pontos de cada subcamada (topo, plano médio e base) e estimar os recalques parciais por meio da regra de quadratura dos trapézios ou da regra 1/3 de Simpson, respectivamente, em vez da regra dos retângulos ilustrada na Fig. 5.23.

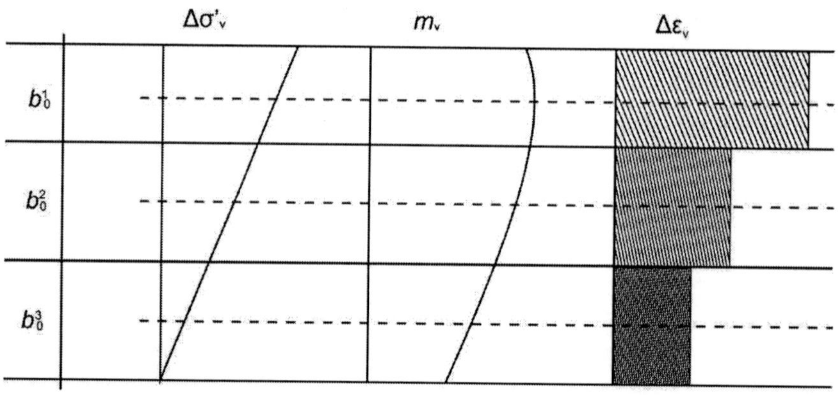

Figura 5.23 - Método indireto para cálculo de recalque quando o parâmetro de compressibilidade (por exemplo, m_v) e o acréscimo de tensão vertical efetiva variam com a profundidade

Fonte: autor

5.8.4 Recalque de adensamento primário – carregamento não instantâneo

Uma solução aproximada proposta por Terzaghi (TAYLOR, 1948) pode ser aplicada para a previsão de recalque de adensamento primário no caso de carregamento linearmente crescente com o tempo até $t = t_c$ (tempo de construção) e, em seguida, constante ($\Delta q = \Delta q_c$). O recalque de adensamento no instante t para um carregamento não instantâneo ρ_t^{ni} pode ser determinado em função do recalque de adensamento para carregamento instantâneo ρ_t^i como:

a) no período de construção ($0 < t \leq t_c$)

$$\begin{pmatrix}\text{recalque carregamento}\\ \text{não instantâneo em t}\end{pmatrix} = \begin{pmatrix}\text{recalque carregamento}\\ \text{instantâneo em 0,5t}\end{pmatrix} \times \begin{pmatrix}\text{fração do carregamento}\\ \text{aplicada em t}\end{pmatrix}$$

$$\rho_t^{ni} = \rho_{0,5t}^{i} \times \frac{\Delta q}{\Delta q_c} \tag{5.8n}$$

b) após o período de construção ($t > t_c$)

$$\begin{pmatrix}\text{recalque carregamento}\\ \text{não instantâneo em t}\end{pmatrix} = \begin{pmatrix}\text{recalque carregamento}\\ \text{instantâneo em t} - 0{,}5\text{t}_c\end{pmatrix}$$

$$\rho_t^{ni} = \rho_{t-0,5tc}^{i} \tag{5.8p}$$

Os valores de recalque instantâneo determinados pelas Eq. 5.8n e 5.8p podem ser interpretados graficamente, conforme construção da Fig. 5.24. A semelhança entre os triângulos OAB, OCD, OPt, OQt$_c$ permite escrever:

$$\frac{CD}{AB} = \frac{Pt}{Qt_c} \quad \rightarrow \quad CD = AB \times \frac{Pt}{Qt_c} \quad \rightarrow \quad \rho_t^{ni} = \rho_{0,5t}^{i} \times \frac{\Delta q}{\Delta q_c} \tag{5.8q}$$

Observe que para $t > t_c$ o tempo para que um carregamento linearmente crescente atinja o mesmo valor de recalque do carregamento instantâneo é $0{,}5t_c$ maior (segmento MN na Fig. 5.24).

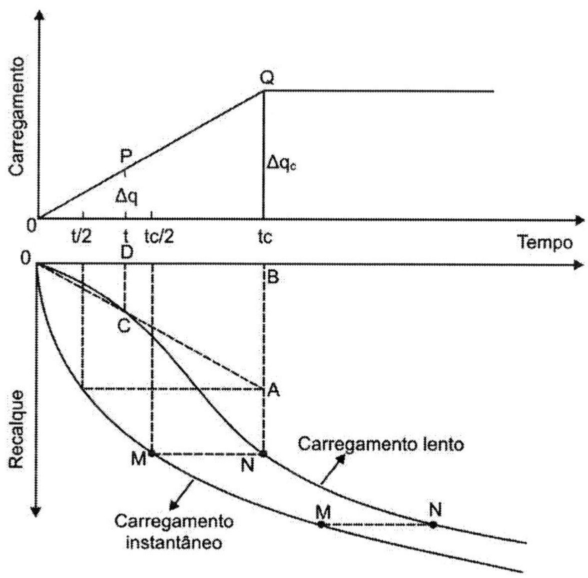

Figura 5.24 - Curva recalque x tempo considerando carregamento linearmente crescente no tempo de construção t_c
Fonte: adaptado de Craig (2004)

Um fato comum na engenharia é a ocorrência de carregamentos descontínuos, isto é, uma obra (por exemplo, aterro) é construída durante certo tempo, em seguida interrompida e depois de algum período retomada com a continuidade da aplicação do carregamento, assumido como linearmente crescente, até atingir o valor final no tempo t_c. Nessa situação, as soluções para cada incremento de carregamento podem ser obtidas de forma independente, aplicando-se as equações para cada carregamento separadamente, e os resultados somados para obtenção da curva final de recalque x tempo, conforme indicado no exercício resolvido 12.

O recalque de adensamento primário não instantâneo no tempo t para o caso de taxa constante de aplicação do carregamento também pode ser calculado com base nos valores da porcentagem média de dissipação dos excessos de poropressão U_v^{ni} determinados por Olson (1977), conforme Eq. 5.4f e 5.4h ou gráficos da Fig. 5.15.

A Tab. 5.7 compara os valores da porcentagem média de dissipação dos excessos de poropressão U_v^{ni} para carregamento linearmente crescente determinados com a formulação de Olson (1977) e solução aproximada de Terzaghi. Ambos os resultados fornecem valores suficientemente próximos para aplicações em engenharia, com maiores diferenças observadas para $T_v = T_c$.

Tabela 5.7 – Comparação entre porcentagem média de dissipação de excessos de poropressão U_v para carregamento linearmente crescente pelos métodos de Olson (1977) e Terzaghi. Resultados do método de Olson (1977) nas linhas em negrito com fundo escuro

T_c	T_v					
	0,01	0,05	0,1	0,5	1	5
0,01	**7,52**	**23,92**	**34,78**	**76,10**	**93,04**	**99,99**
	7,98	23,94	34,77	76,10	93,04	99,99
0,05	**1,50**	**16,82**	**30,76**	**74,88**	**92,68**	**99,99**
	1,60	17,84	30,90	74,88	92,69	99,99
0,1	**0,75**	**8,41**	**23,79**	**73,23**	**92,30**	**99,99**
	0,80	8,92	25,23	73,29	92,22	99,99
0,5	**0,15**	**1,68**	**4,76**	**52,47**	**86,44**	**99,99**
	0,16	1,78	5,05	56,42	87,26	99,99
1	**0,07**	**0,84**	**2,38**	**26,23**	**69,45**	**99,99**
	0,08	0,89	2,52	28,21	76,39	99,99
5	**0,02**	**0,17**	**0,48**	**5,25**	**13,89**	**93,33**
	0,02	0,18	0,50	5,64	15,28	99,83
10	**0,01**	**0,08**	**0,24**	**2,62**	**6,95**	**46,67**
	0,01	0,09	0,25	2,82	7,63	49,92

Fonte: autor

5.8.5 Recalque de adensamento primário - método de Skempton e Bjerrum (1957)

A formulação da teoria 1D para cálculo do recalque final de adensamento primário pressupõe que a área carregada é de grande extensão para causar apenas (ou principalmente) deformações verticais na camada de argila saturada e que o excesso de poropressão inicial é equivalente ao valor do carregamento uniforme aplicado (ver Eq. 5.3f e comentários). Como a maior parte dos carregamentos de engenharia tem dimensões mais reduzidas, muitas vezes pergunta-se para que casos, se e quando, uma formulação 1D pode ser utilizada. Essa questão foi estudada por vários autores, dentre os quais Skempton e Bjerrum (1957), os quais propuseram um método que, se ainda admite o cálculo do recalque no estado 1D de deformação, por considerar os parâmetros de compressibilidade listados na Tab. 5.6, por outro lado considera que o excesso inicial de poropressão induzido pelo carregamento de uma fundação superficial (circular ou corrida) é geralmente menor do que o calculado pela formulação 1D, onde o excesso de poropressão inicial corresponde ao acréscimo da tensão vertical total.

A estimativa do excesso de poropressão inicial no método de Skempton e Bjerrum é determinada pela conhecida Eq. 5.8s de Skempton (1954), obtida com base em resultados de ensaios não drenados de compressão triaxial convencional:

$$u_0 = \Delta u = B[\Delta\sigma_3 + A(\Delta\sigma_1 - \Delta\sigma_3)] \quad (5.8s)$$

$$u_0 = [A\Delta\sigma_1 + (1 - A)\Delta\sigma_3] \text{ com } B = 1 \text{ para solo saturado} \quad (5.8t)$$

onde A e B são os parâmetros de poropressão de Skempton para o estado axissimétrico com acréscimos de tensão total $\Delta\sigma_2 = \Delta\sigma_3$. Valores do parâmetro de poropressão A dependem do nível de tensão ao qual o solo está submetido, mas geralmente são utilizados os correspondentes na ruptura A_f, com valores típicos listados na Tab. 5.8 (Skempton, 1954) e indicados na Fig. 5.25 (Craig, 2004).

Tabela 5.8 – Valores do parâmetro A_f para alguns tipos de solo

Solo	A_f
argila sensível	0,75 a 1,5
argila NA	0,5 a 1,0
argila levemente pré-adensada OCR < 4	0 a 0,5
argila fortemente pré-adensada OCR > 4	- 0,5 a 0

Fonte: adaptado de Skempton (1954)

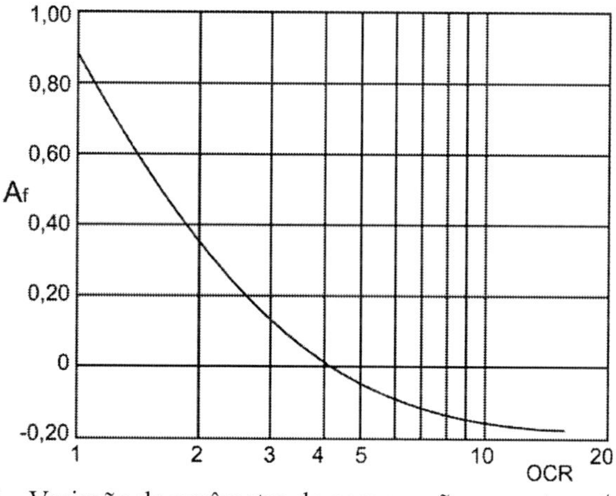

Figura 5.25 – Variação do parâmetro de poropressão na ruptura A_f com OCR
Fonte: adaptado de Craig (2004)

Considere uma fundação circular, perfeitamente flexível, uniformemente carregada (Δq). O recalque final de adensamento do centro da fundação pelo método de Skempton e Bjerrum (ρ_c^{SB}) é calculado admitindo que o acréscimo de tensão vertical efetiva $\Delta\sigma'_v$ em $t \to \infty$ é equivalente ao acréscimo de poropressão u_0 em $t = 0$, conforme já admitido na formulação 1D.

$$\rho_c^{SB} = -\int_0^{b_0} m_v \Delta\sigma'_v dz = -\int_0^{b_0} m_v u_0 dz = -\int_0^{b_0} m_v [A\Delta\sigma_1 + (1-A)\Delta\sigma_3] dz \qquad (5.8u)$$

Observe que a Eq. 5.8u introduz a influência do tipo de solo pelo parâmetro A, do tipo de carregamento pelos acréscimos de tensões principais totais $\Delta\sigma_1$ e $\Delta\sigma_3$, mas que a estimativa do recalque é ainda feita com o parâmetro m_v (alternativamente M, a_v ou C_c) do estado 1D de deformação.

O recalque final de adensamento primário pela teoria 1D convencional (ρ_c^{1D}) vem da Eq. 5.8e,

$$\rho_c^{1D} = -\int_0^{b_0} m_v \Delta\sigma'_v dz = -\int_0^{b_0} m_v u_0 dz = -\int_0^{b_0} m_v \Delta\sigma_1 dz \qquad (5.8v)$$

As Eq. 5.8u e 5.8v podem ser relacionadas por meio de um fator de correção $\mu^{circular}$ tal que:

$$\rho_C^{SB} = \mu^{circular} \rho_C^{1D} \qquad (5.8w)$$

$$\mu^{circular} = \frac{-\int_0^{b_0} m_v [A\Delta\sigma_1 + (1-A)\Delta\sigma_3] dz}{-\int_0^{b_0} m_v \Delta\sigma_1 dz} \qquad (5.8x)$$

Se o parâmetro de compressibilidade m_v e o parâmetro de poropressão A forem constantes na camada de espessura b_0, então

$$\mu^{circular} = A + \alpha^{circular}(1-A) \qquad (5.8y)$$

onde o valor de $\alpha^{circular}$ é função somente das dimensões do carregamento e da espessura da camada de solo.

$$\alpha^{circular} = \int_0^{b_0} \Delta\sigma_3 dz \bigg/ \int_0^{b_0} \Delta\sigma_1 dz \qquad (5.8z)$$

Note, na passagem da Eq. 5.8x para a Eq. 5.8y, que os acréscimos de tensão $\Delta\sigma_1$ são iguais, isto é, na Eq. 5.8v o acréscimo de tensão $\Delta\sigma_1$ é aquele induzido pela fundação circular e não por um carregamento infinito $\Delta\sigma_1 = \Delta q$.

Para $A = 1/3$ o solo comporta-se como meio elástico linear na condição de carregamento axissimétrico. Para carregamento em faixa (fundação corrida), situação no estado plano de deformação com $\Delta\sigma_2 = 0{,}5(\Delta\sigma_1 + \Delta\sigma_3)$ em $t = 0$, o excesso inicial de poropressão pode ser estimado por (SCOTT, 1963):

$$u_0 = [N\Delta\sigma_1 + (1-N)\Delta\sigma_3] \text{ com } B = 1 \text{ para solo saturado} \qquad (5.8A)$$

$$N = \frac{\sqrt{3}}{2}\left(A - \frac{1}{3}\right) + \frac{1}{2} \qquad (5.8B)$$

Resultando, após desenvolvimento similar à situação de axissimetria,

$$\mu^{corrida} = N + \alpha^{corrida}(1 - N) \quad \text{com} \tag{5.8C}$$

$$\alpha^{corrida} = \int_0^{b_0} \Delta\sigma_3 dz \Big/ \int_0^{b_0} \Delta\sigma_1 dz \tag{5.8D}$$

Skempton e Bjerrum (1957) determinaram, por meio de soluções da teoria da elasticidade linear, valores de α (Tab. 5.9) e da variação do fator de correção de recalque μ com a espessura relativa (b_0/B) da camada de solo em relação à largura da fundação, circular ou corrida, perfeitamente flexível, uniformemente carregada.

Para o caso de fundação corrida, Scott (1963) recalculou os valores do fator de correção de recalque μ (Fig. 5.26) considerando a Eq. 5.8A em substituição à Eq. 5.8t originalmente usada por Skempton e Bjerrum (1957). Observe da figura que quando a área carregada é de pequena largura B em relação à espessura b_0 da camada de solo, especialmente no caso de solos pré-adensados (baixos valores do parâmetro de poropressão A), a correção do recalque calculado pela formulação 1D é importante por incorporar efeitos tridimensionais na solução[13], ainda que parcialmente.

Finalmente, não se deve ignorar a contribuição do recalque não drenado 3D na estimativa do recalque total da fundação,

$$\rho^{3D} = \rho_u^{3D} + \rho_c^{SB} = \rho_u^{3D} + \mu\rho_c^{1D} \tag{5.8E}$$

Tabela 5.9 – Valores de α para fator de correção μ no método de Skempton e Bjerrum (1957)

b_0/B	Fundação circular	Fundação corrida
0	1,00	1,00
0,25	0,67	0,74
0,50	0,50	0,54
1	0,38	0,37
2	0,30	0,26
4	0,28	0,20
10	0,26	0,14
∞	0,25	0,00

[13] Na realidade trata-se de solução 2D para casos de axissimetria (fundação circular) e estado plano de deformação (fundação corrida).

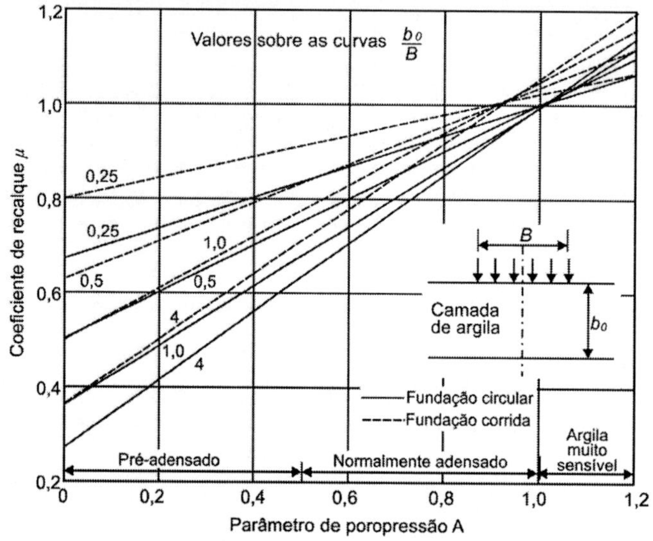

Figura 5.26 – Fator de correção de recalque μ no método de Skempton e Bjerrum
Fonte: adaptado de Scott (1963)

5.9 COMPRESSÃO SECUNDÁRIA

Compressão secundária (ou *creep*) é geralmente interpretada como aquela que ocorre após o término do adensamento primário (Fig. 5.27). Essa definição é bastante simplista e ingênua, pois sugere que a compressão secundária somente inicia quanto toda a camada de solo completou o processo de adensamento primário no tempo t_p. Se assim o fosse, o solo junto aos contornos de dupla drenagem não deveria experimentar nenhum efeito de compressão secundária até que ocorresse o final do adensamento primário nas regiões situadas na parte central da camada. É difícil na prática diferenciar a compressão secundária do adensamento primário porque no ensaio edométrico convencional a soma de ambos os tipos de deformação é medida de modo inseparável.

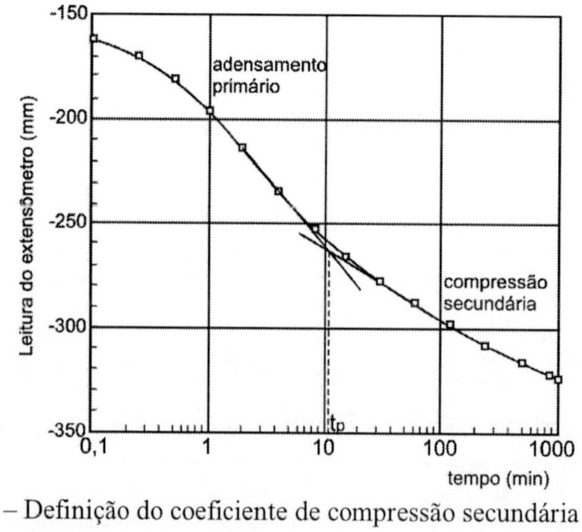

Figura 5.27 – Definição do coeficiente de compressão secundária com base na variação da deformação vertical com o logaritmo do tempo para $t \geq t_p$
Fonte: autor

A compressão secundária resulta da ação de diferentes mecanismos, ainda não completamente compreendidos, dentre os quais:

a) solos têm vazios de diferentes tamanhos, e a água pode drenar dos vazios maiores (macroporos) de acordo com a teoria do adensamento primário e ser expulsa mais lentamente dos vazios menores (microporos), produzindo efeitos de compressão secundária;
b) em solos orgânicos, contendo restos vegetais, a água pode drenar dos vazios do solo de acordo com a teoria do adensamento primário e ser expulsa lentamente dos vegetais através das paredes das células, produzindo efeitos de compressão secundária;
c) a resistência ao cisalhamento entre partículas é dependente da velocidade de deformação. Quanto maior o movimento das partículas (na fase inicial do adensamento), tanto maior a resistência à variação de volume do solo e quanto menor o movimento das partículas (na fase final do adensamento) menor a resistência à variação de volume, produzindo efeitos de compressão secundária sob baixas velocidades;
d) relações constitutivas não lineares do esqueleto sólido podem reproduzir o comportamento carga x recalque x tempo observado experimentalmente em laboratório e campo.

É difícil apontar quais desses, e em que grau de importância, ou que outros mecanismos influenciam a compressão secundária e que podem variar para diferentes tipos de solo. Para solos granulares, a compressão secundária é geralmente considerada desprezível, mas para solos coesivos, especialmente naqueles com alto teor de matéria orgânica, pode tornar-se importante a longo prazo.

Ladd et al. (1977) e Jamiolkowski et al. (1985) discutiram dois casos extremos, denominados de hipóteses A e B, para estimativa dos efeitos da compressão secundária. A hipótese A assume que para determinado incremento de tensão vertical efetiva, a partir do mesmo valor de tensão vertical efetiva inicial, a deformação vertical no final do adensamento primário é a mesma, tanto em campo quanto em laboratório, e independente do tempo de duração dessa fase. Essa hipótese assume que a compressão secundária inicia somente após o término do adensamento primário em t_p, com as curvas de laboratório e campo deslocadas no tempo devido ao efeito do quadrado das respectivas espessuras de drenagem H (Fig. 5.28). A hipótese A é baseada no conceito de que adensamento primário e compressão secundária são eventos distintos e sequenciais que podem ser tratados por meio de diferentes modelos de deformação.

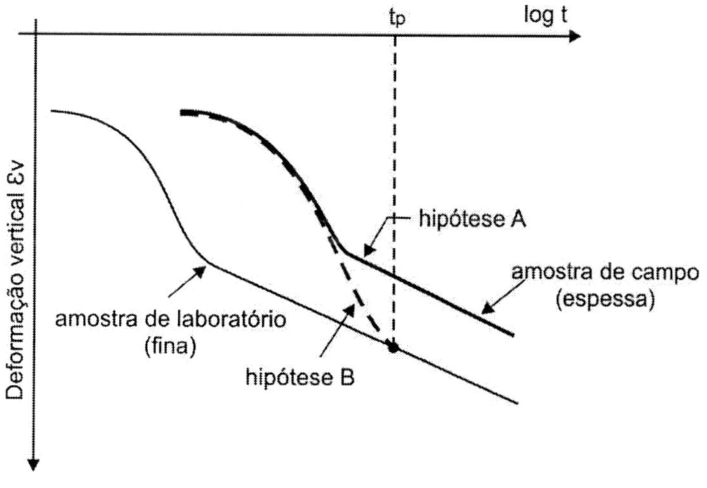

Figura 5.28 – Hipóteses A e B de compressão secundária em argila
Fonte: adaptado de Ladd et al. (1977)

A hipótese B prevê que em campo a deformação vertical de uma espessa camada de solo aumenta com o tempo de duração do adensamento primário. Implica que a compressão secundária acontece simultaneamente com o adensamento primário, com o acréscimo da deformação vertical em campo podendo atingir a assíntota observada no corpo de prova em laboratório (Fig. 5.28). Após o final do adensamento primário, no tempo t_p, ambas as hipóteses consideram iguais taxas de deformação durante a compressão secundária.

Na hipótese A existe, portanto, somente uma relação e vs $\log \sigma'_v$, enquanto a hipótese B admite diferentes curvas e vs $\log \sigma'_v$ dependendo da espessura da camada de argila. O fato de a velocidade de deformação (ou de variação do índice de vazios) influenciar na posição da curva e vs $\log \sigma'_v$ é observado em ensaios de adensamento com deformação controlada (CRS – *Constant Rate of Strain*).

5.9.1 Recalque de compressão secundária - método de Buisman (1936)

O método mais conhecido para estimativa de compressão secundária, classificado na hipótese A, foi proposto por Buisman (1936). Ele observou, no ensaio edométrico incremental, que a compressão secundária de argilas segue uma relação aproximadamente linear com o logaritmo do tempo, o que permitiu definir a inclinação do trecho final como o valor do coeficiente de compressão secundária. Na literatura, esse coeficiente é apresentado de duas maneiras: na primeira, denotado por $C_{\alpha e}$, o coeficiente é determinado em um gráfico de variação do índice de vazios em função do logaritmo do tempo a partir do final do adensamento primário no tempo t_p:

$$C_{\alpha e} = -\frac{\Delta e}{\Delta \log t} \tag{5.9a}$$

Na segunda maneira, o coeficiente de compressão secundária $C_{\alpha\varepsilon}$ é considerado em termos da variação da deformação vertical $\Delta\varepsilon_v = \Delta H/H$ ao longo do tempo para $t \geq t_p$ (Fig. 5.28):

$$C_{\alpha\varepsilon} = -\frac{\Delta H/H}{\Delta \log t} = -\frac{\Delta\varepsilon_v}{\Delta \log t} \tag{5.9b}$$

com a seguinte relação existente entre ambas as definições:

$$C_{\alpha\varepsilon} = C_{\alpha e}/(1 + e_0) \tag{5.9c}$$

Mesri et al. (1994) sugeriram que $C_{\alpha e}$ pode ser estimado do índice de compressão C_c, conforme Tab. 5.10, considerando que a razão $C_{\alpha e}/C_c$ é aproximadamente constante para vários tipos de solo sob os acréscimos de tensão usuais induzidos por obras de engenharia. Leroueil (2006) reportou que essa razão é essencialmente constante no intervalo de velocidades de deformação aplicadas em laboratório, mas decresce com a diminuição da velocidade de deformação que ocorre em campo.

Tabela 5.10 - Valores de $C_{\alpha e}/C_c$ para solos

Solo	$C_{\alpha e}/C_c$
Argila e silte inorgânico	$0{,}04 \pm 0{,}01$
Argila e silte orgânico	$0{,}05 \pm 0{,}01$
Turfa	$0{,}06 \pm 0{,}01$

Fonte: Mesri et al. (1994)

Considerando a Eq. 5.8d, então o recalque de compressão secundária ρ_s no tempo t pode ser expresso como:

$$\rho_s = \sum b_0 \frac{\Delta e}{1+e_0} = -\sum b_0 \frac{C_{\alpha e}}{1+e_0} \log \frac{t}{t_p} \tag{5.9d}$$

Geralmente se utiliza o índice de vazios inicial e_0 na Eq. 5.9d, salvo se o recalque de adensamento primário for significativo, superior a 10% da espessura inicial da camada de solo, quando o índice de vazios deve ser atualizado para o valor correspondente ao final do adensamento primário.

5.9.2 Conceito de linhas de tempo (isótacas)

Se no ensaio edométrico um incremento de carregamento ultrapassar o tempo do final do adensamento primário, o índice de vazios decresce verticalmente sob tensão vertical efetiva constante durante a fase de compressão secundária, mas no próximo incremento retorna à tendência da curva original, criando um efeito de pré-adensamento (Fig. 5.29a). Percebe-se então que a compressão do corpo de prova não pode ser modelada por uma única curva no plano e vs $\log \sigma'_v$ (hipótese A) mas requer uma diferente representação, consistindo em um sistema de linhas de tempo paralelas entre si (hipótese B) que relacionam o índice de vazios com a tensão vertical efetiva sob diferentes tempos de sustentação do carregamento (Fig. 5.29b).

O conceito de linhas de tempo foi utilizado por Bjerrum (1967) para explicar o aumento, com o envelhecimento, da resistência não drenada e da tensão de pré-adensamento de argilas marinhas NA, na Noruega, após 3000 anos de compressão secundária desde a formação do depósito por sedimentação (Fig. 5.30). Se um carregamento adicional é aplicado em corpo de prova desse solo, o comportamento é similar ao de uma argila pré-adensada com tensão de pré-adensamento aparente p_c (chamada de tensão crítica por Bjerrum). Logo, um estado de pré-adensamento pode ser atingido por história de carregamento ou por envelhecimento.

O conceito de linhas de tempo já havia sido cogitado na teoria B de Taylor [14] (1942) conforme indicado na Fig. 5.31. Linhas de tempo se constituem de fato em linhas de igual velocidade de compressão secundária (*creep*), denominadas de isótacas por Suklje (1957, 1969), que estabeleceu uma relação única entre deformação, tensão vertical efetiva e velocidade da deformação associada com viscosidade.

[14] A teoria de Taylor e Merchant (1940) é conhecida como teoria A de Taylor.

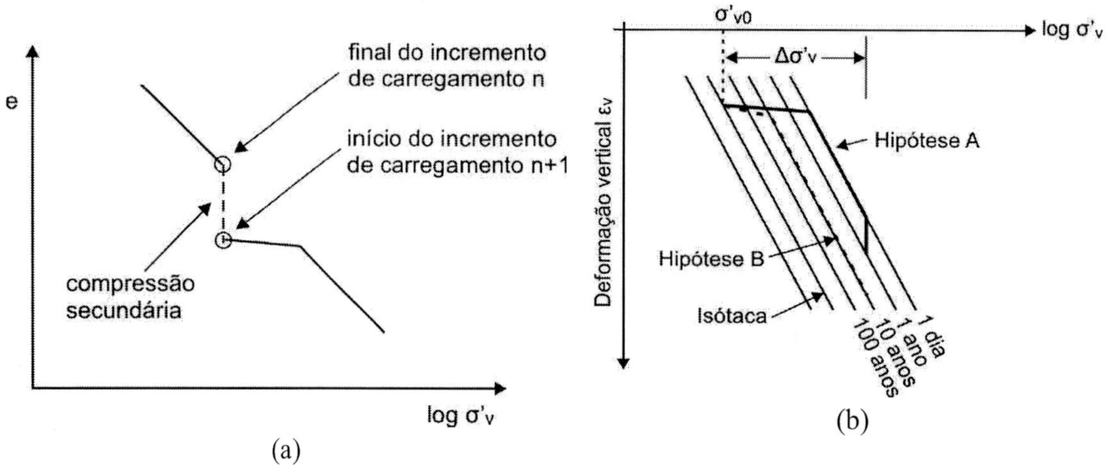

Figura 5.29 – (a) Efeito de pré-adensamento; (b) linhas de tempo
Fonte: (a) autor; (b) adaptado de Ladd et al. (1977)

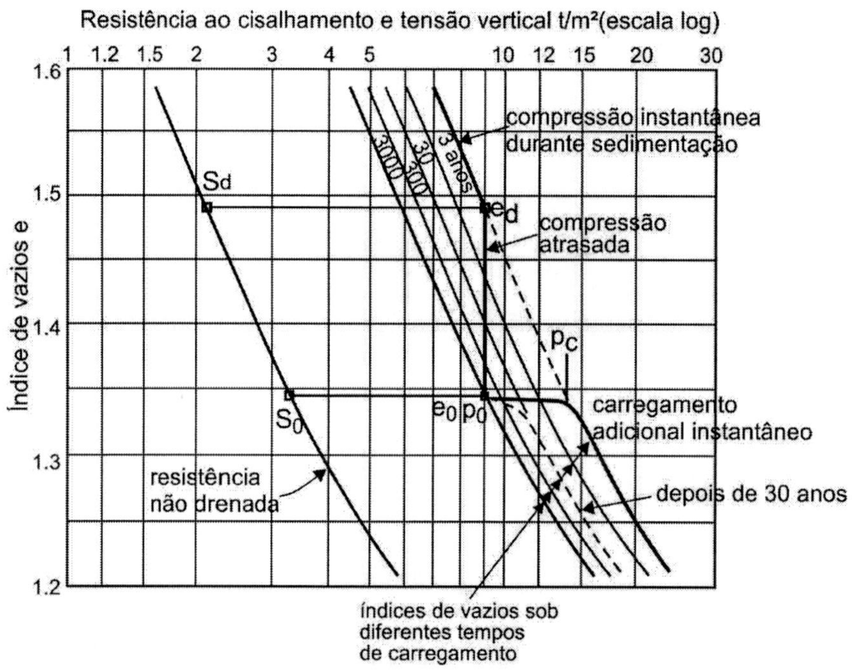

Figura 5.30 – Linhas de tempo e efeitos na compressibilidade e resistência não drenada de argilas marinhas da Noruega
Fonte: adaptado de Bjerrum (1967)

As terminologias adensamento primário e compressão secundária, que induzem à errônea interpretação que são fenômenos sequenciais, foram introduzidas por Gray (1936), enquanto que Buisman (1936) usou os termos compressão direta e compressão secular. Bjerrum (1967) empregou a denominação compressão instantânea, supondo a água nos vazios absolutamente compressível, com as tensões totais transferidas instantaneamente para a estrutura sólida sob forma de tensões efetivas, e o termo compressão atrasada - *delayed compression* – para as deformações ocorridas ao longo do tempo sob tensões efetivas constantes (Fig. 5.30).

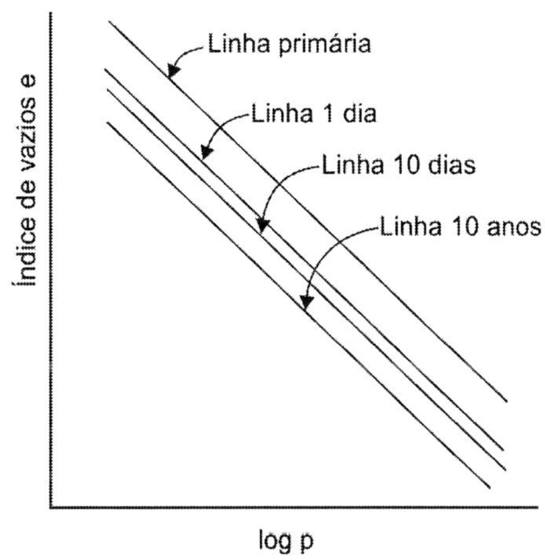

Figura 5.31 – Linhas de tempo na teoria B de Taylor
Fonte: adaptado de Taylor (1942)

O conceito de isótacas para representação da compressão secundária continua atraindo a atenção de pesquisadores (LEROUEIL, 2006; DEGAGO et al., 2013). A seguir, é brevemente descrito o modelo da isótaca *abc* (DEN HAAN, 1996) para melhor compreender o mecanismo de compressão secundária na hipótese B.

5.9.3 Modelo da isótaca *abc*

O modelo de isótacas se refere a uma relação constitutiva entre tensão vertical efetiva, deformação vertical e velocidade de deformação. Considere a curva tensão x deformação de um ensaio edométrico incremental (Fig. 5.32). A deformação vertical total ε_v é dividida em uma componente de deformação direta (elástica) ε^e e uma componente de deformação visco-plástica ε^c. Esta última, por sua vez, é subdividida em uma parcela que ocorre durante o adensamento primário (ε_{dc}^c) e outra que acontece após o fim do adensamento primário (ε_{ac}^c), de acordo com a hipótese B de compressão secundária (Ladd et al., 1977).

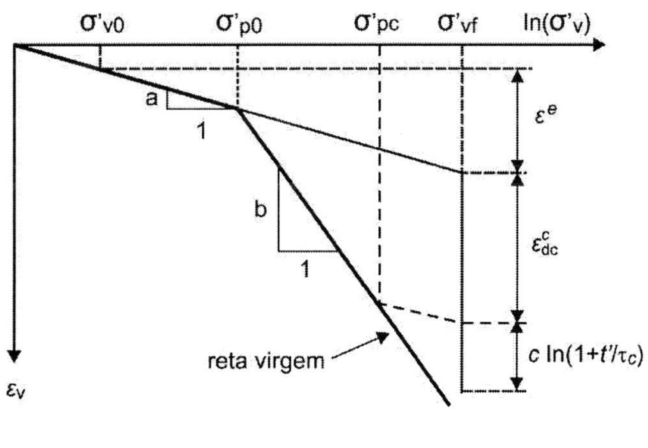

Figura 5.32 – Esquema de curva tensão x deformação em ensaio edométrico incremental com a divisão em parcelas de deformação elástica e visco-plástica
Fonte: adaptado de Vermeer e Neher (1999)

$$\varepsilon_v = \varepsilon^e + \varepsilon^c_{dc} + \varepsilon^c_{ac} = a\ln\left(\frac{\sigma'_{vf}}{\sigma'_{v0}}\right) + (b-a)\ln\left(\frac{\sigma'_{pc}}{\sigma'_{p0}}\right) + c\ln(1 + t'/\tau_c) \quad (5.9e)$$

onde σ'_{v0} é a tensão vertical efetiva inicial; σ'_{vf}, a tensão vertical efetiva final devido ao incremento de carregamento; σ'_{p0}, a tensão de pré-adensamento antes do carregamento; σ'_{pc}, a tensão de pré-adensamento no final do adensamento primário; t', o tempo efetivo de compressão secundária e τ_c uma quantidade medida a partir do início da compressão secundária, conforme Fig. 5.33.

O parâmetro a está relacionado com o índice de recompressão C_r e o parâmetro b com o índice de compressão C_c por meio das seguintes expressões:

$$a = \frac{C_r}{(1+e_0)\ln 10} \qquad b = \frac{C_c}{(1+e_0)\ln 10} \quad (5.9f)$$

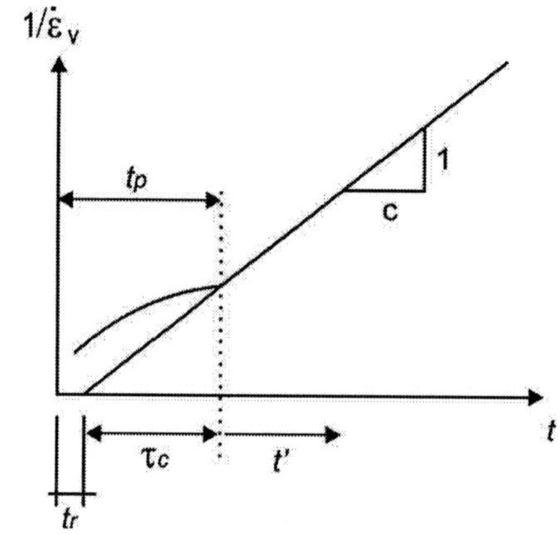

Figura 5.33 – Definição da origem do tempo intrínseco no conceito de resistência de Janbu
Fonte: Janbu (1969)

Na Eq. 5.9e, para incluir a possibilidade de ocorrência de grandes deformações, a deformação vertical total é expressa em termos da deformação natural ou verdadeira, relativa à espessura atual do corpo de prova, e não com a usual deformação de engenharia, relativa à espessura inicial. No caso de deformações infinitesimais, ambas as medidas de deformação coincidem.

Janbu (1969) utilizou o conceito de resistência $R = dt/d\varepsilon_v$ para definição da origem t_r de um tempo intrínseco τ, estabelecida pelo prolongamento da reta com inclinação $1/c$ construída com os valores medidos no ensaio edométrico incremental (Fig. 5.33)[15]. A partir do tempo t_p, correspondente ao final do adensamento primário, a resistência aumenta linearmente, o que permite escrever a Eq. 5.9g:

$$dt/d\varepsilon_v = (t - t_r)/c \quad (5.9g)$$

[15] O parâmetro c também pode ser obtido pelo método de Buisman considerando a inclinação do trecho de compressão secundária plotado em diagrama $\varepsilon_v \times \ln(t)$

A integração da Eq. 5.9g entre o tempo t_p e o tempo t, contado desde o início do incremento de carregamento, determina a parcela de deformação de compressão secundária ε_{ac}^{c} de acordo com:

$$\varepsilon_{ac}^{c} = c \int_{t_p}^{t} \frac{dt}{t - t_r} = c \ln\left(\frac{t - t_r}{t_p - t_r}\right) = c \ln\left(\frac{\tau}{\tau_c}\right) = c \ln\left(\frac{\tau_c + t'}{\tau_c}\right) \tag{5.9h}$$

onde $t' = t - t_p$ representa o tempo efetivo de compressão secundária e $\tau_c = t_p - t_r$. Para $t < t_p$ predomina a dissipação dos excessos de poropressão na fase primária do adensamento.

Uma aplicação do modelo da isótaca *abc* está graficamente representada na Fig. 5.34. Observe que a tensão de pré-adensamento σ'_{p0} está localizada na interseção da isótaca de referência (τ_1 correspondente a 1 dia) com a linha de deformação direta (elástica).

Considere que o corpo de prova está no estado de compressão indicado pelo ponto 1 sobre a isótaca com tempo intrínseco $\tau = 10$ dias paralela à isótaca de referência $\tau_1 = 1$ dia. Se sustentar esse carregamento, sem variação da tensão vertical efetiva, durante outros 90 dias, então a compressão secundária ocorre com o acréscimo da deformação vertical representada pelo segmento que liga os pontos 1 e 2, esse último situado sobre a isótaca paralela $\tau = 100$ dias.

Se um incremento de carregamento for aplicado, a compressão direta (elástica) predomina, pois quanto maior o tempo intrínseco, menor a velocidade de *creep*. Admita, então, que a compressão direta resulta na deformação vertical ao longo da trajetória 2-3, com inclinação a até atingir a isótaca de referência $\tau_1 = 1$ dia e, em seguida, prosseguindo até o ponto 4, ao longo da reta virgem com inclinação b.

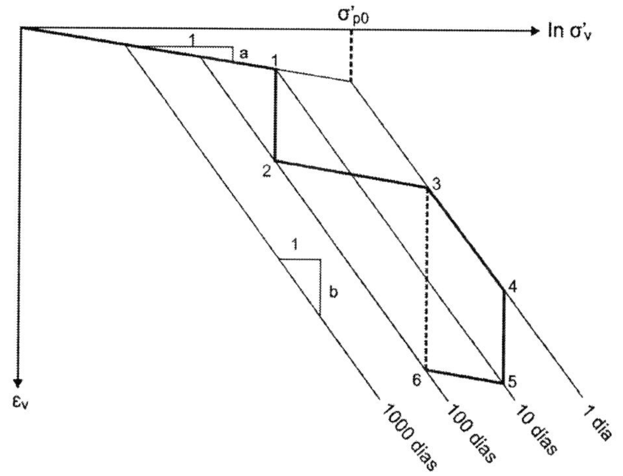

Figura 5.34 – Esquema do modelo da isótaca *abc*
Fonte: adaptado de Houkes (2016)

Caso o carregamento perdure por mais nove dias, acontecerá novamente compressão secundária representada pelo segmento vertical 4-5. Se um descarregamento ocorrer a partir do ponto 5, o solo expandirá elasticamente seguindo a linha 5-6, com inclinação a.

Note que o ponto 6 poderia também ser alcançado a partir do ponto 3, mantendo o carregamento constante, de menor intensidade, por 99 dias adicionais. No entanto, com a aplicação do carregamento ao longo da trajetória 3-4-5-6, foi obtida a mesma deformação vertical total em intervalo de tempo bastante menor, em apenas nove dias. Como o ponto final 6 apresenta um alto tempo intrínseco (logo, baixa velocidade de *creep* na isótaca t = 100 dias), é esperado que as deformações futuras sejam relativamente pequenas, o que faz concluir que aplicar um aumento de carregamento é uma solução adequada para acelerar recalques, como na técnica do pré-carregamento com aterros temporários, a ser apresentada na seção 5.11.

A Eq. 5.9e indica uma relação entre tempo e deformação vertical acumulada para um dado acréscimo de tensão vertical, constante no ensaio edométrico a cada incremento de carregamento. No entanto, para resolver problemas reais envolvendo variação contínua do carregamento, é necessária a formulação da equação na forma diferencial, para cuja solução é necessário o emprego de uma ferramenta numérica, como o método das diferenças finitas (DEN HAAN, 1996) ou o método dos elementos finitos[16].

5.10 DRENOS VERTICAIS PRÉ-FABRICADOS

A maioria dos depósitos de argila são anisotrópicos, formados por deposição de camadas com coeficiente de permeabilidade na direção horizontal k_h superior ao valor do coeficiente de permeabilidade na direção vertical k_v. Logo, se drenagem com fluxo na direção horizontal ocorrer, então a porcentagem média de dissipação dos excessos de poropressão, a evolução com o tempo do recalque de adensamento primário, o acréscimo de tensões efetivas e o aumento da resistência ao cisalhamento do solo acontecerão sob velocidades maiores do que as previstas no adensamento 1D com a hipótese de isotropia.

Uma técnica para acelerar a dissipação dos excessos de poropressão consiste na instalação de drenos verticais, com a execução de furos na camada de solo coesivo e posterior preenchimento com material drenante (areia) bem graduado, que permita um fluxo eficiente da água (função de dreno), mas que também impeça a migração de partículas finas do solo através de seus vazios (função de filtro).

Atualmente, drenos verticais pré-fabricados (Fig. 5.35) são empregados, inseridos no solo por meio de um mandril retangular vazado de aço, por cravação estática ou martelos vibradores. O dreno pré-fabricado é colocado no interior do mandril, com a ponta presa em uma âncora que impede a entrada de material na extremidade do mandril durante a cravação. A âncora também fixa o dreno na profundidade final de cravação quando da remoção do mandril para execução do próximo furo (Fig. 5.36).

Para determinação do raio equivalente r_w, no caso de drenos pré-fabricados de forma retangular $b \times t$, sendo b a largura e t a espessura, várias sugestões existem na literatura, mas as seguintes expressões são geralmente recomendadas (ATKINSON e ELDRED, 1981; JANSEN e DEN HOEDT, 1983; RIXNER et al. 1986; SUITS et al, 1986; LONG e COVO, 1994):

$$r_w = (b + t)/4 \tag{5.10a}$$

$$r_w = 0{,}25b + 0{,}35t \tag{5.10b}$$

Drenos são instalados em configurações quadrada ou triangular (Fig. 5.37), e o cálculo do espaçamento entre eles, normalmente entre 1 a 5 m, é o objetivo principal do projeto. O espaçamento deve ser menor do que a espessura da camada, não sendo vantajosa, portanto, a utilização de drenos verticais em camadas pouco espessas.

---

[16] O modelo da isótaca *abc* encontra-se implementado no modelo constitutivo *Soft Soil Creep* do programa computacional Plaxis.

O raio de drenagem R é determinado pela equivalência de áreas entre um círculo e um quadrado (configuração quadrada) ou entre um círculo e um hexágono (configuração triangular). Para configuração quadrada,

$$\pi R^2 = S^2 \quad \rightarrow \quad R = S/\sqrt{\pi} = 0{,}564S \tag{5.10c}$$

Para a configuração triangular

$$\pi R^2 = 6 \times \frac{S^2}{4\sqrt{3}} \quad \rightarrow \quad R = \frac{\sqrt[4]{3}}{\sqrt{2\pi}} S = 0{,}525S \tag{5.10d}$$

onde S é a distância entre os drenos verticais.

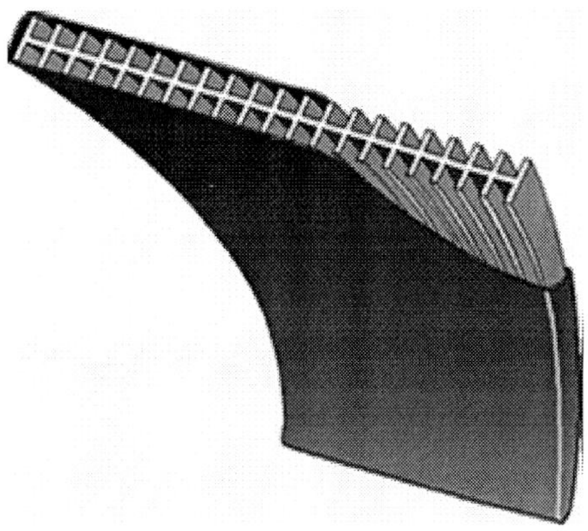

Figura 5.35 – Dreno vertical pré-fabricado em polipropileno, com canais para drenagem da água e envolvido por um filtro de geossintético.
Fonte: www.ceteau.com/assets/pvd-design.pdf

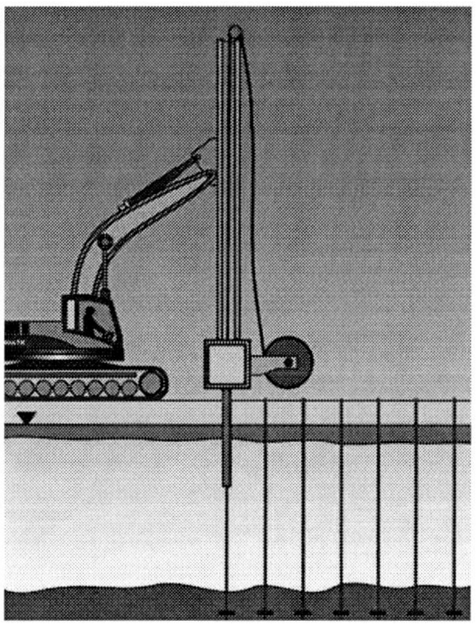

Figura 5.36 – Cravação do dreno vertical pré-fabricado
Fonte: adaptado de www.haywardbaker.com

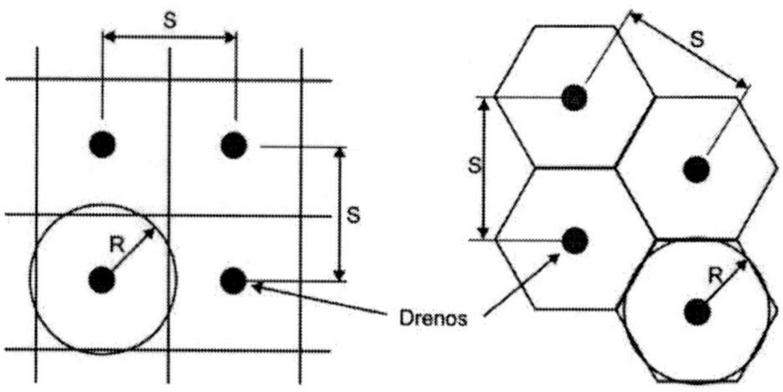

Figura 5.37 - Padrões de configuração (quadrada e triangular) e raio de drenagem *R* em drenos separados entre si da distância *S*
Fonte: adaptado de Craig (2004)

O dreno é tanto mais eficiente quanto maior for a razão c_r/c_v entre os coeficientes de adensamento com fluxo radial e vertical. Ambos os parâmetros podem ter os valores reduzidos na região de solo vizinho ao furo devido ao amolgamento provocado pela instalação do dreno, fenômeno conhecido como efeito *smear*. Outra complicação que poderia ocorrer é a tendência de drenos atuarem como colunas, diminuindo o acréscimo de tensão vertical transferido ao solo, mas esse efeito é praticamente inexistente no caso de drenos verticais pré-fabricados devido à grande flexibilidade do material do dreno.

Parte ou toda a água coletada pelo sistema de drenos irá fluir para um tapete de drenagem (areia) colocado na superfície. Como o coeficiente de permeabilidade da areia é bastante maior do que o da argila, no projeto é usualmente considerado que não haverá o desenvolvimento de resistência hidráulica no tapete, especificando-se uma camada suficientemente espessa (usualmente 1 m) de areia limpa com porcentagem de finos inferior a 5%. Alternativamente, o tapete de drenagem pode ser substituído por linhas de drenos horizontais pré-fabricados (Fig. 5.38).

Figura 5.38 – Drenos horizontais pré-fabricados em substituição a tapete de areia
Fonte: www.ceteau.com

Drenos verticais não controlam o recalque de compressão secundária e são ineficientes em argilas pré-adensadas se o acréscimo de tensão vertical efetiva não for suficiente para ultrapassar o valor da tensão de pré-adensamento. De acordo com Bjerrum (1972), a utilização de drenos verticais em argilas PA é recomendada quando

$$\log(\sigma'_{vf}/\sigma'_{vm})/\log(\sigma'_{vf}/\sigma'_{v0}) > 0{,}6 \tag{5.10e}$$

onde σ'_{vf}, σ'_{vm}, σ'_{v0} são as tensões verticais efetivas final, de pré-adensamento e inicial, respectivamente.

5.10.1 Adensamento primário com drenagem radial

A equação diferencial governante do adensamento 1D na direção radial foi obtida por Rendulic (1936), considerando o elemento infinitesimal de solo da Fig. 5.39 com coeficiente de permeabilidade radial k_r sujeito a fluxo de água na direção r.

A vazão infinitesimal de entrada, normal à seção transversal $rd\theta\, dz$ é dada por

$$dQ^{ent} = k_r i r d\theta dz \tag{5.10f}$$

e a vazão de saída normal à seção transversal $(r+dr)d\theta\, dz$ escrita como

$$dQ^{sai} = k_r\left(i + \frac{\partial i}{\partial r}dr\right)(r + dr)d\theta dz \tag{5.10g}$$

A vazão infinitesimal dQ no elemento de solo, definida como a diferença entre as vazões de entrada dQ^{ent} e de saída dQ^{sai}, desprezando os infinitésimos de segunda ordem, resulta em

$$dQ = dQ^{ent} - dQ^{sai} = k_r i r d\theta dz - k_r\left(i + \frac{\partial i}{\partial r}dr\right)(r + dr)d\theta dz$$
$$dQ = -k_r\left(i + \frac{\partial i}{\partial r}r\right)drd\theta dz \tag{5.10h}$$

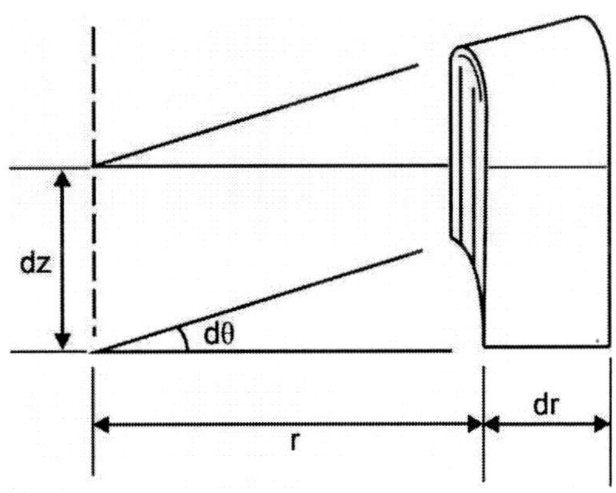

Figura 5.39 – Representação de elemento infinitesimal de solo em coordenadas cilíndricas
Fonte: autor

A vazão no elemento de volume $dV = rd\theta\, drdz$ pode também ser expressa em função da variação com o tempo do volume de água presente nos vazios $dV_w = SdV_v$ com $S = 1$ (constante) e dV_v o volume infinitesimal de vazios,

$$dQ = \frac{\partial}{\partial t}(dV_w) = \frac{\partial}{\partial t}(dV_v) = \frac{\partial}{\partial t}\left(\frac{edV}{1+e}\right) = \frac{\partial e}{\partial t}\frac{dV}{1+e} = \frac{\partial e}{\partial t}\frac{rd\theta drdz}{1+e} \tag{5.10i}$$

observando na Eq. 5.10i que $dV/(1+e) = dV_s$ é uma quantidade constante (volume de sólidos) e independente do tempo.

Como as Eq. 5.10h e 5.10i são equivalentes e considerando $i = -\partial h/\partial r$ resulta

$$-k_r\left(i + \frac{\partial i}{\partial r}r\right)drd\theta dz = \frac{\partial e}{\partial t}\frac{rd\theta drdz}{1+e}$$

$$k_r\left(\frac{\partial h}{\partial r} + r\frac{\partial^2 h}{\partial r^2}\right) = \frac{\partial e}{\partial t}\frac{r}{1+e} \tag{5.10j}$$

Porém,

$$\frac{\partial h}{\partial r} = \frac{\partial}{\partial r}\left(h_e + h_p\right) = \frac{\partial h_e}{\partial r} + \frac{1}{\gamma_w}\frac{\partial}{\partial r}(u_{ss} + u_e) \tag{5.10k}$$

e como a carga de elevação h_e e a poropressão na condição permanente u_{ss} não variam com a distância radial, então

$$\frac{\partial h_e}{\partial r} = 0 \quad \text{e} \quad \frac{\partial u_{ss}}{\partial r} = 0 \quad \rightarrow \quad \frac{\partial h}{\partial r} = \frac{1}{\gamma_w}\frac{\partial u_e}{\partial r} \quad \rightarrow \quad \frac{\partial^2 h}{\partial r^2} = \frac{1}{\gamma_w}\frac{\partial^2 u_e}{\partial r^2} \tag{5.10 ℓ}$$

Logo, da Eq. 5.10j vem que

$$\frac{k_r(1+e)}{\gamma_w}\left(\frac{1}{r}\frac{\partial u_e}{\partial r} + \frac{\partial^2 u_e}{\partial r^2}\right) = \frac{\partial e}{\partial \sigma'_v}\frac{\partial \sigma'_v}{\partial t} = -a_v\frac{\partial}{\partial t}(\sigma_v - u) \tag{5.10m}$$

$$\frac{k_r(1+e)}{\gamma_w a_v}\left(\frac{1}{r}\frac{\partial u_e}{\partial r} + \frac{\partial^2 u_e}{\partial r^2}\right) = -\frac{\partial}{\partial t}[\sigma_v - (u_{ss} + u_e)] \tag{5.10n}$$

Como $\partial u_{ss}/\partial t = 0$, admitindo a tensão vertical total σ_v constante, e definindo o coeficiente de adensamento $c_r = k_r(1+e)/\gamma_w a_v$ para deformação vertical com fluxo radial, então a equação diferencial do adensamento primário para fluxo na direção radial pode ser finalmente escrita como:

$$\frac{\partial u_e}{\partial t} = c_r\left(\frac{1}{r}\frac{\partial u_e}{\partial r} + \frac{\partial^2 u_e}{\partial r^2}\right) \tag{5.10p}$$

5.10.2 Porcentagem média de dissipação de poropressão U_r

a) Solução rigorosa de Barron (1948)

Um ensaio de adensamento com fluxo radial é executado usando um corpo de prova cilíndrico de raio externo R, com drenagem em um cilindro central de raio r_w. O topo e a base do corpo de prova são admitidos impermeáveis e o carregamento Δq é aplicado por meio de uma placa rígida, correspondente ao caso de iguais acréscimos de deformação vertical, ou por meio de uma membrana flexível, para o caso de iguais acréscimos de tensão vertical total.

Barron (1948) obteve a solução da Eq. 5.10p para ambos os casos, mas aqui é considerado apenas o caso de deformações verticais iguais (*equal strain case*). A diferença entre ambas as soluções provavelmente será menor do que a cometida na determinação experimental do coeficiente de adensamento com fluxo radial, o que justifica a utilização de uma solução matemática de menor complexidade, desenvolvida para o caso de deformações verticais iguais. A solução também admite como hipóteses que a zona de influência do dreno é axissimétrica, que o coeficiente de permeabilidade do dreno central é infinito (resistência hidráulica nula) e que a lei de Darcy é válida.

Como mencionado, a instalação de drenos em campo perturba o solo na região vizinha ao furo, devido ao atrito com o mandril de aço à medida que a perfuração avança na camada de argila. Essa perturbação depende do tipo de solo, varia com a distância à parede do furo e provavelmente com a profundidade da perfuração, tornando mais lenta a dissipação dos excessos de poropressão por fluxo na direção radial.

Barron (1948) assumiu que a zona de solo amolgado pode ser representada por uma casca cilíndrica ao redor do dreno. O modelo consiste de um dreno cilíndrico de raio r_w, em contato com uma casca cilíndrica de solo amolgado, saturado, de raio externo r_s e coeficiente de permeabilidade radial k_s, seguido por outra casca cilíndrica de solo intacto, isotrópico e homogêneo, com raio externo R (raio de drenagem) e coeficiente de permeabilidade radial k_r.

A porcentagem média de dissipação dos excessos de poropressão U_r na direção radial foi obtida por Barron (op.cit.) conforme Eq. 5.10q, com o fator tempo adimensional $T_r = c_r t/(4R^2)$ e o raio de drenagem normalizado $n = R/r_w$:

$$U_r(T_r) = 1 - \exp(-8T_r/F) \tag{5.10q}$$

$$8T_r + F\ln(1 - U_r) = 0 \tag{5.10r}$$

$$F = \frac{n^2}{n^2 - s^2}\ln\left(\frac{n}{s}\right) - 0{,}75 + \frac{s^2}{4n^2} + \frac{k_r}{k_s}\frac{n^2 - s^2}{n^2}\ln(s) \qquad \text{com } s = \frac{r_s}{r_w} \tag{5.10s}$$

Um decréscimo significativo do coeficiente de permeabilidade na zona amolgada produz um forte aumento no tempo necessário para atingir determinado valor da porcentagem média U_r, exceto na óbvia situação na qual $s = 1$ e a Eq. 5.10s reduz-se à Eq. 5.10t, onde F_n é uma função que define o espaçamento entre drenos. A Tab. 5.11 avalia a Eq. 5.10r para vários valores de n considerando $s = 1$.

$$F = F_n = \frac{n^2}{n^2 - 1}\ln(n) - \frac{3n^2 - 1}{4n^2} \qquad \text{para } s = 1 \tag{5.10t}$$

Tabela 5.11 - Valores de T_r para adensamento radial com deformações verticais iguais e s = 1

U_r	n=5	n=7	n=10	n=15	n=20	n=25	n=30	n=40	n=50	n=60	n=80	n=100
5	0,006	0,008	0,010	0,013	0,015	0,016	0,017	0,019	0,020	0,022	0,023	0,025
10	0,012	0,016	0,021	0,026	0,030	0,033	0,035	0,039	0,042	0,044	0,048	0,051
15	0,019	0,025	0,032	0,040	0,046	0,050	0,054	0,060	0,064	0,068	0,074	0,078
20	0,026	0,035	0,044	0,055	0,063	0,069	0,074	0,082	0,088	0,093	0,101	0,108
25	0,034	0,045	0,057	0,071	0,081	0,089	0,096	0,106	0,114	0,120	0,131	0,139
30	0,042	0,055	0,070	0,088	0,101	0,110	0,119	0,131	0,141	0,149	0,162	0,172
35	0,051	0,067	0,085	0,106	0,121	0,133	0,143	0,159	0,170	0,180	0,196	0,208
40	0,060	0,079	0,101	0,126	0,144	0,158	0,170	0,188	0,202	0,214	0,232	0,246
45	0,070	0,093	0,118	0,147	0,169	0,185	0,199	0,220	0,237	0,250	0,272	0,288
50	0,083	0,108	0,137	0,171	0,195	0,215	0,230	0,255	0,274	0,290	0,315	0,334
55	0,094	0,124	0,158	0,197	0,225	0,247	0,265	0,294	0,316	0,334	0,363	0,385
60	0,107	0,142	0,181	0,226	0,258	0,284	0,304	0,337	0,362	0,383	0,416	0,442
65	0,123	0,163	0,207	0,259	0,296	0,325	0,349	0,386	0,415	0,439	0,477	0,506
70	0,141	0,187	0,238	0,297	0,339	0,373	0,400	0,443	0,476	0,504	0,547	0,580
75	0,162	0,215	0,274	0,342	0,391	0,429	0,460	0,510	0,548	0,580	0,630	0,668
80	0,189	0,250	0,318	0,397	0,454	0,498	0,534	0,592	0,637	0,673	0,731	0,776
85	0,222	0,295	0,374	0,468	0,535	0,587	0,630	0,698	0,750	0,793	0,862	0,914
90	0,270	0,357	0,454	0,567	0,649	0,712	0,764	0,847	0,911	0,963	1,046	1,110
95	0,351	0,465	0,591	0,738	0,844	0,927	0,994	1,102	1,185	1,253	1,360	1,444
99	0,539	0,715	0,909	1,135	1,298	1,425	1,529	1,693	1,821	1,926	2,091	2,220

Fonte: autor

b) Solução aproximada de Hansbo (1981)

Para aplicações práticas, uma solução aproximada simples foi apresentada por Hansbo (1981) onde a função F da Eq. 5.10q é substituída por uma soma de termos que levam em conta a influência do espaçamento entre drenos (F_n), do amolgamento do solo vizinho ao furo (F_s) – efeito *smear* - e da resistência hidráulica do dreno (F_w):

$$F = F_n + F_s + F_w \text{ onde} \tag{5.10u}$$

$$F_n = \ln(n) - 0{,}75 \tag{5.10v}$$

$$F_s = \left(\frac{k_r}{k_s} - 1\right)\ln(s) \tag{5.10x}$$

$$F_w = \pi z(2\ell_m - z)\left(\frac{k_r}{q_w}\right) \tag{5.10y}$$

sendo z a profundidade a partir do topo da camada de argila, ℓ_m o máximo comprimento de drenagem (metade do comprimento do dreno, totalmente penetrante, no caso de dupla drenagem ou o próprio comprimento do dreno, no caso de drenagem simples) e q_w a capacidade de vazão do dreno sob gradiente hidráulico unitário. Observe na Eq. 5.10y[17] que a resistência hidráulica máxima é prevista ocorrer no meio do dreno (dupla drenagem) ou na extremidade inferior (drenagem simples pelo topo).

A estimativa do efeito *smear* (Eq. 5.10x) depende de dois parâmetros cuja avaliação é bastante incerta: a razão entre os coeficientes de permeabilidade k_r/k_s e a razão $s = r_s/r_w$ entre o raio da casca cilíndrica de solo amolgado e o raio do dreno vertical pré-fabricado. Esses parâmetros podem ser obtidos de ensaios especiais de laboratório [BERGADO et al. (1991), SATHANANTHAN e INDRARATNA (2006), CHAI et al. (2013), INDRARATNA et al. (2015), PAJOUH et al. (2016)] ou por retroanálises da evolução do recalque de adensamento primário medido em campo por instrumentação geotécnica, empregando métodos numéricos [BERGADO et al. (1993), CHAI et al. (1996, 2001), PAJOUH et al. (2013, 2014a, 2014b)] ou ajuste de curvas usando formulação analítica de recalque 1D [BERGADO et al. (1991, 1992), HIEP e CHUNG (2018)]. Em uma análise comparativa dos valores apresentados em 15 publicações, obtidos por meio de retroanálises, e outras 17 publicações, mediante interpretação de ensaios de laboratório, Iskandar et al. (2018) constataram que o raio r_s da zona de solo amolgado variou de 2 a 5 vezes o raio equivalente do mandril (retangular, circular) nas retroanálises de instrumentação de campo e de 2 a 6,3 em relação aos resultados de ensaios de laboratório.

Por outro lado, os mesmos pesquisadores verificam uma discrepância significativa em relação à razão entre coeficientes de permeabilidade k_r/k_s com variação entre 2 a 13,8, nas retronálises, e entre 1,03 a 3,13, nos ensaios de laboratório, o que foi atribuído à falta de padronização na execução dos ensaios, ao maior nível de perturbação do solo nas perfurações de campo e à dificuldade de ensaios de laboratório representarem situações de campo complexas.

Na prática da engenharia, as velocidades reais de adensamento geralmente diferem em relação às previstas, principalmente em decorrência das incertezas nos valores dos coeficientes de adensamento, de tal forma que a inclusão do efeito *smear* (Eq. 5.10x) é comumente desconsiderada.

Também é geralmente negligenciado o efeito da resistência hidráulica (Eq. 5.10y) com base na hipótese de que o dreno fornecerá um valor adequado de capacidade de vazão q_w. Em campo, no entanto, a vazão será provavelmente inferior àquela assegurada pelos fabricantes pois dependerá do nível das tensões laterais impostas pelo solo, que podem pressionar o filtro geossintético contra os canais de drenagem ou comprimir os próprios canais, além da possibilidade de o dreno sofrer dobramentos e torções causados por recalques da camada de solo ou infiltração de partículas de argila que provoquem o entupimento do filtro e canais.

Deve ser observado na Eq. 5.10y que a resistência hidráulica do dreno é controlada não apenas pela capacidade de vazão q_w mas também pelo coeficiente de permeabilidade do solo k_r e do comprimento máximo de drenagem ℓ_m. Para estimar a eficiência do dreno Mesri e Lo (1991) sugeriram um fator adimensional de vazão D (Eq. 5.10z) que reflete o fato de que quanto maior o coeficiente de permeabilidade do solo, ou o comprimento do dreno, então tanto maior deve ser a capacidade de vazão do dreno.

$$D = \frac{q_w}{k_h \ell_m^2} \tag{5.10z}$$

Mesri e Lo (1991) apresentaram análises provenientes da construção de três aterros, comparando a influência do fator de vazão no tempo necessário para atingir 95% do recalque de adensamento primário em

[17] A literatura (Onoue, 1988; Zeng e Xie, 1989) também apresenta definição de resistência hidráulica em termos do parâmetro $G = \frac{k_r}{k_w}\left(\frac{\ell_m}{d_w}\right)^2$ onde d_w e k_w são o diâmetro e o coeficiente de permeabilidade do dreno, respectivamente.

relação a uma condição de dreno ideal (q_w = 1000 m^3/ano). Os resultados indicaram que D = 5 pode ser considerado um valor limite, acima do qual a resistência hidráulica do dreno pode ser ignorada.

Holtz et al. (1991) avaliaram em ensaios de laboratório a capacidade de vazão de várias marcas comerciais de drenos sob diferentes tensões laterais e impondo compressão de até 20% do comprimento, o que resultou em drenos significativamente distorcidos. Desses ensaios, foi observado que a maioria dos drenos, mesmo bastante deformados, ainda apresentou valores $q_w > 150$ m^3/ano.

5.10.3 Drenos verticais com carregamento dependente do tempo

Drenos verticais são frequentemente utilizados em casos onde é importante garantir que uma parcela significativa do adensamento primário ocorra durante ou imediatamente após o período de construção. Logo, o tempo de construção t_c representa uma variável importante do projeto, podendo a hipótese de carregamento instantâneo levar a erros de previsão da velocidade de recalque.

Seguindo a mesma metodologia empregada na seção 5.4 para drenagem vertical, Olson (1977) obteve as Eq. 5.10A e 5.10B para determinação da porcentagem média de dissipação dos excessos de poropressão na direção radial, considerando a aplicação de um carregamento linearmente crescente, sem consideração do efeito *smear* e resistência hidráulica do dreno:

a) para $t \leq t_c$

$$U_r(T_r) = \frac{1}{T_{rc}}\left\{T_r - \frac{1}{A}[1 - \exp(-AT_r)]\right\} \tag{5.10A}$$

b) para $t > t_c$

$$U_r(T_r) = 1 - \frac{1}{AT_{rc}}[\exp(AT_{rc}) - 1]\exp(-AT_r) \tag{5.10B}$$

onde $A = 2/F_n$ com F_n definido pela Eq. 5.10t, $T_r = c_r t/R^2$ e $T_{rc} = c_r t_c/R^2$. A Fig. 5.40 mostra a variação de U_r versus T_r para um carregamento linearmente crescente, considerando drenos verticais com s =1, n = 5 e n = 10. Observe que nas Eq. 5.10A e 5.10B, bem como na Fig. 5.40, Olson (1977) definiu os fatores T_r e T_{rc} em função de R^2 enquanto que Barron (1948) e Hansbo (1981) utilizaram $4R^2$ na definição de T_r nas Eq. 5.10q e 5.10r.

5.10.4 Adensamento primário 1D com drenagem vertical e radial

Considerando a drenagem combinada e simultânea de fluxo nas direções vertical e radial, a equação diferencial governante do adensamento primário é expressa por

$$\frac{\partial u_e}{\partial t} = c_v\frac{\partial^2 u_e}{\partial z^2} + c_r\left(\frac{1}{r}\frac{\partial u_e}{\partial r} + \frac{\partial^2 u_e}{\partial r^2}\right) \tag{5.10C}$$

Carrillo (1942) obteve a solução da Eq. 5.10C como:

$$(1 - U) = (1 - U_v)(1 - U_r) \tag{5.10D}$$

onde U é a porcentagem média de dissipação dos excessos de poropressão considerando fluxos nas direções vertical e radial; U_v, a porcentagem média de dissipação dos excessos de poropressão devido ao fluxo na direção vertical (Eq. 5.3s, 5.3t, 5.3u para os casos I, II e III) e U_r, a porcentagem média de dissipação dos excessos de poropressão devido ao fluxo na direção radial (Eq. 5.10q).

Para carregamentos linearmente crescentes com o tempo, as porcentagens médias de dissipação dos excessos de poropressão nas direções vertical U_v (Eq. 5.4f, 5.4h) e radial U_r (Eq. 5.10A, 5.10B), podem ser empregadas para estimativa de U, conforme sugestão de Olson (1977). Embora a Eq. 5.10D seja estritamente válida para casos de carregamentos instantâneos, Zhu e Yin (2004) observaram que sua aplicação superestima U em menos de 3% para $T_c < 1{,}25$ e em menos de 9% para $T_c \leq 4$.

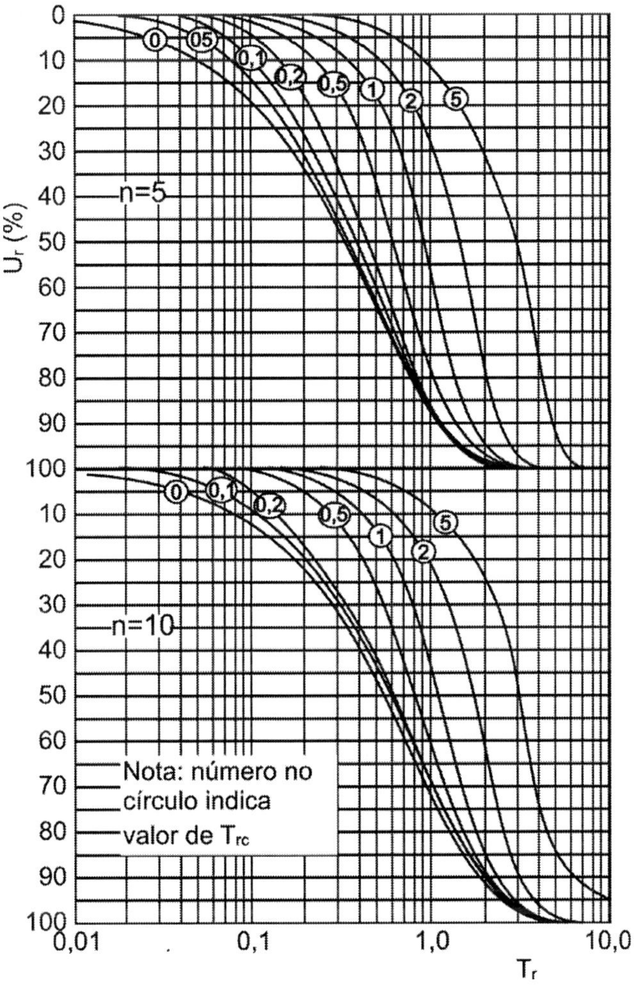

Figura 5.40 - Variação de U_r versus $T_r = c_r t/R^2$ para carregamento linearmente crescente, drenos verticais com s =1, n = 5, n = 10
Fonte: adaptado de Olson (1977)

5.11 PRÉ-CARREGAMENTO COM ATERRO TEMPORÁRIO

Um pré-carregamento consiste na aplicação de uma sobrecarga temporária Δq_s em uma camada de solo antes da construção da estrutura permanente. A intensidade do pré-carregamento deve ser suficiente para eliminar grande parte do recalque final de adensamento primário. Em solos pré-adensados, para que a técnica seja eficiente, é necessário ultrapassar o valor da tensão de pré-adensamento. Removido o carregamento temporário, com o solo na condição PA, pode-se esperar que os eventuais recalques de compressão secundária devam ser inferiores aos que aconteceriam com a camada de solo na condição NA.

Como vantagens principais do pré-carregamento são citadas:

a) para sua construção, apenas equipamentos convencionais de movimento de terra são necessários;
b) existe um longo histórico de casos de sucesso com a utilização dessa técnica;
c) podem apresentar uma relação custo-benefício bastante favorável em obras com pequenos carregamentos (rodovias, pisos de estabelecimentos comerciais como supermercados) desde que o material de aterro seja disponível.

Como desvantagens são mencionadas:

a) aterros devem estender-se horizontalmente além do perímetro planejado de construção, o que pode não ser possível em áreas confinadas;
b) podem necessitar do transporte de grandes quantidades de solo;
c) o período de permanência da sobrecarga pode atrasar o cronograma da construção; pré-carregamentos são geralmente projetados para durarem de três a nove meses e, no caso de depósitos de solo de grande espessura, esse tempo pode ser reduzido com a instalação simultânea de drenos verticais pré-fabricados.

O princípio da técnica de pré-carregamento está ilustrado na Fig. 5.41, na qual o carregamento temporário (Δq_s), que excede o carregamento permanente (Δq_f), é aplicado durante determinado tempo t_s. Considerando o caso de dupla drenagem, observa-se que, quando o carregamento temporário é removido, a região central da camada de argila adensou menos do que as regiões próximas aos contornos em $Z = 0$ e $Z = 2$ (Fig. 5.42). Se a porcentagem média de dissipação dos excessos de poropressão U_v for usada como critério de tempo para remoção de Δq_s, então a região central da camada continuará a adensar após a retirada do carregamento temporário, enquanto as regiões próximas às bordas irão expandir. Embora esses efeitos se contrabalancem, o recalque provavelmente excederá a expansão visto que o índice de compressão C_c é superior ao índice de recompressão / expansão C_r.

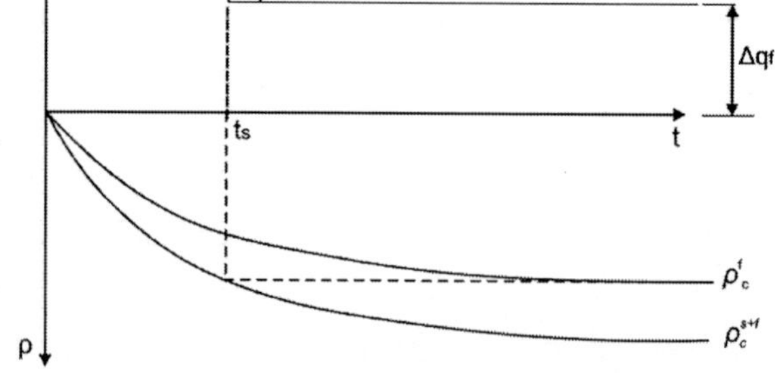

Figura 5.41 - Esquema de pré-carregamento temporário para acelerar recalque de adensamento primário
Fonte: autor

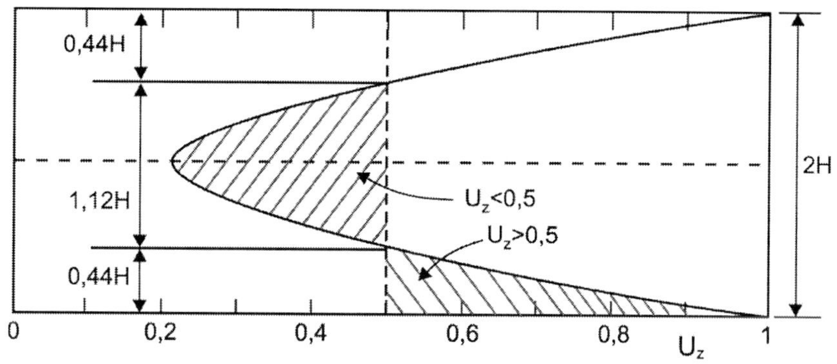

Figura 5.42 – Porcentagem de dissipação dos excessos de poropressão U_z com a profundidade no fator tempo $T_v = 0, 197$ (correspondente a $U_v = 0{,}5$)
Fonte: adaptado de Johnson (1970)

Johnson (1970) recomendou utilizar em pré-carregamento temporário a porcentagem de dissipação do excesso de poropressão no centro da camada ($U_{z=1}$) como critério de remoção do carregamento, mais conservador do que aquele baseado no valor médio U_v para toda a camada. Para uma camada de argila NA é, então, possível escrever em função do índice de compressão C_c que:

a) recalque final de adensamento primário devido aos carregamentos temporário e permanente $\Delta q_s + \Delta q_f$

$$\rho_c^{s+f} = -\frac{b_0}{1+e_0} C_c \log \frac{\sigma'_{v0} + \Delta q_s + \Delta q_f}{\sigma'_{v0}} \tag{5.11a}$$

b) recalque final de adensamento primário devido ao carregamento permanente Δq_f

$$\rho_c^{f} = -\frac{b_0}{1+e_0} C_c \log \frac{\sigma'_{v0} + \Delta q_f}{\sigma'_{v0}} \tag{5.11b}$$

onde σ'_{v0} é a tensão vertical efetiva inicial na profundidade correspondente a $Z = 1$.

No tempo t_s, o recalque devido ao carregamento $\Delta q_s + \Delta q_f$ iguala o recalque final devido ao carregamento Δq_f (Fig. 5.41), sendo possível definir a porcentagem de dissipação do excesso de poropressão no centro da camada como

$$\rho_c^{s+f}\big|_{t=t_s} = \rho_c^f \quad \rightarrow \quad U_{Z=1}^{s+f} \rho_c^{s+f} = \rho_c^f \tag{5.11c}$$

$$U_{Z=1}^{s+f} = \frac{-b_0 \times C_c \times \log\left(1 + \frac{\Delta q_f}{\sigma'_{v0}}\right)}{-b_0 \times C_c \times \log\left[1 + \frac{\Delta q_f}{\sigma'_{v0}}\left(1 + \frac{\Delta q_s}{\Delta q_f}\right)\right]} = \frac{\log\left(1 + \frac{\Delta q_f}{\sigma'_{v0}}\right)}{\log\left[1 + \frac{\Delta q_f}{\sigma'_{v0}}\left(1 + \frac{\Delta q_s}{\Delta q_f}\right)\right]} \tag{5.11d}$$

Com relação à utilização da Eq. 5.11d[18], duas situações podem ocorrer:

[18] Observe que a Eq. 5.11d pode ser substituída por equação para cálculo de recalque de adensamento primário em termos de outro parâmetro de compressibilidade, como m_v.

a) o valor da sobrecarga Δq_s é conhecido e pede-se calcular o tempo t_s de aplicação. Nesse caso, avaliar $U_{Z=1}^{s+f}$ como estimativa da porcentagem de dissipação do excesso de poropressão em $Z = 1$ (Eq. 5.11d), determinar em seguida o valor de T_v correspondente ao centro da camada com auxílio das isócronas da Fig. 5.3 e calcular o tempo t_s considerando a definição usual do fator tempo T_v (Eq. 5.2g).

b) o tempo t_s é conhecido e pede-se calcular o valor da sobrecarga Δq_s. Nesse caso, determinar o fator tempo T_v (Eq. 5.2g) e, em seguida, a porcentagem de dissipação do excesso de poropressão em $Z = 1$ das isócronas da Fig. 5.3[19] (ou com a Eq. 5.3h). Resolver a Eq. 5.11d para $\Delta q_s / \Delta q_f$ considerando σ'_{v0} a tensão vertical efetiva inicial no plano médio da camada.

5.12 PRINCÍPIO DAS TENSÕES EFETIVAS EM SOLO SATURADO

Considere um elemento de solo saturado de volume V e porosidade n submetido a um acréscimo isotrópico infinitesimal de tensão total $d\sigma$. Se não ocorrer fluxo da água presente nos vazios, haverá um acréscimo de poropressão dp[20]. Dois mecanismos básicos acontecem no carregamento não drenado desse elemento de solo: a) o acoplamento sólido-fluido, no qual uma variação de tensão produz variação da poropressão dp na massa de fluido presente nos poros; b) o acoplamento fluido-sólido no qual uma variação na pressão do fluido produz uma variação no volume do solo e das partículas que o constituem.

Para determinar a relação existente entre $d\sigma$ e dp, o carregamento também é dividido em dois estágios, considerando: a) o acréscimo de poropressão dp que produz variação de volume da água e das partículas sólidas; b) o acréscimo de tensão ($d\sigma - dp$) que produz uma variação do volume total do solo. A compatibilidade entre ambos os estágios requer que a variação do volume do solo seja igual à soma das variações de volume do fluido e das partículas sólidas.

No primeiro estágio, a variação de volume da água dV_w, que resulta da aplicação do incremento de poropressão dp no volume de água V_w, pode ser calculada a partir da definição do coeficiente de compressibilidade da água C_w, como feito anteriormente na Eq. 5.3a.

$$C_w = -\frac{dV_w/V_w}{dp} \tag{5.12a}$$

$$dV_w = -C_w V_w dp = -C_w V_v dp = -C_w nV dp \tag{5.12b}$$

O volume inicial das partículas sólidas é $V_g = (1 - n)V$ e a variação dV_g devido ao incremento de poropressão dp é dada por

$$dV_g = -C_g(1-n)V dp \tag{5.12c}$$

onde C_g é o coeficiente de compressibilidade das partículas que compõem o solo.

Mas a variação do volume das partículas sólidas provoca uma variação do volume de vazios; logo, uma variação dV do volume total do solo, que pode ser determinada como:

[19] Note que a utilização das isócronas da Fig. 5.3, ou a aplicação da Eq. 5.3h, implica na hipótese de carregamento instantâneo. Para carregamentos linearmente crescentes no tempo, considerar as Eq. 5.4d ou 5.4g.

[20] Na teoria 3D, a poropressão será designada por p enquanto o vetor de deslocamento das partículas sólidas será designado por $\bar{u}$.

$$dV = -C_g V dp \tag{5.12d}$$

No segundo estágio de carregamento, o acréscimo de tensão ($d\sigma$ - dp) leva a um aumento da tensão média que atua sobre as partículas sólidas ($d\sigma$ - dp)/(1- n), o que também causa uma variação no volume das partículas de acordo com

$$dV_g = -(1-n)C_g \frac{(d\sigma - dp)}{1-n} V = -C_g V(d\sigma - dp) \tag{5.12e}$$

Finalmente, a contribuição mais importante na variação do volume de um elemento de solo ocorre devido a deslizamentos e rolamentos de partículas sólidas, sendo determinada por

$$dV = -C_s V(d\sigma - dp) \tag{5.12f}$$

onde $C_s = 1/K$ é o coeficiente de compressibilidade do esqueleto sólido no estado 3D de deformação e K o respectivo módulo de variação volumétrica.

Como não há drenagem de água, a variação do volume do elemento de solo saturado deve ser igual à soma das variações de volume da água e das partículas sólidas, ou seja,

$$dV = dV_w + dV_g \quad \text{onde} \tag{5.12g}$$
$$dV = -C_g V dp - C_s V(d\sigma - dp) \tag{5.12h}$$
$$dV_w = -nC_w V dp \tag{5.12b}$$
$$dV_g = -(1-n)C_g V dp - C_g V(d\sigma - dp) \tag{5.12i}$$

Assim,

$$-C_g V dp - C_s V(d\sigma - dp) = -nC_w V dp - (1-n)C_g V dp - C_g V(d\sigma - dp) \tag{5.12j}$$

$$\frac{dp}{d\sigma} = \frac{C_s - C_g}{(C_s - C_g) + n(C_w - C_g)} \tag{5.12k}$$

A Eq. 5.12k, apresentada por Bishop (1973), é a expressão geral do parâmetro de poropressão B utilizado tradicionalmente na mecânica dos solos (SKEMPTON, 1954), agora incluindo a compressibilidade da partícula sólida C_g e a compressibilidade da água C_w.

O princípio das tensões efetivas para materiais saturados pode então ser escrito de forma generalizada como

$$d\sigma = d\sigma' + \alpha dp \tag{5.12ℓ}$$

onde $d\sigma$ é o incremento das tensões totais; $d\sigma'$ o incremento das tensões efetivas; dp, o incremento da poropressão e α o coeficiente de Biot.

Admitindo que o comportamento mecânico do esqueleto sólido é governado pela teoria da elasticidade linear, a variação de volume dV pode ser calculada como

$$dV = -C_s V d\sigma' = -C_s V(d\sigma - \alpha dp) \tag{5.12m}$$

Comparando as Eq. 5.12h e 5.12m, conclui-se que o coeficiente de Biot pode ser expresso por

$$\alpha = 1 - C_g/C_s \tag{5.12n}$$

Em solos admite-se geralmente que a compressibilidade das partículas sólidas é desprezível em relação à compressibilidade do esqueleto ($C_g/C_s \approx 0$), resultando, portanto, que $\alpha \approx 1$ e a Eq. 5.12ℓ reduz-se ao conhecido princípio das tensões efetivas de Terzaghi para solos saturados.

A teoria do adensamento primário foi desenvolvida por Terzaghi (1923, 1925), postulando que a deformação do material é causada pelo rearranjo das partículas (deslizamentos e rolamentos) e que a compressão do fluido presente nos vazios, bem como a compressão das partículas sólidas, pode ser ignorada. Essa hipótese, que representa uma boa aproximação do comportamento de materiais compressíveis como argilas e siltes, foi posteriormente removida por Biot (1941), conforme Eq. 5.12ℓ, para incluir o comportamento de materiais mais rígidos, como rochas porosas, por exemplo, de interesse no estudo de reservatórios na engenharia de petróleo.

5.13 TEORIA DO ADENSAMENTO 3D - FORMULAÇÃO ACOPLADA

A teoria do adensamento 1D de Terzaghi é um caso especial da teoria da poroelasticidade de Biot. Uma das dificuldades do engenheiro geotécnico para acompanhar o desenvolvimento da teoria da poroelasticidade deve-se, provavelmente, à diversidade de notações e da variedade de definições de parâmetros de acoplamento publicados na literatura, com o próprio Biot usando diferentes parâmetros em diferentes publicações (BIOT, 1941; BIOT e WILLIS, 1957). As equações da poroelasticidade foram reorganizadas por Rice e Cleary (1976), os quais utilizaram parâmetros constitutivos baseados nos comportamentos de curto (não drenado) e de longo (drenado) prazos do material. Nesta seção, a apresentação da teoria de Biot segue o desenvolvimento de Verruijt (2008, 2013), empregando variáveis e notações usualmente utilizadas na mecânica dos solos.

A teoria da poroelasticidade é fundamentada no acoplamento de dois sistemas de equações diferenciais parciais: a) as equações de equilíbrio do esqueleto sólido; b) as equações de conservação de massa de ambas as fases do solo saturado: água e partículas sólidas.

5.13.1 Conservação de massa da água

Considere um volume de controle V fixo no espaço, que contém solo saturado de porosidade n, massa específica da água ρ_w, massa específica das partículas sólidas ρ_g e poros interconectados através dos quais a água flui com velocidade média $\bar{v}$.

A massa de água no elemento é $m_w = n\rho_w V$. O acréscimo de massa dm_w no incremento de tempo dt é definido como a diferença entre os fluxos de massa nas faces de entrada e saída do volume de controle (Fig. 5.43) nas direções x, y, z dos eixos Cartesianos.

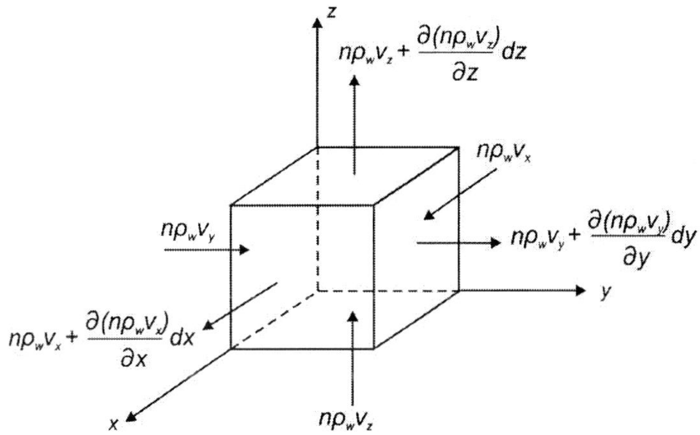

Figura 5.43 - Conservação da massa da água no volume de controle
Fonte: adaptado de Verruijt (2013)

$$\frac{\partial(n\rho_W V)}{\partial t} = \left\{n\rho_W v_x - \left[n\rho_W v_x + \frac{\partial(n\rho_W v_x)}{\partial x}dx\right]\right\}d_y d_z + \left\{n\rho_W v_y - \left[n\rho_W v_y + \frac{\partial\left(n\rho_W v_y\right)}{\partial y}dy\right]\right\}d_x d_z + \left\{n\rho_W v_z - \left[n\rho_W v_z + \frac{\partial(n\rho_W v_z)}{\partial z}dz\right]\right\}d_x d_y \tag{5.13a}$$

Considerando que o volume de controle $V = dxdydz$ é fixo, a equação de conservação de massa da água pode ser escrita como

$$\frac{\partial(n\rho_W)}{\partial t} + \frac{\partial}{\partial x}(n\rho_W v_x) + \frac{\partial}{\partial y}\left(n\rho_W v_y\right) + \frac{\partial}{\partial z}(n\rho_W v_z) = 0 \tag{5.13b}$$

ou, em notação vetorial,

$$\frac{\partial(n\rho_W)}{\partial t} + \overline{\nabla}.\ (n\rho_W \bar{v}) = 0 \tag{5.13c}$$

$$\rho_W \frac{\partial n}{\partial t} + n\frac{\partial \rho_W}{\partial t} + \rho_W \overline{\nabla}.\ (n\bar{v}) + n\bar{v}.\overline{\nabla}\rho_W = 0 \tag{5.13d}$$

Da definição da compressibilidade da água (Eq. 5.12a),

$$\frac{d\rho_W}{\rho_W} = -\frac{dV_W}{V_W} = C_W dp \quad \rightarrow \quad \frac{\partial \rho_W}{\partial t} = \rho_W C_W \frac{\partial p}{\partial t} \tag{5.13e}$$

Substituindo a Eq. 5.13e na Eq. 5.13d, e ignorando a contribuição do último termo da Eq. 5.13d relativo ao produto da velocidade pelo gradiente da massa específica da água, resulta então que

$$\frac{\partial n}{\partial t} + nC_W \frac{\partial p}{\partial t} + \overline{\nabla}.\ (n\bar{v}) = 0 \tag{5.13f}$$

No caso de fluxo permanente, problema independente do tempo, a equação da continuidade apresentada anteriormente (Eq. 2.3d) é recuperada.

5.13.2 Conservação de massa dos sólidos

De modo semelhante, com base na Eq. 5.13c, a equação de conservação da massa das partículas sólidas pode ser escrita como

$$\frac{\partial\left[(1-n)\rho_g\right]}{\partial t}+\overline{\nabla}.\left[(1-n)\rho_g\overline{w}\right]=0 \tag{5.13g}$$

onde $\overline{w}$ representa a velocidade média dos sólidos.

$$-\rho_g\frac{\partial n}{\partial t}+(1-n)\frac{\partial\rho_g}{\partial t}+\rho_g\overline{\nabla}.[(1-n)\overline{w}]+(1-n)\overline{w}.\overline{\nabla}\rho_g=0 \tag{5.13h}$$

Considerando a Eq. 5.12i,

$$\frac{dV_g}{V_g}=\frac{dV_g}{(1-n)V}=-C_g dp-\frac{C_g}{1-n}(d\sigma-dp) \tag{5.13i}$$

$$\frac{d\rho_g}{\rho_g}=-\frac{dV_g}{V_g}=\frac{C_g}{1-n}(d\sigma-ndp) \tag{5.13j}$$

$$\frac{\partial\rho_g}{\partial t}=\frac{\rho_g C_g}{1-n}\left(\frac{\partial\sigma}{\partial t}-n\frac{\partial p}{\partial t}\right) \tag{5.13k}$$

Introduzindo a Eq. 5.13k na Eq. 5.13h e novamente ignorando a contribuição do último termo da Eq. 5.13h relativo ao produto $(1-n)\overline{w}.\overline{\nabla}\rho_g$, obtém-se a equação de conservação de massa dos sólidos expressa por:

$$-\frac{\partial n}{\partial t}+C_g\left(\frac{\partial\sigma}{\partial t}-n\frac{\partial p}{\partial t}\right)+\overline{\nabla}.[(1-n)\overline{w}]=0 \tag{5.13ℓ}$$

A derivada no tempo da porosidade na equação de conservação de massa da água (Eq. 5.13f) e na equação de conservação de massa dos sólidos (Eq. 5.13ℓ) pode ser eliminada, somando ambas as equações:

$$\overline{\nabla}.\ \overline{w}+\overline{\nabla}.\ [n(\overline{v}-\overline{w})]+n\left(C_w-C_g\right)\frac{\partial p}{\partial t}+C_g\frac{\partial\sigma}{\partial t}=0 \tag{5.13m}$$

onde $n(\overline{v}-\overline{w})$ é a porosidade do solo multiplicada pela diferença da velocidade relativa da água em relação aos sólidos, o que representa a velocidade $\overline{q}$ da lei de Darcy.

$$\overline{q}=n(\overline{v}-\overline{w}) \tag{5.13n}$$

Descrevendo o deslocamento da partícula sólida por $\bar{u} = u_x\bar{\imath} + u_y\bar{\jmath} + u_z\bar{k}$ então sua velocidade média $\bar{w}$ é dada por:

$$\bar{w} = \frac{\partial u_x}{\partial t}\bar{\imath} + \frac{\partial u_y}{\partial t}\bar{\jmath} + \frac{\partial u_z}{\partial t}\bar{k} \qquad (5.13p)$$

Logo,

$$\bar{\nabla}.\bar{w} = \frac{\partial}{\partial t}\left(\frac{\partial u_x}{\partial x} + \frac{\partial u_y}{\partial y} + \frac{\partial u_z}{\partial z}\right) = \frac{\partial}{\partial t}\left(\varepsilon_{xx} + \varepsilon_{yy} + \varepsilon_{zz}\right) = \frac{\partial \varepsilon_{vol}}{\partial t} \qquad (5.13q)$$

onde ε_{vol} denota a deformação volumétrica da partícula.

A Eq. 5.13m, com base nas Eq. 5.13n e 5.13q, pode ser reescrita como:

$$\frac{\partial \varepsilon_{vol}}{\partial t} + n\left(C_w - C_g\right)\frac{\partial p}{\partial t} + C_g\frac{\partial \sigma}{\partial t} = -\bar{\nabla}.\ \bar{q} \qquad (5.13r)$$

Considerando o princípio das tensões efetivas (Eq. 5.12ℓ), a definição do coeficiente de Biot (Eq. 5.12n) e o coeficiente de compressibilidade do esqueleto $C_s = -d\varepsilon_{vol}/d\sigma'$ (Eq. 5.12m), obtém-se a equação de armazenamento (Eq. 5.13s):

$$\alpha\frac{\partial \varepsilon_{vol}}{\partial t} + S\frac{\partial p}{\partial t} = -\bar{\nabla}.\ \bar{q} \qquad (5.13s)$$

onde S é o armazenamento específico do poro definido por[21]

$$S = nC_w + (\alpha - n)C_g \qquad (5.13t)$$

A Eq. 5.13s é básica para a teoria do adensamento, pois indica que a variação de volume do solo saturado $(\partial\varepsilon_{vol}/\partial t)$ resulta de parcelas devido à compressão do fluido e das partículas sólidas e de um termo decorrente do fluxo de água dos vazios $(\bar{\nabla}.\ \bar{q})$. Da mesma maneira que na Eq. 5.12k, normalmente se considera na mecânica dos solos o caso especial de partículas sólidas incompressíveis $C_g = 0$ na Eq. 5.13t.

5.13.3 Lei de Darcy

De acordo com a lei de Darcy, em um meio isotrópico, a velocidade de fluxo $\bar{q}$ é obtida por

$$\bar{q} = -k\bar{\nabla}h = -k\bar{\nabla}\left(\frac{p}{\gamma_w} + z\right) \qquad (5.13u)$$

onde h é a carga hidráulica e z, a carga de elevação considerando um eixo vertical orientado para cima.

[21] Na Eq. 4.1c foi definido o armazenamento específico do solo (aquífero), considerando a compressibilidade da água e do esqueleto, mas ignorando a compressibilidade das partículas sólidas, como usual na mecânica dos solos.

$$q_x = -\frac{k}{\gamma_w}\left(\frac{\partial p}{\partial x}\right) \qquad q_y = -\frac{k}{\gamma_w}\left(\frac{\partial p}{\partial y}\right) \qquad q_z = -\frac{k}{\gamma_w}\left(\frac{\partial p}{\partial z} + \gamma_w\right) \tag{5.13v}$$

$$\overline{\nabla}.\overline{q} = \frac{\partial q_x}{\partial x} + \frac{\partial q_y}{\partial y} + \frac{\partial q_z}{\partial z} = -\frac{\partial}{\partial x}\left[\frac{k}{\gamma_w}\left(\frac{\partial p}{\partial x}\right)\right] - \frac{\partial}{\partial y}\left[\frac{k}{\gamma_w}\left(\frac{\partial p}{\partial y}\right)\right] - \frac{\partial}{\partial z}\left[\frac{k}{\gamma_w}\left(\frac{\partial p}{\partial z} + \gamma_w\right)\right] \tag{5.13w}$$

$$\overline{\nabla}.\overline{q} = -\overline{\nabla}.\left(\frac{k}{\gamma_w}\overline{\nabla}p\right) \tag{5.13x}$$

Substituindo a Eq. 5.13x na equação de armazenamento Eq. 5.13s, resulta

$$\alpha\frac{\partial \varepsilon_{vol}}{\partial t} + S\frac{\partial p}{\partial t} = \overline{\nabla}.\left(\frac{k}{\gamma_w}\overline{\nabla}p\right) \tag{5.13y}$$

Para um meio homogêneo com k e γ_w constantes,

$$\alpha\frac{\partial \varepsilon_{vol}}{\partial t} + S\frac{\partial p}{\partial t} = \frac{k}{\gamma_w}\nabla^2 p \tag{5.13z}$$

5.13.4 Equações de equilíbrio

Considere um elemento de solo de volume infinitesimal $V = dxdydz$ com comportamento tensão x deformação do esqueleto sólido descrito pela teoria da elasticidade linear. As equações diferenciais governantes (*field equations*) podem ser escritas (TIMOSHENKO, 1970; MEANS, 1976; MALVERN, 1977) como:

a) Equações de equilíbrio em termos de tensões totais

$$\left.\begin{aligned} \frac{\partial \sigma_{xx}}{\partial x} + \frac{\partial \sigma_{xy}}{\partial y} + \frac{\partial \sigma_{xz}}{\partial z} + f_x = 0 \\ \frac{\partial \sigma_{yx}}{\partial x} + \frac{\partial \sigma_{yy}}{\partial y} + \frac{\partial \sigma_{yz}}{\partial z} + f_y = 0 \\ \frac{\partial \sigma_{zx}}{\partial x} + \frac{\partial \sigma_{zy}}{\partial y} + \frac{\partial \sigma_{zz}}{\partial z} + f_z = 0 \end{aligned}\right\} \tag{5.13A}$$

onde f_x, f_y e f_z são as componentes das forças de corpo.

O equilíbrio de momentos (Eq. 5.13A é decorrente do equilíbrio de forças) implica na paridade das tensões de cisalhamento com $\sigma_{xy} = \sigma_{yx}$, $\sigma_{xz} = \sigma_{zx}$, $\sigma_{yz} = \sigma_{zy}$.

b) Relações deformação infinitesimal x gradiente de deslocamento

$$\left.\begin{array}{ll} \varepsilon_{xx} = \dfrac{\partial u_x}{\partial x} & \varepsilon_{xy} = \varepsilon_{yx} = \dfrac{1}{2}\left(\dfrac{\partial u_x}{\partial y} + \dfrac{\partial u_y}{\partial x}\right) \\ \varepsilon_{yy} = \dfrac{\partial u_y}{\partial y} & \varepsilon_{xz} = \varepsilon_{zx} = \dfrac{1}{2}\left(\dfrac{\partial u_x}{\partial z} + \dfrac{\partial u_z}{\partial x}\right) \\ \varepsilon_{zz} = \dfrac{\partial u_z}{\partial z} & \varepsilon_{yz} = \varepsilon_{zy} = \dfrac{1}{2}\left(\dfrac{\partial u_y}{\partial z} + \dfrac{\partial u_z}{\partial y}\right) \end{array}\right\} \qquad (5.13B)$$

c) Relação tensão efetiva x deformação (lei generalizada de Hooke) do esqueleto sólido

$$\left.\begin{array}{ll} \sigma'_{xx} = -\left(K - \dfrac{2}{3}G\right)\varepsilon_{vol} - 2G\varepsilon_{xx} & \sigma_{xy} = -2G\varepsilon_{xy} \\ \sigma'_{yy} = -\left(K - \dfrac{2}{3}G\right)\varepsilon_{vol} - 2G\varepsilon_{yy} & \sigma_{xz} = -2G\varepsilon_{xz} \\ \sigma'_{zz} = -\left(K - \dfrac{2}{3}G\right)\varepsilon_{vol} - 2G\varepsilon_{zz} & \sigma_{yz} = -2G\varepsilon_{yz} \end{array}\right\} \qquad (5.13C)$$

onde K é o módulo de deformação volumétrica do esqueleto sólido; G, o módulo de cisalhamento; $\varepsilon_{vol} = \varepsilon_{xx} + \varepsilon_{yy} + \varepsilon_{zz}$, a deformação volumétrica. O sinal negativo nas Eq. 5.13C é consistente com a convenção de sinais utilizada anteriormente na formulação 1D conforme Eq. 5.7d, 5.7e, 5.7g.

Considerando o princípio das tensões efetivas (Eq. 5.12ℓ), a lei generalizada de Hooke em termos de tensões totais pode ser reescrita como

$$\left.\begin{array}{ll} \sigma_{xx} = -\left(K - \dfrac{2}{3}G\right)\varepsilon_{vol} - 2G\varepsilon_{xx} + \alpha p & \sigma_{xy} = -2G\varepsilon_{xy} \\ \sigma_{yy} = -\left(K - \dfrac{2}{3}G\right)\varepsilon_{vol} - 2G\varepsilon_{yy} + \alpha p & \sigma_{xz} = -2G\varepsilon_{xz} \\ \sigma_{zz} = -\left(K - \dfrac{2}{3}G\right)\varepsilon_{vol} - 2G\varepsilon_{zz} + \alpha p & \sigma_{yz} = -2G\varepsilon_{yz} \end{array}\right\} \qquad (5.13D)$$

Substituindo as Eq. 5.13B nas Eq. 5.13D e, em seguida, as equações resultantes nas Eq. 5.13A, são obtidas as equações de equilíbrio em termos de deslocamentos (equações de Navier) para um meio poroso saturado:

$$\left.\begin{array}{l} \left(K + \dfrac{1}{3}G\right)\dfrac{\partial \varepsilon_{vol}}{\partial x} + G\dfrac{\partial^2 u_x}{\partial x^2} - \alpha\dfrac{\partial p}{\partial x} + f_x = 0 \\ \left(K + \dfrac{1}{3}G\right)\dfrac{\partial \varepsilon_{vol}}{\partial y} + G\dfrac{\partial^2 u_y}{\partial y^2} - \alpha\dfrac{\partial p}{\partial y} + f_y = 0 \\ \left(K + \dfrac{1}{3}G\right)\dfrac{\partial \varepsilon_{vol}}{\partial z} + G\dfrac{\partial^2 u_z}{\partial z^2} - \alpha\dfrac{\partial p}{\partial z} + f_z = 0 \end{array}\right\} \qquad (5.13E)$$

As Eq. 5.13E e 5.13y constituem as quatro equações diferenciais que governam o problema de poroelasticidade, com quatro incógnitas independentes (p, u_x, u_y, u_z) sujeitas às condições iniciais e de contorno do problema específico. Observe que, embora a Eq. 5.13y não seja estritamente exata, por incorporar um número de hipóteses (validade da lei de Darcy, água e partículas sólidas linearmente compressíveis, produtos entre termos que foram desprezados no desenvolvimento matemático), ainda assim ela representa um comportamento bastante realista do fluido e das partículas sólidas. O mesmo não se pode afirmar em relação à hipótese de elasticidade linear do esqueleto sólido, implícita nas Eq. 5.13E. Como bem conhece o engenheiro geotécnico, solos apresentam relação tensão x deformação não linear de natureza elastoplástica, com rigidez dependente do estado de tensão, da densidade relativa, da trajetória e da velocidade do carregamento etc., cuja descrição geral é ainda incompleta, apesar dos avanços na formulação de modelos constitutivos. A incorporação de um modelo elastoplástico não linear para representação do comportamento mecânico do esqueleto sólido, em substituição às Eq. 5.13E, requer uma solução numérica do problema, normalmente implementada com o método dos elementos finitos (LEWIS e SCHREFLER, 1998; ZIENKIEWICZ et al., 1999).

Na Engenharia Civil, a lei generalizada de Hooke é geralmente expressa em termos dos parâmetros E (módulo de Young) e ν (coeficiente de Poisson) embora seja preferível, na Engenharia Geotécnica, a utilização dos parâmetros K e G, porque suas definições estão diretamente relacionadas à deformação volumétrica e à deformação cisalhante do material, respectivamente. As relações entre as diversas constantes elásticas, incluindo as constantes de Lamé (λ e $\mu = G$) estão listadas na Tab. 5.12.

Tabela 5.12 - Relação entre constantes elásticas
Fonte: autor

Constantes	E	ν	λ	$G = \mu$	K
E, ν	---	---	$\frac{\nu E}{(1+\nu)(1-2\nu)}$	$\frac{E}{2(1+\nu)}$	$\frac{E}{3(1-2\nu)}$
E, λ	---	$\frac{-(E+\lambda)+\sqrt{(E+\lambda)^2+8\lambda^2}}{4\lambda}$	---	$\frac{(E-3\lambda)+\sqrt{(E-3\lambda)^2+8\lambda E}}{4}$	$\frac{(E+3\lambda)+\sqrt{(E+3\lambda)^2-4\lambda E}}{6}$
E, G	---	$\frac{E-2G}{2G}$	$\frac{(2G-E)G}{E-3G}$	---	$\frac{GE}{3(3G-E)}$
E, K	---	$\frac{3K-E}{6K}$	$\frac{3K(3K-E)}{9K-E}$	$\frac{3EK}{9K-E}$	---
ν, λ	$\frac{\lambda(1+\nu)(1-2\nu)}{\nu}$	---	---	$\frac{\lambda(1-2\nu)}{2\nu}$	$\frac{\lambda(1+\nu)}{3\nu}$
ν, G	$2G(1+\nu)$	---	$\frac{2G\nu}{1-2\nu}$	---	$\frac{2G(1+\nu)}{3(1-2\nu)}$
ν, K	$3K(1-2\nu)$	---	$\frac{3K\nu}{1+\nu}$	$\frac{3K(1-2\nu)}{2(1+\nu)}$	---
G, K	$\frac{9KG}{3K+G}$	$\frac{3K-2G}{2(3K+G)}$	$\frac{3K-2G}{3}$	---	---

Várias soluções analíticas de poroelasticidade foram publicadas na literatura, considerando principalmente a situação mais simples e de maior interesse prático na qual a água e as partículas sólidas são admitidas incompressíveis. As principais soluções referem-se aos seguintes problemas clássicos:

a) problema de Mandel - corpo retangular de solo saturado sujeito a um carregamento vertical uniformemente distribuído Δq, aplicado no topo por meio de uma placa rígida, sem atrito, impedido de deformar na direção perpendicular ao plano do problema (estado plano de deformação), com drenagem livre pelos contornos laterais (Fig. 5.44a). Solução analítica obtida por Mandel (1953), considerando incompressibilidade da água e das partículas sólidas, e por Cheng e Detournay (1988), admitindo água e partículas sólidas compressíveis.

b) problema de Cryer - corpo esférico de solo saturado, de raio a, sujeito a um carregamento radial uniformemente distribuído Δq com drenagem livre pela superfície (Fig. 5.44b). Solução analítica publicada por Cryer (1963), considerando incompressibilidade da água e das partículas sólidas, e por Verruijt (2013) admitindo a compressibilidade da água e das partículas sólidas.

c) problema de De Leeuw - corpo cilíndrico de solo saturado, de raio a, entre duas placas horizontais rígidas, sujeito a um carregamento radial uniformemente distribuído Δq (Fig. 5.44c). A superfície lateral do solo é circundada por uma camada de drenagem e, sobre ela, uma membrana impermeável externa tal que o carregamento radial é transmitido para o corpo de prova. Solução analítica obtida por De Leeuw (1965), considerando incompressibilidade da água e das partículas sólidas, e por Verruijt (2013) admitindo a compressibilidade da água e das partículas sólidas.

d) fundação corrida de largura $2a$, perfeitamente flexível, sujeita a um carregamento vertical uniformemente distribuído Δq sobre a superfície de um semiespaço de solo saturado. Solução analítica obtida por McNamee e Gibson (1960), considerando água e partículas sólidas incompressíveis, e por Verruijt (2013), admitindo a compressibilidade da água e das partículas sólidas.

e) fundação corrida de largura $2a$, perfeitamente flexível, sujeita a um carregamento vertical uniformemente distribuído Δq na superfície de uma camada de solo saturado assente sobre base impermeável lisa. Solução analítica obtida por Gibson, Schiffman e Pu (1970), considerando água e partículas sólidas incompressíveis, e por Verruijt (2013), admitindo a compressibilidade da água e das partículas sólidas.

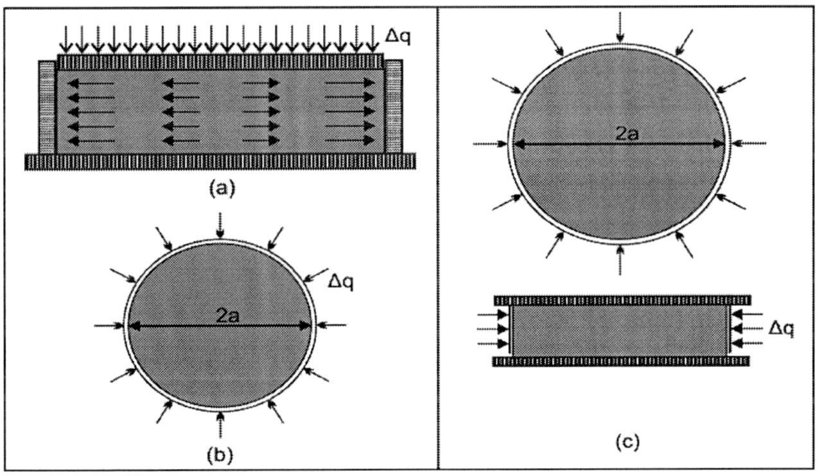

Figura 5.44 – (a) Problema de Mandel; (b) problema de Cryer; (c) problema de De Leeuw
Fonte: adaptado de Verruijt (2013)

5.14 TEORIA DO ADENSAMENTO 3D - FORMULAÇÃO DESACOPLADA

As equações da teoria da poroelasticidade são difíceis de serem resolvidas analiticamente, e certas hipóteses simplificadoras podem ser introduzidas para estudar, ainda que de maneira aproximada, o adensamento 3D de solos saturados. A deformação volumétrica do esqueleto sólido em função da tensão efetiva normal octaédrica, pode ser escrita como

$$\varepsilon_{vol} = -C_s\sigma'_{oct} = -C_s\frac{\sigma'_{xx} + \sigma'_{yy} + \sigma'_{zz}}{3} = -C_s(\sigma_{oct} - \alpha p) \quad (5.14a)$$

$$\frac{\partial\varepsilon_{vol}}{\partial t} = -C_s\frac{\partial\sigma_{oct}}{\partial t} + \alpha C_s\frac{\partial p}{\partial t} \quad (5.14b)$$

Rendulic (1936) admitiu a hipótese de tensão normal octaédrica total permanecer invariável no tempo, com a Eq. 5.14b simplificada para:

$$\frac{\partial\varepsilon_{vol}}{\partial t} = \alpha C_s\frac{\partial p}{\partial t} \quad (5.14c)$$

A Eq. 5.13y é então reescrita como uma equação de difusão 3D,

$$(\alpha^2 C_s + S)\frac{\partial p}{\partial t} = \overline{\nabla}.\left(\frac{k}{\gamma_w}\overline{\nabla}p\right) \quad (5.14d)$$

possibilitando o cálculo desacoplado da poropressão. O problema de deformação (Eq. 5.13E) é resolvido em seguida, com o gradiente da poropressão considerado como uma força de corpo conhecida.

Admitindo solo homogêneo com valor do coeficiente de permeabilidade k constante, a equação de difusão 3D é simplificada para

$$(\alpha^2 C_s + S)\frac{\partial p}{\partial t} = \frac{k}{\gamma_w}\nabla^2 p \quad \rightarrow \quad \frac{\partial p}{\partial t} = c_{v3}\nabla^2 p \quad (5.14e)$$

com coeficiente de adensamento c_{v3} definido por

$$c_{v3} = \frac{k}{\gamma_w(\alpha^2 C_s + S)} \quad (5.14f)$$

Se a água e partículas sólidas forem consideradas incompressíveis ($C_w = 0$, $C_g = 0$, $S = 0$, $\alpha = 1$), então

$$c_{v3} = \frac{k}{\gamma_w C_s} = \frac{kK}{\gamma_w} = \frac{kE}{3\gamma_w(1 - 2v)} \quad (5.14g)$$

onde K é o módulo de variação volumétrica; E, o módulo de Young e v, o coeficiente de Poisson do esqueleto sólido (ver relação entre K, E, v na Tab. 5.12).

No estado 1D de deformação, a deformação volumétrica é igual à deformação vertical,

$$\varepsilon_{vol} = \varepsilon_{zz} = -m_v \sigma'_{zz} = -m_v(\sigma_{zz} - \alpha p) \tag{5.14h}$$

$$\frac{\partial \varepsilon_{zz}}{\partial t} = -m_v \frac{\partial \sigma_{zz}}{\partial t} + \alpha m_v \frac{\partial p}{\partial t} \tag{5.14i}$$

onde m_v é o coeficiente de variação volumétrica.

Admitindo a tensão total σ_{zz} constante, a Eq. 5.13y é escrita como equação de difusão 1D

$$(\alpha^2 m_v + S)\frac{\partial p}{\partial t} = \overline{\nabla}.\left(\frac{k}{\gamma_w}\overline{\nabla} p\right) \tag{5.14j}$$

Para solo homogêneo com coeficiente de permeabilidade k constante,

$$(\alpha^2 m_v + S)\frac{\partial p}{\partial t} = \frac{k}{\gamma_w}\nabla^2 p \tag{5.14k}$$

$$\frac{\partial p}{\partial t} = c_v \nabla^2 p \tag{5.14ℓ}$$

com o coeficiente de adensamento 1D definido por

$$c_v = \frac{k}{\gamma_w(\alpha^2 m_v + S)} \tag{5.14m}$$

Admitindo a água e partículas sólidas incompressíveis ($C_w = 0$, $C_g = 0$, $S = 0$, $\alpha = 1$), recupera-se a formulação da teoria 1D de Terzaghi,

$$c_v = \frac{k}{\gamma_w m_v} = \frac{kM}{\gamma_w} = \frac{kE(1-v)}{\gamma_w(1+v)(1-2v)} \tag{5.14n}$$

onde M é o módulo de compressão confinada (Eq. 5.7m).

A Eq. 5.14d governa a chamada teoria do adensamento pseudo 3D (SCHIFFMAN et al., 1969) na qual, em virtude do desacoplamento entre o comportamento hidráulico e mecânico, não se consegue representar algumas características do adensamento verdadeiramente 3D como o efeito Mandel-Cryer (MANDEL, 1953; CRYER, 1963) onde a poropressão aumenta em certos pontos do solo nos primeiros tempos do adensamento, em vez do esperado decréscimo[22]. Esse comportamento pode ser visualizado na Fig. 5.45, que mostra a variação no tempo das razões de tensão octaédrica total, de tensão octaédrica efetiva e de poropressão em um ponto (x/a = 0, z/a = 0,5) situado sob o eixo de uma fundação corrida perfeitamente flexível, de largura $2a$ e uniformemente carregada, no estado plano de deformação. O fator tempo é definido

[22] No caso 4 da Fig. 5.11, o acréscimo de poropressão junto à base impermeável na teoria 1D é devido à condição de contorno.

como $\tau = c_v t/a^2$ com $c_v = Mk/\gamma_w$ onde M é o módulo de compressão confinada com coeficiente de Poisson do esqueleto sólido $\nu = 0$.

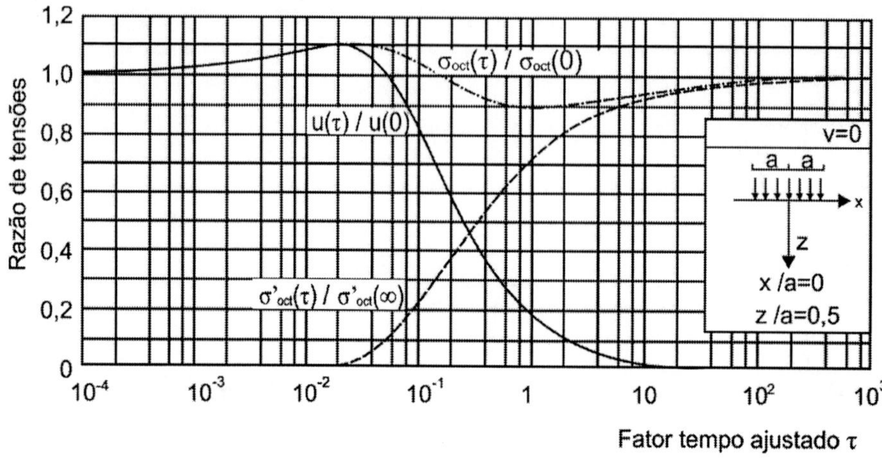

Figura 5.45 – Variação das razões de tensão durante o adensamento primário pela teoria pseudo 3D
Fonte: adaptado de Schiffman et al. (1969)

Diferenças do comportamento previsto pelas formulações acoplada e desacoplada dependem de cada situação. De maneira geral, uma análise desacoplada pode ser considerada uma boa aproximação do problema poroelástico, reconhecendo-se que erros locais podem ocorrer, principalmente nos primeiros tempos de análise do adensamento primário.

Para problemas nos quais as partículas sólidas e a água são consideradas incompressíveis ($C_w = 0$, $C_g = 0$, $S = 0$, $\alpha = 1$), várias soluções foram publicadas na literatura com a formulação desacoplada, obtidas analiticamente (VERIGIN, 1965), numericamente pelo método das diferenças finitas (GIBSON e LUMB, 1953; KOPPULA e MORGENSTERN, 1972), experimentalmente pelo método da analogia elétrica (BERNELL e NILSSON, 1957). Na próxima seção são descritos alguns resultados obtidos por Davis e Poulos (1968, 1972) para previsão do recalque de fundações superficiais pela teoria pseudo 3D.

5.14.1 Método de Davis e Poulos para recalque de fundações superficiais

Davis e Poulos (1968) empregaram a teoria da elasticidade linear para cálculo do recalque de fundações superficiais sobre uma camada de argila saturada,

$$\rho^{3D} = \rho_u^{3D} + \rho_c^{3D} \tag{5.14p}$$

onde ρ^{3D}, ρ_u^{3D} e ρ_c^{3D} representam o recalque total, recalque não drenado e recalque de adensamento primário da fundação, respectivamente.

Para uma camada de solo homogêneo, os valores do recalque total e não drenado podem ser determinados diretamente da formulação da teoria da elasticidade linear,

$$\rho^{3D} = I\frac{B\Delta q}{E} \tag{5.14q}$$

$$\rho_u^{3D} = I\frac{B\Delta q}{E_u} \tag{5.14r}$$

ou, pelo método indireto de cálculo de recalques, como

$$\rho^{3D} = \sum_{j=1}^{n} b_{0j}\frac{1}{E_j}\left[\sigma_{zz} - v_j\left(\sigma_{xx} + \sigma_{yy}\right)\right] \tag{5.14s}$$

$$\rho_u^{3D} = \sum_{j=1}^{n} b_{0j}\frac{1}{E_{uj}}\left[\sigma_{zz} - 0{,}5\left(\sigma_{xx} + \sigma_{yy}\right)\right] \tag{5.14t}$$

onde B é uma dimensão da fundação (largura ou diâmetro); I, um fator de influência dependente do coeficiente de Poisson; E e E_u, os valores do módulo de elasticidade nas condições drenada e não drenada, respectivamente; Δq, o carregamento uniformemente distribuído suportado pela fundação; b_{0j}, a espessura da subcamada de solo j.

Expressões para as distribuições de tensões (Eq. 5.14s e 5.14t) e dos fatores de influência I (Eq. 5.14q e 5.14r) podem ser encontradas em Poulos e Davis (1974) para fundações superficiais, circulares ou corridas, perfeitamente flexíveis ou infinitamente rígidas.

Poulos e Davis (1968) determinaram as componentes de tensão nas Eq. 5.14s e 5.14t considerando, em ambos os casos, o valor do coeficiente de Poisson $v_u = 0{,}5$. Embora se reconheça que as tensões variem à medida que o adensamento ocorre, com $v_u \rightarrow v$, essa hipótese é condizente com a formulação desacoplada, na qual se admite que as tensões totais octaédricas permanecem constantes.

No tempo t após a aplicação do carregamento, o recalque total ρ_t^{3D} é calculado como:

$$\rho_t^{3D} = \rho_u^{3D} + U_\rho^{3D}\rho_c^{3D} \tag{5.14u}$$

onde U_ρ^{3D} é a porcentagem de recalque, um valor diferente da porcentagem média de dissipação de poropressão U^{3D}.

Não há como obter U_ρ^{3D}por meio da solução da equação de difusão (Eq. 5.14d). Davis e Poulos (1972) sugeriram, a partir dos resultados de McNamee e Gibson (1960), que para fins de engenharia uma estimativa da porcentagem de recalque U_ρ^{3D}poderia ser feita com as respectivas soluções de porcentagem média de dissipação dos excessos de poropressão U^{3D}, porém empregando na relação U^{3D} versus T_v o valor do fator tempo obtido com o coeficiente de adensamento c_v da teoria 1D (Eq. 5.14n).

Posteriormente, Poulos (1999, 2000), com base nos resultados das mesmas análises de adensamento pseudo 3D de fundações superficiais (DAVIS e POULOS, 1972), propôs a utilização da teoria convencional 1D para cálculo da porcentagem de recalque de fundações superficiais considerando um coeficiente de adensamento equivalente c_{ve}, calculado pelo produto do coeficiente de adensamento c_v da formulação 1D por um fator de correção R_f:

$$c_{ve} = R_f c_v \tag{5.14v}$$

Valores de R_f em função da espessura da camada de solo, normalizados em relação à semilargura da fundação (circular ou corrida), foram apresentados para três casos de condições de contorno (Fig. 5.46): a)

PTPB - topo permeável, base permeável; b) PTIB - topo permeável, base impermeável; c) IFPB - fundação impermeável, base permeável.

À medida que a espessura da camada cresce em relação à largura da fundação, o fator de correção R_f também aumenta, evidenciando uma aceleração da velocidade de recalque devido à contribuição da dissipação dos excessos de poropressão por drenagem horizontal. Poulos (1999, 2000) reportou que a introdução do coeficiente de adensamento equivalente na formulação de Terzaghi produz resultados satisfatórios na previsão da velocidade de recalque de fundações superficiais, e que essa adaptação pode ser utilizada pelo engenheiro geotécnico quando uma solução específica de adensamento 3D[23] (formulação acoplada ou desacoplada) não esteja disponível ou seja difícil de ser conseguida.

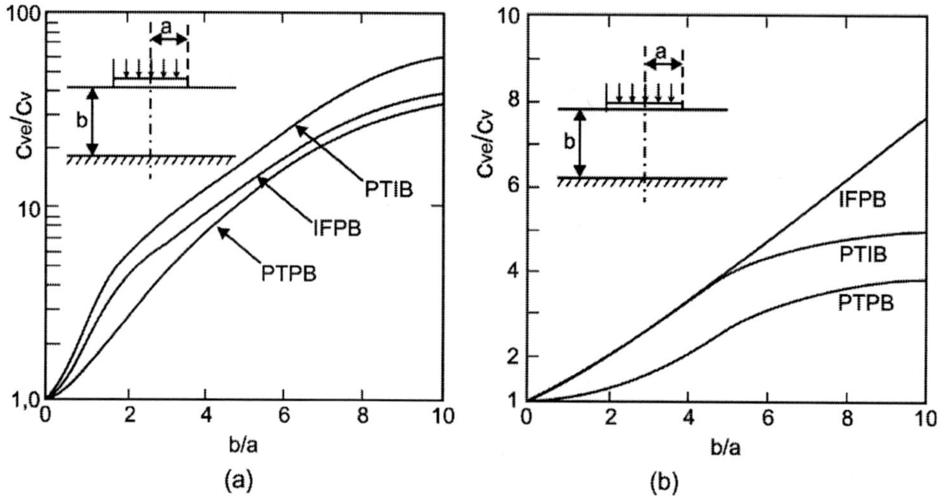

Figura 5.46 – Fator de correção $R_f = c_{ve}/c_v$ para fundação perfeitamente flexível: (a) circular (b) corrida
Fonte: adaptado de Poulos (1999).

Da comparação entre previsões de recalque de fundações superficiais obtidas pelas teorias 1D e 3D (formulação desacoplada) e de resultados experimentais de campo, Poulos (1999, 2000) também destacou que:

a) Davis e Poulos (1968) constataram que o recalque final de adensamento primário 1D (ρ_c^{1D}) fornece uma aproximação, com erro relativo inferior a 20%, do recalque total 3D (ρ^{3D}) para solos pré-adensados (PA) ou normalmente adensados (NA) com coeficiente de Poisson $\nu \leq 0{,}35$;

b) Burland et al. (1977) observaram experimentalmente que o recalque final de adensamento primário 1D (ρ_c^{1D}) pode ser uma boa aproximação do recalque total 3D (ρ^{3D}) em solos PA. Para solos NA, devido à ocorrência de deformações plásticas na parcela de recalque não drenado, o recalque final de adensamento primário 1D (ρ_c^{1D}) pode ser considerado uma boa aproximação do recalque final de adensamento 3D (ρ_c^{3D});

c) Davis e Poulos (1968) concluíram teoricamente, com o modelo elástico linear, que em solos PA a parcela do recalque não drenado (ρ_u^{3D}) é bastante significativa em relação ao recalque total 3D (ρ^{3D}) .

[23] Como no método de Skempton e Bjerrum (1957), trata-se de solução 2D para casos de axissimetria (fundação circular) e estado plano de deformação (fundação corrida).

Com base nessas observações, Poulos (1999, 2000) sugeriu as seguintes recomendações de ordem prática para estimativa de recalques 3D a partir dos valores determinados pela teoria 1D:

i) Para argilas pré-adensadas (PA)

$$\rho^{3D} \approx \rho_c^{1D} \qquad \rho_c^{3D} = \rho^{3D} - \rho_u^{3D} \approx \rho_c^{1D} - \rho_u^{3D} \qquad (5.14x)$$

ii) Para argilas normalmente adensadas (NA)

$$\rho_c^{3D} \approx \rho_c^{1D} \qquad \rho^{3D} = \rho_u^{3D} + \rho_c^{3D} \approx \rho_u^{3D} + \rho_c^{1D} \qquad (5.14y)$$

EXERCÍCIOS RESOLVIDOS

1) Um ensaio de adensamento com dupla drenagem foi feito com um corpo de prova de argila com espessura inicial de 2 cm. Os valores listados abaixo referem-se aos resultados medidos em dois incrementos de carregamento. Pede-se determinar os valores do excesso de poropressão no centro do corpo de prova e da espessura do mesmo quando a leitura do extensômetro é 0,696 cm.

Carregamento (kPa)	Leitura do extensômetro (cm)	Índice de vazios e
0	---	---
160	0,769	0,815
320	0,665	0,710

Porcentagem média de dissipação dos excessos de poropressão U_v quando a leitura do extensômetro é igual a 0,696 cm (segundo incremento de carregamento)

$$U_v = \frac{\rho_t}{\rho_c} = \frac{0{,}696 - 0{,}769}{0{,}665 - 0{,}769} = 0{,}70$$

Cálculo do fator tempo T_v para $U_v > 0{,}60$

$$T_v = -0{,}933\log(1 - U_v) - 0{,}085 = -0{,}933\log(1 - 0{,}70) - 0{,}085$$
$$T_v = 0{,}403$$

No centro do corpo de prova ($Z = 1$), para $T_v = 0{,}403$, determina-se aproximadamente das isócronas da Fig. 5.3 o valor $U_z = 0{,}53$. Para $u_0 = \Delta q = 320 - 160 = 160$ kPa, resulta

$$U_z = 1 - \frac{u_e}{u_0} \quad \rightarrow \quad u_e = (1 - U_z)u_0 = (1 - 0{,}53) \times 160$$
$$u_e = 75{,}2 \text{ kPa}$$

O índice de vazios inicial e_0 e a leitura inicial do extensômetro ℓ_0 podem ser estimados a partir da Eq. 5.8d do cálculo do recalque final de adensamento primário. Para o primeiro incremento de carregamento,

$$\rho_c = b_0 \frac{\Delta e}{1 + e_0} \quad \rightarrow \quad 0{,}769 - \ell_0 = 2 \times \frac{0{,}815 - e_0}{1 + e_0} \qquad \text{(e1.a)}$$

e para o segundo incremento de carregamento

$$\rho_c = b_0 \frac{\Delta e}{1 + e_0} \quad \rightarrow \quad 0{,}665 - \ell_0 = 2 \times \frac{0{,}710 - e_0}{1 + e_0} \qquad \text{(e1.b)}$$

Resolvendo as Eq. e1.a e e1.b resulta

$e_0 = 1{,}02 \qquad \ell_0 = 0{,}971\text{cm}$

A espessura b_1 do corpo de prova quando a leitura do extensômetro é 0,696 cm pode ser obtida como

$$\Delta\ell = b_1 - b_0 = 0{,}696 - 0{,}971 \;\rightarrow\; b_1 = 2 + (0{,}696 - 0{,}971) = 1{,}725 \text{ cm}$$

2) Um aterro granular de 6 m de largura e de grande comprimento foi construído sobre uma camada de argila de 3 m de espessura sobrejacente a uma rocha impermeável. O nível d'água situa-se 0,5 m abaixo da superfície do terreno. Se o aterro aplica uma sobrecarga de 75 kPa na superfície do terreno, e a argila encontra-se saturada acima do nível d'água, pede-se calcular, considerando o peso específico da água $\gamma_w = 10$ kN/m^3:

a) o recalque final de adensamento primário da camada de argila pela teoria 1D, considerando as seguintes propriedades:

Índice de vazios no centro da camada	0,8
Densidade dos grãos G_s	2,6
Razão de pré-adensamento OCR	4
Índice de compressão C_c	0,21
Índice de recompressão C_r	0,035
Parâmetro de poropressão A	0

Peso específico saturado da argila

$$\gamma_{sat} = \frac{G_s + Se}{1 + e}\gamma_w = \frac{2{,}6 + 1 \times 0{,}8}{1 + 0{,}8} \times 10 = 18{,}9 \text{ kN/m}^3$$

Tensão vertical efetiva inicial no centro da camada de argila

$$\sigma'_{v0} = \gamma_{sat} \times 1{,}5 - \gamma_w \times 1{,}0 = 18{,}35 \text{ kPa}$$

Tensão de pré-adensamento

$$\text{OCR} = \frac{\sigma'_{vm}}{\sigma'_{v0}} = 4 \quad \Rightarrow \quad \sigma'_{vm} = 4 \times 18{,}35 = 73{,}4 \text{ kPa}$$

Tensão vertical efetiva final após carregamento [24]

$$\sigma'_{vf} = \sigma'_{v0} + \Delta\sigma'_v = 18{,}35 + 75 = 93{,}35 \text{ kPa}$$

[24] O acréscimo de tensão poderia ter sido calculado no centro da camada de argila considerando carregamento superficial distribuído numa faixa de 6 m de largura. Como o problema não forneceu gráficos (ou formulação) para a avaliação deste acréscimo, considere $\Delta\sigma'_v \cong 75$ kPa.

Como $\sigma'_{vf} > \sigma'_{vm}$, então o recalque deverá ser calculado como a soma das seguintes parcelas:

$$\rho_c = -\frac{b_0}{1+e_0}\left[C_r \log\left(\frac{\sigma'_{vm}}{\sigma'_{v0}}\right) + C_c \log\left(\frac{\sigma'_{vf}}{\sigma'_{vm}}\right)\right]$$

$$\rho_c = -\frac{3}{1+0{,}8}\left[0{,}035 \times \log\left(\frac{73{,}4}{18{,}35}\right) + 0{,}21 \times \log\left(\frac{93{,}35}{73{,}4}\right)\right] = -0{,}07 \text{ m}$$

b) Que valor do módulo de Young E seria necessário para estimar o mesmo valor de recalque pela teoria da elasticidade linear considerando coeficiente de Poisson $\nu = 0{,}2$? As constantes elásticas referem-se ao esqueleto sólido.

$$\rho_c = -b_0 \frac{1}{M} \Delta\sigma'_v \qquad \Rightarrow \qquad M = \frac{-3 \times 75}{-0{,}07} = 3214 \text{ kPa}$$

$$M = \frac{E(1-\nu)}{(1+\nu)(1-2\nu)} \qquad \Rightarrow \qquad E = \frac{3214 \times 1{,}2 \times 0{,}6}{0{,}8} = 2893 \text{ kPa}$$

c) Discuta sobre a utilização da teoria da elasticidade linear na avaliação do recalque final de adensamento primário.

Um cálculo de recalque pela teoria da elasticidade linear, considerando único valor do módulo de compressão confinada M, não reproduz o comportamento não linear do solo pré-adensado no intervalo de tensões de interesse, caracterizado por dois parâmetros (C_c e C_r). Como C_c e C_r variam com a tensão vertical efetiva, a teoria da elasticidade linear poderia ter sido empregada para estimativa do recalque com uma formulação em módulos variáveis, determinando os valores do módulo de compressão confinada M com base na tensão média de cada intervalo de tensão considerado, de acordo com as relações entre os parâmetros de compressibilidade listados na Tab. 5.6.

d) o recalque final de adensamento primário da camada de argila pelo método de Skempton-Bjerrum.

O problema também não satisfaz completamente o estado de deformação 1D (carregamento com 6 m de largura). Uma estimativa do recalque final de adensamento primário pelo método de Skempton e Bjerrum (1957), pode ser feita com o fator de correção do recalque $\mu = 0{,}63$ obtido para $b_0/B = 0{,}5$ e A = 0 no gráfico da Fig. 5.26.

$$\rho_c^{SB} = \mu^{corrida} \rho_c^{1D} = -0{,}64 \times 0{,}07 = -0{,}044 \text{ m}$$

3) Pretende-se construir um edifício em um local onde passa um duto enterrado contendo cabos de grande sensibilidade. O projeto prevê uma fundação retangular (Fig. 5.47) que transmite um carregamento uniforme de 220 kPa na superfície do solo. O solo consiste de 2 m de areia sobre um depósito de argila de 5 m de espessura sobrejacente a rocha sã. O duto está enterrado no meio da camada de argila, conforme mostra o corte vertical da Fig. 5.48. O nível d´água coincide com o topo da camada de argila. A areia está seca com peso específico γ_d = 15 kN/m^3 e a argila apresenta γ_{sat} = 18 kN/m^3, C_r = 0,1, C_c = 0,5 e OCR = 3. Para ambos os solos a densidade dos grãos é G_s = 2,6. Pede-se determinar, considerando peso específico da água γ_w = 10 kN/m^3:

a) o recalque final de adensamento primário nos pontos A, B e C do duto pela teoria 1D;

b) se o recalque pode causar algum dano ao duto enterrado admitindo que a máxima distorção angular permitida ao duto é 0,005.

Índice de vazios inicial na camada de argila

$$\gamma_{sat} = \frac{G_s + Se}{1+e}\gamma_w \quad \rightarrow \quad 18 = \frac{2{,}6 + 1 \times e}{1+e} \times 10 \quad \rightarrow \quad e \ = 1$$

Observe que o recalque do duto é produzido pelas deformações verticais da subcamada de argila entre as profundidades 4,5 m < z < 7 m (Fig. 5.48).

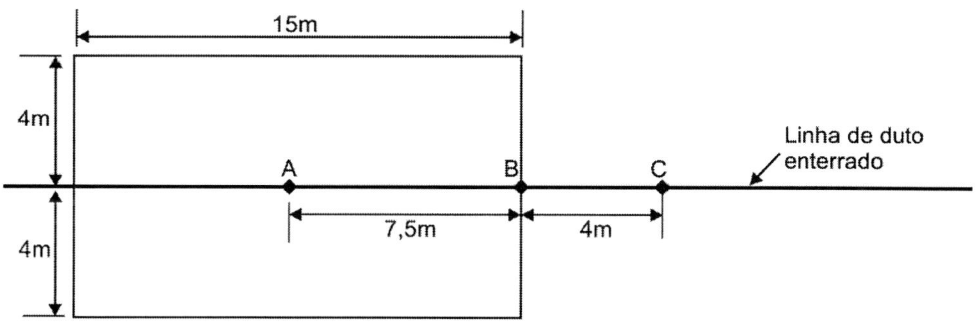

Figura 5.47 – Planta da fundação superficial retangular
Fonte: autor

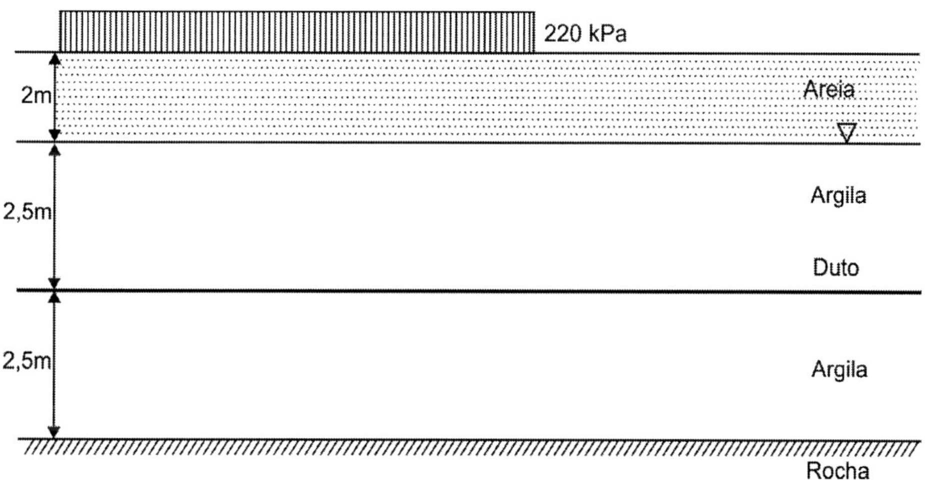

Figura 5.48 - Corte do perfil de solo
Fonte: autor

Tensão vertical efetiva inicial na profundidade média z = 5,75 m desta subcamada,

$$\sigma'_{v0} = \sigma_{v0} - u_0 = 15 \times 2 + 18 \times 3{,}75 - 10 \times 3{,}75 = 60 \text{ kPa}$$
$$\sigma'_{vm} = \sigma'_{v0} \times \text{OCR} = 60 \times 3 = \ 180 \ \text{ kPa}$$

a.1) Acréscimo de tensão vertical sob o ponto A (Fig. 5.49)

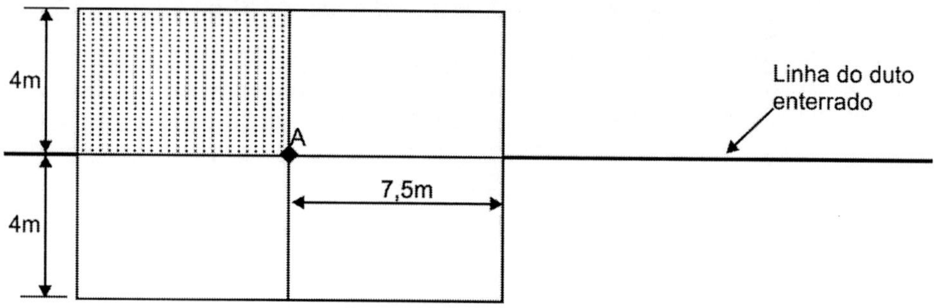

Figura 5.49 – Localização do ponto A no canto de 4 subáreas retangulares (7,5m x 4m)
Fonte: autor

Do gráfico de Fadum (Fig. 5.50)[25] ou Quadro 5.1 ou pela expressão analítica do fator de influência $f(m,n)$[26]

$$f(m,n) = \frac{1}{4\pi}\left[\frac{2mn\sqrt{m^2+n^2+1}}{m^2+n^2+m^2n^2+1}\left(\frac{m^2+n^2+2}{m^2+n^2+1}\right) + tan^{-1}\left(\frac{2mn\sqrt{m^2+n^2+1}}{m^2+n^2-m^2n^2+1}\right)\right]$$

considerando

$$mz = 4 \qquad m = \frac{4}{5{,}75} = 0{,}7 \qquad nz = 7{,}5 \qquad n = \frac{7{,}5}{5{,}75} = 1{,}3$$

resulta $f(m,n) = 0{,}16$

$$\Delta\sigma'_v = 4 \times \Delta q \times f(m,n) = 4 \times 220 \times 0{,}16 = 140{,}8 \text{ kPa}$$
$$\sigma'_{vf} = \sigma'_{v0} + \Delta\sigma'_v = 60 + 140{,}8 = 200{,}8 \text{ kPa}$$

Como $\sigma'_{vf} > \sigma'_{vm}$ então o recalque deve ser calculado como a soma das seguintes parcelas:

$$\rho_c = -\frac{b_0}{1+e_0}\left[C_r\log\left(\frac{\sigma'_{vm}}{\sigma'_{v0}}\right) + C_c\log\left(\frac{\sigma'_{vf}}{\sigma'_{vm}}\right)\right]$$
$$\rho_c = -\frac{2{,}5}{1+1}\left[0{,}1 \times \log\left(\frac{180}{60}\right) + 0{,}5 \times \log\left(\frac{200{,}8}{180}\right)\right] = -0{,}09\,m$$

[25] Embora o perfil apresente duas camadas de diferentes solos, a solução elástica utilizada na solução desse problema admite o maciço de solo como homogêneo.

[26] De acordo com Bowles (1996), na função $f(m,n)$ quando o denominador do arco tangente $m^2+n^2-m^2n^2+1 < 0$ a constante π deve ser adicionada.

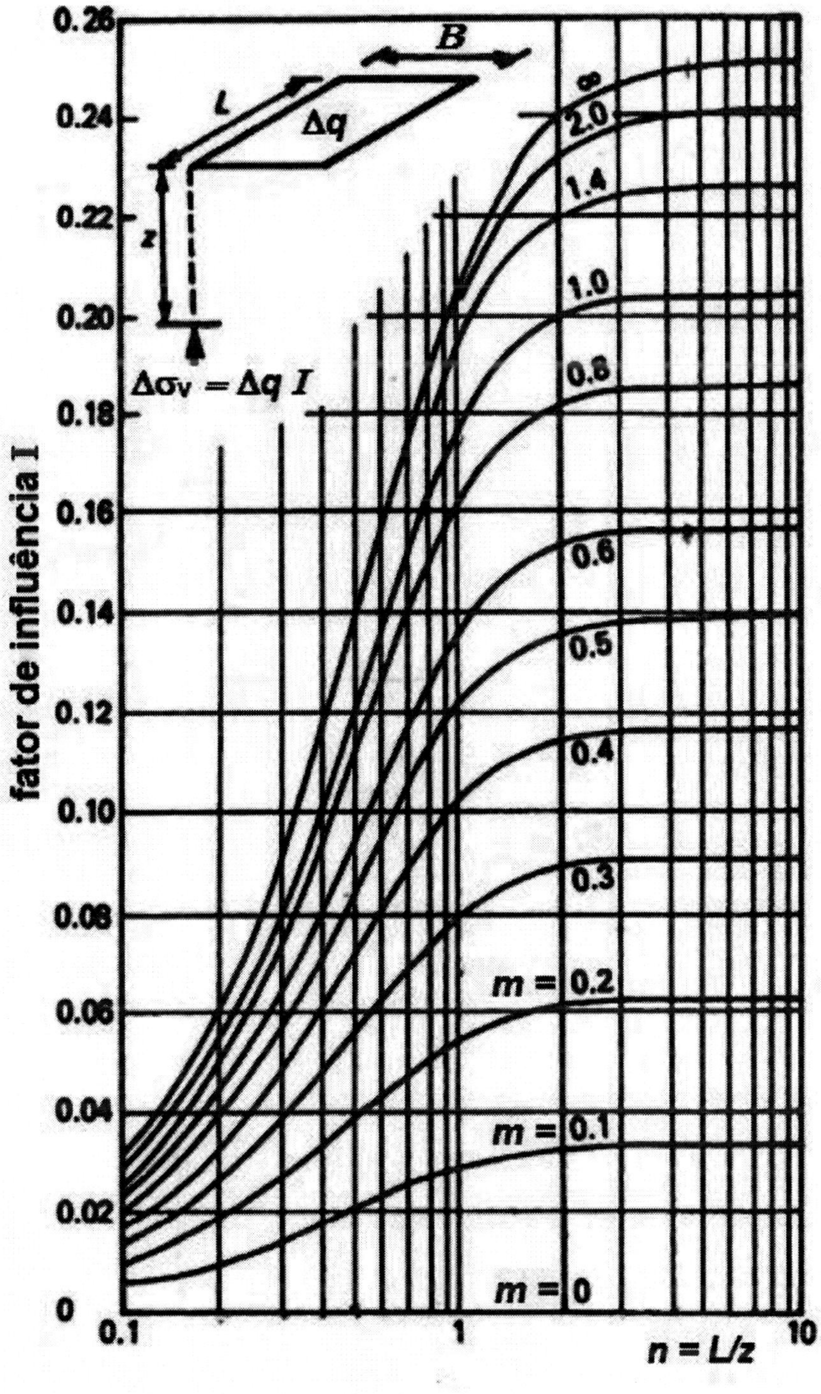

Figura 5.50 –Fator de influência $I = f(m, n)$ para cálculo do acréscimo de tensão vertical $\Delta\sigma_v = q\ I$ na profundidade z abaixo do canto de uma área retangular com carregamento uniforme Δq.
Os valores de $n = L/z$ e $m = B/z$ são intercambiáveis.
Fonte: adaptado de Fadum (1948)

m/*n*	0,1	0,2	0,3	0,4	0,5	0,6	0,7	0,8	0,9
0,1	0,005	0,009	0,013	0,017	0,020	0,022	0,024	0,026	0,027
0,2	0,009	0,018	0,026	0,033	0,039	0,043	0,047	0,050	0,053
0,3	0,013	0,026	0,037	0,047	0,056	0,063	0,069	0,073	0,077
0,4	0,017	0,033	0,047	0,060	0,071	0,080	0,087	0,093	0,098
0,5	0,020	0,039	0,056	0,071	0,084	0,095	0,103	0,110	0,116
0,6	0,022	0,043	0,063	0,080	0,095	0,107	0,117	0,125	0,131
0,7	0,024	0,047	0,069	0,087	0,103	0,117	0,128	0,137	0,144
0,8	0,026	0,050	0,073	0,093	0,110	0,125	0,137	0,146	0,154
0,9	0,027	0,053	0,077	0,098	0,116	0,131	0,144	0,151	0,162
1,0	0,028	0,055	0,079	0,101	0,120	0,136	0,149	0,160	0,168
1,2	0,029	0,057	0,083	0,106	0,126	0,143	0,157	0,168	0,178
1,5	0,030	0,059	0,086	0,110	0,131	0,149	0,164	0,176	0,186
2,0	0,031	0,061	0,089	0,113	0,135	0,153	0,169	0,181	0,192
2,5	0,031	0,062	0,090	0,115	0,137	0,155	0,170	0,183	0,194
3,0	0,032	0,062	0,090	0,115	0,137	0,156	0,171	0,184	0,195
5,0	0,032	0,062	0,090	0,115	0,137	0,156	0,172	0,185	0,196
10,0	0,032	0,062	0,090	0,115	0,137	0,156	0,172	0,185	0,196
∞	0,032	0,062	0,090	0,115	0,137	0,156	0,172	0,185	0,196

m/*n*	1,0	1,2	1,5	2,0	2,5	3,0	5,0	10,0	∞
0,1	0,028	0,029	0,030	0,031	0,031	0,032	0,032	0,032	0,032
0,2	0,055	0,037	0,059	0,061	0,062	0,062	0,062	0,062	0,062
0,3	0,079	0,083	0,086	0,089	0,090	0,090	0,090	0,090	0,090
0,4	0,101	0,106	0,110	0,113	0,115	0,115	0,115	0,115	0,115
0,5	0,120	0,126	0,131	0,135	0,137	0,137	0,137	0,137	0,137
0,6	0,136	0,143	0,149	0,153	0,155	0,156	0,156	0,156	0,156
0,7	0,149	0,157	0,164	0,169	0,170	0,171	0,172	0,172	0,172
0,8	0,160	0,168	0,176	0,181	0,183	0,184	0,185	0,185	0,185
0,9	0,168	0,178	0,186	0,192	0,194	0,195	0,196	0,196	0,196
1,0	0,175	0,185	0,193	0,200	0,202	0,203	0,204	0,205	0,205
1,2	0,185	0,196	0,205	0,212	0,215	0,216	0,217	0,218	0,218
1,5	0,193	0,205	0,215	0,223	0,226	0,228	0,229	0,230	0,230
2,0	0,200	0,212	0,223	0,232	0,236	0,238	0,239	0,240	0,240
2,5	0,202	0,215	0,226	0,236	0,240	0,242	0,244	0,244	0,244
3,0	0,203	0,216	0,228	0,238	0,242	0,244	0,246	0,247	0,247
5,0	0,204	0,217	0,229	0,239	0,244	0,246	0,249	0,249	0,249
10,0	0,205	0,218	0,230	0,240	0,244	0,247	0,249	0,250	0,250
∞	0,205	0,218	0,230	0,240	0,244	0,247	0,249	0,250	0,250

Quadro 5.1 – Fator de influência $f(m,n)$ para cálculo do acréscimo de tensão vertical na profundidade z abaixo do canto de uma área retangular uniformemente carregada sobre semiespaço linearmente elástico, homogêneo e isotrópico.
Fonte: Bowles (1996)

a.2) Acréscimo de tensão vertical sob o ponto B (Fig. 5.51)

Do gráfico de Fadum (Fig. 5.50) ou Quadro 5.1 ou da expressão analítica do fator de influência, resulta $f(m,n) = 0{,}17$ considerando $m = 4/5{,}75 = 0{,}7$ e $n = 15/5{,}75 = 2{,}6$

$$\Delta\sigma'_v = 2 \times \Delta q \times f(m,n) = 2 \times 220 \times 0{,}17 = 74{,}8\ \text{kPa}$$
$$\sigma'_{vf} = \sigma'_{v0} + \Delta\sigma'_v = 60 + 74{,}8 = 134{,}8\ \text{kPa}$$

Como $\sigma'_{vf} < \sigma'_{vm}$ então o recalque deve ser calculado por:

$$\rho_c = -\frac{b_0}{1+e_0} C_r \log\left(\frac{\sigma'_{vf}}{\sigma'_{v0}}\right) = -\frac{2{,}5}{1+1} \times 0{,}1 \times \log\left(\frac{134{,}8}{60}\right) = -0{,}04\ \text{m}$$

a.3) Acréscimo de tensão vertical sob o ponto C (Fig. 5.52), considerando área retangular ampliada até o ponto C

Do gráfico de Fadum (Fig. 5.50) ou Quadro 5.1 ou da expressão analítica do fator de influência, resulta $f_1(m,n) = 0{,}17$ para $m = 4/5{,}75 = 0{,}7$ e $n = 19/5{,}75 = 3{,}3$

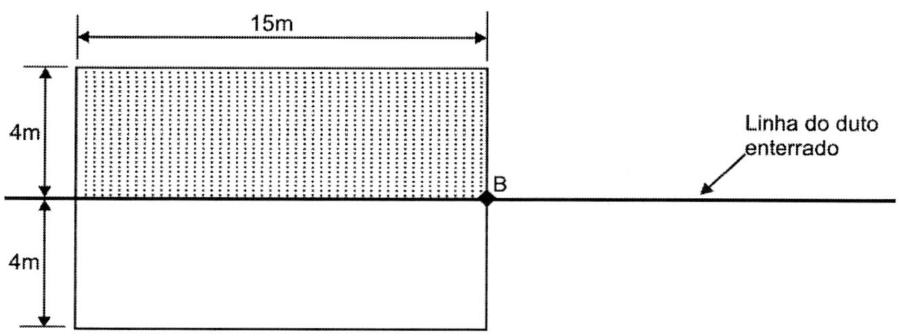

Figura 5.51 – Localização do ponto B no canto de duas subáreas retangulares (15m x 4m)
Fonte: autor

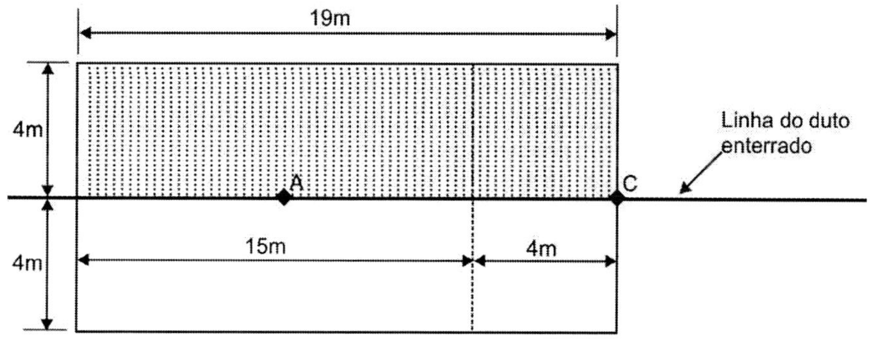

Figura 5.52 – Localização do ponto C no canto de duas subáreas retangulares (19m x 4m)
Fonte: autor

Considerando agora a área retangular 4 × 4 m^2 que passa pelo ponto C (Fig. 5.53), resulta do gráfico de Fadum (Fig. 5.50) ou Quadro 5.1 ou da expressão analítica do fator de influência, o valor $f_2(m,n) = 0{,}13$ para $m = 4/5{,}75 = 0{,}7$ e $n = 4/5{,}75 = 0{,}7$

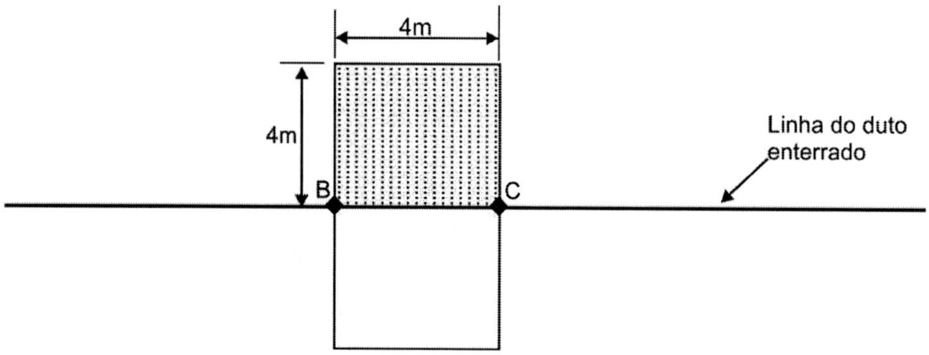

Figura 5.53 – Localização do ponto C no canto de duas subáreas retangulares (4m x 4m)
Fonte: autor

$$\Delta\sigma'_v = 2 \times \Delta q \times (f_1(m,n) - f_2(m,n)) = 2 \times 220 \times 0{,}04 = 17{,}6 \text{ kPa}$$
$$\sigma'_{vf} = \sigma'_{v0} + \Delta\sigma'_v = 60 + 17{,}6 = 77{,}6 \text{ kPa}$$

Como $\sigma'_{vf} < \sigma'_{vm}$ então o recalque deve ser calculado por

$$\rho_c = -\frac{b_0}{1+e_0} C_r \log\left(\frac{\sigma'_{vf}}{\sigma'_{v0}}\right) = -\frac{2{,}5}{1+1} \times 0{,}1 \times \log\left(\frac{77{,}6}{60}\right) = -0{,}01 \text{ m}$$

b.1) Distorção angular entre os pontos A e B, com dano potencial ao duto enterrado

$$\alpha \approx \tan\alpha = (0{,}09 - 0{,}04)/7{,}5 = 0{,}0067 > 0{,}005$$

b.2) Distorção angular entre os pontos B e C, com dano potencial ao duto enterrado

$$\beta \approx \tan\beta = (0{,}04 - 0{,}01)/4 = 0{,}0075 > 0{,}005$$

4 - No perfil de solo da Fig. 5.54, no instante $t = 0$, um bombeamento é executado na camada de areia 3 causando uma redução instantânea da carga de pressão $\Delta h_p = 2$ m em todos os seus pontos. No tempo $t = 30$ dias, uma camada superficial de areia ($\gamma_t = 20$ kN/m^3), de grande extensão e espessura de 2 m, é removida da superfície do terreno. Considerando o peso específico da água $\gamma_w = 10$ kN/m^3, pede-se obter os diagramas de poropressão em: (a) $t < 0$; (b) $t = 0$; (c) $t = 30^+$ dias (imediatamente após a remoção da camada); (d) $t = 90$ dias. Preencha também a Tab. 5.13 com os valores correspondentes de poropressão.

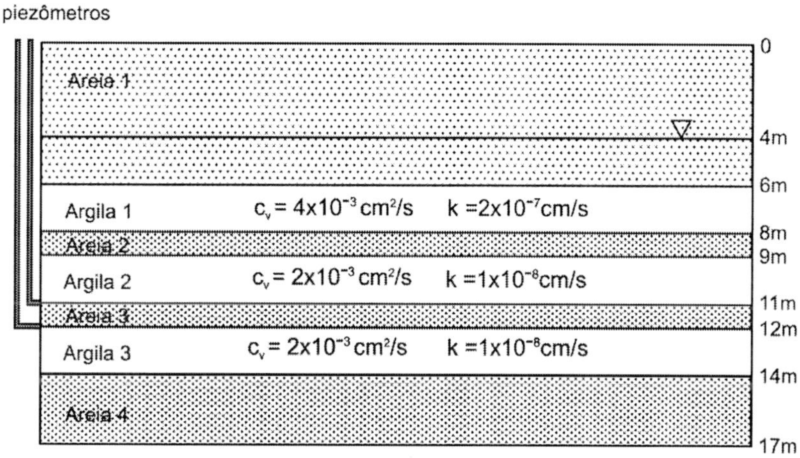

Figura 5.54 - Perfil de solo com camadas alternadas de argila e areia
Fonte: autor

Tempo para adensamento das camadas de argila 2 e 3

$$T_v = \frac{c_v t}{H^2} \quad \rightarrow \quad 1 = \frac{2 \times 10^{-3} \times t}{100^2} \quad \rightarrow \quad t = 5 \times 10^6 s = 57{,}9 \text{ dias}$$

Tempo para adensamento da camada de argila 1

$$T_v = \frac{c_v t}{H^2} \quad \rightarrow \quad 1 = \frac{4 \times 10^{-3} \times t}{100^2} \quad \rightarrow \quad t = 2{,}5 \times 10^6 s = 29 \text{ dias}$$

As distribuições de poropresssão nos tempos solicitados estão mostradas nas Fig. 5.55 a 5.58 e listadas na Tab. 5.13.

a) $t < 0$ (Fig. 5.55)

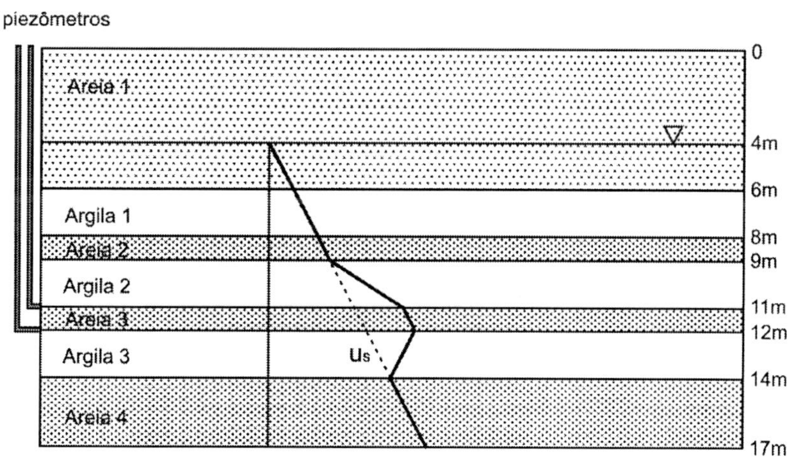

Figura 5.55 – Perfil de distribuição de poropressão com a profundidade em $t < 0$
Fonte: autor

b) $t = 0$ (Fig. 5.56)

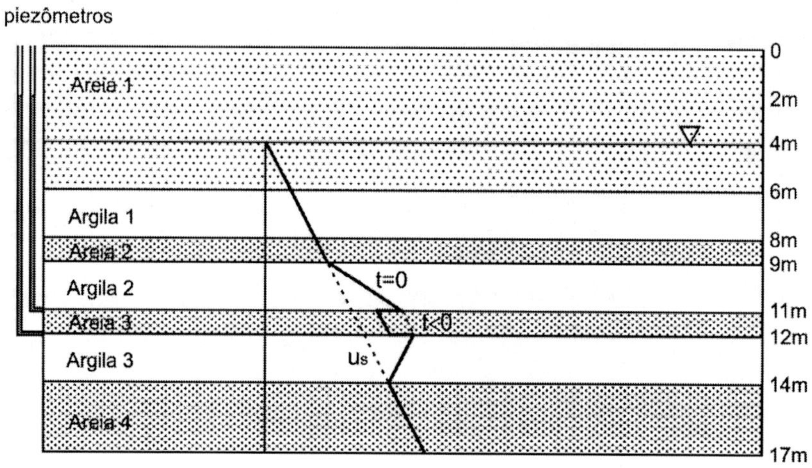

Figura 5.56 – Perfil de distribuição de poropressão com a profundidade em $t = 0$
Fonte: autor

c) $t = 30^+$ dias (Fig. 5.57)

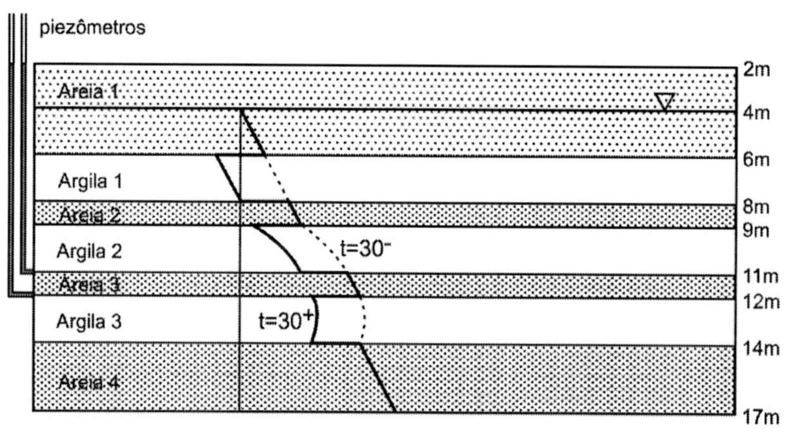

Figura 5.57 – Perfil de distribuição de poropressão com a profundidade em $t = 30^+$ dias
(em linha tracejada a distribuição de poropressões devido ao bombeamento somente e, em linha cheia, devido ao bombeamento e remoção da camada superficial de areia)
Fonte: autor

d) $t = 90$ dias (Fig. 5.58)

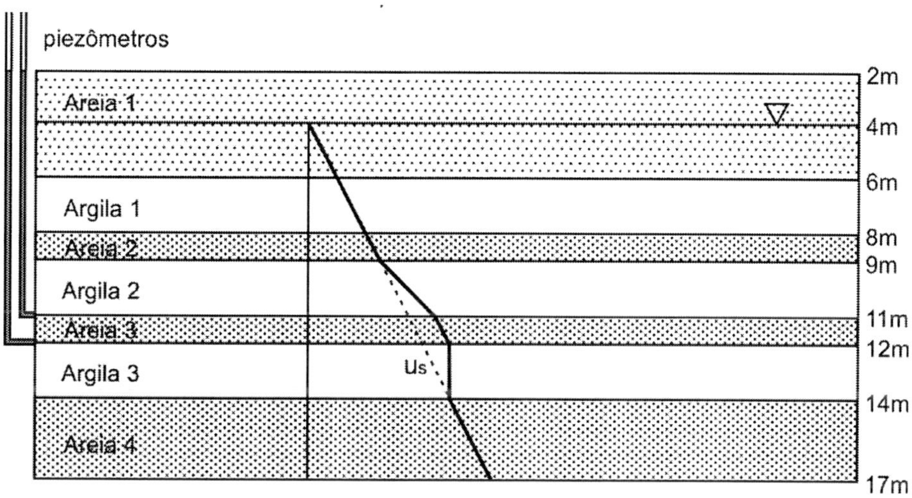

Figura 5.58– Perfil de distribuição de poropressão com a profundidade em t = 90 dias
Fonte: autor

Tabela 5.13 - Poropressões (kPa) no perfil de solo

Profundidade (m)	$t < 0$	$t = 0$	$t = 30+$ dias	$t = 90$ dias
4	0	0	0	0
6	20	20	20 / -20	20
8	40	40	0 / 40	40
9	50	50	50 / 10	50
11	110	110 / 90	50 / 90	90
12	120	100 / 120	100 / 60	100
14	100	100	60 / 100	100
17	130	130	130	130

Fonte: autor

5 - No perfil de solo da Fig. 5.59, no instante t = 0, é executado um rebaixamento de 3 m no nível do lençol d'água de NA1 para NA2. Imediatamente após o fim do adensamento primário devido ao rebaixamento (para fins de engenharia considerar T_v = 1), executou-se um bombeamento na camada de areia 2 (aquífero artesiano) com redução da carga de pressão Δh_p = 4,7 m em todos os seus pontos. Considerando peso específico da água γ_w = 10 kN/m^3, peso específico saturado das argilas γ_{sat}^{argila}= 16 kN/m^3, peso específico saturado da areia γ_{sat}^{areia}= 20 kN/m^3 e peso específico total da areia acima do NA γ_t^{areia}= 18 kN/m^3, pede-se obter as distribuições de poropressão em: (a) $t < 0$; (b) $t = 0$; (c) no fim do adensamento primário devido ao rebaixamento do NA; qual é o valor desse tempo? (d) no instante da redução da carga de pressão por bombeamento na camada de areia 2; (e) $t \rightarrow \infty$; (f) os fatores de segurança FS contra levantamento, imediatamente antes e no instante do bombeamento na camada de areia 2. Preencha também os valores de poropressão na Tab. 5.14. Desconsiderar nos diagramas de poropressão a influência da variação do peso específico da camada superior de areia devido ao rebaixamento. Observar exercício resolvido 10, no qual esse efeito é incluído na solução do problema.

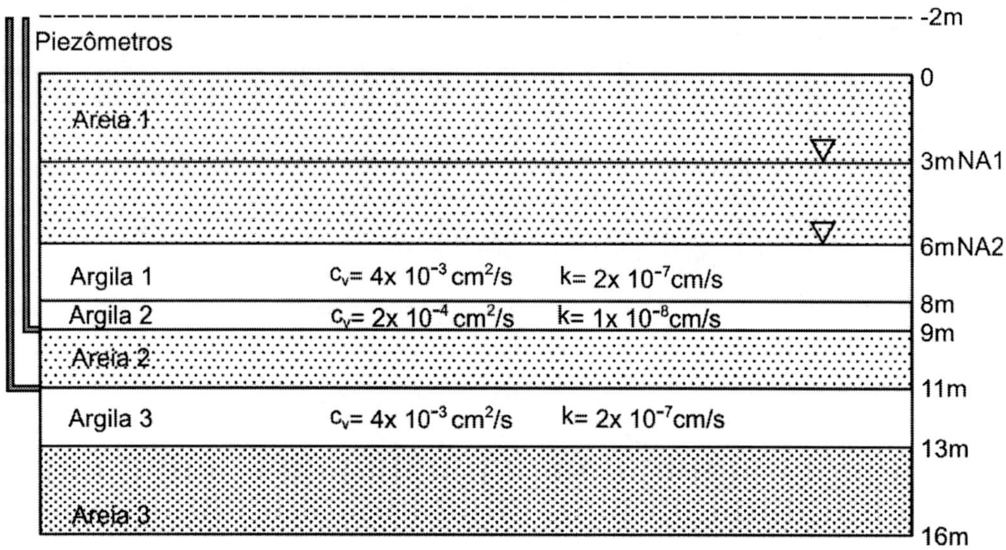

Figura 5.59 – Perfil de solo com duas camadas contíguas de argila apresentando contraste igual a 20 entre coeficientes de adensamento

Fonte: autor

a) $t < 0$ (Fig. 5.60)

Carga de pressão no ponto B (interface entre camadas de argila 1 e 2) na condição de fluxo permanente

$$1 \times 10^{-8} \times 10^{-2} \times \frac{18 - h^B}{1} = 2 \times 10^{-7} \times 10^{-2} \times \frac{h^B - 13}{2}$$

$$h^B = 13{,}4\text{m} \quad \rightarrow \quad h_p^B = 13{,}4 - 8 = 5{,}4 \text{ m}$$

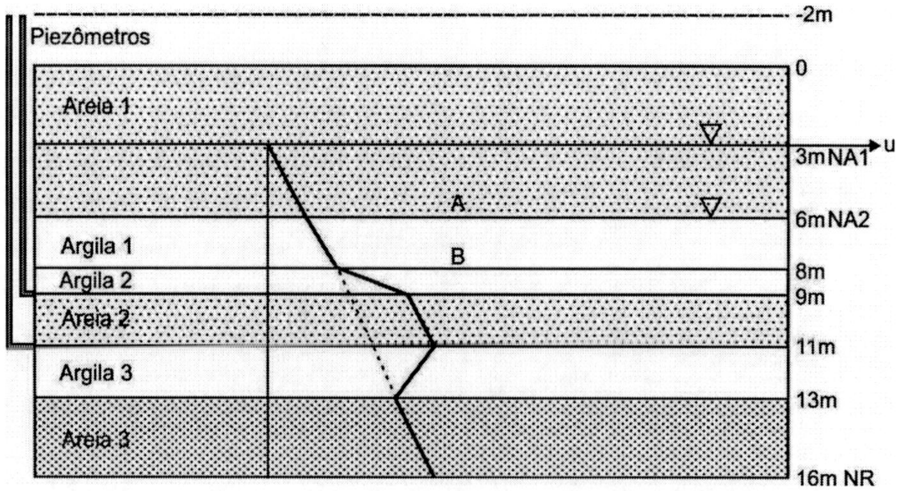

Figura 5.60 – Perfil de distribuição de poropressão com a profundidade em $t < 0$ (em linha tracejada a distribuição hidrostática)

Fonte: autor

b) $t = 0$ (Fig. 5.61)

c) No fim do adensamento (T_v=1) devido ao rebaixamento do NA (Fig. 5.62)

c.1) De maneira aproximada, considerando que inicialmente a camada de argila 1 adensa com drenagem simples

$$T_{v1} = \frac{c_v t_1}{H^2} \rightarrow 1 = \frac{4 \times 10^{-3} \times t_1}{200^2} \rightarrow t_1 = 10^7 \text{s} \rightarrow t_1 = 115{,}7\text{dias}$$

c.2) Em seguida, a camada de argila 2 adensa com drenagem dupla

$$T_{v2} = \frac{c_v t_2}{H^2} \rightarrow 1 = \frac{2 \times 10^{-4} \times t_2}{50^2} \rightarrow t_2 = 12{,}5 \times 10^6 \text{s} \rightarrow t_2 = 144{,}7\text{dias}$$

c.3) Tempo total para adensamento das camadas de argila 1 e 2

$$t_1 + t_2 = 260{,}4 \text{ dias}$$

Carga de pressão no ponto B na condição de fluxo permanente em t = 260,4 dias

$$1 \times 10^{-8} \times 10^{-2} \times \frac{18 - h^B}{1} = 2 \times 10^{-7} \times 10^{-2} \times \frac{h^B - 10}{2}$$
$$h^B = 10{,}7\text{m} \rightarrow h_p^B = 10{,}7 - 8 = 2{,}7 \text{ m}$$

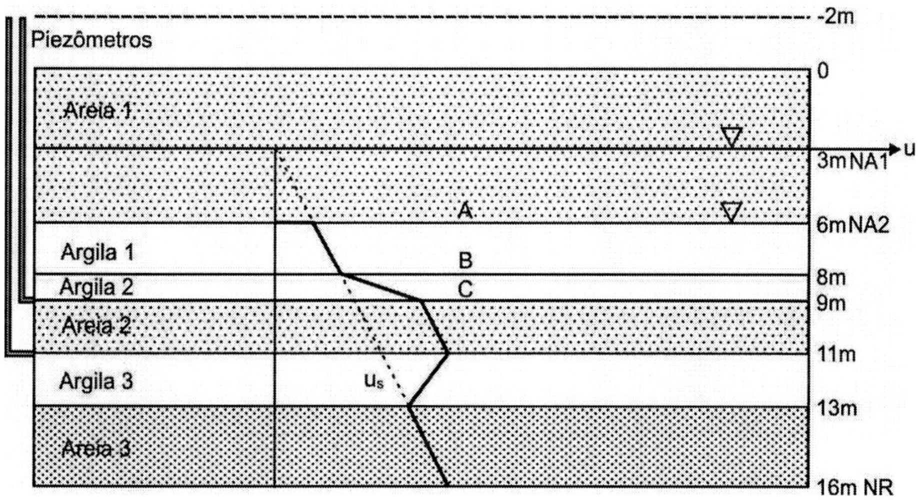

Figura 5.61 – Perfil de distribuição de poropressão com a profundidade em t = 0
Fonte: autor

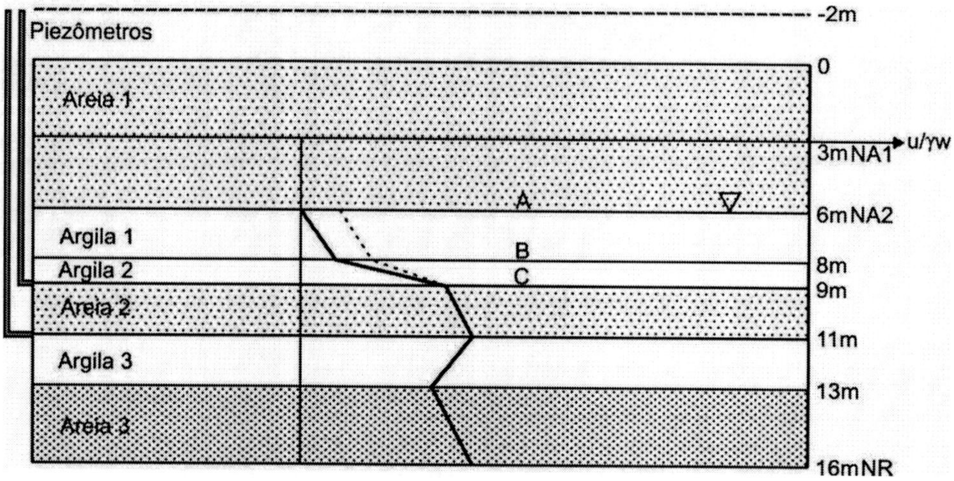

Figura 5.62 – Perfil de distribuição de poropressão com a profundidade no final do adensamento primário devido ao rebaixamento do nível do lençol freático em $t = 260{,}4$ dias (em linha tracejada distribuição em $t = 0$)
Fonte: autor

d) No instante imediatamente após o bombeamento em $t = 260{,}4^+$ dias (Fig. 5.63)

e) $t \rightarrow \infty$ (Fig. 5.64)

Carga de pressão no ponto B na condição de fluxo permanente

$$1 \times 10^{-8} \times 10^{-2} \times \frac{13{,}3 - h^B}{1} = 2 \times 10^{-7} \times 10^{-2} \times \frac{h^B - 10}{2}$$
$$h^B = 10{,}30 \text{ m} \quad \rightarrow \quad h_p^B = 10{,}30 - 8 = 2{,}30 \text{ m}$$

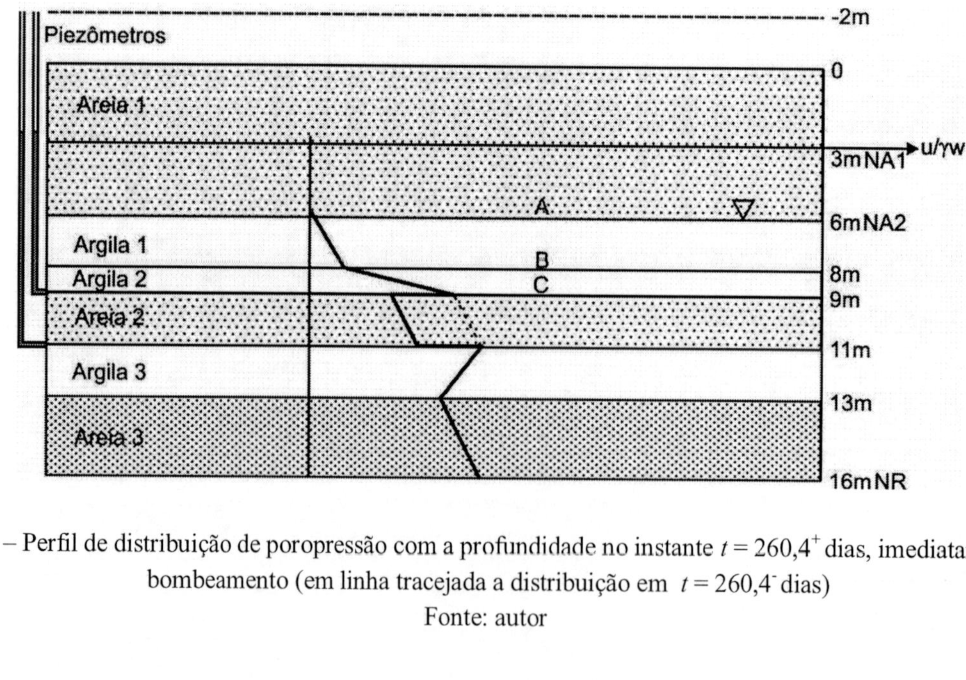

Figura 5.63 – Perfil de distribuição de poropressão com a profundidade no instante $t = 260{,}4^+$ dias, imediatamente após o bombeamento (em linha tracejada a distribuição em $t = 260{,}4^-$ dias)
Fonte: autor

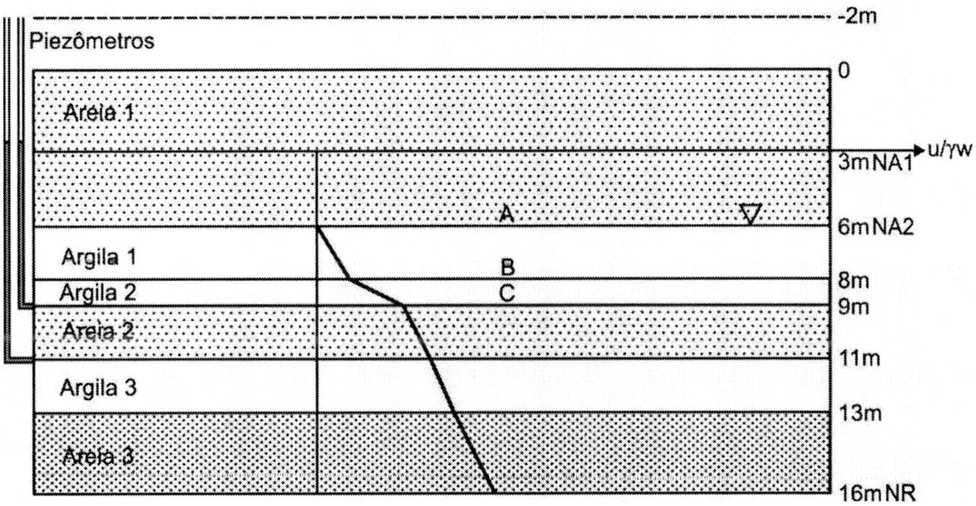

Figura 5.64 – Perfil de distribuição de poropressão com a profundidade em $t \to \infty$
Fonte: autor

f) Fator de segurança FS contra levantamento imediatamente antes do bombeamento (Fig. 5.62), onde C é um ponto no topo da camada de areia 2 (h_p^C = 11 m):

$$FS = \frac{W_{sat}}{F_u} = \frac{(18 \times 6 + 16 \times 3) \times 1}{10 \times h_p^C \times 1} \quad \rightarrow \quad FS = \frac{108 + 48}{10 \times 11} = \ 1{,}42$$

Fator de segurança FS contra levantamento imediatamente após o bombeamento (Fig. 5.63):

$$FS = \frac{W_{sat}}{F_u} = \frac{(18 \times 6 + 16 \times 3) \times 1}{10 \times \left(h_p^C - \Delta h_p\right) \times 1} \quad \rightarrow \quad FS = \frac{108 + 48}{10 \times (11 - 4{,}7)} = \ 2{,}48$$

Tabela 5.14 - Poropressões (kPa) no perfil de solo

Profundidade (m)	$t < 0$	$t = 0$	t final do adensamento devido ao rebaixamento	t instante do bombeamento na camada de areia 2	$t \to \infty$
3	0	0	0	0	0
6	30	0/30	0	0	0
8	54	54	27	27	23
9	110	110	110	110/63	63
11	130	130	130	83/130	83
13	100	100	100	100	100
16	130	130	130	130	130

Fonte: autor

6 - Um grande aterro rodoviário (Δq_f = 60 kPa) será construído sobre uma camada de argila de 6 m de espessura sobrejacente a um estrato profundo de areia. Para minimizar a ocorrência de recalque após aplicação do revestimento asfáltico, um pré-carregamento (Δq_s) é aplicado sobre a camada de argila durante um período de um ano. O material do aterro é solo granular permeável, e as propriedades da argila são c_v = 4,5 m^2/ano e m_v = 0,001 m^2/kN. Pede-se calcular: (a) o recalque final de adensamento primário; (b) o valor do pré-carregamento Δq_s se o projeto especifica que o pavimento não deve experimentar recalque de adensamento primário no início da execução do revestimento asfáltico em t = 1 ano; (c) repetir a pergunta anterior considerando que o início do revestimento asfáltico acontece em t = 1,5 anos (Fig. 5.65).

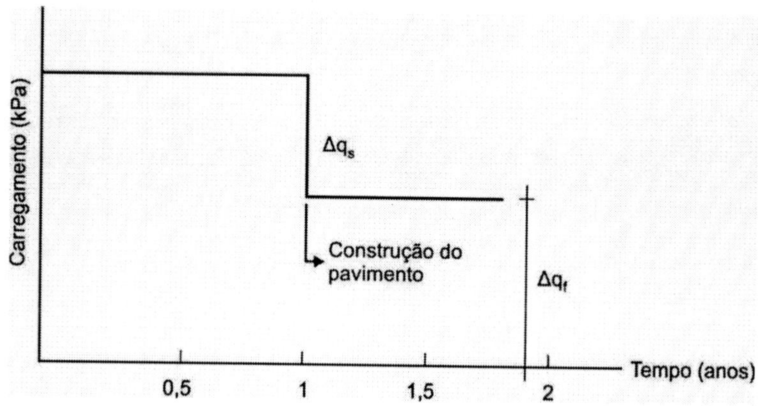

Figura 5.65 – Aplicação de pré-carregamento pelo período de 1 ano antes da construção do pavimento rodoviário
Fonte: autor

a) Recalque final de adensamento primário

Observe que o objetivo do pré-carregamento é acelerar o recalque, mas não modificar o seu valor final. Assim sendo,

$$\rho_c = -b_0 m_v \Delta\sigma'_v \;\rightarrow\; \rho_c = -6 \times 0{,}001 \times 60 = -0{,}36 \text{ m}$$

b) Considerando um pré-carregamento de intensidade Δq_s pelo período de 1 ano, a proporção entre os recalques finais de adensamento primário causados pelo carregamento permanente (Δq_f = 60 kPa) e pelo carregamento total ($\Delta q_s + \Delta q_f$) é escrita como

$$U_{Z=1}^{s+f} = \frac{-b_0 \times m_v \times \Delta q_f}{-b_0 \times m_v \times (\Delta q_s + \Delta q_f)} = \frac{60}{\Delta q_s + 60} \text{ com } T_v = \frac{4{,}5 \times 1}{3^2} = 0{,}5$$

Na Fig. 5.3, para Z = 1 e T_v = 0,5 determina-se $U_{Z=1}^{s+f} = 0{,}63$. Logo,

$$0{,}63 = \frac{60}{\Delta q_s + 60} \quad \rightarrow \quad \Delta q_s = 35{,}2 \text{ kPa}$$

c) Neste caso, entre t = 1 ano e t = 1,5 anos, o recalque aumenta devido ao carregamento permanente Δq_f = 60 kPa. Para t = 1,5 anos

$$T_v = \frac{c_v \times t}{H^2} = \frac{4{,}5 \times 1{,}5}{3^2} = 0{,}75$$
$$\Delta\rho_{t=1}^{t=1,5} = \left(U_v^{t=1,5} - U_v^{t=1}\right) \times \rho_c$$
$$\Delta\rho_{t=1}^{t=1,5} = \left[\left(1 - 10^{-\frac{0,75+0,085}{0,933}}\right) - \left(1 - 10^{-\frac{0,5+0,085}{0,933}}\right)\right] \times \rho_c$$
$$\Delta\rho_{t=1}^{t=1,5} = (0{,}8726 - 0{,}7639) \times (-0{,}36) = -0{,}039 \text{ m}$$

A proporção entre os recalques de adensamento primário em t = 1 ano, causados pelo carregamento permanente (Δq_f = 60 kPa) e pelo carregamento total ($\Delta q_t = \Delta q_s + \Delta q_f$), é escrita como:

$$U_{Z=1}^{s+f} = \frac{\rho^{\Delta q_f} - \Delta\rho_{t=1}^{t=1,5}}{\rho^{\Delta q_f + \Delta q_s}} = \frac{-0{,}36 - (-0{,}039)}{\rho^{\Delta q_f + \Delta q_s}}$$

subtraindo o valor do recalque causado pelo carregamento permanente (-0,039 m) entre 1 a 1,5 ano.

Da Fig. 5.3 novamente com Z = 1 e T_v = 0,5 determina-se $U_{Z=1}^{s+f} = 0{,}63$

$$0{,}63 = \frac{-0{,}36 + 0{,}039}{\rho^{\Delta q_f + \Delta q_s}} \quad \rightarrow \quad \rho^{\Delta q_f + \Delta q_s} = -b_0 \times m_v \times (\Delta q_s + 60) = -\frac{0{,}321}{0{,}63}$$
$$\Delta q_s = 24{,}9 \text{ kPa}$$

7 – Um corpo de prova de argila é submetido a um ensaio triaxial cúbico, na condição não drenada, com acréscimos de tensões totais principais $\Delta\sigma_1$ = 50 kPa, $\Delta\sigma_2$ = 30 kPa, $\Delta\sigma_3$ = 10 kPa e medição dos seguintes acréscimos de deformação $\Delta\varepsilon_1^u$= -0,001, $\Delta\varepsilon_2^u$ = 0, $\Delta\varepsilon_3^u$= 0,001. O corpo de prova é então permitido drenar, sem variação das tensões totais, registrando uma deformação adicional de -0,06% em cada direção i.e., $\Delta\varepsilon_1^d$ = $\Delta\varepsilon_2^d$ = $\Delta\varepsilon_3^d$ =- 0,0006 no final do adensamento.
Uma fundação circular perfeitamente flexível de raio R = 10 m é colocada sobre uma camada dessa argila, com 25 m de espessura, sobrejacente a um depósito profundo de areia. Considerando que a fundação superficial suporta um carregamento uniformemente distribuído Δq = 150 kPa, pede-se calcular para o centro da fundação: (a) o recalque não drenado; (b) o recalque final de adensamento primário; (c) uma estimativa do recalque de adensamento após 2 anos considerando c_v = 31,25 m²/ano, assumindo a fundação como impermeável.

Determinação do módulo de elasticidade na condição não drenada E_u considerando ν_u = 0,5

$$\Delta\varepsilon_1 = -\frac{1}{E_u}[50 - 0{,}5(30 + 10)] = -0{,}001 \tag{e7.a}$$
$$\Delta\varepsilon_2 = -\frac{1}{E_u}[30 - 0{,}5(50 + 10)] = 0 \tag{e7.b}$$
$$\Delta\varepsilon_3 = -\frac{1}{E_u}[10 - 0{,}5(50 + 30)] = 0{,}001 \tag{e7.c}$$

Das Eq. e7.a e e7.c obtém-se E_u = 30 MPa

Determinação dos parâmetros elásticos na condição drenada (E, ν)

$$\frac{\Delta V}{V} = \Delta\varepsilon_1^d + \Delta\varepsilon_2^d + \Delta\varepsilon_3^d = -\frac{1}{E}(1-2\nu)(\Delta\sigma'_1 + \Delta\sigma'_2 + \Delta\sigma'_3)$$

$$\frac{\Delta V}{V} = -\frac{3(1-2\nu)}{E}\Delta\sigma'_{oct} \quad \rightarrow \quad -0{,}0018 = \frac{3(1-2\nu)}{E} \times 30$$

$$E = 50000\ (1-2\nu)\ \text{kPa} \qquad \text{(e7.d)}$$

Para um material elástico linear

$$G = \frac{E_u}{2(1+\nu_u)} = \frac{E}{2(1+\nu)} \quad \rightarrow \quad E = 20000(1+\nu) \qquad \text{(e7.e)}$$

Das Eq. e7.d e e7.e resulta $E = 25$ MPa e $\nu = 0{,}25$

a) Recalque não drenado considerando os parâmetros E_u, ν_u

Subdividindo a camada de argila em cinco subcamadas de espessuras iguais a 5 m (a precisão dos cálculos aumenta com um maior número de subcamadas), é possível determinar os acréscimos de tensão $\Delta\sigma_1/\Delta q$ e $\Delta\sigma_3/\Delta q$ com gráficos de isóbaras ou bulbos de tensão (LAMBE e WHITMAN, 1969) e, em seguida, os acréscimos de deformação $\Delta\varepsilon_1$ pela lei de Hooke generalizada (Eq. e7.f) e os deslocamentos verticais aproximados em cada subcamada.

$$\Delta\varepsilon_1 = -\frac{1}{E_u}[\Delta\sigma_1 - \nu_u(\Delta\sigma_2 + \Delta\sigma_3)] \qquad \text{(e7.f)}$$

Alternativamente, os acréscimos de tensão podem ser determinados analiticamente por meio de formulação da teoria da elasticidade linear (Eq. e7.g, e7.h – POULOS e DAVIS, 1974), considerando pontos situados sob o centro da fundação circular de raio R, perfeitamente flexível, na profundidade z.

$$\frac{\Delta\sigma_1}{\Delta q} = 1 - \frac{1}{\left[1 + \left(\frac{R}{z}\right)^2\right]^{\frac{3}{2}}} \qquad \text{(e7.g)}$$

$$\frac{\Delta\sigma_3}{\Delta q} = \frac{1}{2}\left[(1+2\nu) - \frac{2(1+\nu)z}{\sqrt{R^2+z^2}} + \frac{z^3}{\sqrt{(R^2+z^2)^3}}\right] \qquad \text{(e7.h)}$$

z/R	$\Delta\sigma_1/\Delta q$	$\Delta\sigma_2/\Delta q=\Delta\sigma_3/\Delta q$	$\Delta\varepsilon_1$	$\Delta\varepsilon_1 \times 5m$
0,25	0,99	0,64	-0,00175	-0,009
0,75	0,78	0,21	-0,00285	-0,014
1,25	0,52	0,07	-0,00225	-0,011
1,75	0,36	0.02	-0,00170	-0,008
2,25	0,24	-	-0,00120	-0,006
			Σ	-0,048m

ρ_u^{3D}= - 48 mm

b) Recalque total considerando E, ν

Considerando as mesmas subcamadas, as Eq. e7.a a e7.c são avaliadas em termos dos parâmetros elásticos na condição drenada (E = 25 MPa, ν = 0,25)

z/R	$\Delta\sigma_1/\Delta q$	$\Delta\sigma_2/\Delta q=\Delta\sigma_3/\Delta q$	$\Delta\varepsilon_1$	$\Delta\varepsilon_1 \times 5m$
0,25	0,99	0,45	-0,00459	-0,023
0,75	0,78	0,11	-0,00435	-0,022
1,25	0,52	0,01	-0,00309	-0,015
1,75	0,36	-	-0,00216	-0,011
2,25	0,24	-	-0,00144	-0,007
			Σ	-0,078m

$\rho^{3D} = -78 \text{ mm} \quad \rightarrow \quad \rho_c^{3D} = \rho^{3D} - \rho_u^{3D} = -78 + 48 = -30 \text{ mm}$

c) A porcentagem de recalque será determinada com base na formulação pseudo 3D sugerida por Poulos (1999) com a utilização do coeficiente de adensamento 1D equivalente:

$$c_{ve} = R_f c_{v1} \tag{5.14v}$$

com o fator R_f ≈ 5,5 obtido dos gráficos da Fig. 5.46a considerando o caso de fundação circular na situação IFPB (fundação impermeável, base permeável) e b/a = 25/10 = 2,5.

Estimativa do recalque de adensamento primário após 2 anos

$$T_v = \frac{c_{ve}t}{H^2} = \frac{31{,}25 \times 5{,}5 \times 2}{25^2} = 0{,}55$$

$$T_v = -0{,}933\log(1 - U_v) - 0{,}085 \quad \rightarrow \quad U_v = 0{,}79 \; > \; 0{,}60$$

$$\rho_t = U_v \rho_c = -0{,}79 \times 30 = -23{,}7 \text{ mm}$$

8 – (CRAIG, 2004) Um aterro será construído sobre uma camada de argila de 10 m de espessura sobrejacente a rocha sã. A construção aumentará a tensão vertical total na argila em 65 kPa. O projeto especifica a porcentagem média de dissipação dos excessos de poropressão U = 0,85 após 6 meses do carregamento instantâneo. Determine, em uma malha quadrada, o espaçamento necessário de drenos verticais (diâmetro de 400 mm) que permita atender às condições de projeto. Considerar para a argila c_v = 1,5×10^{-7} m^2/s e c_r = 2,5×10^{-7} m^2/s com o nível d'água na superfície do terreno.

a) Determinação de U_v (apenas drenagem vertical) após 6 meses

$$T_v = \frac{c_v t}{H^2} = \frac{1{,}5 \times 10^{-7} \times 6 \times 30 \times 24 \times 60 \times 60}{10^2} = 0{,}0233$$

$$T_v = \frac{\pi}{4} U_v^2 \quad \rightarrow \quad U_v = \sqrt{\frac{4 \times 0{,}0233}{\pi}} = 0{,}17 \; < 0{,}60$$

b) Determinação de U_r (apenas drenagem radial) após 6 meses

Da Eq. 5.10D

$$(1 - U) = (1 - U_v)(1 - U_r)$$
$$(1 - 0{,}85) = (1 - 0{,}17)(1 - U_r) \quad \rightarrow \quad U_r = 0{,}82$$

c) Espaçamento entre os drenos verticais

$$T_r = \frac{c_r t}{4R^2} = \frac{2{,}5 \times 10^{-7} \times 6 \times 30 \times 24 \times 60 \times 60}{4 \times n^2 \times 0{,}2^2} = \frac{24{,}3}{n^2}$$

c.1) Solução numérica rigorosa

Das Eq. 5.10r e 5.10t vem

$$\frac{8 \times 24{,}3}{n^2} + \left[\frac{n^2}{n^2 - 1}\ln(n) - \frac{3n^2 - 1}{4n^2}\right]\ln(1 - 0{,}82) = 0$$

Pelo cálculo numérico da bisseção para pesquisa de raízes, resulta $n = 8{,}8$.

c.2) Solução numérica aproximada

Das Eq. 5.10r e 5.10v vem

$$\frac{8 \times 24{,}3}{n^2} + [\ln(n) - 0{,}75]\ln(1 - 0{,}82) = 0$$

Pelo cálculo numérico da bisseção resulta uma raiz $n = 8{,}8$.

c.3) Solução gráfica (Fig. 5.66) com auxílio da Tab. 5.11:

n Tab. 5.11	T_r Tab. 5.11	$n^* = \sqrt{24{,}3/T_r}$
5	0,20	11,0
7	0,27	9,5
10	0,34	8,5

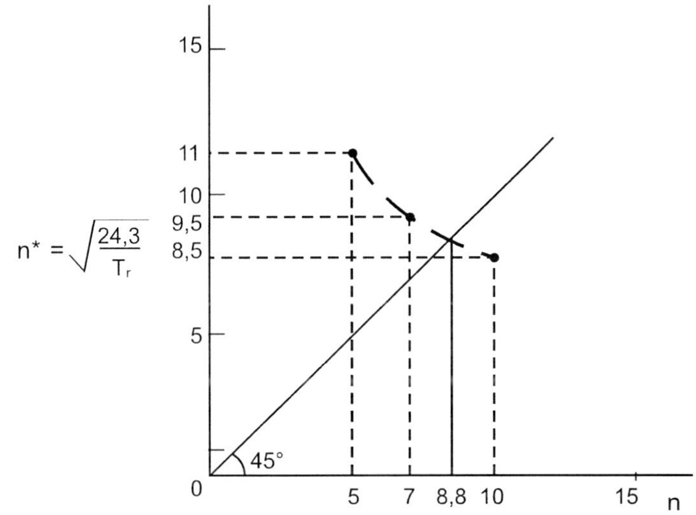

Figura 5.66 – Solução gráfica aproximada para obtenção de $n = R/r_w$
Fonte: adaptado de Craig (2004)

O valor procurado é obtido na interseção da curva interpolada com os três pontos da terceira coluna da tabela anterior com a reta $n^* = n$ desenhada pela origem dos eixos, com inclinação de 45°, conforme mostra a Fig. 5.66, determinando o valor aproximado $n = 8{,}8$. O raio de drenagem é calculado como $R = nr_w = 8{,}8(0{,}2) = 1{,}76$ m e, finalmente, para uma malha quadrada de drenos verticais, o espaçamento é obtido como $S = \sqrt{\pi}R = 3{,}1$ m.

9 - Um aterro com peso específico 20 kN/m^3 foi construído sobre o perfil de solo indicado na Fig. 5.67. No dia 2 de maio de 2017, a elevação do nível d'água no interior do piezômetro, instalado no plano médio da camada de argila, foi de 5,5 m em relação ao nível do terreno (NT), e no dia 2 de maio de 2018, de 4,0 m. Calcular a data da construção do aterro, admitindo carregamento instantâneo e peso específico da água γ_w = 10 kN/m^3.

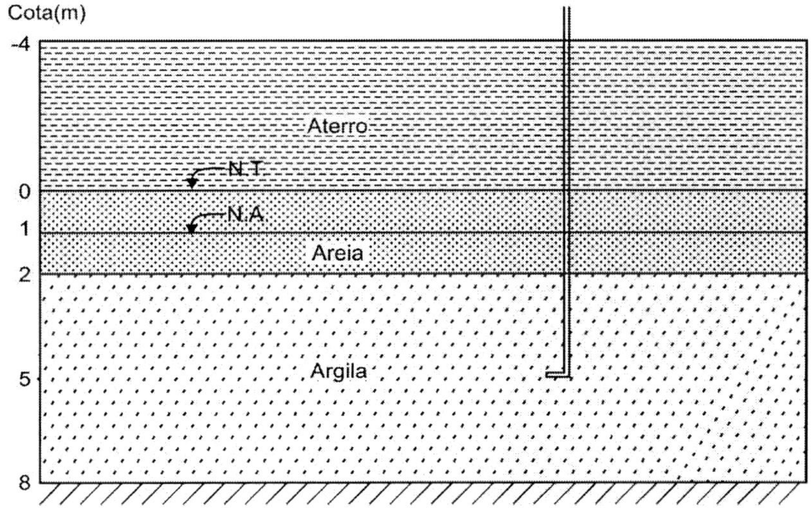

Figura 5.67 – Medição da carga de pressão no plano médio da camada de argila
Fonte: autor

Coordenada normalizada do plano médio da camada de argila $Z = z/H = 3/6 = 0{,}5$
Excesso de poropressão no dia 2 de maio de 2017

$$u_{e1} = \gamma_w \left(h_p^{(1)} - h_p^{ss} \right) = 10 \times (10{,}5 - 4{,}0) = 65 \text{ kPa}$$

Excesso de poropressão no dia 2 de maio de 2018

$$u_{e2} = \gamma_w \left(h_p^{(2)} - h_p^{ss} \right) = 10 \times (9{,}0 - 4{,}0) = 50 \text{ kPa}$$

Porcentagem de dissipação do excesso de poropressão em $Z = 0{,}5$ em 2 de maio de 2017

$$U_{z1} = 1 - \frac{u_{e1}}{u_0} = 1 - \frac{65}{4 \times 20} = 0{,}1875$$

$$\text{Da Fig. 5.3} \rightarrow \quad T_{v1} = 0{,}075 = \frac{c_v t}{6^2} \qquad \text{(e9.a)}$$

Porcentagem de adensamento em Z = 0,5 em 2 de maio de 2018

$$U_{z2} = 1 - \frac{u_{e2}}{u_0} = 1 - \frac{50}{4 \times 20} = 0{,}375$$

$$\text{Da Fig. 5.3} \rightarrow \quad T_{v2} = 0{,}15 = \frac{c_v (t+1)}{6^2} \qquad \text{(e9.b)}$$

Das Eqs. e9.a e e9.b resulta que o início da construção foi em 02/05/2016

$$\frac{c_v}{6^2} = \frac{0{,}075}{t} = \frac{0{,}15}{t+1} \quad \rightarrow \quad t = 1 \text{ ano}$$

10 - No perfil de solo da Fig. 5.68, o nível do lençol freático sofreu rebaixamento instantâneo de NA1 para NA2 (γ_w = 10kN/m^3). Admitindo ausência de capilaridade na areia e considerando os efeitos do rebaixamento na variação do peso específico da camada superficial de areia ($0 < z < 5$ m), pede-se traçar os gráficos de distribuição de poropressão com a profundidade: a) antes do rebaixamento em $t < 0$; b) no instante do rebaixamento em $t = 0$; c) em $t \rightarrow \infty$. Preencher a Tab. 5.15 com os valores de poropressão nos pontos marcados na Fig. 5.68. Determinar também o recalque final de adensamento primário da superfície do terreno. Propriedades da argila 1 ($k = 3\times10^{-7}$ cm/s, $c_v = 6\times10^{-3}$ cm^2/s, γ_{sat} = 15 kN/m^3) e argila 2 ($k = 2\times10^{-7}$ cm/s, $c_v = 4\times10^{-3}$ cm^2/s, γ_{sat} = 15 kN/m^3).

a) $t < 0$ na Fig. 5.69

Considerando a continuidade de fluxo vertical nas camadas superiores de argila entre as profundidades 5 m a 10 m, vem da lei de Darcy

$$k_1 \frac{h^D - h^C}{2} A = k_2 \frac{h^C - h^B}{2} A = k_1 \frac{h^B - h^A}{1} A \qquad \text{com } A = 1 \text{ m}^2$$

$$h^D = h_e^D + h_p^D = 8 + 11 = 19 \text{ m} \qquad h^A = h_e^A + h_p^A = 13 + 4 = 17 \text{ m}$$

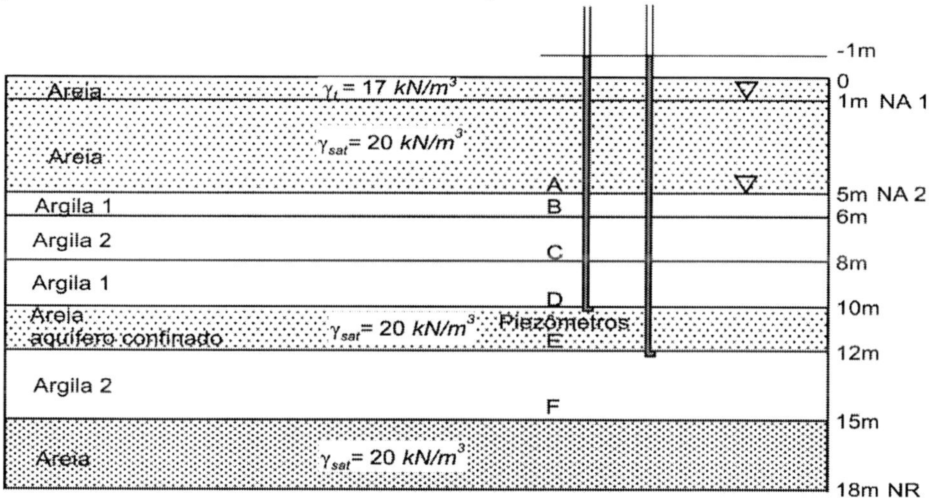

Figura 5.68 – Perfil do depósito de solo
Fonte: autor

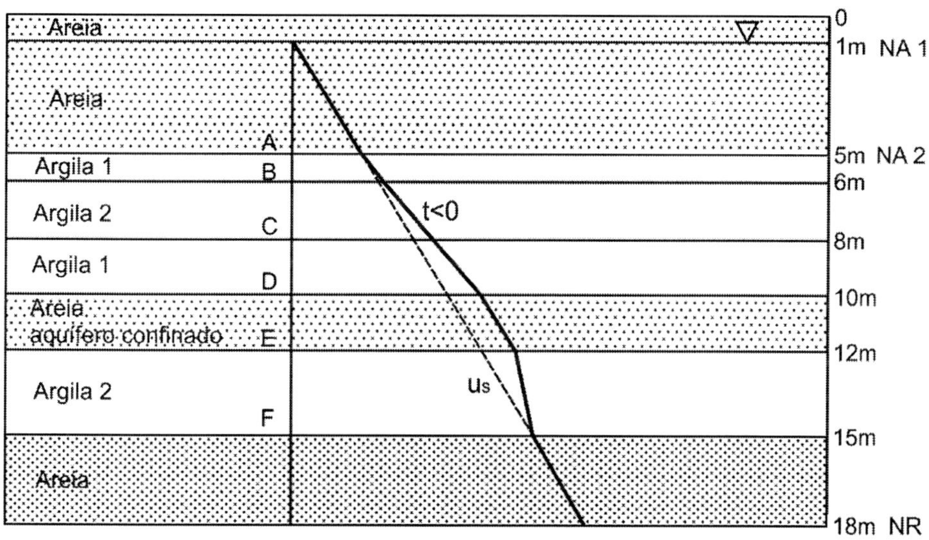

Figura 5.69 - Distribuição das poropressões em $t < 0$

Logo

$$3 \times 10^{-9} \times \frac{19 - h^C}{2} = 2 \times 10^{-9} \times \frac{h^C - h^B}{2} = 3 \times 10^{-9} \times \frac{h^B - 17}{1}$$

$$h^C = 18{,}33 \text{ m} \rightarrow h_p^C = h^C - h_e^C = 18{,}33 - 10 = 8{,}33 \text{ m} \rightarrow u^C = 83{,}3\,3 \text{ kPa}$$

$$h^B = 17{,}33 \text{ m} \rightarrow h_p^B = h^B - h_e^B = 17{,}33 - 12 = 5{,}33 \text{ m} \rightarrow u^B = 53{,}33 \text{ kPa}$$

Nas demais profundidades,

$u^A = 40 \text{ kPa}$ $\quad u^D = 110 \text{ kPa}$ $\quad u^E = 130 \text{ kPa}$ $\quad u^F = 140 \text{ kPa}$

b) $t = 0$ no instante do rebaixamento na Fig. 5.70

Decréscimo de poropressão em todas as camadas de argila devido à variação do peso específico da areia entre $1 \text{ m} \leq z \leq 5 \text{ m}$

$$u_0 = -\Delta\gamma \times 4 = -3 \times 4 = -12 \text{ kPa} \quad u^{A-} = 0 \quad u^{A+} = 40 - 12 = 28 \text{ kPa}$$
$$u^B = 53{,}33 - 12 = 41{,}33 \text{ kPa} \quad u^C = 83{,}33 - 12 = 71{,}33 \text{ kPa}$$
$$u^{D-} = 110 - 12 = 98 \text{ kPa} \quad u^{D+} = 110 \text{ kPa}$$
$$u^{E-} = 130 \text{ kPa} \quad u^{E+} = 130 - 12 = 118 \text{ kPa}$$
$$u^{F-} = 140 - 12 = 128 \text{ kPa} \quad u^{F+} = 140 \text{ kPa}$$

Observe que na Fig. 5.70 os excessos iniciais de poropressão em $t = 0$, marcados em relação à distribuição permanente de poropressão em $t \rightarrow \infty$, estão apresentados separadamente para cada evento (rebaixamento e variação do peso específico). A distribuição real é a superposição das distribuições, mas para o traçado dos gráficos é mais conveniente analisar cada evento separadamente.

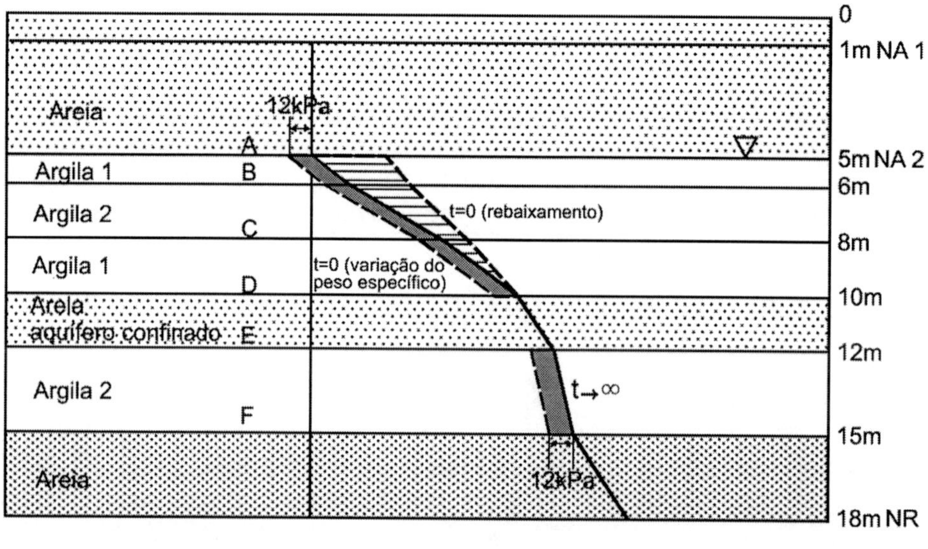

Figura 5.70 - Distribuição das poropressões em $t \rightarrow \infty$ com os excessos iniciais de poropressão devido ao rebaixamento do lençol freático e à variação do peso específico da camada de areia. Observe que os excessos de poropressão são medidos em relação à distribuição de poropressão permanente (u_{ss}) em $t \rightarrow \infty$
Fonte: autor

c) $t \rightarrow \infty$ na Fig. 5.70

Em consequência da variação da carga hidráulica na profundidade $z = 5$ m (ponto A), as cargas hidráulicas em $t \rightarrow \infty$, nas camadas superiores de argila, devem ser novamente calculadas na condição de fluxo permanente.

$$k_1 \frac{h^D - h^C}{2} A = k_2 \frac{h^C - h^B}{2} A = k_1 \frac{h^B - h^A}{1} A \quad \text{com} \quad A = 1 \text{ m}^2$$

$$h^D = h_e^D + h_p^D = 8 + 11 = 19 \text{ m} \quad \text{e} \quad h^A = h_e^A + h_p^A = 13 + 0 = 13 \text{ m}$$

$$3 \times 10^{-9} \times \frac{19 - h^C}{2} = 2 \times 10^{-9} \times \frac{h^C - h^B}{2} = 3 \times 10^{-9} \times \frac{h^B - 13}{1}$$

$$h^C = 17 \text{ m} \rightarrow h_p^C = h^C - h_e^C = 17 - 10 = 7 \text{ m} \rightarrow u^C = 70 \text{ kPa}$$

$$h^B = 14 \text{ m} \rightarrow h_p^B = h^B - h_e^B = 14 - 12 = 2 \text{ m} \rightarrow u^B = 20 \text{ kPa}$$

Nas demais profundidades,
$u^A = 0$ $\quad$ $u^D = 110$ kPa $\quad$ $u^E = 130$ kPa $\quad$ $u^F = 140$ kPa

d) Recalque final de adensamento primário da superfície do terreno

d.1) Coeficiente de variação volumétrica m_v das argilas

$$m_{v1} = \frac{k_1}{\gamma_w c_{v1}} = \frac{3 \times 10^{-9}}{10 \times 6 \times 10^{-7}} = 5 \times 10^{-4} \text{m}^2/\text{kN}$$

$$m_{v2} = \frac{k_2}{\gamma_w c_{v2}} = \frac{2 \times 10^{-9}}{10 \times 4 \times 10^{-7}} = 5 \times 10^{-4} \text{ m}^2/\text{kN}$$

d.2) Levantamento da superfície devido ao descarregamento causado pela variação do peso específico γ da camada de areia, representada pela área escura da Fig. 5.70, multiplicada pelos valores correspondentes de m_{v1} e m_{v2} (no caso $m_{v1} = m_{v2}$).

$$\rho_c^{\gamma} = 5 \times 10^{-4} \times 12 \times 8 = 0{,}048 \ m$$

d.3) Recalque devido ao rebaixamento do lençol freático de NA1 para NA2, representado pela área triangular hachurada da Fig. 5.70, multiplicada pelos valores correspondentes de m_{v1} e m_{v2} (no caso $m_{v1} = m_{v2}$).

$$\rho_c^{reb} = -5 \times 10^{-4} \left[\frac{40 + (53{,}33 - 20)}{2} \times 1 + \frac{(53{,}33 - 20) + (83{,}33 - 70)}{2} \times 2 + \frac{(83{,}33 - 70) \times 2}{2} \right]$$

$$\rho_c^{reb} = -0{,}048 \text{ m}$$

$$\rho_c^{total} = \rho_c^{\gamma} + \rho_c^{reb} = 0{,}048 - 0{,}048 = 0$$

Tabela 5.15 – Valores de poropressão em t < 0, $t = 0$ e $t \rightarrow \infty$

Ponto	Profundidade (m)	$t < 0$	$t = 0$	$t \rightarrow \infty$
A	5	40	0 / 28	0
B	6	53,33	41,33	20
C	8	83,33	71,33	70
D	10	110	98 / 110	110
E	12	130	130 / 118	130
F	15	140	128 / 140	140

Fonte: autor

11 – O cronograma de obra prevê que 90% do recalque final de adensamento primário causado pelo aterro rodoviário ($\gamma_t = 20$ kN/m^3, $h = 3$ m) da Fig. 5.71 deverá ocorrer em até 150 dias. Considerando uma aplicação instantânea do carregamento, pede-se verificar: a) se a condição de projeto vai ser atendida; b) caso negativo, uma das opções do engenheiro é utilizar um pré-carregamento com o mesmo material do aterro definitivo, também aplicado instantaneamente. Por questões de estabilidade, a altura da sobrecarga não pode ultrapassar 2,5 m. Verificar se essa alternativa atende à condição de projeto; c) caso também negativo, outra opção é utilizar drenos verticais (raio do dreno de 10 cm) junto com o pré-carregamento, em uma malha de geometria quadrada. Admitindo a construção dos drenos como instantânea, pede-se a distância entre eles para atender à condição de projeto. Considerar $c_r = 15\times10^{-4}$ cm^2/s, $k_r/k_s = 2$ e efeito *smear* com $s = 1,5$.

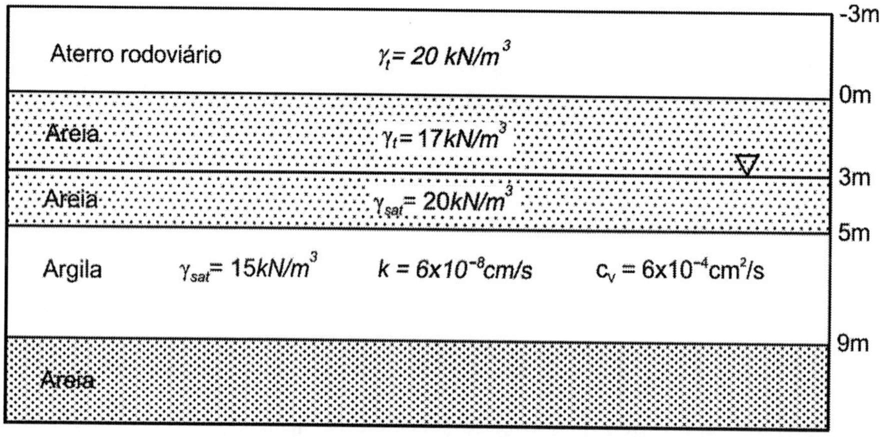

Figura 5.71 – Aterro rodoviário sobre maciço de solo contendo camada de argila
Fonte: autor

a) Coeficiente de variação volumétrica da argila m_v

$$m_v = \frac{k}{\gamma_w c_v} = \frac{6\times10^{-10}}{10\times6\times10^{-8}} = 10^{-3}\ \mathrm{m^2/kN}$$

Recalque final de adensamento primário devido ao aterro rodoviário

$$\rho_c^{aterro} = -b_0 m_v \Delta\sigma'_v = -4\times10^{-3}\times20\times3 = -0{,}24\ \mathrm{m}$$

Critério de projeto: recalque em t = 150 dias deve ser, no mínimo, igual a 90% do recalque final de adensamento primário causado pelo aterro.

$$\rho_{t=150d}^{projeto} = -0{,}24\times0{,}90 = -0{,}216\ \mathrm{m}$$

Recalque de adensamento em t = 150 dias para carregamento instantâneo

$$T_v = \frac{c_v t}{H^2} = \frac{6 \times 10^{-8} \times 150 \times 24 \times 60 \times 60}{2^2} = 0{,}19$$

$$U_v = \sqrt{\frac{4T_v}{\pi}} = \sqrt{\frac{4 \times 0{,}19}{\pi}} = 0{,}49 \; < \; 0{,}60$$

$$\rho_{t=150d}^{aterro} = \rho_c^{aterro} \times U_v = -0{,}24 \times 0{,}49 = -0{,}118 \;\; \text{m}$$

Portanto, o critério de projeto não é satisfeito no tempo t = 150 dias.

b) Verificação do recalque provocado por pré-carregamento temporário de altura h = 2,5 m

$$\rho_c^{aterro+pre} = -b_0 m_v (\Delta q^s + \Delta q^f)$$

$$\rho_c^{aterro+pre} = -4 \times 10^{-3} \times 20 \times (2{,}5 + 3) = -0{,}44 \text{ m}$$

Na Fig. 5.3, considerando Z = 1 e T_v = 0,19, determina-se $U_{Z=1}^{aterro+pre}$= 0,22. Logo,

$$\rho_{t=150d}^{aterro+pre} = \rho_c^{aterro+pre} \times U_{Z=1}^{aterro+pre} = -0{,}44 \times 0{,}22 = -0{,}097 \text{ m}$$

Portanto, o critério de projeto não é atendido com a aplicação do aterro e do pré-carregamento. Esse resultado também mostra que o critério para pré-carregamento baseado na porcentagem de dissipação dos excessos de poropressão no centro da camada (Z = 1) é bastante conservador, produzindo um valor de recalque $\rho_{t=150d}^{aterro+pre}$= -0,097 m inferior àquele obtido anteriormente somente com o aterro $\rho_{t=150d}^{aterro}$= -0,118 m.

Caso o critério para remoção do pré-carregamento tivesse sido em termos da porcentagem média de dissipação dos excessos de poropressão U_v = 0,49, então

$$\rho_{t=150d}^{aterro+pre} = \rho_c^{aterro+pre} \times U_v = -0{,}44 \times 0{,}49 = -0{,}216 \;\; \text{m}$$

o que atenderia à condição de projeto.

c) Alternativa 2: pré-carregamento com altura h = 2,5 m em conjunto com drenos verticais

Recalque adicional de adensamento primário a ser atingido com a utilização dos drenos verticais, aplicados instantaneamente, excluindo a parcela devida ao pré-carregamento.

$$\rho_{150d}^{dreno} = \rho_{150d}^{projeto} - \rho_{150d}^{aterro+pre} = -0{,}216 + 0{,}097 = -0{,}119 \;\; \text{m}$$

$$U = \frac{-0{,}119}{-0{,}216} = 0{,}55$$

Porcentagem média de dissipação dos excessos de poropressão devido à drenagem radial U_r

$$(1-U) = (1-U_v)(1-U_r)$$
$$(1-0{,}55) = (1-0{,}49)(1-U_r) \quad \rightarrow \quad U_r = 0{,}12$$

Considerando $R = r_w n = 0{,}1n$ e t = 150 dias,

$$T_r = \frac{c_r t}{4R^2} = \frac{15 \times 10^{-8} \times 150 \times 24 \times 60 \times 60}{4 \times 0{,}1^2 n^2} = \frac{48{,}6}{n^2}$$

c.1) Solução rigorosa (Eq. 5.10r e 5.10s)

$$\frac{8 \times 48{,}6}{n^2} + \left[\frac{n^2}{n^2 - 1{,}5^2}\ln\left(\frac{n}{1{,}5}\right) - 0{,}75 + \frac{1{,}5^2}{4n^2} + 2 \times \frac{n^2 - 1{,}5^2}{n^2}\ \ln(1{,}5)\right] \ln(1-0{,}12) = 0$$

determinando pelo método numérico da bisseção o valor da raiz n = 31,3

c.2) Solução aproximada (Eq. 5.10r e 5.10v)

$$\frac{4 \times 48{,}6}{n^2} + \left[\ln\left(\frac{n}{1{,}5}\right) - 0{,}75 + 2 \times\ \ln(1{,}5)\right] \ln(1-0{,}12) = 0$$

resultando pelo método da bisseção n = 31,3.

Logo, R = 0,1×31,3 = 3,13m. Em uma configuração quadrada, o espaçamento S entre os drenos é dado por $S = R\sqrt{\pi} = 3{,}13\sqrt{\pi} = 5{,}55$ m

12 - (OLSON, 1977) Considere uma camada de argila (c_v = 0,0045 m²/dia) com 3 m de espessura e dupla drenagem. Um aterro de grande extensão é construído entre os tempos t = 0 e 30 dias, com aplicação linear do carregamento, até atingir a espessura de 3 m, mantida constante até t = 50 dias. Um novo aterro é construído sobre o anterior, com aplicação linear do carregamento, entre t = 50 e 100 dias, até atingir 6 m de espessura, mantido constante até t = 200 dias, quando 3 m de aterro são instantaneamente removidos. Os valores do fator tempo de construção T_c para cada incremento estão apresentados na Tab. 5.16. Pede-se determinar os recalques de adensamento primário nos tempos t = 10, 30, 50, 100, 200 e 400 dias, considerando os seguintes valores de recalques finais causados por cada um dos carregamentos: a) $\rho^{aterro\ 1} = -25$ mm; b) $\rho^{aterro\ 2} = -50$ mm; c) $\rho^{remoção} = 25$ mm.

Tabela 5.16 - Fator tempo de construção T_c para cada incremento

aterro lento1	aterro lento 2	remoção instantânea
0,06	0,10	0

Fonte: adaptado de Olson (1977)

Considerando as curvas da Fig. 5.15 ou valores listados na Tab. 5.7, resulta nos valores parciais de recalque da Tab. 5.17.

Tabela 5.17 - Valores de U_v e recalque de adensamento primárioρ_t

aterro 1				aterro2				remoção instantânea			
t dias	T_v	U_v %	ρ_t mm	t dias	T_v	U_v %	ρ_t mm	t dias	T_v	U_v %	ρ_t mm
10	0,02	4	-1	-	-	-	-	10	-	-	-
30	0,06	17	-4,25	-	-	-	-	30	-	-	-
50	0,10	27	-6,75	50	0	0	0	50	-	-	
100	0,20	47	-11,75	100	0,10	21	-10,50	100	-	-	-
200	0,40	68	-17,00	200	0,30	57	-28,50	200	0	0	
400	0,80	89	-22,25	400	0,70	84	-42,00	400	0,40	70	17,5

Fonte: adaptado de Olson (1977)

Devido à linearidade da equação do adensamento primário, o princípio da superposição dos efeitos é válido, obtendo-se para recalques de adensamento primário os valores listados na Tab. 5.18.

Tabela 5.18 - Evolução do recalque de adensamento com o tempo, considerando dois incrementos de carregamento lento e um descarregamento instantâneo

tempo (dias)	10	30	50	100	200	400
recalque (mm)	-1	-4,25	-6,75	-22,25	-45,50	-46,75

Fonte: adaptado de Olson (1977)

13 – Uma fundação circular perfeitamente flexível de raio R = 20 m é uniformemente carregada (Δq = 100 kPa) na superfície do maciço de solo mostrado na Fig. 5.72. Pede-se calcular o recalque final de adensamento primário pelos seguintes métodos: a) estado de deformação 1D considerando acréscimos de tensão vertical pela teoria da elasticidade linear; b) estado de deformação 1D admitindo acréscimos de tensão vertical pelo método aproximado 2:1; c) método de Skempton-Bjerrum considerando parâmetros de poropressão B = 1 e A = 0,85; d) teoria da elasticidade linear 3D.

Observação: Para fins de cálculo indireto do recalque, admitir a camada de argila subdividida em cinco subcamadas de 8 m de espessura. Os acréscimos normalizados de tensão ao longo do eixo z que passa pelo centro da fundação circular, determinados pela teoria da elasticidade linear (formulação de Boussinesq conforme Eq. e7.g e e7.h do exercício resolvido 7) para ν = 0,25 são:

z/R	0,3	0,7	1,1	1,5	1,9
$\Delta\sigma_{zz}/\Delta q$	0,98	0,81	0,59	0,42	0,31
$\Delta\sigma_{rr}/\Delta q$	0,44	0,15	0,04	---	---

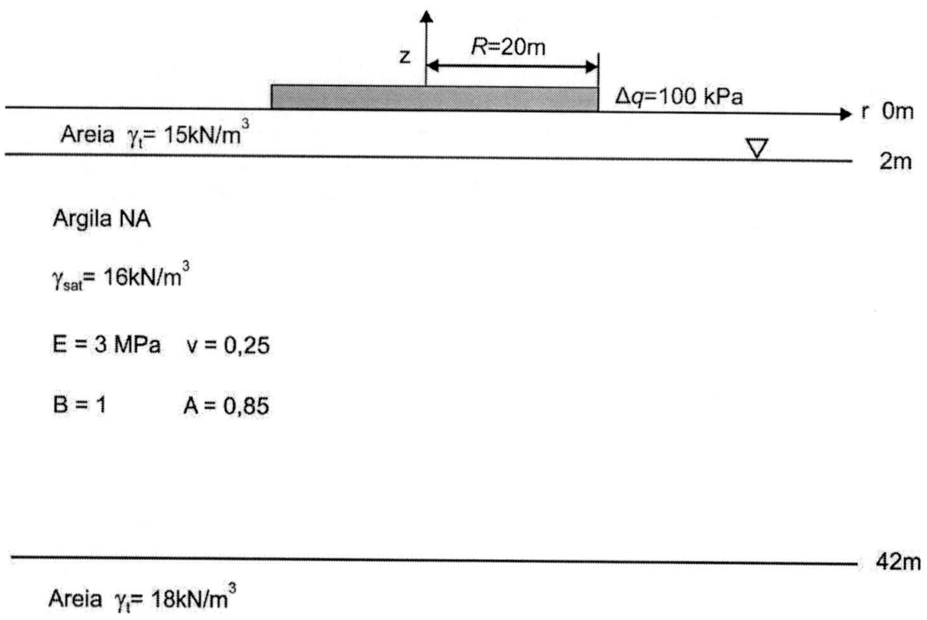

Figura 5.72 – Fundação circular com carregamento uniforme Δq = 100kpa
Fonte: autor

a) estado de deformação 1D, considerando acréscimos de tensão vertical efetiva pela teoria da elasticidade linear:

$$M = \frac{E(1-\nu)}{(1-2\nu)(1+\nu)} = \frac{3000(1-0{,}25)}{(1-0{,}50)(1+0{,}25)} = 3600 \text{ kPa}$$

Acréscimos de tensão vertical efetiva no centro de cada subcamada de 8 m de espessura b_{0j}, ao longo do eixo vertical z

z (m)	6	14	22	30	38
$\Delta\sigma_{zz}$ (kPa)	98	81	59	42	31

$$\rho_c^{1D} = -\sum_{j=1}^{5} b_{0j}\frac{\Delta\sigma'^{j}_{zz}}{M} = -8 \times \frac{1}{3600} \times (98+81+59+42+31) = -0{,}69 \text{ m}$$

b) estado de deformação 1D, admitindo acréscimos de tensão vertical efetiva pelo método aproximado 2:1

Nesse método aproximado, as tensões verticais induzidas pelo carregamento são assumidas uniformemente distribuídas em uma área abaixo da fundação, na profundidade z, com geometria similar à área do carregamento (Fig. 5.73). O tamanho da área em qualquer profundidade é obtido com a hipótese do espraiamento linear do bulbo dos acréscimos de tensão vertical com a profundidade, a partir das bordas da fundação, com inclinação 2 (vertical): 1 (horizontal). Um valor médio do acréscimo de tensão vertical, que pode conter erro significativo para profundidades z menores do que a largura B da fundação, é obtido por:

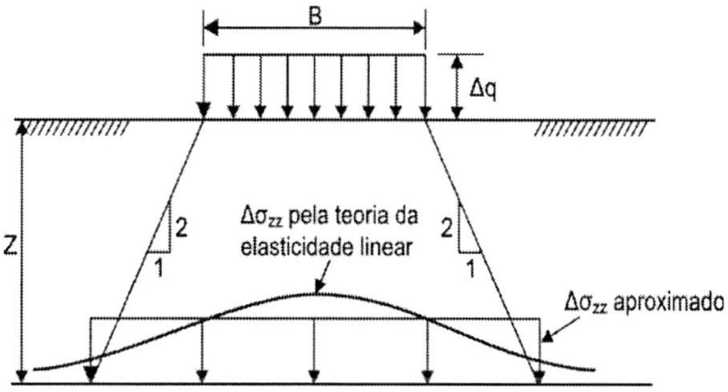

Figura 5.73 – Comparação entre acréscimos de tensão vertical determinados pela teoria da elasticidade linear e pelo método aproximado 2:1 sob fundação retangular de largura B e comprimento L, perfeitamente flexível
Fonte: adaptado de Perloff e Baron (1976)

$$\Delta\sigma_{zz} = \frac{\Delta q \times B \times L}{(B+z)\times(L+z)}$$

No caso de fundação circular de raio R

$$\Delta\sigma_{zz} = \frac{\Delta q \times \pi R^2}{\pi(R+z/2)^2} = \Delta q \times [R/(R+z/2)]^2$$

z (m)	6	14	22	30	38
R_z (m)	23	27	31	35	39
$\Delta\sigma_{zz}$ (kPa)	75,6	54,9	41,6	32,6	26,3

$$\rho_c^{1D} = -\sum_{j=1}^{5} b_{0j}\frac{\Delta\sigma'^{j}_{zz}}{M} = -8 \times \frac{1}{3600} \times (75{,}6 + 54{,}9 + 41{,}6 + 32{,}6 + 26{,}3)$$

$$\rho_c^{1D} = -0{,}51 \text{ m}$$

c) método de Skempton-Bjerrum considerando parâmetros de poropressão B = 1 e A = 0,85.

Como a fundação não se encontra diretamente assente sobre a camada de argila saturada (como na Fig. 5.26), determina-se o recalque pelo método indireto considerando acréscimos de poropressão Δu avaliados pela equação de Skempton (1954).

$$u_0 = \Delta u = B[\Delta\sigma_{rr} + A(\Delta\sigma_{zz} - \Delta\sigma_{rr})]$$

onde $\Delta\sigma_{rr}$ e $\Delta\sigma_{zz}$ são acréscimos de tensão total avaliados pela formulação de Boussinesq considerando ν = 0,50.

z (m)	6	14	22	30	38
$\Delta\sigma_{zz}$ (kPa)	98	81	59	42	31
$\Delta\sigma_{rr}$ (kPa)	58	23	09	04	02
Δu	92,0	72,3	51,5	36,3	26,6

$$\rho_c^{SB} = -\sum_{j=1}^{5} b_{0j} \frac{u_0^j}{M} = -8 \times \frac{1}{3600} \times (92{,}0 + 72{,}3 + 51{,}5 + 36{,}3 + 26{,}6)$$

$$\rho_c^{SB} = -0{,}62\text{m}$$

d) teoria da elasticidade linear 3D

Na condição drenada (E = 3000 kPa, ν = 0,25), os acréscimos de deformação vertical no centro de cada subcamada de 8 metros, ao longo do eixo vertical, são determinados pela lei generalizada de Hooke

$$\Delta\varepsilon_{zz} = -\frac{1}{E}[\Delta\sigma_{zz} - v(\Delta\sigma_{rr} + \Delta\sigma_{rr})]$$

z (m)	6	14	22	30	38
$\Delta\sigma_{zz}$ (kPa)	98	81	59	42	31
$\Delta\sigma_{rr}$ (kPa)	44	15	04	---	---
$\Delta\varepsilon_{zz}$	-0,025	-0,024	-0,019	-0,014	-0,010

$$\rho^{3D} = \sum_{j=1}^{5} b_{0j}\, \Delta\varepsilon_{zz}^{j} = -8 \times (0{,}025 + 0{,}024 + 0{,}019 + 0{,}014 + 0{,}010)$$

$$\rho^{3D} = -0{,}74 \text{ m}$$

Como o módulo de cisalhamento G é o mesmo nas condições drenada e não drenada (ν_u = 0,5), resulta então

$$G = \frac{E}{2(1+v)} = \frac{E_u}{2(1+v_u)} \quad \rightarrow \quad E_u = \frac{3}{2{,}5} \times 3000 = 3600 \text{ kPa}$$

Na condição não drenada (E_u = 3600 kPa, ν_u = 0,5) resulta

$$\Delta\varepsilon_{zz}^{u} = -\frac{1}{E_u}[\Delta\sigma_{zz} - v_u(\Delta\sigma_{rr} + \Delta\sigma_{rr})]$$

z (m)	6	14	22	30	38
$\Delta\sigma_{zz}$ (kPa)	98	81	59	42	31
$\Delta\sigma_{rr}$ (kPa)	58	23	09	04	02
$\Delta\varepsilon_{zz}^{u}$	-0,011	-0,016	-0,014	-0,011	-0,008

$$\rho_u^{3D} = \sum b_0\, \Delta\varepsilon_{zz}^{u} = -8 \times (0{,}011 + 0{,}016 + 0{,}014 + 0{,}011 + 0{,}008)$$

$$\rho_u^{3D} = -0{,}48 \text{ m}$$

$$\rho_c^{3D} = \rho^{3D} - \rho_u^{3D} = -0{,}74 + 0{,}48 = -0{,}26 \text{ m}$$

resultado que ressalta a influência do recalque não drenado no valor do recalque final de adensamento primário obtido pela teoria 3D.

14 – Em relação à questão 13, quais são os acréscimos de poropressão previstos nos métodos a), b), c), d) no tempo $t = 0$? Preencha a Tab. 5.19.

Tabela 5.19 – Acréscimos de poropressão previstos nos métodos a, b, c, d

z/R	0,3	0,7	1,1	1,5	1,9
Método a	98,0	81,0	59,0	42,0	31,0
Método b	75,6	54,9	41,6	32,6	26,3
Método c	92,0	72,3	51,5	36,3	26,6
Método d	71,3	42,3	25,7	16,7	11,7

Fonte: autor

a) estado de deformação 1D, considerando acréscimos de tensão vertical total pela teoria da elasticidade linear com $\Delta u = \Delta\sigma_{zz}$

b) estado de deformação 1D, admitindo acréscimos de tensão vertical total pelo método aproximado 2:1 com $\Delta u = \Delta\sigma_{zz}$

c) método de Skempton-Bjerrum, considerando parâmetros de poropressão B = 1, A = 0,85 e $\Delta u = B[\Delta\sigma_3 + A(\Delta\sigma_1 - \Delta\sigma_3)]$ com acréscimos de tensão total $\Delta\sigma_3 = \Delta\sigma_{rr}$ e $\Delta\sigma_1 = \Delta\sigma_{zz}$ ao longo do eixo central da fundação

d) teoria da elasticidade linear 3D com $\Delta u = \Delta\sigma_{oct} = (\Delta\sigma_{zz} + 2\Delta\sigma_{rr})/3$ ou admitir B = 1 e A = 1/3 na equação de Skempton (1954)

15 – Considerando, no método de Skempton-Bjerrum (item c da questão 13), os valores B = 1 e A = 1/3 (solo representado como material linearmente elástico), como você compara o resultado obtido com aquele calculado pela teoria da elasticidade no item d? Você esperaria que esses valores concordassem ou não? Por quê?

Resposta: o recalque calculado pelo método de Skempton-Bjerrum admite o estado 1D de deformação (parâmetro de compressibilidade *M*), enquanto no cálculo pela teoria da elasticidade linear 3D, as deformações ocorrem nas três direções (parâmetros elásticos *E*, *ν*).

16 – O método de Skempton-Bjerrum procura incorporar, na previsão do cálculo de recalque de adensamento primário, o comportamento de solos reais pela introdução dos parâmetros de poropressão A e B, mas ainda assim considera um parâmetro de compressibilidade do estado 1D de deformação. Você concorda com a sugestão de generalizar esse método de cálculo, introduzindo o módulo de elasticidade *E* como apresentado a seguir? Você espera que os resultados concordem com os valores obtidos pela teoria da elasticidade linear 3D quando B = 1 e A = 1/3? Explique.

$$\rho_c^{3D} = -\frac{1}{E}\int_0^{b_0} \Delta u dz \text{ com } \Delta u = B[\Delta\sigma_3 + A(\Delta\sigma_1 - \Delta\sigma_3)]$$

Resposta: a formulação sugerida é inconsistente. O cálculo da deformação vertical não concorda com a lei generalizada de Hooke. Para o caso B = 1 e A = 1/3 a deformação vertical seria determinada na equação proposta com o acréscimo inicial de poropressão $\Delta u = (\Delta\sigma_1 + 2\Delta\sigma_3)/3$, equivalente ao acréscimo médio da tensão total.

17 – No perfil de solo da Fig. 5.74, é executado um rebaixamento instantâneo do lençol freático de NA1 para NA2. Quando a porcentagem média de dissipação dos excessos de poropressão atingiu o valor de 65%, um carregamento de intensidade Δq = 100 kPa, de grande extensão, foi aplicado na superfície do terreno. Considerando que, após o rebaixamento do nível d'água, a areia permanece saturada por capilaridade na região 1 m < z < 3 m, pede-se: a) preencher a Tab. 5.20 com os valores de poropressão nos tempos t = 0, no tempo t correspondente a 65% da porcentagem média de dissipação dos excessos de poropressão devido ao rebaixamento, no tempo imediatamente após a aplicação do carregamento superficial Δq = 100 kPa e no tempo $t \rightarrow \infty$; b) velocidade de fluxo, no instante de aplicação do carregamento superficial, no ponto situado na profundidade 5 m. Qual o valor desse tempo? c) Os valores de recalque final de adensamento primário e recalque de compressão secundária (método de Buisman, 1936) no tempo t = 10 anos, relativos à superfície do terreno.

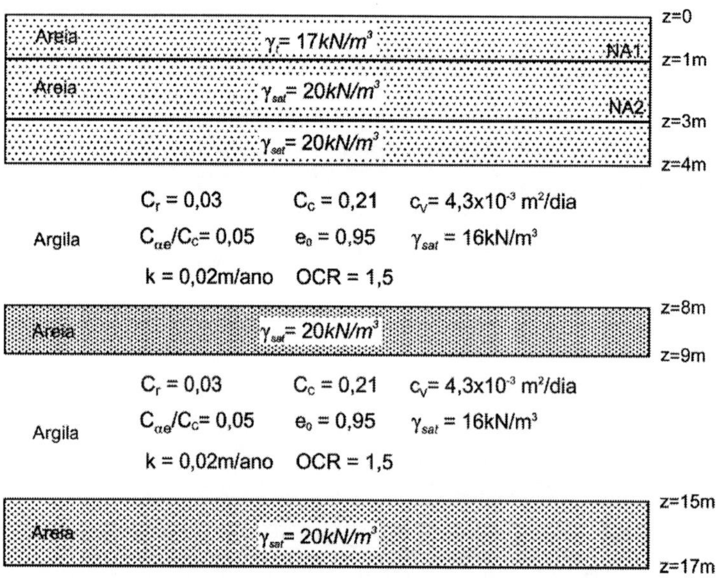

Figura 5.74 – Perfil de solo
Fonte: autor

a) Tempo t correspondente a 65% da porcentagem média de dissipação dos excessos de poropressão devido ao rebaixamento

$$T_v = -0{,}933\log(1 - U_v) - 0{,}085 \quad \text{para} \quad U_v > 0{,}60$$

$$T_v = -0{,}933\log(1 - 0{,}65) - 0{,}085 \ = 0{,}34$$

$$T_v = \frac{c_v t}{H^2} \quad \rightarrow \quad t = \frac{0{,}34 \times 2^2}{4{,}3 \times 10^{-3}} = 316{,}3 \ \text{dias}$$

Tabela 5.20 – Valores de poropressão (kPa) devido ao rebaixamento do lençol freático e carregamento superficial

z (m)	*t* = 0	*t* correspondente a U_v = 65% (rebaixamento)	*t* correspondente à aplicação do carregamento superficial	$t \rightarrow \infty$
1	0	0	0	0
3	0	0	0	0
4	10/30	10	10/110	10
5	40	25+4 = 29,0	129,0	25
6	50	40+5,4 = 45,4	145,4	40
7	60	55+3,6 = 58,6	158,6	55
8	70	70	170/70	70
9	80	80	80/180	80
10	90	90	190	90
11	100	100	200	100
12	110	110	210	110
13	120	120	220	120
15	140	140	240/140	140
16	150	150	150	150
17	160	160	160	160

Fonte: autor

b) Velocidade de fluxo, no instante de aplicação do carregamento superficial, no ponto situado na profundidade 5 m

b.1) Componente de fluxo transiente v_t

$$v_t = ki = k\frac{u_0^b}{\gamma_w H}\frac{\partial U_z}{\partial Z}\bigg|_{Z=0,5} = 0{,}02 \times \frac{20}{10 \times 2} \times \frac{0{,}15}{0{,}5} = 6 \times 10^{-3}\ \text{m/ano}\ \uparrow$$

onde $\partial U_z / \partial Z = 0{,}15/0{,}5$ é determinado do gráfico das isócronas para distribuição triangular inicial dos excessos de poropressão, considerando a inclinação com a vertical da tangente à isócrona T_v = 0,34 (interpolada) em Z = 0,5. Note que na Fig. 5.8 o valor máximo u_0^b encontra-se na base da camada enquanto que no presente exemplo u_0^b está no topo da camada de argila. Logo, o ponto na profundidade 5 m corresponde a Z = 0,5 medido a partir da base da distribuição triangular inicial ou Z = 1,5 desde o vértice da distribuição triangular da Fig. 5.8. Se utilizar a Eq. 5.3B para determinar analiticamente $\partial U_z / \partial Z$ então considere Z = 1,5 pois nesta equação Z é considerado a partir do vértice da distribuição triangular inicial.

b.2) Componente de fluxo permanente v_{ss}

$$v_{ss} = ki_{ss} = k\frac{\Delta h}{\Delta \ell} = 0{,}02 \times \frac{2}{4} = 10 \times 10^{-3}\ \text{m/ano}\ \uparrow$$

b.3) Velocidade total de fluxo v_{total}

$$v_{total} = v_t + v_{ss} = 16 \times 10^{-3}\ \text{m/ano}\ \uparrow$$

c) Recalque total de adensamento primário na superfície do depósito de solo

c.1) Camada de argila superior
A camada de argila superior é afetada pelo rebaixamento do lençol freático e pelo carregamento superficial. Considerando o ponto médio desta camada em $z = 6$ m, resulta:

c.1.1) Parcela de recalque final de adensamento primário devido ao rebaixamento do lençol freático em $t = 0$

$$\sigma'_{v0} = 17 \times 1 + 20 \times 3 + 16 \times 2 - 50 = 59 \text{ kPa}$$
$$\sigma'_{vm} = 1{,}5 \times 59 = 88{,}5 \text{ kPa}$$
$$\sigma'^{reb}_{vf} = \sigma'_{v0} + \Delta\sigma'^{reb}_{v} = 59 + 10 = 69 \text{ kPa} < \sigma'_{vm}$$
$$\rho_c^{sup\ reb} = -\frac{b_0}{1+e_0}\left(C_r \log\frac{\sigma'_{vm}}{\sigma'_{v0}}\right) = -\frac{4}{1+0{,}95}\left(0{,}03 \times \log\frac{69}{59}\right) = -0{,}004 \text{ m}$$

c.1.2) Parcela de recalque final de adensamento primário devido ao carregamento aplicado em $t = 316{,}3$ dias com atualização da tensão vertical efetiva inicial[27].

$$\sigma'^{car}_{v0} = \sigma'_{v0} + (u_0 - u_e) = 59 + (50 - 45{,}4) = 63{,}6 \text{ kPa}$$
$$\sigma'^{car}_{vf} = \sigma'^{car}_{v0} + \Delta\sigma'^{car}_{v} = 63{,}6 + 100 = 163{,}6 \text{ kPa} > \sigma'_{vm}$$
$$\rho_c^{sup\ car} = -\frac{b_0}{1+e_0}\left(C_r \log\frac{\sigma'_{vm}}{\sigma'^{car}_{v0}} + C_c \log\frac{\sigma'^{car}_{vf}}{\sigma'_{vm}}\right)$$
$$\rho_c^{sup\ car} = -\frac{4}{1+0{,}95}\left(0{,}03 \times \log\frac{88{,}5}{63{,}6} + 0{,}21 \times \log\frac{163{,}6}{88{,}5}\right) = -0{,}124 \text{ m}$$

c.1.3) Recalque final de adensamento primário da camada de argila superior

$$\rho_c^{sup} = \rho_c^{sup\ reb} + \rho_c^{sup\ car} = -0{,}004 - 0{,}124 = -128 \times 10^{-3} \text{m}$$

c.2) Camada de argila inferior
A camada de argila inferior é afetada apenas pelo carregamento superficial. Considerando o ponto médio desta camada em $z = 12$ m,

$$\sigma'_{v0} = 17 \times 1 + 20 \times 3 + 16 \times 4 + 20 \times 1 + 16 \times 3 - 110 = 99 \text{ kPa}$$
$$\sigma'_{vm} = 1{,}5 \times 99 = 148{,}5 \text{ kPa}$$
$$\sigma'^{car}_{vf} = \sigma'_{v0} + \Delta\sigma'^{car}_{v} = 99 + 100 = 199 \text{ kPa} > \sigma'_{vm}$$
$$\rho_c^{inf\ car} = -\frac{b_0}{1+e_0}\left(C_r \log\frac{\sigma'_{vm}}{\sigma'_{v0}} + C_c \log\frac{\sigma'^{car}_{vf}}{\sigma'_{vm}}\right)$$
$$\rho_c^{inf\ car} = -\frac{6}{1+0{,}95}\left(0{,}03 \times \log\frac{148{,}5}{99} + 0{,}21 \times \log\frac{199}{148{,}5}\right) = -98 \times 10^{-3} \text{ m}$$

[27] Índice de vazios inicial e_0 e espessura inicial da camada b_0 não são atualizados devido à hipótese de deformações infinitesimais.

c.3) Recalque total de adensamento das duas camadas de argila

$$\rho_c^{total} = \rho_c^{sup} + \rho_c^{inf} = -(128 + 98) \times 10^{-3} = -226 \times 10^{-3}\text{m}$$

c.4) Tempo para que ocorra o final do adensamento primário ($T_v = 1$)

Camada de argila superior $T_v = \dfrac{c_v t}{H^2} \quad \rightarrow \quad t = \dfrac{1 \times 2^2}{4{,}3 \times 10^{-3}} = 930{,}2 \text{ dias}$

Camada de argila inferior $T_v = \dfrac{c_v t}{H^2} \quad \rightarrow \quad t = \dfrac{1 \times 3^2}{4{,}3 \times 10^{-3}} = 2093 \text{ dias}$

Como o carregamento Δq = 100 kPa foi aplicado em t = 316,3 dias, então o adensamento primário, em relação ao instante do rebaixamento t = 0, termina em:
Camada de argila superior t_p = 930,2 + 316,3 = 1246,5 dias
Camada de argila inferior t_p = 2093 + 316,3 = 2409,3 dias

c.5) Recalque de compressão secundária (Eq. 5.9d) em t = 10 anos

Camada de argila superior

$$\rho_s^{sup} = -b_0 \frac{C_{\alpha e}}{1 + e_0} \log \frac{t}{t_p} = -4 \times \frac{0{,}05 \times 0{,}21}{1 + 0{,}95} \log \frac{3650}{1246{,}5} = -10{,}0 \times 10^{-3}\text{m}$$

Camada de argila inferior

$$\rho_s^{inf} = -b_0 \frac{C_{\alpha e}}{1 + e_0} \log \frac{t}{t_p} = -6 \times \frac{0{,}05 \times 0{,}21}{1 + 0{,}95} \log \frac{3650}{2409{,}3} = -5{,}8 \times 10^{-3}\text{m}$$

Recalque total de compressão secundária em t = 10 anos

$$\rho_s^{total} = -\left(\rho_s^{sup} + \rho_s^{inf}\right) = -(10{,}0 + 5{,}8) \times 10^{-3} = -15{,}8 \times 10^{-3}\text{m}$$

18) No perfil de solo da Fig. 5.75, foi feito um bombeamento instantâneo em t = 0 na camada de areia entre 8 m $\leq z \leq$ 9 m com redução da carga de pressão Δh_p = 3 m em todos os seus pontos. Considerando o peso específico da água γ_w = 10 kN/m^3, pede-se determinar: a) velocidades de fluxo no plano médio das camadas de argila, no tempo t = 263$^-$ dias, indicando respectivos sentidos; b) as distribuições de poropressão com a profundidade nos instantes t < 0, t = 0 e t = 263$^-$ dias, preenchendo os valores da Tab. 5.21; c) a porcentagem média de dissipação dos excessos de poropressão do depósito de solo (ambas as camadas de argila) no tempo t = 263$^-$ dias.
Em seguida, no tempo t = 263 dias, foi executado um rebaixamento instantâneo do nível do lençol freático de NA1 para NA2 com variação do peso específico da camada de areia entre 1 m $\leq z \leq$ 3 m. Pede-se determinar: d) as distribuições de poropressão com a profundidade nos instantes t = 263$^+$ dias, t = 526 dias e $t \rightarrow \infty$, preenchendo os valores da Tab. 5.22; e) o valor do recalque final de adensamento primário da superfície do terreno. Efetue os cálculos com os parâmetros C_c ou C_r sem introduzir parâmetros de compressibilidade

lineares (a_v, m_v, M); f) qual o menor valor do fator de segurança FS contra o levantamento? Em que tempo esse valor de FS ocorre?

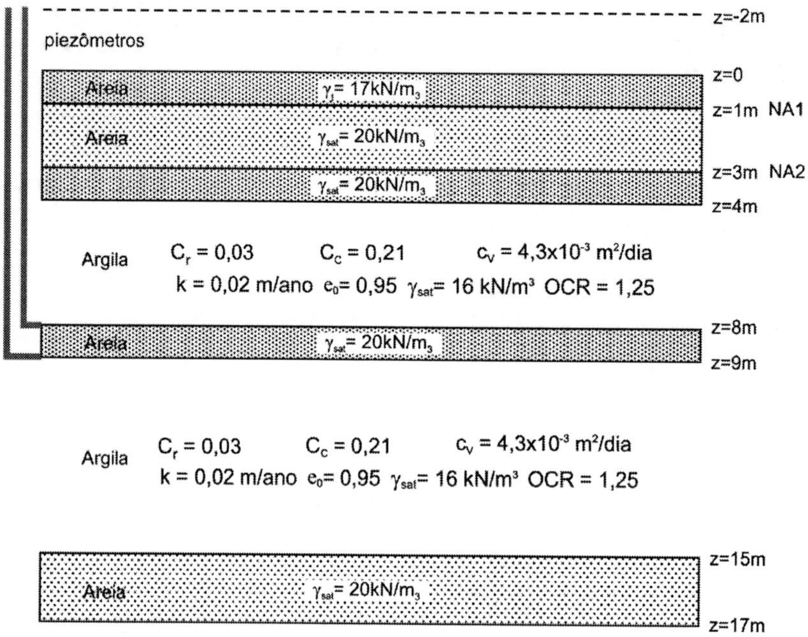

Figura 5.75 – Perfil de solo
Fonte: autor

a) Velocidades de fluxo no plano médio das camadas de argila no tempo $t = 263^-$ dias

Observe que a redução da carga de pressão $\Delta h_p = 3$ m entre 8 m $\leq z \leq$ 9 m tornou hidrostática a distribuição de poropressão na camada de areia entre essas profundidades. Logo, não há diferença de carga hidráulica entre o topo e a base das camadas de argila e, portanto, a velocidade de fluxo permanente em ambas as camadas é nula.

a.1) Velocidade de fluxo transiente na camada de argila superior

$$T_v = \frac{c_v t}{H^2} = \frac{4{,}3 \times 10^{-3} \times 263}{2^2} = 0{,}283$$

$$v = ki \quad \rightarrow \quad v = k\frac{u_0^b}{\gamma_w H}\frac{\partial U_z}{\partial Z}\bigg|_{Z=1} = 0{,}02 \times \frac{30}{10 \times 2} \times 0{,}06 = 1{,}8 \times 10^{-3}\text{m/ano} \uparrow$$

com $\partial U_z/\partial Z = 0{,}06$ determinado pela Eq. 5.3B ou do gráfico das isócronas para distribuição triangular inicial dos excessos de poropressão (Fig. 5.8) considerando Z =1 e T_v = 0,283.

a.2) Velocidade de fluxo transiente na camada de argila inferior

$$T_v = \frac{c_v t}{H^2} = \frac{4{,}3 \times 10^{-3} \times 263}{3^2} = 0{,}126$$

$$v = ki \quad \rightarrow \quad v = k\frac{u_0^b}{\gamma_w H}\frac{\partial U_z}{\partial Z}\bigg|_{Z=1} = 0{,}02 \times \frac{30}{10 \times 3} \times 0{,}28 = 5{,}6 \times 10^{-3}\text{m/ano} \downarrow$$

com $\partial U_z / \partial Z = 0{,}28$ determinado pela Eq. 5.3B ou do gráfico das isócronas para distribuição triangular inicial dos excessos de poropressão (Fig. 5.8), considerando $Z = 1$ e $T_v = 0{,}126$.

b) Em $z = 6$ m, no tempo $t = 263^-$ dias, do gráfico das isócronas para distribuição triangular inicial dos excessos de poropressão (Fig. 5.8) devido ao bombeamento, com $Z = 1$ e $T_v = 0{,}283$, determina-se $U_z = 0{,}68$. Logo,

$$u_e = (1 - U_z) \times u_0^b = (1 - 0{,}68) \times 30 = 9{,}6 \text{ kPa}$$

Similarmente, em $z = 12$m, considerando $Z = 1$ e $T_v = 0{,}126$, determina-se $U_z = 0{,}55$. Logo,

$$u_e = (1 - U_z) \times u_0^b = (1 - 0{,}55) \times 30 = 13{,}5 \text{ kPa}$$

As distribuições de poropressão com a profundidade nos instantes $t < 0$, $t = 0$ e $t = 263^-$ dias estão indicadas na Fig. 5.76 e Tab. 5.21.

c) Porcentagem média de dissipação dos excessos de poropressão para cada camada de argila separadamente e para o depósito de solo (as duas camadas simultaneamente):

c.1) Camada de argila superior

$$T_v = \frac{\pi}{4} U_{v\ \text{sup}}^2 \quad \rightarrow \quad U_{v\ \text{sup}} = \sqrt{\frac{4T_v}{\pi}} = \sqrt{\frac{4 \times 0{,}283}{\pi}} = 0{,}60$$

c.2) Camada de argila inferior

$$T_v = \frac{\pi}{4} U_{v\ \text{inf}}^2 \quad \rightarrow \quad U_{v\ \text{inf}} = \sqrt{\frac{4T_v}{\pi}} = \sqrt{\frac{4 \times 0{,}126}{\pi}} = 0{,}40$$

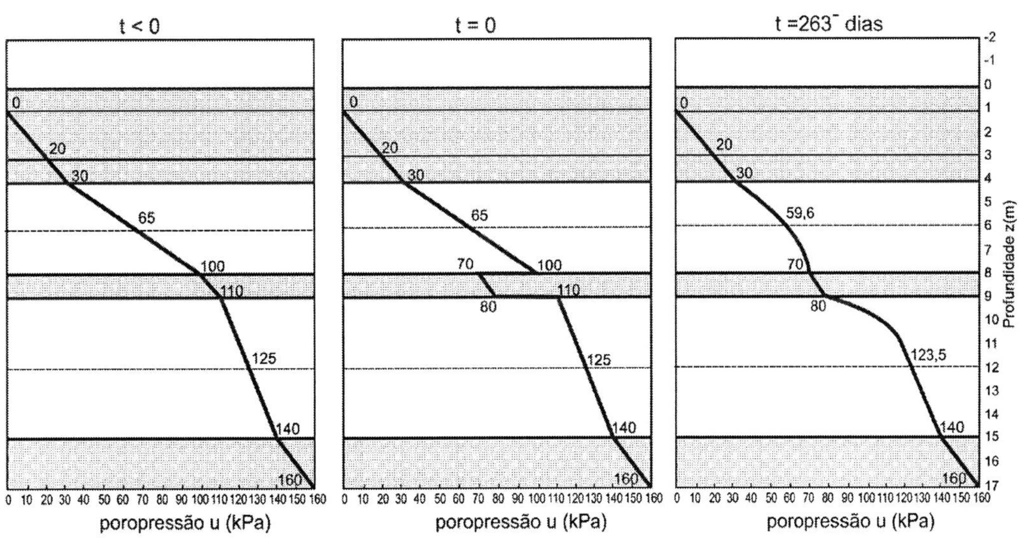

Figura 5.76 – Distribuições de poropressão com a profundidade
Fonte: autor

Tabela 5.21 - Valores de poropressão (kPa)

z (m)	$t < 0$	$t = 0$	$t = 263^-$ dias
1	0	0	0
3	20	20	20
4	30	30	30
6	65	65	50+9,6 = 59,6
8	100	100/70	70
9	110	80/110	80
12	125	125	110+13,5=123,5
15	140	140	140
17	160	160	160

Fonte: autor

c.3) Depósito de solo – porcentagem média é determinada em função do recalque final de adensamento e do recalque de adensamento primário em $t = 263^-$ dias

c.3.1) Recalque da camada de argila superior

Recalque final de adensamento primário devido ao bombeamento considerando a tensão vertical efetiva no plano médio da camada

$$\sigma'_{v0} = 17 \times 1 + 20 \times 3 + 16 \times 2 - 65 = 44 \text{ kPa}$$
$$\sigma'_{vm} = \sigma'_{v0} \times \text{OCR} = 44 \times 1{,}25 = 55 \text{ kPa}$$
$$\sigma'_{vf} = \sigma'_{v0} + \Delta\sigma'_{v} = 44 + 15 = 59 \text{ kPa}$$
$$\rho_c^{sup} = -\frac{b_0}{1+e_0}\left(C_r \log\frac{\sigma'_{vm}}{\sigma'_{v0}} + C_c \log\frac{\sigma'_{vf}}{\sigma'_{vm}}\right)$$
$$\rho_c^{sup} = -\frac{4}{1+0{,}95}\left(0{,}03 \times \log\frac{55}{44} + 0{,}21 \times \log\frac{59}{55}\right) = -0{,}019 \text{ m}$$

Recalque de adensamento primário em $t = 263^-$ dias

$$\rho_t^{sup} = U_{v\ sup} \times \rho_c^{sup} = -0{,}60 \times 0{,}019 = -0{,}011 \text{ m}$$

c.3.2) Recalque da camada de argila inferior

Similarmente,

$$\sigma'_{v0} = 17 \times 1 + 20 \times 3 + 16 \times 4 + 20 \times 1 + 16 \times 3 - 125 = 84 \text{ kPa}$$
$$\sigma'_{vm} = \sigma'_{v0} \times \text{OCR} = 84 \times 1{,}25 = 105 \text{ kPa}$$
$$\sigma'_{vf} = \sigma'_{v0} + \Delta\sigma'_{v} = 84 + 15 = 99 \text{ kPa}$$
$$\rho_c^{inf} = -\frac{b_0}{1+e_0}\left(C_r \log\frac{\sigma'_{vm}}{\sigma'_{v0}}\right) = -\frac{6}{1+0{,}95}\left(0{,}03 \times \log\frac{99}{84}\right) = -0{,}007 \text{ m}$$

Recalque de adensamento primário em $t = 263^-$ dias

$$\rho_t^{inf} = U_{v\ inf} \times \rho_c^{inf} \quad = -0{,}40 \times 0{,}007 = -0{,}003 \text{ m}$$

c.3.3) Porcentagem média de dissipação dos excessos de poropressão no depósito de solo

$$U_v^{dep} = \frac{\rho_t^{dep}}{\rho_c^{dep}} = \frac{-(0{,}011 + 0{,}003)}{-(0{,}019 + 0{,}007)} = 0{,}54$$

d) As distribuições de poropressão com a profundidade nos instantes $t = 263^+$ dias, $t = 526$ dias e $t \rightarrow \infty$ estão indicadas na Tab. 5.22 e Fig. 5.77.

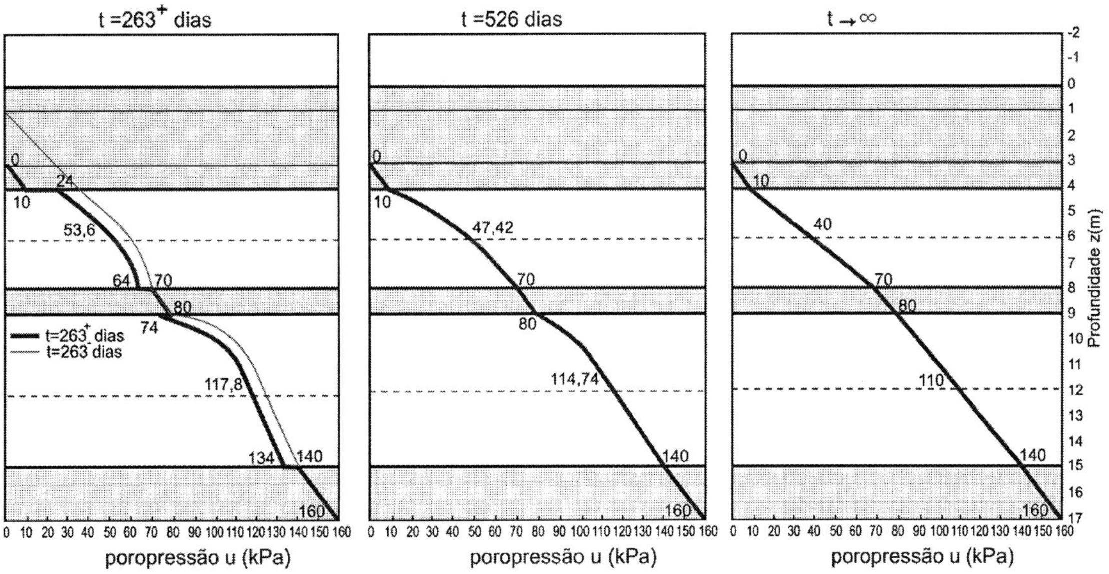

Figura 5.77 – Distribuições de poropressão (kPa) com a profundidade
Fonte: autor

Tabela 5.22 - Valores de poropressão (kPa)

z (m)	$t = 263^+$ dias	$t = 526$ dias	$t \rightarrow \infty$
1	0	0	0
3	0	0	0
4	10 / (30-6=24)	10	10
6	59,6-6 = 53,6	40+4,8+6,4-3,78 = 47,42	40
8	(70-6=64)/70	70	70
9	80/(80-6=74)	80	80
12	123,8-6 = 117,8	110+ 10,20-5,46=114,74	110
15	(140-6=134) /140	140	140
17	160	160	160

Fonte: autor

d.1) Fator tempo devido ao bombeamento em $t = 526$ dias

Camada de argila superior $T_v = \frac{c_v t}{H^2} = \frac{4{,}3 \times 10^{-3} \times 526}{2^2} = 0{,}566$

Camada de argila inferior $T_v = \frac{c_v t}{H^2} = \frac{4{,}3 \times 10^{-3} \times 526}{3^2} = 0{,}252$

d.2) Fator tempo devido ao rebaixamento e variação do peso específico da areia em t = 526 dias com início no instante t_0 = 263 dias

Camada de argila superior $T_v = \frac{c_v t}{H^2} = \frac{4{,}3 \times 10^{-3} \times 263}{2^2} = 0{,}283$

Camada de argila inferior $T_v = \frac{c_v t}{H^2} = \frac{4{,}3 \times 10^{-3} \times 263}{3^2} = 0{,}126$

d.3) Em z = 6 m, excesso de poropressão em t = 526 dias

$$u_e = u_{ss} + \left(1 - U_z^{bom}\right) \times u_0^{bom} + \left(1 - U_z^{reb}\right) \times u_0^{reb} + \left(1 - U_z^{\gamma}\right) \times u_0^{\gamma}$$
$$u_e = 40 + (1 - 0{,}84) \times 30 + (1 - 0{,}68) \times 20 + (1 - 0{,}37) \times (-6)$$
$$u_e = 40 + 4{,}8 + 6{,}4 - 3{,}78 = 47{,}42 \text{ kPa}$$

considerando para Z = 1, U_z^{bom}= 0,84 em T_v = 0,566 (Fig. 5.8), U_z^{reb}= 0,68 em T_v = 0,283 (Fig. 5.8), U_z^{γ}= 0,37 em T_v = 0,283 (Fig. 5.3).

d.4) Em z = 12 m, excesso de poropressão em t = 526 dias

$$u_e = u_{ss} + \left(1 - U_z^{bom}\right) \times u_0^{bom} + \left(1 - U_z^{\gamma}\right) \times u_0^{\gamma}$$
$$u_e = 110 + (1 - 0{,}66) \times 30 + (1 - 0{,}09) \times (-6)$$
$$u_e = 110 + 10{,}20 - 5{,}46 = 114{,}74 \text{ kPa}$$

considerando para Z = 1, U_z^{bom}= 0,66 em T_v = 0,252 (Fig. 5.8), U_z^{γ}= 0,09 em T_v = 0,126 (Fig. 5.3).

e) Recalque final de adensamento primário na superfície do terreno

e.1) Camada de argila superior
Recalque final de adensamento primário devido ao bombeamento ocorrido em t = 0

$\rho_c^{sup\ bom} = -0{,}019$ m (calculado anteriormente em c.3.1)

Recalque final de adensamento primário devido ao rebaixamento e variação do peso específico (eventos simultâneos) ocorridos em t = 263 dias

Atualização da tensão efetiva vertical inicial devido ao bombeamento (Tab. 5.21)

$$\sigma'^{reb+\gamma}_{v0} = \sigma'_{v0} + \left(u_0 - u_e^{263d}\right) = 44 + (65 - 59{,}6) = 49{,}4\text{kPa}$$
$$\sigma'^{reb+\gamma}_{vf} = \sigma'^{reb+\gamma}_{v0} + \Delta\sigma'^{reb}_{v} + \Delta\sigma'^{\gamma}_{v} = 49{,}4 + 10 - 6 = 53{,}4\text{kPa} < \sigma'_{vm} = 55\text{ kPa}$$
$$\rho_c^{sup\ reb+\gamma} = -\frac{b_0}{1+e_0}\left(C_r \log\frac{\sigma'^{reb+\gamma}_{vf}}{\sigma'^{reb+\gamma}_{v0}}\right) = -\frac{4}{1+0{,}95}\left(0{,}03 \times \log\frac{53{,}4}{49{,}4}\right)$$
$$\rho_c^{sup\ reb+\gamma} = -0{,}002\text{ m}$$

e.2) Camada de argila inferior

Recalque final de adensamento primário devido ao bombeamento ocorrido em $t = 0$

$$\rho_c^{inf\ bom} = -0{,}007\text{ m (calculado anteriormente em c.3.2)}$$

Recalque final de adensamento primário devido à variação do peso específico ocorrida em $t = 263$ dias

Atualização da tensão efetiva vertical inicial devido ao bombeamento (Tab. 5.21)

$$\sigma'^{\gamma}_{v0} = \sigma'_{v0} + \left(u_0 - u_e^{263d}\right) = 84 + (125 - 123{,}5) = 85{,}5\text{kPa}$$
$$\sigma'^{\gamma}_{vf} = \sigma'^{\gamma}_{v0} + \Delta\sigma'^{\gamma}_{v} = 85{,}5 - 6 = 79{,}5\text{kPa} < \sigma'_{vm} = 105\text{ kPa}$$
$$\rho_c^{inf\ \gamma} = -\frac{b_0}{1+e_0}\left(C_r \log\frac{\sigma'^{\gamma}_{vf}}{\sigma'^{\gamma}_{v0}}\right) = -\frac{6}{1+0{,}95}\left(0{,}03 \times \log\frac{79{,}5}{85{,}5}\right) = 0{,}003\text{ m}$$

e.3) Recalque final de adensamento primário na superfície do terreno

$$\rho_c = \rho_c^{sup\ bom} + \rho_c^{sup\ reb+\gamma} + \rho_c^{inf\ bom} + \rho_c^{inf\ \gamma}$$
$$\rho_c = -(0{,}019 + 0{,}002 + 0{,}007 - 0{,}003) = -25 \times 10^{-3}\text{ m}$$

f) O menor valor do fator de segurança FS contra o levantamento acontece na base da camada de argila superior em $z = 8$ m e $t < 0$

$$\text{FS} = \frac{\sigma_v}{u} = \frac{\gamma_t^{areia} \times 1 + \gamma_{sat}^{areia} \times 3 + \gamma_{sat}^{\text{argila}} \times 4}{u}$$

$$\text{FS} = \frac{17 \times 1 + 20 \times 3 + 16 \times 4}{100} = 1{,}41$$

19 - a) Você concorda que na teoria do adensamento pseudo 3D a velocidade de recalque é proporcional à porcentagem média de dissipação de poropressão 3D (incluindo fluxos vertical e horizontal)? Explique.

Resposta: não, porque não existe mais proporcionalidade, como na teoria 1D, entre velocidade de recalque (velocidade do deslocamento vertical) e porcentagem média de dissipação de poropressão, pois o fluxo de água acontece nas direções vertical e horizontais. Este assunto foi discutido na seção 5.14.

b) No cálculo do recalque de adensamento primário de solos PA pela teoria 1D, quando $\sigma'_{v0} < \sigma'_{vm} < \sigma'_{vf}$, são utilizados o índice de compressão C_c para o trecho NA e o índice de recompressão C_r para o trecho PA. Na determinação da velocidade de recalque pela teoria 1D, é possível levar em consideração a influência simultânea desses dois parâmetros de compressibilidade? Explique.

Resposta: para cálculo do recalque no estado 1D de deformação é possível considerar um comportamento mecânico não linear do solo definido pelos parâmetros C_c e C_r. Porém na teoria do adensamento 1D, que determina a velocidade de dissipação das poropressões, o solo é admitido como material linearmente elástico (parâmetros m_v, M, a_v) na definição do coeficiente de adensamento c_v. A linearidade do comportamento do material é uma das hipóteses básicas no desenvolvimento matemático da teoria do adensamento primário de Terzaghi. É importante entender que os cálculos do recalque e da dissipação dos excessos de poropressão são feitos com métodos distintos, de forma desacoplada, na teoria 1D.

EXERCÍCIOS PROPOSTOS

1 - Considere uma camada de argila de 6 m de espessura, com dupla drenagem e as seguintes propriedades: coeficiente de adensamento c_v = 0,009 m^2/dia, coeficiente de adensamento com fluxo radial c_r = 0,045 m^2/dia, coeficiente de permeabilidade vertical $k_v = 6\times10^{-8}$ cm/s e coeficiente de permeabilidade radial k_r = 30×10^{-8} cm/s. Para um período de 600 dias, trace o gráfico de porcentagem média de dissipação dos excessos de poropressão U versus t nas seguintes situações:

1a) somente drenagem vertical;

1b) dreno vertical de raio r_w = 0,20 m, raio de drenagem R = 3 m, s = 1 (sem efeito *smear*);

1c) dreno vertical de raio r_w = 0,20 m, raio de drenagem R = 1,5 m, s = 1 (sem efeito *smear*);

1d) dreno vertical de raio r_w = 0,20 m, raio de drenagem R = 3 m, s = 1,5 (com efeito *smear*) e razão k_r/k_s = 4.

Respostas:

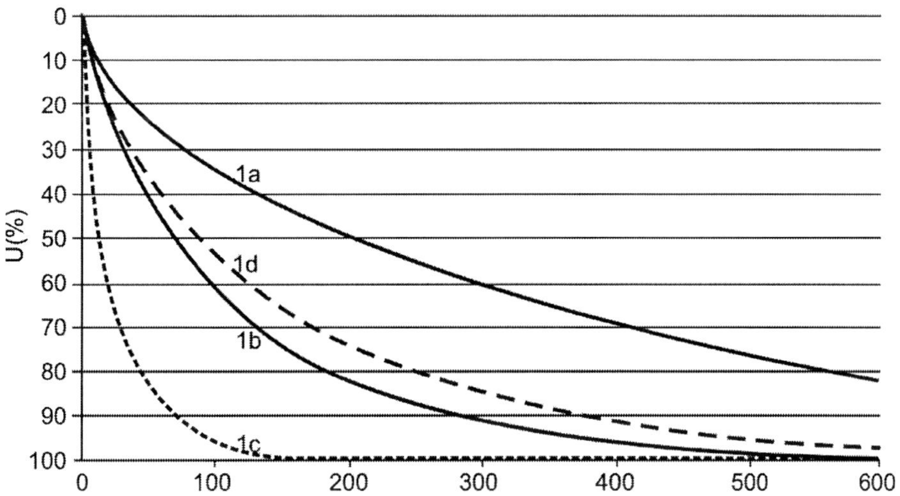

Figura 5.78 - Variação com o tempo da porcentagem média de dissipação dos excessos de poropressão U
Fonte: autor

2 - Com relação ao exercício proposto 1, determine: a) o recalque final de adensamento primário causado por um carregamento infinito de intensidade Δq = 20 kPa, sabendo que a camada de argila apresenta um coeficiente de variação volumétrica $m_v = 9\times10^{-4}$ m^2/kN; b) para controlar a evolução do recalque de adensamento primário, deverá ser utilizado um aterro temporário (pré-carregamento) combinado com drenos verticais. Pede-se plotar um gráfico de altura de pré-carregamento (h) versus tempo de pré-carregamento (t) considerando peso específico do aterro γ_t = 20 kN/m^3, drenos verticais de raio r_w = 0,20 m, raio de drenagem R = 3 m, s = 1,5 (efeito *smear*) e razão k_r/k_s = 4.

Respostas: a) ρ_c = – 0,108 m; b) sugestão: b.1) para determinado tempo t obtenha o recalque com os drenos verticais; b.2) diminuir este valor do recalque final calculado em a); b.3) com o recalque reajustado determinar a altura do aterro; b.4) repetir o processo de cálculo desde b.1) considerando diferentes valores de tempo.

3 - Considere uma camada de argila de 6 m de espessura, com dupla drenagem e a seguintes propriedades: $c_v = 9\times10^{-3}$ m²/dia, $c_r = 45\times10^{-3}$ m²/dia, coeficiente de variação volumétrica decrescendo linearmente de $m_v = 12\times10^{-4}$ m²/kN (topo da camada) para $m_v = 6\times10^{-4}$ m²/kN (base da camada). Pede-se calcular: a) o recalque de adensamento primário no tempo $t = 8$ meses, considerando a aplicação instantânea de um carregamento infinito com intensidade $\Delta q = 40$ kPa; b) o projeto de engenharia especifica que apenas 3 cm do recalque total é admissível após $t = 8$ meses. Verifique como atender esta condição, utilizando drenos verticais ($r_w = 20$ cm) em uma malha quadrada; c) outra possível solução, sem considerar a utilização de drenos verticais para atender às condições de projeto, é aumentar a intensidade do carregamento com o objetivo de atingir o valor especificado de recalque no tempo $t = 8$ meses. Determinar o valor da sobrecarga Δq_s necessária, considerando que o carregamento total (40+Δq_s) kPa é aplicado instantaneamente.

Respostas: a) ρ_t= - 0,119 m b) $S \approx 5$ m c) $\Delta q_s = 74{,}8$ kPa

4 - Um reservatório cilíndrico (raio $R = 6$ m, altura $h = 3$ m) para armazenamento de óleo ($\gamma_{oleo} = 8$ kN/m³) foi construído sobre uma camada de argila saturada de 24 m de espessura, conforme Fig. 5.79. Considerando peso específico da água $\gamma_w = 10$ kN/m³, com o nível do lençol freático situado na superfície do terreno, pede-se determinar o recalque final de adensamento primário no centro do reservatório, admitido como fundação perfeitamente flexível, pelos seguintes métodos: a) estado 1D de deformação, considerando apenas a distribuição dos acréscimos de tensão vertical induzidos pelo carregamento do reservatório; b) formulação de Skempton-Bjerrum; c) teoria da elasticidade linear, com auxílio das Eq. e7.g e e7.h (exercício resolvido 7).

Respostas: subdividindo a camada de argila em 4 subcamadas de 6m de espessura, resulta: a) $\rho_c^{1D} = -6{,}3$cm b) $\rho_c^{SB} = -3{,}3$cm c) $\rho_c^{3D} = -2{,}2$cm

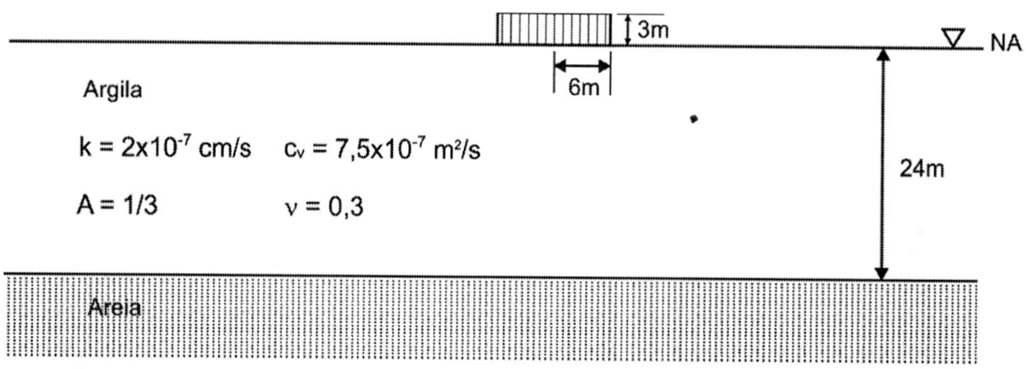

Figura 5.79 - Reservatório cilíndrico para armazenamento de óleo sobre camada de argila
Fonte: autor

5 - No perfil de solo da Fig. 5.80, o nível do lençol freático sofreu rebaixamento instantâneo de NA1 para NA2. Considerando o peso específico da água $\gamma_w = 10$ kN/m³ e admitindo que após o rebaixamento a areia situada em 1 m $\leq z \leq$ 3 m permanece saturada por capilaridade, pede-se: a) os gráficos de distribuição de poropressão com a profundidade antes do rebaixamento ($t < 0$), no instante do rebaixamento ($t = 0$) e na condição permanente ($t \rightarrow \infty$); b) os valores e sentidos das velocidades de fluxo nos instantes acima, no plano médio das três camadas de argila; c) considerando camadas de argila saturada NA ($A = 0{,}5$ e $B = 1$),

você espera que o recalque final de adensamento primário calculado pelo método de Skempton e Bjerrum seja igual, superior ou inferior ao valor do recalque 1D obtido pela teoria 1D convencional? Explicar. d) Qual a estimativa do recalque em $t = 0$? Por quê?

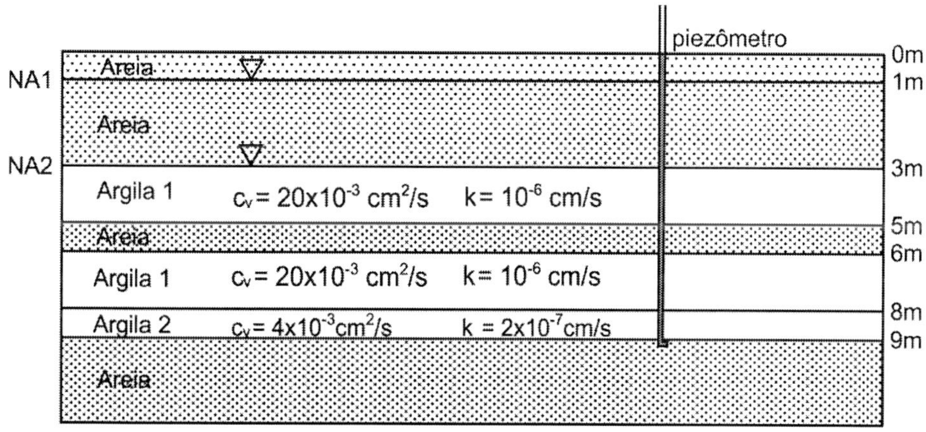

Figura 5.80 – Perfil de solo estratificado com camadas alternadas de areia e argila
Fonte: autor

Respostas: a) observar que o rebaixamento somente provoca mudança de poropressão na camada de argila superior; b) camada de argila em 3 m $\leq z \leq$ 5 m: $v_{t<0} = v_{t=0} = 0$ e $v_{t\to\infty} \doteq 10^{-6}\text{cm/s} \uparrow$; camadas de argila em 6 m $\leq$ z $\leq$ 9 m: $v_{t<0} = v_{t=0} = \; v_{t\to\infty} = 1{,}43 \times 10^{-7}\text{cm/s} \uparrow$; c) para carregamento infinito, os valores de recalque pela teoria 1D convencional e pelo método de Skempton Bjerrum são iguais; d) recalque não drenado é nulo para estado 1D de deformação.

6 - Com relação ao perfil de solo da Fig. 5.81 e Tab. 5.23, admitido como material elástico linear, os seguintes eventos aconteceram:

a) rebaixamento instantâneo do lençol freático de NA1 para NA2 no instante $t_0 = 0$;

b) remoção instantânea da camada superficial de areia seca de 2 m de espessura ao final do adensamento primário da camada superior de argila no instante t_1;

c) construção instantânea na nova superfície do terreno escavado de uma fundação circular, perfeitamente flexível, de raio R = 6 m com carregamento uniformemente distribuído Δq = 100 kPa no instante correspondente ao final do adensamento primário t_2 causado pela remoção da camada superficial de areia;

d) reaterro instantâneo da camada original de areia no instante t_3 correspondente ao fim do adensamento primário causado pelo carregamento da fundação circular;

f) elevação instantânea do lençol freático de NA2 para NA1 no instante t_4 correspondente ao fim do adensamento primário causado pelo reaterro da camada superficial de areia.

Pede-se determinar, considerando peso específico da água γ_w = 10 kN/m³ e desprezando os efeitos da variação da tensão vertical total devido à mudança do peso específico da areia na região entre 2 m < z < 4 m:

i) a distribuição de poropressões com a profundidade no instante t_0 do rebaixamento instantâneo do lençol freático de NA1 para NA2;

ii) a distribuição de poropressões com a profundidade no instante t_1 da remoção da camada superficial de areia. Qual o valor desse tempo?

iii) a distribuição de poropressões com a profundidade no instante t_2 do carregamento da fundação circular. Qual o valor desse tempo?
iv) a distribuição de poropressões com a profundidade no instante t_3 do reaterro da camada superficial de areia. Qual o valor desse tempo?
v) a distribuição de poropressões com a profundidade no instante t_4 da elevação do nível do lençol freático de NA2 para NA1. Qual o valor desse tempo?
vi) a distribuição de poropressões com a profundidade no instante t_5 do final de adensamento primário (em termos de engenharia) do processo de construção. Qual o valor desse tempo?
vii) qual a sua melhor estimativa do recalque final de adensamento primário do centro da fundação circular perfeitamente flexível?
viii) repita o item vii) considerando que o carregamento da fundação demorou 40 dias para ser completado.

Além dos gráficos de distribuição das poropressões, preencha a Tab. 5.24.

Figura 5.81 – Perfil do depósito de solo
Fonte: autor

Tabela 5.23 – Propriedades dos solos

camada	peso específico (kN/m³)	c_v m² / s	m_v m²/ kN	coeficiente de Poisson ν
areia seca	18	---	---	---
areia saturada	20	---	---	---
argila saturada	18	4×10^{-7}	3×10^{-4}	0,3

Fonte: autor

Respostas: considerando que o adensamento, em termos de engenharia, termina em $T_v = 1$: i) $t_1 = 65{,}1$ dias; ii) $t_2 = 180{,}8$ dias; iii) $t_3 = 296{,}5$ dias; iv) $t_4 = 412{,}2$ dias; v) $t_5 = 477{,}3$ dias. Observe que, devido à hipótese de elasticidade do solo, os deslocamentos verticais causados pelo rebaixamento e elevação do NA anulam-se mutuamente, bem com os deslocamentos devido à remoção e reaterro da camada superficial. O valor final do recalque de adensamento primário da fundação circular, calculado pela teoria da elasticidade linear, é o mesmo admitindo carregamento instantâneo ou carregamento lento.

Tabela 5.24 – Valores de poropressão no perfil de solo (kPa)

prof.(m)	t_0^-	t_0^+	t_1^-	t_1^+	t_2^-	t_2^+	t_3^-	t_3^+	t_4^-	t_4^+	t_5
2	0	0	0	0	0	0	0	0	0	0	0
4	20	0/20	0	0/-36	0	0/96,83	0	0/36	0	20/0	20
5	30	30	16,67	-19,33	16,67	107,72	16,67	52,67	16,67	16,67	30
6	40	40	33,33	-2,67	33,33	116,26	33,33	69,33	33,33	33,33	40
7	50	50	50	14/50	50	123,76/50	50	86/50	50	50	50
8	60	60	60	60/24	60	60 /124,64	60	60/96	60	60	60
9	70	70	70	34	70	126,23	70	106	70	70	70
10	80	80	80	44	80	128,80	80	116	80	80	80
11	90	90	90	54	90	132,40	90	126	90	90	90
12	100	100	100	64/100	100	136,95/100	100	136/100	100	100	100
15	130	130	130	130	130	130	130	130	130	130	130

Fonte: autor

7 - A fundação de um grande edifício consiste de duas sapatas quadradas perfeitamente flexíveis, com 20 m de lado, e uma separação de 10 m entre elas. Uma planta da fundação é mostrada na Fig. 5.82. O edifício aplica um carregamento uniforme de 200 kPa na fundação. As sapatas são colocadas sobre a superfície de um depósito de solo formado por uma camada superior de areia densa com 9 m de espessura, seguida por uma camada de argila de 2 m de espessura e, finalmente, por uma camada espessa de pedregulho. O nível do lençol freático está 4 m abaixo da superfície, e a areia situada acima do NA está seca. As propriedades da areia são γ_d = 15 kN/m^3, γ_{sat} = 19 kN/m^3, e as propriedades da argila estão listadas na Tab. 5.25.

Tabela 5.25 - Propriedades da argila

peso específico saturado γ_{sat}	16,5 kN/m^3
densidade dos grãos G_s	2,6
coeficiente de Poisson ν	0,3
índice de recompressão C_r	0,06
índice de compressão C_c	0,35
tensão de pré-adensamento σ'_{vm}	175 kPa
coeficiente de adensamento c_v	0,5 m^2/ano

Fonte: autor

Desconsiderando os recalques das camadas de areia e pedregulho e admitindo que a construção das sapatas demorou um ano, com taxa de carregamento constante, pede-se pela teoria 1D: a) o recalque de adensamento primário no centro de uma das sapatas em $t \to \infty$; b) o recalque de adensamento primário no centro de uma das sapatas no tempo $t = 2$ anos.

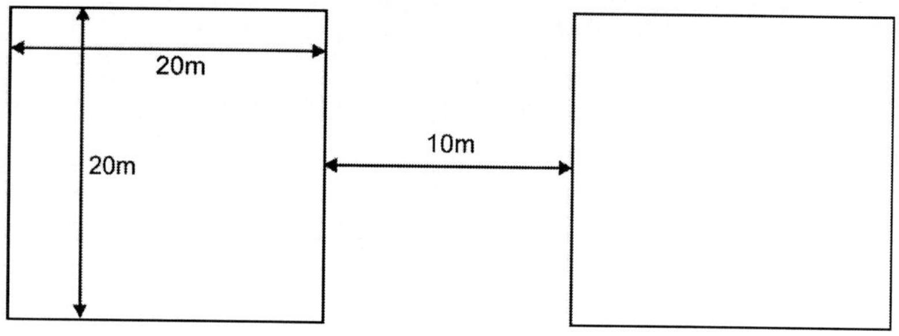

Figura 5.82 – Planta de duas sapatas de um grande edifício
Fonte: autor

Respostas: a) $\boldsymbol{\rho_c = -0,055}$ **m** b) $\boldsymbol{\rho_c^{ni}(t = 2\ \text{anos}) = -0,048}$ **m**

8 – (UNIVERSITY OF SYDNEY,1997) Durante um ensaio edométrico em um corpo de prova de solo saturado de 20 mm de espessura, com drenagem simples, a variação do excesso de poropressão com o tempo foi medida no contorno impermeável, conforme mostra a Fig. 5.83, para um incremento de tensão vertical de 100 kPa. Pede-se determinar: a) o coeficiente de adensamento c_v ; b) considerando o método pseudo 3D de Davis e Poulos, o recalque total no centro de uma fundação circular flexível (R = 2,5 m), na superfície de uma camada de 5 m de espessura desse mesmo tipo de solo, sobrejacente a um depósito profundo de areia, após um ano da aplicação de um carregamento uniformemente distribuído Δq = 100 kPa. Propriedades do solo: E_u = 7000 kPa (módulo de elasticidade não drenado), ν = 0,3 (coeficiente de Poisson do esqueleto sólido).

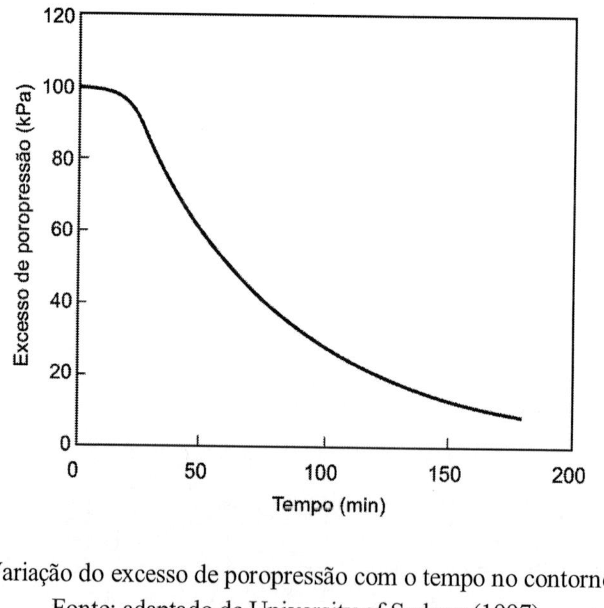

Figura 5.83 – Variação do excesso de poropressão com o tempo no contorno impermeável
Fonte: adaptado de University of Sydney (1997)

Nota 1: Embora se trate de uma camada de argila de espessura finita, considere que as distribuições dos acréscimos de tensão vertical e radial podem ser obtidas pelas respectivas distribuições de tensão em um semiespaço homogêneo conforme Eq. e7.g e e7.h (exercício resolvido 7).

Nota 2: Observe que, teórica e idealmente, a curva de variação do excesso de poropressão com o tempo (Fig. 5.83) poderia ser reproduzida com base nas isócronas da Fig. 5.3 ou aplicação da Eq. 5.3g para diversos valores de tempo. Neste caso: a) selecione da curva um par de valores de tempo e de excesso de poropressão, e determine em seguida a porcentagem de dissipação U_z (Z = 1, t); b) na Fig. 5.3, estime o fator tempo T_v correspondente a U_z (Z = 1, t); c) aplique a definição de T_v para cálculo do coeficiente de adensamento; d) pode ocorrer variações no valor de c_v dependendo do ponto escolhido na curva experimental.

Respostas: a) $c_v \approx 4\times10^{-8}$ m²/s ; b) $\rho^{3D}_{t=1\ ano}$= -3,73 cm
Resultados parciais: ρ^{3D}= -4,32 cm; ρ^{3D}_{u}= -3,12 cm; $c_{ve} \approx 16\times10^{-8}$ m²/s na condição IFPB; U_v = 0,51

9 - Uma fundação circular perfeitamente flexível de raio R = 10 m é uniformemente carregada (Δq = 100 kPa) na superfície do maciço de solo formado por uma camada de areia superficial de 5 m de espessura e um depósito de argila saturada NA (A = 0,85) de 20 m de espessura, conforme mostra a Fig. 5.84. A Tab. 5.26 lista os acréscimos de tensão vertical e de desvio ao longo do eixo da fundação para alguns pontos da camada de argila, considerando o caso de dois diferentes solos com contraste entre módulos E_{areia} / E_{argila} = 10. Pede-se calcular o recalque final de adensamento primário pelo método de Skempton-Bjerrum e o fator de correção de recalque $\mu^{circular}$.

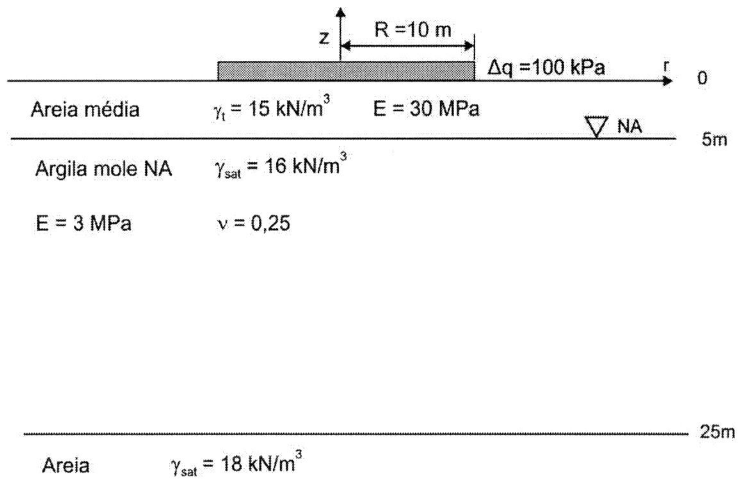

Figura 5.84 - Fundação circular

Tabela 5.26 – Acréscimos de tensão vertical e de tensão de desvio ao longo do eixo vertical que passa pelo centro da fundação considerando ν = 0,5

Profundidade (m)	$\Delta\sigma_{zz}$ (kPa)	$(\Delta\sigma_{zz} - \Delta\sigma_{rr})$ (kPa)
5	29,2	18,8
10	16,8	13,5
15	10,5	9,2
20	7,0	6,4
25	5,0	4,7

Fonte: autor

Respostas: a) ρ_c^{SB}= - 6,3 cm b) $\mu^{circular}$= 0,89 com ρ_c^{1D}= - 7,1 cm

10 - No perfil de solo da Fig. 5.85, foi feito um rebaixamento instantâneo do nível do lençol freático de NA1 para NA2. Admitindo peso específico da água γ_w = 10 kN/m^3 e considerando os efeitos do rebaixamento na variação do peso específico da areia, pede-se: a) nas profundidades z = 5 m e z = 11 m, a partir da superfície do solo, os valores e os sentidos da velocidade de fluxo no tempo t = 46,3 dias, preenchendo a Tab. 5.28; b) os diagramas de distribuição de poropressão com a profundidade nos instantes t = 0, t = 46,3 dias e $t \rightarrow \infty$. Preencher a Tab. 5.27 com os valores calculados de poropressão nas profundidades indicadas.

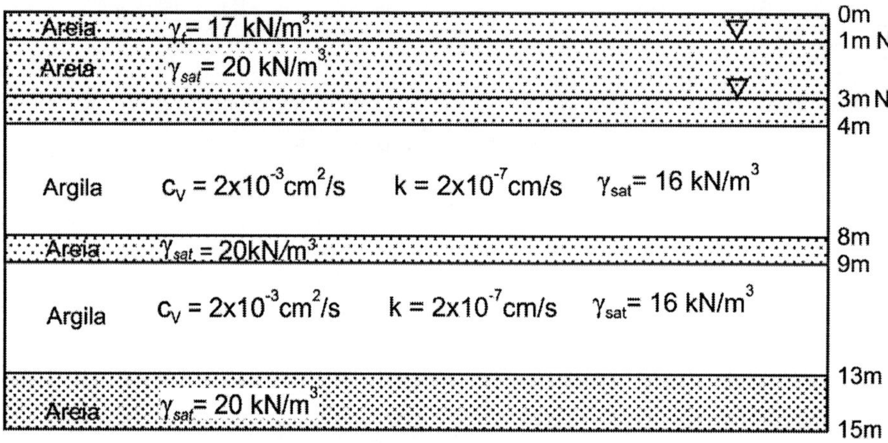

Figura 5.85 – Perfil de solo com rebaixamento de NA1 para NA2
Fonte: autor

Respostas:

Tabela 5.27 - Valores de poropressão (kPa) em $t < 0$, $t = 0$, t = 46,3 dias e $t \rightarrow \infty$

z (m)	$t < 0$	$t = 0$ $u = u_{ss} + u_0^{reb} + u_0^{\gamma}$	t = 46,3 dias	$t \rightarrow \infty$ $u = u_{ss}$
1	0	0	0	0
3	20	0	0	0
4	30	10/24	10	10
5	40	34	25 + 6,4 – 3,3 = 28,1	25
6	50	44	40+7,6 - 4,6 = 43,0	40
7	60	54	55 + 4,8 – 3,3 = 56,5	55
8	70	64/70	70	70
9	80	80/74	80	80
10	90	84	90 – 3,3 = 86,7	90
11	100	94	100 – 4,6 = 95,4	100
12	110	104	110 – 3,3 = 106,7	110
13	120	114 / 120	120	120
15	140	140	140	140

Fonte: autor

Tabela 5.28 – Valores (cm/s) e sentidos de velocidade de fluxo em $t = 46,3$ dias

z (m)	v_t^{reb}	v_t^{γ}	v_{ss}	v
5	$0,84 \times 10^{-7}$ ↑[(a)]	$0,50 \times 10^{-7}$ ↓[(b)]	10^{-7} ↑	$1,34 \times 10^{-7}$ ↑
11	0	0	0	0

Fonte: autor

(a) $\Delta U_z/\Delta Z$= 0,42 (Fig. 5.8) ou $\partial U_z/\partial Z$= 0,423 (Eq. 5.3B)

(b) $\Delta U_z/\Delta Z$= 0,84 (Fig. 5.3) ou $\partial U_z/\partial Z$= 0,847 (Eq. 5.3m)

11 - Para construir um tanque para armazenamento de óleo com 30 m de diâmetro, uma camada de areia superficial de 5 m de espessura será removida do perfil de solo da Fig. 5.86. O tanque aplicará um carregamento Δq = 200 kPa na superfície do solo escavado em z = 5 m. Pede-se determinar, considerando a escavação e a construção do tanque como eventos simultâneos em t = 0: a) o recalque final de adensamento primário, admitindo o estado 1D de deformação; dividir a camada de argila NA em quatro subcamadas de 5 m de espessura, calcular os acréscimos de tensão vertical total ao longo do eixo do tanque com a Eq. e7.g (exercício resolvido 7) e preencher a Tab. 5.29; b) qual o valor do recalque de adensamento primário esperado em t = 10 anos e t = 25 anos? c) se a camada de argila fosse originalmente pré-adensada (OCR = 1,2), qual seria o valor do recalque final de adensamento primário (preencher Tab. 5.30)?

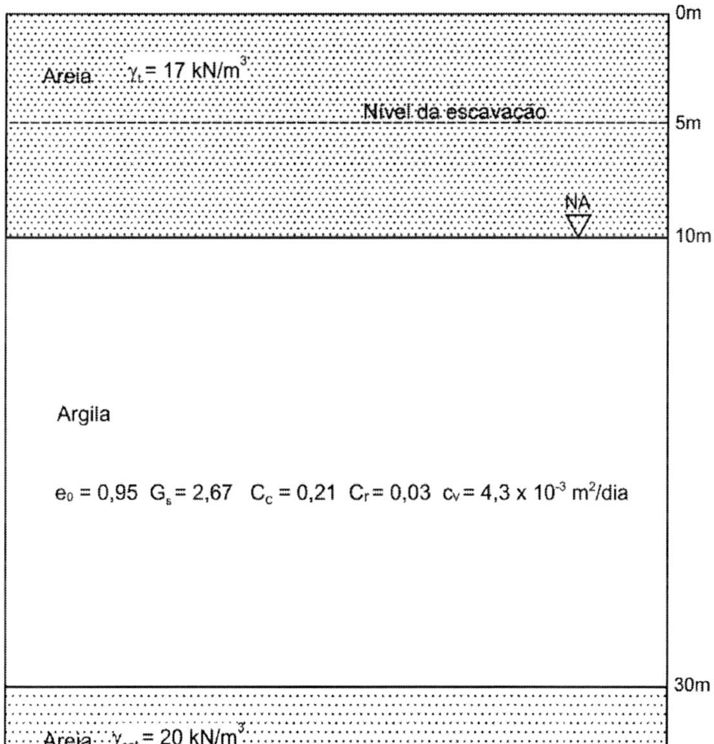

Figura 5.86 – Perfil de solo sobre o qual será construído o tanque para armazenamento de óleo

Fonte: autor

Tabela 5.29 – Valores parciais no cálculo do recalque do tanque para argila NA

profundidade (m)	σ'_{v0} (kPa)	$(\Delta\sigma'_v)_{escavação}$ (kPa)	$(\Delta\sigma'_v)_{tanque}$ (kPa)	σ'_{vf} (kPa)	$(\rho_c)_{camada}$ (m)
12,5	191,40	- 85	182,11	288,51	-0,096
17,5	234,20	- 85	147,53	296,73	-0,055
22,5	277,00	- 85	112,46	304,46	-0,022
27,5	319,80	- 85	84,79	319,59	0

Fonte: autor

Tabela 5.30 – Valores parciais no cálculo do recalque do tanque para argila PA

profundidade (m)	σ'_{v0} (kPa)	σ'_{vm} (kPa)	$(\Delta\sigma'_v)_{escavação}$ (kPa)	$(\Delta\sigma'_v)_{tanque}$ (kPa)	σ'_{vf} (kPa)	$(\rho_c)_{camada}$ (m)
12,5	191,40	229,68	- 85	182,11	288,51	-0,059
17,5	234,20	281,04	- 85	147,53	296,73	-0,019
22,5	277,00	332,40	- 85	112,46	304,46	-0,003
27,5	319,80	383,76	- 85	84,79	319,59	0

Fonte: autor

Respostas: a) ρ_c= - 0,173 m; b) ρ_c^{10anos}= - 0,77 m e ρ_c^{25anos}= - 0,120 m; c) ρ_c= - 0,081m

12 – No perfil de solo da Fig. 5.87, no instante $t = 0$, é executado um rebaixamento de 3 m do nível do lençol d'água de NA1 para NA2. No fim do adensamento primário devido ao rebaixamento, em termos de engenharia, executou-se um bombeamento na camada de areia 2 (aquífero granular artesiano) com redução da carga de pressão de 5 m em todos os pontos da camada. Admitindo peso específico da água $\gamma_w = 10$ kN/m³, peso específico saturado das argilas γ_{sat}^{argila}= 16 kN/m³, peso específico saturado da areia γ_{sat}^{areia} = 20 kN/m³ e peso específico total da areia acima do NA γ_t^{areia} = 18 kN/m³, pede-se determinar a distribuição das poropressões, desconsiderando a variação do peso específico da camada superior de areia, em: a) $t < 0$; b) $t = 0$; c) $t = 13$ dias; d) no fim do adensamento primário ($T_v = 1$) devido ao rebaixamento do NA (qual é esse tempo?); e) no instante do bombeamento na camada de areia 2; f) $t \rightarrow \infty$; g) as velocidades de fluxo no tempo $t = 13$ dias nas profundidades $z = 7$ m e $z = 12$ m a partir da superfície do terreno; h) o recalque final de adensamento primário da superfície do terreno. Preencher também as Tab. 5.31 e 5.32.

Tabela 5.31 - Velocidades (cm/s) em $t = 13$ dias

z (m)	v_{ss}	v_t	v
7	$5{,}33 \times 10^{-7}$ (↑)	$0{,}90 \times 10^{-7}$ (↑)	$6{,}23\times 10^{-7}$ (↑)
12	5×10^{-7} (↓)	---	5×10^{-7} (↓)

Fonte: autor

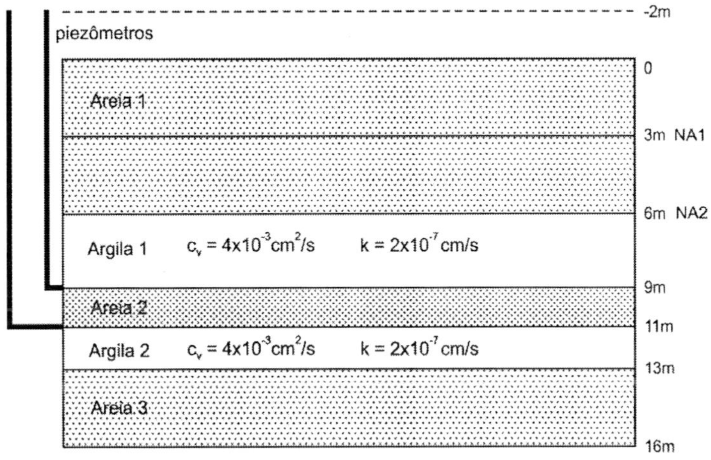

Figura 5.87 – Perfil do depósito de solo
Fonte: autor

Tabela 5.32 – Valores de poropressão (kPa)

z (m)	$t < 0$	$t = 0$	$t =$ 13 dias	final do adensamento devido ao rebaixamento (65,1 dias)	instante do bombeamento na camada de areia 2	$t \rightarrow \infty$
3	0	0	0	0	0	0
6	30	0/30	0	0	0	0
7	56,67	56,67	47,47	36,67	36,67	20
8	83,33	83,33	82,33	73,33	73,33	40
9	110	110	110	110	110/60	60
11	130	130	130	130	80/130	80
12	115	115	115	115	115	90
13	100	100	100	100	100	100
16	130	130	130	130	130	130

Fonte: autor

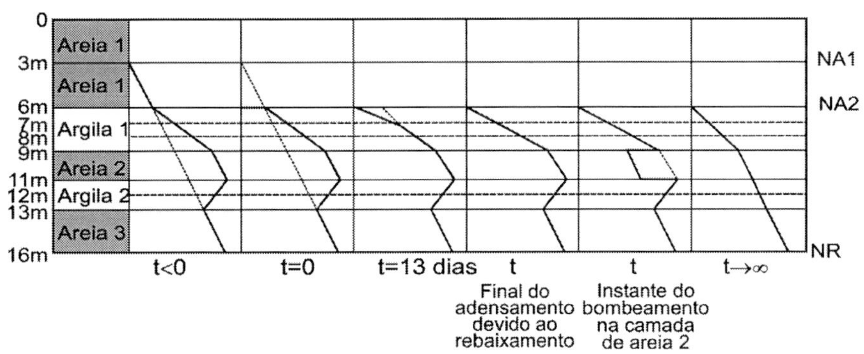

Figura 5.88 – Distribuição de poropressão com a profundidade
Fonte: autor

Resposta: recalque final de adensamento primário da superfície do terreno $\rho_c = -85 \times 10^{-3}$m

13 - Com relação ao perfil de solo da Fig. 5.89, os seguintes eventos aconteceram: a) rebaixamento instantâneo do lençol freático de NA1 para NA2 no instante $t_0 = 0$; b) remoção instantânea da camada superficial de areia seca de 2 m de espessura ao final do adensamento primário causado pelo rebaixamento do lençol freático no instante t_1; c) construção instantânea, na nova superfície do terreno escavado, de uma fundação circular, perfeitamente flexível, de raio $R = 6$ m com carregamento uniformemente distribuído Δq = 100 kPa, no instante de tempo correspondente ao fim do adensamento primário t_2 causado pela remoção da camada superficial de areia. Pede-se determinar:

i) o recalque final de adensamento primário do depósito de solo considerando o acréscimo de distribuição vertical devido ao carregamento da fundação Δq determinado pela teoria da elasticidade linear (Eq. e7.g e e7.h do exercício resolvido 7). Considere a variação do peso específico provocado pelo rebaixamento do lençol freático e, no cálculo indireto do recalque, admita duas subcamadas para cada estrato de argila;

ii) o recalque de adensamento primário no tempo t = 240 dias considerando para as camadas de argila c_v = 4×10^{-7} m²/s.

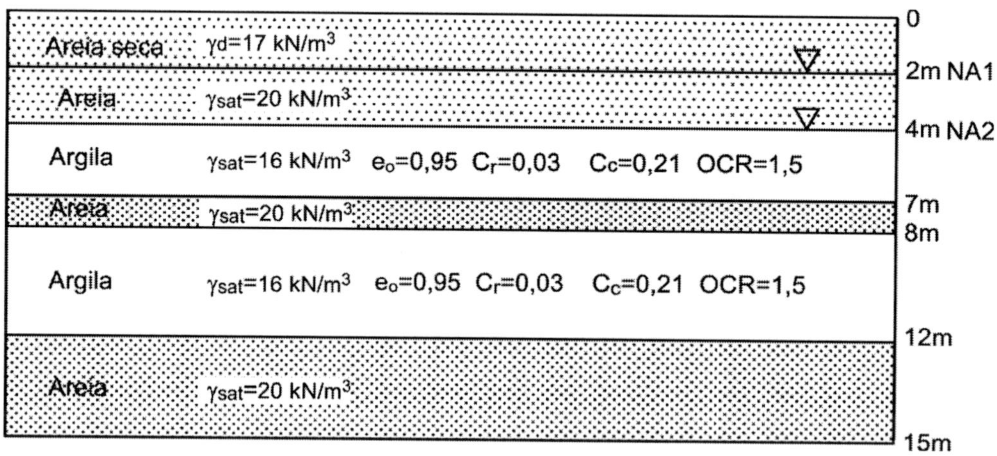

Figura 5.89 – Perfil do depósito de solo
Fonte: autor

Respostas:

Tabela 5.33 – Acréscimos de tensão vertical efetiva nos planos médios das subcamadas

Espessura subcamada (m)	Plano médio z_{med} (m)	σ'_{v0} (kPa)	σ'_{vm} (kPa)	$\Delta\sigma'^{reb}_v$ (kPa)	$\Delta\sigma'^{\gamma}_v$ (kPa)	$\Delta\sigma'^{esc}_v$ (kPa)	$\Delta\sigma'^{fun}_v$ (kPa)
1,5	4,75	58,5	87,75	15	-6	- 34	92,77
1,5	6,25	67,5	101,25	5	-6	- 34	80,69
2	9,00	88,0	132,00	0	-6	- 34	56,23
2	11,00	100,0	150,00	0	-6	- 34	42,40

Fonte: autor

Recalque devido ao rebaixamento do lençol freático e variação do peso específico da camada de areia $(\Delta\sigma'^{reb}_v + \Delta\sigma'^{\gamma}_v)$

$$\rho_c^{reb+\gamma} = -\frac{1{,}5\times 0{,}03}{1+0{,}95}\left[\log\frac{58{,}5+15-6}{58{,}5}+\log\frac{67{,}5+5-6}{67{,}5}\right]-\frac{2\times 0{,}03}{1+0{,}95}\left[\log\frac{88{,}0-6}{88{,}0}+\log\frac{100{,}0-6}{100{,}0}\right]$$
$$\approx 0$$

Recalque devido à escavação ($\Delta\sigma'^{esc}_v$)

$$\rho_c^{esc} = -\frac{1{,}5\times 0{,}03}{1+0{,}95}\left[\log\frac{67{,}5-34}{67{,}5}+\log\frac{66{,}5-34}{66{,}5}\right]-\frac{2\times 0{,}03}{1+0{,}95}\left[\log\frac{82{,}0-34}{82{,}0}+\log\frac{94{,}0-34}{94{,}0}\right]$$
$$\rho_c^{esc} = 0{,}027\text{ m}$$

Recalque devido à fundação ($\Delta\sigma'^{fun}_v$)

$$\rho_{c\,sup}^{fun} = -\frac{1{,}5}{1+0{,}95}\left[0{,}03\times\log\frac{87{,}75}{33{,}5}+0{,}21\times\log\frac{126{,}27}{87{,}75}+0{,}03\times\log\frac{101{,}25}{32{,}50}+0{,}21\times\log\frac{113{,}19}{101{,}25}\right]$$
$$\rho_{c\,sup}^{fun} = -0{,}054\text{ m}$$
$$\rho_{c\,inf}^{fun} = -\frac{2}{1+0{,}95}\left[0{,}03\times\log\frac{104{,}23}{48{,}0}+0{,}03\times\log\frac{102{,}40}{60{,}0}\right] = -0{,}018\text{ m}$$
$$\rho_c^{fun} = \rho_{C\,sup}^{fun}+\rho_{C\,inf}^{fun} = -0{,}054-0{,}018 = -0{,}072\text{ m}$$

Recalque final de adensamento primário (ρ_c)

$$\rho_c = \rho_c^{reb+\gamma}+\rho_c^{esc}+\rho_c^{fun} = 0+0{,}027-0{,}072 = -0{,}045\text{ m}$$

Tempo para final de adensamento primário das camadas de argila $T_v = c_v t/H^2 = 1$

camada	rebaixamento e variação do peso específico (dias)	escavação (dias)	fundação (dias)
superior	65,1	115,7+65,1 = 180,8	231,4+65,1 =296,5
inferior	115,7	115,7+115,7 = 231,4	231,4 + 115,7 = 347,1

Logo, em t = 240 dias, ocorre somente adensamento causado pelo carregamento da fundação com $U_{v\,sup}^{fun}$ = 0,41 na camada superior e $U_{v\,inf}^{fun}$ = 0,31 na camada inferior

$$\rho_t = \rho_c^{reb+\gamma}+\rho_c^{esc}+\left(U_{v\,sup}^{fun}\times\rho_{c\,sup}^{fun}+U_{v\,inf}^{fun}\times\rho_{c\,inf}^{fun}\right)$$
$$\rho_t = 0+0{,}027-(0{,}41\times 0{,}054+0{,}31\times 0{,}018) = -4\times 10^{-3}\text{ m}$$

14 – No perfil de solo da Fig. 5.90, um projeto de engenharia especifica remoção instantânea de 2 m da camada superficial de areia no tempo t = 209 dias. Para assegurar que o fator de segurança contra levantamento seja no mínimo FS = 1,5, será necessário executar no tempo t = 0 um bombeamento instantâneo na camada de areia situada na profundidade 8 m $\leq z \leq$ 9 m. Pede-se: a) o valor mínimo do alívio Δh_p da carga de pressão na camada de areia causado pelo bombeamento; b) os gráficos de distribuição de poropressão nos tempos $t < 0$, $t = 0$, $t = 209^-$ dias, $t = 209^+$ dias, $t = 418$ dias, $t \to \infty$, preenchendo a Tab. 5.35 com os valores de poropressão; c) velocidade de fluxo (m/ano) no instante t = 209 dias e t = 418 dias nos

pontos situados às profundidades z = 6 m e z = 12 m, preenchendo a Tab. 5.34 com valores e sentidos das velocidades; d) o recalque final de adensamento primário da superfície do terreno.

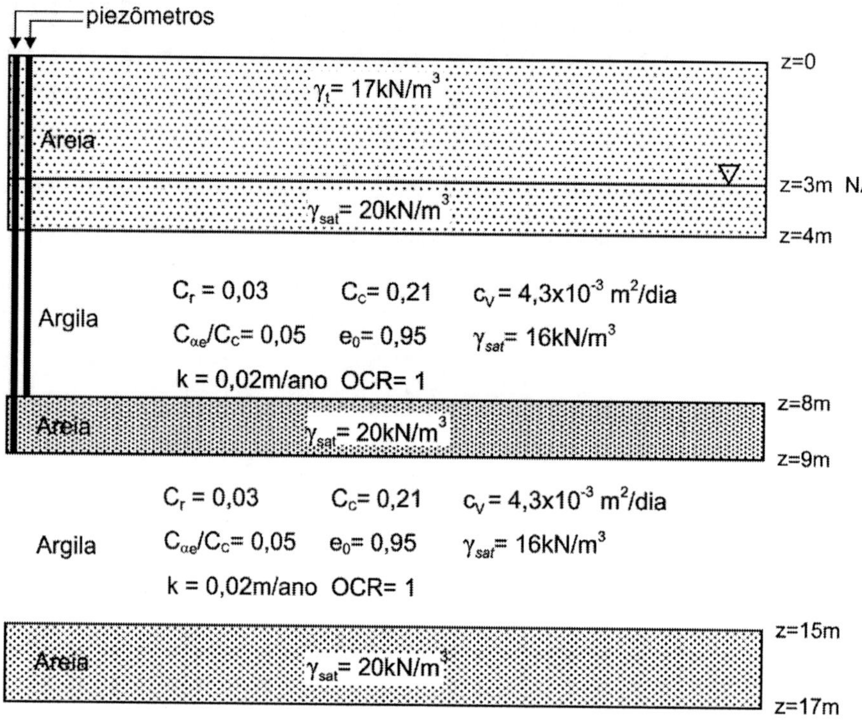

Figura 5.90 – Perfil do depósito de solo
Fonte: autor

Respostas: a) Δh_p = 1,26 m

Tabela 5.34 – Valores de velocidade de fluxo (m/ano)

z (m)	t = 209 dias	t = 418 dias
6	$v = (8{,}7+1{,}4)\times10^{-3} = 10{,}1\text{x}10^{-3}$ ↑	$v = 8{,}7\times10^{-3}$ ↑
12	$v = (5{,}8+2{,}9)\times10^{-3} = 8{,}7\text{x}10^{-3}$ ↓	$v = (5{,}8+1{,}2)\text{x}10^{-3} = 7{,}0\times10^{-3}$ ↓

Fonte: autor

Tabela 5.35 – Valores de poropressão (kPa)

z (m)	$t < 0$	$t = 0$	$t = 209^-$ dias	$t = 209^+$ dias	t = 418 dias	$t \to \infty$
3	0	0	0	0	0	0
4	10	10	10	10 / -24	10	10
6	45	45	43,3	9,3	16,6	38,7
8	80	80 / 67,4	67,4	33,4 / 67,4	67,4	67,4
9	90	77,4 / 90	77,4	77,4 / 43,4	77,4	77,4
12	105	105	104,7	70,7	71,3	98,7
15	120	120	120	86 / 120	120	120
17	140	140	140	140	140	140

Fonte: autor

Resposta: a) Δh_p = 1,26 m

Problemas envolvendo situações de descarregamento (remoção de camada de solo) e carregamento (fundação superficial) foram propostos no exercício 6 (eventos sequenciais com relação constitutiva linear definida por m_v), no exercício 11 (eventos simultâneos com relação constitutiva não linear definida por C_c, C_r) e no exercício 13 (eventos sequenciais com relação constitutiva não linear definida por C_c, C_r).

No presente exercício os eventos de carregamento (bombeamento) e descarregamento (remoção de camada de solo) estão separados de 209 dias (não ocorrem em $t = 0$ ou $T_v = 1$, como nos anteriores), necessitando-se estimar para qual valor de σ'$_v$ acontece o descarregamento na curva *e* vs log (σ'$_v$), tendo em vista os diferentes sinais dos acréscimos de poropressão gerados por ambos eventos.

Camada superior de argila

No ponto central da camada na profundidade z = 6 m (Z = 1) a variação da tensão vertical efetiva em t ≥ 209 dias pode ser estimada por:

$$\sigma'_v = \sigma'_{v0} + \Delta\sigma'^{bom}_v + \Delta\sigma'^{rem}_v$$

$$\sigma'_{v0} = 17 \times 3 + 20 \times 1 + 16 \times 2 - 45 = 58 \text{ kPa}$$

Considerando $u_0^{b\ bom} = 12{,}6$ kPa e $u_0^{rem} = -34$ kPa determina-se os excessos de poropressão:

Da Eq. 5.3y

$$u_e^{bom} = \sum_{n=1}^{\infty} \frac{2u_0^{b\ bom}}{n\pi}(-1)^{n+1} sen\left(\frac{n\pi Z}{2}\right)\exp\left(-\frac{n^2\pi^2 T_v}{4}\right) \text{ com } n = 1{,}2\ \ldots\ \infty$$

$$T_v = \frac{c_v t}{H^2} = \frac{4{,}3 \times 10^{-3} t}{2^2}$$

Da Eq. 5.3g

$$u_e^{rem} = \sum_{m=0}^{\infty} \frac{2u_0^{rem}}{M}(senMZ)\exp(-M^2 T_v) \text{ com } M = \frac{\pi}{2}(2m+1)$$

$$T_v = \frac{c_v t}{H^2} = \frac{4{,}3 \times 10^{-3}(t - 209)}{2^2}$$

E os valores dos acréscimos de tensão vertical efetiva,

$$\Delta\sigma'^{bom}_v = u_0^{bom} - u_e^{bom} = 6{,}3 - u_e^{bom} \qquad \Delta\sigma'^{rem}_v = u_0^{rem} - u_e^{rem} = -34{,}0 - u_e^{rem}$$

Incrementando numericamente o tempo *t* nas Eq. 5.3y e 5.3g observa-se que a tensão vertical efetiva atinge um máximo σ'$_{vm}$ = 60,13 kPa em t = 253 dias, iniciando em seguida a expansão na curva *e* vs log (σ'$_v$) influenciada pela remoção da camada de solo.

$$\rho_c^{\text{sup}} = -\frac{b_0}{1+e_0}\left(C_c \times \log\frac{\sigma'_{vm}}{\sigma'_{v0}} + C_r \times \log\frac{\sigma'_{vf}}{\sigma'_{vm}}\right)$$

$$\rho_c^{sup} = -\frac{4}{1{,}95}\left(0{,}21 \times \log\frac{60{,}13}{58} + 0{,}03 \times \log\frac{58+6{,}3-34}{60{,}13}\right) = 0{,}012 \text{ m}$$

Camada inferior de argila

No ponto central da camada na profundidade z = 12 m (Z = 1) a variação da tensão vertical efetiva em t ≥ 209 dias pode ser estimada similarmente.

$$\sigma'_v = \sigma'_{v0} + \Delta\sigma'^{bom}_v + \Delta\sigma'^{rem}_v$$

$$\sigma'_{v0} = 17 \times 3 + 20 \times 1 + 16 \times 4 + 20 \times 1 + 16 \times 3 - 105 = 98 \text{ kPa}$$

Considerando $u_0^{b\ bom} = 12{,}6$ kPa e $u_0^{rem} = -34$ kPa determina-se os excessos de poropressão:

$$u_e^{bom} = \sum_{n=1}^{\infty} \frac{2u_0^{b\ bom}}{n\pi}(-1)^{n+1} sen\left(\frac{n\pi Z}{2}\right)\exp\left(-\frac{n^2\pi^2 T_v}{4}\right) \text{ com } n = 1{,}2\ \ldots\ \infty$$

$$T_v = \frac{c_v t}{H^2} = \frac{4{,}3 \times 10^{-3} t}{3^2}$$

$$u_e^{rem} = \sum_{m=0}^{\infty} \frac{2u_0^{rem}}{M}(senMZ)\exp(-M^2 T_v) \text{ com } M = \frac{\pi}{2}\ (2m+1)$$

$$T_v = \frac{c_v t}{H^2} = \frac{4{,}3 \times 10^{-3}(t-209)}{3^2}$$

E os valores dos acréscimos de tensão vertical efetiva:

$$\Delta\sigma'^{bom}_v = u_0^{bom} - u_e^{bom} = 6{,}3 - u_e^{bom} \qquad \Delta\sigma'^{rem}_v = u_0^{rem} - u_e^{rem} = -34{,}0 - u_e^{rem}$$

Incrementando numericamente o tempo *t*, a tensão vertical efetiva atinge um máximo $\sigma'_{vm} = 98{,}75$ kPa em t = 315 dias, iniciando em seguida a expansão na curva *e* vs log (σ'_v) devido à remoção da camada de solo.

O recalque final de adensamento primário é determinado como

$$\rho_c^{\text{inf}} = -\frac{b_0}{1+e_0}\left(C_c \times \log\frac{\sigma'_{vm}}{\sigma'_{v0}} + C_r \times \log\frac{\sigma'_{vf}}{\sigma'_{vm}}\right)$$

$$\rho_c^{\text{inf}} = -\frac{6}{1{,}95}\left(0{,}21 \times \log\frac{98{,}75}{98} + 0{,}03 \times \log\frac{98+6{,}3-34}{98{,}75}\right) = 0{,}011 \text{ m}$$

Recalque total das camadas de argila $\rho_c = \rho_c^{sup} + \rho_c^{\text{inf}} = 0{,}012 + 0{,}011 = 0{,}023\text{ m}$ (expansão)

O problema poderia ser resolvido pelo método indireto de cálculo de recalque considerando os estratos de argila divididos em várias subcamadas. Admitindo duas subcamadas por estrato, obtém-se os seguintes valores de tensão vertical efetiva nas profundidades médias:

z (m)	σ'_{v0} (kPa)	σ'_{vm} (kPa)	σ'_{vf} (kPa)
5	59,5	59,85	59,5+3,15-34 = 28,65
7	56,5	62,35	56,5 + 9,45 – 34 = 31,95
10,5	104,0	107,62	104 + 9,45 – 34 = 79,45
13,5	122,0	122,01	122 + 3,15 – 34 = 91,15

$$\rho_c^{sup} = -\frac{2}{1{,}95}\left(0{,}21 \times \log\frac{59{,}85}{59{,}5} + 0{,}03 \times \log\frac{28{,}65}{59{,}85}\right) - \frac{2}{1{,}95}\left(0{,}21 \times \log\frac{62{,}35}{56{,}5} + 0{,}03 \times \log\frac{31{,}95}{62{,}35}\right)$$

$$\rho_c^{sup} = 0{,}009\text{ m}$$

$$\rho_c^{\text{inf}} = -\frac{3}{1{,}95}\left(0{,}21 \times \log\frac{107{,}62}{104} + 0{,}03 \times \log\frac{79{,}45}{107{,}62}\right) - \frac{3}{1{,}95}\left(0{,}21 \times \log\frac{122{,}01}{122} + 0{,}03 \times \log\frac{91{,}15}{122{,}01}\right)$$

$$\rho_c^{\text{inf}} = 0{,}007\text{ m}$$

Recalque total das camadas de argila $\rho_c = \rho_c^{sup} + \rho_c^{\text{inf}} = 0{,}009 + 0{,}007 = 0{,}016\text{ m}$ (expansão)

15 – Um edifício de quatro andares foi construído sobre um maciço de solo composto por uma camada de areia superficial de 3 m de espessura, seguida por uma camada de argila saturada de 4 m de espessura assente sobre estrato profundo de areia. A construção de cada andar demorou 25 dias e cada andar acrescentou um carregamento de 50 kPa uniformemente distribuído na superfície, considerado de grande extensão em relação à espessura da argila. O nível da água encontra-se junto ao topo da camada de argila. Considerando $\gamma_w = 10\text{ kN}/m^3$, pergunta-se para o tempo t = 80 dias, qual a porcentagem média de dissipação dos excessos de poropressão U_v e o recalque de adensamento primário da camada de argila ($c_v = 0{,}04\text{ m}^2/\text{dia}$, $k = 16 \times 10^{-6}\text{m/dia}$), admitindo: a) o carregamento total da construção aplicado instantaneamente em t = 0; b) a construção crescendo linearmente com o tempo a partir de t = 0, com base na solução de Olson (1977); c) a construção crescendo linearmente com o tempo a partir de t = 0, com base na solução de Terzaghi; d) o carregamento de cada andar aplicado instantaneamente em alguns valores de tempo selecionados, como aproximação de um carregamento lento (seção 5.4).

Respostas:

a) $U_v = 0{,}887$ $\rho_c^t = -\,0{,}028\text{ m}$ b) $U_v = 0{,}51$ (Eq. 5.f ou Fig. 5.15) $\rho_c^t = -\,0{,}016\text{ m}$

c) $U_v = 0{,}56$ $\rho_c^t = -\,0{,}018\text{ m}$ (Eq. 5.8n) d) $U_v = 0{,}847$ em $t = 12{,}5$ dias

$U_v = 0{,}716$ em $t = 37{,}5$ dias $U_v = 0{,}472$ em $t = 62{,}5$ dias

$\rho_c^t = -\,0{,}008 \times (0{,}847 + 0{,}716 + 0{,}472) = -\,0{,}016\text{ m}$

Capítulo 6

CRITÉRIOS PARA FILTROS E DRENOS

6.1 INTRODUÇÃO

Drenagem é a remoção de água dos vazios de um solo sem causar variação em seu volume. Nesse processo, é importante que o solo seja protegido de modo que a água escoe sem o transporte de partículas sólidas, o que caracterizaria um fenômeno de erosão.

Filtros são empregados para exercer essa proteção, construídos basicamente por camadas de agregados de boa qualidade, relativamente incompressíveis, que sejam disponíveis e baratos. Quando usados adequadamente, conferem segurança às obras de Engenharia Civil (barragens, túneis, estruturas de contenção), assegurando condições de funcionalidade e de bom desempenho durante sua vida útil.

O projeto de filtros deve satisfazer a duas condições conflitantes:

a) condição de filtro - os poros do filtro em contato com o solo devem ser pequenos o suficiente para impedir o transporte de partículas de solo através deles;

b) condição de dreno - os poros do filtro devem ser grandes o suficiente para assegurar permeabilidade que permita um movimento relativamente livre da água, sem gerar valores excessivos de forças de percolação ou de poropressões.

Quando a quantidade de água a ser removida é pequena, uma única camada de agregados bem graduados (normalmente areia) pode servir para esta dupla função de dreno e filtro. No caso de grande quantidade de água, uma camada de areia é necessária para desempenhar o papel de filtro, enquanto uma ou mais camadas de material granular mais grosso são utilizadas para funcionarem como dreno.

A Comissão Internacional de Grandes Barragens ICOLD (1994) apresentou as seguintes características exigidas para materiais de filtro:

a) materiais de filtros não devem segregar durante o processamento, manuseio, colocação, espalhamento e compactação. Isto requer que o material seja suficientemente uniforme;

b) materiais de filtros não devem ter sua granulometria modificada, sem degradar ou quebrar durante o processamento, manuseio, colocação, espalhamento e compactação. Não devem degradar com o tempo devido ao fluxo de água;

c) materiais de filtros não devem apresentar coesão real ou aparente, ou habilidade de cimentar sob ação de agentes químicos, físicos ou biológicos. Materiais com coesão apresentam tendência de fissuração com o ressecamento;

d) materiais de filtros devem ser internamente estáveis, tal que sua porção mais fina não migre e penetre na fração mais grossa, exigindo que satisfaçam a uma distribuição granulométrica adequada.

A literatura registra vários critérios para o dimensionamento de filtros, dentre os quais o critério básico de Terzaghi (1922) e o critério expandido da agência *US Soil Conservation Service*[1] (U.S. Department of Agriculture,1986), descritos a seguir. Neste capítulo, o símbolo *D* refere-se ao diâmetro da partícula do filtro e a notação *d*, ao diâmetro da partícula do solo.

---

[1] Hoje conhecida como *Natural Resources Conservation Service* (NRCS)

6.2 CRITÉRIO BÁSICO DE TERZAGHI

O critério básico de Terzaghi é ainda bastante utilizado no projeto de filtros e drenos, mesmo sendo reconhecido como conservador. É expresso pela seguinte relação:

$$D_{15}^{\text{filtro}}/d_{85}^{\text{solo}} < 4 \text{ a } 5 < D_{15}^{\text{filtro}}/d_{15}^{\text{solo}} \tag{6.2a}$$

onde a desigualdade à esquerda representa o critério de filtro, para impedir a migração de finos, e a desigualdade à direita o critério de dreno, para permitir o escoamento da água através dos vazios.

D_{15}^{filtro}= diâmetro equivalente da partícula tal que o peso de partículas menores do que ela corresponde a 15% do peso total seco do material do filtro;

d_{15}^{solo}= diâmetro equivalente da partícula tal que o peso de partículas menores do que ela corresponde a 15% do peso total seco do solo;

d_{85}^{solo}= diâmetro equivalente da partícula tal que o peso de partículas menores do que ela corresponde a 85% do peso total seco do solo.

6.2.1 Critério de filtro:

Sherard et al. (1984a) indicaram que o critério de filtro $D_{15}^{\text{filtro}}/d_{85}^{\text{solo}} < 5$ proposto por Terzaghi é geralmente adequado, com um fator de segurança contra perda excessiva de finos de aproximadamente 2. Recomendaram também que a curva granulométrica do material do filtro seja bem distribuída para evitar a migração de finos no próprio filtro (segregação).

6.2.2 Critério de dreno:

Taylor (1948) indicou que a permeabilidade em agregados bem graduados é aproximadamente proporcional a $(d_{15})^2$ e que a força de percolação por unidade de volume em um filtro atendendo ao critério da Eq. 6.2a se situa entre 1/16 a 1/25 da força de percolação por unidade de volume no solo protegido. O critério de dreno $D_{15}^{\text{filtro}}/d_{15}^{\text{solo}} > 4$ a 5 assegura que o dreno é permeável o suficiente (16 a 25 vezes mais permeável do que o solo) para permitir um fluxo de água relativamente livre através do dreno. Adicionalmente, o total de partículas com diâmetro inferior ao da peneira #200 não deve ultrapassar 5% do peso total do material do filtro, com índice de plasticidade IP = 0.

A Fig. 6.1 exemplifica a aplicação do critério de Terzaghi. Definidos os pontos $D_{15}^{\text{filtro}}/d_{85}^{\text{solo}} = 5$ e $D_{15}^{\text{filtro}}/d_{15}^{\text{solo}} = 5$ então curvas limites são traçadas aproximadamente paralelas àquela do solo, obtendo-se uma faixa de granulometria para o material de filtro. No caso de um filtro zonado (múltiplas camadas) o mesmo procedimento é repetido, admitindo-se a curva granulométrica da envoltória de dreno anterior como a do solo a ser protegido.

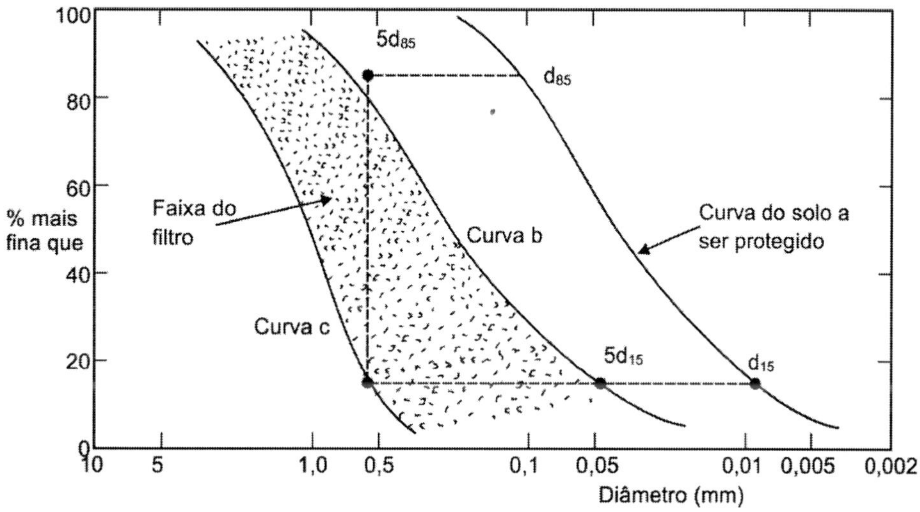

Figura 6.1 – Projeto de filtro com base no critério de Terzaghi
Fonte: adaptado de Das (2008)

6.3 CRITÉRIO EXPANDIDO US NATIONAL RESOURCES CONSERVATION SERVICE

O critério básico de Terzaghi não foi desenvolvido com o propósito de assegurar a estabilidade interna de filtros. Com base nos resultados de pesquisas de laboratório feitas por Sherard et al. (1984a, 1984b, 1989), a agência americana *U.S. National Resources Conservation Service* (U.S. Department of Agriculture, 1986, 1994) propôs o seguinte critério expandido para o projeto de filtros de barragens de terra, incorporado pelo *U.S. Army Corps of Engineers* (U.S. Department of the Army, 1995) e *Bureau of Reclamation* (U.S. Department of the Interior, 2011), composto dos 12 seguintes passos:

6.3.1) plote a curva granulométrica do solo usando amostras em número suficiente para uma adequada caracterização do material. Tipicamente se considera a amostra de solo com o menor tamanho d_{85}, que resultará no menor valor de D_{15} para o filtro;

6.3.2) se o solo não contiver pedregulho (diâmetro equivalente superior a 4,76 mm, correspondente à abertura de malha da peneira #4) então prossiga diretamente para a etapa 6.3.4;

6.3.3) caso contrário, proceda à correção da distribuição granulométrica da seguinte maneira:

a) obtenha um fator de correção, dividindo 100 pela porcentagem de material passando pela peneira # 4 (4,76 mm);

b) multiplique pelo fator de correção cada porcentagem da curva granulométrica correspondente a um tamanho de partícula inferior ao da peneira #4;

c) utilize as porcentagens ajustadas para plotar uma nova curva granulométrica;

d) com base na nova curva, determine a porcentagem do material passando pela peneira #200 (0,075 mm) para utilização no passo 6.3.4.

Essa correção permite dimensionar um filtro para proteção de solos internamente instáveis, nos quais finos podem ser transportados através da fração grossa com o fluxo de água.

6.3.4) classifique o solo em função da porcentagem em peso passando pela peneira #200 (0,075 mm) de acordo com o Quadro 6.1:

Solo	Descrição do solo[a] com % de material mais fino que peneira # 200 (0,075 mm)	Critério de filtro [b]
1	Siltes finos e argilas; mais de 85% de finos	$D_{15}^{\max} \leq 9d_{85}$ [c]
2	Areias, siltes, argilas, areias siltosas, areias argilosas; 40 a 85% de finos	$D_{15}^{\max} \leq 0{,}7$ mm
3	Siltes e areias argilosas, pedregulhos; 15 a 39% de finos	$D_{15}^{\max} \leq \frac{40-A}{40-15}(4d_{85} - 0{,}7\text{mm}) + 0{,}7\text{mm}$ [d]
4	Areias e pedregulhos; menos de 15% de finos	$D_{15}^{\max} \leq 4d_{85}$

(a) Solos contendo partículas maiores do que 4,76 mm (peneira #4) devem ter sua curva granulométrica corrigida em função da parcela passando pela peneira #4.

(b) Filtros devem ter partícula máxima de 75 mm e apresentar um máximo de 5% de finos passando pela peneira # 200 (0,075 mm) com índice de plasticidade IP = 0. Para assegurar permeabilidade suficiente $D_{15} \geq 4d_{15}$ mas não inferior a 0,1 mm.

(c) Quando $9d_{85} < 0{,}2$ mm, considerar $9d_{85} = 0{,}2$ mm.

(d) Parâmetro A representa a porcentagem de finos passando pela peneira # 200 (0,075 mm) depois da correção da curva granulométrica, se necessário. Quando $4d_{85} < 0{,}7$ mm, considerar $4d_{85} = 0{,}7$ mm.

Quadro 6.1 – Critérios de filtro – $D_{15}^{\max}$
Fonte: adaptado de *U.S. Department of Agriculture* (1986, 1994)

6.3.5) para satisfazer o critério de filtro, determine o valor máximo $D_{15}^{\max}$ de acordo com o Quadro 6.1;

6.3.6) como critério de permeabilidade para satisfazer a função de dreno, determine o valor mínimo $D_{15}^{\min} \geq 4d_{15}$ com base no valor de d_{15} antes da correção da curva granulométrica, porém não inferior a $D_{15}^{\min} = 0{,}1$ mm;

6.3.7) a largura da faixa granulométrica, determinada com os valores de $D_{15}^{\max}$ (critério de filtro) e $D_{15}^{\min}$ (critério de dreno), deve ser relativamente estreita para evitar a possibilidade de filtros mal graduados com ausência de certos intervalos de diâmetros de partícula. Ajuste os valores máximo e mínimo obtidos nas etapas 6.3.5 e 6.3.6 de tal forma que $D_{15}^{\max}/D_{15}^{\min} \leq 5$ para qualquer porcentagem da curva granulométrica $\leq 60\%$.

a) Se a razão $D_{15}^{\max}/D_{15}^{\min} \leq 5$ for atendida, identifique $D_{15}^{\max}$ como ponto de controle 1 e $D_{15}^{\min}$ como ponto de controle 2. Prossiga para a etapa 6.3.8;

b) se a razão $D_{15}^{\max}/D_{15}^{\min} > 5$, ajuste os limites de acordo com o seguinte procedimento:

b.1) se o filtro tem como objetivo principal transportar grandes quantidades de água (funcionar como dreno, em outras palavras) fixe o valor de $D_{15}^{\max}$ (ponto de controle 1) e estabeleça um novo valor mínimo do ponto de controle 2 considerando $D_{15}^{\min} = D_{15}^{\max}/5$;

b.2) se o objetivo principal é a função de filtro, fixe o valor de $D_{15}^{\min}$ (ponto de controle 2) e estabeleça um novo valor máximo do ponto de controle 1 considerando $D_{15}^{\max} = 5D_{15}^{\min}$;

b.3) a consideração mais importante pode ser a localização dos valores máximo e mínimo de D_{15}, no intervalo de tamanhos determinado nos passos 6.3.5 e 6.3.6, tal que a curva granulométrica de materiais disponíveis na obra se enquadre dentro desses limites. Localize então os novos valores de D_{15}^{max} e D_{15}^{min} na curva granulométrica do material, assegurando que os mesmos estejam dentro dos limites estabelecidos, e que a razão $D_{15}^{\text{max}}/D_{15}^{\text{min}} \leq 5$. Fixe os valores de D_{15}^{max} (ponto de controle 1) e D_{15}^{min} (ponto de controle 2);

6.3.8) ajuste as envoltórias da faixa granulométrica do filtro de modo que ambas as curvas tenham um coeficiente de uniformidade $C_u = D_{60}/D_{10} \leq 6$. Para estimativa do máximo diâmetro efetivo D_{10}^{max} divida o valor D_{15}^{max} por 1,2 ($D_{10}^{\text{max}} = D_{15}^{\text{max}}/1{,}2$), o que é justificado pela hipótese de que a constante 1,2 é uma aproximação da inclinação da reta que une D_{15} e D_{10} em uma curva granulométrica com $C_u = 6$. Calcule em seguida o valor $D_{60}^{\text{max}} = 6D_{10}^{\text{max}}$ e marque-o como ponto de controle 3. Determine o ponto correspondente da outra envoltória (ponto de controle 4) por meio da relação $D_{60}^{\text{min}} = D_{60}^{\text{max}}/5$.

6.3.9) Para todos as classes de solo do Quadro 6.1, considere $D_{5}^{\text{min}} = 0{,}075$ mm (ponto de controle 5) e $D_{100}^{\text{max}} = 76{,}2$ mm (ponto de controle 6). A porcentagem do material do filtro mais fino do que 0,42 mm (peneira #40) deve apresentar índice de plasticidade IP = 0.

6.3.10) Para prevenir segregação do material do filtro durante a construção, a relação entre os valores D_{90}^{max}e D_{10}^{min} é importante. Estime o tamanho $D_{10}^{\text{min}} = D_{15}^{\text{min}}/1{,}2$ e então determine o valor de D_{90}^{max} usando a Tab. 6.1. Filtros de areia com $D_{90}^{\text{max}} \leq 20$ mm geralmente não necessitam de outras considerações sobre a largura da faixa granulométrica. Para filtros mais grossos que funcionam tanto como filtros e drenos, a razão $D_{90}^{\text{max}}/D_{10}^{\text{min}}$ decresce rapidamente com tamanhos crescentes de D_{10}^{min}, conforme Tab. 6.1. Marque o ponto de controle 7 com o valor de D_{90}^{max}.

Tabela 6.1 – Valores limites de D_{10} e D_{90} para prevenir segregação

D_{10} mínimo (mm)	D_{90} máximo (mm)
< 0,5	20
0,5 – 1,0	25
1,0 – 2,0	30
2,0 – 5,0	40
5,0 – 10,0	50
> 10,0	60

Fonte: adaptado de *U.S. Department of Agriculture* (1986, 1994)

6.3.11) Unir os pontos de controle 4, 2 e 5 para definir o limite fino da faixa granulométrica do filtro (envoltória de dreno) e os pontos 6, 7, 3 e 1 para formar o limite grosso da faixa (envoltória de filtro). Complete o projeto extrapolando ambas as curvas até a porcentagem de 100% de material mais fino.

6.3.12) Para filtros adjacentes a tubulações perfuradas, o tamanho D_{85} deve ser igual ou maior do que o diâmetro da perfuração. Para drenos onde uma rápida reversão do gradiente hidráulico (levantamento do nível d'água) é provável, então é recomendado que D_{15} seja igual ou maior do que o diâmetro da perfuração.

A recomendação do coeficiente de uniformidade $C_u = D_{60}/D_{10} \leq 6$ deve ser aplicada somente às curvas que delimitam a faixa granulométrica do filtro. É possível que um filtro individual, cuja granulometria esteja dentro dos limites estabelecidos, possa apresentar um coeficiente de uniformidade $C_u > 6$ e ser ainda perfeitamente aceitável. O objetivo principal do critério expandido do *U.S. Soil Conservation Service* (1986,

1994) é prevenir o dimensionamento de filtros com inexistência de um grande intervalo de tamanhos de partículas, e não necessariamente examinar em detalhe o coeficiente de uniformidade de um filtro particular, cuja curva granulométrica esteja situada dentro dos intervalos definidos pelo critério.

Há algumas pequenas diferenças nos passos recomendados pelas diferentes agências governamentais americanas (*Natural Resources Conservation Service*, *U.S. Army Corps of Engineers*, *Bureau of Reclamation*) mas todas prescrevem recomendações gerais similares. Os critérios do *U.S. Army Corps of Engineers* e do *Bureau of Reclamation* incluem também recomendações de construção, com considerações sobre durabilidade, colocação e compactação de materiais, bem como requisitos de inspeção de filtros.

EXERCÍCIOS RESOLVIDOS

1 - Projeto de filtro para solo da classe 1 (mais de 85% em peso total seco passa pela peneira #200) – Fig. 6.2

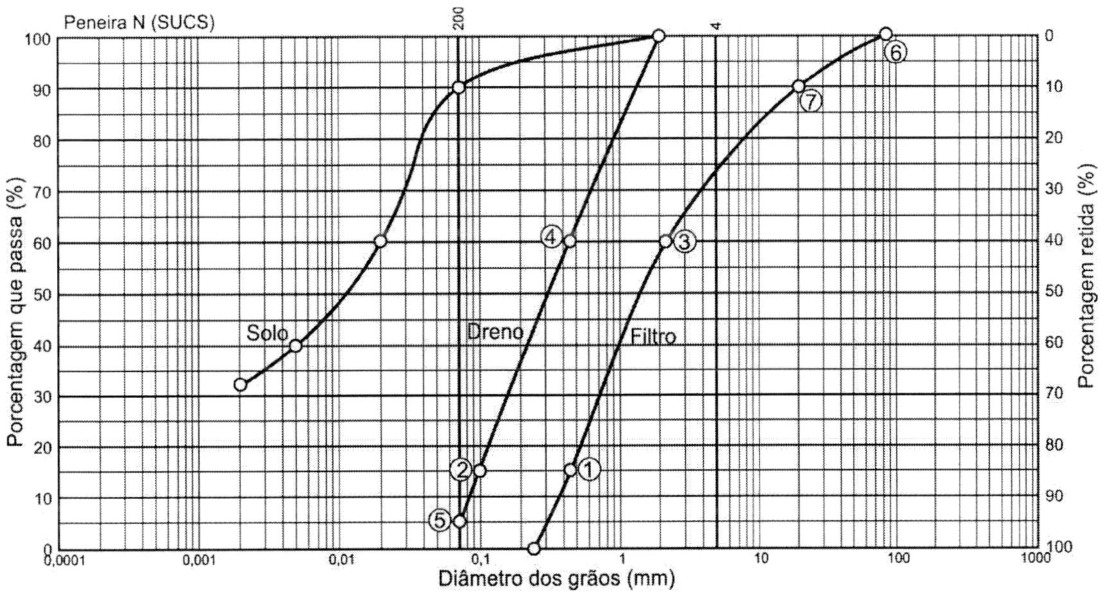

Figura 6.2 - Faixa granulométrica de filtro para proteção de solo da classe 1
Fonte: adaptado de *U.S. Department of Agriculture* (1986, 1994)

1.1 plotar a curva granulométrica;
1.2 neste caso não foi necessário corrigir a curva pois 100% das partículas da amostra de solo são menores do que a abertura de malha da peneira #4 (4,76 mm);
1.3 como 90% das partículas passam pela peneira #200 (0,075mm) então a amostra de solo pertence à classe 1 do Quadro 6.1;
1.4 do Quadro 6.1, o critério de filtro $D_{15}^{\max} \leq 9d_{85} = 9 \times 0{,}05 = 0{,}45$ mm que é superior ao valor mínimo 0,2 mm;
1.5 critério de dreno $D_{15}^{\min} \geq 4d_{15}$, mas neste caso d_{15} não é estabelecido na curva granulométrica e portanto considera-se $D_{15}^{\min} = 0{,}1$ mm;
1.6 verificação da largura da faixa granulométrica entre as curvas de filtro e dreno $D_{15}^{\max}/D_{15}^{\min} = 0{,}45/0{,}1 = 4{,}5 < 5$;
1.7 marcar $D_{15}^{\max} = 0{,}45$ mm como ponto de controle 1 e $D_{15}^{\min} = 0{,}1$ mm como ponto de controle 2;
1.8 ajustar os limites da faixa granulométrica de modo que a razão entre os diâmetros máximo do filtro e mínimo do dreno seja igual ou inferior a 5 para todos os valores (% que passa) iguais ou inferiores a 60%.

Ponto de controle 3
$D_{60}^{\max} = 6D_{10}^{\max} = 6 \times D_{15}^{\max}/1{,}2 = (6 \times 0{,}45)/1{,}2 = 2{,}25$ mm

Ponto de controle 4
$D_{60}^{\min} = D_{60}^{\max}/5 = 2{,}25/5 = 0{,}45$ mm

1.9 para todos os solos, marcar ponto de controle 5 ($D_5^{\min} = 0{,}075$ mm) e ponto de controle 6 ($D_{100}^{\max} = 76{,}2$ mm);

1.10 para minimizar a segregação de materiais durante a construção, determinar $D_{10}^{\min} = D_{15}^{\min}/1{,}2 = 0{,}1/1{,}2 = 0{,}083$ mm $< 0{,}5$ mm. Da Tabela 6.1, marcar o ponto de controle 7 correspondente a $D_{90}^{\max} = 20$ mm;

1.11 conectar os pontos de controle 5 – 2 – 4 para estabelecer a curva preliminar do limite de dreno e os pontos de controle 1 – 3 – 7 – 6 para formar a curva preliminar do limite de filtro;

1.12 completar a faixa granulométrica extrapolando ambas as curvas e apresentar as especificações do projeto final do filtro (Tab. 6.2), selecionando peneiras adequadas, e respectivas porcentagens de partículas mais finas, que se aproximem das curvas preliminares. Se necessário, proceder ajustes adicionais para evitar uma faixa de granulometria muito ampla, como na Fig. 6.2 entre as porcentagens 90% e 100%, deslocando o ponto de controle 6 de 3′ (76,2 mm) para 1′ (25,4 mm).

Tabela 6.2 – Especificação da granulometria do filtro

Peneira	% passando
1′ (25,4 mm)	100
3/4′ (19,1 mm)	90 - 100
# 4 (4,76 mm)	74 - 100
# 10 (2,0 mm)	57 - 100
# 20 (0,85 mm)	35 - 78
# 60 (0,25 mm)	0 - 44
# 140 (0,10 mm)	0 - 15
# 200 (0,075 mm)	0 - 5

2 - Projeto de filtro para solo da classe 2 (de 40 a 85% em peso total seco passa pela peneira #200) – Fig. 6.3

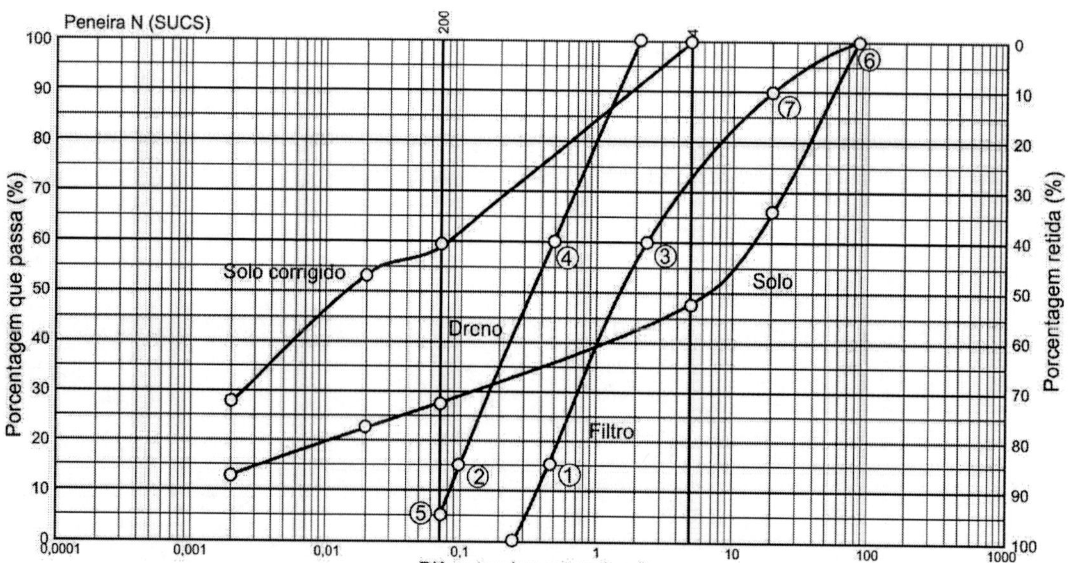

Figura 6.3 - Faixa granulométrica de filtro para proteção de solo da classe 2
Fonte: adaptado de *U.S. Department of Agriculture* (1986, 1994)

2.1 plotar a curva granulométrica;
2.2 fator de correção da curva granulométrica, dividindo 100 pela porcentagem de solo passando pela peneira # 4, resultando em 100/47;
2.3 corrigir a distribuição granulométrica original, multiplicando este fator por cada porcentagem da curva correspondente ao tamanho de partícula igual ou inferior a 4,76 mm (peneira # 4) conforme Tabela 6.3:

Tabela 6.3 – Granulometria do solo original e corrigida

Peneira	% passando original	% passando corrigida
$3'$ (76,2 mm)	100	---
$1'$ (25,4 mm)	70	---
$3/4'$ (19,1 mm)	65	---
$1/2'$ (12,7 mm)	57	---
# 4 (4,76 mm)	47	100
# 40 (0,42 mm)	35	75
# 60 (0,25 mm)	33	68
# 200 (0,075 mm)	28	59
0,05 mm	27	57
0,005 mm	17	37
0,002 mm	13	28

2.4 como a porcentagem de finos (59%) da curva granulométrica corrigida se situa entre 40% e 85%, então a amostra de solo pertence à classe 2 do Quadro 6.1;
2.5 do Quadro 6.1, o critério de filtro $D_{15}^{\max} = 0{,}7$ mm;
2.6 critério de dreno $D_{15}^{\min} \geq 4d_{15} = 4 \times 0{,}0035 = 0{,}014$ mm, considerando d_{15} antes da correção da curva granulométrica. Resultado não aceitável porque o valor mínimo não pode ser inferior a $D_{15}^{\min} = 0{,}1$ mm;
2.7 verificação da largura da faixa granulométrica entre as curvas de filtro e dreno $D_{15}^{\max}/D_{15}^{\min} = 0{,}7/0{,}1 = 7$ que excede ao valor máximo 5, necessitando portanto de ajustes;
2.8 admitindo que o mais importante é a função de filtro, ajustar $D_{15}^{\max}$ marcando $D_{15}^{\min} = 0{,}1$ mm como ponto de controle 2 e $D_{15}^{\max} = 5D_{15}^{\min} = 5 \times 0{,}1 = 0{,}5$ mm como ponto de controle 1;
2.9 ajustar os limites da faixa granulométrica de modo que a razão entre os diâmetros máximo do filtro e mínimo do dreno seja igual ou inferior a 5 para todos os valores (porcentagem que passa) iguais ou inferiores a 60%.

Ponto de controle 3
$D_{60}^{\max} = 6D_{10}^{\max} = 6 \times D_{15}^{\max}/1{,}2 = (6 \times 0{,}5)/1{,}2 = 2{,}5$ mm

Ponto de controle 4
$D_{60}^{\min} = D_{60}^{\max}/5 = 2{,}5/5 = 0{,}5$ mm

2.10 marcar ponto de controle 5 ($D_{5}^{\min} = 0{,}075$ mm) e ponto de controle 6 ($D_{100}^{\max} = 76{,}2$ mm);
2.11 para minimizar a segregação de materiais durante a construção, determinar $D_{10}^{\min} = D_{15}^{\min}/1{,}2 = 0{,}1/1{,}2 = 0{,}083$ mm $< 0{,}5$ mm. Da Tabela 6.1, marcar o ponto de controle 7 correspondente a $D_{90}^{\max} = 20$ mm;

2.12 conectar os pontos de controle 5 – 2 – 4 para estabelecer a curva preliminar do limite de dreno e os pontos de controle 1 – 3 – 7 – 6 para formar a curva preliminar do limite de filtro;

2.13 completar a faixa granulométrica extrapolando ambas as curvas e apresentar as especificações do projeto final do filtro (Tab. 6.4), selecionando peneiras adequadas, e respectivas porcentagens de partículas mais finas, que se aproximem das curvas preliminares.

Tabela 6.4 – Especificação da granulometria do filtro

Peneira	Porcentagem passando
3′ (76,2 mm)	100
3/4′ (19,1 mm)	90 - 100
# 4 (4,76 mm)	72 - 100
# 10 (2,0 mm)	56 - 100
# 20 (0,84 mm)	37 - 79
# 40 (0,42 mm)	12 - 56
# 50 (0,30 mm)	4 - 46
# 100 (0,15 mm)	0 - 25
# 200 (0,075 mm)	0 - 5

3 - Projeto de filtro para solo da classe 3 (de 15 a 39% em peso total seco passa pela peneira #200) – Fig. 6.4

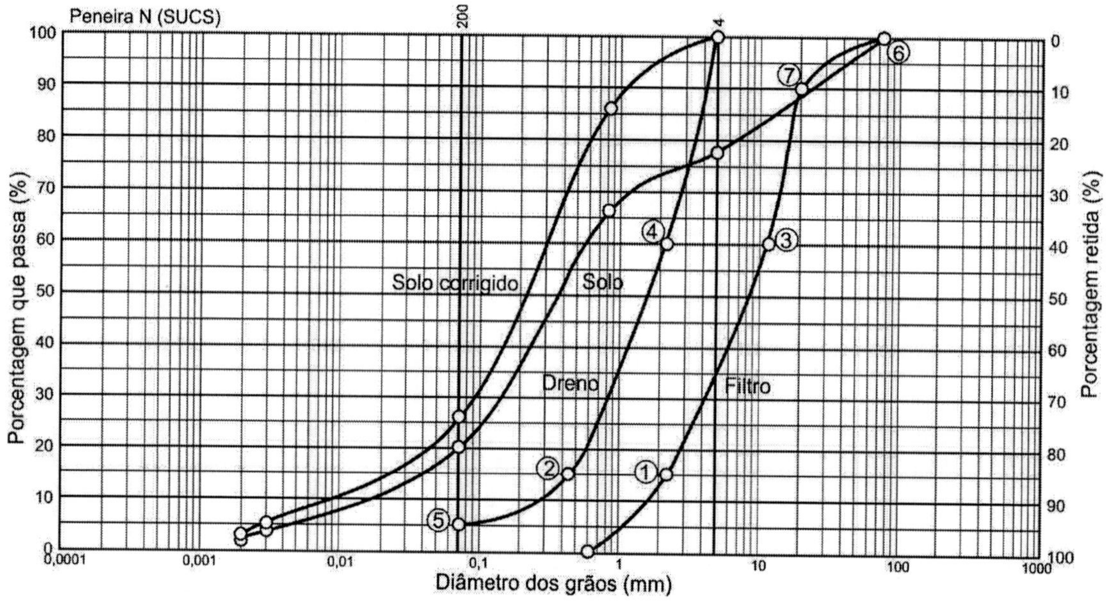

Figura 6.4 - Faixa granulométrica de filtro para proteção de solo da classe 3
Fonte: adaptado de *U.S. Department of Agriculture* (1986, 1994)

3.1 plotar a curva granulométrica;

3.2 fator de correção da curva granulométrica, dividindo 100 pela porcentagem de solo passando pela peneira # 4, resultando em 100/78 = 1,28;

3.3 corrigir a distribuição granulométrica original, multiplicando este fator por cada porcentagem da curva correspondente ao tamanho de partícula igual ou inferior a 4,76 mm (peneira # 4) conforme Tabela 6.5:

Tabela 6.5 – Granulometria do solo original e corrigida

Peneira	% passando original	% passando corrigida
3′ (76,2 mm)	100	---
1′ (25,4 mm)	90	---
# 4 (4,76 mm)	78	100
# 10 (2,0 mm)	74	95
# 20 (0,84 mm)	67	86
# 40 (0,42 mm)	54	69
# 100 (0,15 mm)	32	41
# 200 (0,075 mm)	20	26
0,003 mm	4	5
0,002 mm	2	3

3.4 como a porcentagem de finos (26%) da curva granulométrica corrigida se situa entre 15% e 39%, então a amostra de solo pertence à classe 3 do Quadro 6.1;

3.5 do Quadro 6.1, o critério de filtro $D_{15}^{\max} \leq \frac{40-A}{40-15}(4d_{85} - 0{,}7\text{ mm}) + 0{,}7\text{ mm}$ onde, na curva corrigida, o parâmetro A = 26 representa a porcentagem de finos passando pela peneira # 200 e d_{85} = 0,8 mm, com a condição $4d_{85} \geq 0{,}7$ mm (satisfeita). Logo, $D_{15}^{\max} \leq \frac{40-26}{40-15}(4 \times 0{,}8 - 0{,}7\text{ mm}) + 0{,}7\text{ mm} = 2{,}1\text{ mm}$

3.6 critério de dreno $D_{15}^{\min} \geq 4d_{15} = 4 \times 0{,}04 = 0{,}16$ mm, considerando d_{15} antes da correção da curva granulométrica. Resultado aceitável porque o valor mínimo não pode ser inferior a $D_{15}^{\min} = 0{,}1$ mm;

3.7 verificação da largura da faixa granulométrica entre as curvas de filtro e dreno $D_{15}^{\max}/D_{15}^{\min} = 2{,}1/0{,}16 = 13{,}1$ que ultrapassa o limite 5, necessitando portanto de ajustes;

3.8 admitindo que o mais importante é a função de dreno, ajustar $D_{15}^{\min}$ marcando $D_{15}^{\max} = 2{,}1$ mm como ponto de controle 1 e $D_{15}^{\min} = D_{15}^{\max}/5 = 2{,}1/5 = 0{,}42$ mm como ponto de controle 2;

3.9 ajustar os limites da faixa granulométrica de modo que a razão entre os diâmetros máximo do filtro e mínimo do dreno seja igual ou inferior a 5 para todos os valores (% que passa) iguais ou inferiores a 60%.

Ponto de controle 3
$D_{60}^{\max} = 6D_{10}^{\max} = 6 \times D_{15}^{\max}/1{,}2 = (6 \times 2{,}1)/1{,}2 = 10{,}5$ mm

Ponto de controle 4
$D_{60}^{\min} = D_{60}^{\max}/5 = 10{,}5/5 = 2{,}1$ mm

3.10 marcar ponto de controle 5 ($D_5^{\min} = 0{,}075$ mm) e ponto de controle 6 ($D_{100}^{\max} = 76{,}2$ mm);

3.11 para minimizar a segregação de materiais durante a construção, determinar $D_{10}^{\min} = D_{15}^{\min}/1{,}2 = 0{,}42/1{,}2 = 0{,}35\text{ mm} < 0{,}5$ mm. Da Tabela 6.1, marcar o ponto de controle 7 correspondente a $D_{90}^{\max} = 20$ mm;

3.12 conectar os pontos de controle 5 – 2 – 4 para estabelecer a curva preliminar do limite de dreno e os pontos de controle 1 – 3 – 7 – 6 para formar a curva preliminar do limite de filtro;

3.13 completar a faixa granulométrica extrapolando ambas as curvas e apresentar as especificações do projeto final do filtro (Tab. 6.6), selecionando peneiras adequadas, e respectivas porcentagens de partículas mais finas, que se aproximem das curvas preliminares. Se necessário, proceder ajustes adicionais para evitar uma faixa de granulometria muito ampla, como na Fig. 6.4 entre as porcentagens 90% e 100%, deslocando o ponto de controle 6 de 3′ (76,2 mm) para 1′ (25,4 mm).

Tabela 6.6 – Especificação da granulometria do filtro

Peneira	% passando
1′ (25,4 mm)	100
3/4′ (19,1 mm)	90 - 100
1/2′ (12,7 mm)	65 - 100
# 4 (4,76 mm)	35 - 100
# 10 (2,0 mm)	13 - 58
# 20 (0,85 mm)	4 - 32
# 40 (0,42 mm)	0 - 15
# 100 (0,15 mm)	0 - 7
# 200 (0,075 mm)	0 - 5

4 - Projeto de filtro para solo da classe 4 (menos do que 15% em peso total seco passa pela peneira #200) – Fig. 6.5

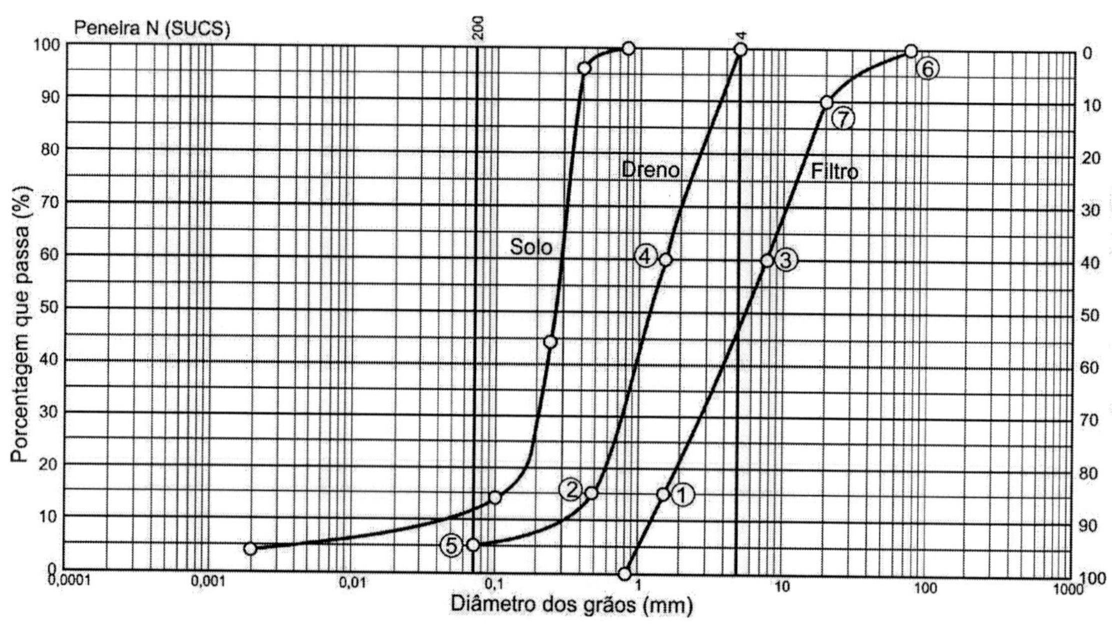

Figura 6.5 - Faixa granulométrica de filtro para proteção de solo da classe 4
Fonte: adaptado de *U.S. Department of Agriculture* (1986, 1994)

4.1 plotar a curva granulométrica;

4.2 neste caso não foi necessário corrigir a curva pois 100% das partículas da amostra de solo são menores do que a abertura de malha da peneira #4 (4,76 mm);

4.3 como 12 % das partículas passam pela peneira #200 (0,075mm) então a amostra de solo pertence à classe 4 do Quadro 6.1;

4.4 do Quadro 6.1, o critério de filtro $D_{15}^{\max} \leq 4d_{85} = 4 \times 0{,}36 = 1{,}44$ mm;

4.5 critério de dreno $D_{15}^{\min} \geq 4d_{15} = 4 \times 0{,}12 = 0{,}48$ mm, valor aceito pois superior ao mínimo recomendado (0,1 mm);

4.6 verificação da largura da faixa granulométrica entre as curvas de filtro e dreno $D_{15}^{\max}/D_{15}^{\min} = 1{,}44/0{,}48 = 3 < 5$;

4.7 marcar $D_{15}^{\max} = 1{,}44$ mm como ponto de controle 1 e $D_{15}^{\min} = 0{,}48$ mm como ponto de controle 2;

4.8 ajustar os limites da faixa granulométrica de modo que a razão entre os diâmetros máximo do filtro e mínimo do dreno seja igual ou inferior a 5 para todos os valores (porcentagem que passa) iguais ou inferiores a 60%.

Ponto de controle 3

$D_{60}^{\max} = 6D_{10}^{\max} = 6 \times D_{15}^{\max}/1{,}2 = \ (6 \times 1{,}44)/1{,}2 = 7{,}2$ mm

Ponto de controle 4

$D_{60}^{\min} = D_{60}^{\max}/5 = 7{,}2/5 = 1{,}44$ mm

4.9 para todos os solos, marcar ponto de controle 5 ($D_{5}^{\min} = 0{,}075$ mm) e ponto de controle 6 ($D_{100}^{\max} =$ 76,2 mm);

4.10 para minimizar a segregação de materiais durante a construção, determinar $D_{10}^{\min} = D_{15}^{\min}/1{,}2 = 0{,}48/1{,}2 = 0{,}4$ mm < 0,5 mm. Da Tabela 6.1, marcar o ponto de controle 7 correspondente a $D_{90}^{\max} =$ 20 mm;

4.11 conectar os pontos de controle 5 – 2 – 4 para estabelecer a curva preliminar do limite de dreno e os pontos de controle 1 – 3 – 7 – 6 para formar a curva preliminar do limite de filtro;

4.12 completar a faixa granulométrica extrapolando ambas as curvas e apresentar as especificações do projeto final do filtro (Tab. 6.7), selecionando peneiras adequadas, e respectivas porcentagens de partículas mais finas, que se aproximem das curvas preliminares. Se necessário, proceder ajustes adicionais para evitar uma faixa de granulometria muito ampla, como na Fig. 6.5 entre as porcentagens 90% e 100%, deslocando o ponto de controle 6 de 3′ (76,2 mm) para 1′ (25,4 mm).

Tabela 6.7 – Especificação da granulometria do filtro

Peneira	% passando
1′ (25,4 mm)	100
3/4′ (19,1 mm)	90 - 100
# 4 (4,76 mm)	47 - 100
# 10 (2,0 mm)	21 - 70
# 20 (0,85 mm)	0 - 32
# 40 (0,42 mm)	0 - 14
# 60 (0,25 mm)	0 - 9
# 200 (0,075 mm)	0 - 5

EXERCÍCIOS PROPOSTOS

1 – Repetir o exercício resolvido 2 considerando que no projeto o critério mais importante é a condição de dreno.

2 – Repetir o exercício resolvido 3 considerando que no projeto o critério mais importante é a condição de filtro.

APÊNDICE A

O MÉTODO DAS DIFERENÇAS FINITAS NA SOLUÇÃO DA EQUAÇÃO 1D DO ADENSAMENTO PRIMÁRIO

Na análise de problemas de adensamento 1D, no capítulo 5, foi admitida uma série de hipóteses com relação ao número e espessura das camadas, contraste entre os coeficientes de permeabilidade e parâmetros de compressibilidade, de tal modo que a formulação matemática pudesse ser resolvida e uma solução ideal obtida.

Problemas reais tipicamente envolvem várias camadas de solo, com carregamento dependente do tempo, coeficientes de adensamento variáveis com o tempo e outros fatores que afastam a solução real daqueles casos simples apresentados. Em situações mais complexas, soluções podem ser obtidas por meio da aplicação de métodos numéricos (método dos elementos finitos, método das diferenças finitas) cujos resultados, apesar de aproximados, são justificados pelas incertezas que existem com respeito às condições de contorno e iniciais do problema, perfil geotécnico, propriedades dos solos etc.

O problema da solução numérica da equação da difusão 1D – equação diferencial parcial, linear e parabólica - foi discutido por vários autores na literatura. Ames (1992), Morton e Mayers (1994) e Cooper (1998), dentre outros, apresentaram um desenvolvimento matemático baseado no método das diferenças finitas, enquanto que Golub e Ortega (1993), Hoffman (1992) e Fletcher (1988) desenvolveram uma abordagem voltada para aplicações numéricas, discutindo questões relacionadas com a implementação e otimização computacional.

A.1) Esquema FTCS

Em relação à malha de pontos da Fig. A.1, onde o índice i está associado à coordenada vertical z e o índice j ao tempo t, a primeira derivada parcial em relação ao tempo $\partial u_e / \partial t$ pode ser aproximada por diferença finita ascendente,

$$\left(\frac{\partial u_e}{\partial t}\right)^{i,j} = \frac{u_e^{i,j+1} - u_e^{i,j}}{\Delta t} \qquad \text{(A.1a)}$$

e a segunda derivada em relação à coordenada espacial z por esquema de diferenças finitas centrais

$$\left(\frac{\partial^2 u_e}{\partial z^2}\right)^{i,j} = \frac{u_e^{i-1,j} - 2u_e^{i,j} + u_e^{i+1,j}}{\Delta z^2} \qquad \text{(A.1b)}$$

A equação diferencial da difusão 1D

$$c_v \frac{\partial^2 u_e}{\partial z^2} = \frac{\partial u_e}{\partial t} \qquad \text{(A.2)}$$

é aproximada como

$$\frac{c_v}{\Delta z^2}\left(u_e^{i-1,j} - 2u_e^{i,j} + u_e^{i+1,j}\right) = \frac{u_e^{i,j+1} - u_e^{i,j}}{\Delta t}$$

$$u_e^{i,j+1} = u_e^{i,j} + \alpha\left(u_e^{i-1,j} - 2u_e^{i,j} + u_e^{i+1,j}\right) \quad \text{onde} \quad \alpha = \frac{c_v \Delta t}{\Delta z^2} \tag{A.3}$$

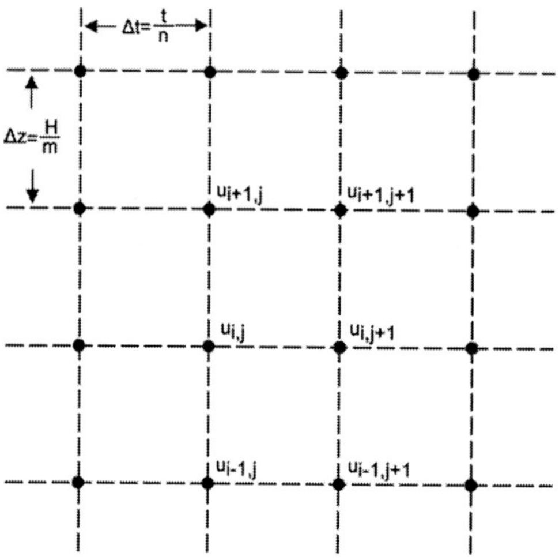

Figura A.1 - Malha de pontos e notação no método das diferenças finitas
Fonte: autor

Sob ponto de vista computacional, a Eq. A.3 pode ser expressa de forma mais adequada como,

$$u_e^{i,j+1} = \alpha u_e^{i-1,j} + (1-2\alpha)u_e^{i,j} + \alpha u_e^{i+1,j} \tag{A.4}$$

ou, matricialmente,

$$\{u_e\}^{j+1} = [A]\{u_e\}^j \tag{A.5}$$

com a matriz tridiagonal $[A]$ definida por

$$\begin{bmatrix} b_1 & c_1 & 0 & 0 & 0 & \cdots & 0 & 0 \\ a_2 & b_2 & c_2 & 0 & 0 & \cdots & 0 & 0 \\ 0 & a_3 & b_3 & c_3 & 0 & \cdots & 0 & 0 \\ \cdots & \cdots & \cdots & \cdots & \cdots & \cdots & \cdots & \cdots \\ \cdots & \cdots & \cdots & \cdots & \cdots & \cdots & \cdots & \cdots \\ 0 & 0 & \cdots & 0 & 0 & a_{n-1} & b_{n-1} & c_{n-1} \\ 0 & 0 & \cdots & 0 & 0 & 0 & a_n & b_n \end{bmatrix} \begin{Bmatrix} u_e^1 \\ u_e^2 \\ u_e^3 \\ \cdots \\ \cdots \\ u_e^{n-1} \\ u_e^n \end{Bmatrix}_{j+1} = \begin{Bmatrix} d_1 \\ d_2 \\ d_3 \\ \cdots \\ \cdots \\ d_{n-1} \\ d_n \end{Bmatrix}_j \tag{A.6a}$$

onde, para os pontos internos (i = 2,3,4 ... n-1)

$$a_i = \alpha \qquad b_i = 1 - 2\alpha \qquad c_i = \alpha \qquad d_i = u_e^{i,j} \tag{A.6b}$$

e para os pontos do contorno (i = 1 e $i = n$), em termos dos valores conhecidos (u_e^1, u_e^n) para $t > 0$,

$$\begin{aligned} b_1 &= 1 \qquad c_1 = 0 \qquad d_1 = u_e^1 \\ b_n &= 1 \qquad a_n = 0 \qquad d_n = u_e^n \end{aligned} \tag{A.6c}$$

Para uma condição de contorno impermeável, o gradiente hidráulico em $i = n$ (ou i = 1) é nulo, com $\partial u_e / \partial z = 0$,

$$\left(\frac{\partial u_e}{\partial \dot{z}} \right)_{i=n} \approx \frac{u_e^{n+1} - u_e^{n-1}}{2\Delta z} = 0 \quad \rightarrow \quad u_e^{n+1} = u_e^{n-1} \text{ em qualquer tempo j} \tag{A.6d}$$

onde (n+1) é um ponto fictício estabelecido além do contorno, simétrico em relação ao nó (n-1). Para o ponto n sobre o contorno impermeável, a Eq. A.4 pode ser escrita como

$$u_e^{n,j+1} = 2\alpha u_e^{n-1,j} + (1 - 2\alpha) u_e^{n,j} \tag{A.6e}$$

Esse esquema, conhecido como FTCS (*Forward Time, Centered Space*) é de fácil implementação computacional porque o excesso de poropressão $u_e^{i,j+1}$ no tempo (j+1) somente depende dos valores conhecidos no tempo anterior j. No entanto, é condicionalmente estável porque produz soluções que oscilam, crescem e divergem quando $\alpha > 0,5$.

O esquema FTCS é de primeira ordem em t e de segunda ordem em z mas pode ser transformado em um esquema de segunda ordem no tempo e de segunda ordem no espaço com a seguinte escolha especial de Δz e Δt ,

$$\Delta t = \frac{\Delta z^2}{6c_v} \tag{A.7}$$

Alguns esquemas explícitos incondicionalmente estáveis foram propostos na literatura, como o esquema ADE (*Alternating-Direction Explicit*) por Larkin (1964) e utilizado por Desai e Johnson (1973) para solução de problemas de adensamento 1D. Trata-se de um esquema recursivo de diferenças finitas, aplicado em um sentido, em determinado intervalo de tempo, e no sentido reverso, para os cálculos no intervalo seguinte. Koppula e Morgenstern (1972) também empregaram o esquema ADE para solução aproximada de problemas de adensamento pseudo 2D.

A.2) Esquema BTCS

A primeira derivada em relação ao tempo é aproximada por diferença finita descendente,

$$\frac{\partial u_e}{\partial t} = \frac{u_e^{i,j} - u_e^{i,j-1}}{\Delta t} \tag{A.8}$$

e a equação da difusão 1D é escrita como

$$\frac{c_v}{\Delta z^2}\left(u_e^{i-1,j} - 2u_e^{i,j} + u_e^{i+1,j}\right) = \frac{u_e^{i,j} - u_e^{i,j-1}}{\Delta t}$$

$$-\alpha u_e^{i-1,j} + (1+2\alpha)u_e^{i,j} - \alpha u_e^{i+1,j} = u_e^{i,j-1}$$

$$-u_e^{i-1,j} + \frac{(1+2\alpha)}{\alpha}u_e^{i,j} - u_e^{i+1,j} = \frac{1}{\alpha}u_e^{i,j-1} \tag{A.9}$$

Diferentemente do esquema FTCS, a Eq. A.9 não pode ser rearranjada para obtenção de uma expressão algébrica simples que permita calcular $u_e^{i,j}$ explicitamente, sendo por esta razão o algoritmo conhecido como um esquema implícito. O esquema BTCS (*Backward Time, Centered Space*), de primeira ordem no tempo e de segunda ordem no espaço, tem uma grande vantagem sobre o esquema FTCS pois é incondicionalmente estável. Também diferentemente do esquema explícito FTCS, é possível aumentar gradualmente o intervalo de tempo à medida que os gradientes de poropressão diminuem (BOOKER e SMALL, 1975).

A Eq. A.9 pode ser escrita matricialmente como

$$\begin{bmatrix} b_1 & c_1 & 0 & 0 & 0 & \cdots & 0 & 0 \\ a_2 & b_2 & c_2 & 0 & 0 & \cdots & 0 & 0 \\ 0 & a_3 & b_3 & c_3 & 0 & \cdots & 0 & 0 \\ \cdots & \cdots & \cdots & \cdots & \cdots & \cdots & \cdots & \cdots \\ \cdots & \cdots & \cdots & \cdots & \cdots & \cdots & \cdots & \cdots \\ 0 & 0 & \cdots & 0 & 0 & a_{n-1} & b_{n-1} & c_{n-1} \\ 0 & 0 & \cdots & 0 & 0 & 0 & a_n & b_n \end{bmatrix} \begin{Bmatrix} u_e^1 \\ u_e^2 \\ u_e^3 \\ \cdots \\ \cdots \\ u_e^{n-1} \\ u_e^n \end{Bmatrix}_j = \begin{Bmatrix} d_1 \\ d_2 \\ d_3 \\ \cdots \\ \cdots \\ d_{n-1} \\ d_n \end{Bmatrix}_{j-1} \tag{A.10}$$

onde, para os pontos internos (i = 2,3,4 ... n-1)

$$a_i = -1 \qquad b_i = \frac{(1+2\alpha)}{\alpha} \qquad c_i = -1 \qquad d_i = \frac{1}{\alpha}u_e^{i,j-1} \tag{A.10a}$$

e para os pontos do contorno (i = 1 e $i = n$), com os excessos de poropressão conhecidos para $t > 0$,

$$\begin{aligned} b_1 &= 1 \qquad c_1 = 0 \qquad d_1 = u_e^1 \\ b_n &= 1 \qquad a_n = 0 \qquad d_n = u_e^n \end{aligned} \tag{A.10b}$$

Para o ponto $i = n$ sobre contorno impermeável considerar $a_n = -2$ na Eq. A.10b de modo que a Eq. A.6d seja satisfeita (no caso do ponto i =1 em contorno impermeável, de modo similar, considerar $c_1 = -2$).

A.3) Esquema de Crank-Nicholson

Quando se requer soluções numéricas com maior precisão, o esquema de Crank-Nicholson é o mais indicado por apresentar, na expansão temporal, erro local de truncamento da ordem de $(\Delta t)^2$ e, na expansão espacial, também erro local de truncamento da ordem de $(\Delta z)^2$. O algoritmo não é mais difícil de implementar do que o BTCS, sendo também um esquema implícito incondicionalmente estável.

O esquema de Crank-Nicholson consiste em admitir que a equação diferencial governante é satisfeita no ponto médio (i+1/2, j), aproximando a derivada temporal por diferença finita central e a derivada espacial pela média das diferenças finitas centrais nos tempos j e j+1,

$$c_v\left(\frac{\partial^2 u_e}{\partial z^2}\right)_{i+\frac{1}{2}j}=\left(\frac{\partial u_e}{\partial t}\right)_{i+\frac{1}{2}j}$$

$$\frac{c_v}{2\Delta z^2}\left[\left(u_e^{i-1,j}-2u_e^{i,j}+u_e^{i+1,j}\right)+\left(u_e^{i-1,j+1}-2u_e^{i,j+1}+u_e^{i+1,j+1}\right)\right]=\frac{u_e^{i,j+1}-u_e^{i,j}}{\Delta t} \qquad \text{(A.11)}$$

Rearranjando os termos da Eq. A.11,

$$-u_e^{i-1,j+1}+\frac{2(1+\alpha)}{\alpha}u_e^{i,j+1}-u_e^{i+1,j+1}=u_e^{i-1,j}+\frac{2(1-\alpha)}{\alpha}u_e^{i,j}+u_e^{i+1,j} \qquad \text{(A.12)}$$

O sistema de equações tridiagonal A.12 é representado matricialmente como

$$\begin{bmatrix} b_1 & c_1 & 0 & 0 & 0 & \cdots & 0 & 0 \\ a_2 & b_2 & c_2 & 0 & 0 & \cdots & 0 & 0 \\ 0 & a_3 & b_3 & c_3 & 0 & \cdots & 0 & 0 \\ \cdots & \cdots & \cdots & \cdots & \cdots & \cdots & \cdots & \cdots \\ \cdots & \cdots & \cdots & \cdots & \cdots & \cdots & \cdots & \cdots \\ 0 & 0 & \cdots & 0 & 0 & a_{n-1} & b_{n-1} & c_{n-1} \\ 0 & 0 & \cdots & 0 & 0 & 0 & a_n & b_n \end{bmatrix}\begin{Bmatrix} u_e^1 \\ u_e^2 \\ u_e^3 \\ \cdots \\ \cdots \\ u_e^{n-1} \\ u_e^n \end{Bmatrix}_{j+1}=\begin{Bmatrix} d_1 \\ d_2 \\ d_3 \\ \cdots \\ \cdots \\ d_{n-1} \\ d_n \end{Bmatrix}_j \qquad \text{(A.13)}$$

onde, para os pontos internos (i = 2,3,4 ... n-1)

$$a_i=-1 \qquad b_i=\frac{2(1+\alpha)}{\alpha} \qquad c_i=-1$$
$$d_i=u_e^{i-1,j}+\frac{2(1-\alpha)}{\alpha}u_e^{i,j}+u_e^{i+1,j} \qquad \text{(A.13a)}$$

e para os pontos do contorno (i = 1 e i = n), com os excessos de poropressão conhecidos para $t > 0$,

$$b_1=1 \qquad c_1=0 \qquad d_1=u_e^1$$
$$b_n=1 \qquad a_n=0 \qquad d_n=u_e^n \qquad \text{(A.13b)}$$

Para o ponto $i = n$ sobre contorno impermeável considerar $a_n = -2$ na Eq. A.13b de modo que a Eq. A.6d seja satisfeita (no caso do ponto $i = 1$ sobre contorno impermeável, de modo similar, considerar $c_1 = -2$). No esquema de Crank-Nicholson o valor $\alpha > 0$ também não precisa ser delimitado para assegurar a estabilidade da aproximação numérica, como necessário no esquema FTCS. À medida que o intervalo de tempo Δt cresce, com o aumento do valor de α, a solução perde precisão, sendo comum considerar $\alpha < 2$.

A.4) Esquema híbrido

Devido à estabilidade condicional do esquema FTCS, recomenda-se em geral utilizar apenas esquemas implícitos. No entanto, Vermeer e Verruijt (1981) mostraram que em esquemas com $\theta \geq ½$, para evitar oscilações na solução numérica, o intervalo de tempo mínimo inicial Δt_0 deve ser igual ou superior a:

$$\Delta t_0 \geq \frac{1}{6}\frac{\Delta z^2}{c_v \theta} \tag{A.14}$$

onde $\theta = 1$ no esquema BTCS e $\theta = ½$ no esquema de Crank-Nicholson.

Se resultados forem necessários em tempos inferiores ao recomendado pela Eq. A.14, Hazzard et al. (2008) sugeriram executar uma análise explícita ($\theta = 0$) até que o intervalo de tempo mínimo inicial do esquema implícito seja atingido. Os valores computados pelo esquema $\theta = 0$ são então utilizados como condição inicial para o esquema $\theta \geq ½$. Hazzard et al. (2008) recomendaram a seguinte metodologia:

- calcular o intervalo de tempo inicial pela Eq. A.14;
- executar o algoritmo $\theta = 0$ (com $\alpha < 0{,}5$) durante um tempo igual a 10 vezes o valor de Δt_0;
- usar os resultados do esquema explícito como condição inicial de um esquema implícito considerando $\Delta t = \Delta t_0$;
- gradualmente, a cada 20 passos de tempo, aumentar em 1% o intervalo de tempo do esquema implícito, à medida que os cálculos prosseguirem.

A.5) Porcentagem média de dissipação dos excessos de poropressão U_v

A porcentagem média de dissipação U_v dos excessos de poropressão em qualquer tempo t pode ser calculada pela equação

$$U_v = \frac{\int u_0 dz - \int u_e^j dz}{\int u_0 dz} \tag{A.15}$$

onde, para uma camada com dupla drenagem ($2H$) e excesso de poropressão inicial u_0 uniforme com a profundidade,

$$\int_0^{2H} u_0 dz = u_0 \times 2H \tag{A.16}$$

A integral $\int_0^{2H} u_e^j dz$ pode ser avaliada aproximadamente por meio das seguintes regras de quadratura:

A.5.1) Regra dos trapézios

Assumindo que o excesso de poropressão no tempo t (passo j) varia linearmente entre os pontos i e $(i+1)$, a área delimitada pela isócrona neste trecho é estimada como

$$\int_{z_i}^{z_{i+1}} u_i dz = \frac{\Delta z}{2}\left(u_e^{i,j} + u_e^{i+1,j}\right) \tag{A.17}$$

e a área total no tempo t avaliada como

$$\int_0^{2H} u_i dz = \frac{\Delta z}{2}\left(u_e^{1,j} + 2\sum_{i=2}^{n-1} u_e^{i,j} + u_e^{n,j}\right) \tag{A.18}$$

A.5.2) Regra 1/3 de Simpson

$$\int_0^{2H} u_i dz = \frac{\Delta z}{3}\left(u_e^{1,j} + 4u_e^{2,j} + 2u_e^{3,j} + 4u_e^{4,j} + 2u_e^{5,j} + \cdots + 2u_e^{n-2,j} + 4u_e^{n-1,j} + u_e^{n,j}\right) \tag{A.19}$$

onde n é o número de pontos da malha, admitido ímpar e maior do que 1. Se n for par, uma possibilidade é avaliar o último segmento entre os pontos (n-1) e n com a regra dos trapézios (Eq. A.17) ou os dois últimos segmentos com a regra 3/8 de Simpson (Eq. A.20)

$$\int u_i dz = \frac{3\Delta z}{8}\left(u_e^{n-3,j} + 3u_e^{n-2,j} + 3u_e^{n-1,j} + u_e^{n,j}\right) \tag{A.20}$$

A.6) Carregamento dependente do tempo

No caso de um carregamento infinito q dependente do tempo, a equação diferencial governante do adensamento 1D é escrita como

$$c_v \frac{\partial^2 u_e}{\partial z^2} + \frac{dq}{dt} = \frac{\partial u_e}{\partial t} \tag{A.21}$$

A.6.1 - Esquema de Crank-Nicholson

Se os excessos de poropressão gerados pela variação do carregamento são independentes da profundidade, então a Eq. A.12 é resolvida normalmente e no final de cada incremento de tempo Δt a variação correspondente no carregamento ($q^{j+1} - q^j$) é adicionada em cada nó do interior da camada e a quantidade $(q^{j+1} - q^j)/2$ é somada para os nós situados sobre os contornos drenantes.

A.7) Adensamento em depósito de camadas múltiplas

No caso de depósito de solo formado por diferentes camadas horizontais, o intervalo de tempo Δt deve ser o mesmo para todas as camadas do sistema,

$$\Delta t = \frac{\alpha_1 (\Delta z_1)^2}{c_{v1}} = \frac{\alpha_2 (\Delta z_2)^2}{c_{v2}} = \cdots = \frac{\alpha_n (\Delta z_n)^2}{c_n} \tag{A.22}$$

Como o coeficiente de adensamento c_{vi} de cada camada i é conhecido, bem como a respectiva espessura, deve-se escolher valores apropriados de Δz_i e, em seguida, utilizar diferentes valores de α_i de tal modo que a Eq. A.22 seja satisfeita em todas as camadas. O passo de tempo é controlado pela camada com o maior coeficiente de permeabilidade ou menor espessura.

Na existência de uma camada intermediária de areia, dificuldades surgem porque $\Delta t = 0$. Neste caso somente devem ser considerados os pontos do topo e da base da camada de areia, na interface com as camadas vizinhas de argila, estabelecendo que em ambos o valor de poropressão é o mesmo em qualquer tempo da análise. Observe que uma camada de areia não é discretizada, mas a influência do seu peso específico na distribuição das tensões verticais nas camadas de argila do depósito não pode ser ignorada.

Uma equação adicional deve ser imposta para assegurar a continuidade de fluxo na interface horizontal entre duas camadas de argila vizinhas do sistema, aqui identificadas como *sup* (camada superior) e *inf* (camada inferior). Da lei de Darcy, vem que

$$\left(k\frac{\partial h}{\partial z}\right)_{\text{sup}} = \left(k\frac{\partial h}{\partial z}\right)_{\text{inf}} \tag{A.23}$$

$$\left[k\,\partial\left(h_e + \frac{u}{\gamma_w}\right)/\partial z\right]_{sub} = \left[k\,\partial\left(h_e + \frac{u}{\gamma_w}\right)/\partial z\right]_{inf}$$

Como a carga de elevação h_e na interface horizontal é a mesma, resulta então

$$\left(\frac{k}{\gamma_w}\frac{\partial u}{\partial z}\right)_{\text{sup}} = \left(\frac{k}{\gamma_w}\frac{\partial u}{\partial z}\right)_{\text{inf}} \tag{A.24}$$

A.7.1 - Esquema de Crank-Nicholson

Em relação ao ponto i na interface das camadas, duas equações do esquema de Crank-Nicholson (Eq. A.12) podem ser escritas: a primeira admitindo o ponto pertencente à camada de solo inferior, e a segunda em relação ao mesmo ponto, porém considerando-o pertencente à camada de solo superior.

$$-u_{e,inf}^{i-1,j+1} + \frac{2(1+\alpha_{inf})}{\alpha_{inf}} u_{e,inf}^{i,j+1} - v_{e,inf}^{i+1,j+1} = u_{e,inf}^{i-1,j} + \frac{2(1-\alpha_{inf})}{\alpha_{inf}} u_{e,inf}^{i,j} + v_{e,inf}^{i+1,j} \tag{A.25}$$

$$-v_{e,sup}^{i-1,j+1} + \frac{2(1+\alpha_{sup})}{\alpha_{sup}} u_{e,sup}^{i,j+1} - u_{e,sup}^{i+1,j+1} = v_{e,sup}^{i-1,j} + \frac{2(1-\alpha_{sup})}{\alpha_{sup}} u_{e,sup}^{i,j} + u_{e,sup}^{i+1,j} \tag{A.26}$$

onde a notação v_e indica o valor da poropressão num ponto fictício. Por exemplo, $v_{e,\inf}^{i+1,j}$ na Eq. A.25 é o valor da poropressão que existiria se a camada inferior se estendesse na região do ponto $(i+1)$ ocupada, na realidade, pela camada superior; na Eq. A.26 $v_{e,\sup}^{i-1,j}$ é o valor da poropressão que existiria se a camada superior se estendesse na região do ponto (i-1) ocupada, na realidade, pela camada inferior.

A continuidade de fluxo através da interface nos tempos j e $j+1$ é imposta pela lei de Darcy,

$$k_{inf}\frac{v_{e,inf}^{i+1,j+1}-u_{e,inf}^{i-1,j+1}}{2\Delta z_{inf}}=k_{sup}\frac{u_{e,sup}^{i+1,j+1}-v_{e,sup}^{i-1,j+1}}{2\Delta z_{sup}} \tag{A.27}$$

$$k_{inf}\frac{v_{e,inf}^{i+1,j}-u_{e,inf}^{i-1,j}}{2\Delta z_{inf}}=k_{sup}\frac{u_{e,sup}^{i+1,j}-v_{e,sup}^{i-1,j}}{2\Delta z_{sup}} \tag{A.28}$$

Essas 4 equações (Eq. A.25 a A.28) são resolvidas simultaneamente para eliminar os quatro valores das poropressões nos pontos fictícios. A equação resultante pode ser escrita em relação ao ponto i da interface (OLSON, 1989):

$$-u_e^{i-1,j+1}+\phi_e u_e^{i,j+1}-\gamma u_e^{i+1,j+1}=u_e^{i-1,j}+\phi_d u_e^{i,j}+\gamma u_e^{i+1,j} \tag{A.29}$$

onde

$$\gamma=\frac{k_{inf}\Delta z_{sup}}{k_{sup}\Delta z_{inf}} \qquad \phi_e=\frac{1+\alpha_{sup}}{\alpha_{sup}}+\gamma\frac{1+\alpha_{inf}}{\alpha_{inf}} \qquad \phi_d=\frac{1-\alpha_{sup}}{\alpha_{sup}}+\gamma\frac{1-\alpha_{inf}}{\alpha_{inf}} \tag{A.30}$$

Assim, no método de Crank-Nicholson o sistema de equações é formado pela aplicação da Eq. A.12 nos pontos internos das camadas e da Eq. A.29 nos pontos localizados nas interfaces.

A.8) Adensamento em camada com coeficiente de adensamento variável com o tempo

A equação de difusão 1D com base no desenvolvimento apresentado no capítulo 5 é escrita como

$$\frac{\partial}{\partial z}\left(k\frac{\partial h}{\partial z}\right)=\frac{1}{1+e}\frac{\partial e}{\partial t} \tag{A.31}$$

$$k\frac{\partial^2 h}{\partial z^2}+\frac{\partial k}{\partial z}\frac{\partial h}{\partial z}=\frac{1}{1+e}\frac{\partial e}{\partial \sigma'_v}\frac{\partial \sigma'_v}{\partial t} \tag{A.32}$$

$$k\frac{\partial^2}{\partial z^2}\left(h_e+\frac{u_{ss}+u_e}{\gamma_w}\right)+\frac{\partial k}{\partial z}\frac{\partial}{\partial z}\left(h_e+\frac{u_{ss}+u_e}{\gamma_w}\right)=-\frac{a_v}{1+e}\frac{\partial}{\partial t}\left[\sigma_v-\left(u_{ss}+u_e\right)\right] \tag{A.33}$$

Sabe-se que no adensamento primário 1D (rever seção 5.3) que:

$$\frac{\partial^2 h_e}{\partial z^2}=0\,,\ \frac{\partial^2 u_{ss}}{\partial z^2}=0\,,\ \frac{\partial}{\partial z}\left(h_e+\frac{u_{ss}}{\gamma_w}\right)=\frac{\partial h_{ss}}{\partial z}=0\,,\ \frac{\partial u_{ss}}{\partial t}=0$$

e considerando que as tensões totais verticais não variam com o tempo, resulta então

$$\frac{k}{\gamma_w}\frac{\partial^2 u_e}{\partial z^2}+\frac{1}{\gamma_w}\frac{\partial k}{\partial z}\frac{\partial u_e}{\partial z}=m_v\frac{\partial u_e}{\partial t} \quad \text{com} \quad m_v=\frac{a_v}{1+e} \tag{A.34}$$

$$\frac{\partial^2 u_e}{\partial z^2}+\frac{1}{k_z}\frac{\partial k}{\partial z}\frac{\partial u_e}{\partial z}=\frac{1}{c_v}\frac{\partial u_e}{\partial t} \quad \text{com} \quad c_v(z)=\frac{k(z)}{\gamma_w m_v(z)} \tag{A.35}$$

Observe que a Eq. A.35 se reduz à Eq. 5.2f somente quando os valores de k_z e de m_v forem constantes (SCHIFFMAN e GIBSON, 1964).

O método das diferenças finitas pode ser empregado admitindo que o coeficiente de adensamento c_v permanece constante durante cada intervalo de tempo Δt, mas não necessariamente com o mesmo valor de um passo para outro. Uma forma simples de introduzir a variação do coeficiente de adensamento com a profundidade (i.e. com a variação da tensão vertical efetiva) é utilizar o valor de σ'_v ao final do passo de tempo atual para obter um valor apropriado de c_v para o próximo intervalo. Isto pode ser feito por meio de interpolação linear, fornecendo para o programa computacional os pontos da curva da variação do coeficiente de adensamento vs tensão vertical efetiva determinada em ensaio de laboratório (ensaio edométrico).

Os cálculos podem ser refeitos com o novo valor do coeficiente de adensamento para obter uma melhor previsão dos valores de poropressão. Este procedimento é repetido iterativamente até que a diferença entre dois valores subsequentes de $u_e(z,t)$ seja menor do que determinada tolerância especificada pelo usuário (ABBASI et al., 2007).

Como a tensão vertical efetiva varia com a profundidade, seria necessário calcular valores do coeficiente de adensamento para todos os nós da malha. Para evitar esta situação, a camada de solo é dividida em um número adequado de subcamadas nas quais o coeficiente de adensamento é considerado constante no passo de tempo e calculado em função da tensão vertical efetiva média existente na subcamada.

Enquanto o solo está sendo carregado é possível empregar esta estratégia. O descarregamento, entretanto, causa problemas porque não se conhece o valor da tensão efetiva a partir da qual o descarregamento acontece. Olson (1989) sugeriu que durante o descarregamento / recarregamento o coeficiente de adensamento seja admitido constante, passando a ser atualizado somente quando a tensão vertical efetiva atingir novamente o máximo valor anteriormente computado.

A.9) Adensamento devido à drenagem radial

No capítulo 5 foi obtida a equação diferencial que governa o adensamento na direção radial (Eq. A.36) que também pode ser resolvida numericamente mediante esquemas baseados no método das diferenças finitas.

$$\frac{\partial u_e}{\partial t}=c_h\left(\frac{1}{r}\frac{\partial u_e}{\partial r}+\frac{\partial^2 u_e}{\partial r^2}\right) \tag{A.36}$$

A.9.1) Esquema de Crank-Nicholson

Admitindo que a equação diferencial A.36 é satisfeita no ponto médio (k+1/2, j), então uma aproximação da derivada temporal por diferença central e da derivada espacial pela média das diferenças centrais nos tempos j e j+1, resulta em

$$\frac{\partial u_e}{\partial t} = \frac{u_e^{k,j+1} - u_e^{k,j}}{\Delta t} \tag{A.37}$$

$$\frac{1}{r}\frac{\partial u_e}{\partial r} = \frac{1}{2}\left(\frac{u_e^{k+1,j+1} - u_e^{k-1,j+1}}{2r_k \Delta r} + \frac{u_e^{k+1,j} - u_e^{k-1,j}}{2r_k \Delta r}\right) \tag{A.38}$$

$$\frac{\partial u_e^2}{\partial r^2} = \frac{1}{2}\left(\frac{u_e^{k-1,j+1} - 2u_e^{k,j+1} + u_e^{k+1,j+1}}{\Delta r^2} + \frac{u_e^{k-1,j} - 2u_e^{k,j} + u_e^{k+1,j}}{\Delta r^2}\right) \tag{A.39}$$

A Eq. A.36 então assume a seguinte forma discreta para cálculo do excesso de poropressão no ponto k,

$$\begin{aligned} -\beta\left(1+\frac{\Delta r}{2r_k}\right)u_e^{k+1,j+1} + 2(1+\beta)u_e^{k,j+1} - \beta\left(1-\frac{\Delta r}{2r_k}\right)u_e^{k-1,j+1} = \beta\left(1+\frac{\Delta r}{2r_k}\right)u_e^{k+1,j} + \\ 2(1-\beta)u_e^{k,j} + \beta\left(1-\frac{\Delta r}{2r_k}\right)u_e^{k-1,j} \end{aligned} \tag{A.40}$$

onde Δr é a distância entre os pontos da malha na direção radial, r_k a coordenada radial do ponto k e $\beta = c_h \Delta t / \Delta r^2$

Em contornos drenantes (topo ou base da camada de solo) o excesso de poropressão é prescrito nulo em todos os tempos $t > 0$ e os contornos impermeáveis são representados usando um ponto fictício, externo ao contorno da camada, com o mesmo valor do excesso de poropressão do nó real no interior da camada, localizado simetricamente em relação ao contorno impermeável.

A porcentagem média de dissipação radial de excessos de poropressão U_r no tempo t é definida como

$$U_r = \frac{\int_{r_d}^{R} 2\pi r u_0 dr - \int_{r_d}^{R} 2\pi r u_e dr}{\int_{r_d}^{R} 2\pi r u_0 dr} \tag{A.41}$$

onde u_0 é o excesso inicial de poropressão, constante com a profundidade, r_d o raio do dreno vertical e R o correspondente raio de drenagem.

Uma das integrais é calculada analiticamente,

$$\int_{r_d}^{R} 2\pi r u_0 dr = \pi u_0 \left(R^2 - r_d^2\right) \tag{A.42}$$

enquanto que a outra é estimada numericamente utilizando a regra 1/3 de Simpson (Eq. A.19) para um número de pontos n ímpar e maior do que 1.

$$\int_{r_d}^{R} 2\pi r u_e dr \cong \frac{2}{3}\pi\Delta r\left(r_1 u_e^1 + 4r_2 u_e^2 + 2r_3 u_e^3 + 4r_4 u_e^4 + \cdots + 2r_{n-2} u_e^{n-2} + 4r_{n-1} u_e^{n-1} + r_n u_e^n\right) \tag{A.43}$$

Se n for par, avaliar o último segmento entre os pontos (n-1) e n com a regra dos trapézios (Eq. A.17) ou os dois últimos segmentos com a regra 3/8 de Simpson (Eq. A.20)

A.10) Adensamento devido à drenagem radial e vertical combinadas

A equação diferencial a ser resolvida pelo método das diferenças finitas, considerando drenagem radial e vertical combinadas, passa a ser

$$\frac{\partial u_e}{\partial t} = c_v \frac{\partial^2 u_e}{\partial z^2} + c_h\left(\frac{1}{r}\frac{\partial u_e}{\partial r} + \frac{\partial^2 u_e}{\partial r^2}\right) \tag{A.44}$$

A.10.1) Esquema de Crank-Nicholson

Com base nas equações A.12 e A.40, a equação diferencial governante em um ponto (i, k) do interior de uma camada de solo pode ser aproximada por (OLSON, 1989)

$$u_e^{i-1,k,j+1} + a_k u_e^{i,k-1,j+1} + b_e u_e^{i,k,j+1} + c_k u_e^{i,k+1,j+1} + u_e^{i+1,k,j+1} = -u_e^{i-1,k,j} - a_k u_e^{i,k-1,j} + b_d u_e^{i,k,j} - c_k u_e^{i,k+1,j} - u_e^{i+1,k,j} \tag{A.45}$$

onde o sobrescrito i indica coordenada na direção vertical, k a coordenada na direção radial e j representa o tempo.

$$a_k = -\frac{\beta}{\alpha}\left(\frac{\Delta r_k}{2r_k} - 1\right) \quad b_e = -\frac{2}{\alpha}(1 + \alpha + \beta) \quad c_k = \frac{\beta}{\alpha}\left(\frac{\Delta r_k}{2r_k} + 1\right) \tag{A.46}$$

$$b_d = -\frac{2}{\alpha}(1 - \beta - \alpha) \quad \alpha = \frac{c_v \Delta t}{(\Delta z)^2} \quad \beta = \frac{c_h \Delta t}{(\Delta r)^2} \tag{A.47}$$

Para um ponto situado na interface entre camadas adjacentes, a condição da continuidade de fluxo impõe que (OLSON, 1989):

$$\widetilde{u}_e^{i-1,k,j+1} + \rho_a \widetilde{u}_e^{i,k-1,j+1} + \rho_{be} \widetilde{u}_e^{i,k,j+1} + \rho_c \widetilde{u}_e^{i,k+1,j+1} + \gamma \widetilde{u}_e^{i+1,k,j+1} = -\widetilde{u}_e^{i-1,k,j} - \rho_a \widetilde{u}_e^{i,k-1,j} + \rho_{bd} \widetilde{u}_e^{i,k,j} - \rho_c \widetilde{u}_e^{i,k+1,j} - \gamma \widetilde{u}_e^{i+1,k,j} \tag{A.48}$$

$$\rho_a = \frac{a_{k,sup} + \gamma a_{k,inf}}{2} \qquad \rho_{be} = \frac{b_{e,sup} + \gamma b_{e,inf}}{2} \qquad \rho_{bd} = \frac{b_{d,sup} + \gamma b_{d,inf}}{2} \tag{A.49}$$

$$\rho_c = \frac{c_{k,sup} + \gamma c_{k,inf}}{2} \qquad \gamma = \frac{k_{inf}\Delta z_{sup}}{k_{sup}\Delta z_{inf}} \tag{A.50}$$

onde os sobrescritos *inf* e *sup* indicam as camadas situadas abaixo e acima da interface horizontal, respectivamente, e os valores a_k , b_e , b_d e c_k são determinados pelas Eqs. A.46 e A.47.

O sistema de equações é constituído pela Eq. A.45, para os pontos internos das camadas, e a Eq. A.48, para os pontos nas interfaces. Para $t > 0$ as condições de contorno (topo e base do sistema de camadas) são introduzidas considerando excessos de poropressão nulos no caso de superfícies drenantes ou, no caso de superfícies impermeáveis, admitindo a existência de um ponto fictício, localizado simetricamente em relação ao contorno, com o mesmo valor do excesso de poropressão que o ponto real.

APÊNDICE B

O MÉTODO DOS ELEMENTOS FINITOS NA SOLUÇÃO DA EQUAÇÃO 1D DO ADENSAMENTO PRIMÁRIO

Frequentemente problemas de física e engenharia apresentam formulações diferentes porém equivalentes: a formulação variacional e a formulação diferencial. Na formulação diferencial o objetivo é integrar uma equação (ou sistema de equações) sujeitas a determinadas condições de contorno, enquanto que na formulação variacional o propósito é encontrar uma função (ou funções) que tornem um funcional estacionário sujeito às mesmas condições de contorno do problema na forma diferencial. Ambos os métodos produzem resultados equivalentes porque a função que satisfaz a equação diferencial governante é a mesma que torna o funcional estacionário.

A formulação variacional tem vantagens sobre a formulação diferencial para obtenção de soluções aproximadas porque contém derivadas de ordem mais baixa do que na correspondente equação diferencial e porque também incorpora implicitamente, na própria formulação, as condições de contorno naturais do problema investigado.

Historicamente, métodos variacionais estão entre os mais antigos empregados em problemas de engenharia e física, como o método de Ritz, precursor do método dos elementos finitos, para cálculo de soluções aproximadas. Muitas vezes, entretanto, engenheiros se deparam com problemas para os quais a formulação variacional clássica é desconhecida, ou o engenheiro não está familiarizado com os procedimentos do cálculo das variações. Neste caso, as equações do método dos elementos finitos podem ser obtidas diretamente das equações diferenciais governantes por meio do método dos resíduos ponderados, especialmente do método de Galerkin, por vezes também chamado de método Bubnov-Galerkin.

B.1) Formulação variacional

Como mencionado, vários problemas de engenharia podem ser formulados com base em um princípio variacional, que consiste na determinação de uma função que torna um funcional (uma função cujos argumentos são também funções) estacionário. A forma do princípio variacional não é sempre óbvia, e para muitos problemas, ainda que governados por equações diferenciais bem definidas, tal princípio pode não existir.

No caso do problema de adensamento primário 1D a equação diferencial pode ser escrita como[1],

$$\frac{k}{\gamma_w}\frac{\partial^2 u_e}{\partial z^2} = m_v \frac{\partial u_e}{\partial t} \qquad \text{(B.1)}$$

com o funcional Ω correspondente expresso por

[1] a forma da equação com o coeficiente de adensamento c_v (Eq. 5.2f) é normalmente utilizada para uma camada de solo homogêneo. Em depósitos de solo com várias camadas de diferentes compressibilidades (m_v) e coeficientes de permeabilidade (k), a forma da Eq. B.1 é mais conveniente para assegurar a continuidade de velocidades e de deslocamentos nas interfaces entre camadas (Schiffman e Santosh, 1977; Desai, 1979). Ver também seção A.7.

$$\Omega\left(u_e, \frac{\partial u_e}{\partial z}\right) = \frac{1}{2}\int_{z_1}^{z_2} \frac{k}{\gamma_w}\left(\frac{\partial u_e}{\partial z}\right)^2 dz + \int_{z_1}^{z_2} m_v u_e \frac{\partial u_e}{\partial t} dz \quad \text{(B.2)}$$

Para provar que a Eq. B.1 é a solução que torna o funcional estacionário, basta impor a condição da primeira variação nula $\delta\Omega = 0$,

$$\delta\Omega = \int_{z_1}^{z_2} \frac{k}{\gamma_w}\left(\frac{\partial u_e}{\partial z}\right)\delta\left(\frac{\partial u_e}{\partial z}\right) dz + \int_{z_1}^{z_2} m_v \frac{\partial u_e}{\partial t}\delta u_e dz = 0 \quad \text{(B.3)}$$

Integrando por partes a primeira integral,

$$\int_a^b u dv = uv\Big|_a^b - \int_a^b v du \quad \text{resulta} \quad \text{(B.4)}$$

$$\delta\Omega = \frac{k}{\gamma_w}\left(\frac{\partial u_e}{\partial z}\right)\delta u_e\Bigg|_{z=z_1}^{z=z_2} - \int_{z_1}^{z_2}\left[\left(\frac{k}{\gamma_w}\frac{\partial^2 u_e}{\partial z^2}\right) - m_v \frac{\partial u_e}{\partial t}\right]\delta u_e dz = 0 \quad \text{(B.5)}$$

Como a integral Eq. B.5 deve ser satisfeita para uma variação arbitrária de δu_e, então o integrando entre colchetes deve ser obrigatoriamente nulo pelo lema fundamental do cálculo das variações, ou seja

$$\frac{k}{\gamma_w}\frac{\partial^2 u_e}{\partial z^2} - m_v \frac{\partial u_e}{\partial t} = 0 \quad \text{(equação diferencial governante Eq. B.1)} \quad \text{(B.6)}$$

enquanto que o primeiro termo da Eq. B.5 resulta em

$$\frac{k}{\gamma_w}\left(\frac{\partial u_e}{\partial z}\right)\delta u_e\Bigg|_{z=z_2} - \frac{k}{\gamma_w}\left(\frac{\partial u_e}{\partial z}\right)\delta u_e\Bigg|_{z=z_1} = 0 \quad \text{(condições de contorno)} \quad \text{(B.7)}$$

Se em $z = z_1$ e $z = z_2$ os excessos de poropressão forem conhecidos (condição de contorno forçada) então $\delta u_e\big|_{z=z_1} = \delta u_e\big|_{z=z2} = 0$; se em $z = z_1$ o excesso de poropressão for conhecido (condição de contorno forçada) com $\delta u_e\big|_{z=z_1} = 0$ então é obtida a condição de contorno natural $\partial u_e / \partial z = 0$ (contorno impermeável) em $z = z_2$ incorporada na própria formulação variacional (mesmo raciocínio se aplica quando a condição de contorno forçada for conhecida em $z = z_2$); se em $z = z_1$ e $z = z_2$ ambas as condições de contorno naturais $\partial u_e(z_1)/\partial z$ e $\partial u_e(z_2)/\partial z$ forem conhecidas (dois contornos impermeáveis, por exemplo) então o sistema de equações gerado pelo método dos elementos finitos não poderá ser resolvido porque ao menos uma condição de contorno forçada deve ser introduzida para que o sistema deixe de ser singular (determinante nulo).

B.1.1 Funções de interpolação

No método dos elementos finitos, considera-se o elemento como uma subdivisão do domínio do problema, onde um campo contínuo de excessos de poropressão existe e que pode ser matematicamente descrito por funções contínuas (funções polinomiais completas) expressas em termos dos valores nodais. Tais funções são chamadas de funções de interpolação.

Funções de interpolação são construídas de tal modo que possam ser usadas em elementos 1D de qualquer tamanho, i.e. o comprimento do elemento finito é normalizado usando um sistema de coordenada local, geralmente definido no intervalo [-1,1] conforme Fig. B.1. A relação entre as coordenadas global e local é expressa por

$$z = (1+\xi)\frac{\ell}{2} + z_1 \quad \text{com} \quad \frac{dz}{d\xi} = \frac{\ell}{2} \tag{B.8}$$

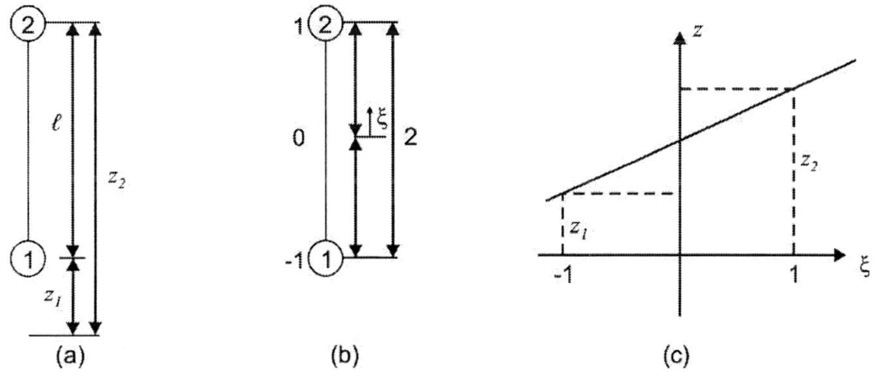

Figura B.1 – (a) Elemento finito de 2 nós, comprimento ℓ, no sistema de coordenada global z;
(b) Elemento finito de 2 nós, comprimento 2, no sistema de coordenada local ξ;
(c) Relação entre os sistemas de coordenadas global e local.
Fonte: autor

Por meio da interpolação polinomial de Lagrange, considerando um elemento finito de 2 nós,

$$N_i(\xi) = \prod_{\substack{j=1 \\ i \neq j}}^{2} \frac{(\xi - \xi_j)}{(\xi_i - \xi_j)} \qquad \text{determina-se} \tag{B.9}$$

$$N_1(\xi) = (1-\xi)/2 \quad \text{e} \quad N_2(\xi) = (1+\xi)/2 \tag{B.10}$$

Quando $\xi = \xi_i$ o numerador da Eq. B.9 é igual ao seu denominador e $N_i(\xi_i) = 1$. Por outro lado, se $\xi = \xi_j$ e $i \neq j$ então $N_i(\xi_j) = 0$.

Essa propriedade das funções de interpolação (Fig. B.2) pode também ser usada para construção de $N_1(\xi)$ e $N_2(\xi)$ diretamente. Admitindo uma variação linear em termos da coordenada local ξ,

$$N_1(\xi) = a_1 + b_1\xi \quad \text{e} \quad N_2(\xi) = a_2 + b_2\xi \tag{B.11}$$

e impondo as condições $N_1(\xi_1) = 1$ e $N_1(\xi_2) = 0$, resulta $a_1 = ½$ e $b_1 = -½$. Similarmente, para $N_2(\xi_1) = 0$ e $N_2(\xi_2) = 1$ obtém-se $a_2 = ½$ e $b_2 = ½$.

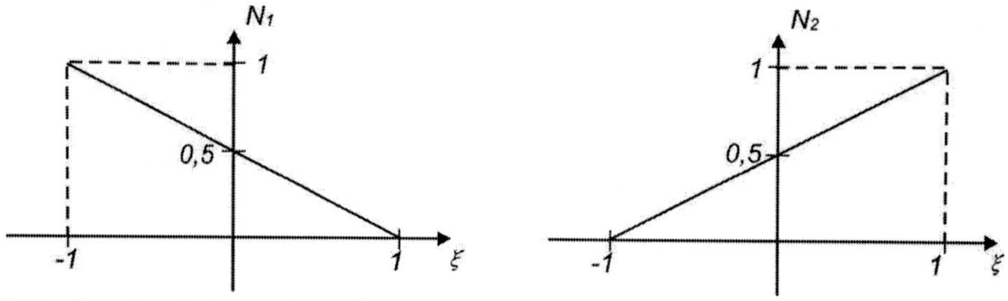

Figura B.2 – Funções de interpolação lineares para um elemento finito de 2 nós em coordenada local ξ
Fonte: autor

Logo, o excesso de poropressão u_e em qualquer ponto no interior do elemento pode ser obtido em função dos valores nodais u_{ei} como

$$u_e(\xi) = N_1(\xi)u_{e1} + N_2(\xi)u_{e2} = \begin{bmatrix} N_1 & N_2 \end{bmatrix} \begin{Bmatrix} u_{e1} \\ u_{e2} \end{Bmatrix} = [N]\{q\} \tag{B.12}$$

onde $[N]$ é a matriz das funções de interpolação e $\{q\}$ o vetor dos graus de liberdade nodais (excessos de poropressão).

B.1.2 Matriz [B]

Conhecido o excesso de poropressão u_e em qualquer ponto do elemento finito, é necessário também calcular o gradiente $\partial u_e / \partial z$, função que também aparece como argumento do funcional Ω (Eq. B.2). Pela regra da cadeia do cálculo diferencial, e considerando que $d\xi/dz = 2/\ell$ (Eq. B.8), resulta

$$\frac{\partial u_e}{\partial z} = \frac{\partial}{\partial z}[N]\{q\} = \frac{\partial [N]}{\partial \xi}\frac{\partial \xi}{\partial z}\{q\} = \frac{\partial}{\partial \xi}\begin{bmatrix} \frac{1}{2}(1-\xi) & \frac{1}{2}(1+\xi) \end{bmatrix}\frac{\partial \xi}{\partial z}\{q\} \tag{B.13}$$

$$\frac{\partial u_e}{\partial z} = \frac{1}{2}\begin{bmatrix} -1 & 1 \end{bmatrix}\frac{2}{\ell}\{q\} = \frac{1}{\ell}\begin{bmatrix} -1 & 1 \end{bmatrix}\{q\} = [B]\{q\} \tag{B.14}$$

B.1.3 Equação do elemento finito

Em termos das matrizes $[N]$, $[B]$ e do vetor dos graus de liberdade $\{q\}$ o funcional Ω pode então ser reescrito como

$$\Omega = \frac{1}{2}\int_{\xi_1}^{\xi_2} \{q\}^T [B]^T [R'][B]\{q\}\frac{\ell}{2}d\xi + \int_{\xi_1}^{\xi_2} \{q\}^T [N]^T [R''][N]\{\dot{q}\}\frac{\ell}{2}d\xi \tag{B.15}$$

onde $[R']$ e $[R'']$ contém os parâmetros k/γ_w e m_v, respectivamente, constantes entre $-1 \le \xi \le 1$.

A equação do elemento finito na formulação variacional é obtida pela condição de estacionariedade do funcional Ω com respeito a pequenas variações dos excessos de poropressão nodais $\delta\{q\}$,

$$\delta\,\Omega = \left[\frac{k\ell}{2\gamma_w} \left(\int_{-1}^{1} [B]^T [B] d\xi \right) \{q\} + \frac{m_v \ell}{2} \left(\int_{-1}^{1} [N]^T [N] d\xi \right) \{\dot{q}\} \right] \delta\{q\} = 0 \tag{B.16}$$

Como a variação $\delta\{q\}$ é arbitrária, a equação do elemento finito no tempo $t=\tau$ vem da condição de ser nula a expressão entre colchetes,

$$[k]\{q\}_\tau + [c]\{\dot{q}\}_\tau = 0 \tag{B.17}$$

$$[k] = \frac{k\ell}{2\gamma_w} \left(\int_{-1}^{1} [B]^T [B] d\xi \right) = \frac{k\ell}{2\gamma_w} \int_{-1}^{1} \frac{1}{\ell} \begin{Bmatrix} -1 \\ 1 \end{Bmatrix} \frac{1}{\ell} \begin{bmatrix} -1 & 1 \end{bmatrix} d\xi = \frac{k}{2\gamma_w \ell} \int_{-1}^{1} \begin{bmatrix} 1 & -1 \\ -1 & 1 \end{bmatrix} d\xi \tag{B.18}$$

$$[k] = \frac{k}{\gamma_w \ell} \begin{bmatrix} 1 & -1 \\ -1 & 1 \end{bmatrix} \tag{B.19}$$

$$[c] = \frac{m_v \ell}{2} \left(\int_{-1}^{1} [N]^T [N] d\xi \right) = \frac{m_v \ell}{2} \int_{-1}^{1} \begin{Bmatrix} \frac{1}{2}(1-\xi) \\ \frac{1}{2}(1+\xi) \end{Bmatrix} \begin{bmatrix} \frac{1}{2}(1-\xi) & \frac{1}{2}(1+\xi) \end{bmatrix} d\xi \tag{B.20}$$

$$[c] = \frac{m_v \ell}{8} \int_{-1}^{1} \begin{bmatrix} (1-\xi)^2 & (1-\xi^2) \\ (1-\xi^2) & (1+\xi)^2 \end{bmatrix} d\xi = \frac{m_v \ell}{6} \begin{bmatrix} 2 & 1 \\ 1 & 2 \end{bmatrix} \tag{B.21}$$

Observe que na primeira variação do funcional (Eq. B.16) foi admitida a hipótese de que as derivadas com respeito ao tempo $\{\dot{q}\}$ se mantêm constantes.

A equação do método dos elementos finitos a nível global no tempo $t=\tau$ tem a mesma forma geral da Eq. B.17,

$$[K]\{r\}_\tau + [C]\{\dot{r}\}_\tau = 0 \tag{B.22}$$

onde $[K]$ é matriz de fluxo global, $[C]$ a matriz de capacitância global, $\{r\}$ o vetor global dos excessos de poropressão nodais e $\{\dot{r}\}$ o vetor global das derivadas no tempo dos excessos de poropressão nodais.

B.2) Formulação por resíduos ponderados – método de Galerkin

Considere que a solução exata de uma distribuição dos excessos de poropressão seja aproximada em um elemento finito por

$$u_e \approx \widetilde{u}_e \tag{B.23}$$

Quando $\widetilde{u}_e$ for substituída na equação diferencial governante (Eq. B.1) provavelmente um erro ou resíduo $R \neq 0$ será gerado,

$$\frac{k}{\gamma_w}\frac{\partial^2 \widetilde{u}_e}{\partial z^2} - m_v \frac{\partial \widetilde{u}_e}{\partial t} = R \tag{B.24}$$

O método dos resíduos ponderados procura minimizar o erro no domínio D do elemento utilizando um conjunto de funções lineares de ponderação W_i admitindo que $R \approx 0$ se

$$\int_D \left(\frac{k}{\gamma_w}\frac{\partial^2 \widetilde{u}_e}{\partial z^2} - m_v \frac{\partial \widetilde{u}_e}{\partial t} \right) W_i dD = 0 \qquad i = 1,2 \text{ (elemento de 2 nós)} \tag{B.25}$$

As funções de ponderação W_i mais utilizadas são as próprias funções de interpolação N_i e, neste caso, o método dos resíduos ponderados é conhecido como método de Galerkin.

$$\int_{z_1}^{z_2} \left(\frac{k}{\gamma_w}\frac{\partial^2 \widetilde{u}_e}{\partial z^2} - m_v \frac{\partial \widetilde{u}_e}{\partial t} \right) N_i(z) dz = 0 \qquad i = 1,2 \tag{B.26}$$

Integrando por partes (Eq. B.4), a primeira parcela da Eq. B.26 resulta em

$$\frac{k}{\gamma_w}\int_{z_1}^{z_2} \left(\frac{\partial^2 \widetilde{u}_e}{\partial z^2} \right) N_i(z) dz = \frac{k}{\gamma_w}\left[\frac{\partial \widetilde{u}_e}{\partial z} N_i(z) \Big|_{z_1}^{z_2} - \int_{z_1}^{z_2} \frac{\partial \widetilde{u}_e}{\partial z}\frac{\partial N_i(z)}{\partial z} dz \right] \tag{B.27}$$

O primeiro termo do lado direito da Eq. B.27 representa as condições de contorno naturais para o elemento. Considerando $i = 1$,

$$\frac{\partial \widetilde{u}_e}{\partial z} N_1(z) \Big|_{z_1}^{z_2} = \frac{\partial \widetilde{u}_e(z_2)}{\partial z} N_1(z_2) - \frac{\partial \widetilde{u}_e(z_1)}{\partial z} N_1(z_1) = -\frac{\partial \widetilde{u}_e(z_1)}{\partial z} \tag{B.28}$$

pois pela propriedade das funções de interpolação $N_1(z_1) = 1$ e $N_1(z_2) = 0$.

Para $i = 2$,

$$\frac{\partial \widetilde{u}_e}{\partial z} N_2(z) \Big|_{z_1}^{z_2} = \frac{\partial \widetilde{u}_e(z_2)}{\partial z} N_2(z_2) - \frac{\partial \widetilde{u}_e(z_1)}{\partial z} N_2(z_1) = \frac{\partial \widetilde{u}_e(z_2)}{\partial z} \tag{B.29}$$

pois $N_2(z_1) = 0$ e $N_2(z_2) = 1$.

Como a solução aproximada $\widetilde{u}_e$ pode ser representada com base nas funções de interpolação N_j e nos valores nodais dos excessos de poropressão $\widetilde{u}_{ej}$,

$$\widetilde{u}_e = \sum_{j=1}^{2} N_j \widetilde{u}_{ej} \tag{B.30}$$

então a Eq. B.27 pode ser reescrita como

$$\frac{k}{\gamma_w}\begin{Bmatrix} -\dfrac{\partial \tilde{u}_e(z_1)}{\partial z} \\ \dfrac{\partial \tilde{u}_e(z_2)}{\partial z} \end{Bmatrix} - \frac{k}{\gamma_w}\left(\int_{z_1}^{z_2}\begin{bmatrix} \dfrac{\partial N_1}{\partial z}\dfrac{\partial N_1}{\partial z} & \dfrac{\partial N_1}{\partial z}\dfrac{\partial N_2}{\partial z} \\ \dfrac{\partial N_2}{\partial z}\dfrac{\partial N_1}{\partial z} & \dfrac{\partial N_2}{\partial z}\dfrac{\partial N_2}{\partial z} \end{bmatrix} dz\right)\begin{Bmatrix} \tilde{u}_{e1} \\ \tilde{u}_{e2} \end{Bmatrix} = 0 \tag{B.31}$$

Agora integrando a segunda parcela da Eq. B.26, resulta em

$$m_v \int_{z_1}^{z_2}\left(\frac{\partial \tilde{u}_e}{\partial t}\right) N_i(z)dz = \left(m_v \int_{z_1}^{z_2}\begin{bmatrix} N_1 N_1 & N_1 N_2 \\ N_2 N_1 & N_2 N_2 \end{bmatrix} dz\right)\begin{Bmatrix} \dfrac{\partial \tilde{u}_{e1}}{\partial t} \\ \dfrac{\partial \tilde{u}_{e2}}{\partial t} \end{Bmatrix} \tag{B.32}$$

Finalmente, a Eq. B.25 pode ser expressa matricialmente como

$$\frac{k}{\gamma_w}\begin{Bmatrix} -\dfrac{\partial \tilde{u}_e(z_1)}{\partial z} \\ \dfrac{\partial \tilde{u}_e(z_2)}{\partial z} \end{Bmatrix} - \frac{k}{\gamma_w}\left(\int_{z_1}^{z_2}\begin{bmatrix} \dfrac{\partial N_1}{\partial z}\dfrac{\partial N_1}{\partial z} & \dfrac{\partial N_1}{\partial z}\dfrac{\partial N_2}{\partial z} \\ \dfrac{\partial N_2}{\partial z}\dfrac{\partial N_1}{\partial z} & \dfrac{\partial N_2}{\partial z}\dfrac{\partial N_2}{\partial z} \end{bmatrix} dz\right)\begin{Bmatrix} \tilde{u}_{e1} \\ \tilde{u}_{e2} \end{Bmatrix} - \left(m_v \int_{z_1}^{z_2}\begin{bmatrix} N_1 N_1 & N_1 N_2 \\ N_2 N_1 & N_2 N_2 \end{bmatrix} dz\right)\begin{Bmatrix} \dfrac{\partial \tilde{u}_{e1}}{\partial t} \\ \dfrac{\partial \tilde{u}_{e2}}{\partial t} \end{Bmatrix} = 0 \tag{B.33}$$

Observe que a integração por partes produziu as seguintes consequências benéficas:

a) como o integrando no método de Galerkin tem derivadas de ordem maior do que o integrando na formulação variacional (ordem 2 na Eq. B.25 e ordem 1 na Eq. B.2) a integração por partes permitiu obter um integrando contendo apenas derivadas de primeira ordem (Eq. B.27). Este aspecto é importante porque no método dos elementos finitos é necessário que as funções de interpolação garantam continuidade interelemento das derivadas parciais até uma ordem menor do que aquela que aparece na expressão a ser integrada. Em outras palavras, com a integração por partes a continuidade interelemento somente precisa ser assegurada em relação aos valores de excessos de poropressão (e não em relação a gradientes), possibilitando que o mesmo conjunto de funções de interpolação possam ser usados em ambas as formulações (variacional e método de Galerkin);

b) a integração por partes também introduziu na equação do elemento as condições de contorno naturais (o primeiro vetor na Eq. B.31) que devem ser satisfeitas em alguma região do contorno. Ainda que estas condições apareçam nas equações de cada elemento finito, após a montagem das equações globais para representar o problema estudado, apenas os elementos junto ao contorno estarão sujeitos à aplicação das condições de contorno naturais. No caso de problemas de adensamento primário 1D governados pela Eq. B.1, as condições de contorno naturais ou são eliminadas pela prescrição de uma condição de contorno forçada no mesmo nó ou porque são naturalmente nulas em nós sobre contornos impermeáveis. Assim sendo, o vetor das condições de contorno naturais será doravante ignorado no desenvolvimento da formulação.

Considerando as funções de interpolação para o elemento finito de 2 nós (Eq. B.10) vem:

$$\frac{\partial N_1}{\partial z} = \frac{\partial N_1}{\partial \xi}\frac{\partial \xi}{\partial z} = \frac{\partial[(1-\xi)/2]}{\partial \xi}\frac{2}{\ell} = -\frac{1}{\ell} \tag{B.34}$$

$$\frac{\partial N_2}{\partial z}=\frac{\partial N_2}{\partial \xi}\frac{\partial \xi}{\partial z}=\frac{\partial[(1+\xi)/2]}{\partial \xi}\frac{2}{\ell}=\frac{1}{\ell} \tag{B.35}$$

Logo,

$$-\frac{k}{\gamma_w}\left(\int_{-1}^{1}\begin{bmatrix}\frac{1}{\ell^2} & -\frac{1}{\ell^2}\\ -\frac{1}{\ell^2} & \frac{1}{\ell^2}\end{bmatrix}\frac{\ell}{2}d\xi\right)\begin{Bmatrix}\widetilde{u}_{e1}\\ \widetilde{u}_{e2}\end{Bmatrix}-\left(m_v\int_{-1}^{1}\begin{bmatrix}\frac{(1-\xi)^2}{4} & \frac{(1-\xi^2)}{4}\\ \frac{(1-\xi^2)}{4} & \frac{(1+\xi)^2}{4}\end{bmatrix}\frac{\ell}{2}d\xi\right)\begin{Bmatrix}\frac{\partial\widetilde{u}_{e1}}{\partial t}\\ \frac{\partial\widetilde{u}_{e2}}{\partial t}\end{Bmatrix}=0 \tag{B.36}$$

$$\frac{k}{\gamma_w\ell}\begin{bmatrix}1 & -1\\ -1 & 1\end{bmatrix}\begin{Bmatrix}\widetilde{u}_{e1}\\ \widetilde{u}_{e2}\end{Bmatrix}+\frac{m_v\ell}{6}\begin{bmatrix}2 & 1\\ 1 & 2\end{bmatrix}\begin{Bmatrix}\frac{\partial\widetilde{u}_{e1}}{\partial t}\\ \frac{\partial\widetilde{u}_{e2}}{\partial t}\end{Bmatrix}=0 \tag{B.37}$$

Finalmente, a equação do método do elemento finito pode ser escrita no tempo $t=\tau$ idêntica à forma anteriormente apresentada na formulação variacional (Eq. B.17)

$$[k]\{q\}_\tau+[c]\{\dot{q}\}_\tau=0 \tag{B.38}$$

B.3) Marcha no tempo – método das diferenças finitas

Enquanto a discretização espacial é afetada pela variação assumida dos excessos de poropressão no interior do elemento finito (funções de interpolação), a discretização temporal depende da aproximação da derivada no tempo dos graus de liberdade nodais $\{\dot{q}\}$, feita por meio de um esquema de diferenças finitas.

Dada uma função escalar $\phi(t)$ e um intervalo [a, b] é possível escrever pelo teorema do valor médio do cálculo diferencial que existe um valor de $t=\tau$ tal que

$$\phi(b)-\phi(a)=(b-a)\frac{d\phi}{dt}(\tau) \tag{B.39}$$

$$\frac{d\phi}{dt}(\tau)=\frac{\phi(b)-\phi(a)}{\Delta t} \tag{B.40}$$

onde $\Delta t = b\text{-}a$ é a amplitude do intervalo.

Da Fig. B.3 observa-se que o valor de $\phi(a)$ pode ser aproximado por

$$\phi(a)=\phi(\tau)-(\tau-a)\frac{d\phi}{dt}(\tau) \tag{B.41}$$

$$\phi(\tau)=\phi(a)+(\tau-a)\frac{d\phi}{dt}(\tau) \tag{B.42}$$

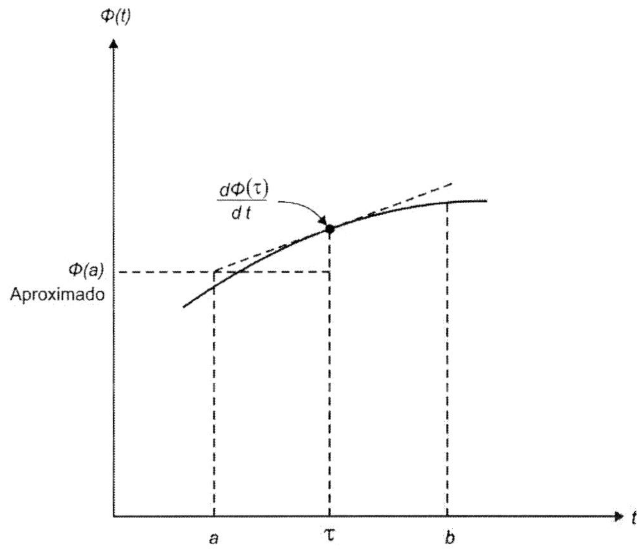

Figura B.3 – Uma aproximação de $\phi(a)$ em função de $d\phi(\tau)/dt$

Fonte: autor

Substituindo (B.40) em (B.42) resulta

$$\phi(\tau)=\phi(a)+(\tau-a)\frac{\phi(b)-\phi(a)}{\Delta t} \tag{B.43}$$

$$\phi(\tau)=(1-\theta)\phi(a)+\theta\phi(b) \tag{B.44}$$

com $\theta=(\tau-a)/\Delta t$ delimitado no intervalo [0, 1]

A Eq. B.44 pode ser generalizada para uma função com n graus de liberdade, substituindo $\phi(a)$ e $\phi(b)$ pelo vetor $\{q\}$ nos instantes t e $(t+\Delta t)$, respectivamente.

$$\{q\}_\tau=(1-\theta)\{q\}_t+\theta\{q\}_{t+\Delta t} \tag{B.45}$$

A generalização da Eq. B.40 (teorema do valor médio) também permite escrever que

$$\{\dot{q}\}_\tau=\frac{\{q\}_{t+\Delta t}-\{q\}_t}{\Delta t} \tag{B.46}$$

Substituindo as Eqs. B.45 e B.46 na equação do elemento finito (Eq. B.17) resulta

$$([c]+\theta\Delta t[k])\{q\}_{t+\Delta t}=([c]-(1-\theta)\Delta t[k])\{q\}_t \tag{B.47}$$

que calcula os graus de liberdade nodais no tempo $t+\Delta t$ em termos dos graus de liberdade conhecidos no tempo t e da escolha de um valor de θ, o que é equivalente a especificar a posição de um tempo $t=\tau$ na aplicação do teorema do valor médio.

Dependendo do valor de θ a Eq. B.47 pode assumir as seguintes formas particulares:

a) θ = 0 (método ascendente de Euler ou método explícito)

$$([c])\{q\}_{t+\Delta t} = ([c] - \Delta t[k])\{q\}_t \tag{B.48}$$

b) θ = ½ (método de Crank-Nicholson)

$$\left([c] + \frac{\Delta t}{2}[k]\right)\{q\}_{t+\Delta t} = \left([c] - \frac{\Delta t}{2}[k]\right)\{q\}_t \tag{B.49}$$

c) θ = 2/3 (método de Galerkin)

$$\left([c] + \frac{2\Delta t}{3}[k]\right)\{q\}_{t+\Delta t} = \left([c] - \frac{\Delta t}{3}[k]\right)\{q\}_t \tag{B.50}$$

d) θ =1 (método descendente de Euler ou método totalmente implícito)

$$([c] + \Delta t[k])\{q\}_{t+\Delta t} = ([c])\{q\}_t \tag{B.51}$$

Sandhu (1968, 1976, 1982) propôs uma variação logarítmica da Eq. B.45 no intervalo Δt definindo θ como

e) $$\theta = 1 + \frac{1}{\Delta t} - \frac{1}{\ln(1+\Delta t)} \tag{B.52}$$

Um algoritmo é dito estável quando as perturbações devidas a erros de truncamento numérico ou desvios da solução exata tendem a desaparecer ao longo do processo de cálculo. Booker e Small (1975) estudaram a estabilidade dos esquemas de diferenças finitas e demonstraram que apenas aqueles com θ ≥ ½ são incondicionalmente estáveis, dentre eles o método de Crank-Nicholson (θ = ½), ou esquema de diferenças finitas centrais, o método de Galerkin (θ = ⅔) e o método descendente de Euler, ou esquema de diferenças finitas descendentes (θ = 1).

O valor θ = 0 corresponde ao esquema explícito de diferenças finitas, já apresentado na seção A.1 (também conhecido como esquema FTCS). Partindo da condição inicial (t = 0) e marchando no tempo é possível calcular pela Eq. B.48 os excessos de poropressão desde que os incrementos de tempo sejam iguais ou menores do que certo valor crítico $\Delta t_{critico}$

$$\Delta t \leq \Delta t_{critico} = \frac{2}{\lambda_i} \quad \text{para i =1,2, ...,n} \tag{B.53}$$

onde λ_i representa os autovalores do sistema de equações,

$$[[K]-\lambda[C]]\{\Phi\}=0 \tag{B.54}$$

Para as matrizes globais $[K]$ e $[C]$, de dimensão n x n, haverá n autovalores λ_i e n autovetores $\{\Phi\}_i$. É de interesse conhecer, para aplicação do esquema explícito θ = 0, o autovalor máximo λ_{max} e assim determinar o mínimo intervalo de tempo ($\Delta t_{critico}$) que condicionalmente assegure a estabilidade do esquema.

A necessidade de resolver previamente um problema de autovalores não é conveniente, e a alternativa mais comum é testar um valor teórico como $\lambda_{\max} = (c_v\pi^2/\Delta h^2)_{\max}$ ou um valor recomendado em análises de problemas de adensamento 1D publicados na literatura, como $\lambda_{\max} = (12c_v/\Delta h^2)_{\max}$, sugerido por Abid e Pyrah (1988), onde Δh é a distância entre nós vizinhos de um elemento da malha.

Devido à restrição de intervalo de tempo (condição de estabilidade) a aplicação do esquema explícito requer valores de Δt pequenos em uma malha de elementos finitos com discretização refinada. Para aumentar o intervalo de tempo, e assim diminuir o número de passos de tempo, é possível aumentar o tamanho do elemento finito pois Δt é muito sensível ao tamanho do elemento porque depende do quadrado de Δh. No entanto, deve-se ter em mente que um incremento no tamanho de elementos pode sacrificar a precisão da solução numérica computada.

Para os esquemas incondicionalmente estáveis θ = ½, ⅔, 1 intuitivamente se espera que a precisão dos cálculos aumente à medida que os intervalos de tempo sejam menores. No entanto, Vermeer e Verruijt (1981) mostraram que isto não acontece quando o solo é carregado junto a um contorno permeável, devido à singularidade da derivada dos excessos de poropressão na superfície de drenagem, ou na interface entre camadas de diferentes permeabilidades, nos instantes iniciais do adensamento. Somente após a dissipação dos excessos de poropressão ter atingido certa profundidade, em elementos próximos ao contorno permeável, é que se pode esperar respostas com aproximação numérica razoável. Abid e Pyrah (1988) observaram que geralmente os erros estão limitados na zona entre H/4 a H/3 a partir do contorno permeável, onde H é a espessura de drenagem da camada. Segundo Vermeer e Verruijt (1981) o intervalo de tempo inicial Δt_0 deve ser da ordem do tempo de adensamento dos elementos junto ao contorno permeável, com as seguintes sugestões feitas por aqueles autores:

$$\Delta t_0 \geq \frac{1}{6}\frac{(\Delta h)^2}{c_v\theta} \quad \text{para elementos 1D lineares de 2 nós} \tag{B.55}$$

$$\Delta t_0 \geq \frac{1}{10}\frac{(\Delta h)^2}{c_v\theta} \quad \text{para elementos 1D quadráticos de 3 nós} \tag{B.56}$$

onde Δh é a distância entre nós vizinhos dos elementos junto à superfície drenante e c_v o correspondente coeficiente de adensamento.

A não observância desta condição (Eq. B.55 ou B.56) produz uma distribuição errônea das poropressões, com grandes oscilações de valores. Entretanto, junto a um contorno impermeável tal comportamento não foi observado por Vermeer e Verruijt (1981).

Devido à estabilidade incondicional, sugere-se geralmente utilizar esquemas implícitos (θ ≥ ½) para marchar no tempo, mas se resultados forem necessários em tempos inferiores aos calculados pela Eq. B.55 (ou B.56) então é necessário executar uma análise explícita (θ = 0) até que o intervalo de tempo mínimo recomendado para um esquema implícito seja atingido, seguindo a metodologia do esquema híbrido mencionada na seção A.4.

A Fig. B.4 mostra o comportamento de esquemas de diferenças finitas em relação à estabilidade e oscilação da razão entre o excesso de poropressão determinado no tempo $(j+1)$ e o valor calculado no tempo j para o nó i. Percebe-se que: a) o algoritmo $\theta = 0$ é estável até $\lambda_i \Delta t = 2$ (Eq. B.53) e apresenta oscilações para $\lambda_i \Delta t > 1$; b) para altos valores de Δt os esquemas incondicionalmente estáveis $\theta = 1/2$ e $\theta = 2/3$ produzem respostas oscilatórias, fisicamente irreais, o primeiro para $\lambda_i \Delta t > 2$ e o segundo para $\lambda_i \Delta t > 3$; c) o esquema $\theta = 1$ sempre prevê um decaimento monotonico tendendo para oscilação nula à medida que $\lambda_i \Delta t \rightarrow \infty$; d) as maiores oscilações acontecem com o esquema de Crank-Nicholson pois a razão entre respostas sucessivas tende ao valor -1 quando $\lambda_i \Delta t \rightarrow \infty$. Estas oscilações podem ser eliminadas por uma técnica de médias (Wood e Lewis, 1975), empregada a cada passo de tempo. Outros autores recomendam incrementar Δt de forma logarítmica (Abid e Pyrah, 1988), dobrando o intervalo de tempo inicial após 100 passos de tempo, ou estabelecer um limite superior como $\alpha = c_v \Delta t / \Delta h^2 = 2$ (Olson, 1989) ou, o que é mais simples e razoável, controlar diretamente as respostas, verificando o comportamento da razão entre valores de excessos de poropressão calculados nos tempos $(j+1)$ e j. De acordo com Zienkiewicz (1977) o esquema $\theta = 2/3$ mostra-se bastante útil na prática, produzindo resultados sem oscilações para $\lambda_i \Delta t < 3$ com precisão da ordem de $(\Delta t)^2$.

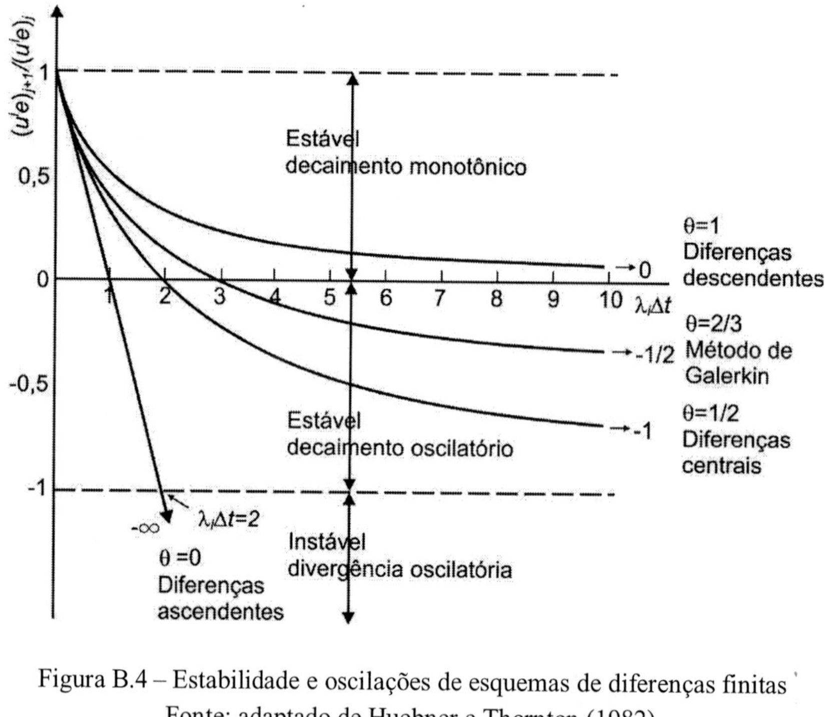

Figura B.4 – Estabilidade e oscilações de esquemas de diferenças finitas
Fonte: adaptado de Huebner e Thornton (1982)

EXERCÍCIO RESOLVIDO

Determinar pelo método dos elementos finitos os valores aproximados dos excessos de poropressão causados pelo carregamento instantâneo Δq = 100 kPa em uma camada de argila saturada assente sobre base rochosa impermeável conforme Fig. B.5(a). Utilizar 4 elementos finitos lineares de 2 nós com comprimento de 1 m, conforme Fig. B.5(b), e acompanhar a solução no tempo com o esquema de diferenças finitas descendentes (θ = 1). Para a argila considerar módulo de compressão confinada M = 6,5 MPa, coeficiente de permeabilidade k_z = 0,02 m/ano e peso específico da água γ_w = 10 kN/m^3.

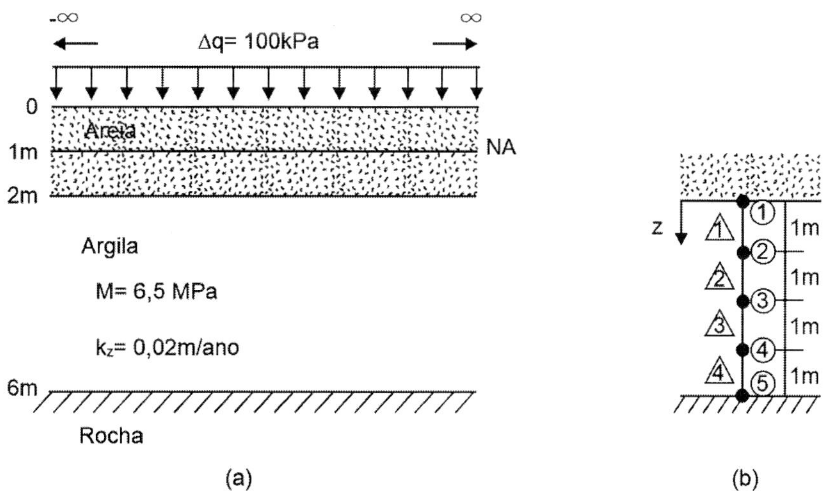

Figura B.5 – (a) Adensamento 1D de camada de argila saturada pelo método dos elementos finitos; (b) malha com 4 elementos finitos de 2 nós.
Fonte: autor

Trata-se de um exemplo para ilustrar as etapas de aplicação do método dos elementos finitos na solução aproximada de problemas de adensamento 1D. O cálculo de valores numéricos com maior precisão exige um número maior de elementos na discretização, gerando um sistema de equações algébricas, para cuja solução seria necessário o auxílio de um computador.

Etapa 1 – Avaliação das matrizes $[k]$ e $[c]$ do elemento (Eqs. B.19 e B.21) considerando unidade de tempo em dias, de comprimento em m, de compressibilidade em kPa, de velocidade em m/dia, de peso específico em kN/m^3.

$$[k]=\frac{k}{\gamma_w \ell}\begin{bmatrix}1 & -1\\ -1 & 1\end{bmatrix}=\frac{0{,}02}{365\times10\times1}\begin{bmatrix}1 & -1\\ -1 & 1\end{bmatrix} \tag{B.19}$$

$$[c]=\frac{m_v \ell}{6}\begin{bmatrix}2 & 1\\ 1 & 2\end{bmatrix}=\frac{1}{6\times6500}\begin{bmatrix}2 & 1\\ 1 & 2\end{bmatrix} \text{ com } m_v=1/M \tag{B.21}$$

Etapa 2 – escolha do intervalo de tempo inicial para o método incondicionalmente estável θ = 1 (Eq. B.55)

$$\Delta t_0 \geq \frac{1}{6}\frac{(\Delta h)^2}{c_v\theta} = \frac{1}{6}\times\frac{(1)^2}{\frac{0,02\times 6500}{365\times 10}\times 1} = 4,68\,\text{dias} \tag{B.55}$$

Neste caso é selecionado $\Delta t_0 = \Delta t = 10$ dias

Etapa 3 – formação das matrizes globais $[K]$ e $[C]$

Os coeficientes das matrizes $[k]$ e $[c]$ dos elementos devem ser alocados nas posições apropriadas das matrizes globais $[K]$ e $[C]$. Será empregado o chamado método da rigidez direta, pelo qual os coeficientes das matrizes globais são obtidos somando-se as contribuições individuais dos elementos, considerando os graus de liberdade que são comuns entre elementos. Como neste problema tem-se apenas um grau de liberdade por nó (excesso de poropressão u_e), o termo "grau de liberdade global" pode ser interpretado como "número do nó global". Note que na Fig. B.5(b) o número do nó global é indicado no interior do círculo e o número global do elemento no interior do triângulo.

Considere a Tab. B.1 que associa a numeração local do grau de liberdade (1 ou 2) com a numeração global do grau de liberdade na malha de elementos (1 a 5). Por exemplo: o grau de liberdade global 1 se refere ao grau de liberdade local 1 do elemento 1; o grau de liberdade global 2 está associado simultaneamente com o grau de liberdade local 2 do elemento 1 e o grau de liberdade local 1 do elemento 2 etc.

Tabela B.1 – Método da rigidez direta

Elemento	Grau de Liberdade Local		Malha de Elementos
	1	2	
1	1	2	Grau de Liberdade Global
2	2	3	
3	3	4	
4	4	5	

Fonte: autor

A montagem das matrizes $[K]$ e $[C]$ segue a seguinte regra, com base na relação entre as numerações local e global dos nós estabelecida na Tab. B.1: os coeficientes $[k_{ij}]$ e $[c_{ij}]$ dos elementos são somados aos coeficientes $[K_{IJ}]$ e $[C_{IJ}]$ das matrizes globais, respectivamente.

Iniciando a montagem da matriz de fluxo com o elemento 1 resulta nas seguintes contribuições: $[K_{11}] = [k_{11}^1]$, $[K_{12}] = [k_{12}^1]$, $[K_{21}] = [k_{21}^1]$, $[K_{22}] = [k_{22}^1]$ onde o sobrescrito se refere ao número do elemento e o subscrito à posição do coeficiente na matriz global (I,J) ou local (i,j).

Com relação ao elemento 2 $[K_{22}] = [k_{11}^2] + [k_{22}^1]$, $[K_{23}] = [k_{12}^2]$, $[K_{32}] = [k_{21}^2]$, $[K_{33}] = [k_{22}^2]$. Observe que o coeficiente $[K_{22}]$ da matriz global resulta da soma das contribuições dos coeficientes $[k_{22}^1]$ e $[k_{11}^2]$ dos elementos 1 (computada anteriormente) e 2, que estão interligados pelo nó global 2.

Para o elemento 3 $[K_{33}] = [k_{11}^3] + [k_{22}^2]$, $[K_{34}] = [k_{12}^3]$, $[K_{43}] = [k_{21}^3]$, $[K_{44}] = [k_{22}^3]$ notando-se novamente que o coeficiente $[K_{33}]$ da matriz global vem da soma das contribuições dos coeficientes $[k_{22}^2]$ e $[k_{11}^3]$ dos elementos 2 (no passo anterior) e 3, que tem o nó 3 em comum.

Finalmente, para o elemento 4 resulta que $[K_{44}] = [k_{11}^4] + [k_{22}^3]$, $[K_{45}] = [k_{12}^4]$, $[K_{54}] = [k_{21}^4]$, $[K_{55}] = [k_{22}^4]$.

Logo, as matrizes globais $[K]$ e $[C]$ apresentam a seguinte configuração:

$$[K]=\frac{k}{\gamma_w \ell}\begin{bmatrix} 1 & -1 & 0 & 0 & 0 \\ -1 & 2 & -1 & 0 & 0 \\ 0 & -1 & 2 & -1 & 0 \\ 0 & 0 & -1 & 2 & -1 \\ 0 & 0 & 0 & -1 & 1 \end{bmatrix} \qquad [C]=\frac{m_v \ell}{6}\begin{bmatrix} 2 & 1 & 0 & 0 & 0 \\ 1 & 4 & 1 & 0 & 0 \\ 0 & 1 & 4 & 1 & 0 \\ 0 & 0 & 1 & 4 & 1 \\ 0 & 0 & 0 & 1 & 2 \end{bmatrix} \tag{B.57}$$

Observe que as matrizes globais são simétricas, com coeficientes positivos na diagonal principal e número de linhas igual ao número total de graus de liberdade da malha de elementos (5 neste exemplo). As matrizes são também tridiagonais, portanto não há necessidade de armazená-las computacionalmente na forma apresentada na Eq. B.57 pois para a solução de um sistema tridiagonal simétrico basta conhecer a diagonal principal e a primeira subdiagonal.

Etapa 4 – imposição da condição inicial em $t = 0$ em todos os nós da malha.

Considerando o método das diferenças finitas descendentes ($\theta = 1$),

$$([C] + \Delta t[K])\{r\}_{t+\Delta t} = ([C])\{r\}_t \tag{B.58}$$

$$\left(\frac{1}{6\times 6500}\begin{bmatrix} 2 & 1 & 0 & 0 & 0 \\ 1 & 4 & 1 & 0 & 0 \\ 0 & 1 & 4 & 1 & 0 \\ 0 & 0 & 1 & 4 & 1 \\ 0 & 0 & 0 & 1 & 2 \end{bmatrix} + 10\times\frac{0{,}02}{365\times 10\times 1}\begin{bmatrix} 1 & -1 & 0 & 0 & 0 \\ -1 & 2 & -1 & 0 & 0 \\ 0 & -1 & 2 & -1 & 0 \\ 0 & 0 & -1 & 2 & -1 \\ 0 & 0 & 0 & -1 & 1 \end{bmatrix}\right)\begin{Bmatrix} u_e^1 \\ u_e^2 \\ u_e^3 \\ u_e^4 \\ u_e^5 \end{Bmatrix}_{t+\Delta t} = \frac{1}{6\times 6500}\begin{bmatrix} 2 & 1 & 0 & 0 & 0 \\ 1 & 4 & 1 & 0 & 0 \\ 0 & 1 & 4 & 1 & 0 \\ 0 & 0 & 1 & 4 & 1 \\ 0 & 0 & 0 & 1 & 2 \end{bmatrix}\begin{Bmatrix} u_e^1 \\ u_e^2 \\ u_e^3 \\ u_e^4 \\ u_e^5 \end{Bmatrix}_t \tag{B.59}$$

No instante $t = 0$ o valor do excesso de poropressão é conhecido $u_0 = 100$ kPa pois corresponde ao aumento da tensão vertical total induzida pelo carregamento superficial instantâneo.

$$\begin{bmatrix} 0{,}106\times10^{-3} & -0{,}292\times10^{-4} & 0 & 0 & 0 \\ -0{,}292\times10^{-4} & 0{,}212\times10^{-3} & -0{,}292\times10^{-4} & 0 & 0 \\ 0 & -0{,}292\times10^{-4} & 0{,}212\times10^{-3} & -0{,}292\times10^{-4} & 0 \\ 0 & 0 & -0{,}292\times10^{-4} & 0{,}212\times10^{-3} & -0{,}292\times10^{-4} \\ 0 & 0 & 0 & -0{,}292\times10^{-4} & 0{,}106\times10^{-3} \end{bmatrix} \begin{Bmatrix} u_e^1 \\ u_e^2 \\ u_e^3 \\ u_e^4 \\ u_e^5 \end{Bmatrix}_{\Delta t} = \frac{1}{6\times6500} \begin{bmatrix} 2 & 1 & 0 & 0 & 0 \\ 1 & 4 & 1 & 0 & 0 \\ 0 & 1 & 4 & 1 & 0 \\ 0 & 0 & 1 & 4 & 1 \\ 0 & 0 & 0 & 1 & 2 \end{bmatrix} \begin{Bmatrix} 100 \\ 100 \\ 100 \\ 100 \\ 100 \end{Bmatrix}_{t=0} \tag{B.60}$$

$$\begin{bmatrix} 0{,}106\times10^{-3} & -0{,}292\times10^{-4} & 0 & 0 & 0 \\ -0{,}292\times10^{-4} & 0{,}212\times10^{-3} & -0{,}292\times10^{-4} & 0 & 0 \\ 0 & -0{,}292\times10^{-4} & 0{,}212\times10^{-3} & -0{,}292\times10^{-4} & 0 \\ 0 & 0 & -0{,}292\times10^{-4} & 0{,}212\times10^{-3} & -0{,}292\times10^{-4} \\ 0 & 0 & 0 & -0{,}292\times10^{-4} & 0{,}106\times10^{-3} \end{bmatrix} \begin{Bmatrix} u_e^1 \\ u_e^2 \\ u_e^3 \\ u_e^4 \\ u_e^5 \end{Bmatrix}_{\Delta t} = \begin{Bmatrix} 0{,}769\times10^{-2} \\ 0{,}154\times10^{-1} \\ 0{,}154\times10^{-1} \\ 0{,}154\times10^{-1} \\ 0{,}769\times10^{-2} \end{Bmatrix}_{t=0} \tag{B.61}$$

Etapa 5 – imposição da condição de contorno no nó 1 ($u_e^1 = 0$) em $t > 0$

$$\begin{bmatrix} 1 & 0 & 0 & 0 & 0 \\ 0 & 0{,}212\times10^{-3} & -0{,}292\times10^{-4} & 0 & 0 \\ 0 & -0{,}292\times10^{-4} & 0{,}212\times10^{-3} & -0{,}292\times10^{-4} & 0 \\ 0 & 0 & -0{,}292\times10^{-4} & 0{,}212\times10^{-3} & -0{,}292\times10^{-4} \\ 0 & 0 & 0 & -0{,}292\times10^{-4} & 0{,}106\times10^{-3} \end{bmatrix} \begin{Bmatrix} u_e^1 \\ u_e^2 \\ u_e^3 \\ u_e^4 \\ u_e^5 \end{Bmatrix}_{\Delta t} = \begin{Bmatrix} 0 \\ 0{,}154\times10^{-1} \\ 0{,}154\times10^{-1} \\ 0{,}154\times10^{-1} \\ 0{,}769\times10^{-2} \end{Bmatrix}_{t=0} + \begin{Bmatrix} 0 \\ \left(0{,}292\times10^{-4}\right)\times u_e^1 \\ 0 \\ 0 \\ 0 \end{Bmatrix}_{\Delta t} \tag{B.62}$$

Etapa 6 – solução do sistema de equações para $t = \Delta t = 10$ dias

$$\begin{Bmatrix} u_e^1 \\ u_e^2 \\ u_e^3 \\ u_e^4 \\ u_e^5 \end{Bmatrix}_{\Delta t} = \begin{Bmatrix} 0 \\ 85,99 \\ 98,04 \\ 99,72 \\ 99,92 \end{Bmatrix}_{\Delta t} \qquad \text{(B.63)}$$

Etapa 7 – cálculo das velocidades de fluxo em $t = \Delta t = 10$ dias

A velocidade de fluxo transiente deve ser determinada em cada elemento com base na lei de Darcy. Observe que a variação dos excessos de poropressão foi assumida linear (Eq. B.11) e, portanto, as velocidades são constantes no interior do elemento.

$$v_{\Delta t} = ki_{\Delta t} = -k\left.\frac{\partial h}{\partial z}\right|_{\Delta t} = -\frac{k}{\gamma_w}\left.\frac{\partial u_e}{\partial z}\right|_{\Delta t} \qquad \text{(B.64)}$$

Da Eq. B.14 vem

$$v_{\Delta t} = -\frac{k}{\gamma_w}[B]\{q\}_{\Delta t} = \frac{k}{\gamma_w}\times\frac{1}{\ell}[1 \quad -1]\{q\}_{\Delta t} \qquad \text{(B.65)}$$

Para o elemento 1,

$$v_{\Delta t} = \frac{0,02}{365\times 10}[1 \quad -1]\begin{Bmatrix} 0 \\ 85,99 \end{Bmatrix}_{\Delta t} = -4,7\times 10^{-4}\,\text{m/dia} \uparrow \qquad \text{(B.66)}$$

Para o elemento 2,

$$v_{\Delta t} = \frac{0,02}{365\times 10}[1 \quad -1]\begin{Bmatrix} 85,99 \\ 98,04 \end{Bmatrix}_{\Delta t} = -6,6\times 10^{-5}\,\text{m/dia} \uparrow \qquad \text{(B.67)}$$

Para o elemento 3,

$$v_{\Delta t} = \frac{0,02}{365\times 10}[1 \quad -1]\begin{Bmatrix} 98,04 \\ 99,72 \end{Bmatrix}_{\Delta t} = -9,2\times 10^{-6}\,\text{m/dia} \uparrow \qquad \text{(B.68)}$$

Para o elemento 4,

$$v_{\Delta t} = \frac{0,02}{365\times 10}[1 \quad -1]\begin{Bmatrix} 99,72 \\ 99,92 \end{Bmatrix}_{\Delta t} = -1,1\times 10^{-6}\,\text{m/dia} \uparrow \qquad \text{(B.69)}$$

Etapa 8 – solução do sistema de equações para $t = 2\Delta t = 20$ dias

$$\begin{bmatrix} 1 & 0 & 0 & 0 & 0 \\ 0 & 0,212\times10^{-3} & -0,292\times10^{-4} & 0 & 0 \\ 0 & -0,292\times10^{-4} & 0,212\times10^{-3} & -0,292\times10^{-4} & 0 \\ 0 & 0 & -0,292\times10^{-4} & 0,212\times10^{-3} & -0,292\times10^{-4} \\ 0 & 0 & 0 & -0,292\times10^{-4} & 0,106\times10^{-3} \end{bmatrix} \begin{Bmatrix} u_e^1 \\ u_e^2 \\ u_e^3 \\ u_e^4 \\ u_e^5 \end{Bmatrix}_{2\Delta t} = \frac{1}{6\times6500} \begin{bmatrix} 2 & 1 & 0 & 0 & 0 \\ 1 & 4 & 1 & 0 & 0 \\ 0 & 1 & 4 & 1 & 0 \\ 0 & 0 & 1 & 4 & 1 \\ 0 & 0 & 0 & 1 & 2 \end{bmatrix} \begin{Bmatrix} 0 \\ 85,99 \\ 98,04 \\ 99,72 \\ 99,92 \end{Bmatrix}_{2\Delta t} \quad \text{(B.70)}$$

$$\begin{Bmatrix} u_e^1 \\ u_e^2 \\ u_e^3 \\ u_e^4 \\ u_e^5 \end{Bmatrix}_{2\Delta t} = \begin{Bmatrix} 0 \\ 66,13 \\ 92,46 \\ 98,51 \\ 99,49 \end{Bmatrix}_{2\Delta t} \quad \text{(B.71)}$$

Etapa 9 – cálculo das velocidades de fluxo transiente em $t = 2\Delta t$,

$$v_{\Delta t} = \frac{0,02}{365\times10}\begin{bmatrix}1 & -1\end{bmatrix}\begin{Bmatrix} 0 \\ 66,13 \end{Bmatrix}_{2\Delta t} = -3,6\times10^{-4}\,\text{m/dia} \;\uparrow \quad \text{(B.72)}$$

Para o elemento 2,

$$v_{\Delta t} = \frac{0,02}{365\times10}\begin{bmatrix}1 & -1\end{bmatrix}\begin{Bmatrix} 66,13 \\ 92,46 \end{Bmatrix}_{2\Delta t} = -1,4\times10^{-4}\,\text{m/dia} \;\uparrow \quad \text{(B.73)}$$

Para o elemento 3,

$$v_{\Delta t} = \frac{0,02}{365\times10}\begin{bmatrix}1 & -1\end{bmatrix}\begin{Bmatrix} 92,46 \\ 98,51 \end{Bmatrix}_{2\Delta t} = -3,3\times10^{-5}\,\text{m/dia} \;\uparrow \quad \text{(B.74)}$$

Para o elemento 4,

$$v_{\Delta t} = \frac{0,02}{365\times10}\begin{bmatrix}1 & -1\end{bmatrix}\begin{Bmatrix} 98,51 \\ 99,49 \end{Bmatrix}_{2\Delta t} = -5,4\times10^{-6}\,\text{m/dia} \;\uparrow \quad \text{(B.75)}$$

Etapa 10 – repetir o procedimento de cálculo considerando incrementos graduais dos valores de tempo.

REFERÊNCIAS

ABBASI, N.; RAHIMI, H.; JAVADI, A. A.; FAKHER, A. Finite difference approach for consolidation with variable compressibility and permeability, **Computers and Geotechnics**, v. 34, p. 41-52, 2007.

ABID, M. M.; PYRAH, I. C. Guidelines for using the finite element method to predict one-dimensional consolidation behaviour, **Computers and Geotechnics**, v. 5, p. 213-226, 1988.

ALONSO, U. R. **Rebaixamento Temporário de Aquíferos.** Tenogeo / Geofix, 131p., 1999.

AMES, W. **Numerical Methods for Partial Differential Equations**, Academic Press Inc., Boston, 3rd edition, 1992.

ARAVIN, V. L.; NUMEROV, S. N. **Seepage Computations for Hydraulic Structures** (em russo), Gosstroyizdat, Moscow, 1955.

ATKINSON, M. S.; ELDRED, P. J. L. Consolidation of soils using vertical drains, **Géotechnique**, v. 31, n. 1, p. 33-43, 1981.

AYSEN, A. **Soil Mechanics: Basic Concepts and Engineering Applications**, Taylor & Francis, 468 p., 2006.

AZIZI, F. **Applied Analysis in Geotechnics**, E & FN Spon, 776 p., 2000.

BARDET, J-P. **Experimental Soil Mechanics**, Prentice-Hall, 582 p., 1997.

BARRON, R. A. Consolidation of fine-grained soils by drain wells, **Transactions ASCE**, v. 113, p. 718-754, 1948.

BARROS, P. L. A.; PINTO, P.R.O. Oedometer consolidation test analysis by nonlinear regression, **Geotechnical Testing Journal**, v. 31, n. 1, p. 1-8, 2007.

BEAR, J. **Hydraulics of Groundwater**, McGraw-Hill, New York, 569p., 1979.

BEAR, J. **Dynamics of Porous Media**, Dover Publications, 800 p., 1988.

BERGADO, D.T.; ASAKAMI, H.; ALFARO, M. C.; BALASUBRAMANIAM, A. S. Smear effects of vertical drains on soft Bangkok clay, **Journal Geotechnical Engineering Division**, ASCE, v. 117, n.10, p. 1509-1530, 1991.

BERGADO, D.T.; ENRIQUEZ, A.S.; SAMPACO, C.L.; ALFARO, M.C. e BALASUBRAMANIAM, A.S. Inverse analysis of geotechnical parameters on improved soft Bangkok clay, **Journal of Geotechnical Engineering**, ASCE, v. 118, p. 1012-1030, 1992.

BERGADO, D.T.; MUKHERJEE, K.; ALFARO, M. C.; BALASUBRAMANIAM, A. S. Prediction of vertical-band-drain performance by the finite element method, **Geotextiles and Geomembranes**, v. 12, n. 6, p. 567-586, 1993.

BERNELL, L.; NILSSON. R. Electrical analogue equipment for solving non-stationary two-dimensional flow problems, **4th International Conference on Soil Mechanics and Foundation Engineering**, v. 2. p. 291-293, 1957.

BIOT, M. A. Le problème de la consolidation des matières argileuses sous une charge, **Annales de la Societé Scientifique de Bruxelles**, Série B, v. 55, p. 110-113, 1935.

BIOT, M. A. General theory of three-dimensional consolidation, **Journal of Applied Physics**, v. 12, p. 155-164, 1941.

BIOT, M. A. Theory of elasticity and consolidation for a porous anisotropic solid, **Journal of Applied Physics**, v. 26, p. 182-185, 1955.

BIOT, M. A. General solutions of the equations of elasticity and consolidation for a porous material, **Journal of Applied Mechanics**, Transactions ASME, v. 78, p. 91-96, 1956.

BIOT, M. A.; WILLIS, D. G. The elastic coefficients of the theory of consolidation, **Journal of Applied Mechanics**, v. 24, p. 594-601, 1957.

BISHOP, A.W. The influence of an undrained change in stress on the pore pressure in porous media of low compressibility, **Géotechnique**, v. 23, n. 3, p. 435-442, 1973.

BJERRUM, L. Engineering geology of Norwegian normally-consolidated marine clays as related to settlements of buildings, **Géotechnique**, v. 17, n. 2, p. 81-118, 1967.

BJERRUM, L. Embankments on soft ground. **Specialty Conference on Performance of Earth and Earth Supported Structures**, v. 2, p. 1-54, 1972.

BLIGH, W.G. Dams, barrages and weirs on porous foundations. **Engineering Record**, v. 64, n. 26, p. 708 – 710, 1910.

BOOKER, J. R.; SMALL, J. C. An investigation of the stability of numerical solutions of Biot's equations of consolidation, **International Journal of Solids and Structures**, v. 11, p. 907-917, 1975.

BOONSTRA, J.; KSEKIK, R. A. L. **SATEM - Software for Aquifer Test Evaluation**, ILRI - International Institute for Land Reclamation and Improvement, Publication 57, 2001.

BOWLES, J.F. **Foundation Analysis and Design**, McGraw-Hill, 5th edition, p. 1175, 1996.

BOULTON, N. S. The drawdown of the water-table under non-steady conditions near a pumped well in an unconfined formation, **Proceedings of the Institution of Civil Engineers**, v. 3, Pt III, p. 564-579, 1954.

BOULTON, N. S. Analysis of data from non-equilibrium pumping tests allowing for delayed yield from storage, **Proceedings of the Institution of Civil Engineers**, v. 26, p. 469-482, 1963.

BOUWER, H.; RICE, R. C. A slug test for determining hydraulic conductivity of unconfined aquifers with completely or partially penetrating wells, **Water Resources Research**, v. 12, n. 3, p. 423-428, 1976.

BOUWER, H. The Bouwer and Rice slug test – an update, **Ground Water**, v. 27, n. 3, p. 304-309, 1989.

BROWN, G.O. Henry Darcy and the making of a law, **Water Resources Research**, v. 38, n.7, p. 1-12. 2002.

BSI - BRITISH STANDARDS INSTITUTION. **BS5930: Code of Practice for Site Investigations**, 192 p., 1999.

BUISMAN A. S. Results of long duration settlement tests, **First International Conference on Soil Mechanics and Foundation Engineering**, Cambridge, Mass., v. 1, p. 103-106, 1936.

BURLAND, J. B., BROMS, B. B.; DE MELLO, V. F. B. Behaviour of foundations and structures, **9th International Conference on Soil Mechanics and Foundation Engineering**, Tokyo, v. 2, p. 495-546, 1977.

BURMISTER, D. Principles of permeability testing of soils, **Symposium Permeability of Soils**, 57th Annual Meeting, Chicago, IL, p. 3-20, 1954.

BUTTERFIELD, R. A natural compression law for soils (an advance over e – ln p'), **Géotechnique,** v. 29, n. 4, p. 469-480, 1979.

CARMAN, P. C. Permeability of saturated sands, soils and clays. **Journal of Agricultural Science**, v. 29, n. 2, p. 263-273, 1939.

CARRILLO, N. Simple two- and three-dimensional cases in the theory of consolidation of soils, **Journal of Mathematics and Physics**, v. 21, n. 1, p. 1-5, 1942.

CASAGRANDE, A. The determination of preconsolidation load and its practical significance, **First International Conference on Soil Mechanics and Foundation Engineering**, Harvard, v. 3, p. 60—64, 1936.

CASAGRANDE, A. Seepage through dams, **Journal of the New England Water Works Association**, v. 51. n. 2, p. 295-336, 1937.

CASAGRANDE, A.; FADUM, R. E. Notes on soil testing for engineering purposes, **Harvard University Graduate School Publications**, 268, 74 p., 1940.

CASAGRANDE, A. Control of seepage through foundations and abutments of dams, **Géotechnique**, v. 11, n. 3, p. 161-181, 1961.

CASHMAN, P. M.; PREENE, M. **Groundwater Lowering in Construction: a Practical Guide**, SPON Press, 476 p., 2001.

CEDERGREN, H. R. **Seepage, drainage and flow nets**, John Wiley & Sons, 1967, 1977, 1989.

CHAI, J.C.; BERGADO, D.T.; MIURA, N. e SAKAJO, S. Back calculated field effect of vertical drain, **Second International Conference on Soft Soil Engineering**, China, p. 270-275, 1996.

CHAI, J.C.; SHEN, S.L; MIURA, N. e BERGADO, D.T. Simple method of modeling PVD improved subsoil, **Journal of Geotechnical and Geoenvironmental Engineering**, ASCE, v. 127, n. 11, p. 965-972, 2001.

CHAI, J.C.; BERGADO, D.T e SHEN, S.L. Modelling prefabricated vertical drain improved ground in plane strain analysis, **Ground Improvement**, v. 166, n. 2, p. 65-77, 2013.

CHAN, A. H. C. Determination of the coefficient of consolidation using a least squares method, **Géotechnique**, v. 53, n. 7, p. 673–678, 2003.

CHANG-YU OU. **Deep Excavation: Theory and Practice**, CRC Press, p. 532, 2006.

CHAPUIS, R. P.; AUBERTIN, M. On the use of Kozeny Carman equation to predict the hydraulic conductivity of soils, **Canadian Geotechnical Journal**, v. 40, p. 616-628, 2003.

CHENG, A. H. D.; DETOURNAY, E. A direct boundary element method for plane strain poroelasticity, **International Journal for Numerical and Analytical Methods in Geomechanics**, v. 12, p. 551-572, 1988.

CIRIA - CONSTRUCTION INDUSTRY RESEARCH AND INFORMATION ASSOCIATION. **Groundwater Control: Design and Practice**, C515, London, 2000.

COOPER, H. H. JR.; JACOB, C. E. A generalized graphical method for evaluating formation constants and summarizing well-field history, **Transactions American Geophysical Union**, v. 27, p. 526-534, 1946.

COOPER, J. **Introduction to Partial Differential Equations with Matlab**, Birkhauser, Boston, 1998.

COUR, F. F. Inflection point method for computing cv, **Journal of the Soil Mechanics and Foundation Engineering Division**, ASCE, v. 97, n. 5, p. 827-831, 1971.

CRAIG, R.F. **Craig's Soil Mechanics**, 7th edition, SPON Press, p. 447, 2004.

CRYER, C.W. A comparison of the three-dimensional consolidations theories of Biot and Terzaghi, **Quarterly Journal of Mechanics and Applied Mathematics**, v. 16, p. 401-412, 1963.

DACHLER, R. Ueber den Strömungsvorgang bei Hangquellen, **Die Wasserwirtschaft**, v. 5, 1934.

DANIEL, D. E.; ANDERSON, D. C.; BYNRON, S. S. Fixed-wall versus flexible-wall permeameters, Hydraulic Barriers in Soil and Rock, **ASTM STP 874**, American Society for Testing and Materials, Philadelphia, p. 107-126, 1986.

DANIEL, D. E. State of the art: laboratory hydraulic conductivity test for saturated soils, Hydraulic Conductivity and Waste Contaminant Transport in Soil, **ASTM STP 1142**, American Society for Testing and Materials, Philadelphia, p.30-78, 1994.

DARCY, H. **Les Fontaines Publiques de la Ville de Dijon**, Dalmont, Paris, 1856.

DAS, B. **Advanced Soil Mechanics**, 3rd edition, Taylor & Francis, p. 567, 2008.

DAVIS, S.N.; DE WEIST, R.J.M. **Hydrogeology**, John Wiley and Sons, p. 463, 1966.

DAVIS, E. H.; POULOS, H. G. The use of elastic theory for settlement prediction under three-dimensional conditions, **Géotechnique**, v. 18, n. 1, p. 67-91, 1968.

DAVIS, E. H.; POULOS, H. G. Rate of settlement under three dimensional conditions, **Géotechnique**, v. 22, n. 1, p. 95-114, 1972.

DAY, R. A.; MORRIS, P. H. Discussion on “Determination of the coefficient of consolidation using a least squares method”, **Géotechnique**, v. 56, n. 1, p. 73–76, 2006.

DE LEEUW, E. H. The theory of three-dimensional consolidation applied to cylindrical bodies, **6th International Conference Soil Mechanics and Foundation Engineering**, v. 1, 287-290, 1965.

DEGAGO, S.A.; GRIMSTAD, G.; JOSTAD, H.P.; NORDAL, S. Misconceptions about experimental substantiation of creep hypothesis A, **18th International Conference on Soil Mechanics and Geotechnical Engineering**, Paris, 215-218, 2013.

DEN HAAN, E. J. A simple compression model for non-brittle clays and peat, **Géotecnique**, v. 42, n. 3, p. 465-483, 1996.

DEN HAAN, E. J. De intrinsieke tijd in het isotachenmodel, **Geotechniek**, p. 34-38, 2008.

DESAI, C. S.; JOHNSON, L. D. Evaluation of some numerical schemes for consolidation, **International Journal for Numerical Methods in Engineering**, v. 7, p. 243-254, 1973.

DESAI, C. S. **Elementary Finite Element Method**, Prentice-Hall Inc., p. 434, 1979.

DIETZ, D. N. De toepassing van invloedsfuncties bij het berekenen van de verlaging van het groundwater ten gevolge van wateronttrekking. **Water**, v. 27, n. 6, p. 51-54, 1943.

DUNCAN, J. M. Limitations of conventional analysis of consolidation settlement, **Journal of Geotechnical Engineering**, ASCE, v. 119, n. 9, p. 1333-1359, 1993.

DUPUIT, J. **Études théoriques et pratiques sur le mouvement des eaux dans les canaux découverts et à travers les terrains perméables**, Dunod, Paris, 1863.

EUROCODE 7. **EN 1997-1: Geotechnical design - Part 1: general rules**, Directive 2004/18/EC, 2004.

FADUM, R.E. Influence Values for Estimating Stresses in Elastic Foundations, **2nd International Conference Soil Mechanics Foundation Engineering**, Rotterdam, v. 3, p. 77-84, 1948.

FAKHARI, A.; GHANBARI, A. A simple method for calculating the seepage from earth dams with clay core, **Journal of Geoengineering**, v. 8, n. 1, p. 27-32, 2013.

FENG, T. W.; LEE, Y. J. Coefficient of consolidation from the linear segment of the $t^{1/2}$ curve, **Canadian Geotechnical Journal**, v. 38, p. 901-909, 2001.

FENG, Z. Y.; WU, J. T. H. The epsilon method: analysis of seepage beneath an impervious dam with sheet pile on a layered soil, **Canadian Geotechnical Journal**, v. 43, p. 59-69, 2006.

FERRIS, J. G.; KNOWLES, D. B.; BROWNE, R. H.; STALLMAN, R. W. Theory of aquifer tests, **Water-Supply Paper 1536-E**, US Geological Survey, 1962.

FLETCHER, C. A. J. **Computational Techniques for Fluid Dynamics**, v. 1, Springer-Verlag, Berlin, p. 401, 1988.

FORCHHEIMER, P. Wasserbewegung durch Boden, **Zeitschrift des Vereines Deutscher Ingenieuer**, 45 edition, p. 1782-1788, 1901.

FORCHHEIMER, P. **Hydraulik,** Teubner Verlagsgesellschaft, Stuttgart, Germany, 1930.

FOX, E. N. The mathematical solution for the early stages of consolidation. **2nd International Conference Soil Mechanics Foundation Engineering**, Rotterdam, v. 1, p. 41-42, 1948.

FRONTARD, J. Notice sur l'accident de la digue de Charmes. **Annales des Ponts e Chaussées**, 23 (9), p. 173 – 280, 1914.

GERSCOVICH, D.M.S.; BERNARDES, G. **Fluxo Bidimensional - Exercícios de Mecânica dos Solos**, Departamento de Engenharia Civil, PUC-Rio, p. 23, 1988.

GIBSON, R. E.; LUMB, P. Numerical solution of some problems in the consolidation of clay, **Proceedings of the Institution of Civil Engineers**, v. 2, n. 2, part 1, 182-198, 1953.

GIBSON, R. E. An analysis of system flexibility and its effect on time-lag in pore-water pressure measurements, **Géotechnique**, v. 13, n. 1, p. 1-11, 1963.

GIBSON, R. E.; ENGLAND, G.L.; HUSSEY, J.L. The theory of one-dimensional consolidation of saturated clays. I. Finite non-linear consolidation of thin homogeneous layer, **Géotechnique**, v. 17, n. 3, p. 261-273, 1967.

GIBSON, R. E.; SCHIFFMAN, R. L.; PU, S. L. Plane strain and axially symmetric consolidation of a clay layer on a smooth impervious base, **Quarterly Journal of Mechanics and Applied Mathematics**, 23, p. 505-520, 1970.

GIBSON, R. E.; SCHIFFMAN, R. L.; CARGILL, K.W. The theory of one-dimensional consolidation of saturated clays. II. Finite nonlinear consolidation of thick homogeneous layer, **Canadian Geotechnical Journal**, v. 18, n. 2, p. 280-293, 1981.

GOLUB, G.; ORTEGA, J. M. **Scientific Computing: An Introduction with Parallel Computing**, Academic Press Inc, Boston, p, 452, 1993.

GOUW, T.L. Consolidation parameters – alternative to Casagrande and Taylor methods, **19th Internacional Conference on Soil Mechanics and Geotechnical Engineering**, Seoul, p. 2985-2989, 2017.

GRANDIS, I. Rebaixamento e drenagem, **Fundações Teoria e Prática** (capítulo 16), 2ª ed., ABMS/ABEF, p. 581-602, 1996.

GRAY, H. Simultaneous consolidation of contiguous layers of unlike compressible soils, **Transactions ASCE**, v. 110, p. 1327-1344, 1945.

HAGER, W.H. **Hydraulicians in Europe 1800-2000: a biographical dictionary of leaders in hydraulic engineering and fluid mechanics,** v. 1, IAHR Monographs, p. 774, 2003.

HAGER, W.H. **Hydraulicians in Europe 1800-2000: a biographical dictionary of leaders in hydraulic engineering and fluid mechanics**, v. 2. CRC Press, p. 994, 2014.

HAGER, W.H. **Hydraulicians in the USA 1800-2000: a biographical dictionary of leaders in hydraulic engineering and fluid mechanics**, CRC Press, p. 1040, 2015.

HANSBO, S. Consolidation of fine grained soils by prefabricated drains, **10th International Conference on Soil Mechanics and Foundation Engineering,** Estocolmo, v. 3, p. 677-682, 1981.

HANTUSH, M. S. Aquifer test on partially penetrating wells, **Journal of the Hydraulic Division**, ASCE, v. 87, n. 5, p. 171-195, 1962.

HANTUSH, M. S. Hydraulics of wells. **Advanced Hydroscience I**, p. 281-431, 1964.

HARR, M. E. **Groundwater and Seepage**, McGraw-Hill Book Company, New York, p. 315, 1962.

HARR, M. E. **Mechanics of Particulate Media – A Probabilistic Approach**, McGraw-Hill International Book Company, p. 543, 1977.

HAZEN, A. Discussion of dams on sand foundations, **Transactions ASCE**, v. 73, p. 199, 1911.

HAZZARD, J.; YACOUB, T.; CURRAN, J. Consolidation in multi-layered soils: a hybrid computation scheme, **GeoEdmonton 2008**, p. 182-189, 2008.

HELE-SHAW, H. S. Investigation of the nature of surface resistance of water and of streamline motion under certain experimental conditions, **Transactions of the Institution of Naval Architects**, v. 40, p. 21-46, 1898.

HELE-SHAW, H. S. Streamline motion of a viscous film, **68th Meeting of the British Association for the Advancement of Science**, London, p. 136-142, 1899.

HIEP, H. e CHUNG, S.G. Back-analysis of geotechnical parameters on PVD-improved ground in the Mekong Delta, **Geotextiles and Geomembranes**, v. 46, p. 402-413, 2018.

HOFFMAN, J. D. **Numerical Methods for Engineers and Scientists**, McGraw-Hill, New York, 1992.

HOLTZ, R.D.; LANCELLOTTA, R.; JAMIOLKOWSKI, M. e PEDRONI S. Laboratory testing of prefabricated "wick" drains. **Proceedings of Geocoast '91**, Yokohama, v. 3, p. 311-316, 1991.

HOUKES, C. B. **Review and validation of settlement prediction methods for organic soft soils, on the basis of three case studies from the Netherlands**, Dissertação (Mestrado), TUDelft, 181f., 2016

HUEBNER, K. H.; THORNTON, E. A. **The Finite Element Method for Engineers**, John Wiley & Sons, 2nd edition, p. 623, 1982.

HVORSLEV, J. Time lag and soil permeability in ground water observations, **US Waterways Experimental Station,** Bulletin 36, Vicksburg, 1951.

IAPWS - International Association for the Properties of Water and Steam. **IAPWS formulation 2008 for the viscosity or ordinary water substance**, R12-08. Disponível em: <www.iapws.org>. Acesso em: 12 maio 2017.

ICOLD – International Commission on Large Dams. Embankment dams, granular filters and drains, **Bulletin,** n. 95, 1994.

INDRARATNA, B.; PERARA, D.; RUJIKIATKAMJORN, C. e KELLY, R. Soil disturbance analysis due to vertical drain installation, **Geotechnical Engineering**, v. 168, n. 3, p. 236-246, 2015.

IRZOOKI, R. H. Computation of seepage through homogenous earth dams with horizontal toe drain, **Engineering & Technical Journal**, v. 34, Part (A), n. 3, p. 330-340, 2016.

ISKANDAR, R.; TARIGAN, P.M e ROESYANTO. A review on the characteristics of the smear zone: field data back calculation compared with laboratory testing, **The Open Civil Engineering Journal**, v. 12, p. 340-354, 2018.

ITERSON, F. K. TH. VAN. Eenige theoretische beschouwingen over kwel (Some Theoretical Considerations about Seepage), **De ingenieur**, 31, p. 629-633, 1916; 49, p. 955-957, 1917.

JACOB, C. E. Flow of groundwater, **Engineering Hydraulics**, ed. H. Rouse. John Wiley & Sons, New York, p. 321-386, 1950.

JAMES COOK UNIVERSITY. **Second Semester Examination**, Geo-Engineering I, Townville, Austrália, 2000.

JAMIOLKOWSKI, M.; LADD, C. C.; GERMAINE, J. T.; LANCELOTTA, R. New developments in field and laboratory testing of soils, **11th International Conference on Soil Mechanics and Foundation Engineering**, San Francisco, v. 1, p. 57-153, 1985.

JANBU, N. The resistance concept applied to deformation of soils, **7th International Conference on Soil Mechanics and Foundation Engineering**, Mexico, p. 191-196, 1969.

JANSEN, H. L.; DEN HOEDT, G. Vertical drains: in situ and laboratory performance and design consideration in fine soils, **8th European Conference on Soil Mechanics and Foundation Engineering**, v. 2, p. 647-651, 1983.

JAPANESE STANDARDS ASSOCIATION – **Test method for one-dimensional consolidation properties of soils using incremental loading**, JIS A 1217, 2009, p. 1-13.

JOHNSON, S. J. Precompression for improving foundation soils, **Journal of the Soil Mechanics and Foundations Division**, ASCE, v. 96, SM1, p. 110-144, 1970.

JUMIKIS, A.R. **Soil Mechanics**, Van Nostrand Company, p. 791, 1962.

KHOSLA, R. B. A. N.; BOSE, N. K.; TAYLOR, E. M. Design of weirs on permeable foundations, **Central Board of Irrigation**, New Delhi, India, 1954.

KIPP, K. L. JR. Unsteady flow for a partially penetrating finite radius well in an unconfined aquifer, **Water Resources Research**, v. 9, p. 448-462, 1973.

KOLLBRUNNER C. F. **Fundation und Konsolidation**, v. 1, Schweizer Kruckund-Verlagshaus, Zurich, 1946.

KOPPULA, S. D.; MORGENSTERN, N. R. Consolidation of clay layer in two dimensions, **Journal of the Soil Mechanics and Foundations Division**, ASCE, SM1, 79-93, 1972.

KOZENY, J. Ueber kapillare Leitung des Wassers im Boden, **Sitzungsber Akad. Wiss. Wien**, 136, p. 271-306, 1927.

KOZENY, J. Grundwasserbewegung bei freiem Spiegel, Fluss und Kanalversickerung, **Wasserkraft und Wasserwirtschaft,** 3, 1931.

KRUSEMAN, G. P.; DE RIDDER, N. A. **Analysis and Evaluation of Pumping Test Data**, second edition, Publication 47, Institute for Land Reclamation and Improvement, The Netherlands, 2000.

KYRIELEIS, W.; SICHARDT, W. **Grundwasserabsenkung bei Fundierarbeiten**, Julius Springer, Berlin, 1930.

LADD, C. C.; FOOTT, R.; ISHIHARA, K.; SCHLOSSER, F.; POULOS, H. G. Stress-deformation and strength characteristics. State-of–the-Art Report, **9th International Conference Soil Mechanics and Foundation Engineering**, Tokyo, v. 2, p. 421-494, 1977.

LAMBE, T. W. The permeability of compacted fine grained soils, **Special Technical Publication**, ASTM, n. 163, 1955.

LAMBE, T. W.; WHITMAN, R. W. **Soil Mechanics**, John Wiley & Sons, p. 553, 1969.

LANE, E.W. Security from under-seepage masonry dams on earth foundations. **Transactions of ASCE**, v. 100, n. 1, p. 1235 – 1272, 1935.

LARKIN, B. K. Some stable explicit difference approximations to the diffusion equation, **Mathematics of Computation**, 18, p. 196-202, 1964.

LEONARDS, G. A. Engineering properties of soils, **Foundation Engineering**, chapter 2, McGraw-Hill, p. 1136, 1962.

LEONARDS, G. A. Estimating consolidation settlements of shallow foundations on overconsolidated clays, Special Report 163, **Transportation Research Board**, p. 13-16, 1976.

LEROUEIL, S. Recent developments in consolidation of natural clays, **Canadian Geotechnical Journal**, v. 25, p. 85-107, 1988.

LEROUEIL, S. The isotache approach – where are we 50 years after its development by professor Suklje?, **13th Danube-European Conference on Geotechnical Engineering**, Ljubljana, p. 55-88, 2006.

LEWIS, R. W.; SCHREFLER, B. A. **The Finite Element Method in the Static and Dynamic Deformation and Consolidation of Porous Media**, 2nd edition, John Wiley, p. 508, 1998.

LIU, J. C.; LEI, G. H.; WANG, X. D. One-dimensional consolidation of visco-elastic marine clay under depth-varying and time-dependent load, **Marine Georesources & Geotechnologies**, v. 33, n. 4, 337-347, 2014.

LIU, J. C.; GRIFFITHS, D. V. A general solution for 1D consolidation induced by depth- and time-dependent changes in stress, **Géotechnique**, v. 65, n. 1, p. 66-72, 2015.

LONG, R.; COVO, A. Equivalent diameter of vertical drains with an oblong cross section, **Journal of Geotechnical Enginering Division**, ASCE, v. 120, p. 1625-1630, 1994.

LOVISA, J. **An insight into time rate of consolidation**, Ph.D. Thesis, James Cook University, p. 187, 2012.

LOVISA, J.; SIVAKUGAN, N. An in-depth comparison of cv values determined using common curve-fitting techniques, **Geotechnical Testing Journal**, v. 36, n. 1, p. 1-10, 2013.

MALVERN, L. E. **Introduction to the Mechanics of a Continuum Medium**, Prentice-Hall, p. 711, 1977.

MANDEL, J. Consolidations des sols, **Géotechnique**, v. 3, p. 287-299, 1953.

MANSUR, C. I.; KAUFMAN, R. I. Dewatering - **Foundation Engineering** (Ed. Leonards, G.A.), chapter 3, Mc-Graw-Hill, New York, p. 241-350, 1962.

MCNAMEE, J.; GIBSON, R. E. Plane strain and axially symmetric problems of the consolidation of a semi-infinite clay stratum, **Quarterly Journal of Applied Mathematics**, v. 13, p. 210, 1960.

MEANS, W. D. **Stress and Strain: Basic Concepts of Continuum Mechanics for Geologists**, Springer, p. 339, 1976.

MESRI, G.; ROKHSAR, A. Theory of consolidation for clays. **Journal of Geotechnical Engineering Division**, ASCE, v. 100, GT8, p. 889-904, 1974.

MESRI, G. e LO, D.O.K. Field performance of prefabricated vertical drains. **Proceedings of the International Conference on Geotechnical Engineering for Coastal Development**, v. 1, Yokohama, p. 231–236, 1991.

MESRI, G.; LO, D. O. K.; FENG, T-W. Settlement of embankments on soft clays. **Geotechnical Special Publication 40**, ASCE. p. 8-56, 1994.

MESRI, G.; FENG, T. W.; SHAHIEN, M. Coefficient of consolidation by the inflection point method, **Journal of Geotechnical and Geoenvironmental Engineering**, ASCE, v. 125, n. 3, p. 716-718, 1999.

MIKASA, M. The consolidation of soft clay - a new consolidation theory and its application, Kajima Institution, Tóquio, Japão (em japonês com resumo em inglês), 1963.

MIKASA, M.; TAKADA, N.; OSHIMA, A.; KIYAMA, M. Nonlinear consolidation theory for nonhomogeneous clay layers and its application, **Soils and Foundations**, v. 38, n. 4, p. 205–212, 1998.

MORTON, K. W.; MAYERS, D. F. **Numerical Solution of Partial Differential Equations: An Introduction**, Cambridge University Press, Cambridge, England, 1994.

MUSKAT, M. The seepage of water through dams with vertical faces, **Physics**, v. 6, p. 402, 1935.

MUSKAT, M. **The Flow of Homogeneous Fluids Through Porous Media**, McGraw-Hill Book Company, New York, p. 763, 1937.

NARASIMHAN T.N. Hydraulic characterization of aquifers, reservoir rocks, and soils: a history of ideas. **Water Resource Research** v. 34, n. 1, p. 33–46, 1998.

NAVFAC. **Dewatering and Groundwater Control**, Chapter 6, Departments of the Army, The Air Force and the Navy, USA, 1983.

NELSON-SKORNYAKOV, F. B. **Seepage in Homogeneous Media**, Gosudarstvenoe Izdanie Sovetskaya Nauka, Moscow, 1949.

NEUMAN, S. P. Analysis of pumping test data from anisotropic unconfined aquifers considering delayed gravity response, **Water Resources Research**, v. 11, n. 2, p. 329-342, 1975.

NISHIDA, Y.; NAKAGAWA, S. Water permeability and plastic index of soils, IAHS-UNESCO, **Land Subsidence**, n. 89, p. 573-578, 1969.

OLIVA, A.; KIANG, C.H.; CHANG, M.R.C. – Determinação da condutividade hidráulica da formação Rio Claro: análise comparativa através de análise granulométrica e ensaios com permeâmetro Guelph e testes de *slug*, **Águas Subterrâneas**, v.19, n. 2, p. 1-17, 2005.

OLSON, R. E. Consolidation under time dependent loading, **Journal of the Geotechnical Engineering Division**, ASCE, v. 103, n. 1, p. 55-60, 1977.

OLSON, R. E.; LADD, C. C. One-dimensional consolidation problems, **Journal of the Geotechnical Engineering Division**, ASCE, v. 105, GT1, p. 11-30, 1979.

OLSON, R. E. **Advanced soil mechanics** (class notes), Chaoyang University of Technology, Department of Construction Engineering, 1989. Disponível em: <https://www.cyut.edu.tw/~jrlai/CE7332/Chap5.pdf>. Acesso em: 11 agosto de 2017.

ONOUE, A. Consolidation by vertical drains taking well resistance and smear into consideration, **Soils and Foundations**, v. 28, n. 4, p. 165-174, 1988

PACHECO SILVA, F. Shearing strength of a soft clay deposit near Rio de Janeiro, **Géotechnique**, v. 3, n. 7, p. 300-305.

PAJOUH, A.P.; FATAHI, B. e KHABBAZ, H. Numerical analysis to quantify the influence of smear zone characteristics on preloading design in soft clay, **Proceedings of the 18th International Conference on Soil Mechanics and Geotechnical Engineering**, Paris, p. 2573-2576, 2013

PAJOUH, A.P.; FATAHI, B.; VINCENT, P. e KHABBAZ, H. Analyzing consolidation data to predict smear zone characteristics induced by vertical drain installation for soft soil improvement, **Geomechanics and Engineering**, v. 7, p. 105-131, 2014a.

PAJOUH, A.P.; FATAHI, B.; VINCENT, P. e KHABBAZ, H. Trial embankment analysis to predict smear zone characteristics induced by prefabricated vertical drain installation, **Geotechnical and Geological Engineering**, v. 32, n. 5, p. 1187-1210, 2014b.

PAJOUH, A.P.; FATAHI, B. e KHABBAZ, H. Experimental and numerical investigations to evaluate two-dimensional modelling of vertical drain-assisted preloading, **International Journal of Geomechanics**, ASCE, v. 16, n. 1, p. 1-14, 2016.

PAVLOVSKY, N. N. Motion of water under dams, **Transactions First Congress on Large Dams,** Stockholm, v. 4, 1933.

PAVLOVSKY, N. N. **Collected Works**, Akad. Nauk. USSR, Leningrado, 1956.

PEREZ, S. E.; ZACHRICH, G.; COCKBURN, M. Monte Carlo simulation for determination of the stream function, **Computer Applications in Engineering Education**, v. 3, n. 1, p. 38-42, 2000.

PERLOFF, W. H.; BARON, W. **Soil Mechanics: Principles and Applications**, John Wiley & Sons, p. 746, 1976.

PHILIP, J. R. Desperately seeking Darcy in Dijon, **Soil Science Society of America Journal**, v. 59, p. 319-324, 1995.

PINTO, C. S. Primeira conferência Pacheco Silva; tópicos da contribuição de Pacheco Silva e considerações sobre a resistência não drenada das argilas, **Solos e Rochas**, v. 15, n. 2, p. 49-87, 1992.

POLUBARINOVA-KOCHINA, YA. P. Concerning seepage in heterogeneous (two-layer) media, **Inzhenernii Sbornik**, v. 1, n. 2, 1941.

POLUBARINOVA-KOCHINA, YA. P. **Theory of ground water movement**, Princeton University Press, Princeton, NJ, 1962.

POULOS, H. G.; DAVIS, E. H. **Elastic Solutions for Soil and Rock Mechanics**, John Wiley & Sons, p. 411, 1974.

POULOS, H. G. Common procedures for foundation settlement analysis – are they adequate ?, **8th Australia New Zealand Conference on Geomechanics**, p. 1-25, 1999.

POULOS, H. G. Foundation settlement analysis – practice versus research, **The Eighth Spencer Buchanan Lecture,** College Station Hilton, Texas, 2000.

POWERS, J. P. **Construction Dewatering: New Methods and Applications**, 2nd edition, John Wiley & Sons, 1992.

POWERS, J. P.; CORWIN, A. B.; SCHMALL, P. C.; KAECK, W. E. **Construction Dewatering and Groundwater Control**, 3rd edition, John Wiley & Sons, p. 656, 2007.

POWRIE, W.; PREENE, M. Equivalent well analysis of construction dewatering systems. **Géotechnique**, v. 42, n. 4, p. 635-639, 1992.

PREENE, M.; POWRIE, W. Steady state performance of construction dewatering systems in fine soils, **Géotechnique**, v. 43, n. 1, p. 191-205, 1993.

PREENE, M.; ROBERTS, T. O. L. The application of pumping tests to the design of construction dewatering systems, **Groundwater Problems in Urban Areas**, Thomas Telford, p. 121-133, 1994.

QUINION, D. W.; QUINION, G. R. **Control of Groundwater – a Construction Guide**, American Society of Civil Engineers, p. 48, 1987.

RAHALT, M. A.; VUEZ, A. R. Analysis of settlement and pore pressure induced by cyclic loading of silo, **Journal of Geotechnical and Geoenvironmental Engineering**, v. 124, n. 12, 1208-1210, 1998.

RAJ, P. P. **Soil Mechanics & Foundation Engineering**, Dorling Kindersley Ltd., New Delhi, India, 2008.

REDDI, L. N. **Seepage in Soils: Principles and Applications**, John Wiley & Sons Inc, p. 402, 2003.

RENDULIC, L. Porenziffer und Porenwasserdruck in Tonen (Void ratio and pore water pressure in clays). **Bauingenieur**, 17(51/53), p. 559–564, 1936.

REYNOLDS, O. An experimental investigation of the circumstances which determine whether the motion of water shall be direct or sinuous and of the law of resistance in parallel channels, **Philosophical Transactions of the Royal Society**, London, v. 174, 1883.

RICE, J. R.; CLEARY, M. P. Some basic stress-diffusion solutions for fluid saturated elastic porous media with compressible constituents, **Reviews of Geophysics and Space Physics**, 14, p. 227-241, 1976.

RIXNER, J. J., KRAEMER, S. R.; SMITH A. D. **Prefabricated vertical drains**, Federal Highway Administration - Report n° HWA-RD-86/169, Washington DC ,1986.

ROBINSON, R. G. Consolidation analysis with pore pressure measurements, **Géotechnique**, v. 49, n. 1, p. 127-132, 1999.

RUSHTON, K. R.; REDSHAW, S. C. **Seepage and Groundwater Flow: Numerical Analysis by Analog and Digital Methods**, John Wiley & Sons, p. 339, 1979.

SANDHU, R. S. **Fluid Flow in Saturated Porous Elastic Media**, Ph.D. Thesis, University of California at Berkeley, Berkeley, California, 1968.

SANDHU, R. S. **Finite element analysis of soil consolidation**, Report OSURF-3570-76-3, National Science Foundation, Dept. Civil Engineering, The Ohio State University, Columbus, Ohio, 1976

SANDHU, R. S. Finite element analysis of coupled deformation and fluid flow in porous media, **Numerical Methods in Geomechanics**, NATO Advanced Study Institute Series, D. Reidel Publishing Company, v. 92, p. 203-227, 1982.

SATHANANTHAN, I.; INDRARATNA, B. Laboratory evaluation of smear zone and correlation between permeability and moisture content, **Journal of Geotechnical and Geoenvironmental Engineering**, ASCE, v. 132, n. 7, p. 942-945, 2006.

SCHAFFERNAK, F. Uber die Standsicherheit durchlsessiger geschuetteter Damme, **Allgemeine Bauzeitung**, 1917.

SCHIFFMAN, R. L. Field applications of soil consolidation: time-dependent loading and varying permeability, **Highway Research Board**, Bulletin 248, 1960.

SCHIFFMAN, R. L.; GIBSON, R. E. Consolidation of nonhomogeneous clay layers, **Journal of the Soil Mechanics and Foundations Division,** ASCE, SM5, p. 1-30, 1964.

SCHIFFMAN, R. L.; CHEN, A. T.; JORDAN, J. C. An analysis of consolidation theories, **Journal of the Soil Mechanics and Foundations Division**, ASCE, SM1, 285-312, 1969.

SCHIFFMAN, R. L.; STEIN J. R. One-dimensional consolidation of layered systems, **Journal of Soil Mechanics and Foundations Division**, ASCE, v. 96, SM4, p. 1499-1504, 1970.

SCHIFFMAN, R. L.; SANTOSH, K. A. One-dimensional consolidation, **Numerical Methods in Geotechnical Engineering**, McGraw-Hill Book Company, p. 364 – 398, 1977.

SCHMERTMANN, J. H. The undisturbed consolidation of clay, **Transactions ASCE**, v. 120, p. 1201 – 1233, 1955.

SCOTT, R. F. New method of consolidation-coefficient evaluation, **Journal of the Soil Mechanics and Foundations Division**, ASCE, 87, SM1, p. 29-39, 1961.

SCOTT, R. F. **Principles of Soil Mechanics**, Addison Wesley Publ. Co., p. 550, 1963.

SHERARD, J. L.; DUNNIGAN, L. P.; TALBOT, J. R. Basic properties of sand and gravel filters. **Journal of Geotechnical Engineering**, ASCE, v. 110, p. 684-700 (Discussion v. 111, n. 12, p. 1467-1472), 1984a.

SHERARD, J. L.; DUNNIGAN, L. P.; TALBOT, J. R. Filters for silts and clays, **Journal of Geotechnical Engineering**, ASCE, v. 110, n. 6, p. 701-718, 1984b.

SHERARD, J. L.; DUNNINGAN, L. P. Critical filters for impervious soils, **Journal of Geotechnical Engineering**, ASCE, v. 115, n. 7, p. 927-947, 1989.

SHROFF, A. V.; SHAH, D. L. **Soil Mechanics and Geotechnical Engineering**, A. A. Balkema, p. 535, 2003.

SINGH, S. K. Estimating consolidation coefficient and final settlement: triangular excess pore-water pressure, **Journal of Geotechnical and Geoenvironmental Engineering**, ASCE, v. 131, n. 8, p. 1050-1055, 2005.

SINGH, S. K. Diagnostic curve methods for consolidation coefficient, **International Journal of Geomechanics**, ASCE, v. 7, n. 1, p. 75-79, 2007.

SIVARAM, B.; SWAMEE, P. K. A computational method for consolidation coefficient, **Soils and Foundations**, v. 17, n. 2, p. 48-52, 1977.

SKEMPTON, A. W. The pore pressure coefficients A and B, **Géotechnique**, v. 4, n. 1, p. 143-147, 1954.

SKEMPTON, A. W.; BJERRUM, L. A contribution to the settlement analysis of foundations on clay, **Géotechnique**, v. 7, n. 3, p. 168-178. 1957.

SOMERVILLE, S. H. **Control of Groundwater for Temporary Works**, Construction Industry Research and Information Association CIRIA, Report 113, London, 1986.

SRIDHARAN, A.; RAO, A. S. Rectangular hyperbola method for one-dimensional consolidation, **ASTM Geotechnical Testing Journal**, v. 4, n. 4, p. 161-168, 1981.

SRIDHARAN, A.; PRAKASH, K.; ASHA, S. R. Consolidation behaviour of soils. **Geotechnical Testing Journal**, v. 18, n. 1, 56–68, 1995.

STELLO, M. W. Seepage charts for homogeneous and zoned embankments, **Journal of Geotechnical Engineering**, ASCE, v. 113, n. 9, p. 996-1018, 1987.

STERNBERG, Y. M. Efficiency of partially penetrating wells, **Ground Water**, v. 11, n. 3, p. 5-8, 1973.

SUKLJE, L. The analysis of the consolidation process by the isotaches method, **4th International Conference Soil Mechanics and Foundation Engineering**, London, v. 1, p. 200-206, 1957.

SUKLJE, L. **Rheological Aspects of Soil Mechanics**, Wiley-Interscience, p. 571, 1969.

SUITS, L.D.; GEMME, R.L.; MASI, J.J. Effectiveness of prefabricated drains on laboratory consolidation of remolded soils, Consolidation of soils: testing and evaluation, **ASTM STP 892**, p. 663-683, 1986.

TAVENAS, F.; DES ROSIERS, J. P.; LEROUEIL, S; LA ROCHELLE, P; ROY, M. The use of strain energy as a yield and creep criterion for lightly overconsolidated clays, **Géotechnique**, v. 29, n. 3, p. 285-303, 1979.

TAYLOR, D. W.; MERCHANT, W. A theory of clay consolidation accounting for secondary compression, **Journal of Mathematical Physics**, v. 19, n. 3, 167-185, 1940.

TAYLOR, D. W. **Research on consolidation of clays**, M.I.T. Publication, Dept. Civil and Sanitary Eng., Serial 82, p. 147, 1942.

TAYLOR, D. W. **Fundamentals of Soil Mechanics**, John Wiley & Sons, New York, p. 700, 1948.

TERZAGHI, K. Soil failure at barrages and its prevention (em alemão). **Die Wasserkraft**, v. 17, p. 445-449, 1922 (From Theory to Practice, John Wiley & Sons, p. 114-118, 1960).

TERZAGHI, K. Dir Berechnung der Durchlassigkeitsziffer des Tones aus dem Verlaug der Hydrodynamischen Spannungserscheinungen, **Sitzungberichte Akademie der Wissenschaften**, Vienna, part I, 132 (3/4), p. 125-138, 1923.

TERZAGHI, K. **Erdbaumechanik auf Bodenphysikalischer Grundlage**, Franz Deuticke, Vienna, p. 399, 1925.

TERZAGHI, K. The shearing resistance of saturated soil and the angle between the planes of shear, **First International Conference on Soil Mechanics and Foundation Engineering**, Massachusetts, v. 1, p. 54-56, 1936.

TERZAGHI, K.; FRÖHLICH, O. K. **Theorie der Setzung von Tonschichten:** eine Einfuhrung in die Analytische Tonmechanik, Franz Deuticke, Leipzig, Alemanha, 1936.

TERZAGHI, K.; PECK, R. B.; MESRI, G. **Soil Mechanics in Engineering Practice**, John Wiley & Sons, 1996.

THEIS, C. V. The relation between the lowering of the piezometric surface and the rate and duration of discharge of a well using groundwater storage, **Transactions American Geophysical Union**, v. 16, p. 519-524, 1935.

THIEM G. **Hydrologische methoden**, Gebhardt JM (ed), Alemanha, p. 56, 1906.

TIMOSHENKO, S. **Theory of Elasticity**, McGraw-Hill College, 3rd edition, p. 608,1970.

TODD, D. K.; MAYS, L. W **Groundwater Hidrology**, 3rd edition, John Wiley & Sons, p. 636, 2005.

UNIVERSITY OF SYDNEY. **Senior Year Examination**, CIVL 3401 Soil Mechanics A, 1997, 1999, 2001.

U. S. DEPARTMENT OF AGRICULTURE. **Flow Net Construction and Use**, Soil Mechanics Note n.5, Soil Conservation Service, Engineering Division, Washington D.C., 1973.

U. S. DEPARTMENT OF AGRICULTURE. **Guide for Determining the Gradation of Sand and Gravel Filters**, Soil Mechanics Note n.1, Soil Conservation Service, Engineering Division, Washington D.C., 1986.

U. S. DEPARTMENT OF AGRICULTURE. Gradation Design of Sand and Gravel Filters, **Part 633 National Engineering Handbook**, Chapter 26, Natural Resources Conservation Service, Washington D.C., 1994.

U. S. DEPARTMENT OF THE ARMY. Construction Control for Earth and Rockfill Dams – Appendix D – Filter Design, **Engineer Manual EM 1110-2-1911**, Corps of Engineers, 1995.

U. S. DEPARTMENT OF THE INTERIOR. Protective Filters, **Design Standard 13 - Embankment Dams**, Chapter 5, Bureau of Reclamation, Technical Services Center, 2011.

U. S. GEOLOGICAL SURVEY. Disponível em: <water.usgs.gov/nrp/gwsoftware>. Acesso em: 12 maio 2017.

U. S. NAVY. **Design Manual - Soil Mechanics, Foundations and Earth Structures**, NAVDOCKS DM-7, 1962.

VAN DER KAMP, G. Brief quantitative guidelines for the design and analysis of pumping tests, Hydrology in the Service of Man, **18th Congress International Association Hydrogeology**, Cambridge, p. 197-206, 1985.

VAN ITERSON, F. K. TH. Eenige theoretische beschouwingen over kwel (Some Theoretical Considerations about Seepage), **De ingenieur**, 31, p. 629-633, 1916; 49, p. 955-957, 1917.

VENKATRAMAIAH, C. **Geotechnical Engineering**, New Age International Publishers, 4th edition, p. 926, 2012.

VERIGIN, N. N. Consolidation of saturated soil upon action of external load normal to boundary of half-space, **6th International Conference on Soil Mechanics and Foundation Engineering**, v. 1, p. 398-401, 1965.

VERMEER, P. A.; VERRUIJT, A. An accuracy condition for consolidation by finite elements, **International Journal for Numerical and Analytical Methods in Geomechanics**, v. 5, p. 1-14, 1981.

VERMEER, P. A.; NEHER, H. P. A soft soil model that accounts for creep, **Proceedings of the International Symposium Beyond 2000 in Computational Geotechnics**, Amsterdam, p. 249–261, 1999.

VERRUIJT, A. Elastic storage of aquifers, in **Flow Through Porous Media**, Academic Press, New York, 1969.

VERRUIJT, A. Consolidation of soils, **Encyclopedia of Hydrological Sciences**, John Wiley & Sons, p. 1-16, 2008.

VERRUIJT, A. **Theory and Problems of Poroelasticity**, p. 263, 2013. Disponível em: <http//geo.verruijt.net>. Acesso em: 12 maio 2018.

WALTON, W. C. **Hydraulic properties of a dolomite aquifer underlying the village of Ada**, Dept. Nat. Resources, Div. Water Tech., Report 1, Ohio, 1953.

WATSON, I.; BURNETT, A. D. **Hydrology – An Environmental Approach**, CRC Press, p. 702, 1995.

WEBER, H. **Die Reichweite von Grundwasserenkungen mittels Rohrbrunnen**, Berlim, Julius Springer, 1928.

WEBER, W. G. JR. Performance of embankments constructed over peat, **Journal of the Soil Mechanics and Foundation Division**, ASCE, v. 95, n. 1, p. 53-76, 1969.

WENZEL, L. K.; FISHEL, V. C. Methods for determining permeability of water-bearing materials with special reference to discharging-well methods, U.S. Geol. Surv. **Water-Supply paper 887**, p. 192, 1942.

WILSON, S.D.; SEED, H.B.; PECK, R.B. **Memorial Tributes**, v. 2, National Academy of Engineering of the United States of America, p. 41-44, 1984.

WOOD, W. L.; LEWIS, R. L. A comparison of time marching schemes for the transient heat conduction equation. **International Journal for Numerical Methods in Engineering**, v. 9, n. 3, p. 679-689, 1975.

ZENG, G. X. e XIE, K. H. New development of the vertical drain theories, **12th International Conference on Soil Mechanics and Foundation Engineering**, Rio de Janeiro, Brazil, v. 2, p. 1435-1438, 1989.

ZIENKIEWICZ, O. C.; CHAN, A. H. C.; PASTOR, M.; SCHREFLER, B. A.; SHIOMI, T. **Computational Geomechanics with Special Reference to Earthquake Engineering**, John Wiley, p. 398, 1999.

ZIENKIEWICZ, O. C. **The Finite Element Method**, 3rd edition, McGraw-Hill Book Co., p. 787, 1977.

ZHU, G.; YIN, J. H. Consolidation of soil under depth-dependent ramp load. **Canadian Geotechnical Journal**, v. 35, n. 2, 344-350, 1998.

ZHU, G.; YIN, J. H. Accuracy of Carrillo's formula for consolidation of soil with vertical and horizontal drainage under time-dependent loading. **Communications in Numerical Methods in Engineering**, v. 20, n. 9, p. 721-735, 2004.

ZLOTNIK, V.A.; EMIKH, V.N. Pelageya Yakovlena Polubarinova-Kochina (1899 – 1999): a soviet era mathematician. **Ground Water**, v. 45, n. 3, p. 383-387, 2007.

ÍNDICE REMISSIVO

Impressão e acabamento
Gráfica da Editora Ciência Moderna Ltda.
Tel: (21) 2201-6662